「十三五」国家重点出版物出版规划项目

微分几何与拓扑学

国家出版基金项目
NATIONAL PUBLICATION FOUNDATION

徐森林 纪永强 金亚东 胡自胜 著

古典微分几何

中国科学技术大学出版社

内 容 简 介

全书共3章.第1章讨论了曲线的曲率、挠率、Frenet公式、Bouquet公式等局部性质,证明了曲线论的基本定理,还讨论了曲线的整体性质:4顶点定理、Minkowski定理、Fenchel定理以及Fary-Milnor关于纽结的全曲率不等式.第2章引入了曲面第1基本形式、曲面第2基本形式、Gauss(总)曲率、平均曲率、Weingarten映射、主曲率、曲率线、测地线等重要概念,给出了曲面的基本公式和基本方程、曲面论的基本定理以及著名的Gauss绝妙定理等曲面的局部性质.第3章详细论述了曲面的整体性质,得到了全脐超曲面定理、球面的刚性定理、极小曲面的Bernstein定理、著名的Gauss-Bonnet公式以及Poincaré指标定理.

本书既可作为综合性大学、理工科大学、师范类大学数学系高年级大学生的学习参考书,也可作为大学数学教师和研究人员的教学、研究参考书.

图书在版编目(CIP)数据

古典微分几何/徐森林,纪永强,金亚东,胡自胜著.—合肥:中国科学技术大学出版社,2019.6(2020.4重印)
(微分几何与拓扑学)
国家出版基金项目
"十三五"国家重点出版物出版规划项目
ISBN 978-7-312-04573-8

Ⅰ.古… Ⅱ.①徐… ②纪… ③金… ④胡… Ⅲ.古典微分几何 Ⅳ.O186.11

中国版本图书馆CIP数据核字(2018)第229963号

出版 中国科学技术大学出版社
安徽省合肥市金寨路96号,230026
http://press.ustc.edu.cn
https://zgkxjsdxcbs.tmall.com
印刷 合肥华苑印刷包装有限公司
发行 中国科学技术大学出版社
经销 全国新华书店
开本 787 mm×1092 mm 1/16
印张 17.5
字数 393千
版次 2019年6月第1版
印次 2020年4月第2次印刷
定价 148.00元

序　言

微分几何学、代数拓扑学和微分拓扑学都是基础数学中的核心学科，三者的结合产生了整体微分几何，而点集拓扑则渗透于众多的数学分支中．

中国科学技术大学出版社出版的这套图书，把微分几何学与拓扑学整合在一起，并且前后呼应，强调了相关学科之间的联系．其目的是让使用这套图书的学生和科研工作者能够更加清晰地把握微分几何学与拓扑学之间的连贯性与统一性．我相信这套图书不仅能够帮助读者理解微分几何学和拓扑学，还能让读者凭借这套图书所搭成的"梯子"进入科研的前沿．

这套图书分为微分几何学与拓扑学两部分，包括《古典微分几何》《近代微分几何》《点集拓扑》《微分拓扑》《代数拓扑：同调论》《代数拓扑：同伦论》六本．这套图书系统地梳理了微分几何学与拓扑学的基本理论和方法，内容囊括了古典的曲线论与曲面论（包括曲线和曲面的局部几何、整体几何）、黎曼几何（包括子流形几何、谱几何、比较几何、曲率与拓扑不变量之间的关系）、拓扑空间理论（包括拓扑空间与拓扑不变量、拓扑空间的构造、基本群）、微分流形理论（包括微分流形、映射空间及其拓扑、微分拓扑三大定理、映射度理论、Morse 理论、de Rham 理论等）、同调论（包括单纯同调、奇异同调的性质、计算以及应用）以及同伦论简介（包括同伦群的概念、同伦正合列以及 Hurewicz 定理）．这套图书是对微分几何学与拓扑学的理论及应用的一个全方位的、系统的、清晰的、具体的阐释，具有很强的可读性，笔者相信其对国内高校几何学与拓扑学的教学和科研将产生良好的促进作用．

本套图书的作者徐森林教授是著名的几何与拓扑学家，退休前长期担任中国科学技术大学（以下简称"科大"）教授并被华中师范大学聘为特聘教授，多年来一直奋战在教学与科研的第一线．他 1965 年毕业于科大数学系几何拓扑学专业，跟笔者一起师从数学大师吴文俊院士，是科大"吴龙"的杰出代表．和"华龙""关龙"并称为科大"三龙"的"吴龙"的意思是，科大数学系 1960 年入学的同学（共 80 名），从一年级至五年级，由吴文俊老师主持并亲自授课形成的一条龙教学．在一年级和二年级上学期教微积分，在二年级下学期教微分几何．四年级分专业后，吴老师主持几何拓扑专业．该专业共有 9 名学生：徐森林、王启明、邹协成、王曼莉（后名王炜）、王中良、薛春华、任南衡、刘书麟、李邦河．专业课由吴老师讲代数几何，辅导老师是李乔和邓诗涛；岳景中老师讲代数拓扑，辅导老师是熊金城；李培信老师讲微分拓扑.笔者有幸与徐森林同学在一入学时就同住一室，在四、五年级时又同住一室，对他的数学才华非常佩服.

徐森林教授曾先后在国内外重要数学杂志上发表数十篇有关几何与拓扑学的科研论文，并多次主持国家自然科学基金项目.而更令人津津乐道的是，他的教学工作成果也非常突出，在教学上有一套行之有效的方法，曾培养出一大批知名数学家，也曾获得过包括宝钢教学奖在内的多个奖项.他所编著的图书均内容严谨、观点新颖、取材前沿，深受读者喜爱.

这套图书是作者多年以来在科大以及华中师范大学教授几何与拓扑学课程的经验总结，内容充实，特点鲜明.除了大量的例题和习题外，书中还收录了作者本人的部分研究工作成果.希望读者通过这套图书，不仅可以知晓前人走过的路，领略前人见过的风景，更可以继续向前，走出自己的路.

是为序！

中国科学院院士

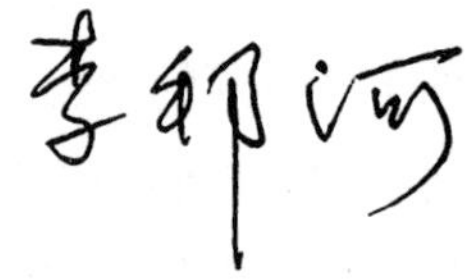

2018 年 11 月

前　言

微分几何是一门历史悠久的学科.近一个世纪以来,许多著名数学家如陈省身、丘成桐等都在这一研究方向上做出了极其重要的贡献.这一学科的生命力至今还很旺盛,并渗透到各个科学研究领域.

古典微分几何以数学分析为主要工具,研究空间中光滑曲线与光滑曲面的各种性质.本书第1章讨论了曲线的曲率、挠率、Frenet 公式、Bouquet 公式等局部性质,证明了曲线论的基本定理,还讨论了曲线的整体性质:4 顶点定理、Minkowski 定理、Fenchel 定理以及 Fary-Milnor 关于纽结的全曲率不等式.第2章引入了曲面第1基本形式、曲面第2基本形式、Gauss(总)曲率、平均曲率、Weingarten 映射、主曲率、曲率线、测地线等重要概念,给出了曲面的基本公式和基本方程、曲面论的基本定理以及著名的 Gauss 绝妙定理等曲面的局部性质,还运用正交活动标架与外微分运算研究了第1、第2、第3基本形式,Weingarten 映射以及第1、第2结构方程.第3章详细论述了曲面的整体性质,得到了全脐超曲面定理、球面的刚性定理、极小曲面的 Bernstein 定理、著名的 Gauss-Bonnet 公式以及 Poincaré 指标定理.

书中对 $\mathbf{R}^n$ 中 $n-1$ 维超曲面采用 g_{ij},L_{ij},…表示,是为了克服 $\mathbf{R}^3$ 中 E,F,G,L,M,N 不能推广到高维的困境和障碍,也是为了能顺利地将古典微分几何从 $\mathbf{R}^3$ 推广到 $\mathbf{R}^n$,再运用到 Riemann 流形上.2.10 节介绍 Riemann 流形上的 Levi-Givita 联络、向量场的平移及测地线,是为了使读者逐渐摆脱古典方法(坐标观点)而进入近代方法(映射观点或不变观点).因此,撰写本书就是为了给读者从古典微分几何到近代微分几何之间架设一座桥梁.当 $n=3$ 时,作为特例我们得到了 $\mathbf{R}^3$ 的1维曲线、2维曲面的一些古典结果,它们是读者研究微分几何不可缺少的几何直观背景.熟读全书后,读者一定会感到离进入近代微分几何的学习与研究只有一步之遥.

书中大量的实例是为了帮助读者更好地掌握微分几何的基本知识与基本方法,也是为了增加读者的几何背景.这既有助于古典微分几何的实际应用,也有助于近代微分几何的学习、研究.

早在20世纪60年代,笔者就跟随著名数学家吴文俊教授攻读微分几何,并得到恩师的栽培.在这几十年中,笔者在中国科学技术大学数学系、少年班和统计系讲授古典微分几何,使得一大批本科生顺利进入研究生阶段,并引导他们对近代微分几何进行学习和研究，其中有7～8人次在全国研究生暑期班中获得奖项，还培养了许多几何拓扑方面的年轻数学家.

感谢中国科学技术大学数学系领导和老师对我的大力支持，感谢著名数学家吴文俊教授对我的鼓励和教导.

徐森林

2018年1月

目 次

第1章
曲　线　论

这一章将引入空间 $\mathbf{R}^n$ 中的 C^r 曲线、C^r 正则曲线. 在 $\mathbf{R}^3$ 中给出曲率 κ 与挠率 τ 的概念. 曲率表示曲线弯曲的程度,曲率为零的连通曲线就是直线段. 挠率表示曲线离开密切平面的程度,挠率为零的连通曲线就是平面曲线. 平面 $\mathbf{R}^2$ 中给出的相对曲率 κ_r,其绝对值表示曲线弯曲的程度,而它的正负号表示曲线弯向哪一侧,正号表示弯向 V_{2r} 的一侧,负号表示弯向 V_{2r} 的另一侧. 接着详细介绍重要的 Frenet 公式,研究了圆柱螺线、一般螺线以及 Bertrand 曲线. 应用 Taylor 公式,在曲线点邻近建立了 Bouquet 公式(局部规范形式),由此可研究该点处曲线的局部性质. 1.5 节证明了曲线论的基本定理与曲线的刚性定理. 除一个刚性运动外,空间曲线完全由它的曲率与挠率所决定. 在 $\mathbf{R}^2$ 中,除一个平面刚性运动外,曲线完全由它的相对曲率所决定. 1.6 节仔细论述了曲率圆、渐缩线和渐伸线以及它们之间的关系. 1.7 节研究了曲线的整体性质,即大范围性质,证明了 4 顶点定理、Minkowski 定理(等宽 b 曲线的周长为 πb)、旋转指标定理、Fenchel 定理以及纽结不等式.

1.1　C^r 正则曲线、切向量、弧长参数

定义 1.1.1　设 $\boldsymbol{x}:(a,b)\to\mathbf{R}^n$, $t\mapsto\boldsymbol{x}(t)=(x^1(t),x^2(t),\cdots,x^n(t))=\sum\limits_{i=1}^{n}x^i(t)\boldsymbol{e}_i$ 是以 t 为参数的**参数曲线**,其中 $x^i(t)$ 为点 $\boldsymbol{x}(t)\in\mathbf{R}^n$ 中的**第 i 个分量**, $i=1,2,\cdots,n$; $\{\boldsymbol{e}_1,\boldsymbol{e}_2,\cdots,\boldsymbol{e}_n\}$ 为 $\mathbf{R}^n$ 中的规范正交基,或单位正交基,或 ON 基.

如果 $\boldsymbol{x}(t)(x^i(t),i=1,2,\cdots,n)$ 连续,C^r 可导(具有 r 阶连续导数,其中 $r\in\mathbf{N}=\{1,2,\cdots\}$(自然数集)),$C^\infty$ 可导(具有各阶连续导数),C^ω(每个 $x^i(t)$, $i=1,2,\cdots,n$ 在每个 $t\in(a,b)$ 处可展开为收敛的幂级数,即是实解析的),则分别称 $\boldsymbol{x}(t)$ 为 **C^0(连续)曲线**, **C^r 曲线**, **C^∞ 曲线**, **C^ω(实解析)曲线**.

记 $C^r((a,b),\mathbf{R}^n)$ 为 $\mathbf{R}^n$ 中在 (a,b) 上的 C^r 参数曲线的全体.

设 $\boldsymbol{x}(t)\in C^r((a,b),\mathbf{R}^n)$, $r\geqslant 1$,我们称

$$\frac{\mathrm{d}\boldsymbol{x}}{\mathrm{d}t}=\boldsymbol{x}'(t)=\lim_{\Delta t\to 0}\frac{\boldsymbol{x}(t+\Delta t)-\boldsymbol{x}(t)}{\Delta t}=\sum_{i=1}^{n}\lim_{\Delta t\to 0}\frac{x^i(t+\Delta t)-x^i(t)}{\Delta t}\boldsymbol{e}_i$$

$$= \sum_{i=1}^{n} x^{i\prime}(t)\boldsymbol{e}_i = (x^{1\prime}(t), x^{2\prime}(t), \cdots, x^{n\prime}(t))$$

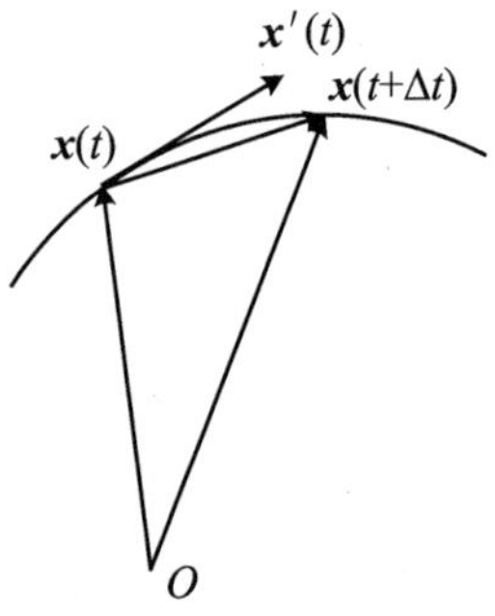

图 1.1.1

为曲线 $\boldsymbol{x}(t)$ 在 t 或 $\boldsymbol{x}(t)$ 处的**切向量**(图 1.1.1). 如果 $t_0 \in (a,b)$, $\boldsymbol{x}'(t_0) \neq 0$, 则称 t_0 或 $\boldsymbol{x}(t_0)$ 为曲线 $\boldsymbol{x}(t)$ 的**正则点**; 如果 $\boldsymbol{x}'(t_0) = 0$, 则称 t_0 或 $\boldsymbol{x}(t_0)$ 为曲线 $\boldsymbol{x}(t)$ 的**奇点**. 当曲线 $\boldsymbol{x}(t)$, $a \leqslant t \leqslant b$ 上所有点都是正则点时, 称 $\boldsymbol{x}(t)$ 为**正则曲线**. 在微分几何里, 通常研究的就是不同光滑程度(C^r, $1 \leqslant r \leqslant \omega$, 其中规定 $1 < 2 < \cdots < \infty < \omega$. r 越大, 曲线越光滑)的正则曲线. 有时, 我们也研究曲线在奇点处的性态.

按惯例, 我们认为参数增加的方向(即切向量 $\boldsymbol{x}'(t)$ 所指的方向)为曲线 $\boldsymbol{x}(t)$ 的**正向**, 其相反方向为**负向**或**反向**(图 1.1.2).

注 1.1.1 设 t_0 为曲线 $\boldsymbol{x}(t)$ 的正则点, 即 $\boldsymbol{x}'(t_0) \neq 0 \Leftrightarrow$ 存在某个 $i \in \{1,2,\cdots,n\}$, 使得 $x^{i\prime}(t_0) \neq 0$. 由 $x^{i\prime}(t)$ 连续, 有 $\delta > 0$, 使 $x^{i\prime}(t)$ ($t \in (t_0 - \delta, t_0 + \delta)$) 与 $x^{i\prime}(t_0)$ 同号. 因此, 在 $(t_0 - \delta, t_0 + \delta)$ 中 $x^i(t)$ 严格单调. 由反函数定理知, $t = t(x^i)$. 这样, 局部可用 x^i 作为曲线的参数, 即 $\boldsymbol{x}(t) = \boldsymbol{x}(t(x^i))$.

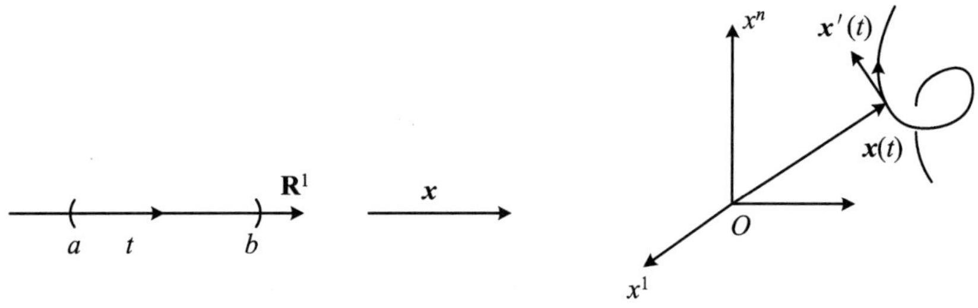

图 1.1.2

注 1.1.2 如果采用另一参数 $\bar{t}$, 则曲线的参数表示为 $\bar{\boldsymbol{x}}(\bar{t})$. 为了保证 t 与 $\bar{t}$ 一一对应, 参数变换式 $\bar{t} = \bar{t}(t)$ 必须满足 $\bar{t}'(t) \neq 0$. 由于 $\bar{\boldsymbol{x}}(\bar{t}) = \boldsymbol{x}(t)$, 故

$$\boldsymbol{x}'(t) = \frac{\mathrm{d}\bar{\boldsymbol{x}}}{\mathrm{d}\bar{t}} \cdot \frac{\mathrm{d}\bar{t}}{\mathrm{d}t},$$

所以 $\boldsymbol{x}'(t) = \boldsymbol{0} \Leftrightarrow \dfrac{\mathrm{d}\bar{\boldsymbol{x}}}{\mathrm{d}\bar{t}} = \boldsymbol{0}$. 这表明, 曲线上一点在取参数 t 时为正则(奇)点 $\Leftrightarrow$ 在取参数 $\bar{t}$ 时为正则(奇)点.

定义 1.1.2 设 $\boldsymbol{x}(t)$, $t \in (a,b)$ 为 $C^r (r \geqslant 1)$ 正则曲线, 我们称

$$s(t) = \int_{t_0}^{t} |\boldsymbol{x}'(t)| \mathrm{d}t = \int_{t_0}^{t} \left(\sum_{i=1}^{n} (x^{i\prime}(t))^2\right)^{\frac{1}{2}} \mathrm{d}t$$

为曲线 $\boldsymbol{x}(t)$ 从参数 t_0 到 t 的**弧长**.

注 1.1.3 如果选直角坐标 $x^1,x^2,\cdots,x^n$ 中的一个(如 x^1)为曲线的参数,则

$$\boldsymbol{x}(x^1)=(x^1,x^2(x^1),\cdots,x^n(x^1)),$$

$$s(x^1)=\int_a^b(1+(x^{2\prime}(x^1))^2+\cdots+(x^{n\prime}(x^1))^2)^{\frac{1}{2}}\mathrm{d}x^1.$$

当 $n=2$ 时,在平面 $\mathbf{R}^2$ 中,有

$$s(x^1)=\int_a^b(1+(x^{2\prime}(x^1))^2)^{\frac{1}{2}}\mathrm{d}x^1.$$

如果采用极坐标,令 $\boldsymbol{x}(\theta)=(r(\theta)\cos\theta,r(\theta)\sin\theta)$,则

$$\begin{aligned}s(\theta)&=\int_{\theta_0}^{\theta_1}((x^{1\prime}(\theta))^2+(x^{2\prime}(\theta))^2)^{\frac{1}{2}}\mathrm{d}\theta\\&=\int_{\theta_0}^{\theta_1}((r'(\theta)\cos\theta-r(\theta)\sin\theta)^2+(r'(\theta)\sin\theta+r(\theta)\cos\theta)^2)^{\frac{1}{2}}\mathrm{d}\theta\\&=\int_{\theta_0}^{\theta_1}(r'^2(\theta)+r^2(\theta))^{\frac{1}{2}}\mathrm{d}\theta.\end{aligned}$$

引理 1.1.1 弧长与同向参数的选取无关.

证明 设 t 与 $\bar{t}$ 为两个同向参数,则 $\dfrac{\mathrm{d}\bar{t}}{\mathrm{d}t}>0$. 又设曲线上定点 P_0 的参数为 $t_0,\bar{t}_0$,动点 P 的参数为 $t,\bar{t}$. 令 $s(t)$ 为曲线 $\boldsymbol{x}(t)$ 从 t_0 到 t 的弧长,$\bar{s}(\bar{t})$ 为曲线 $\bar{\boldsymbol{x}}(\bar{t})=\boldsymbol{x}(t)$ 从 $\bar{t}_0$ 到 $\bar{t}$ 的弧长,则

$$\begin{aligned}\bar{s}(\bar{t})&=\int_{\bar{t}_0}^{\bar{t}}|\bar{\boldsymbol{x}}'(\bar{t})|\mathrm{d}\bar{t}=\int_{t_0}^{t}|\bar{\boldsymbol{x}}'(\bar{t})|\frac{\mathrm{d}\bar{t}}{\mathrm{d}t}\mathrm{d}t=\int_{t_0}^{t}\left|\bar{\boldsymbol{x}}'(\bar{t})\frac{\mathrm{d}\bar{t}}{\mathrm{d}t}\right|\mathrm{d}t\\&=\int_{t_0}^{t}|\boldsymbol{x}'(t)|\mathrm{d}t=s(t).\end{aligned}$$

□

引理 1.1.2 设 $\boldsymbol{x}(t),t\in(a,b)$ 为 $C^r(r\geqslant1)$ 正则曲线,$s=s(t)$ 为弧长,则 $s'(t)=|\boldsymbol{x}'(t)|>0$,并且 s 可作为该正则曲线的参数.

证明 因为 $s'(t)=\left(\int_{t_0}^{t}|\boldsymbol{x}'(t)|\mathrm{d}t\right)'=|\boldsymbol{x}'(t)|>0$,所以 s 为 t 的严格增函数. 根据反函数定理,$t=t(s)$ 为严格增的 C^r 函数,且 $t'(s)=\dfrac{1}{s'(t)}>0$. 于是,$\boldsymbol{x}(t)=\boldsymbol{x}(t(s))$,其中 s 为该正则曲线的新参数. □

引理 1.1.3 设 $\boldsymbol{x}(t)$ 为 $C^r(r\geqslant1)$ 正则曲线,则

$$|\boldsymbol{x}'(t)|=1\iff t=s+c,$$

其中 s 为该正则曲线的弧长,c 为常数.

证明 因为 $t'(s)=\dfrac{1}{s'(t)}=\dfrac{1}{|\boldsymbol{x}'(t)|}$,所以

$$|\boldsymbol{x}'(t)|=1\iff t'(s)=1\iff t=s+c,\quad c\text{ 为常数}.$$

□

例 1.1.1 曲线 $\boldsymbol{x}(t)=(t^3,t^2,0)$，$t\in\mathbf{R}$ 为 $\mathbf{R}^3$ 中的 C^∞ 曲线，$\boldsymbol{x}'(t)=(3t^2,2t,0)$. 因此，$t=0$ 为该曲线的奇点，$t\neq 0$ 为该曲线的正则点(图 1.1.3).

例 1.1.2 曲线 $\boldsymbol{x}=\boldsymbol{x}(t)=(a\cos t, a\sin t, bt)$ 为圆柱面 $x^2+y^2=a^2(a>0)$ 上间距为 $2\pi b(b>0)$ 的一条**圆柱螺线**，它是一条 C^∞ 正则曲线. 求弧长 $s(t)$，并用弧长 s 作参数表示该曲线(图 1.1.4).

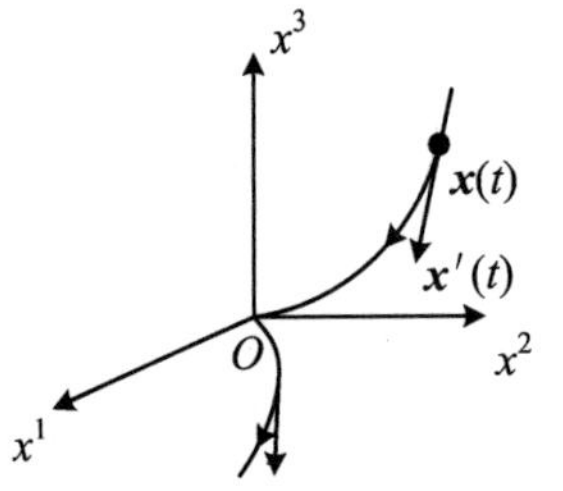

图 1.1.3

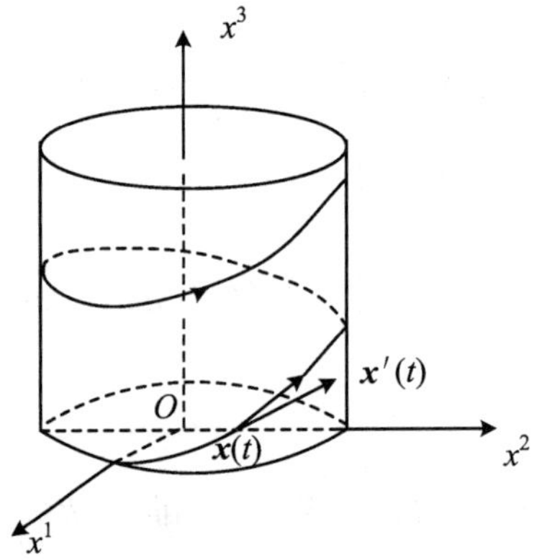

图 1.1.4

证明 因为 $(a\cos t)^2+(a\sin t)^2=a^2$，所以 $\boldsymbol{x}(t)=(a\cos t, a\sin t, bt)$ 在柱面 $(x^1)^2+(x^2)^2=a^2$ 上.

显然，间距为 $bt|_{t=2\pi}-bt|_{t=0}=2\pi b$.

由 $\boldsymbol{x}'(t)=(-a\sin t, a\cos t, b)\neq 0$ 知，$\boldsymbol{x}(t)$ 为正则曲线. 又 $\sin t$，$\cos t$ 有各阶连续导数，故它是 C^∞ 的. 事实上，它是 C^ω(实解析)的(参阅文献[9]151 页例 14.23). 注意到

$$\cos\theta=\frac{\boldsymbol{x}'(t)}{|\boldsymbol{x}'(t)|}\cdot(0,0,1)$$

$$=\left(\frac{-a}{\sqrt{a^2+b^2}}\sin t,\frac{a}{\sqrt{a^2+b^2}}\cos t,\frac{b}{\sqrt{a^2+b^2}}\right)\cdot(0,0,1)=\frac{b}{\sqrt{a^2+b^2}}$$

为常数，故单位切向量 $\frac{\boldsymbol{x}'(t)}{|\boldsymbol{x}'(t)|}$ 与 x^3 轴的夹角为常数. 弧长

$$s=s(t)=\int_0^t|\boldsymbol{x}'(t)|\,\mathrm{d}t=\int_0^t((-a\sin t)^2+(a\cos t)^2+b^2)^{\frac{1}{2}}\mathrm{d}t$$

$$=\sqrt{a^2+b^2}\int_0^t\mathrm{d}t=\sqrt{a^2+b^2}\,t.$$

因此，$\boldsymbol{x}=\left(a\cos\frac{s}{\sqrt{a^2+b^2}},a\sin\frac{s}{\sqrt{a^2+b^2}},\frac{bs}{\sqrt{a^2+b^2}}\right)$，$s$ 为该曲线的弧长参数. □

例 1.1.3 求双曲螺线

$$\boldsymbol{x}(t)=(a\operatorname{ch}t,a\operatorname{sh}t,at),\quad a>0$$

的弧长表示,其中双曲余弦 $\operatorname{ch}t=\frac{e^t+e^{-t}}{2}$,双曲正弦 $\operatorname{sh}t=\frac{e^t-e^{-t}}{2}$.

解 $\boldsymbol{x}'(t)=(a\operatorname{sh}t,a\operatorname{ch}t,a)$,从 $t=0$ 起弧长为

$$\begin{aligned}s=s(t)&=\int_0^t|\boldsymbol{x}'(t)|\,dt=\int_0^t((x^{1\prime}(t))^2+(x^{2\prime}(t))^2+(x^{3\prime}(t))^2)^{\frac{1}{2}}dt\\&=\int_0^t(a^2\operatorname{sh}^2t+a^2\operatorname{ch}^2t+a^2)^{\frac{1}{2}}dt=\int_0^t(a^2(\operatorname{sh}^2t+1)+a^2\operatorname{ch}^2t)^{\frac{1}{2}}dt\\&=\int_0^t(2a^2\operatorname{ch}^2t)^{\frac{1}{2}}dt=\sqrt{2}a\int_0^t\operatorname{ch}t\,dt=\sqrt{2}a\operatorname{sh}t.\end{aligned}$$

因此,$t=\operatorname{arsh}\frac{s}{\sqrt{2}a}$或

$$\begin{aligned}&\frac{s}{\sqrt{2}a}=\operatorname{sh}t=\frac{e^t-e^{-t}}{2}\\\Leftrightarrow\ &(e^t)^2-\frac{\sqrt{2}s}{a}e^t-1=0\\\Leftrightarrow\ &e^t=\frac{\frac{\sqrt{2}s}{a}+\sqrt{\frac{2s^2}{a^2}+4}}{2}=\frac{s+\sqrt{s^2+2a^2}}{\sqrt{2}a}\\\Leftrightarrow\ &t=\ln\frac{s+\sqrt{s^2+2a^2}}{\sqrt{2}a}.\end{aligned}$$

于是

$$\boldsymbol{x}=(a\sqrt{1+\operatorname{sh}^2t},a\operatorname{sh}t,at)=\left(a\sqrt{1+\frac{s^2}{2a^2}},\frac{s}{\sqrt{2}},a\operatorname{arsh}\frac{s}{\sqrt{2}a}\right).$$ □

在 $\mathbf{R}^n$ 中,曲线 $\boldsymbol{x}(t)$在 t_0 处的**切线**方程为(图 1.1.5)

$$\boldsymbol{X}-\boldsymbol{x}(t_0)=\lambda\boldsymbol{x}'(t_0),\quad \lambda\text{ 为切线上的参数},$$

即

$$\begin{aligned}&(X^1-x^1(t_0),X^2-x^2(t_0),\cdots,X^n-x^n(t_0))\\&=(X^1,X^2,\cdots,X^n)-(x^1(t_0),x^2(t_0),\cdots,x^n(t_0))\\&=\lambda(x^{1\prime}(t_0),x^{2\prime}(t_0),\cdots,x^{n\prime}(t_0)),\end{aligned}$$

其中 $\boldsymbol{x}(t_0)=(x^1(t_0),x^2(t_0),\cdots,x^n(t_0))$为切线上的定点,$\boldsymbol{X}=(X^1,X^2,\cdots,X^n)$为切线上的动点,$\boldsymbol{x}'(t_0)=(x^{1\prime}(t_0),x^{2\prime}(t_0),\cdots,x^{n\prime}(t_0))$为切线的方向.

消去 λ 得到切线的直角坐标方程为

$$\frac{X^1 - x^1(t_0)}{x^{1\prime}(t_0)} = \frac{X^2 - x^2(t_0)}{x^{2\prime}(t_0)} = \cdots = \frac{X^n - x^n(t_0)}{x^{n\prime}(t_0)}.$$

曲线的**法面**(过切点并垂直切线的 $n-1$ 维超平面,图 1.1.6)方程为

$$(X - \boldsymbol{x}(t_0)) \perp \boldsymbol{x}'(t_0),$$

$$(X - \boldsymbol{x}(t_0)) \cdot \boldsymbol{x}'(t_0) = 0,$$

即法面的直角坐标方程为

$$(X^1 - x^1(t_0))x^{1\prime}(t_0) + (X^2 - x^2(t_0))x^{2\prime}(t_0) + \cdots + (X^n - x^n(t_0))x^{n\prime}(t_0) = 0,$$

其中 $\boldsymbol{x}(t_0) = (x^1(t_0), x^2(t_0), \cdots, x^n(t_0))$ 为法面上的定点,$\boldsymbol{X} = (X^1, X^2, \cdots, X^n)$ 为法面上的动点,而 $\boldsymbol{x}'(t_0) = (x^{1\prime}(t_0), x^{2\prime}(t_0), \cdots, x^{n\prime}(t_0))$ 为法面(超平面)的法向.

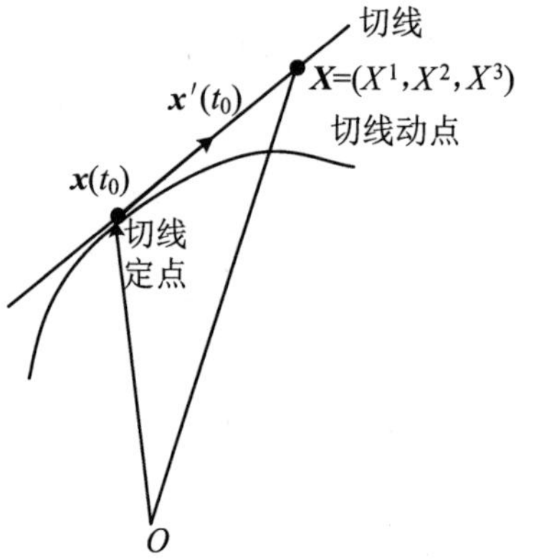

图 1.1.5

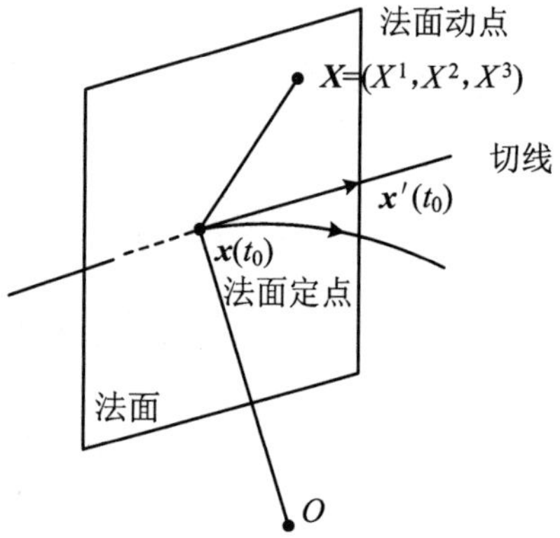

图 1.1.6

例 1.1.4 求圆柱螺线 $\boldsymbol{x}(t) = (a\cos t, a\sin t, bt)$ 在 $t = \frac{\pi}{3}$ 处的切线方程与法面方程.

解 由 $\boldsymbol{x}'(t) = (-a\sin t, a\cos t, b)$ 知

$$\boldsymbol{x}\left(\frac{\pi}{3}\right) = \left(\frac{a}{2}, \frac{\sqrt{3}}{2}a, \frac{\pi}{3}b\right),$$

$$\boldsymbol{x}'\left(\frac{\pi}{3}\right) = \left(-\frac{\sqrt{3}}{2}a, \frac{a}{2}, b\right).$$

(1) 切线方程为 $\boldsymbol{X} - \boldsymbol{x}\left(\frac{\pi}{3}\right) = \lambda \boldsymbol{x}'\left(\frac{\pi}{3}\right)$,即

$$\begin{aligned}(X^1, X^2, X^3) = \boldsymbol{X} &= \boldsymbol{x}\left(\frac{\pi}{3}\right) + \lambda \boldsymbol{x}'\left(\frac{\pi}{3}\right) = \left(\frac{a}{2}, \frac{\sqrt{3}}{2}a, \frac{\pi}{3}b\right) + \lambda\left(-\frac{\sqrt{3}}{2}a, \frac{a}{2}, b\right) \\ &= \left(\frac{1 - \lambda\sqrt{3}}{2}a, \frac{\sqrt{3} + \lambda}{2}a, \left(\frac{\pi}{3} + \lambda\right)b\right);\end{aligned}$$

它的直角坐标方程为

$$\frac{X^1-\frac{a}{2}}{-\frac{\sqrt{3}}{2}a}=\frac{X^2-\frac{\sqrt{3}}{2}a}{\frac{a}{2}}=\frac{X^3-\frac{\pi}{3}b}{b},$$

即

$$\frac{2X^1-a}{-\sqrt{3}a}=\frac{2X^2-\sqrt{3}a}{a}=\frac{3X^3-\pi b}{3b}.$$

(2) 法面方程为

$$\left(\boldsymbol{X}-\boldsymbol{x}\left(\frac{\pi}{3}\right)\right)\cdot \boldsymbol{x}'\left(\frac{\pi}{3}\right)=0,$$

即

$$\left(X^1-\frac{a}{2}\right)\left(-\frac{\sqrt{3}}{2}a\right)+\left(X^2-\frac{\sqrt{3}}{2}a\right)\frac{a}{2}+\left(X^3-\frac{\pi}{3}b\right)\cdot b=0,$$

整理后得到

$$-3\sqrt{3}X^1+3aX^2+6bX^3-2\pi b^2=0.$$ □

引理 1.1.4 $\mathbf{R}^n$ 中 C^1 向量函数 $\boldsymbol{x}(t)$,$t\in(a,b)$具有固定长度⇔对 $\forall\, t\in(a,b)$,有 $\boldsymbol{x}'(t)\perp\boldsymbol{x}(t)$.

证明

$$\begin{aligned}|\boldsymbol{x}(t)|=\text{常数}\quad&\Leftrightarrow\quad \boldsymbol{x}^2(t)=|\boldsymbol{x}(t)|^2=\text{常数}\\&\Leftrightarrow\quad (\boldsymbol{x}^2(t))'=2\boldsymbol{x}(t)\cdot\boldsymbol{x}'(t)=0\\&\Leftrightarrow\quad \boldsymbol{x}'(t)\perp\boldsymbol{x}(t).\end{aligned}$$ □

定理 1.1.1 $\mathbf{R}^n$ 中 C^1 单位向量函数 $\boldsymbol{x}(t)$(即$|\boldsymbol{x}(t)|=1$)关于 t 的**旋转速度** $\lim\limits_{\Delta t\to 0}\left|\frac{\Delta\varphi}{\Delta t}\right|$等于其导数向量$\boldsymbol{x}'(t)$的模$|\boldsymbol{x}'(t)|$,即

$$\lim_{\Delta t\to 0}\left|\frac{\Delta\varphi}{\Delta t}\right|=|\boldsymbol{x}'(t)|,$$

其中 $\Delta\varphi$ 表示向量$\boldsymbol{x}(t)$与 $\boldsymbol{x}(t+\Delta t)$所夹的角,而$|\boldsymbol{x}'(t)|$正反映了该夹角对 Δt 的变化率.

证明

$$\begin{aligned}\lim_{\Delta t\to 0}\left|\frac{\Delta\varphi}{\Delta t}\right|&=\lim_{\Delta t\to 0}\frac{|\Delta\varphi|}{|\boldsymbol{x}(t+\Delta t)-\boldsymbol{x}(t)|}\cdot\frac{|\boldsymbol{x}(t+\Delta t)-\boldsymbol{x}(t)|}{|\Delta t|}\\&=\lim_{\Delta t\to 0}\frac{|\Delta\varphi|}{\left|2\sin\frac{\Delta\varphi}{2}\right|}\cdot\frac{|\boldsymbol{x}(t+\Delta t)-\boldsymbol{x}(t)|}{|\Delta t|}\end{aligned}$$

$$= 1 \cdot |\boldsymbol{x}'(t)| = |\boldsymbol{x}'(t)|.$$

注意：$\Delta\varphi = 0 \Leftrightarrow \boldsymbol{x}(t+\Delta t) - \boldsymbol{x}(t) = \boldsymbol{0}$. 因此，如果有 $\Delta t_n \to 0$，且 $\boldsymbol{x}(t+\Delta t_n) - \boldsymbol{x}(t) = \boldsymbol{0}$，则

$$|\boldsymbol{x}'(t)| = \lim_{\Delta t_n \to 0} \left| \frac{\boldsymbol{x}(t+\Delta t_n) - \boldsymbol{x}(t)}{\Delta t_n} \right| = \left| \lim_{\Delta t_n \to 0} \frac{0}{\Delta t_n} \right| = \left| \lim_{\Delta t_n \to 0} 0 \right| = 0.$$

也有

$$\lim_{\Delta t \to 0} \left| \frac{\Delta \varphi_n}{\Delta t_n} \right| = \lim_{\Delta t \to 0} \left| \frac{0}{\Delta t_n} \right| = \lim_{\Delta t \to 0} 0 = 0 = |\boldsymbol{x}'(t)|,$$

$$\lim_{\Delta t \to 0} \left| \frac{\Delta \varphi}{\Delta t} \right| = |\boldsymbol{x}'(t)|.$$ □

1.2 曲率、挠率

定义 1.2.1 设 $\boldsymbol{x} = \boldsymbol{x}(s)$ 为 $\mathbf{R}^3$ 中的 C^2 正则曲线，s 为弧长参数. 由引理 1.1.3 知，$\boldsymbol{V}_1(s) = \boldsymbol{x}'(s)$ 为沿 $\boldsymbol{x}(s)$ 的单位切向量场. 我们称

$$\kappa(s) = |\boldsymbol{V}_1'(s)| = |\boldsymbol{x}''(s)|$$

为曲线 $\boldsymbol{x}(s)$ 在点 s 处的**曲率**. 而由定理 1.1.1 知

$$\kappa(s) = |\boldsymbol{V}_1'(s)| = \lim_{\Delta s \to 0} \left| \frac{\boldsymbol{V}_1(s+\Delta s) - \boldsymbol{V}_1(s)}{\Delta s} \right| = \lim_{\Delta s \to 0} \left| \frac{\Delta \theta}{\Delta s} \right|$$

度量了曲线上邻近两点 s 与 $s+\Delta s$ 的单位切向量 $\boldsymbol{V}_1(s)$ 与 $\boldsymbol{V}_1(s+\Delta s)$ 间的夹角 $\Delta\theta$ 对弧长的变化率，它反映了曲线的弯曲程度.

当 $\kappa(s) \neq 0$ 时，称 $\rho(s) = \dfrac{1}{\kappa(s)}$ 为曲线 $\boldsymbol{x}(s)$ 在点 s 处的**曲率半径**.

如果 $\boldsymbol{x}''(s) \neq \boldsymbol{0}$，即 $\kappa(s) = |\boldsymbol{V}_1'(s)| = |\boldsymbol{x}''(s)| \neq 0$，则 $\boldsymbol{V}_2(s) = \dfrac{\boldsymbol{V}_1'(s)}{|\boldsymbol{V}_1'(s)|} = \dfrac{\boldsymbol{x}''(s)}{|\boldsymbol{x}''(s)|}$ 为 $\boldsymbol{V}_1'(s) = \boldsymbol{x}''(s)$ 方向上的单位向量. 根据引理 1.1.4，$\boldsymbol{V}_1(s) \perp \boldsymbol{V}_1'(s)$，从而 $\boldsymbol{V}_1(s) \perp \boldsymbol{V}_2(s)$. 我们称 $\boldsymbol{V}_2(s)$ 为曲线 $\boldsymbol{x}(s)$ 在点 s 处的**主法向量**. 于是

$$\boldsymbol{V}_1'(s) = |\boldsymbol{V}_1'(s)| \boldsymbol{V}_2(s) = \kappa(s) \boldsymbol{V}_2(s).$$

而 $\boldsymbol{V}_3(s) = \boldsymbol{V}_1(s) \times \boldsymbol{V}_2(s)$ 称为曲线 $\boldsymbol{x}(s)$ 在点 s 处的**从法向量**. $\{\boldsymbol{V}_1(s), \boldsymbol{V}_2(s), \boldsymbol{V}_3(s)\}$ 为点 $\boldsymbol{x}(s)$ 处的**右旋单位正交基**，它是沿曲线 $\boldsymbol{x}(s)$ 的**自然活动标架**，有时记为 $\{\boldsymbol{x}(s); \boldsymbol{V}_1(s), \boldsymbol{V}_2(s), \boldsymbol{V}_3(s)\}$.

由 $\boldsymbol{V}_1(s)$ 与 $\boldsymbol{V}_2(s)$ 所张成的平面称为点 s（或 $\boldsymbol{x}(s)$）处的**密切平面**.

由 $\boldsymbol{V}_1(s)$ 与 $\boldsymbol{V}_3(s)$ 所张成的平面称为点 s（或 $\boldsymbol{x}(s)$）处的**从切平面**.

由 $\boldsymbol{V}_2(s)$ 与 $\boldsymbol{V}_3(s)$ 所张成的平面称为点 s（或 $\boldsymbol{x}(s)$）处的**法平面**.

通过点 $\boldsymbol{x}(s)$，分别以 $\boldsymbol{V}_1(s)$，$\boldsymbol{V}_2(s)$，$\boldsymbol{V}_3(s)$ 为方向的直线称为曲线 $\boldsymbol{x}(s)$ 在点 s（或 $\boldsymbol{x}(s)$）处的**切线**、**主法线**、**从法线**（图 1.2.1）.

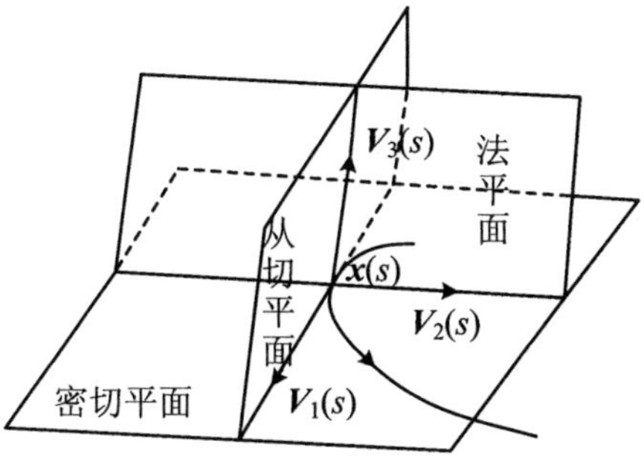

图 1.2.1

如果 $\boldsymbol{x}=\boldsymbol{x}(s)$ 为 C^3 正则曲线，则

$$2\boldsymbol{V}_3'(s)\cdot\boldsymbol{V}_3(s)=(\boldsymbol{V}_3(s)\cdot\boldsymbol{V}_3(s))'=1'=0,$$

$$\begin{aligned}\boldsymbol{V}_3'(s)\cdot\boldsymbol{V}_1(s)&=\kappa\boldsymbol{V}_2(s)\cdot\boldsymbol{V}_3(s)+\boldsymbol{V}_1(s)\cdot\boldsymbol{V}_3'(s)\\&=\boldsymbol{V}_1'(s)\cdot\boldsymbol{V}_3(s)+\boldsymbol{V}_1(s)\cdot\boldsymbol{V}_3'(s)\\&=(\boldsymbol{V}_1(s)\cdot\boldsymbol{V}_3(s))'\\&=0'=0,\end{aligned}$$

由此得到 $\boldsymbol{V}_3'(s)/\!/\boldsymbol{V}_2(s)$.

设 $\boldsymbol{x}''(s)\neq\boldsymbol{0}$，即 $\kappa(s)\neq 0$，则 $\boldsymbol{V}_3'(s)=-\tau(s)\boldsymbol{V}_2(s)$ 所确定的函数 $\tau(s)$ 称为该曲线 $\boldsymbol{x}(s)$ 在点 s 处的**挠率**. 显然

$$\tau(s)=-\tau(s)\boldsymbol{V}_2(s)\cdot(-\boldsymbol{V}_2(s))=\boldsymbol{V}_3'(s)\cdot(-\boldsymbol{V}_2(s))=-\boldsymbol{V}_3'(s)\cdot\boldsymbol{V}_2(s),$$

$$|\tau(s)|=|-\boldsymbol{V}_3'(s)\cdot\boldsymbol{V}_2(s)|=|\boldsymbol{V}_3'(s)|$$

或

$$|\tau(s)|=|-\tau(s)\cdot\boldsymbol{V}_2(s)|=|\boldsymbol{V}_3'(s)|.$$

由此和定理 1.1.1 知，$|\tau(s)|=|\boldsymbol{V}_3'(s)|$ 度量了曲线上邻近两点 s 与 $s+\Delta s$ 的从法向量 $\boldsymbol{V}_3(s)$ 与 $\boldsymbol{V}_3(s+\Delta s)$ 之间的夹角（即密切平面之间的夹角）对弧长的变化率（参阅定理 1.1.1）.

定理 1.2.1 （1）设 $\boldsymbol{x}=\boldsymbol{x}(s)$ 为 $\mathbf{R}^3$ 中的 C^3 正则曲线，则挠率为

$$\tau(s)=\frac{(\boldsymbol{x}'(s),\boldsymbol{x}''(s),\boldsymbol{x}'''(s))}{|\boldsymbol{x}''(s)|^2},$$

其中 $(\boldsymbol{x}'(s),\boldsymbol{x}''(s),\boldsymbol{x}'''(s))=(\boldsymbol{x}'(s)\times\boldsymbol{x}''(s))\cdot\boldsymbol{x}'''(s)$ 为 $\boldsymbol{x}'(s),\boldsymbol{x}''(s),\boldsymbol{x}'''(s)$ 的混合积，s 为弧长参数，$\boldsymbol{x}''(s)\neq\boldsymbol{0}$（即 $\kappa\neq 0$）.

（2）如 t 为参数，$\boldsymbol{x}(t)$ 为 t 的 C^3 正则曲线，则曲率为

$$\kappa(t)=\frac{|\boldsymbol{x}'(t)\times\boldsymbol{x}''(t)|}{|\boldsymbol{x}'(t)|^3},$$

当 $t=s$ 为弧长时，

$$\kappa(s)=|\boldsymbol{x}'(s)\times\boldsymbol{x}''(s)|,$$

$$\tau(t)=\frac{(\boldsymbol{x}'(t),\boldsymbol{x}''(t),\boldsymbol{x}'''(t))}{|\boldsymbol{x}'(t)\times\boldsymbol{x}''(t)|^2}.$$

证明 (1) 由

$$\boldsymbol{x}'''(s)=(\boldsymbol{x}''(s))'=(\kappa(s)\boldsymbol{V}_2(s))'=\kappa'(s)\boldsymbol{V}_2(s)+\kappa(s)\boldsymbol{V}_2'(s),$$

$$\boldsymbol{V}_2'(s)=\frac{\boldsymbol{x}'''(s)-\kappa'(s)\boldsymbol{V}_2(s)}{\kappa(s)}$$

得到

$$\begin{aligned}\tau(s)&=-\boldsymbol{V}_3'(s)\cdot\boldsymbol{V}_2(s)=\boldsymbol{V}_2'(s)\cdot\boldsymbol{V}_3(s)\\&=\frac{\boldsymbol{x}'''(s)-\kappa'(s)\boldsymbol{V}_2(s)}{\kappa(s)}\cdot\boldsymbol{V}_3(s)=\boldsymbol{x}'''(s)\cdot\frac{\boldsymbol{V}_3(s)}{\kappa(s)}\\&=\boldsymbol{x}'''(s)\cdot\frac{\frac{\boldsymbol{x}'(s)\times\boldsymbol{x}''(s)}{\kappa(s)}}{\kappa(s)}=\frac{(\boldsymbol{x}'(s),\boldsymbol{x}''(s),\boldsymbol{x}'''(s))}{|\boldsymbol{x}''(s)|^2}.\end{aligned}$$

(2)

$$\begin{aligned}\kappa(t)&=|\kappa(t)\boldsymbol{V}_3(t)|=|\boldsymbol{V}_1(t)\times\kappa(t)\boldsymbol{V}_2(t)|\\&=\left|\frac{\mathrm{d}\boldsymbol{x}}{\mathrm{d}s}\times\frac{\mathrm{d}^2\boldsymbol{x}}{\mathrm{d}s^2}\right|=\left|\left(\boldsymbol{x}'(t)\frac{\mathrm{d}t}{\mathrm{d}s}\right)\times\left(\boldsymbol{x}''(t)\left(\frac{\mathrm{d}t}{\mathrm{d}s}\right)^2+\boldsymbol{x}'(t)\frac{\mathrm{d}^2t}{\mathrm{d}s^2}\right)\right|\\&=\left|\left(\boldsymbol{x}'(t)\frac{\mathrm{d}t}{\mathrm{d}s}\right)\times\left(\boldsymbol{x}''(t)\left(\frac{\mathrm{d}t}{\mathrm{d}s}\right)^2\right)\right|\\&=\frac{|\boldsymbol{x}'(t)\times\boldsymbol{x}''(t)|}{|\boldsymbol{x}'(t)|^3}.\end{aligned}$$

因此，当 $t=s$ 为弧长参数时，

$$\kappa(s)=|\boldsymbol{x}'(s)\times\boldsymbol{x}''(s)|\quad\text{或}\quad\kappa(s)=\left|\frac{\mathrm{d}\boldsymbol{x}}{\mathrm{d}s}\times\frac{\mathrm{d}^2\boldsymbol{x}}{\mathrm{d}s^2}\right|=|\boldsymbol{x}'(s)\times\boldsymbol{x}''(s)|.$$

由(1)得到

$$\tau(t)=\frac{\left(\frac{\mathrm{d}\boldsymbol{x}}{\mathrm{d}s},\frac{\mathrm{d}^2\boldsymbol{x}}{\mathrm{d}s^2},\frac{\mathrm{d}^3\boldsymbol{x}}{\mathrm{d}s^3}\right)}{\left|\frac{\mathrm{d}^2\boldsymbol{x}}{\mathrm{d}s^2}\right|^2}=\frac{\left(\frac{\mathrm{d}\boldsymbol{x}}{\mathrm{d}s}\times\frac{\mathrm{d}^2\boldsymbol{x}}{\mathrm{d}s^2}\right)\cdot\frac{\mathrm{d}^3\boldsymbol{x}}{\mathrm{d}s^3}}{\kappa^2(s)}$$

$$= \frac{(\boldsymbol{x}'(t) \times \boldsymbol{x}''(t))\left(\dfrac{\mathrm{d}t}{\mathrm{d}s}\right)^3 \cdot \left(\boldsymbol{x}'''(t)\left(\dfrac{\mathrm{d}t}{\mathrm{d}s}\right)^3 + 3\boldsymbol{x}''(t)\dfrac{\mathrm{d}t}{\mathrm{d}s}\dfrac{\mathrm{d}^2 t}{\mathrm{d}s^2} + \boldsymbol{x}'(t)\dfrac{\mathrm{d}^3 t}{\mathrm{d}s^3}\right)}{\left(\dfrac{|\boldsymbol{x}'(t) \times \boldsymbol{x}''(t)|}{|\boldsymbol{x}'(t)|^3}\right)^2}$$

$$= \frac{(\boldsymbol{x}'(t), \boldsymbol{x}''(t), \boldsymbol{x}'''(t))}{|\boldsymbol{x}'(t) \times \boldsymbol{x}''(t)|^2}. \qquad \square$$

引理 1.2.1　曲线改变定向(即改为与弧长的度量方向相反的方向),曲率和挠率不变.

证明　设改变定向后的弧长参数 $\bar{s} = s_0 - s$(s 为原定向的弧长参数),则单位切向量 $\overline{\boldsymbol{V}}_1(\bar{s}) = -\boldsymbol{V}_1(s)$,从而

(1) $\overline{\boldsymbol{V}}_1'(\bar{s}) = -\boldsymbol{V}_1'(s)\dfrac{\mathrm{d}s}{\mathrm{d}\bar{s}} = \boldsymbol{V}_1'(s)$;

(2) $\bar{\kappa}(\bar{s}) = |\overline{\boldsymbol{V}}_1'(\bar{s})| = |\boldsymbol{V}_1'(s)| = \kappa(s)$;

(3) $\overline{\boldsymbol{V}}_2(\bar{s}) = \overline{\boldsymbol{V}}_1'(\bar{s})/\bar{\kappa}(\bar{s}) = \boldsymbol{V}_1'(\bar{s})/\kappa(s) = \boldsymbol{V}_2(s)$.

又从法向量为

$$\overline{\boldsymbol{V}}_3(\bar{s}) = \overline{\boldsymbol{V}}_1(\bar{s}) \times \overline{\boldsymbol{V}}_2(\bar{s}) = (-\boldsymbol{V}_1(s)) \times \boldsymbol{V}_2(s) = -\boldsymbol{V}_3(s),$$

$$\overline{\boldsymbol{V}}_3'(\bar{s}) = -\boldsymbol{V}_3'(s) \cdot \frac{\mathrm{d}s}{\mathrm{d}\bar{s}} = \boldsymbol{V}_3'(s),$$

所以挠率为

$$\bar{\tau}(\bar{s}) = -\overline{\boldsymbol{V}}_3(\bar{s}) \cdot \overline{\boldsymbol{V}}_2(\bar{s}) = -\boldsymbol{V}_3(s) \cdot \boldsymbol{V}_2(s) = \tau(s). \qquad \square$$

引理 1.2.2　设 $\boldsymbol{x}(s)$ 为 C^2 正则连通曲线,s 为弧长,则

$$\boldsymbol{x}(s) \text{ 为直线段} \quad \Longleftrightarrow \quad \text{曲率 } \kappa(s) = 0.$$

证明　($\Rightarrow$)设直线段 $\boldsymbol{x}(s) = \boldsymbol{a}s + \boldsymbol{b}$,$\boldsymbol{a}$ 与 $\boldsymbol{b}$ 均为常向量,且 $|\boldsymbol{a}| = 1$,则

$$\kappa(s) = |\boldsymbol{x}''(s)| = |\boldsymbol{0}| = 0.$$

($\Leftarrow$)设 $|\boldsymbol{x}''(s)| = \kappa(s) = 0$,则 $\boldsymbol{x}''(s) = \boldsymbol{0}$,$\boldsymbol{x}'(s) = \boldsymbol{a} \neq \boldsymbol{0}$,$\boldsymbol{x}(s) = \boldsymbol{a}s + \boldsymbol{b}$,$\boldsymbol{a}$,$\boldsymbol{b}$ 均为常向量(因 s 为弧长,故 $|\boldsymbol{a}| = |\boldsymbol{x}'(s)| = 1$).这表明 $\boldsymbol{x}(s)$ 为直线段. $\qquad \square$

定理 1.2.2　设 $\boldsymbol{x}(s)$ 为 $\mathbf{R}^3$ 中的 C^3 正则连通曲线,则

$$\boldsymbol{x}(s) \text{ 为平面曲线,且处处有 } \kappa(s) \neq 0 \quad \Longleftrightarrow \quad \tau(s) \equiv 0.$$

证明　($\Rightarrow$)设曲线 $\boldsymbol{x}(s)$ 位于一个平面上,$\boldsymbol{B}$ 为这个平面的法向量.记这个平面为

$$(\boldsymbol{X} - \boldsymbol{x}(0)) \cdot \boldsymbol{B} = 0,$$

其中 $\boldsymbol{x}(0)$ 为平面上的定点,而 $\boldsymbol{X}$ 为动点.于是,有

$$(\boldsymbol{x}(s) - \boldsymbol{x}(0)) \cdot \boldsymbol{B} = 0.$$

两边对 s 求导得到(见等式就求导)

$$\boldsymbol{V}_1(s) \cdot \boldsymbol{B} = \boldsymbol{x}'(s) \cdot \boldsymbol{B} = 0.$$

再对上式关于 s 求导得

$$\kappa(s)\boldsymbol{V}_2(s)\cdot\boldsymbol{B}=\boldsymbol{V}_1'(s)\cdot\boldsymbol{B}=0.$$

由题设 $\kappa(s)\neq 0$ 推出 $\boldsymbol{V}_2(s)\cdot\boldsymbol{B}=0$. 于是, $\boldsymbol{V}_1(s)\perp\boldsymbol{B}$, $\boldsymbol{V}_2(s)\perp\boldsymbol{B}$. 因此

$$\boldsymbol{V}_3(s)=\boldsymbol{V}_1(s)\times\boldsymbol{V}_2(s)\parallel\boldsymbol{B}.$$

又因 $|\boldsymbol{V}_3(s)|=1$, 故 $\boldsymbol{V}_3(s)=\pm\dfrac{\boldsymbol{B}}{|\boldsymbol{B}|}$, $\boldsymbol{V}_3'(s)=\boldsymbol{0}$, 且

$$\tau(s)=-\boldsymbol{V}_3'(s)\cdot\boldsymbol{V}_2(s)=-\boldsymbol{0}\cdot\boldsymbol{V}_2(s)=0.$$

($\Leftarrow$)设 $\tau(s)=0$, 从而 $\tau(s)$ 有定义, 故处处有 $\kappa(s)\neq 0$. 于是

$$\boldsymbol{V}_3'(s)=-\tau(s)\boldsymbol{V}_2(s)=-0\cdot\boldsymbol{V}_2(s)=\boldsymbol{0},$$

$$\boldsymbol{V}_3(s)=\int_0^s\boldsymbol{V}_3'(s)\mathrm{d}s+\boldsymbol{V}_3(0)=\int_0^s\boldsymbol{0}\mathrm{d}s+\boldsymbol{V}_3(0)=\boldsymbol{V}_3(0)=\boldsymbol{B}.$$

由此推得

$$((\boldsymbol{x}(s)-\boldsymbol{x}(0))\cdot\boldsymbol{B})'=\boldsymbol{x}'(s)\cdot\boldsymbol{B}=\boldsymbol{V}_1(s)\cdot\boldsymbol{V}_3(s)=0,$$

$$(\boldsymbol{x}(s)-\boldsymbol{x}(0))\cdot\boldsymbol{B}=(\boldsymbol{x}(0)-\boldsymbol{x}(0))\cdot\boldsymbol{B}=\boldsymbol{0}\cdot\boldsymbol{B}=0.$$

这就表明 $\boldsymbol{x}(s)$ 为一条位于平面

$$(\boldsymbol{X}-\boldsymbol{x}(0))\cdot\boldsymbol{B}=0$$

中的平面曲线, 其中 $\boldsymbol{X}$ 为该平面的动点, $\boldsymbol{x}(0)$ 为该平面的定点. □

推论 1.2.1 设 $\boldsymbol{x}(s)$ 为 $\mathbf{R}^3$ 中的 C^3 连通曲线, s 为弧长参数, 则

$\boldsymbol{x}(s)$ 为平面曲线, 且处处 $\kappa(s)\neq 0$ $\Leftrightarrow$ 曲线 $\boldsymbol{x}(s)$ 的密切平面处处平行.

证明 (证法 1)

密切平面处处平行 $\Leftrightarrow$ $\boldsymbol{V}_3(s)=\boldsymbol{B}$(常单位向量)

$\Leftrightarrow -\tau(s)\boldsymbol{V}_2(s)=\boldsymbol{V}_3'(s)=\boldsymbol{0}\Leftrightarrow\tau(s)=0$

$\overset{\text{定理1.2.2}}{\Longleftrightarrow}$ $\boldsymbol{x}(s)$ 为平面曲线, 且处处有 $\kappa(s)\neq 0$.

(证法 2)($\Leftarrow$)设 $\boldsymbol{x}(s)$ 的密切平面处处平行, 即 $\boldsymbol{V}_3(s)=\boldsymbol{B}$(常单位向量), 由此得到

$$((\boldsymbol{x}(s)-\boldsymbol{x}(0))\cdot\boldsymbol{B})'=\boldsymbol{V}_1(s)\cdot\boldsymbol{B}=\boldsymbol{V}_1(s)\cdot\boldsymbol{V}_3(s)=0,$$

$$(\boldsymbol{x}(s)-\boldsymbol{x}(0))\cdot\boldsymbol{B}=(\boldsymbol{x}(0)-\boldsymbol{x}(0))\cdot\boldsymbol{B}=\boldsymbol{0}\cdot\boldsymbol{B}=0.$$

这就证明了 $\boldsymbol{x}(s)$ 落在平面 $(\boldsymbol{X}-\boldsymbol{x}(0))\cdot\boldsymbol{B}=0$ 上. 再由 $\boldsymbol{V}_2(s)$ 的定义知, 处处有 $\kappa(s)\neq 0$.

($\Rightarrow$)设 $\boldsymbol{x}(s)$ 为平面曲线, 即存在单位向量 $\boldsymbol{B}$, 使得

$$(\boldsymbol{x}(s)-\boldsymbol{x}(0))\cdot\boldsymbol{B}=0,$$

$\boldsymbol{B}$ 为平面 $(\boldsymbol{X}-\boldsymbol{x}(0))\cdot\boldsymbol{B}=0$ 的法向量. 于是, 由定理 1.2.2 必要性的推导知, $\boldsymbol{V}_3(s)=\pm\boldsymbol{B}$, 从而 $\boldsymbol{x}(s)$ 的密切平面处处平行. □

定理 1.2.3 曲线的弧长、曲率与挠率都是 $\mathbf{R}^3$ 中的刚性运动不变量.

证明 设曲线 $\bar{\boldsymbol{x}}(t)=(\bar{x}^1(t),\bar{x}^2(t),\bar{x}^3(t))$ 与曲线 $\boldsymbol{x}(t)=(x^1(t),x^2(t),x^3(t))$

只差一个 $\mathbf{R}^3$ 中的刚性运动,即从 $\boldsymbol{x}(t)$ 到 $\bar{\boldsymbol{x}}(t)$ 的变换为

$$(\bar{x}^1(t),\bar{x}^2(t),\bar{x}^3(t)) = (x^1(t),x^2(t),x^3(t))\begin{pmatrix} a_{11} & a_{12} & a_{13} \\ a_{21} & a_{22} & a_{23} \\ a_{31} & a_{32} & a_{33} \end{pmatrix} + (b^1,b^2,b^3)$$

(简记为 $\bar{\boldsymbol{x}}(t)=\boldsymbol{x}(t)\boldsymbol{A}+\boldsymbol{b}$),其中 $\boldsymbol{A}$ 为行列式 $|\boldsymbol{A}|=1$ 的 3 阶正交矩阵,$\boldsymbol{b}$ 为常行向量.

设 $\bar{\boldsymbol{x}}(t)$ 的弧长、曲率与挠率分别为 $\bar{s}(t),\bar{\kappa}(t)$ 与 $\bar{\tau}(t)$;$\boldsymbol{x}(t)$ 的弧长、曲率与挠率分别为 $s(t),\kappa(t)$ 与 $\tau(t)$.因为

$$\bar{\boldsymbol{x}}'(t) = \boldsymbol{x}'(t)\boldsymbol{A}, \quad \bar{\boldsymbol{x}}''(t) = \boldsymbol{x}''(t)\boldsymbol{A},$$

并且 $\boldsymbol{A}$ 为正交矩阵,所以

$$|\bar{\boldsymbol{x}}'(t)| = |\boldsymbol{x}'(t)\boldsymbol{A}| = |\boldsymbol{x}'(t)|,$$

$$|\bar{\boldsymbol{x}}''(t)| = |\boldsymbol{x}''(t)\boldsymbol{A}| = |\boldsymbol{x}''(t)|.$$

从而

$$\bar{s}(t) = \int_{t_0}^{t} |\bar{\boldsymbol{x}}'(t)|\,\mathrm{d}t = \int_{t_0}^{t} |\boldsymbol{x}'(t)|\,\mathrm{d}t = s(t),$$

$$\bar{s}(t_0) = 0 = s(t_0).$$

进而,有

$$\bar{\kappa}(t) = \frac{|\bar{\boldsymbol{x}}'(t)\times\bar{\boldsymbol{x}}''(t)|}{|\bar{\boldsymbol{x}}'(t)|^3} = \frac{|\boldsymbol{x}'(t)\boldsymbol{A}\times\boldsymbol{x}''(t)\boldsymbol{A}|}{|\boldsymbol{x}'(t)\boldsymbol{A}|^3} = \frac{|\boldsymbol{x}'(t)\times\boldsymbol{x}''(t)|}{|\boldsymbol{x}'(t)|^3} = \kappa(t).$$

再由 $\boldsymbol{A}$ 为行列式 $|\boldsymbol{A}|=1$ 的正交矩阵得

$$\bar{\tau}(t) = \frac{(\bar{\boldsymbol{x}}'(t),\bar{\boldsymbol{x}}''(t),\bar{\boldsymbol{x}}'''(t))}{|\bar{\boldsymbol{x}}'(t)\times\bar{\boldsymbol{x}}''(t)|^2} = \frac{(\boldsymbol{x}'(t)\boldsymbol{A},\boldsymbol{x}''(t)\boldsymbol{A},\boldsymbol{x}'''(t)\boldsymbol{A})}{|\boldsymbol{x}'(t)\boldsymbol{A}\times\boldsymbol{x}''(t)\boldsymbol{A}|^2}$$

$$= \frac{(\boldsymbol{x}'(t),\boldsymbol{x}''(t),\boldsymbol{x}'''(t))}{|\boldsymbol{x}'(t)\times\boldsymbol{x}''(t)|^2} = \tau(t).$$

这就证明了弧长、曲率与挠率为刚性不变量. □

推论 1.2.2 在定理 1.2.3 中,如果 $\bar{\boldsymbol{x}}(t)=\boldsymbol{x}(t)\boldsymbol{A}+\boldsymbol{b}$ 中的 $\boldsymbol{A}$,其行列式 $|\boldsymbol{A}|=-1$,且为正交矩阵,则 $\bar{s}(t)=s(t),\bar{\kappa}(t)=\kappa(t),\bar{\tau}(t)=-\tau(t)$.

证明 类似定理 1.2.3 的证明,有

$$\bar{s}(t) = s(t), \quad \bar{\kappa}(t) = \kappa(t).$$

为证明 $\bar{\tau}(t)=-\tau(t)$,令

$$\boldsymbol{A} = \begin{pmatrix} -1 & 0 & 0 \\ 0 & -1 & 0 \\ 0 & 0 & -1 \end{pmatrix}\boldsymbol{B},$$

其中 $\boldsymbol{B}$ 为正交矩阵,且 $|\boldsymbol{B}|=1$.根据定理 1.2.3 的结论,只需证明当

$$\boldsymbol{A}=\begin{pmatrix}-1&0&0\\0&-1&0\\0&0&-1\end{pmatrix}$$

时，$\bar{\tau}(t)=-\tau(t)$. 事实上，

$$\bar{\tau}(t)=\frac{(\bar{\boldsymbol{x}}'(t),\bar{\boldsymbol{x}}''(t),\bar{\boldsymbol{x}}'''(t))}{|\bar{\boldsymbol{x}}'(t)\times\bar{\boldsymbol{x}}''(t)|^2}=\frac{(-\boldsymbol{x}'(t),-\boldsymbol{x}''(t),-\boldsymbol{x}'''(t))}{|(-\boldsymbol{x}'(t))\times(-\boldsymbol{x}''(t))|^2}$$

$$=-\frac{(\boldsymbol{x}'(t),\boldsymbol{x}''(t),\boldsymbol{x}'''(t))}{|\boldsymbol{x}'(t)\times\boldsymbol{x}''(t)|^2}=-\tau(t).$$ □

注 1.2.1 如果两条曲线相应的弧长、曲率与挠率对应相等，它们是否可以通过一个刚性运动而叠合(参阅定理 1.5.2)?

例 1.2.1 证明：圆周 $\boldsymbol{x}(s)=\left(r\cos\frac{s}{r},r\sin\frac{s}{r},0\right)$(即 $(x^1)^2+(x^2)^2=r^2$, $x^3=0$, $r>0$)的曲率 $\kappa(s)=\frac{1}{r}$，挠率 $\tau(s)=0$.

证明 (证法 1)因为

$$\boldsymbol{x}'(s)=\left(-\sin\frac{s}{r},\cos\frac{s}{r},0\right),$$

$$|\boldsymbol{x}'(s)|=\left(\left(-\sin\frac{s}{r}\right)^2+\left(\cos\frac{s}{r}\right)^2+0^2\right)^{\frac{1}{2}}=1,$$

故 s 为 $\boldsymbol{x}(s)$ 的弧长参数. 于是

$$\boldsymbol{V}_1(s)=\boldsymbol{x}'(s)=\left(-\sin\frac{s}{r},\cos\frac{s}{r},0\right),$$

$$\boldsymbol{V}_1'(s)=\boldsymbol{x}''(s)=\left(-\frac{1}{r}\cos\frac{s}{r},-\frac{1}{r}\sin\frac{s}{r},0\right)=\frac{1}{r}\left(-\cos\frac{s}{r},-\sin\frac{s}{r},0\right)=\frac{1}{r}\boldsymbol{V}_2(s),$$

$$\kappa(s)=|\boldsymbol{x}''(s)|=\frac{1}{r},$$

$$\boldsymbol{V}_2(s)=\left(-\cos\frac{s}{r},-\sin\frac{s}{r},0\right),$$

$$\boldsymbol{V}_1(s)\cdot\boldsymbol{V}_2(s)=0,$$

即 $\boldsymbol{V}_1(s)\perp\boldsymbol{V}_2(s)$.

$$\boldsymbol{V}_3(s)=\boldsymbol{V}_1(s)\times\boldsymbol{V}_2(s)=\begin{vmatrix}\boldsymbol{e}_1&\boldsymbol{e}_2&\boldsymbol{e}_3\\-\sin\frac{s}{r}&\cos\frac{s}{r}&0\\-\cos\frac{s}{r}&-\sin\frac{s}{r}&0\end{vmatrix}=\boldsymbol{e}_3=(0,0,1)$$

$$\Leftrightarrow \quad -\tau(s)\boldsymbol{V}_2(s) = \boldsymbol{V}_3'(s) = \boldsymbol{e}_3' = \boldsymbol{0}$$

$$\Leftrightarrow \quad \tau(s) = 0.$$

(证法 2)由定理 1.2.2 知 $\tau(s)=0$.

(证法 3)直接由曲率公式得到

$$\kappa(s) = \frac{|\boldsymbol{x}'(s)\times\boldsymbol{x}''(s)|}{|\boldsymbol{x}'(s)|^3} = |\boldsymbol{x}'(s)\times\boldsymbol{x}''(s)|$$

$$= \left\| \begin{matrix} \boldsymbol{e}_1 & \boldsymbol{e}_2 & \boldsymbol{e}_3 \\ -\sin\dfrac{s}{r} & \cos\dfrac{s}{r} & 0 \\ -\dfrac{1}{r}\cos\dfrac{s}{r} & -\dfrac{1}{r}\sin\dfrac{s}{r} & 0 \end{matrix} \right\| = \left|\frac{1}{r}\boldsymbol{e}_3\right| = \frac{1}{r}.$$

直接由挠率公式得到

$$\tau(s) = \frac{(\boldsymbol{x}'(s),\boldsymbol{x}''(s),\boldsymbol{x}'''(s))}{|\boldsymbol{x}''(s)|^2} = \frac{\left(\boldsymbol{x}'(s),\boldsymbol{x}''(s),-\dfrac{1}{r^2}\boldsymbol{x}'(s)\right)}{|\boldsymbol{x}''(s)|^2} = 0,$$

其中

$$\boldsymbol{x}'''(s) = \frac{1}{r^2}\left(\sin\frac{s}{r},-\cos\frac{s}{r},0\right) = -\frac{1}{r^2}\boldsymbol{x}'(s).$$ □

例 1.2.2 求椭圆 $\boldsymbol{x}(t)=(a\cos t, b\sin t, 0)(a>0,b>0)$的弧长、曲率与挠率.

解 (解法 1)

$$\boldsymbol{x}'(t) = (-a\sin t, b\cos t, 0),$$

$$\frac{\mathrm{d}s}{\mathrm{d}t} = |\boldsymbol{x}'(t)| = ((-a\sin t)^2+(b\cos t)^2+0^2)^{\frac{1}{2}} = (a^2\sin^2 t+b^2\cos^2 t)^{\frac{1}{2}}$$

$$\neq 1 \quad (\text{当 } a = b \neq 1 \text{ 或 } a \neq b \text{ 时}).$$

此时,t 不为弧长参数.

弧长

$$s(t) = \int_0^t |\boldsymbol{x}'(\theta)|\,\mathrm{d}\theta = \int_0^t (a^2\sin^2\theta + b^2\cos^2\theta)^{\frac{1}{2}}\,\mathrm{d}\theta.$$

$$\boldsymbol{x}''(t) = (-a\cos t, -b\sin t, 0),$$

$$\boldsymbol{x}'''(t) = (a\sin t, -b\cos t, 0),$$

$$\boldsymbol{x}'(t)\times\boldsymbol{x}''(t) = \begin{vmatrix} \boldsymbol{e}_1 & \boldsymbol{e}_2 & \boldsymbol{e}_3 \\ -a\sin t & b\cos t & 0 \\ -a\cos t & -b\sin t & 0 \end{vmatrix} = ab\boldsymbol{e}_3 = (0,0,ab).$$

根据曲率与挠率公式,有

$$\kappa(t)=\frac{|\boldsymbol{x}'(t)\times\boldsymbol{x}''(t)|}{|\boldsymbol{x}'(t)|^3}=\frac{ab}{(a^2\sin^2 t+b^2\cos^2 t)^{\frac{3}{2}}},$$

$$\begin{aligned}\tau(t)&=\frac{(\boldsymbol{x}'(t),\boldsymbol{x}''(t),\boldsymbol{x}'''(t))}{|\boldsymbol{x}'(t)\times\boldsymbol{x}''(t)|^2}\\&=\frac{(\boldsymbol{x}'(t)\times\boldsymbol{x}''(t))\cdot\boldsymbol{x}'''(t)}{|\boldsymbol{x}'(t)\times\boldsymbol{x}''(t)|^2}\\&=(0,0,ab)\cdot\frac{(a\sin t,-b\cos t,0)}{|(0,0,ab)|^2}\\&=0.\end{aligned}$$

(解法 2)

$$\tau(t)=\frac{(\boldsymbol{x}'(t),\boldsymbol{x}''(t),\boldsymbol{x}'''(t))}{|\boldsymbol{x}'(t)\times\boldsymbol{x}''(t)|^2}=\frac{\begin{vmatrix}-a\sin t & b\cos t & 0\\ -a\cos t & -b\sin t & 0\\ a\sin t & -b\cos t & 0\end{vmatrix}}{|(0,0,ab)|^2}=0.$$

(解法 3)根据定理 1.2.2 得到 $\tau(t)=0$. □

例 1.2.3 求圆柱螺线 $\boldsymbol{x}(s)=(r\cos\omega s,r\sin\omega s,\omega hs)$的曲率 $\kappa(s)=\omega^2 r$ 与挠率 $\tau(s)=\omega^2 h$(其中 r,h 及 $\omega=(r^2+h^2)^{-\frac{1}{2}}$ 均为常数). 它表明圆柱螺线的曲率和挠率均为常数.

解 (解法 1)

$$\boldsymbol{x}'(s)=(-\omega r\sin\omega s,\omega r\cos\omega s,\omega h),$$

$$\begin{aligned}|\boldsymbol{x}'(s)|&=((-\omega r\sin\omega s)^2+(\omega r\cos\omega s)^2+(\omega h)^2)^{\frac{1}{2}}\\&=(\omega^2(r^2+h^2))^{\frac{1}{2}}=\omega(r^2+h^2)^{\frac{1}{2}}=(r^2+h^2)^{-\frac{1}{2}}\cdot(r^2+h^2)^{\frac{1}{2}}=1,\end{aligned}$$

由此知 s 为圆柱螺线 $\boldsymbol{x}(s)$的弧长参数.

$$\begin{aligned}&\boldsymbol{V}_1(s)=\boldsymbol{x}'(s)=\omega(-r\sin\omega s,r\cos\omega s,h),\\&\kappa(s)\boldsymbol{V}_2(s)=\boldsymbol{V}_1'(s)=\boldsymbol{x}''(s)=-\omega^2 r(\cos\omega s,\sin\omega s,0),\\&\kappa(s)=\omega^2 r,\quad \boldsymbol{V}_2(s)=-(\cos\omega s,\sin\omega s,0),\end{aligned}$$

由此知 $\boldsymbol{V}_2(s)$垂直于 x^3 轴(它是固定的直线).

$$\begin{aligned}\boldsymbol{V}_3(s)&=\boldsymbol{V}_1(s)\times\boldsymbol{V}_2(s)=\begin{vmatrix}\boldsymbol{e}_1 & \boldsymbol{e}_2 & \boldsymbol{e}_3\\ -r\omega\sin\omega s & r\omega\cos\omega s & \omega h\\ -\cos\omega s & -\sin\omega s & 0\end{vmatrix}\\&=\omega(h\sin\omega s,-h\cos\omega s,r),\end{aligned}$$

$$\begin{aligned}-\tau(s)\boldsymbol{V}_2(s)&=\boldsymbol{V}_3'(s)=\omega^2 h(\cos\omega s,\sin\omega s,0)=-\omega^2 h(-\cos\omega s,-\sin\omega s,0)\\&=-\omega^2 h\boldsymbol{V}_2(s),\end{aligned}$$

故

$$\tau(s)=\omega^2 h.$$

因而,圆柱螺线的曲率、挠率均为常数.

(解法 2)还可应用定理 1.2.1 中的公式求得 $\kappa(s),\tau(s)$.

$$\boldsymbol{x}'(s)\times\boldsymbol{x}''(s)=\begin{vmatrix}\boldsymbol{e}_1 & \boldsymbol{e}_2 & \boldsymbol{e}_3\\ -\omega r\sin\omega s & \omega r\cos\omega s & \omega h\\ -\omega^2 r\cos\omega s & -\omega^2 r\sin\omega s & 0\end{vmatrix}$$

$$=(\omega^3 rh\sin\omega s,-\omega^3 rh\cos\omega s,\omega^3 r^2),$$

$$\boldsymbol{x}'''(s)=-\omega^3 r(-\sin\omega s,\cos\omega s,0).$$

$$\kappa(s)=\frac{|\boldsymbol{x}'(s)\times\boldsymbol{x}''(s)|}{|\boldsymbol{x}'(s)|^3}$$

$$=\frac{((\omega^3 rh\sin\omega s)^2+(-\omega^3 rh\cos\omega s)^2+(\omega^3 r^2)^2)^{\frac{1}{2}}}{((-\omega r\sin\omega s)^2+(\omega r\cos\omega s)^2+(\omega h)^2)^{\frac{3}{2}}}$$

$$=\frac{(\omega^6 r^2 h^2+\omega^6 r^4)^{\frac{1}{2}}}{(\omega^2 r^2+\omega^2 h^2)^{\frac{3}{2}}}=\frac{\omega^3 r(r^2+h^2)^{\frac{1}{2}}}{\omega^3(r^2+h^2)^{\frac{3}{2}}}=\frac{r}{r^2+h^2}=\frac{r}{\omega^{-2}}=\omega^2 r.$$

$$\tau(s)=\frac{(\boldsymbol{x}'(s)\times\boldsymbol{x}''(s))\cdot\boldsymbol{x}'''(s)}{|\boldsymbol{x}'(s)\times\boldsymbol{x}''(s)|^2}$$

$$=(\omega^3 rh\sin\omega s,-\omega^3 rh\cos\omega s,\omega^3 r^2)\cdot\frac{(\omega^3 r\sin\omega s,-\omega^3 r\cos\omega s,0)}{\omega^6 r^2 h^2+\omega^6 r^4}$$

$$=\frac{\omega^6 r^2 h}{\omega^6 r^2(r^2+h^2)}=\frac{h}{\omega^{-2}}=\omega^2 h.$$

细心的读者还会注意到

$$\cos\theta=\boldsymbol{x}'(s)\cdot\boldsymbol{e}_3=(-\omega r\sin\omega s,\omega r\cos\omega s,\omega h)\cdot(0,0,1)=\omega h(\text{常数}).$$

因此,圆柱螺线 $\boldsymbol{x}(s)$的单位切向量 $\boldsymbol{x}'(s)$与 x^3 轴的夹角为一定值,即 $\theta=\arccos\omega h$(图 1.2.2). □

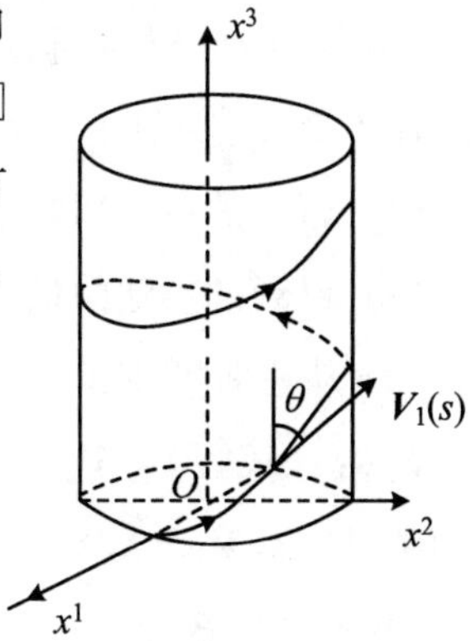

图 1.2.2

例 1.2.4 如果一条曲线 $\boldsymbol{x}(s)$的切向量始终与一固定方向成一个定角,则称此曲线为**一般螺线**(s 为弧长参数).例 1.2.3 中的圆柱螺线为其特例$\left(\frac{\tau(s)}{\kappa(s)}=\frac{\omega^2 h}{\omega^2 r}=\frac{h}{r}\text{为常数}\right)$.

设 $\boldsymbol{x}(s)$为 C^3 曲线,且曲率 $\kappa(s)\neq0$,则

$$\boldsymbol{x}(s)\text{ 为一般螺线}\quad\Leftrightarrow\quad\frac{\tau(s)}{\kappa(s)}=c(\text{常数}).$$

证明 (⇒)设一般螺线 $\boldsymbol{x}(s)$的单位切向量 $\boldsymbol{V}_1(s)=$

$\boldsymbol{x}'(s)$与固定方向 $\boldsymbol{B}$ 交于定角θ，$|\boldsymbol{B}|=1$，则 $\boldsymbol{V}_1(s)\cdot\boldsymbol{B}=\cos\theta$.

由 $\kappa(s)\neq 0$ 与(见等式就求导!)

$$0=(\cos\theta)'=(\boldsymbol{V}_1(s)\cdot\boldsymbol{B})'=\boldsymbol{V}_1'(s)\cdot\boldsymbol{B}=\kappa(s)\boldsymbol{V}_2(s)\cdot\boldsymbol{B}$$

知，$\boldsymbol{V}_2(s)\cdot\boldsymbol{B}=0$，即 $\boldsymbol{B}\perp\boldsymbol{V}_2(s)$，则

$$\begin{aligned}
&\boldsymbol{B}=\cos\theta\boldsymbol{V}_1(s)\pm\sin\theta\boldsymbol{V}_3(s)\\
\Leftrightarrow\quad&\boldsymbol{0}=\boldsymbol{B}'=(\cos\theta\boldsymbol{V}_1(s)\pm\sin\theta\boldsymbol{V}_3(s))'\\
&\qquad=\cos\theta\cdot\kappa(s)\boldsymbol{V}_2(s)\mp\sin\theta\cdot\tau(s)\boldsymbol{V}_2(s)\\
&\qquad=(\cos\theta\cdot\kappa(s)\mp\sin\theta\cdot\tau(s))\boldsymbol{V}_2(s)\\
\Leftrightarrow\quad&\cos\theta\cdot\kappa(s)\mp\sin\theta\cdot\tau(s)=0\\
\Leftrightarrow\quad&\cos\theta\cdot\kappa(s)=\pm\sin\theta\cdot\tau(s)\\
\Leftrightarrow\quad&\frac{\tau(s)}{\kappa(s)}=\pm\frac{\cos\theta}{\sin\theta}=\pm\cot\theta=c(\text{常数}).
\end{aligned}$$

($\Leftarrow$)设曲线 $\boldsymbol{x}(s)$的曲率 $\kappa(s)$与挠率 $\tau(s)$满足$\dfrac{\tau(s)}{\kappa(s)}=c$(常数). 取 θ 使得 $\cot\theta=c$，$0<\theta<\pi$. 令 $\boldsymbol{B}=\cos\theta\boldsymbol{V}_1(s)+\sin\theta\boldsymbol{V}_3(s)$，则

$$\begin{aligned}
\boldsymbol{B}'&=(\cos\theta\boldsymbol{V}_1(s)+\sin\theta\boldsymbol{V}_3(s))'\\
&=\cos\theta\cdot\kappa(s)\boldsymbol{V}_2(s)+\sin\theta(-\tau(s)\boldsymbol{V}_2(s))\\
&=\kappa(s)\left(\cos\theta-\sin\theta\frac{\tau(s)}{\kappa(s)}\right)\boldsymbol{V}_2(s)\\
&=\kappa(s)(\cos\theta-\sin\theta\cdot\cot\theta)\boldsymbol{V}_2(s)\\
&=\kappa(s)\cdot 0\cdot\boldsymbol{V}_2(s)=\boldsymbol{0},
\end{aligned}$$

故 $\boldsymbol{B}$ 为一个固定向量. 再由

$$\boldsymbol{x}'(s)\cdot\boldsymbol{B}=\boldsymbol{V}_1(s)\cdot\boldsymbol{B}=\boldsymbol{V}_1(s)(\cos\theta\boldsymbol{V}_1(s)+\sin\theta\boldsymbol{V}_3(s))=\cos\theta$$

知，$\boldsymbol{x}'(s)=\boldsymbol{V}_1(s)$与固定单位向量 $\boldsymbol{B}$ 交于定角θ，所以 $\boldsymbol{x}(s)$为一般螺线. □

注 1.2.2 由例 1.2.4 知，一般螺线 $\boldsymbol{x}(s)$有如下性质：

(1) $\boldsymbol{x}(s)$的单位切向量 $\boldsymbol{x}'(s)=\boldsymbol{V}_1(s)$与固定方向 $\boldsymbol{B}$ 交于定角θ.

(2) $\boldsymbol{x}(s)$的主法向量 $\boldsymbol{V}_2(s)\perp\boldsymbol{B}$，即 $\boldsymbol{V}_2(s)\cdot\boldsymbol{B}=0$(见例 1.2.4 必要性的证明).

(3) 从法向量 $\boldsymbol{V}_3(s)$与固定方向 $\boldsymbol{B}$ 交于固定角(这从例 1.2.4 必要性的证明中知，$\boldsymbol{B}\perp\boldsymbol{V}_2(s)$，$\boldsymbol{V}_1(s)\perp\boldsymbol{V}_2(s)$，$\boldsymbol{V}_3(s)\perp\boldsymbol{V}_2(s)$，故 $\boldsymbol{B}$，$\boldsymbol{V}_1(s)$，$\boldsymbol{V}_3(s)$均在垂直于 $\boldsymbol{V}_2(s)$的平面中，即 $\boldsymbol{B}$，$\boldsymbol{V}_1(s)$，$\boldsymbol{V}_3(s)$共面，$\boldsymbol{B}=\cos\theta\boldsymbol{V}_1(s)\pm\sin\theta\boldsymbol{V}_3(s)$. 再由 $\boldsymbol{V}_1(s)$与 $\boldsymbol{B}$ 交于定角知，$\boldsymbol{V}_3(s)$与 $\boldsymbol{B}$ 也交于定角).

(4) $\dfrac{\tau(s)}{\kappa(s)}=c$(常数).

我们来考察密切平面.通过一个曲线点 $\boldsymbol{x}$,将它的切向量 $\boldsymbol{V}_1$ 和另外任何一个垂直于 $\boldsymbol{V}_1$ 的单位向量 $\boldsymbol{x}^*$ 做成一个张平面,其 Hesse 法式方程为

$$(\boldsymbol{y}-\boldsymbol{x})(\boldsymbol{V}_1\times\boldsymbol{x}^*)=0,$$

或者用行列式形式表示为

$$(\boldsymbol{y}-\boldsymbol{x},\boldsymbol{V}_1,\boldsymbol{x}^*)=0,$$

其中 $\boldsymbol{y}$ 表示这个张平面上的一个变点.我们取定曲线的一点 s_0,并计算曲线上另一点 s 到上述平面的距离 $d(s)$.于是,有

$$\begin{aligned}d(s)&=(\boldsymbol{x}(s)-\boldsymbol{x}(s_0),\boldsymbol{V}_1(s_0),\boldsymbol{x}^*)\\&\xlongequal{\text{Taylor 公式}}\left(\frac{(s-s_0)^2}{2}\boldsymbol{x}''(s_0)+\cdots,\boldsymbol{V}_1(s_0),\boldsymbol{x}^*\right).\end{aligned}$$

若 $\boldsymbol{x}''(s_0)=0$,即 $\kappa(s_0)=|\boldsymbol{x}''(s_0)|=0$,则 $d(s)$的这个展式,对于任何一个向量 $\boldsymbol{x}^*$ 都起码从$(s-s_0)^3$ 开始;只要假定 $\boldsymbol{x}(s)$是足够多次连续可导的,且若 $\kappa(s_0)\neq0$,则由

$$\boldsymbol{x}''(s_0)=\boldsymbol{V}_1'(s_0)=\kappa(s_0)\boldsymbol{V}_2(s_0)$$

立知

$$d(s)=\frac{(s-s_0)^2}{2}\kappa(s_0)(\boldsymbol{V}_2(s_0),\boldsymbol{V}_1(s_0),\boldsymbol{x}^*)+o((s-s_0)^2).$$

于是

$$\begin{aligned}(s-s_0)^2\text{ 的系数为零}\quad&\Leftrightarrow\quad(\boldsymbol{V}_2(s_0),\boldsymbol{V}_1(s_0),\boldsymbol{x}^*)=0\\&\xLeftrightarrow{\boldsymbol{x}^*\text{ 为法向量}}\quad\boldsymbol{x}^*=\pm\boldsymbol{V}_2\\&\Leftrightarrow\quad(\boldsymbol{y}-\boldsymbol{x},\boldsymbol{V}_1,\boldsymbol{x}^*)=0\text{ 为密切平面}.\end{aligned}$$

因此,密切平面的意义在于:在所有通过曲线切线的平面中,密切平面是和曲线靠得最密切的那张平面,如果曲线 4 次连续可导,则对密切平面有

$$\begin{aligned}d(s)&=\frac{(s-s_0)^3}{6}(\boldsymbol{x}'''(s_0),\boldsymbol{V}_1(s_0),\boldsymbol{V}_2(s_0))\\&\xlongequal[\boldsymbol{x}''(s)=\kappa(s)\boldsymbol{V}_2(s)]{\text{Frenet 公式}}\frac{(s-s_0)^3}{6}(\kappa'(s_0)\boldsymbol{V}_2(s_0)+\kappa(s_0)\boldsymbol{V}_2'(s_0),\boldsymbol{V}_1(s_0),\boldsymbol{V}_2(s_0))\\&=\frac{(s-s_0)^3}{6}(\kappa'(s_0)\boldsymbol{V}_2(s_0)-\kappa^2(s_0)\boldsymbol{V}_1(s_0)+\kappa(s_0)\tau(s_0)\boldsymbol{V}_3(s_0),\boldsymbol{V}_1(s_0),\boldsymbol{V}_2(s_0))\\&=\frac{(s-s_0)^3}{6}(\kappa\tau\boldsymbol{V}_3,\boldsymbol{V}_1,\boldsymbol{V}_2)_{s=s_0}+\cdots=\frac{(s-s_0)^3}{6}\kappa(s_0)\tau(s_0)+\cdots\\&=\frac{(s-s_0)^3}{6}(\kappa(s_0)\tau(s_0)+o(1)).\end{aligned}$$

因此,当 $\tau(s_0)\neq0$ 时,曲线在 s_0 处穿过密切平面.$\tau(s_0)$的符号为正或负,就表示曲

线穿过密切平面时是朝着从法向量 $\boldsymbol{V}_3=\boldsymbol{V}_1\times\boldsymbol{V}_3$ 的方向，抑或朝着相反的方向. $\tau(s)$这个量描述了这条空间曲线与平面曲线形状相差的程度. 这一点可以从下述事实看出，即如果对一切点均有 $\tau(s)=0$，则曲线必为平面曲线. 因为 $\boldsymbol{V}_3'=-\tau\boldsymbol{V}_2=\boldsymbol{0}$，所以

$$\begin{aligned} & \boldsymbol{V}_3 = \boldsymbol{a}(\text{常向量}) \\ \Leftrightarrow\ & (\boldsymbol{x}\cdot\boldsymbol{a})' = \boldsymbol{x}'\cdot\boldsymbol{a} = \boldsymbol{V}_1\cdot\boldsymbol{V}_3 = 0 \\ \Leftrightarrow\ & \boldsymbol{x}\cdot\boldsymbol{a} = b(\text{常值}). \end{aligned}$$

可见，沿着整条连通曲线 $\boldsymbol{x}(s)$，上面的方程恒成立，所以这条曲线在平面 $\boldsymbol{y}\cdot\boldsymbol{a}=b$ 上，即它是一条平面曲线(可以参阅定理 1.2.2).

1.3 Frenet 标架、Frenet 公式

定义 1.3.1 设 $\boldsymbol{x}(s)$为 $\mathbf{R}^3$ 中的 C^2 正则曲线(s 为弧长参数)，$\boldsymbol{x}''(s)\neq\boldsymbol{0}$，即 $\kappa(s)\neq 0$，则在每个 s 处$\boldsymbol{x}(s)$都有三个互相正交的单位向量 $\boldsymbol{V}_1(s),\boldsymbol{V}_2(s),\boldsymbol{V}_3(s)$. 我们称$\{\boldsymbol{x}(s);\boldsymbol{V}_1(s),\boldsymbol{V}_2(s),\boldsymbol{V}_3(s)\}$为曲线 $\boldsymbol{x}(s)$在 s 处的**Frenet 标架或自然活动标架**.

显然，Frenet 标架为右旋规范正交标架，用它来作新的直角坐标系的标架. 值得注意的是，这种标架随点 s 变化而变化. 因此，可用这个新的直角坐标系研究曲线在一点邻近的形态.

定理 1.3.1(曲线论的基本公式，Frenet 公式) 设 $\boldsymbol{x}(s)$为 $\mathbf{R}^3$ 中的 C^3 正则曲线，$\boldsymbol{x}''(s)\neq\boldsymbol{0}$，即 $\kappa(s)\neq 0$，则有 Frenet 公式：

$$\begin{cases} \boldsymbol{V}_1'(s) = & \kappa(s)\boldsymbol{V}_2(s), \\ \boldsymbol{V}_2'(s) = -\kappa(s)\boldsymbol{V}_1(s) & \qquad\qquad + \tau(s)\boldsymbol{V}_3(s), \\ \boldsymbol{V}_3'(s) = & -\tau(s)\boldsymbol{V}_2(s). \end{cases}$$

证明 由曲率 $\kappa(s)$与挠率 $\tau(s)$的定义可知

$$\boldsymbol{V}_1'(s) = \kappa(s)\boldsymbol{V}_2(s), \quad \boldsymbol{V}_3'(s) = -\tau(s)\boldsymbol{V}_2(s).$$

又由 $\boldsymbol{V}_2(s)=\boldsymbol{V}_3(s)\times\boldsymbol{V}_1(s)$可推得(见等式就求导!)

$$\begin{aligned} \boldsymbol{V}_2'(s) &= (\boldsymbol{V}_3(s)\times\boldsymbol{V}_1(s))' = \boldsymbol{V}_3'(s)\times\boldsymbol{V}_1(s)+\boldsymbol{V}_3(s)\times\boldsymbol{V}_1'(s) \\ &= -\tau(s)\boldsymbol{V}_2(s)\times\boldsymbol{V}_1(s)+\boldsymbol{V}_3(s)\times\kappa(s)\boldsymbol{V}_2(s) \\ &= \tau(s)\boldsymbol{V}_3(s)-\kappa(s)\boldsymbol{V}_1(s). \end{aligned}$$

□

Frenet 公式用矩阵形式表示为

$$\begin{pmatrix} \boldsymbol{V}_1'(s) \\ \boldsymbol{V}_2'(s) \\ \boldsymbol{V}_3'(s) \end{pmatrix} = \begin{pmatrix} 0 & \kappa(s) & 0 \\ -\kappa(s) & 0 & \tau(s) \\ 0 & -\tau(s) & 0 \end{pmatrix} \begin{pmatrix} \boldsymbol{V}_1(s) \\ \boldsymbol{V}_2(s) \\ \boldsymbol{V}_3(s) \end{pmatrix},$$

该3阶矩阵为反称矩阵.

例 1.3.1　设 $\boldsymbol{x}(s)$ 为 $\mathbf{R}^3$ 中的 C^3 连通正则曲线,则

$$\text{曲线 } \boldsymbol{x}(s) \text{ 为球面曲线}(s \text{ 为弧长}) \quad \Leftrightarrow \quad \text{法平面都过定点 } \boldsymbol{x}_0(\text{球心}).$$

证明　($\Rightarrow$)设 $\boldsymbol{x}(s)$ 为球面曲线,即 $(\boldsymbol{x}(s)-\boldsymbol{x}_0)^2=r^2$,也就是曲线 $\boldsymbol{x}(s)$ 在球面 $(\boldsymbol{X}-\boldsymbol{x}_0)^2=r^2$ 上($\boldsymbol{x}_0$ 为球面中心,r 为球面半径,$\boldsymbol{X}$ 为球面上的动点).两边对 s 求导(见等式就求导!)得

$$2(\boldsymbol{x}(s)-\boldsymbol{x}_0)\cdot\boldsymbol{x}'(s)=0,$$

$$(\boldsymbol{x}_0-\boldsymbol{x}(s))\cdot\boldsymbol{V}_1(s)=0,$$

即 $\boldsymbol{x}_0$ 在过 $\boldsymbol{x}(s)$ 点以 $\boldsymbol{V}_1(s)$ 为法向的法平面上.所以,曲线 $\boldsymbol{x}(s)$ 的所有法平面

$$(\boldsymbol{X}-\boldsymbol{x}(s))\cdot\boldsymbol{V}_1(s)=0$$

都通过定点 $\boldsymbol{x}_0$(球心),其中 $\boldsymbol{X}$ 为 $\boldsymbol{x}(s)$ 点处法平面的动点.

($\Leftarrow$)设连通曲线 $\boldsymbol{x}(s)$ 的法平面都经过定点 $\boldsymbol{x}_0$,即

$$(\boldsymbol{x}_0-\boldsymbol{x}(s))\cdot\boldsymbol{V}_1(s)=0.$$

因为

$$((\boldsymbol{x}(s)-\boldsymbol{x}_0)^2)'=2(\boldsymbol{x}(s)-\boldsymbol{x}_0)\cdot\boldsymbol{x}'(s)=2(\boldsymbol{x}(s)-\boldsymbol{x}_0)\cdot\boldsymbol{V}_1(s)=0,$$

所以

$$(\boldsymbol{x}(s)-\boldsymbol{x}_0)^2=r^2(\text{常数}),$$

即 $\boldsymbol{x}(s)$ 在以 $\boldsymbol{x}_0$ 为球心、r 为半径的球面上.这就证明了 $\boldsymbol{x}(s)$ 为球面曲线.　□

例 1.3.2　设 $\boldsymbol{x}(s)$ 为 $\mathbf{R}^3$ 中的一条 C^3 连通正则曲线,s 为弧长参数,曲率 $\kappa(s)\neq0$,挠率 $\tau(s)\neq0$,则

$$\begin{aligned}
&\boldsymbol{x}(s)\text{ 是一条以原点为中心的球面曲线}\\
\Leftrightarrow\quad &\boldsymbol{x}(s)=-\rho(s)\boldsymbol{V}_2(s)-\sigma(s)\rho'(s)\boldsymbol{V}_3(s)\\
&\qquad=-\rho(s)\boldsymbol{V}_2(s)-\frac{\rho'(s)}{\tau(s)}\boldsymbol{V}_3(s)\\
&\qquad=-\frac{1}{\kappa(s)}\boldsymbol{V}_2(s)-\frac{1}{\tau(s)}\left(\frac{1}{\kappa(s)}\right)'\boldsymbol{V}_3(s),
\end{aligned}$$

其中 $\rho(s)=\dfrac{1}{\kappa(s)}$ 称为**曲率半径**,$\sigma(s)=\dfrac{1}{\tau(s)}$ 称为**挠率半径**.

证明　($\Leftarrow$)设 $\boldsymbol{x}(s)=-\rho(s)\boldsymbol{V}_2(s)-\sigma(s)\rho'(s)\boldsymbol{V}_3(s)$,则

$$(\boldsymbol{x}(s)^2)'=2\boldsymbol{x}(s)\cdot\boldsymbol{x}'(s)=2(-\rho(s)\boldsymbol{V}_2(s)-\sigma(s)\rho'(s)\boldsymbol{V}_3(s))\cdot\boldsymbol{V}_1(s)=0.$$

由此得到

$$\boldsymbol{x}(s)^2=\boldsymbol{x}(0)^2=r^2.$$

这就证明了 $\boldsymbol{x}(s)$ 为以原点为中心、$r(>0)$ 为半径的球面

$$(\boldsymbol{X}-\boldsymbol{0})^2=\boldsymbol{X}^2=r^2$$

上的一条球面曲线.

(⇒)设 $\boldsymbol{x}(s)$为以原点为中心、$r(>0)$为半径的球面曲线,即

$$\boldsymbol{x}(s)^2=r^2.$$

记

$$\boldsymbol{x}(s)=a\boldsymbol{V}_1(s)+b\boldsymbol{V}_2(s)+c\boldsymbol{V}_3(s),$$

并对 $\boldsymbol{x}(s)^2=r^2$ 两边关于 s 求导(见等式就求导!),得到

$$\begin{aligned}&2\boldsymbol{x}(s)\cdot\boldsymbol{x}'(s)=0\\ \Leftrightarrow\quad&(a\boldsymbol{V}_1(s)+b\boldsymbol{V}_2(s)+c\boldsymbol{V}_3(s))\cdot\boldsymbol{V}_1(s)=\boldsymbol{x}(s)\cdot\boldsymbol{x}'(s)=0\\ \Leftrightarrow\quad&a=\boldsymbol{x}(s)\cdot\boldsymbol{V}_1(s)=0.\end{aligned}$$

对上式关于 s 求导,得

$$\begin{aligned}1+\kappa(s)\boldsymbol{x}(s)\boldsymbol{V}_2(s)&=\boldsymbol{V}_1(s)^2+\boldsymbol{x}(s)\cdot(\kappa(s)\boldsymbol{V}_2(s))\\&=\boldsymbol{x}'(s)\cdot\boldsymbol{V}_1(s)+\boldsymbol{x}(s)\cdot\boldsymbol{V}_1'(s)\\&=(\boldsymbol{x}(s)\cdot\boldsymbol{V}_1(s))'=0.\end{aligned}$$

因此,由上式推出

$$b=(a\boldsymbol{V}_1(s)+b\boldsymbol{V}_2(s)+c\boldsymbol{V}_3(s))\cdot\boldsymbol{V}_2(s)=\boldsymbol{x}(s)\cdot\boldsymbol{V}_2(s)=\frac{-1}{\kappa(s)}=-\rho(s).$$

再对 $-\rho(s)=\boldsymbol{x}(s)\cdot\boldsymbol{V}_2(s)$两边关于 s 求导,得到

$$\begin{aligned}-\rho'(s)&=\boldsymbol{x}'(s)\cdot\boldsymbol{V}_2(s)+\boldsymbol{x}(s)\cdot\boldsymbol{V}_2'(s)\\&=\boldsymbol{V}_1(s)\cdot\boldsymbol{V}_2(s)+\boldsymbol{x}(s)\cdot(-\kappa(s)\cdot\boldsymbol{V}_1(s)+\tau(s)\cdot\boldsymbol{V}_3(s))\\&=\tau(s)\boldsymbol{x}(s)\cdot\boldsymbol{V}_3(s).\end{aligned}$$

由此推出(用到 $\tau(s)\neq0$)

$$c=(a\boldsymbol{V}_1(s)+b\boldsymbol{V}_2(s)+c\boldsymbol{V}_3(s))\cdot\boldsymbol{V}_3(s)=\boldsymbol{x}(s)\cdot\boldsymbol{V}_3(s)=-\frac{\rho'(s)}{\tau(s)}=-\sigma(s)\rho'(s),$$

$$\begin{aligned}\boldsymbol{x}(s)&=a\boldsymbol{V}_1(s)+b\boldsymbol{V}_2(s)+c\boldsymbol{V}_3(s)\\&=0\cdot\boldsymbol{V}_1(s)+(-\rho(s))\boldsymbol{V}_2(s)+(-\sigma(s)\rho'(s))\boldsymbol{V}_3(s)\\&=-\rho(s)\boldsymbol{V}_2(s)-\sigma(s)\rho'(s)\boldsymbol{V}_3(s).\end{aligned}$$

□

注 1.3.1 设 $\boldsymbol{x}(s)$为 $\mathbf{R}^3$ 中一条 C^3 正则曲线,s 为弧长参数,曲率 $\kappa(s)\neq0$,挠率 $\tau(s)\neq0$,则

$$\begin{aligned}&\boldsymbol{x}(s)\text{ 为一条以 }\boldsymbol{x}_0\text{ 为中心的球面曲线}\\ \Leftrightarrow\quad&\boldsymbol{x}(s)=\boldsymbol{x}_0-\frac{1}{\kappa(s)}\boldsymbol{V}_2(s)-\left(\frac{1}{\kappa(s)}\right)'\cdot\frac{1}{\tau(s)}\boldsymbol{V}_3(s)\end{aligned}$$

$$\Leftrightarrow \quad \boldsymbol{x}_0 = \boldsymbol{x}(s) + \frac{1}{\kappa(s)}\boldsymbol{V}_2(s) + \left(\frac{1}{\kappa(s)}\right)' \cdot \frac{1}{\tau(s)}\boldsymbol{V}_3(s).$$

证明 (证法1)对 $\boldsymbol{x}(s) - \boldsymbol{x}_0$ 应用例1.3.2的证法即可得到结论.

(证法2)对 $\boldsymbol{x}(s) - \boldsymbol{x}_0$ 应用例1.3.2的结果. □

以

$$\boldsymbol{y}(s) = \boldsymbol{x}(s) + \frac{1}{\kappa(s)}\boldsymbol{V}_2(s) + \frac{1}{\tau(s)}\left(\frac{1}{\kappa(s)}\right)'\boldsymbol{V}_3(s)$$

为中心、$\sqrt{\left(\frac{1}{\kappa(s)}\right)^2 + \left(\frac{1}{\tau(s)}\left(\frac{1}{\kappa(s)}\right)'\right)^2}$ 为半径的球面称为**密切球面**.

对以弧长为参数的曲线,应用 Frenet 公式计算曲率与挠率以及证明一些等式比较简便.对一般参数的曲线,应如何应用 Frenet 公式呢?我们再举一例.

例1.3.3 证明:$\mathbf{R}^3$ 中曲线

$$\boldsymbol{x}(t) = (4a\cos^3 t, 4a\sin^3 t, 6b\cos^2 t), \quad 0 < t < \frac{\pi}{2},\ a > 0,\ b > 0$$

的曲率为

$$\kappa(t) = \frac{a}{12(a^2 + b^2)\sin t\cos t},$$

挠率为

$$\tau(t) = \frac{b}{12(a^2 + b^2)\sin t\cos t},$$

并求出 Frenet 标架$\{\boldsymbol{x}(t); \boldsymbol{V}_1(t), \boldsymbol{V}_2(t), \boldsymbol{V}_3(t)\}$.

证明 (证法1)

$$\boldsymbol{x}'(t) = (-12a\cos^2 t\sin t, 12a\sin^2 t\cos t, -12b\sin t\cos t),$$

$$\frac{\mathrm{d}s}{\mathrm{d}t} = |\boldsymbol{x}'(t)| = 12(a^2 + b^2)^{\frac{1}{2}}\sin t\cos t,$$

$$\boldsymbol{V}_1(t) = \frac{\boldsymbol{x}'(t)}{|\boldsymbol{x}'(t)|} = (a^2 + b^2)^{-\frac{1}{2}}(-a\cos t, a\sin t, -b).$$

由 Frenet 公式得

$$\boldsymbol{V}_2(t) = \frac{1}{\kappa(t)}\frac{\mathrm{d}\boldsymbol{V}_1}{\mathrm{d}s} = \frac{1}{\kappa(t)}\boldsymbol{V}_1'(t)\frac{\mathrm{d}t}{\mathrm{d}s}$$

$$= \frac{1}{\kappa(t)}(a^2 + b^2)^{-\frac{1}{2}}(a\sin t, a\cos t, 0) \cdot \frac{1}{12(a^2 + b^2)^{\frac{1}{2}}\sin t\cos t}$$

$$= \frac{1}{\kappa(t)}\frac{a}{12(a^2 + b^2)\sin t\cos t}(\sin t, \cos t, 0)$$

$$= (\sin t, \cos t, 0),$$

所以

$$\kappa(t)=\frac{a}{12(a^2+b^2)\sin t\cos t},$$

故

$$V_3(t)=V_1(t)\times V_2(t)=(a^2+b^2)^{-\frac{1}{2}}\begin{vmatrix} e_1 & e_2 & e_3\\ -a\cos t & -a\sin t & -b\\ \sin t & \cos t & 0\end{vmatrix}$$

$$=(a^2+b^2)^{-\frac{1}{2}}(b\cos t,-b\sin t,-a).$$

又

$$-\tau(t)V_2(t)=\frac{\mathrm{d}V_3}{\mathrm{d}s}=V_3'(t)\frac{\mathrm{d}t}{\mathrm{d}s}=\frac{V_3'(t)}{\frac{\mathrm{d}s}{\mathrm{d}t}}$$

$$=\frac{1}{12(a^2+b^2)^{\frac{1}{2}}\sin t\cos t}(a^2+b^2)^{-\frac{1}{2}}(-b\sin t,-b\cos t,0)$$

$$=-\frac{b}{12(a^2+b^2)\sin t\cos t}(\sin t,\cos t,0)$$

$$=-\frac{b}{12(a^2+b^2)\sin t\cos t}V_2(t),$$

故

$$\tau(t)=\frac{b}{12(a^2+b^2)\sin t\cos t}.$$

综上,知

$$\kappa(t)=\frac{a}{12(a^2+b^2)\sin t\cos t},$$

$$\tau(t)=\frac{b}{12(a^2+b^2)\sin t\cos t},$$

$$V_1(t)=(a^2+b^2)^{-\frac{1}{2}}(-a\cos t,a\sin t,-b),$$

$$V_2(t)=(\sin t,\cos t,0),$$

$$V_3(t)=(a^2+b^2)^{-\frac{1}{2}}(b\cos t,-b\sin t,-a).$$

(证法 2)应用定理 1.2.1(2)中的公式求 $\kappa(t),\tau(t)$,读者可与证法 1 比较其繁简.

□

注 1.3.2 例 1.3.3 表明$\frac{\tau(t)}{\kappa(t)}=\frac{b}{a}$(常数),故它为一般螺线.

作为 Frenet 公式的重要应用,我们来进一步研究一般螺线和 Bertrand 曲线.

例 1.3.4 应用 Frenet 公式,我们来重新讨论一般螺线. 设 $\boldsymbol{x}(s)$ 为 C^3 正则连通曲线,s 为其弧长,$\kappa(s)\neq 0$,则下列条件等价:

(1) $\boldsymbol{x}(s)$ 为一般螺线,即

$$\boldsymbol{V}_1(s)\cdot\boldsymbol{B}=\cos\theta\quad(\boldsymbol{B}\text{ 为常单位向量},\theta\text{ 为常数}),$$

$\boldsymbol{V}_1(s)$ 与固定方向 $\boldsymbol{B}$ 交定角;

(2) $\boldsymbol{V}_2(s)\cdot\boldsymbol{B}=0$($\boldsymbol{B}$ 为常单位向量),即 $\boldsymbol{V}_2(s)$ 与固定单位向量 $\boldsymbol{B}$ 垂直;

(3) $\dfrac{\tau(s)}{\kappa(s)}=c$(常数);

(4) (当 $\tau(s)\neq 0$ 时) $\boldsymbol{V}_3(s)\cdot\boldsymbol{B}=\sin\theta$($\boldsymbol{B}$ 为常单位向量,θ 为常数),即 $\boldsymbol{V}_3(s)$ 与固定单位向量 $\boldsymbol{B}$ 交定角.

证明 (1)⇒(2). 因为

$$\kappa(s)\boldsymbol{V}_2(s)\cdot\boldsymbol{B}=\boldsymbol{V}_1'(s)\cdot\boldsymbol{B}=(\boldsymbol{V}_1(s)\cdot\boldsymbol{B})'=(\cos\theta)'=0$$

与 $\kappa\neq 0$,所以 $\boldsymbol{V}_2(s)\cdot\boldsymbol{B}=0$.

(1)⇐(2). 因为

$$(\boldsymbol{V}_1(s)\cdot\boldsymbol{B})'=\boldsymbol{V}_1'(s)\cdot\boldsymbol{B}=\kappa(s)\boldsymbol{V}_2(s)\cdot\boldsymbol{B}=\kappa(s)\cdot 0=0,$$

所以 $\boldsymbol{V}_1(s)\cdot\boldsymbol{B}=\cos\theta$($\theta$ 为常数).

(2)⇒(3). 由(2)知 $\boldsymbol{V}_2(s)\cdot\boldsymbol{B}=0$,故 $\boldsymbol{B}=\cos\theta\boldsymbol{V}_1(s)\pm\sin\theta\boldsymbol{V}_3(s)$. 于是

$$\begin{aligned}0&=(\boldsymbol{V}_2(s)\cdot\boldsymbol{B})'=\boldsymbol{V}_2'(s)\cdot\boldsymbol{B}\\&\xlongequal{\text{Frenet 公式}}(-\kappa(s)\boldsymbol{V}_1(s)+\tau(s)\boldsymbol{V}_3(s))\cdot\boldsymbol{B}\\&=-\kappa(s)\boldsymbol{V}_1(s)\cdot\boldsymbol{B}+\tau(s)\boldsymbol{V}_3(s)\cdot\boldsymbol{B}\\&=-\kappa(s)\cos\theta\pm\tau(s)\sin\theta,\end{aligned}$$

$$\frac{\kappa(s)}{\tau(s)}=\pm\tan\theta\text{(常数)}.$$

(1)⇐(3). 因为 $\dfrac{\tau(s)}{\kappa(s)}=c$(常数),所以

$$\begin{aligned}\left(\boldsymbol{V}_3(s)+\frac{\tau(s)}{\kappa(s)}\boldsymbol{V}_1(s)\right)'&=\boldsymbol{V}_3'(s)+c'\boldsymbol{V}_1(s)+\frac{\tau(s)}{\kappa(s)}\boldsymbol{V}_1'(s)\\&\xlongequal{\text{Frenet 公式}}-\tau(s)\boldsymbol{V}_2(s)+\frac{\tau(s)}{\kappa(s)}\cdot\kappa(s)\boldsymbol{V}_2(s)\\&=0,\end{aligned}$$

从而

$$\boldsymbol{B}=\boldsymbol{V}_3(s)+\frac{\tau(s)}{\kappa(s)}\boldsymbol{V}_1(s)$$

为常向量,且

$$\boldsymbol{V}_1(s)\cdot\boldsymbol{B}=\boldsymbol{V}_1(s)\cdot\left(\boldsymbol{V}_3(s)+\frac{\tau(s)}{\kappa(s)}\boldsymbol{V}_1(s)\right)=\frac{\tau(s)}{\kappa(s)}=c(\text{常数}),$$

即 $\boldsymbol{x}(s)$为一般螺线.

(1)⇒(4). 由(1)⇒(2)知 $\boldsymbol{V}_2(s)\cdot\boldsymbol{B}=0$,由此推得 $\boldsymbol{B},\boldsymbol{V}_1(s),\boldsymbol{V}_3(s)$共面. 又 $\boldsymbol{V}_1(s)\perp\boldsymbol{V}_3(s)$,且

$$\boldsymbol{V}_1(s)\cdot\boldsymbol{B}=\cos\theta\quad(\boldsymbol{B}\text{ 与 }\boldsymbol{V}_1(s)\text{ 交固定角 }\theta),$$

因此 $\boldsymbol{B}$ 与 $\boldsymbol{V}_3(s)$也交固定角,$\boldsymbol{V}_3(s)\cdot\boldsymbol{B}=\sin\theta$.

(1) $\underset{\tau(s)\neq0}{\Leftarrow}$ (4). 由(4)知 $\boldsymbol{V}_3(s)\cdot\boldsymbol{B}=\sin\theta$(常数),则

$$0=(\boldsymbol{V}_3(s)\cdot\boldsymbol{B})'=\boldsymbol{V}_3'(s)\cdot\boldsymbol{B}\overset{\text{Frenet 公式}}{=\!=\!=\!=}-\tau(s)\boldsymbol{V}_2(s)\cdot\boldsymbol{B}.$$

如果 $\tau(s)\neq0$,则 $\boldsymbol{V}_2(s)\cdot\boldsymbol{B}=0$. 根据(2)⇒(1),$\boldsymbol{x}(s)$为一般螺线. □

定义 1.3.2(Bertrand(贝特朗)曲线) 设 $\boldsymbol{x}(s)$与 $\bar{\boldsymbol{x}}(\bar{s})$均为 $\mathbf{R}^3$ 中的 C^3 正则曲线,s 与 $\bar{s}$ 分别为这两条曲线的弧长. 如果这两条不同的曲线的点之间建立这样的一一对应关系:$\boldsymbol{x}(s)\mapsto\bar{\boldsymbol{x}}(\bar{s})$,使得在对应点的主法线重合,则这两条曲线均称为 **Bertrand(贝特朗)曲线**. 其中一条称为另一条的**侣线**或**共轭曲线**.

例 1.3.5 证明:

(1) 平面上两个不同的同心圆 C_1 与 C_2 均为 Bertrand 曲线,互为侣线;

(2) 平面上任何一条曲率处处不为 0 的曲线为 Bertrand 曲线.

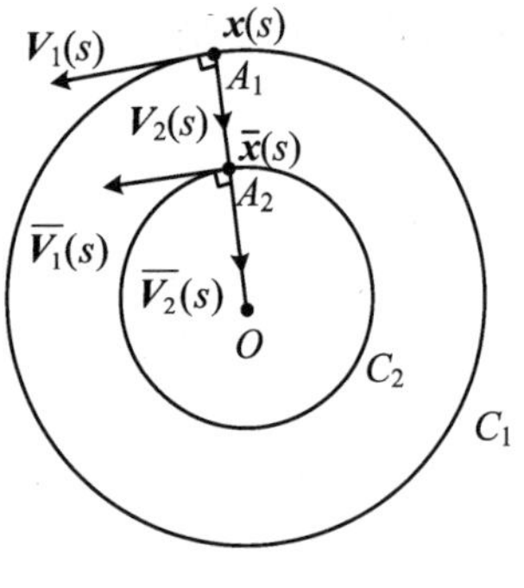

图 1.3.1

证明 (1) 从圆心出发作射线,交圆 C_1,C_2 于 A_1,A_2,将 A_1 对应于 A_2,根据图 1.3.1 立知,C_1,C_2 为 Bertrand 曲线,互为侣线.

(2) 显然,每一条平面曲线($\kappa(s)\neq0$)是一条 Bertrand 曲线,因为它的主法线的每一条正交轨线都是它的侣线. 如 $\bar{\boldsymbol{x}}(s)=\boldsymbol{x}(s)+\lambda\boldsymbol{V}_2(s)$,$\lambda\neq0$ 为常数,则由$\tau(s)=0$得到

$$\begin{aligned}\bar{\boldsymbol{x}}'(s)&=\boldsymbol{x}'(s)+\lambda\boldsymbol{V}_2'(s)=\boldsymbol{V}_1(s)+\lambda(-\kappa(s)\boldsymbol{V}_1(s)+\tau(s)\boldsymbol{V}_3(s))\\&=(1-\lambda\kappa(s))\boldsymbol{V}_1(s)=(1-\lambda\kappa(s))\boldsymbol{x}'(s),\end{aligned}$$

$$\bar{\boldsymbol{V}}_1(s)\,/\!/\,\boldsymbol{V}_1(s),\quad\bar{\boldsymbol{V}}_2(s)\,/\!/\,\boldsymbol{V}_2(s).$$

由此知,对应点 $\bar{\boldsymbol{x}}(s)$与 $\boldsymbol{x}(s)$的主法线重合,它们均为 Bertrand 曲线,且互为侣线(注意:s 为$\boldsymbol{x}(s)$的弧长,但不一定为 $\bar{\boldsymbol{x}}(s)$的弧长). □

关于 Bertrand 曲线的特征,有:

引理 1.3.1 两条连通 Bertrand 侣线 $\boldsymbol{x}(s)$ 与 $\bar{\boldsymbol{x}}(s)$ 沿它们的公共主法线的距离 $\lambda(s)$ 为一个常数 λ，而且它们对应点的切线交成固定角 θ.

证明 （证法 1）设 $\bar{\boldsymbol{x}}(s)=\boldsymbol{x}(s)+\lambda(s)\boldsymbol{V}_2(s)$，则由 Frenet 公式得到

$$\begin{aligned}\bar{\boldsymbol{x}}'(s) &= \boldsymbol{x}'(s)+\lambda'(s)\boldsymbol{V}_2(s)+\lambda(s)\boldsymbol{V}_2'(s)\\ &= (1-\lambda(s)\kappa(s))\boldsymbol{V}_1(s)+\lambda'(s)\boldsymbol{V}_2(s)+\lambda(s)\tau(s)\boldsymbol{V}_3(s).\end{aligned}$$

由于 $\boldsymbol{x}(s)$ 与 $\bar{\boldsymbol{x}}(s)$ 为 Bertrand 侣线，故 $\bar{\boldsymbol{V}}_2(s)=\pm\boldsymbol{V}_2(s)$.

$$0=\bar{\boldsymbol{x}}'(s)\cdot\bar{\boldsymbol{V}}_2{}'(s)=\bar{\boldsymbol{x}}'(s)\cdot(\pm\boldsymbol{V}_2(s))=\pm\lambda'(s),$$

$$\lambda'(s)=0,\quad \lambda(s)=\lambda(\text{常数}).$$

另一方面，由于 $\bar{\boldsymbol{V}}_2=\pm\boldsymbol{V}_2$，故

$$\begin{aligned}(\boldsymbol{V}_1\cdot\bar{\boldsymbol{V}}_1)' &= \boldsymbol{V}_1'\cdot\bar{\boldsymbol{V}}_1+\boldsymbol{V}_1\cdot\bar{\boldsymbol{V}}_1'=\kappa\boldsymbol{V}_2\cdot\bar{\boldsymbol{V}}_1+\boldsymbol{V}_1\cdot\bar{\kappa}\,\bar{\boldsymbol{V}}_2\cdot\frac{\mathrm{d}\bar{s}}{\mathrm{d}s}\\ &=\pm\kappa\bar{\boldsymbol{V}}_2\cdot\bar{\boldsymbol{V}}_1+\boldsymbol{V}_1\cdot\bar{\kappa}(\pm\boldsymbol{V}_2)\frac{\mathrm{d}\bar{s}}{\mathrm{d}s}=0+0=0,\end{aligned}$$

$$\cos\theta=\boldsymbol{V}_1\cdot\bar{\boldsymbol{V}}_1=c(\text{常数}),$$

即对应点的切线交成固定角 θ.

（证法 2）设 $\bar{\boldsymbol{x}}(\bar{s})=\boldsymbol{x}(s)+\lambda(s)\boldsymbol{V}_2(s)$，其中 $\lambda(s)$ 表示对应点 $\boldsymbol{x}(s)$ 与 $\bar{\boldsymbol{x}}(\bar{s})$ 之间的距离. 于是

$$\begin{aligned}\bar{\boldsymbol{V}}_1(\bar{s}) &= \bar{\boldsymbol{x}}'(\bar{s})\\ &=(\boldsymbol{x}'(s)+\lambda'(s)\boldsymbol{V}_2(s)+\lambda(s)(-\kappa(s)\boldsymbol{V}_1(s)+\tau(s)\boldsymbol{V}_3(s)))\frac{\mathrm{d}s}{\mathrm{d}\bar{s}}\\ &=((1-\lambda(s)\kappa(s))\boldsymbol{V}_1(s)+\lambda'(s)\boldsymbol{V}_2(s)+\lambda(s)\tau(s)\boldsymbol{V}_3(s))\frac{\mathrm{d}s}{\mathrm{d}\bar{s}}.\end{aligned}$$

由 $\bar{\boldsymbol{V}}_2(\bar{s})=\pm\boldsymbol{V}_2(s)$ 及上式得到

$$0=\bar{\boldsymbol{V}}_1(\bar{s})\cdot\bar{\boldsymbol{V}}_2(\bar{s})=\bar{\boldsymbol{V}}_1(\bar{s})(\pm\boldsymbol{V}_2(s))=\pm\lambda'(s)\frac{\mathrm{d}s}{\mathrm{d}\bar{s}},$$

但 $\dfrac{\mathrm{d}s}{\mathrm{d}\bar{s}}\neq 0$，故 $\lambda'(s)=0$，即 $\lambda(s)=\lambda(\text{常数})$，$s\in(\alpha,\beta)$. 由于 $\bar{\boldsymbol{x}}(\bar{s})$ 与 $\boldsymbol{x}(s)$ 是不同的曲线，故上式中的 λ 为不等于 0 的常数. 因此

$$\bar{\boldsymbol{V}}_1(\bar{s})=((1-\lambda\kappa(s))\boldsymbol{V}_1(s)+\lambda\tau(s)\boldsymbol{V}_3(s))\frac{\mathrm{d}s}{\mathrm{d}\bar{s}}.$$

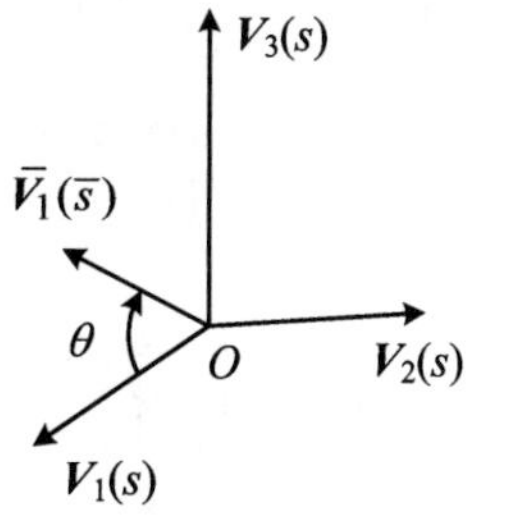

图 1.3.2

现在设对应点 $\boldsymbol{x}(s)$ 与 $\bar{\boldsymbol{x}}(\bar{s})$ 的两个单位切向量 $\boldsymbol{V}_1(s)$ 与 $\bar{\boldsymbol{V}}_1(\bar{s})$ 之间的夹角为 $\theta(s)$（图 1.3.2），则有

$$\bar{\boldsymbol{V}}_1(\bar{s}) = \cos\theta\boldsymbol{V}_1(s) + \sin\theta\boldsymbol{V}_3(s).$$

所以

$$\begin{aligned}\frac{\mathrm{d}\bar{s}}{\mathrm{d}s}\bar{\kappa}(\bar{s})\,\bar{\boldsymbol{V}}_2(\bar{s}) &= \frac{\mathrm{d}\bar{\boldsymbol{V}}_1}{\mathrm{d}s}\\ &= \cos\theta\boldsymbol{V}_1'(s) + \sin\theta\boldsymbol{V}_3'(s) - \sin\theta\frac{\mathrm{d}\theta}{\mathrm{d}s}\boldsymbol{V}_1(s) + \cos\theta\frac{\mathrm{d}\theta}{\mathrm{d}s}\boldsymbol{V}_3(s)\\ &= (\kappa(s)\cos\theta - \tau(s)\sin\theta)\boldsymbol{V}_2(s) + (-\sin\theta\boldsymbol{V}_1(s) + \cos\theta\boldsymbol{V}_3(s))\frac{\mathrm{d}\theta}{\mathrm{d}s}.\end{aligned}$$

由于$\bar{\boldsymbol{V}}_2(\bar{s})/\!/\boldsymbol{V}_2(s)$，$(-\sin\theta\boldsymbol{V}_1(s)+\cos\theta\boldsymbol{V}_3(s))\dfrac{\mathrm{d}\theta}{\mathrm{d}s}\perp\bar{\boldsymbol{V}}_2(\bar{s})$，故

$$(-\sin\theta\boldsymbol{V}_1(s) + \cos\theta\boldsymbol{V}_3(s))\frac{\mathrm{d}\theta}{\mathrm{d}s} = 0.$$

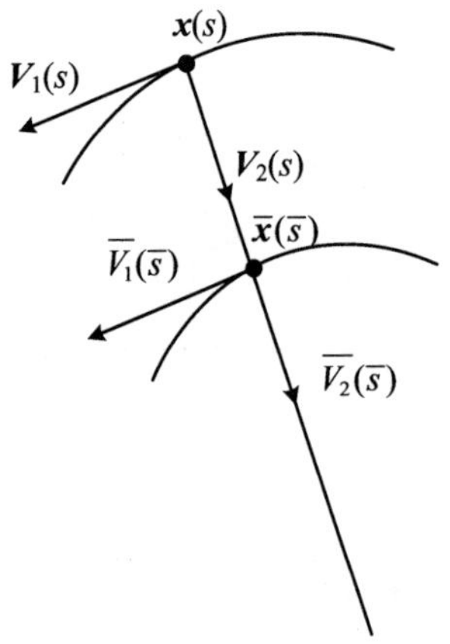

图 1.3.3

又$-\sin\theta\boldsymbol{V}_1(s)+\cos\theta\boldsymbol{V}_3(s)$为单位向量，故$\dfrac{\mathrm{d}\theta}{\mathrm{d}s}=0$，即$\theta(s)=$常数. □

定理 1.3.2 设$\boldsymbol{x}(s)$（s是弧长）为$\mathbf{R}^3$中的C^3正则曲线，曲率$\kappa(s)\neq0$，挠率$\tau(s)\neq0$（**挠曲线**），则

$\boldsymbol{x}(s)$为 Bertrand 曲线 $\Leftrightarrow$ $\lambda\kappa(s)+\mu\tau(s)=1$，

其中λ,μ均为常数，且$\lambda\neq0$.

证明 （证法 1）（$\Rightarrow$）设$\boldsymbol{x}(s)$为 Bertrand 曲线，$\bar{\boldsymbol{x}}(\bar{s})$（$\bar{s}$是弧长）为$\boldsymbol{x}(s)$的侣线，$s$为$\boldsymbol{x}(s)$的弧长（图 1.3.3）. 令

$$\bar{\boldsymbol{x}}(\bar{s}) = \boldsymbol{x}(s) + \lambda(s)\boldsymbol{V}_2(s) = \boldsymbol{x}(s) + \lambda\boldsymbol{V}_2(s),$$

$\lambda(s)$表示对应点$\boldsymbol{x}(s)$与$\bar{\boldsymbol{x}}(\bar{s})$之间的距离，它为常数$\lambda$，即$\lambda(s)=\lambda$，由引理 1.3.1 知$\lambda\neq0$. 于是

$$\frac{\mathrm{d}\bar{\boldsymbol{x}}}{\mathrm{d}s} = \boldsymbol{x}'(s) + \lambda\boldsymbol{V}_2'(s) = (1-\lambda\kappa(s))\boldsymbol{V}_1(s) + \lambda\tau(s)\boldsymbol{V}_3(s).$$

再由引理 1.3.1 推得

$$\cos\theta = \boldsymbol{V}_1\cdot\bar{\boldsymbol{V}}_1 = \boldsymbol{V}_1\cdot\frac{\mathrm{d}\bar{\boldsymbol{x}}}{\mathrm{d}s}\frac{\mathrm{d}s}{\mathrm{d}\bar{s}} = (1-\lambda\kappa(s))\frac{\mathrm{d}s}{\mathrm{d}\bar{s}} = 常数,$$

而

$$\begin{aligned}|\sin\theta| = |\boldsymbol{V}_1\times\bar{\boldsymbol{V}}_1| = \left|\boldsymbol{V}_1\times\frac{\mathrm{d}\bar{\boldsymbol{x}}}{\mathrm{d}s}\frac{\mathrm{d}s}{\mathrm{d}\bar{s}}\right| = \left|\boldsymbol{V}_1(s)\times(\lambda\tau(s)\boldsymbol{V}_3(s))\frac{\mathrm{d}s}{\mathrm{d}\bar{s}}\right| = \left|\lambda\tau(s)\frac{\mathrm{d}s}{\mathrm{d}\bar{s}}\right|\\ = 常数.\end{aligned}$$

两式相除消去$\dfrac{\mathrm{d}s}{\mathrm{d}\bar{s}}$，得

$$\frac{1-\lambda\kappa(s)}{\lambda\tau(s)}=\text{常数}\quad\left(\text{记为}\frac{\mu}{\lambda}\right),$$

则

$$1-\lambda\kappa(s)=\mu\tau(s),$$

故

$$\lambda\kappa(s)+\mu\tau(s)=1.$$

(⇐)已知 C^3 曲线 $\boldsymbol{x}(s)$满足 $\lambda\kappa(s)+\mu\tau(s)=1$,其中 λ,μ 均为常数.作曲线

$$\bar{\boldsymbol{x}}(s)=\boldsymbol{x}(s)+\lambda\boldsymbol{V}_2(s),$$

则

$$\begin{aligned}\bar{\boldsymbol{x}}'(s)&=(1-\lambda\kappa(s))\boldsymbol{V}_1(s)+\lambda\tau(s)\boldsymbol{V}_3(s)\\&=\mu\tau(s)\boldsymbol{V}_1(s)+\lambda\tau(s)\boldsymbol{V}_3(s)\\&=\tau(s)(\mu\boldsymbol{V}_1(s)+\lambda\boldsymbol{V}_3(s)),\end{aligned}$$

单位化得

$$\bar{\boldsymbol{V}}_1(s)=\frac{\mu\boldsymbol{V}_1(s)+\lambda\boldsymbol{V}_3(s)}{\lambda^2+\mu^2},$$

$$\begin{aligned}\bar{\kappa}\,\bar{\boldsymbol{V}}_2(s)&=\frac{\mathrm{d}\bar{s}}{\mathrm{d}s}\bar{\boldsymbol{V}}_1'(s)=\frac{\mu\boldsymbol{V}_1'(s)+\lambda\boldsymbol{V}_3'(s)}{\lambda^2+\mu^2}\\&=\frac{\mu(\kappa(s)\boldsymbol{V}_2(s))+\lambda(-\tau(s)\boldsymbol{V}_2(s))}{\lambda^2+\mu^2}\\&=\frac{\mu\kappa(s)-\lambda\tau(s)}{\lambda^2+\mu^2}\boldsymbol{V}_2(s),\end{aligned}$$

$$\bar{\boldsymbol{V}}_2=\pm\boldsymbol{V}_2,$$

从而 $\boldsymbol{x}$ 与 $\bar{\boldsymbol{x}}$ 为 Bertrand 侣线.

(证法 2)(⇒)比较引理 1.3.1 证法 2 中的两个式子:

$$\bar{\boldsymbol{V}}_1(\bar{s})=((1-\lambda\kappa(s))\boldsymbol{V}_1(s)+\lambda\tau(s)\boldsymbol{V}_3(s))\frac{\mathrm{d}s}{\mathrm{d}\bar{s}}$$

与

$$\bar{\boldsymbol{V}}_1(\bar{s})=\cos\theta\boldsymbol{V}_1(s)+\sin\theta\boldsymbol{V}_3(s),$$

得到

$$\begin{cases}(1-\lambda\kappa(s))\dfrac{\mathrm{d}s}{\mathrm{d}\bar{s}}=\cos\theta,\\[2ex]\lambda\tau(s)\dfrac{\mathrm{d}s}{\mathrm{d}\bar{s}}=\sin\theta.\end{cases}$$

两式相除并消去$\frac{ds}{d\bar{s}}$即得$\left(\text{其中题设 }\lambda\neq0.\text{ 此外,}\sin\theta\neq0\left(\text{因 }\lambda\neq0,\tau(s)\neq0,\frac{ds}{d\bar{s}}\neq0\right)\right)$

$$\frac{1-\lambda\kappa(s)}{\lambda\tau(s)}=\cot\theta,$$

则

$$1-\lambda\kappa(s)=\lambda\tau(s)\cot\theta=\mu\tau(s),$$

故

$$\lambda\kappa(s)+\mu\tau(s)=1,\quad \mu=\lambda\cot\theta(\text{常数}).$$

(⇐)设曲线 $\boldsymbol{x}(s)$的曲率 $\kappa(s)$与挠率 $\tau(s)$满足

$$\lambda\kappa(s)+\mu\tau(s)=1,\quad \lambda\text{ 与}\mu\text{ 均为常数, 且 }\lambda\neq0.$$

于是

$$\frac{\lambda}{\sqrt{\lambda^2+\mu^2}}\kappa(s)+\frac{\mu}{\sqrt{\lambda^2+\mu^2}}\tau(s)=\frac{1}{\sqrt{\lambda^2+\mu^2}},$$

记 $\sin\theta=\frac{\lambda}{\sqrt{\lambda^2+\mu^2}}\neq0$,则

$$\kappa(s)\sin\theta+\tau(s)\cos\theta=\frac{\sin\theta}{\lambda}.$$

下证曲线 $\bar{\boldsymbol{x}}(\bar{s})=\boldsymbol{x}(s)+\lambda\boldsymbol{V}_2(s)$($\lambda$ 为常数)是曲线 $\boldsymbol{x}(s)$的一条 Bertrand 侣线.

因为 λ 是一个常数,故 $\lambda'=0$,所以

$$\begin{aligned}\bar{\boldsymbol{V}}_1(\bar{s})&=((1-\lambda\kappa(s))\boldsymbol{V}_1(s)+\lambda\tau(s)\boldsymbol{V}_3(s))\frac{ds}{d\bar{s}}\\&\xlongequal{1-\lambda\kappa(s)=\mu\tau(s)}(\mu\tau(s)\boldsymbol{V}_1(s)+\lambda\tau(s)\boldsymbol{V}_3(s))\frac{ds}{d\bar{s}}\\&=\frac{\lambda\tau(s)}{\sin\theta}\left(\frac{\mu}{\lambda}\sin\theta\boldsymbol{V}_1(s)+\sin\theta\boldsymbol{V}_3(s)\right)\frac{ds}{d\bar{s}}\\&=\frac{\lambda\tau(s)}{\sin\theta}\left(\frac{\cos\theta}{\sin\theta}\sin\theta\boldsymbol{V}_1(s)+\sin\theta\boldsymbol{V}_3(s)\right)\frac{ds}{d\bar{s}}\\&=\frac{\lambda\tau(s)}{\sin\theta}(\cos\theta\boldsymbol{V}_1(s)+\sin\theta\boldsymbol{V}_3(s))\frac{ds}{d\bar{s}}.\end{aligned}$$

由于 $\cos\theta\boldsymbol{V}_1(s)+\sin\theta\boldsymbol{V}_3(s)$是一个单位向量,所以

$$\bar{\boldsymbol{V}}_1(\bar{s})=\pm(\cos\theta\boldsymbol{V}_1(s)+\sin\theta\boldsymbol{V}_3(s)).$$

两边对 $\bar{s}$ 求导得

$$\bar{\kappa}(\bar{s})\bar{\boldsymbol{V}}_2(\bar{s})=\bar{\boldsymbol{V}}_1'(\bar{s})=\pm(\cos\theta\boldsymbol{V}_1'(s)+\sin\theta\boldsymbol{V}_3'(s))\frac{ds}{d\bar{s}}$$

$$= \pm (\kappa(s)\cos\theta - \tau(s)\sin\theta)\boldsymbol{V}_2(s)\frac{\mathrm{d}s}{\mathrm{d}\bar{s}},$$

由此可见$\bar{\boldsymbol{V}}_2(\bar{s}) /\!/ \boldsymbol{V}_2(s)$. 因为 $\bar{\boldsymbol{x}}(\bar{s})$的点在 $\boldsymbol{x}(s)$的主法线上,所以 $\bar{\boldsymbol{x}}(\bar{s})$与 $\boldsymbol{x}(s)$的主法线重合,从而它们为 Bertrand 侣线,且均为 Bertrand 曲线. □

定理 1.3.3 除圆柱螺线外,每条 Bertrand 曲线($\kappa(s)\neq 0$, $\tau(s)\neq 0$)只有一条唯一的侣线,而圆柱螺线有无数条侣线.

证明 如果 Bertrand 曲线 $\boldsymbol{x}(s)$有两条不同的侣线,且分别对应于 $\lambda_1\neq 0$, $\lambda_2\neq 0$, $\lambda_1\neq\lambda_2$,则此时有

$$\begin{cases} \lambda_1\kappa(s) + \mu_1\tau(s) = 1, \\ \lambda_2\kappa(s) + \mu_2\tau(s) = 1. \end{cases}$$

若 $\lambda_1\mu_2 - \lambda_2\mu_1 = 0$,即$\frac{\mu_1}{\lambda_1} = \frac{\mu_2}{\lambda_2}$,则上面两式不相容. 所以必有 $\lambda_1\mu_2 - \lambda_2\mu_1 \neq 0$,解此线性方程组得 $\kappa(s) =$ 常数, $\tau(s) =$ 常数. 这时,该曲线为圆柱螺线(参阅后面的注 1.5.2).

由 $\mu = \frac{1-\lambda\kappa}{\tau}$知,不同的 λ 得到不同的μ,因此圆柱螺线有无数条侣线. □

1.4 Bouquet 公式、平面曲线相对曲率

作为 Frenet 公式的一个重要的直接应用,我们来研究曲线 $\boldsymbol{x}(s)$在一点邻近的性质.

定理 1.4.1(Bouquet 公式,局部规范形式) 设 $\boldsymbol{x}(s)$为 $\mathbf{R}^3$ 中的 C^3 正则曲线, s 为弧长参数. 如果$\{\boldsymbol{x}(0); \boldsymbol{V}_1(0), \boldsymbol{V}_2(0), \boldsymbol{V}_3(0)\}$为新坐标系,则曲线 $\boldsymbol{x}(s)$上点的新坐标$\{\tilde{x}_1(s), \tilde{x}_2(s), \tilde{x}_3(s)\}$有 Bouquet 公式或 $\boldsymbol{x}(0)$邻近的局部规范形式:

$$\begin{cases} \tilde{x}_1(s) = s - \frac{\kappa(0)^2}{6}s^3 + R_1(s), \\ \tilde{x}_2(s) = \frac{\kappa(0)}{2}s^2 + \frac{\kappa'(0)}{6}s^3 + R_2(s), \\ \tilde{x}_3(s) = \frac{\kappa(0)\tau(0)}{6}s^3 + R_3(s), \end{cases}$$

其中

$$\begin{aligned} R(s) &= R_1(s)\boldsymbol{V}_1(0) + R_2(s)\boldsymbol{V}_2(0) + R_3(s)\boldsymbol{V}_3(0) \\ &= (R_1(s), R_2(s), R_3(s)), \end{aligned}$$

$$\lim_{s\to0}\frac{R(s)}{s^3}=\lim_{s\to0}\left(\frac{R_1(s)}{s^3},\frac{R_2(s)}{s^3},\frac{R_3(s)}{s^3}\right)=(0,0,0)=\mathbf{0}.$$

证明 根据有限阶 Taylor 公式,在 $s=0$ 时将 $\boldsymbol{x}(s)$展开为

$$\boldsymbol{x}(s)=\boldsymbol{x}(0)+s\boldsymbol{x}'(0)+\frac{s^2}{2!}\boldsymbol{x}''(0)+\frac{s^3}{3!}\boldsymbol{x}'''(0)+R(s),$$

其中余项 $R(s)$满足$\lim\limits_{s\to0}\dfrac{R(s)}{s^3}=0$.

因为

$$\begin{aligned}\boldsymbol{x}'(s)&=\boldsymbol{V}_1(s),\quad \boldsymbol{x}''(s)=\kappa(s)\boldsymbol{V}_2(s),\\ \boldsymbol{x}'''(s)&=(\kappa(s)\boldsymbol{V}_2(s))'=\kappa'(s)\boldsymbol{V}_2(s)+\kappa(s)\boldsymbol{V}_2'(s)\\ &=\kappa'(s)\boldsymbol{V}_2(s)-\kappa(s)^2\boldsymbol{V}_1(s)+\kappa(s)\tau(s)\boldsymbol{V}_3(s),\end{aligned}$$

所以,有

$$\begin{aligned}\boldsymbol{x}(s)-\boldsymbol{x}(0)=&\ s\boldsymbol{V}_1(0)+\frac{s^2}{2!}\kappa(0)\boldsymbol{V}_2(0)\\ &+\frac{s^3}{3!}(\kappa'(0)\boldsymbol{V}_2(0)-\kappa(0)^2\boldsymbol{V}_1(0)+\kappa(0)\tau(0)\boldsymbol{V}_3(0))+R(s)\\ =&\left(s-\frac{\kappa(0)^2}{3!}s^3\right)\boldsymbol{V}_1(0)+\left(\frac{\kappa(0)}{2!}s^2+\frac{\kappa'(0)}{3!}s^3\right)\boldsymbol{V}_2(0)\\ &+\frac{\kappa(0)\tau(0)}{3!}s^3\boldsymbol{V}_3(0)+R(s).\end{aligned}$$

现在取$\{\boldsymbol{x}(0);\boldsymbol{V}_1(0),\boldsymbol{V}_2(0),\boldsymbol{V}_3(0)\}$为新坐标系,则曲线上点的新坐标为

$$\begin{cases}\tilde{x}_1(s)=s-\dfrac{\kappa(0)^2}{6}s^3+R_1(s),\\ \tilde{x}_2(s)=\dfrac{\kappa(0)}{2}s^2+\dfrac{\kappa'(0)}{6}s^3+R_2(s),\\ \tilde{x}_3(s)=\dfrac{\kappa(0)\tau(0)}{6}s^3+R_3(s),\end{cases}$$

其中

$$\begin{aligned}R(s)&=R_1(s)\boldsymbol{V}_1(0)+R_2(s)\boldsymbol{V}_2(0)+R_3(s)\boldsymbol{V}_3(0)\\ &=(R_1(s),R_2(s),R_3(s)),\end{aligned}$$

$$\lim_{s\to0}\frac{R(s)}{s^3}=\left(\lim_{s\to0}\frac{R_1(s)}{s^3},\lim_{s\to0}\frac{R_2(s)}{s^3},\lim_{s\to0}\frac{R_3(s)}{s^3}\right)=(0,0,0)=\mathbf{0}.$$ □

注 1.4.1 在 C^3 正则曲线 $\boldsymbol{x}(s)$上,当参数 s 变化时,得到一组活动的 Frenet 标架$\{\boldsymbol{x}(s);\boldsymbol{V}_1(s),\boldsymbol{V}_2(s),\boldsymbol{V}_3(s)\}$.研究曲线 $\boldsymbol{x}(s)$在一点邻近的几何性质时,Frenet 标架是一个十分有力的工具.可以想象,如果在曲线的每一点附上一组与该曲线的特性密切相

关的活动标架，则其对揭示曲线的局部几何性质是十分有用的．今后，我们将频繁地运用这种“活动标架”法．

定理 1.4.2 设 $\boldsymbol{x}(s)$为 $\mathbf{R}^3$ 中的 C^3 正则曲线，$\kappa(0)\neq 0$，$\tau(0)\neq 0$，我们只取 Bouquet 公式中各式的第一项，就可以得到 $\boldsymbol{x}(0)$邻近与原曲线 $\boldsymbol{x}(s)$相近似的曲线

$$\tilde{\boldsymbol{x}}(s)=(\tilde{x}_1(s),\tilde{x}_2(s),\tilde{x}_3(s))$$

为

$$\begin{cases}\tilde{x}_1(s)=s,\\ \tilde{x}_2(s)=\dfrac{\kappa(0)}{2}s^2,\\ \tilde{x}_3(s)=\dfrac{\kappa(0)\tau(0)}{6}s^3,\end{cases}$$

它与原曲线 $\boldsymbol{x}(s)$在该点处有相同的曲率与挠率及相同的 Frenet 标架．于是，它们在该点的密切平面、法平面及从切平面都一致（两曲线的这些几何性质的相同表明第一项的近似已足够优良了）．

证明 （证法 1）设曲线 $\tilde{\boldsymbol{x}}(s)=\left(s,\dfrac{\kappa(0)}{2}s^2,\dfrac{\kappa(0)\tau(0)}{6}s^3\right)$的弧长参数为 $\tilde{s}=\tilde{\boldsymbol{x}}(s)$，$\tilde{s}(0)=0$（注意：$s$ 不必为$\tilde{\boldsymbol{x}}(s)$的弧长参数），

$$\tilde{\boldsymbol{x}}'(s)=\left(1,\kappa(0)s,\frac{\kappa(0)\tau(0)}{2}s^2\right),$$

$$\tilde{\boldsymbol{V}}_1'(0)=\tilde{\boldsymbol{x}}'(0)=(1,0,0)=\boldsymbol{V}_1(0),$$

$$\frac{\mathrm{d}\tilde{s}}{\mathrm{d}s}=|\tilde{\boldsymbol{x}}'(s)|=\left(1+\kappa(0)^2s^2+\frac{\kappa(0)^2\tau(0)^2}{4}s^4\right)^{\frac{1}{2}},\quad \left.\frac{\mathrm{d}\tilde{s}}{\mathrm{d}s}\right|_{s=0}=1.$$

$$\frac{\mathrm{d}^2\tilde{s}}{\mathrm{d}s^2}=\frac{\mathrm{d}}{\mathrm{d}s}\left(\frac{\mathrm{d}\tilde{s}}{\mathrm{d}s}\right)=\frac{2\kappa(0)^2s+\kappa(0)^2\tau(0)^2s^3}{2\sqrt{1+\kappa(0)^2s^2+\dfrac{\kappa(0)^2\tau(0)^2}{4}s^4}},\quad \left.\frac{\mathrm{d}^2\tilde{s}}{\mathrm{d}s^2}\right|_{s=0}=0.$$

$$\tilde{\boldsymbol{x}}''(s)=(0,\kappa(0),\kappa(0)\tau(0)s),\quad \boldsymbol{x}''(0)=(0,\kappa(0),0).$$

$$\tilde{\boldsymbol{x}}''(s)=(\tilde{\boldsymbol{x}}'(s))'=\left(\frac{\mathrm{d}\tilde{s}}{\mathrm{d}s}\tilde{\boldsymbol{V}}_1(s)\right)'$$

$$=\frac{\mathrm{d}^2\tilde{s}}{\mathrm{d}s^2}\tilde{\boldsymbol{V}}_1(s)+\frac{\mathrm{d}\tilde{s}}{\mathrm{d}s}\tilde{\boldsymbol{V}}_1'(s)=\frac{\mathrm{d}^2\tilde{s}}{\mathrm{d}s^2}\tilde{\boldsymbol{V}}_1(s)+\frac{\mathrm{d}\tilde{s}}{\mathrm{d}s}\tilde{\kappa}(s)\tilde{\boldsymbol{V}}_2(s)\frac{\mathrm{d}\tilde{s}}{\mathrm{d}s}.$$

令 $s=0$ 并代入上式得

$$(0,\kappa(0),0)=0\cdot\tilde{\boldsymbol{V}}_1(0)+1\cdot\tilde{\kappa}(0)\tilde{\boldsymbol{V}}_2(0)\cdot 1=\tilde{\kappa}(0)\tilde{\boldsymbol{V}}_2(0),$$

所以

$$\tilde{\kappa}(0)=\kappa(0),$$

$$\widetilde{\boldsymbol{V}}_2(0)=(0,1,0)=\boldsymbol{V}_2(0),$$

$$\widetilde{\boldsymbol{V}}_3(0)=\widetilde{\boldsymbol{V}}_1(0)\times\widetilde{\boldsymbol{V}}_2(0)=\boldsymbol{V}_1(0)\times\boldsymbol{V}_2(0)=\boldsymbol{V}_3(0).$$

(证法 2)可直接应用曲率与挠率的公式(由定理 1.2.1(2)得到)

$$\tilde{\kappa}(0)=\left.\frac{|\tilde{\boldsymbol{x}}'(s)\times\tilde{\boldsymbol{x}}''(s)|}{|\tilde{\boldsymbol{x}}'(s)|^3}\right|_{s=0}=\frac{|(1,0,0)\times(0,\kappa(0),0)|}{|(1,0,0)|^3}=|(0,0,\kappa(0))|=\kappa(0).$$

$$\tilde{\boldsymbol{x}}'''(s)=(0,0,\kappa(s)\tau(s)),$$

$$\tilde{\boldsymbol{x}}'''(0)=(0,0,\kappa(0)\tau(0)),$$

$$\tilde{\tau}(0)=\frac{|\tilde{\boldsymbol{x}}'(0)\times\tilde{\boldsymbol{x}}''(0)|\cdot\tilde{\boldsymbol{x}}'''(0)}{|\tilde{\boldsymbol{x}}'(0)\times\tilde{\boldsymbol{x}}''(0)|^2}=\frac{(0,0,\kappa(0))\cdot(0,0,\kappa(0)\tau(0))}{|(0,0,\kappa(0))|^2}=\frac{\kappa(0)^2\tau(0)}{\kappa(0)^2}$$
$$=\tau(0)$$

或

$$\tilde{\tau}(0)=\frac{(\tilde{\boldsymbol{x}}'(0),\tilde{\boldsymbol{x}}''(0),\tilde{\boldsymbol{x}}'''(0))}{|\tilde{\boldsymbol{x}}'(0)\times\tilde{\boldsymbol{x}}''(0)|^2}=\frac{\begin{vmatrix}1&0&0\\0&\kappa(0)&0\\0&0&\kappa(0)\tau(0)\end{vmatrix}}{|(0,0,\kappa(0))|^2}$$
$$=\frac{\kappa(0)^2\tau(0)}{\kappa(0)^2}=\tau(0).$$

□

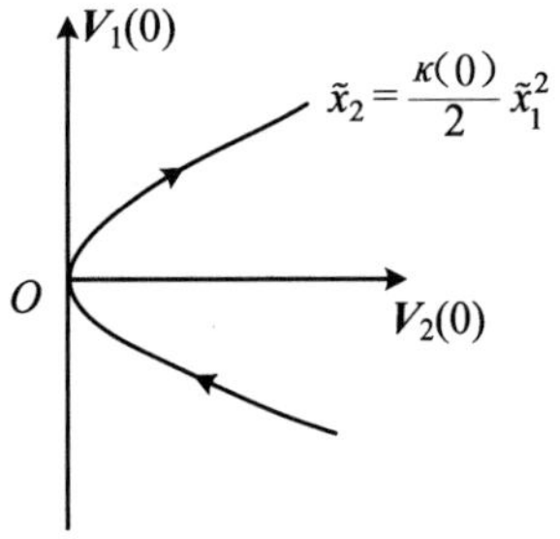

图 1.4.1

注 1.4.2 曲线 $\boldsymbol{x}(s)$在点 $\boldsymbol{x}(0)$处的密切平面上的投影近似为一条抛物线(图 1.4.1):

$$(\tilde{x}_1(s),\tilde{x}_2(s))=\left(s,\frac{\kappa(0)}{2}s^2\right),$$

$$\tilde{x}_2(s)=\frac{\kappa(0)}{2}\tilde{x}_1^2,$$

曲线 $\boldsymbol{x}(s)$在点 $\boldsymbol{x}(0)$处的法平面上的投影近似为曲线(图 1.4.2):

$$(\tilde{x}_2(s),\tilde{x}_3(s))=\left(\frac{\kappa(0)}{2}s^2,\frac{\kappa(0)\tau(0)}{6}s^3\right),$$

$$\tilde{x}_3^2(s)=\frac{2\tau(0)^2}{9\kappa(0)}\tilde{x}_2^3.$$

曲线 $\boldsymbol{x}(s)$在点 $\boldsymbol{x}(0)$处的从切平面上的投影近似为一条 3 次曲线(图 1.4.3):

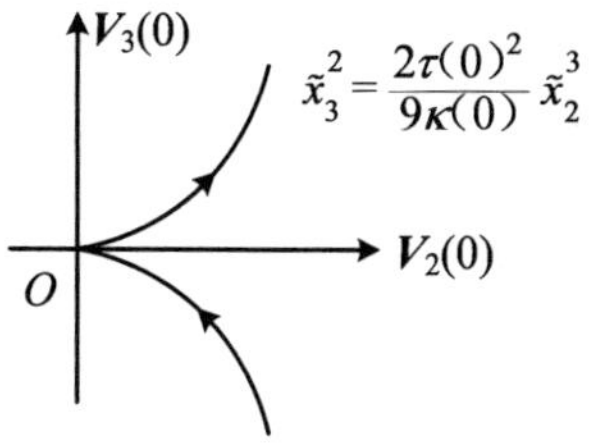

图 1.4.2

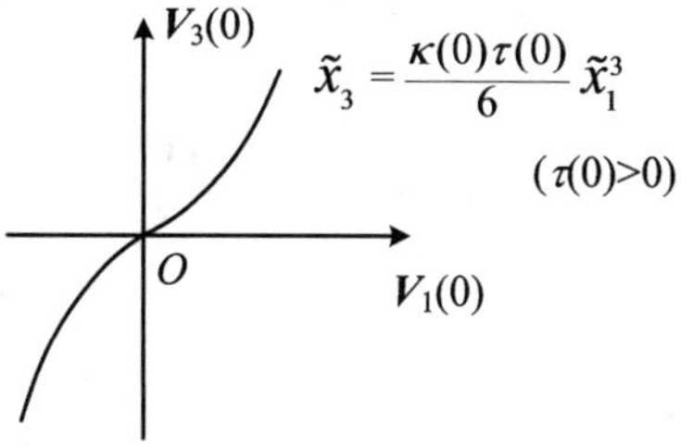

图 1.4.3

$$(\tilde{x}_1(s),\tilde{x}_3(s))=\left(s,\frac{\kappa(0)\tau(0)}{6}s^3\right),$$

$$\tilde{x}_3(s)=\frac{\kappa(0)\tau(0)}{6}\tilde{x}_1^3.$$

注 1.4.3 由 Bouquet 公式(局部规范形式)可直接得到:

(1) 规定 $\boldsymbol{V}_3(0)$所指的方向为密切平面(由 $\boldsymbol{V}_1(0)$,$\boldsymbol{V}_2(0)$张成)的正侧.由

$$\tilde{x}_3(s)=\frac{\kappa(0)\tau(0)}{6}s^3+R_3(s)=s^3\left(\frac{\kappa(0)\tau(0)}{6}+\frac{R_3(s)}{s^3}\right),$$

$$\lim_{s\to0}\frac{R(s)}{s^3}=0$$

可以看出:

(a) 当 $\tau(0)>0$,曲线 $\boldsymbol{x}(s)$沿弧长 s 增加时,穿过密切平面指向正侧;

(b) 当 $\tau(0)<0$,曲线 $\boldsymbol{x}(s)$沿弧长 s 增加时,穿过密切平面指向负侧.

(2) 在充分小的开邻域$(-\delta,\delta)$内,因为 $\kappa(0)>0$,所以

$$\begin{aligned}\tilde{x}_2(s)&=\frac{\kappa(0)}{2}s^2+\frac{\kappa'(0)}{6}s^3+R_2(s)\\&=s^2\left(\frac{\kappa(0)}{2}+\frac{\kappa'(0)}{6}s+\frac{R_2(s)}{s^3}\cdot s\right)\geqslant0,\end{aligned}$$

而且当且仅当 $s=0$ 时,$\tilde{x}_2(s)=0$.此时,该开邻域$(-\delta,\delta)$里的曲线 $\boldsymbol{x}(s)$完全落在从切平面指向 $\boldsymbol{V}_2(0)$的一侧.

(3) 由点 $\boldsymbol{x}(s)$及 $\boldsymbol{x}(0)$处的切线所决定的平面方程为(图 1.4.4)

$$\tilde{x}_3=m(s)\tilde{x}_2,$$

它经过点$(x_1(s),x_2(s),x_3(s))$,所以

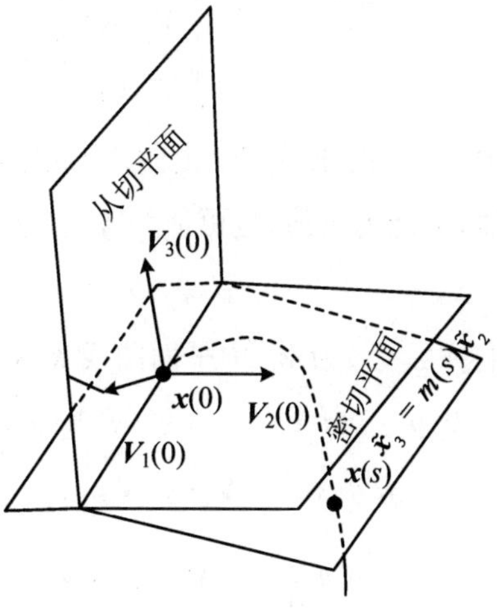

图 1.4.4

$$\tilde{x}_3(s) = m(s)\,\tilde{x}_2(s),$$

$$m(s) = \frac{\tilde{x}_3(s)}{\tilde{x}_2(s)} = \frac{\dfrac{\kappa(0)\tau(0)}{6}s^3 + R_3(s)}{\dfrac{\kappa(0)}{2}s^2 + \dfrac{\kappa'(0)}{6}s^3 + R_2(s)}$$

$$= \frac{s\left(\dfrac{\kappa(0)\tau(0)}{6} + \dfrac{R_3(s)}{s^3}\right)}{\dfrac{\kappa(0)}{2} + \dfrac{\kappa'(0)}{6}s + \dfrac{R_2(s)}{s^3}\cdot s} \to 0 \quad (s \to 0).$$

于是,所决定的平面趋于$\tilde{x}_3 = 0$(即 $\boldsymbol{x}(0)$处的密切平面).

现在我们来考察 $\mathbf{R}^2$ 中的平面曲线 $\boldsymbol{x}(s)$的相对曲率.

定义 1.4.1 设 $\boldsymbol{x}(s) = (x^1(s), x^2(s))$为 $\mathbf{R}^2$ 上的 C^2 正则曲线,s 为其弧长参数,可选该曲线的法向量 $\boldsymbol{V}_{2r}(s)$使得$\{\boldsymbol{V}_1(s), \boldsymbol{V}_{2r}(s)\} = \{\boldsymbol{x}'(s), \boldsymbol{V}_{2r}(s)\}$的定向与 $\mathbf{R}^2$ 上通常直角坐标系 x^1Ox^2 的定向(右旋系)相同($\boldsymbol{V}_{2r}(s)$中的 r 代表 right(右)),即逆时针方向,由

$$2\boldsymbol{V}_1(s)\boldsymbol{V}_1'(s) = (\boldsymbol{V}_1(s)^2)' = 1' = 0,$$

$$\boldsymbol{V}_1(s)\cdot\boldsymbol{V}_{2r}'(s) = -\boldsymbol{V}_1'(s)\cdot\boldsymbol{V}_{2r}(s) = -\kappa_r(s),$$

$$\boldsymbol{V}_{2r}(s)\cdot\boldsymbol{V}_{2r}'(s) = 0$$

立即推出 $\mathbf{R}^2$ 中的 Frenet 公式:

$$\begin{cases} \boldsymbol{V}_1'(s) = \qquad\qquad \kappa_r(s)\boldsymbol{V}_{2r}(s), \\ \boldsymbol{V}_{2r}'(s) = -\kappa_r(s)\boldsymbol{V}_1(s). \end{cases}$$

用矩阵表示为

$$\begin{pmatrix} \boldsymbol{V}_1'(s) \\ \boldsymbol{V}_{2r}'(s) \end{pmatrix} = \begin{pmatrix} 0 & \kappa_r(s) \\ -\kappa_r(s) & 0 \end{pmatrix}\begin{pmatrix} \boldsymbol{V}_1(s) \\ \boldsymbol{V}_2(s) \end{pmatrix}.$$

其中 $\kappa_r(s)$的正负完全由曲线的定向与平面 $\mathbf{R}^2$ 的定向所确定(见定理 1.4.4),它可能为正值,可能为负值,也可能为零.显然,

$$|\kappa_r(s)| = |\boldsymbol{V}_1'(s)| = |\boldsymbol{x}''(s)| = \kappa(s) \geqslant 0.$$

我们称 $\kappa_r(s)$为 $\mathbf{R}^2$ 中平面曲线 $\boldsymbol{x}(s)$的**相对曲率**.

设 $\theta(s)$为 $\boldsymbol{V}_1(s) = \boldsymbol{x}'(s)$与 $\boldsymbol{e}_1$(x^1 轴方向单位向量)之间的夹角,则

$$\cos\theta(s) = \boldsymbol{V}_1(s)\cdot\boldsymbol{e}_1,$$

$$-\sin\theta\frac{\mathrm{d}\theta}{\mathrm{d}s} = \boldsymbol{V}_1'(s)\cdot\boldsymbol{e}_1 = \kappa_r(s)\boldsymbol{V}_{2r}(s)\cdot\boldsymbol{e}_1 = \kappa_r(s)\cos\left(\frac{\pi}{2} + \theta(s)\right)$$

$$= -\sin\theta(s)\kappa_r(s),$$

当 $\sin\theta(s)\neq 0$ 时，$\dfrac{d\theta}{ds}=\kappa_r(s)$.

当 $\sin\theta(s)=0$ 时，由连续性知，也有$\dfrac{d\theta}{ds}=\kappa_r(s)$（图 1.4.5）.

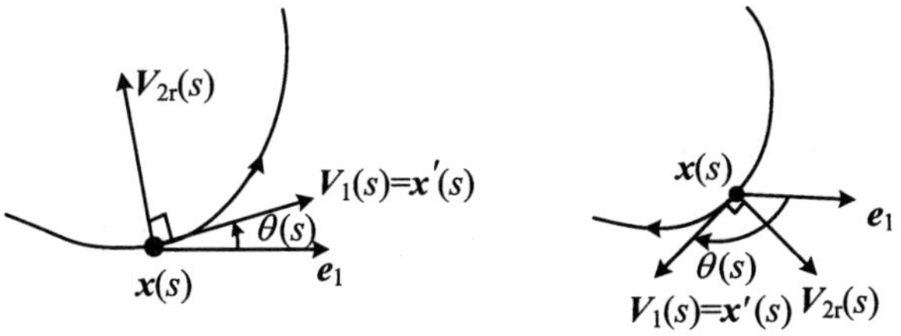

图 1.4.5

定理 1.4.3 设 $\boldsymbol{x}(s)=(x^1(s),x^2(s))$是以弧长 s 为参数的平面 $\mathbf{R}^2$ 中的 C^2 正则曲线，则：

(1) $\boldsymbol{V}_{2r}(s)=(-x^{2\prime}(s),x^{1\prime}(s))$，由此得到

$$\boldsymbol{x}''(s)=\kappa_r(s)\boldsymbol{V}_{2r}(s)=\kappa_r(s)(-x^{2\prime}(s),x^{1\prime}(s));$$

(2)

$$\kappa_r(s)=x^{1\prime}(s)x^{2\prime\prime}(s)-x^{1\prime\prime}(s)x^{2\prime}(s)=\begin{vmatrix}x^{1\prime}(s) & x^{1\prime\prime}(s)\\ x^{2\prime}(s) & x^{2\prime\prime}(s)\end{vmatrix};$$

(3) 一般参数 t 的相对曲率公式为

$$\kappa_r(t)=\frac{x^{1\prime}(t)x^{2\prime\prime}(t)-x^{1\prime\prime}(t)x^{2\prime}(t)}{((x^{1\prime}(t))^2+(x^{2\prime}(t))^2)^{\frac{3}{2}}}=\frac{\begin{vmatrix}x^{1\prime}(t) & x^{1\prime\prime}(t)\\ x^{2\prime}(t) & x^{2\prime\prime}(t)\end{vmatrix}}{((x^{1\prime}(t))^2+(x^{2\prime}(t))^2)^{\frac{3}{2}}}.$$

证明 (1) $\boldsymbol{V}_1(s)=\boldsymbol{x}'(s)=(x^{1\prime}(s),x^{2\prime}(s))$，

$$\boldsymbol{e}_3\times\boldsymbol{V}_1(s)=\begin{vmatrix}\boldsymbol{e}_1 & \boldsymbol{e}_2 & \boldsymbol{e}_3\\ 0 & 0 & 1\\ x^{1\prime}(s) & x^{2\prime}(s) & 0\end{vmatrix}=(-x^{2\prime}(s),x^{1\prime}(s),0)$$

$$\sim(-x^{2\prime}(s),x^{1\prime}(s))=\boldsymbol{V}_{2r}(s).$$

(2)

$$\kappa_r(s)=(\kappa_r(s)\boldsymbol{V}_{2r}(s))\cdot\boldsymbol{V}_{2r}(s)=\boldsymbol{V}_1'(s)\cdot\boldsymbol{V}_{2r}(s)=\boldsymbol{x}''(s)\cdot\boldsymbol{V}_{2r}(s)$$

$$\xlongequal{(1)}(x^{1\prime\prime}(s),x^{2\prime\prime}(s))\cdot(-x^{2\prime}(s),x^{1\prime}(s))=x^{1\prime}(s)x^{2\prime\prime}(s)-x^{1\prime\prime}(s)x^{2\prime}(s)$$

$$=\begin{vmatrix}x^{1\prime}(s) & x^{1\prime\prime}(s)\\ x^{2\prime}(s) & x^{2\prime\prime}(s)\end{vmatrix}.$$

(3) 由

$$\frac{\mathrm{d}x^1}{\mathrm{d}s}=x^{1\prime}(t)\frac{\mathrm{d}t}{\mathrm{d}s},\quad \frac{\mathrm{d}^2x^1}{\mathrm{d}s^2}=x^{1\prime\prime}(t)\left(\frac{\mathrm{d}t}{\mathrm{d}s}\right)^2+x^{1\prime}(t)\frac{\mathrm{d}^2t}{\mathrm{d}s^2},$$

$$\frac{\mathrm{d}x^2}{\mathrm{d}s}=x^{2\prime}(t)\frac{\mathrm{d}t}{\mathrm{d}s},\quad \frac{\mathrm{d}^2x^2}{\mathrm{d}s^2}=x^{2\prime\prime}(t)\left(\frac{\mathrm{d}t}{\mathrm{d}s}\right)^2+x^{2\prime}(t)\frac{\mathrm{d}^2t}{\mathrm{d}s^2}$$

立即得到

$$\begin{aligned}\kappa_{\mathrm{r}}(t)&\xlongequal{(2)}\frac{\mathrm{d}x^1}{\mathrm{d}s}\frac{\mathrm{d}^2x^2}{\mathrm{d}s^2}-\frac{\mathrm{d}^2x^1}{\mathrm{d}s^2}\frac{\mathrm{d}x^2}{\mathrm{d}s}\\&=x^{1\prime}(t)\frac{\mathrm{d}t}{\mathrm{d}s}\left(x^{2\prime\prime}(t)\left(\frac{\mathrm{d}t}{\mathrm{d}s}\right)^2+x^{2\prime}(t)\frac{\mathrm{d}^2t}{\mathrm{d}s^2}\right)-x^{2\prime}(t)\frac{\mathrm{d}t}{\mathrm{d}s}\left(x^{1\prime\prime}(t)\left(\frac{\mathrm{d}t}{\mathrm{d}s}\right)^2+x^{1\prime}(t)\frac{\mathrm{d}^2t}{\mathrm{d}s^2}\right)\\&=\frac{(x^{1\prime}(t)x^{2\prime\prime}(t)-x^{1\prime\prime}(t)x^{2\prime}(t))}{\left(\frac{\mathrm{d}s}{\mathrm{d}t}\right)^3}=\frac{(x^{1\prime}(t)x^{2\prime\prime}(t)-x^{1\prime\prime}(t)x^{2\prime}(t))}{((x^{1\prime}(t))^2+(x^{2\prime}(t))^2)^{\frac{3}{2}}}.\end{aligned}$$

□

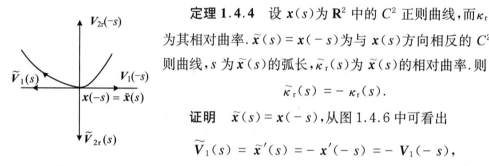

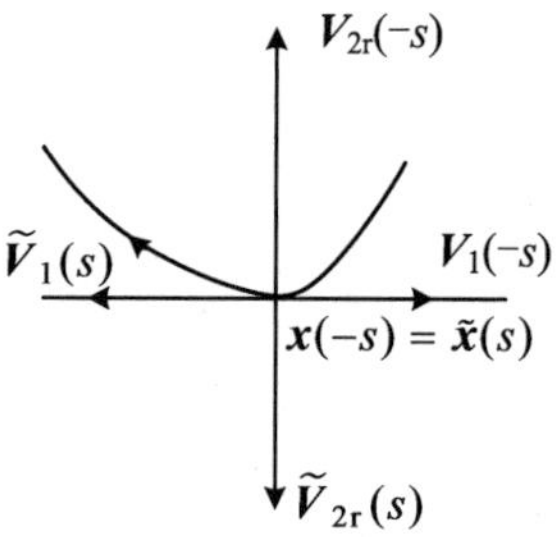

图 1.4.6

定理 1.4.4 设 $\boldsymbol{x}(s)$为 $\mathbf{R}^2$ 中的 C^2 正则曲线，而$\kappa_{\mathrm{r}}(s)$为其相对曲率. $\tilde{\boldsymbol{x}}(s)=\boldsymbol{x}(-s)$为与 $\boldsymbol{x}(s)$方向相反的 C^2 正则曲线，s 为$\tilde{\boldsymbol{x}}(s)$的弧长，$\tilde{\kappa}_{\mathrm{r}}(s)$为 $\tilde{\boldsymbol{x}}(s)$的相对曲率. 则

$$\tilde{\kappa}_{\mathrm{r}}(s)=-\kappa_{\mathrm{r}}(s).$$

证明 $\tilde{\boldsymbol{x}}(s)=\boldsymbol{x}(-s)$，从图 1.4.6 中可看出

$$\widetilde{\boldsymbol{V}}_1(s)=\tilde{\boldsymbol{x}}'(s)=-\boldsymbol{x}'(-s)=-\boldsymbol{V}_1(-s),$$

$$\widetilde{\boldsymbol{V}}_{2\mathrm{r}}(s)=-\boldsymbol{V}_{2\mathrm{r}}(-s),$$

$$\begin{aligned}\widetilde{\boldsymbol{V}}_1'(s)&=-(\boldsymbol{V}_1(-s))'\\&=-\boldsymbol{V}_1'(-s)\cdot(-1)=\boldsymbol{V}_1'(-s).\end{aligned}$$

由上面各式立即得到

$$\begin{aligned}\tilde{\kappa}_{\mathrm{r}}(s)\widetilde{\boldsymbol{V}}_{2\mathrm{r}}(s)&=\widetilde{\boldsymbol{V}}_1'(s)=\boldsymbol{V}_1'(-s)\\&=\kappa_{\mathrm{r}}(-s)\boldsymbol{V}_{2\mathrm{r}}(-s)=-\kappa_{\mathrm{r}}(-s)\widetilde{\boldsymbol{V}}_{2\mathrm{r}}(s),\end{aligned}$$

$$\tilde{\kappa}_{\mathrm{r}}(s)=-\kappa_{\mathrm{r}}(-s).$$

□

定理 1.4.5 设 $\boldsymbol{x}(s)$为 $\mathbf{R}^2$ 中的 C^3 正则曲线，s 为弧长参数. 如果我们取$\{\boldsymbol{x}(0);\boldsymbol{V}_1(0),\boldsymbol{V}_{2\mathrm{r}}(0)\}$为新坐标系，则曲线 $\boldsymbol{x}(s)$在点 $\boldsymbol{x}(0)$邻近有**局部规范形式**：

$$\begin{cases}\tilde{x}^1(s)=s-\dfrac{\kappa_{\mathrm{r}}(0)^2}{6}s^3+R_1(s),\\[2mm]\tilde{x}^2(s)=\dfrac{\kappa_{\mathrm{r}}(0)}{2}s^2+\dfrac{\kappa_{\mathrm{r}}'(0)}{6}s^3+R_2(s),\end{cases}$$

其中 $R(s)=R_1(s)\boldsymbol{V}_1(0)+R_2(s)\boldsymbol{V}_{2\mathrm{r}}(0)=(R_1(s),R_2(s))$，$\lim\limits_{s\to0}\dfrac{R(s)}{s^3}=0$.

证明 根据有限阶 Taylor 公式,在 $s=0$ 时将 $\boldsymbol{x}(s)$展开为

$$\boldsymbol{x}(s) = \boldsymbol{x}(0) + s\boldsymbol{x}'(0) + \frac{s^2}{2!}\boldsymbol{x}''(0) + \frac{s^3}{3!}\boldsymbol{x}'''(0) + \boldsymbol{R}(s),$$

其中余项 $\boldsymbol{R}(s)$满足$\lim\limits_{s\to 0}\dfrac{\boldsymbol{R}(s)}{s^3}=0$.

因为

$$\begin{aligned}
\boldsymbol{x}'(s) &= \boldsymbol{V}_1(s),\\
\boldsymbol{x}''(s) &= \boldsymbol{V}_1'(s) = \kappa_{\mathrm{r}}(s)\boldsymbol{V}_{2\mathrm{r}}(s),\\
\boldsymbol{x}'''(s) &= (\kappa_{\mathrm{r}}(s)\boldsymbol{V}_{2\mathrm{r}}(s))' = \kappa_{\mathrm{r}}'(s)\boldsymbol{V}_{2\mathrm{r}}(s) + \kappa_{\mathrm{r}}(s)\boldsymbol{V}_{2\mathrm{r}}'(s)\\
&= \kappa_{\mathrm{r}}'(s)\boldsymbol{V}_{2\mathrm{r}}(s) + \kappa_{\mathrm{r}}(s)(-\kappa_{\mathrm{r}}(s)\boldsymbol{V}_1(s))\\
&= \kappa_{\mathrm{r}}'(s)\boldsymbol{V}_{2\mathrm{r}}(s) - \kappa_{\mathrm{r}}^2(s)\boldsymbol{V}_1(s),
\end{aligned}$$

所以,根据上述有限阶 Taylor 公式知

$$\begin{aligned}
\boldsymbol{x}(s) - \boldsymbol{x}(0) &= s\boldsymbol{V}_1(0) + \frac{s^2}{2!}\kappa_{\mathrm{r}}(0)\boldsymbol{V}_{2\mathrm{r}}(0) + \frac{s^3}{3!}(\kappa_{\mathrm{r}}'(0)\boldsymbol{V}_{2\mathrm{r}}(0) - \kappa_{\mathrm{r}}^2(0)\boldsymbol{V}_1(0)) + \boldsymbol{R}(s)\\
&= \left(s - \frac{\kappa_{\mathrm{r}}^2(0)}{3!}s^3\right)\boldsymbol{V}_1(0) + \left(\frac{\kappa_{\mathrm{r}}(0)}{2!}s^2 + \frac{\kappa_{\mathrm{r}}'(0)}{3!}s^3\right)\boldsymbol{V}_{2\mathrm{r}}(0) + \boldsymbol{R}(s).
\end{aligned}$$

现在取$\{\boldsymbol{x}(0);\boldsymbol{V}_1(0),\boldsymbol{V}_{2\mathrm{r}}(0)\}$为新坐标系,则曲线上点 $\boldsymbol{x}(s)$的新坐标为

$$\begin{cases}
\tilde{x}^1(s) = s - \dfrac{\kappa_{\mathrm{r}}^2(0)}{6}s^3 + R_1(s),\\[2ex]
\tilde{x}^2(s) = \dfrac{\kappa_{\mathrm{r}}(0)}{2}s^2 + \dfrac{\kappa_{\mathrm{r}}'(0)}{6}s^3 + R_2(s),
\end{cases}$$

其中 $\boldsymbol{R}(s)=R_1(s)\boldsymbol{V}_1(0)+R_2(s)\boldsymbol{V}_{2\mathrm{r}}(0)=(R_1(s),R_2(s))$,$\lim\limits_{s\to 0}\dfrac{\boldsymbol{R}(s)}{s^3}=0$. □

注 1.4.4 从定理 1.4.5 可看出,$\exists\,\delta>0$,当 $s\in(-\delta,\delta)$时,如果 $\kappa_{\mathrm{r}}(0)>0$(或 $\kappa_{\mathrm{r}}(0)<0$),则

$$\begin{aligned}
\tilde{x}^2(s) &= \frac{\kappa_{\mathrm{r}}(0)}{2}s^2 + \frac{\kappa_{\mathrm{r}}'(0)}{6}s^3 + R_2(s)\\
&= s^2\left(\frac{\kappa_{\mathrm{r}}(0)}{2} + \frac{\kappa_{\mathrm{r}}'(0)}{6}s + \frac{R(s)}{s^3}\cdot s\right)\geqslant 0 \quad (\text{或 } \kappa_{\mathrm{r}}(0)\leqslant 0),
\end{aligned}$$

而且当且仅当 $s=0$ 时,$\tilde{x}^2(s)=0$. 此时,该开邻域$(-\delta,\delta)$里的曲线 $\boldsymbol{x}(s)$完全落在点 $\boldsymbol{x}(0)$处的切线指向 $\boldsymbol{V}_{2\mathrm{r}}(0)$的一侧(另一侧). $|\kappa_{\mathrm{r}}(0)|$只表明曲线 $\boldsymbol{x}(s)$在点 $\boldsymbol{x}(0)$处的弯曲程度,$|\kappa_{\mathrm{r}}(0)|$越大表示曲线在点 $\boldsymbol{x}(0)$处弯曲得越厉害. 而相对曲率 $\kappa_{\mathrm{r}}(0)$的正负则表示曲线 $\boldsymbol{x}(s)$在点 $\boldsymbol{x}(0)$邻近弯向 $\boldsymbol{V}_{2\mathrm{r}}(0)$的哪一侧. 如果 $\kappa_{\mathrm{r}}(0)>0$,曲线弯向 $\boldsymbol{V}_{2\mathrm{r}}(0)$一侧;如果 $\kappa_{\mathrm{r}}(0)<0$,曲线弯向 $\boldsymbol{V}_{2\mathrm{r}}(0)$相反的一侧. 如果

$$\kappa_r(0) = 0 \quad (\Leftrightarrow \boldsymbol{x}''(0) = \boldsymbol{V}_1'(0) = \kappa_r(0)\boldsymbol{V}_{2r}(0) = 0),$$

由 $\boldsymbol{x}(s)$为 C^3 正则曲线和

$$\boldsymbol{x}'''(0) = \boldsymbol{V}_1''(0) = (\kappa_r \boldsymbol{V}_{2r})'(0) = \kappa_r'(0)\boldsymbol{V}_{2r}(0) + \kappa_r(0)\boldsymbol{V}_{2r}'(0) = \kappa_r'(0)\boldsymbol{V}_{2r}(0)$$

知，$\boldsymbol{x}'''(0)\neq 0 \Leftrightarrow \kappa_r'(0)\neq 0$(即 0 不为 $\kappa_r(s)$的驻点或逗留点)，则 $\tilde{x}^2(s)$在 $s=0$ 处的 Taylor 展开式

$$\tilde{x}^2(s) = s^3\left(\frac{\kappa_r'(0)}{6} + \frac{R_2(s)}{s^3}\right)$$

在 $s\in(-\delta,\delta)$内变号，故 $s=0$ 处的切线穿过这条曲线或这条曲线在该点处穿过切线从一侧到另一侧. 如果 $\boldsymbol{x}'''(0)=\boldsymbol{0}$，再考虑 4 阶导数 $\boldsymbol{x}^{(4)}(0)$，等等.

$\kappa(0)$与 $\kappa_r(0)$不同，恒有 $\kappa(0)\geqslant 0$，在 $\mathbf{R}^3$ 中，当 $\kappa(0)>0$ 时，在 $\boldsymbol{x}(0)$邻近的曲线 $\boldsymbol{x}(s)$上的点总落在 $\boldsymbol{V}_2(0)$指向的一侧，即总落在由 $\boldsymbol{V}_1(0)$与 $\boldsymbol{V}_3(0)$决定的从法平面指向 $\boldsymbol{V}_2(0)$的一侧.

注 1.4.5 如果定理 1.4.5 中，$\boldsymbol{x}(s)$为 $\mathbf{R}^2$ 中的 C^2 正则曲线，则证明中 $\boldsymbol{x}(s)$在$s=0$ 处的 Taylor 展开式为

$$\boldsymbol{x}(s) = \boldsymbol{x}(0) + s\boldsymbol{x}'(0) + \frac{s^2}{2!}\boldsymbol{x}''(0) + R(s),$$

其中余项 $R(s)=R_1(s)\boldsymbol{V}_1(0)+R_2(s)\boldsymbol{V}_{2r}(0)=(R_1(s),R_2(s))$，$\lim\limits_{s\to 0}\frac{R(s)}{s^2}=0$. 此时，新坐标为

$$\begin{cases} \tilde{x}^1(s) = s + R_1(s), \\ \tilde{x}^2(s) = \dfrac{\kappa_r(0)}{2}s^2 + R_2(s). \end{cases}$$

由此，并与注 1.4.4 类似的讨论可得出 $\kappa_r(0)$正负的几何意义的结果. 因为 Taylor 展开式中的项数较少，论述比注 1.4.4 更简单.

例 1.4.1 求平面 $\mathbf{R}^2$ 中椭圆 $\boldsymbol{x}(t)=(x(t),y(t))=(a\cos t,b\sin t)$，$0\leqslant t\leqslant 2\pi$，即

$$\frac{x^2}{a^2}+\frac{y^2}{b^2}=1 \quad (a>0,b>0)$$

的相对曲率 $\kappa_r(t)=\dfrac{ab}{(a^2\sin^2 t+b^2\cos^2 t)^{\frac{3}{2}}}$(参数 t 增加的方向就是弧长 s 增加的方向).

当 $a=b=r$ 时，椭圆就变成半径为 r 的圆了，此时，$\kappa_r(t)=\dfrac{1}{r}$.

证明

$$\boldsymbol{x}'(t) = (-a\sin t, b\cos t),$$
$$\boldsymbol{x}''(t) = (-a\cos t, -b\sin t),$$

根据定理1.4.3(3)中的公式,有

$$\kappa_r(t)=\frac{x'(t)y''(t)-x''(t)y'(t)}{(x'(t)^2+y'(t)^2)^{\frac{3}{2}}}$$
$$=\frac{ab(\sin^2 t+\cos^2 t)}{(a^2\sin^2 t+b^2\cos^2 t)^{\frac{3}{2}}}=\frac{ab}{(a^2\sin^2 t+b^2\cos^2 t)^{\frac{3}{2}}}.$$ □

例 1.4.2 求平面 $\mathbf{R}^2$ 中单位圆 $\boldsymbol{x}(s)=(\cos s,-\sin s)$,$0\leqslant s\leqslant 2\pi$,即 $x^2+y^2=1$ 的相对曲率 $\kappa_r(s)$,$\boldsymbol{V}_1(s)$,$\boldsymbol{V}_{2r}(s)$.

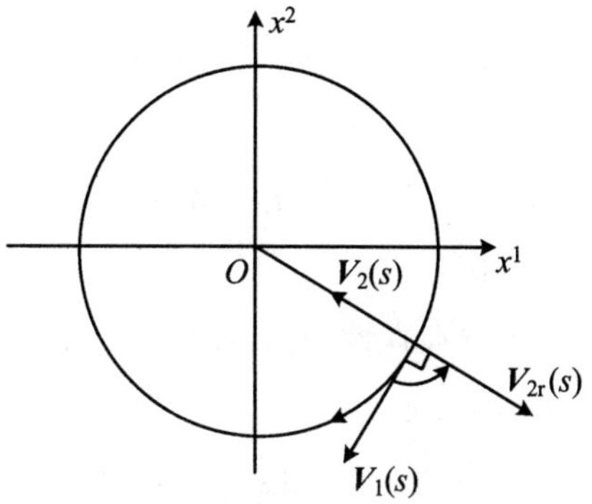

图 1.4.7

解 (解法1)如图1.4.7所示.

$$\boldsymbol{x}'(s)=(-\sin s,-\cos s)=\boldsymbol{V}_1(s),$$
$$\boldsymbol{V}_1'(s)=(-\cos s,\sin s)=\kappa(s)\boldsymbol{V}_2(s),$$
$$\boldsymbol{V}_2(s)=(-\cos s,\sin s),$$
$$\kappa(s)=1.$$

因为

$$\begin{vmatrix}-\sin s & -\cos s\\ \cos s & -\sin s\end{vmatrix}=(-\sin s)^2+\cos^2 s=1,$$

故

$$\boldsymbol{V}_{2r}(s)=(\cos s,-\sin s)=-\boldsymbol{V}_2(s),$$
$$-\kappa_r(s)\boldsymbol{V}_2(s)=\kappa_r(s)\boldsymbol{V}_{2r}(s)$$
$$=\boldsymbol{V}_1'(s)=\kappa(s)\boldsymbol{V}_2(s),$$
$$\kappa_r(s)=-\kappa(s)=-1.$$

(解法2)根据定理1.4.3(2)中的公式,有

$$\kappa_r(s)=\begin{vmatrix}x'(s) & y'(s)\\ x''(s) & y''(s)\end{vmatrix}=\begin{vmatrix}-\sin s & -\cos s\\ -\cos s & \sin s\end{vmatrix}=-1,$$
$$\boldsymbol{V}_1(s)=\boldsymbol{x}'(s)=(-\sin s,-\cos s),$$
$$\kappa(s)\boldsymbol{V}_2(s)=\boldsymbol{V}_1'(s)=(-\cos s,\sin s),$$
$$\boldsymbol{V}_2(s)=(-\cos s,\sin s),$$
$$\boldsymbol{V}_{2r}(s)=-\boldsymbol{V}_2(s)=(\cos s,-\sin s).$$ □

1.5 曲线论的基本定理

Picard 定理 设取值于 $\mathbf{R}^n$ 的向量值函数 $\boldsymbol{A}(\boldsymbol{x},t)$ 在闭区域 D: $|\boldsymbol{x}-\boldsymbol{c}|\leqslant K$,

$|t-a|\leqslant T$内连续,且满足 Lipshitz 条件(K,T 为正的常数). 设

$$M > \sup_D |\boldsymbol{A}(\boldsymbol{x},t)|,$$

则向量微分方程

$$\boldsymbol{x}'(t) = \boldsymbol{A}(\boldsymbol{x},t)$$

在有界闭区间$|t-a|\leqslant\min\left\{T,\dfrac{K}{M}\right\}$内有唯一解,且满足初始条件 $\boldsymbol{x}(a)=\boldsymbol{c}$.

证明 参阅文献[17]69 页定理 4.3. □

作为 Frenet 公式的又一个重要应用,我们有:

定理 1.5.1(曲线论基本定理) 给定含 0 的区间(a,b)上连续可导的函数$\tilde{\kappa}(s)>0$及连续函数 $\tilde{\tau}(s)$,则有:

(1) (存在性)必存在以弧长为参数的 $\mathbf{R}^3$ 中的 C^3 正则曲线 $\boldsymbol{x}(s)$,使得该曲线的曲率与挠率分别为 $\kappa(s)=\tilde{\kappa}(s)$, $\tau(s)=\tilde{\tau}(s)$.

(2) (唯一性)如果给定了初始标架$\{\underset{\circ}{\boldsymbol{x}};\underset{\circ}{\boldsymbol{V}}_1,\underset{\circ}{\boldsymbol{V}}_2,\underset{\circ}{\boldsymbol{V}}_3\}$(其中 $\underset{\circ}{\boldsymbol{V}}_1,\underset{\circ}{\boldsymbol{V}}_2,\underset{\circ}{\boldsymbol{V}}_3$ 为规范正交的右旋标架),则存在唯一的一条曲线 $\boldsymbol{x}(s)$,使得它的曲率 $\kappa(s)=\tilde{\kappa}(s)$,挠率 $\tau(s)=\tilde{\tau}(s)$,且在 $s=0$ 处的 Frenet 标架$\{\boldsymbol{x}(0);\boldsymbol{V}_1(0),\boldsymbol{V}_2(0),\boldsymbol{V}_3(0)\}=\{\underset{\circ}{\boldsymbol{x}};\underset{\circ}{\boldsymbol{V}}_1,\underset{\circ}{\boldsymbol{V}}_2,\underset{\circ}{\boldsymbol{V}}_3\}$.

证明 基本定理的证明相当于求解下面的常微分方程组:

$$\begin{cases}\boldsymbol{x}'(s) = \boldsymbol{V}_1(s),\\ \boldsymbol{V}_1'(s) = \tilde{\kappa}(s)\boldsymbol{V}_2(s),\\ \boldsymbol{V}_2'(s) = -\tilde{\kappa}(s)\boldsymbol{V}_1(s) + \tilde{\tau}(s)\boldsymbol{V}_3(s),\\ \boldsymbol{V}_3'(s) = -\tilde{\tau}(s)\boldsymbol{V}_2(s).\end{cases}$$

考察常微分方程组 $\boldsymbol{u}'_j(s) = \sum\limits_{i=1}^{3} a^i_j(s)\boldsymbol{u}_i(s), j = 1,2,3$,其中$(a^i_j(s))$为反称矩阵,即

$$(a^i_j(s)) = \begin{pmatrix} 0 & \tilde{\kappa}(s) & 0 \\ -\tilde{\kappa}(s) & 0 & \tilde{\tau}(s) \\ 0 & -\tilde{\tau}(s) & 0 \end{pmatrix}$$

且满足初始条件:$\boldsymbol{u}_1(0)=\underset{\circ}{\boldsymbol{V}}_1$, $\boldsymbol{u}_2(0)=\underset{\circ}{\boldsymbol{V}}_2$, $\boldsymbol{u}_3(0)=\underset{\circ}{\boldsymbol{V}}_3$,其中 $\underset{\circ}{\boldsymbol{V}}_1,\underset{\circ}{\boldsymbol{V}}_2,\underset{\circ}{\boldsymbol{V}}_3$ 为规范正交的右旋标架. 将$(\boldsymbol{u}_1,\boldsymbol{u}_2,\boldsymbol{u}_3)$视为 9 维 Euclid 空间 $\mathbf{R}^9$ 中的向量,然后应用 Picard 定理可知,上述常微分方程组有唯一解 $\boldsymbol{u}_j(s), j=1,2,3$,满足其初始条件.

现证向量 $\boldsymbol{u}_1(s),\boldsymbol{u}_2(s),\boldsymbol{u}_3(s)$在 s 处是规范正交的标架. 记

$$p_{ij}(s) = \boldsymbol{u}_i(s)\cdot\boldsymbol{u}_j(s),$$

则

$$p'_{ij}(s) = (\boldsymbol{u}_i(s)\cdot\boldsymbol{u}_j(s))' = \boldsymbol{u}'_i(s)\cdot\boldsymbol{u}_j(s) + \boldsymbol{u}_i(s)\cdot\boldsymbol{u}'_j(s)$$
$$= \sum_{k=1}^{3} a_i^k(s)\boldsymbol{u}_k(s)\cdot\boldsymbol{u}_j(s) + \sum_{k=1}^{3} a_j^k(s)\boldsymbol{u}_k(s)\cdot\boldsymbol{u}_i(s)$$
$$= \sum_{k=1}^{3} a_i^k(s)p_{kj}(s) + \sum_{k=1}^{3} a_j^k(s)p_{ik}(s),$$

且 p_{ij} 满足初始条件：$p_{ij}(0)=\delta_{ij}=\begin{cases}1, i=j\\0, i\neq j\end{cases}$，其中 δ_{ij} 为 Kronecker 符号. 再次应用 Picard 定理，这个常微分方程组有唯一解 $p_{ij}(i,j=1,2,3)$.

另一方面，由于 $\delta(s)_{ij}\equiv\delta_{ij}$ 满足

$$\begin{cases}\displaystyle\sum_{i,j=1}^{3}(a_i^k(s)\delta_{kj}(s)+a_j^k(s)\delta_{ik}(s)) = a_i^j(s)+a_j^i(s) \xlongequal{(a_i^j)\text{ 为反称矩阵}} 0 = \delta'_{ij}(s),\\ \delta_{ij}(0)=\delta_{ij},\end{cases}$$

因此，根据 Picard 定理，$p_{ij}(s)=\delta_{ij}(s)=\delta_{ij}$ 就是该常微分方程组的唯一解. 于是

$$\boldsymbol{u}_i(s)\cdot\boldsymbol{u}_j(s) = p_{ij}(s) = \delta_{ij},$$

即 $\boldsymbol{u}_1(s),\boldsymbol{u}_2(s),\boldsymbol{u}_3(s)$ 为规范正交标架.

(1) 令 $\boldsymbol{x}(s) = \underset{\circ}{\boldsymbol{x}} + \int_0^s \boldsymbol{u}_1(\theta)\mathrm{d}\theta, s\in(a,b)$，则

$$\boldsymbol{x}(0) = \underset{\circ}{\boldsymbol{x}} + \int_0^0 \boldsymbol{u}_1(\theta)\mathrm{d}\theta = \underset{\circ}{\boldsymbol{x}},$$
$$\boldsymbol{x}'(s) = \boldsymbol{u}_1(s),$$
$$|\boldsymbol{x}'(s)| = |\boldsymbol{u}_1(s)| = 1.$$

所以 $\boldsymbol{x}(s)$ 是以 s 为弧长参数的正则曲线，于是

$$\boldsymbol{x}''(s) = \boldsymbol{u}_1'(s) = \tilde{\kappa}(s)\boldsymbol{u}_2(s).$$

因为 $\tilde{\kappa}(s)$ 连续可导，故

$$\boldsymbol{x}'''(s) = (\tilde{\kappa}(s)\boldsymbol{u}_2(s))' = \tilde{\kappa}'(s)\boldsymbol{u}_2(s) + \tilde{\kappa}(s)(-\tilde{\kappa}(s)\boldsymbol{u}_1(s) + \tilde{\tau}(s)\boldsymbol{u}_3(s)),$$

从而 $\boldsymbol{x}'''(s)$ 连续，即 $\boldsymbol{x}$ 为 3 阶连续可导的曲线.

再证 $\kappa(s)=\tilde{\kappa}(s),\tau(s)=\tilde{\tau}(s),\boldsymbol{V}_1(s)=\boldsymbol{u}_1(s),\boldsymbol{V}_2(s)=\boldsymbol{u}_2(s),\boldsymbol{V}_3(s)=\boldsymbol{u}_3(s)$.

事实上，由上述知，$\boldsymbol{V}_1(s)=\boldsymbol{x}'(s)=\boldsymbol{u}_1(s)$. 两边对 s 求导后得到

$$\kappa(s)\boldsymbol{V}_2(s) = \boldsymbol{V}_1'(s) = \boldsymbol{u}_1'(s) = \tilde{\kappa}(s)\boldsymbol{u}_2(s).$$

因为 $\boldsymbol{V}_2(s)$ 与 $\boldsymbol{u}_2(s)$ 均为单位向量，$\tilde{\kappa}(s)>0$，故 $\kappa(s)>0,\kappa(s)=\tilde{\kappa}(s)$ 且 $\boldsymbol{V}_2(s)=\boldsymbol{u}_2(s)$.

在 $s=0$ 处，混合积 $(\boldsymbol{u}_1(0),\boldsymbol{u}_2(0),\boldsymbol{u}_3(0))=(\underset{\circ}{\boldsymbol{V}}_1,\underset{\circ}{\boldsymbol{V}}_2,\underset{\circ}{\boldsymbol{V}}_3)=1$（$\underset{\circ}{\boldsymbol{V}}_1,\underset{\circ}{\boldsymbol{V}}_2,\underset{\circ}{\boldsymbol{V}}_3$ 组成规范正交的右旋标架）. 由于上面已证得在 s 处 $(\boldsymbol{u}_1(s),\boldsymbol{u}_2(s),\boldsymbol{u}_3(s))=\pm1$，但因 $(\boldsymbol{u}_1(s),\boldsymbol{u}_2(s),\boldsymbol{u}_3(s))$ 为 s 的连续函数，根据连续函数的零值定理和反证法知，

$(\boldsymbol{u}_1(s),\boldsymbol{u}_2(s),\boldsymbol{u}_3(s))\equiv 1$，即 $\boldsymbol{u}_1(s),\boldsymbol{u}_2(s),\boldsymbol{u}_3(s)$ 构成规范正交的右旋标架. 于是，有

$$\boldsymbol{V}_3(s) = \boldsymbol{V}_1(s)\times\boldsymbol{V}_2(s) = \boldsymbol{u}_1(s)\times\boldsymbol{u}_2(s) = \boldsymbol{u}_3(s).$$

在上式两边对 s 求导得

$$-\tau(s)\boldsymbol{V}_2(s) = \boldsymbol{V}_3'(s) = \boldsymbol{u}_3'(s) = -\tilde{\tau}(s)\boldsymbol{u}_2(s) = -\tilde{\tau}(s)\boldsymbol{V}_2(s),$$

故

$$\tau(s) = \tilde{\tau}(s).$$

这就证明了 $\boldsymbol{x}(s)$ 的存在性.

(2) 由 Picard 定理知，$\boldsymbol{x}(s)$ 是满足 $\{\boldsymbol{x}(0);\boldsymbol{V}_1(0),\boldsymbol{V}_2(0),\boldsymbol{V}_3(0)\}=\{\mathring{\boldsymbol{x}};\mathring{\boldsymbol{V}}_1,\mathring{\boldsymbol{V}}_2,\mathring{\boldsymbol{V}}_3\}$ 的唯一解. □

定理 1.5.2（曲线的刚性定理） 若 $\mathbf{R}^3$ 中两条曲线 $\tilde{\boldsymbol{x}}(s)$ 与 $\boldsymbol{x}(s)$ 在弧长参数相同的点具有相同的曲率（$\kappa(s)>0$，且连续可导）与挠率（$\tau(s)$ 连续），则存在一个 $\mathbf{R}^3$ 中的刚性运动 $\tilde{\boldsymbol{x}}=\boldsymbol{x}\boldsymbol{A}+\boldsymbol{b}$（$\boldsymbol{A}$ 为正交矩阵，$|\boldsymbol{A}|=1$，$\boldsymbol{b}$ 为常行向量），使得它们重合.

结合定理 1.2.3 推得：弧长、曲率和挠率是曲线不变量全组. 换言之，在一个刚性运动不计的情况下，曲线完全由弧长、曲率和挠率所决定.

证明 设 $0\in(a,b)$，两条 C^3 曲线 $\tilde{\boldsymbol{x}}(s)$ 与 $\boldsymbol{x}(s)$ 满足条件 $\tilde{\kappa}(s)=\kappa(s)$，$\tilde{\tau}(s)=\tau(s)$，$s\in(a,b)$. 又设 $\{\tilde{\boldsymbol{x}}(0);\tilde{\boldsymbol{V}}_1(0),\tilde{\boldsymbol{V}}_2(0),\tilde{\boldsymbol{V}}_3(0)\}$ 与 $\{\boldsymbol{x}(0);\boldsymbol{V}_1(0),\boldsymbol{V}_2(0),\boldsymbol{V}_3(0)\}$ 分别为两条曲线在 $s=0$ 处的 Frenet 标架. 显然，在 $\mathbf{R}^3$ 中有刚性运动 $\tilde{\boldsymbol{x}}=\boldsymbol{x}\boldsymbol{A}+\boldsymbol{b}$ 将 $\boldsymbol{x}(0)$ 变为 $\tilde{\boldsymbol{x}}(0)$，将 $\{\boldsymbol{V}_1(0),\boldsymbol{V}_2(0),\boldsymbol{V}_3(0)\}$ 变为 $\{\tilde{\boldsymbol{V}}_1(0),\tilde{\boldsymbol{V}}_2(0),\tilde{\boldsymbol{V}}_3(0)\}$. 由定理 1.2.3 知，在刚性运动下，曲线的弧长、曲率、挠率都不变. 再由定理 1.5.1 知，这两条曲线在其余弧长相等的各点也互相重合. □

注 1.5.1 根据曲线论基本定理，对于给定的 $\kappa(s)>0$ 与 $\tau(s)$，如果已求得某一初始条件的解曲线 $\boldsymbol{x}(s)$，则对其他初始条件的求解问题可化为求一个刚性运动的问题. 这样往往可避免去解烦琐的常微分方程组.

例 1.5.1 应用 Frenet 公式与曲线论的基本定理求 $\mathbf{R}^3$ 中适合 $\tau(s)=c\kappa(s)$（c 为常数，$\kappa(s)>0$）的 C^3 正则曲线 $\boldsymbol{x}(s)$.

解 (1) 当 $c=0$ 时，根据题设，$\tau(s)=0\cdot\kappa(s)=0$，根据定理 1.2.2，$\boldsymbol{x}(s)$ 为平面曲线.

(2) 当 $c\neq 0$ 时，根据题设，它的 Frenet 公式为

$$\begin{cases}\boldsymbol{V}_1'(s) = \kappa(s)\boldsymbol{V}_2(s),\\ \boldsymbol{V}_2'(s) = -\kappa(s)\boldsymbol{V}_1(s) + c\kappa(s)\boldsymbol{V}_3(s),\\ \boldsymbol{V}_3'(s) = -c\kappa(s)\boldsymbol{V}_2(s).\end{cases}$$

引入新参数 $t(s)=\int_0^s\kappa(\theta)\mathrm{d}\theta$，因为 $t'(s)=\kappa(s)>0$，故 t 确为新参数，则上述常

微分方程化为

$$\begin{cases}\dfrac{\mathrm{d}\boldsymbol{V}_1}{\mathrm{d}t}= \qquad \boldsymbol{V}_2, & (1.5.1)\\ \dfrac{\mathrm{d}\boldsymbol{V}_2}{\mathrm{d}t}=-\boldsymbol{V}_1 \qquad +c\boldsymbol{V}_3, & (1.5.2)\\ \dfrac{\mathrm{d}\boldsymbol{V}_3}{\mathrm{d}t}= \qquad -c\boldsymbol{V}_2. & (1.5.3)\end{cases}$$

于是,有

$$\frac{\mathrm{d}^2\boldsymbol{V}_2}{\mathrm{d}t^2}=\frac{\mathrm{d}}{\mathrm{d}t}(-\boldsymbol{V}_1+c\boldsymbol{V}_3)=-\boldsymbol{V}_2+c(-c\boldsymbol{V}_2)=-(1+c^2)\boldsymbol{V}_2=-\omega^2\boldsymbol{V}_2,$$

其中 $\omega=(1+c^2)^{\frac{1}{2}}$.解2阶常微分方程$\dfrac{\mathrm{d}^2\boldsymbol{V}_2}{\mathrm{d}t^2}=-\omega^2\boldsymbol{V}_2$,得到

$$\frac{\mathrm{d}\boldsymbol{V}_1}{\mathrm{d}t}=\boldsymbol{V}_2=\cos\omega t\boldsymbol{a}+\sin\omega t\boldsymbol{b},$$

这里 $\boldsymbol{a}$,$\boldsymbol{b}$ 为常向量.再积分就得到

$$\boldsymbol{V}_1=\frac{1}{\omega}(\sin\omega t\boldsymbol{a}-\cos\omega t\boldsymbol{b}+c\boldsymbol{f}), \tag{1.5.4}$$

而 $\boldsymbol{f}$ 为常向量,$\boldsymbol{f}$ 前面的常数 c(它是题设中的 c)是为了以后运算的方便.将式(1.5.4)代入式(1.5.2)得

$$\begin{aligned}\boldsymbol{V}_3&=\frac{1}{c}\left(\frac{\mathrm{d}\boldsymbol{V}_2}{\mathrm{d}t}+\boldsymbol{V}_1\right)=\frac{1}{c}\left(-\omega\sin\omega t\boldsymbol{a}+\omega\cos\omega t\boldsymbol{b}+\frac{1}{\omega}\sin\omega t\boldsymbol{a}-\frac{1}{\omega}\cos\omega t\boldsymbol{b}+\frac{c}{\omega}\boldsymbol{f}\right)\\&=-\frac{\omega^2-1}{c\omega}(\sin\omega t\boldsymbol{a}-\cos\omega t\boldsymbol{b})+\frac{1}{\omega}\boldsymbol{f}=-\frac{c^2}{c\omega}(\sin\omega t\boldsymbol{a}-\cos\omega t\boldsymbol{b})+\frac{1}{\omega}\boldsymbol{f}\\&=-\frac{c}{\omega}(\sin\omega t\boldsymbol{a}-\cos\omega t\boldsymbol{b})+\frac{1}{\omega}\boldsymbol{f}.\end{aligned}$$

于是,对上式求导得

$$\frac{\mathrm{d}\boldsymbol{V}_3}{\mathrm{d}t}=-c(\cos\omega t\boldsymbol{a}+\sin\omega t\boldsymbol{b})=-c\boldsymbol{V}_2,$$

它满足式(1.5.3).因此,我们得到常微分方程组式(1.5.1)、式(1.5.2)、式(1.5.3)的通解为

$$\begin{aligned}&\{\boldsymbol{V}_1,\boldsymbol{V}_2,\boldsymbol{V}_3\}\\&=\left\{\frac{1}{\omega}(\sin\omega t\boldsymbol{a}-\cos\omega t\boldsymbol{b}+c\boldsymbol{f}),\cos\omega t\boldsymbol{a}+\sin\omega t\boldsymbol{b},-\frac{c}{\omega}(\sin\omega t\boldsymbol{a}-\cos\omega t\boldsymbol{b})+\frac{1}{\omega}\boldsymbol{f}\right\}.\end{aligned}$$

但由曲线论基本定理的证明知道,在初始点 $s=0$(即 $t=0$)时应保证

$$\{\boldsymbol{V}_1(0),\boldsymbol{V}_2(0),\boldsymbol{V}_3(0)\}$$

为规范正交的右旋标架. 因此,常向量 $\boldsymbol{a},\boldsymbol{b},\boldsymbol{f}$ 应满足

$$\begin{cases} \boldsymbol{V}_1(0) = & -\dfrac{1}{\omega}\boldsymbol{b} + \dfrac{c}{\omega}\boldsymbol{f}, \\ \boldsymbol{V}_2(0) = \boldsymbol{a}, & \\ \boldsymbol{V}_3(0) = & \dfrac{c}{\omega}\boldsymbol{b} + \dfrac{1}{\omega}\boldsymbol{f}, \end{cases}$$

即

$$\begin{pmatrix} \boldsymbol{V}_1(0) \\ \boldsymbol{V}_2(0) \\ \boldsymbol{V}_3(0) \end{pmatrix} = \begin{pmatrix} 0 & -\dfrac{1}{\omega} & \dfrac{c}{\omega} \\ 1 & 0 & 0 \\ 0 & \dfrac{c}{\omega} & \dfrac{1}{\omega} \end{pmatrix} \begin{pmatrix} \boldsymbol{a} \\ \boldsymbol{b} \\ \boldsymbol{f} \end{pmatrix},$$

其中 $\omega = (1+c^2)^{\frac{1}{2}}$,所以标架$\{\boldsymbol{V}_1(0),\boldsymbol{V}_2(0),\boldsymbol{V}_3(0)\} = \{\boldsymbol{a},\boldsymbol{b},\boldsymbol{f}\}$之间的变换矩阵为

$$\begin{pmatrix} 0 & -\dfrac{1}{\sqrt{1+c^2}} & \dfrac{c}{\sqrt{1+c^2}} \\ 1 & 0 & 0 \\ 0 & \dfrac{c}{\sqrt{1+c^2}} & \dfrac{1}{\sqrt{1+c^2}} \end{pmatrix},$$

它恰为行列式 1 的正交矩阵. 因此,只需选$\{\boldsymbol{a},\boldsymbol{b},\boldsymbol{f}\}$为规范正交的右旋标架就能保证$\{\boldsymbol{V}_1(0),\boldsymbol{V}_2(0),\boldsymbol{V}_3(0)\}$为规范正交的右旋标架.

最后,根据 $\boldsymbol{x}'(s) = \boldsymbol{V}_1(s)$,通常积分就得到所求曲线为

$$\begin{aligned} \boldsymbol{x}(s) &= \int_0^s \boldsymbol{x}'(\theta)\mathrm{d}\theta + \boldsymbol{g} = \int_0^s \boldsymbol{V}_1(\theta)\mathrm{d}\theta + \boldsymbol{g} \\ &= \frac{1}{\omega}\int_0^s (\sin \omega t(\theta)\boldsymbol{a} - \cos \omega t(\theta)\boldsymbol{b} + c\boldsymbol{f})\mathrm{d}\theta + \boldsymbol{g} \\ &= \frac{1}{\omega}\left(\int_0^s \sin \omega t(\theta)\mathrm{d}\theta\boldsymbol{a} - \int_0^s \cos \omega t(\theta)\mathrm{d}\theta\boldsymbol{b} + cs\boldsymbol{f}\right) + \boldsymbol{g}, \end{aligned}$$

其中 $\boldsymbol{g}$ 为常向量. □

注 1.5.2 当 $\kappa(>0)$与 τ 均为常数时,

$$t(s) = \int_0^s \kappa \mathrm{d}\theta = \kappa s,$$

$$c = \frac{\tau}{\kappa},$$

$$\omega = (1+c^2)^{\frac{1}{2}} = \left(1 + \frac{\tau^2}{\kappa^2}\right)^{\frac{1}{2}},$$

$$x(s) = \frac{1}{\omega}\left(\int_0^s \sin \omega\kappa\theta \mathrm{d}\theta \boldsymbol{a} - \int_0^s \cos \omega\kappa\theta \mathrm{d}\theta \boldsymbol{b} + cs\boldsymbol{f}\right) + \boldsymbol{g}$$

$$= \frac{1}{\omega^2\kappa}(-\cos \omega\kappa s\boldsymbol{a} - \sin \omega\kappa s\boldsymbol{b}) + \frac{c}{\omega}s\boldsymbol{f} + \boldsymbol{g}_1.$$

与例 1.2.3 相比较,容易看出,它就是圆柱螺线.

换个角度来看,由例 1.2.3 知,圆柱螺线 $\boldsymbol{x}(s) = (r\cos \omega s, r\sin \omega s, \omega hs)$, $\omega = (r^2 + h^2)^{-\frac{1}{2}}$ 的曲率 $\kappa(s) = \omega^2 r$,挠率 $\tau(s) = \omega^2 h$,它们均为常数.反过来,如果曲线 $\boldsymbol{x}(s)$ 的曲率 $\kappa(s) = \kappa$(常数)>0, $\tau(s) = \tau$(常数),我们由 $\kappa = \omega^2 r$, $\tau = \omega^2 h$ 来求出相应的 ω, r, h.事实上,由

$$\kappa^2 + \tau^2 = \omega^4(r^2 + h^2) = \omega^4 \cdot \frac{1}{\omega^2} = \omega^2$$

得到

$$r = \frac{\kappa}{\omega^2} = \frac{\kappa}{\kappa^2 + \tau^2}, \quad h = \frac{\tau}{\omega^2} = \frac{\tau}{\kappa^2 + \tau^2}.$$

根据曲线论的基本定理,圆柱螺线

$$(r\cos \omega s, r\sin \omega s, h\omega s)$$

$$= \left(\frac{\kappa}{\kappa^2 + \tau^2}\cos (\kappa^2 + \tau^2)^{\frac{1}{2}} s, \frac{\kappa}{\kappa^2 + \tau^2}\sin (\kappa^2 + \tau^2)^{\frac{1}{2}} s, \frac{\tau}{(\kappa^2 + \tau^2)^{\frac{1}{2}}} s\right)$$

与 $\boldsymbol{x}(s)$ 只差一个刚性运动(因为它们有相同的常曲率 κ 与常挠率 τ).

注 1.5.3 例 1.5.1 中, $\tau(s) = c\kappa(s)$ ($\kappa(s)>0$, c 为常数)$\Leftrightarrow \frac{\tau(s)}{\kappa(s)} = c$(常数).由例 1.2.4 知,满足上述条件的曲线 $\boldsymbol{x}(s)$ 必为一般螺线.但此例只给出几何信息: $\boldsymbol{x}(s)$ 的切向量与一固定单位向量交于定角,而未给出 $\boldsymbol{x}(s)$ 的具体表达式.例 1.5.1 应用 Frenet 公式与曲线论的基本定理达到了目标,完全解决了这个问题.

现在我们来考察平面曲线论基本定理与刚性定理.

定理 1.5.3 平面曲线的弧长、相对曲率都是 $\mathbf{R}^2$ 中的刚性运动不变量.

证明 (证法 1)设曲线 $\tilde{\boldsymbol{x}}(t) = (\tilde{x}^1(t), \tilde{x}^2(t))$ 与曲线 $\boldsymbol{x}(t) = (x^1(t), x^2(t))$ 只差一个 $\mathbf{R}^2$ 中的刚性运动,即

$$(\tilde{x}^1(t), \tilde{x}^2(t)) = (x^1(t), x^2(t))\begin{pmatrix} a_{11} & a_{12} \\ a_{21} & a_{22} \end{pmatrix} + (b^1, b^2)$$

(简记为 $\tilde{\boldsymbol{x}}(t) = \boldsymbol{x}(t)\boldsymbol{A} + \boldsymbol{b}$),其中 $\boldsymbol{A}$ 为行列式 $|\boldsymbol{A}| = 1$ 的 2 阶正交矩阵, $\boldsymbol{b}$ 为常行向量.

类似定理 1.2.3 的证明,有弧长 $\tilde{s}(t) = s(t)$.进而,有

$$|\tilde{\boldsymbol{x}}'(t)| = |\boldsymbol{x}'(t)\boldsymbol{A}| = |\boldsymbol{x}'(t)|,$$

即

$$((\tilde{x}^{1\prime}(t))^2+(\tilde{x}^{2\prime}(t))^2)^{\frac{1}{2}}=((x^{1\prime}(t))^2+(x^{2\prime}(t))^2)^{\frac{1}{2}}.$$

此外,还有

$$\begin{pmatrix}\tilde{x}^{1\prime}(t) & \tilde{x}^{2\prime}(t)\\ \tilde{x}^{1\prime\prime}(t) & \tilde{x}^{2\prime\prime}(t)\end{pmatrix}=\begin{pmatrix}x^{1\prime}(t) & x^{2\prime}(t)\\ x^{1\prime\prime}(t) & x^{2\prime\prime}(t)\end{pmatrix}\begin{pmatrix}a_{11} & a_{12}\\ a_{21} & a_{22}\end{pmatrix},$$

$$\begin{vmatrix}\tilde{x}^{1\prime}(t) & \tilde{x}^{2\prime}(t)\\ \tilde{x}^{1\prime\prime}(t) & \tilde{x}^{2\prime\prime}(t)\end{vmatrix}=\begin{vmatrix}x^{1\prime}(t) & x^{2\prime}(t)\\ x^{1\prime\prime}(t) & x^{2\prime\prime}(t)\end{vmatrix}\begin{vmatrix}a_{11} & a_{12}\\ a_{21} & a_{22}\end{vmatrix}=\begin{vmatrix}x^{1\prime}(t) & x^{2\prime}(t)\\ x^{1\prime\prime}(t) & x^{2\prime\prime}(t)\end{vmatrix}.$$

$$\tilde{\kappa}_{\mathrm{r}}(t)=\frac{\begin{vmatrix}\tilde{x}^{1\prime}(t) & \tilde{x}^{2\prime}(t)\\ \tilde{x}^{1\prime\prime}(t) & \tilde{x}^{2\prime\prime}(t)\end{vmatrix}}{((\tilde{x}^{1\prime}(t))^2+(\tilde{x}^{2\prime}(t))^2)^{\frac{3}{2}}}=\frac{\begin{vmatrix}x^{1\prime}(t) & x^{2\prime}(t)\\ x^{1\prime\prime}(t) & x^{2\prime\prime}(t)\end{vmatrix}}{((x^{1\prime}(t))^2+(x^{2\prime}(t))^2)^{\frac{3}{2}}}=\kappa_{\mathrm{r}}(s).$$

(证法 2)

$$\widetilde{\boldsymbol{V}}_1(s)=\tilde{\boldsymbol{x}}'(s)=\boldsymbol{x}'(s)\boldsymbol{A}=\boldsymbol{V}_1(s)\boldsymbol{A},$$

$$\widetilde{\boldsymbol{V}}_1'(s)=\boldsymbol{V}_1'(s)\boldsymbol{A},$$

$$\widetilde{\boldsymbol{V}}_{2\mathrm{r}}(s)=\boldsymbol{V}_{2\mathrm{r}}(s)\boldsymbol{A}.$$

由 $\mathbf{R}^2$ 中的 Frenet 公式,有

$$\begin{aligned}\tilde{\kappa}_{\mathrm{r}}(s)&=\tilde{\kappa}_{\mathrm{r}}(s)\,\widetilde{\boldsymbol{V}}_{2\mathrm{r}}(s)\cdot\widetilde{\boldsymbol{V}}_{2\mathrm{r}}(s)=\widetilde{\boldsymbol{V}}_1'(s)\,\widetilde{\boldsymbol{V}}_{2\mathrm{r}}(s)\\&=\boldsymbol{V}_1'(s)\boldsymbol{A}\cdot\boldsymbol{V}_{2\mathrm{r}}(s)\boldsymbol{A}=\boldsymbol{V}_1'(s)\,\boldsymbol{V}_{2\mathrm{r}}(s)=\kappa_{\mathrm{r}}(s).\end{aligned}$$

□

推论 1.5.1 在定理 1.5.3 中,如果 $\tilde{\boldsymbol{x}}(t)=\boldsymbol{x}(t)\boldsymbol{A}+\boldsymbol{b}$ 的 $\boldsymbol{A}$ 为行列式 $|\boldsymbol{A}|=-1$ 的正交矩阵,则 $\tilde{s}(t)=s(t)$,$\tilde{\kappa}_{\mathrm{r}}(s)=-\kappa_{\mathrm{r}}(s)$.

证明 类似定理 1.5.3 的证明,有 $\tilde{s}(s)=s(t)$.

为证明 $\tilde{\kappa}_{\mathrm{r}}(s)=-\kappa_{\mathrm{r}}(s)$,令 $\boldsymbol{A}=\begin{pmatrix}1 & 0\\ 0 & -1\end{pmatrix}\boldsymbol{B}$,则 $|\boldsymbol{B}|=1$,且 $\boldsymbol{B}$ 仍为正交矩阵.根据定理 1.5.3 的结果,只需证明当 $\boldsymbol{A}=\begin{pmatrix}1 & 0\\ 0 & -1\end{pmatrix}$,$\boldsymbol{b}=\boldsymbol{0}$ 时,$\tilde{\kappa}_{\mathrm{r}}(t)=-\kappa_{\mathrm{r}}(t)$.

事实上,由

$$\tilde{\boldsymbol{x}}(t)=(\tilde{x}^1(t),\tilde{x}^2(t))=(x^1(t),x^2(t))\begin{pmatrix}1 & 0\\ 0 & -1\end{pmatrix}=(x^1(t),-x^2(t)),$$

$$\tilde{\boldsymbol{x}}'(t)=(x^{1\prime}(t),-x^{2\prime}(t)),$$

$$\tilde{\boldsymbol{x}}''(t)=(x^{1\prime\prime}(t),-x^{2\prime\prime}(t))$$

立即得到

$$\tilde{\kappa}_{\mathrm{r}}(t)=\frac{\begin{vmatrix}\tilde{x}^{1\prime}(t) & \tilde{x}^{2\prime}(t)\\ \tilde{x}^{1\prime\prime}(t) & \tilde{x}^{2\prime\prime}(t)\end{vmatrix}}{((\tilde{x}^{1\prime}(t))^2+(\tilde{x}^{2\prime}(t))^2)^{\frac{3}{2}}}=\frac{\begin{vmatrix}x^{1\prime}(t) & -x^{2\prime}(t)\\ x^{1\prime\prime}(t) & -x^{2\prime\prime}(t)\end{vmatrix}}{((x^{1\prime}(t))^2+(x^{2\prime}(t))^2)^{\frac{3}{2}}}$$
$$=-\kappa_{\mathrm{r}}(t).$$
□

类似定理1.5.1,有:

定理1.5.4(平面曲线基本定理) 给定含0的区间(a,b)上连续可导的函数$\tilde{\kappa}_{\mathrm{r}}\neq 0$(根据零值定理,恒正或恒负),则:

(1)(存在性)必存在以弧长s为参数的$\mathbf{R}^2$中的C^2正则曲线$\boldsymbol{x}(s)$,使得该曲线的相对曲率$\kappa_{\mathrm{r}}(s)=\tilde{\kappa}_{\mathrm{r}}(s)$.

(2)(唯一性)如果给定了初始规范正交右旋标架$\{\mathring{\boldsymbol{x}};\mathring{\boldsymbol{V}}_1,\mathring{\boldsymbol{V}}_{2\mathrm{r}}\}$(从$\mathring{\boldsymbol{V}}_1$到$\mathring{\boldsymbol{V}}_{2\mathrm{r}}$是逆时针的),则存在唯一的一条曲线$\boldsymbol{x}(s)$,使得它的相对曲率$\kappa_{\mathrm{r}}(s)=\tilde{\kappa}_{\mathrm{r}}(s)$,且在$s=0$处的Frenet标架$\{\boldsymbol{x}(0);\boldsymbol{V}_1(0),\boldsymbol{V}_{2\mathrm{r}}(0)\}=\{\mathring{\boldsymbol{x}};\mathring{\boldsymbol{V}}_1,\mathring{\boldsymbol{V}}_{2\mathrm{r}}\}$.

证明 (证法1)读者可仿照定理1.5.1自己证明(此处证明更简单).

(证法2)设

$$(x^{1\prime}(s),x^{2\prime}(s))=\boldsymbol{x}'(s)=\boldsymbol{V}_1(s)=\cos\varphi(s)\boldsymbol{e}_1+\sin\varphi(s)\boldsymbol{e}_2=(\cos\varphi(s),\sin\varphi(s)),$$

其中$\varphi(s)$为$\boldsymbol{x}'(s)=\boldsymbol{V}_1(s)$与$\boldsymbol{e}_1$的夹角.于是

$$\tilde{\kappa}_{\mathrm{r}}(s)\boldsymbol{V}_{2\mathrm{r}}(s)(=\kappa_{\mathrm{r}}(s)\boldsymbol{V}_{2\mathrm{r}}(s))=\boldsymbol{V}_1'(s)=(-\sin\varphi(s),\cos\varphi(s))\varphi'(s),$$
$$\boldsymbol{V}_{2\mathrm{r}}(s)=(-\sin\varphi(s),\cos\varphi(s)),$$
$$\varphi'(s)=\tilde{\kappa}_{\mathrm{r}}(s).$$

积分得

$$\varphi(s)=\int_{s_0}^{s}\tilde{\kappa}_{\mathrm{r}}(\theta)\mathrm{d}\theta+\varphi_0.$$

于是

$$\begin{aligned}\boldsymbol{x}(s)&=(x^1(s),x^2(s))\\&=\left(\int_{s_0}^{s}\cos\varphi(\eta)\mathrm{d}\eta+\mathring{x}^1,\int_{s_0}^{s}\sin\varphi(\eta)\mathrm{d}\eta+\mathring{x}^2\right)\\&=\left(\int_{s_0}^{s}\cos\left(\int_{s_0}^{\eta}\tilde{\kappa}_{\mathrm{r}}(\theta)\mathrm{d}\theta+\varphi_0\right)\mathrm{d}\eta+\mathring{x}^1,\int_{s_0}^{s}\sin\left(\int_{s_0}^{\eta}\tilde{\kappa}_{\mathrm{r}}(\theta)\mathrm{d}\theta+\varphi_0\right)\mathrm{d}\eta+\mathring{x}^2\right)\\&=\Bigg[\int_{s_0}^{s}\left(\cos\varphi_0\cos\left(\int_{s_0}^{\eta}\tilde{\kappa}_{\mathrm{r}}(\theta)\mathrm{d}\theta\right)-\sin\varphi_0\sin\left(\int_{s_0}^{\eta}\tilde{\kappa}_{\mathrm{r}}(\theta)\mathrm{d}\theta\right)\right)\mathrm{d}\eta,\\&\qquad\int_{s_0}^{s}\left(\sin\varphi_0\cos\left(\int_{s_0}^{\eta}\tilde{\kappa}_{\mathrm{r}}(\theta)\mathrm{d}\theta\right)+\cos\varphi_0\sin\left(\int_{s_0}^{\eta}\tilde{\kappa}_{\mathrm{r}}(\theta)\mathrm{d}\theta\right)\right)\mathrm{d}\eta\Bigg]\\&=(\cos\varphi_0\tilde{x}^1(s)-\sin\varphi_0\tilde{x}^2(s),\sin\varphi_0\tilde{x}^1(s)+\cos\varphi_0\tilde{x}^2(s))+(\mathring{x}^1,\mathring{x}^2).\end{aligned}$$

由此可看出可以通过一个行列式为 1 的刚性运动

$$(x^1, x^2) = (\tilde{x}^1, \tilde{x}^2)\begin{pmatrix} \cos\varphi_0 & \sin\varphi_0 \\ -\sin\varphi_0 & \cos\varphi_0 \end{pmatrix} + (\underset{\circ}{x}^1, \underset{\circ}{x}^2)$$

将曲线

$$\tilde{\boldsymbol{x}}(s) = (\tilde{x}^1(s), \tilde{x}^2(s)) = \left(\int_{s_0}^{s}\left(\cos\left(\int_{s_0}^{\eta}\tilde{\kappa}_{\mathrm{r}}(\theta)\mathrm{d}\theta\right)\right)\mathrm{d}\eta, \int_{s_0}^{s}\left(\sin\left(\int_{s_0}^{\eta}\tilde{\kappa}_{\mathrm{r}}(\theta)\mathrm{d}\theta\right)\right)\mathrm{d}\eta\right)$$

变为曲线 $\boldsymbol{x}(s) = (x^1(s), x^2(s))$. 换言之，相对曲率为 $\tilde{\kappa}_{\mathrm{r}}(s)$ 的曲线彼此可通过一个刚性运动相叠合. 至于上述解出 $\boldsymbol{x}(s)$ 或 $\tilde{\boldsymbol{x}}(s)$ 具有相对曲率 $\tilde{\kappa}_{\mathrm{r}}(s)$，只需直接验证即可. □

推论 1.5.2 圆弧是唯一具有非零常值相对曲率的曲线段.

证明 (证法 1)由例 1.4.1 知，圆弧的相对曲率为非零常数. 再由定理 1.5.4 得到推论中的结论.

(证法 2)令 $\tilde{\kappa}_{\mathrm{r}}(\theta) = c$(非零常数). 根据定理 1.5.4 证法 2 中的公式得到

$$\begin{aligned}\tilde{\boldsymbol{x}}(s) &= \left(\int_{s_0}^{s}\left(\cos\left(\int_{s_0}^{\eta}c\mathrm{d}\theta\right)\right)\mathrm{d}\eta, \int_{s_0}^{s}\left(\sin\left(\int_{s_0}^{\eta}c\mathrm{d}\theta\right)\right)\mathrm{d}\eta\right) \\ &= \left(\int_{s_0}^{s}\cos(c(\eta - s_0))\mathrm{d}\eta, \int_{s_0}^{s}\sin(c(\eta - s_0))\mathrm{d}\eta\right) \\ &= \frac{1}{c}(\sin(c(\eta - s_0)), -\cos(c(s - s_0))) + \left(0, \frac{1}{c}\right).\end{aligned}$$

这是圆弧的方程. 因此，一般的 $\boldsymbol{x}(s)$ 与 $\tilde{\boldsymbol{x}}(s)$ 只相差一个平面 $\mathbf{R}^2$ 上的刚性运动，它仍为圆弧. 由此得到推论中的结论. □

1.6 曲率圆、渐缩线、渐伸线

定义 1.6.1 设 $\boldsymbol{x}(s_0)$ 为 $\mathbf{R}^2$ 中的 C^2 正则曲线 $\boldsymbol{x}(s)$ 的一点，$\kappa_{\mathrm{r}}(s_0) \neq 0$，我们称 $\rho(s_0) = \dfrac{1}{\kappa_{\mathrm{r}}(s_0)}$ 为**曲率半径**，而

$$\boldsymbol{y}(s_0) = \boldsymbol{x}(s_0) + \rho(s_0)\boldsymbol{V}_{2\mathrm{r}}(s_0)$$

称为**曲率中心**，以 $\boldsymbol{y}(s_0)$ 为中心、$|\rho(s_0)|$ 为半径的圆

$$(\boldsymbol{z} - \boldsymbol{y}(s_0))^2 = \rho(s_0)^2$$

称为**曲率圆**，以 $\{-\boldsymbol{V}_{2\mathrm{r}}(s_0), \boldsymbol{V}_1(s_0)\}$ 为 $\boldsymbol{x}(s_0)$ 的右旋基的曲率圆的参数表达为

$$\boldsymbol{z}(s) = \boldsymbol{y}(s_0) + \rho(s_0)\left(-\boldsymbol{V}_{2\mathrm{r}}(s_0)\cos\frac{s - s_0}{\rho(s_0)} + \boldsymbol{V}_1(s_0)\sin\frac{s - s_0}{\rho(s_0)}\right).$$

显然，

$$z'(s) = -V_{2r}(s_0)\left(-\sin\frac{s-s_0}{\rho(s_0)}\right) + V_1(s_0)\cos\frac{s-s_0}{\rho(s_0)},$$

$$|z'(s)| = 1, \quad s\text{ 为曲率圆的弧长.}$$

$z'(s_0)=V_1(s_0)=x'(s_0)$，这表明曲线 $x(s)$ 与曲率圆 $z(s)$ 在点 $z(s_0)=x(s_0)$ 处有 1 阶接触，即有相同的单位切向量、相同的定向和相同的 $V_{2r}(s_0)$. 由 $\kappa_r(s_0)$ 的正负号的几何意义及

$$y(s_0)-x(s_0)=\rho(s_0)V_{2r}(s_0)$$

知，曲率中心与曲线在 $x(s_0)$ 邻近处位于 $x(s_0)$ 点切线的同一侧(图 1.6.1).

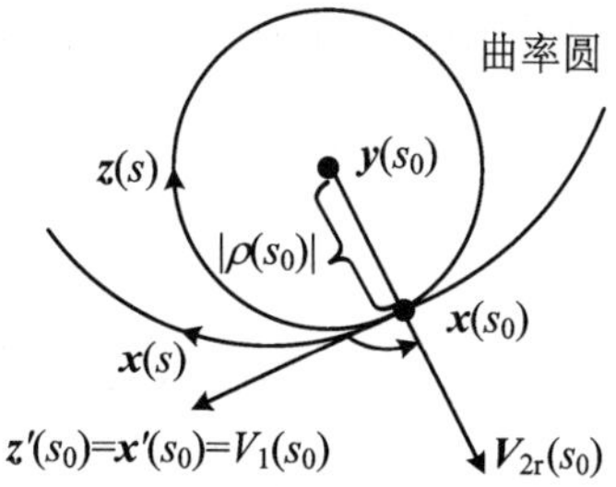

图 1.6.1

$$z''(s) = -V_{2r}(s_0)\left(-\frac{1}{\rho(s_0)}\cos\frac{s-s_0}{\rho(s_0)}\right)$$

$$+ V_1(s_0)\cdot\left(-\frac{1}{\rho(s_0)}\sin\frac{s-s_0}{\rho(s_0)}\right),$$

$$z''(s_0) = \kappa_r(s_0)V_{2r}(s_0) = V_1'(s_0) = x''(s_0).$$

因此，$z(s)$ 与 $x(s)$ 在该点处有相同的相对曲率 $\kappa_r(s_0)$. 此时，曲率圆 $z(s)$ 与 $x(s)$ 在点 $z(s_0)=x(s_0)$ 处有 2 阶接触，即

$$z'(s_0)=x'(s_0), \quad z''(s_0)=x''(s_0).$$

进而，如果 $x(s)$ 是 C^3 的，则

$$x'''(s) = V_1''(s) = (\kappa_r(s)V_{2r}(s))' = \kappa_r'(s)V_{2r}(s) + \kappa_r(s)V_{2r}'(s)$$

$$= \kappa_r'(s)V_{2r}(s) + \kappa_r(s)(-\kappa_r(s)V_1(s)) = \kappa_r'(s)V_{2r}(s) - \kappa_r(s)^2V_1(s),$$

$$x'''(s_0) = \kappa_r'(s_0)V_{2r}(s_0) - \kappa_r(s_0)^2V_1(s_0).$$

而

$$z'''(s) = -V_{2r}(s_0)\left(\frac{1}{\rho(s_0)^2}\sin\frac{s-s_0}{\rho(s_0)}\right) + V_1(s_0)\left(-\frac{1}{\rho(s_0)^2}\cos\frac{s-s_0}{\rho(s_0)}\right),$$

$$z'''(s_0) = -\frac{1}{\rho(s_0)^2}V_1(s_0) = -\kappa_r(s_0)^2V_1(s_0).$$

于是，$z'''(s_0)=x'''(s_0)\Leftrightarrow\kappa_r'(s_0)=0$，即 s_0 为相对曲率 $\kappa_r(s)$ 的驻点或逗留点. 由此推出 $z(s)$ 与 $x(s)$ 在 $y(s_0)=x(s_0)$ 处有 3 阶接触的充要条件为 $\kappa_r'(s_0)=0$.

完全相同的讨论可以看出，$z(s)$ 与 $x(s)$ 在点 $x(s_0)$ 处 l 阶接触(即 $y'(s_0)=x'(s_0),\cdots,z^{(l)}(s_0)=x^{(l)}(s_0)$)的充要条件为 $\kappa_r'(s_0)=0,\kappa_r''(s_0)=0,\cdots,\kappa_r^{(l-2)}(s_0)=0$，其中 $l\geqslant 3$.

值得提出的是，当点 $x(s)$ 与 $x(s_0)$ 处的曲率圆相重时，它们有各阶接触.

定理 1.6.1 曲率圆是与 $C^l(l\geqslant 2)$正则曲线 $\boldsymbol{x}(s)$至少有 2 阶接触的唯一的圆周.

证明 由上述知,曲率圆是与 $C^l(l\geqslant 2)$正则曲线 $\boldsymbol{x}(s)$至少有 2 阶接触的圆周.

反之,设$(\boldsymbol{z}-\boldsymbol{a})^2-R^2=0$为与 $C^l(l\geqslant 2)$正则曲线 $\boldsymbol{x}(s)$在点 $s=s_0$ 处至少有 2 阶接触的圆周.令此圆周以弧长 s 作参数的表达式(由 Taylor 公式)为

$$\boldsymbol{z}(s)=\boldsymbol{z}(s_0)+(s-s_0)\boldsymbol{z}'(s_0)+\frac{(s-s_0)^2}{2!}\boldsymbol{z}''(s_0)+\cdots,$$

则

$$\boldsymbol{z}(s_0)=\boldsymbol{x}(s_0),\quad \boldsymbol{z}'(s_0)=\boldsymbol{x}'(s_0),\quad \boldsymbol{z}''(s_0)=\boldsymbol{x}''(s_0).$$

于是

$$\begin{aligned}0&=(\boldsymbol{z}(s)-\boldsymbol{a})^2-R^2\\&=\left(\left(\boldsymbol{z}(s_0)+(s-s_0)\boldsymbol{z}'(s_0)+\frac{(s-s_0)^2}{2!}\boldsymbol{z}''(s_0)+\cdots\right)-\boldsymbol{a}\right)^2-R^2\\&=(\boldsymbol{z}(s_0)-\boldsymbol{a})^2-R^2+2(\boldsymbol{z}(s_0)-\boldsymbol{a})\boldsymbol{z}'(s_0)(s-s_0)\\&\quad+((\boldsymbol{z}'(s_0))^2+(\boldsymbol{z}(s_0)-\boldsymbol{a})\boldsymbol{z}''(s_0))(s-s_0)^2+\cdots.\end{aligned}$$

所以,必须有

$$\begin{cases}(\boldsymbol{x}(s_0)-\boldsymbol{a})^2-R^2=(\boldsymbol{z}(s_0)-\boldsymbol{a})^2-R^2=0, & (1.6.1)\\(\boldsymbol{x}(s_0)-\boldsymbol{a})\boldsymbol{x}'(s_0)=(\boldsymbol{z}(s_0)-\boldsymbol{a})\boldsymbol{z}'(s_0)=0, & (1.6.2)\\1+(\boldsymbol{x}(s_0)-\boldsymbol{a})\boldsymbol{x}''(s_0)=1+(\boldsymbol{z}(s_0)-\boldsymbol{a})\boldsymbol{z}''(s_0)=0. & (1.6.3)\end{cases}$$

由式(1.6.2)推出 $\boldsymbol{x}(s_0)-\boldsymbol{a}=r\boldsymbol{V}_{2\mathrm{r}}(s_0)$,其中 r 尚待确定.由于

$$\boldsymbol{x}''(s_0)=\boldsymbol{V}_1'(s_0)=\kappa_{\mathrm{r}}(s_0)\boldsymbol{V}_{2\mathrm{r}}(s_0),$$

所以由式(1.6.3)得到

$$1+r\boldsymbol{V}_{2\mathrm{r}}(s_0)\cdot\kappa_{\mathrm{r}}(s_0)\boldsymbol{V}_{2\mathrm{r}}(s_0)=0,$$
$$1+\mathrm{r}\kappa_{\mathrm{r}}(s_0)=0,$$

故

$$r=-\frac{1}{\kappa_{\mathrm{r}}(s_0)}.$$

于是

$$\boldsymbol{a}=\boldsymbol{x}(s_0)-r\boldsymbol{V}_{2\mathrm{r}}(s_0)=\boldsymbol{x}(s_0)+\frac{1}{\kappa_{\mathrm{r}}(s_0)}\boldsymbol{V}_{2\mathrm{r}}(s_0).$$

因此,由式(1.6.1)得到

$$R^2=(\boldsymbol{x}(s_0)-\boldsymbol{a})^2=(r\boldsymbol{V}_{2\mathrm{r}}(s_0))^2=r^2=\left(-\frac{1}{\kappa_{\mathrm{r}}(s_0)}\right)^2=\frac{1}{\kappa_{\mathrm{r}}(s_0)^2}.$$

这就证明了$(\boldsymbol{z}-\boldsymbol{a})^2-R^2=0$的确是点 $s=s_0$ 处的曲率圆. □

定理1.6.2 设 $\boldsymbol{x}(s)$ 为 C^3 正则曲线，s 为弧长参数，$\kappa_r'(s_0)\neq 0$（即 s_0 处的相对曲率不取逗留值），则在点 s_0 处的曲率圆 $\boldsymbol{z}(s)$ 总是在 s_0 处穿过这条曲线 $\boldsymbol{x}(s)$ 的.

证明 因为

$$\boldsymbol{z}(s_0)=\boldsymbol{x}(s_0),\quad \boldsymbol{z}'(s_0)=\boldsymbol{x}'(s_0),\quad \boldsymbol{z}''(s_0)=\boldsymbol{x}''(s_0),$$

且

$$\begin{aligned}\boldsymbol{z}'''(s_0)-\boldsymbol{x}'''(s_0)&=-\kappa_r(s_0)^2\boldsymbol{V}_1(s_0)-(-\kappa_r'(s_0)\boldsymbol{V}_{2r}(s_0)-\kappa_r(s_0)^2\boldsymbol{V}_1(s_0))\\&=-\kappa_r'(s_0)\boldsymbol{V}_{2r}(s_0),\end{aligned}$$

所以，根据 Taylor 公式，有

$$\begin{aligned}\boldsymbol{z}(s)-\boldsymbol{x}(s)=&(\boldsymbol{z}(s_0)-\boldsymbol{x}(s_0))+(s-s_0)(\boldsymbol{z}'(s_0)-\boldsymbol{x}'(s_0))\\&+\frac{(s-s_0)^2}{2!}(\boldsymbol{z}''(s_0)-\boldsymbol{x}''(s_0))+\frac{(s-s_0)^3}{3!}(\boldsymbol{z}'''(s_0)-\boldsymbol{x}'''(s_0))+\boldsymbol{R}(s)\\=&(s-s_0)^3\left(\frac{\kappa_r'(s_0)}{6}+\frac{R_1(s)}{(s-s_0)^3}\right)(-\boldsymbol{V}_{2r}(s_0))+R_2(s)\boldsymbol{V}_1(s_0),\end{aligned}$$

其中 $\lim\limits_{s\to s_0}\dfrac{\boldsymbol{R}(s)}{(s-s_0)^3}=0$，$\lim\limits_{s\to s_0}\dfrac{R_1(s)}{(s-s_0)^3}=0$，$\lim\limits_{s\to s_0}\dfrac{R_2(s)}{(s-s_0)^3}=0$. 由于 $(s-s_0)^3$ 在点 s_0 处变号，故从上式立知，曲率圆 $\boldsymbol{z}(s)$ 总是在点 s_0 处穿过这条曲线 $\boldsymbol{x}(s)$ 的（图 1.6.2）. □

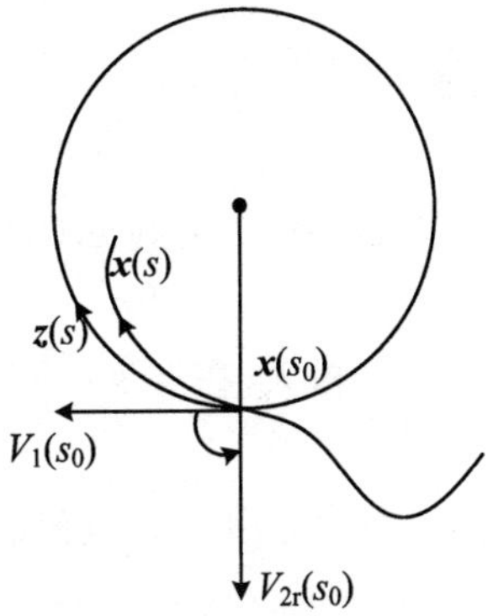

图 1.6.2

当 $\kappa_r'(s_0)=0$ 时，自然不能断言：曲率圆不穿过这曲线. 为进一步研究，我们应考察 $C^l(l\geqslant 4)$ 正则曲线以及 $\kappa_r''(s_0)\neq 0$，等等.

定义1.6.2 设 s_0 为相对曲率 $\kappa_r(s)$ 的逗留点（驻点），即 $\kappa_r'(s_0)=0$，则称 $\boldsymbol{x}(s_0)$ 为 C^3 正则曲线 $\boldsymbol{x}(s)$ 的一个**顶点**.

例1.6.1 证明：椭圆 $\boldsymbol{x}(t)=(x^1(t),x^2(t))=(a\cos t,b\sin t)\left(\dfrac{(x^1)^2}{a^2}+\dfrac{(x^2)^2}{b^2}=1\right)$ 恰有4个顶点（$a>b>0$）.

证明 由已知得

$$\boldsymbol{x}'(t)=(-a\sin t,b\cos t),$$

$$\boldsymbol{V}_1(t)=\frac{\boldsymbol{x}'(t)}{|\boldsymbol{x}'(t)|}=\frac{1}{\sqrt{a^2\sin^2 t+b^2\cos^2 t}}(-a\sin t,b\cos t),$$

$$\boldsymbol{V}_{2r}(t)=\frac{1}{\sqrt{a^2\sin^2 t+b^2\cos^2 t}}(-b\cos t,-a\sin t),$$

$$\boldsymbol{x}''(t)=(\boldsymbol{x}'(t))'=(-a\cos t,-b\sin t).$$

由定理 1.4.3(3)得

$$\kappa_r(t)=\frac{\begin{vmatrix}x^{1\prime}(t) & x^{2\prime}(t)\\ x^{1\prime\prime}(t) & x^{2\prime\prime}(t)\end{vmatrix}}{((x^{1\prime}(t))^2+(x^{2\prime}(t))^2)^{\frac{3}{2}}}=\frac{\begin{vmatrix}-a\sin t & b\cos t\\ -a\cos t & -b\sin t\end{vmatrix}}{((-a\sin t)^2+(b\cos t)^2)^{\frac{3}{2}}}$$

$$=\frac{ab}{(a^2\sin^2 t+b^2\cos^2 t)^{\frac{3}{2}}},$$

$$\kappa_r'(t)=-\frac{3}{2}ab(a^2\sin^2 t+b^2\cos^2 t)^{-\frac{5}{2}}(2a^2\sin t\cos t-2b^2\cos t\sin t)$$

$$=-\frac{3ab(a^2-b^2)\sin t\cos t}{(a^2\sin^2 t+b^2\cos^2 t)^{\frac{5}{2}}}.$$

由此看出相对曲率 $\kappa_r(t)$的逗留点(驻点)为 $t=2k\pi,2k\pi+\frac{\pi}{2},2k\pi+\pi,2k\pi+\frac{3\pi}{2},k\in\mathbf{Z}$(整数集),即椭圆恰有 4 个顶点 $\boldsymbol{x}(0),\boldsymbol{x}\left(\frac{\pi}{2}\right),\boldsymbol{x}(\pi),\boldsymbol{x}\left(\frac{3\pi}{2}\right)$. 此时,$\kappa_r'(0)=\kappa_r'\left(\frac{\pi}{2}\right)=\kappa_r'(\pi)=\kappa_r'\left(\frac{3\pi}{2}\right)=0$.

但容易计算得到 $\kappa_r''(0)=\kappa_r''(\pi)<0,\kappa_r''\left(\frac{\pi}{2}\right)=\kappa_r'\left(\frac{3\pi}{2}\right)>0$. 因此,在点 $s=0,\pi$ 处相对曲率达到极大;在点 $s=\frac{\pi}{2},\frac{3\pi}{2}$处相对曲率达到极小. 或者相对曲率 $\kappa_r(s)$为$[0,2\pi]$上的连续函数必达到最大值和最小值. 再比较 $s=0,2\pi$ 及 4 个 $\kappa_r(s)$的逗留点$s=0,\frac{\pi}{2},\pi,\frac{3\pi}{2}$处 κ_r 的值

$$\kappa_r(0)=\kappa_r(\pi)=\frac{a}{b^2}\quad 与\quad \kappa_r\left(\frac{\pi}{2}\right)=\kappa_r\left(\frac{3\pi}{2}\right)=\frac{b}{a^2}$$

的大小立知,$\kappa_r(0)=\kappa_r(\pi)=\frac{a}{b^2}$达最大,$\kappa_r\left(\frac{3\pi}{2}\right)=\kappa_r\left(\frac{\pi}{2}\right)=\frac{b}{a^2}$达最小. 至于 4 个顶点外的其他各点处,根据定理 1.6.2,相应的曲率圆总是在该点处穿过这条曲线的. □

注 1.6.1 关于 C^3 正则凸简单闭曲线(卵形线),有 Mukhopadhyaya 4 顶点定理,例 1.6.1 给了我们启示.

定义 1.6.3 设 $\boldsymbol{x}(s)$为 $\mathbf{R}^2$ 中的 C^2正则曲线,$\kappa_r(s)\neq 0$,我们称该曲线的曲率中心

$$\boldsymbol{y}(s)=\boldsymbol{x}(s)+\rho(s)\boldsymbol{V}_{2r}(s)=\boldsymbol{x}(s)+\rho(s)\cdot\frac{1}{\kappa_r(s)}\boldsymbol{V}_1'(s)$$

$$=\boldsymbol{x}(s)+\rho(s)^2\boldsymbol{x}''(s)=\boldsymbol{x}(s)+\frac{1}{\kappa_r(s)^2}\boldsymbol{x}''(s)$$

$$= \boldsymbol{x}(s) + \frac{1}{(x'(s)y''(s) - x''(s)y'(s))^2}\boldsymbol{x}''(s)$$

的轨迹为其**渐缩线**,而 $\boldsymbol{x}(s)$称为 $\boldsymbol{y}(s)$的**渐伸(开)线**(图 1.6.3),s 为弧长.

而在一般参数 t 下,有

$$\kappa_{\mathrm{r}}^2(t) = \frac{(x'(t)y''(t) - x''(t)y'(t))^2}{(x'^2(t) + y'^2(t))^3},$$

$$\frac{\mathrm{d}s}{\mathrm{d}t} = \sqrt{x'^2(t) + y'^2(t)},$$

$$\frac{\mathrm{d}x}{\mathrm{d}s} = \frac{x'(t)}{\sqrt{x'^2(t) + y'^2(t)}}.$$

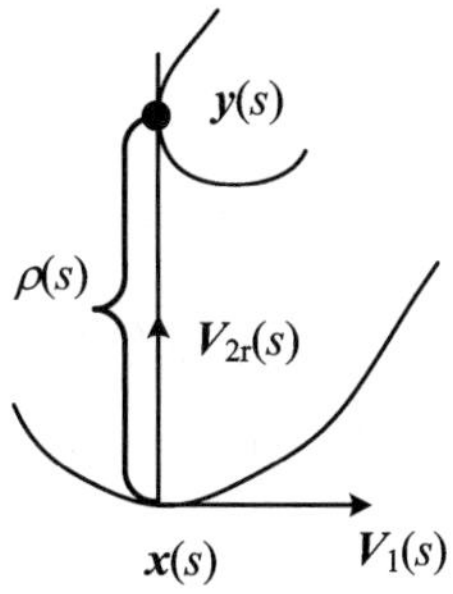

图 1.6.3

于是,可得

$$\frac{\mathrm{d}^2x}{\mathrm{d}s^2} = \left(\frac{x'(t)}{\sqrt{x'^2(t) + y'^2(t)}}\right)'\frac{\mathrm{d}t}{\mathrm{d}s}$$

$$= \frac{y'(t)(x''(t)y'(t) - x'(t)y''(t))}{(x'^2(t) + y'^2(t))^2}.$$

同理,有

$$\frac{\mathrm{d}^2y}{\mathrm{d}s^2} = \frac{x'(t)(x'(t)y''(t) - x''(t)y'(t))}{(x'^2(t) + y'^2(t))^2}.$$

因而,曲线 $\boldsymbol{x}(t)$的渐缩线为

$$\boldsymbol{y}(t) = (x(t), y(t)) + \left(-\frac{y'(t)(x'^2(t) + y'^2(t))}{x'(t)y''(t) - y'(t)x''(t)}, \frac{x'(t)(x'^2(t) + y'^2(t))}{x'(t)y''(t) - y'(t)x''(t)}\right).$$

渐缩线 $\boldsymbol{y}(s)$是一条正则曲线吗?我们有:

定理 1.6.3 设 $\boldsymbol{x}(s)$为 C^3 正则曲线(s 为弧长),则:

(1) 渐缩线 $\boldsymbol{y}(s)$,$s\in(a,b)$为 C^1 正则曲线$\Leftrightarrow x_{\mathrm{r}}'(s)\neq 0$,$s\in(a,b)$.

(2) $\boldsymbol{y}'(s)=\rho'(s)\boldsymbol{V}_{2\mathrm{r}}(s)$.

当 $\rho'(s)>0$ 时,$\boldsymbol{y}'(s)$与 $\boldsymbol{V}_{2\mathrm{r}}(s)$同向;

当 $\rho'(s)<0$ 时,$\boldsymbol{y}'(s)$与 $\boldsymbol{V}_{2\mathrm{r}}(s)$反向;

渐缩线的切线$\Leftrightarrow$渐伸线的法线.

(3) 设 σ 为渐缩线的弧长,则当 $s_1<s_2$ 时,有

$$\sigma(s_2) - \sigma(s_1) = \begin{cases}\rho(s_2) - \rho(s_1), & \text{当 } \rho'(s) > 0 \text{ 时},\\ \rho(s_1) - \rho(s_2), & \text{当 } \rho'(s) < 0 \text{ 时}.\end{cases}$$

证明 (1)、(2)

$$\boldsymbol{y}'(s) = (\boldsymbol{x}(s) + \rho(s)\boldsymbol{V}_{2\mathrm{r}}(s))'$$

$$= \boldsymbol{x}'(s) + \rho'(s)\boldsymbol{V}_{2\mathrm{r}}(s) + \rho(s)\boldsymbol{V}_{2\mathrm{r}}'(s)$$

$$
\begin{aligned}
&= \boldsymbol{x}'(s) + \rho'(s)\boldsymbol{V}_{2\mathrm{r}}(s) + \rho(s)(-\kappa_{\mathrm{r}}(s)\boldsymbol{V}_1(s)) \\
&= \boldsymbol{V}_1(s) + \rho'(s)\boldsymbol{V}_{2\mathrm{r}}(s) - \boldsymbol{V}_1(s) \\
&= \rho'(s)\boldsymbol{V}_{2\mathrm{r}}(s),
\end{aligned}
$$

故由上式推出

$$
\boldsymbol{y}'(s) \neq 0 \quad \Leftrightarrow \quad \rho'(s) = \left(\frac{1}{\kappa_{\mathrm{r}}(s)}\right)' = \frac{-\kappa_{\mathrm{r}}'(s)}{\kappa_{\mathrm{r}}(s)^2} \neq 0 \quad \Leftrightarrow \quad \kappa_{\mathrm{r}}'(s) \neq 0.
$$

至于(2)的结论由 $\boldsymbol{y}'(s)=\rho'(s)\boldsymbol{V}_{2\mathrm{r}}(s)$立即得到(图 1.6.4、图 1.6.5).

(3) 对 $s_1<s_2$,有

$$
\begin{aligned}
\sigma(s_2)-\sigma(s_1) &= \int_{s_1}^{s_2} |\boldsymbol{y}'(s)|\,\mathrm{d}s = \int_{s_1}^{s_2} |\rho'(s)\boldsymbol{V}_{2\mathrm{r}}(s)|\,\mathrm{d}s \\
&= \begin{cases} \displaystyle\int_{s_1}^{s_2} \rho'(s)\mathrm{d}s, & \text{当 } \rho'(s)>0 \text{ 时}, \\ \displaystyle -\int_{s_1}^{s_2} \rho'(s)\mathrm{d}s, & \text{当 } \rho'(s)<0 \text{ 时} \end{cases} \\
&= \begin{cases} \rho(s_2)-\rho(s_1), & \text{当 } \rho'(s)>0 \text{ 时}, \\ \rho(s_1)-\rho(s_2), & \text{当 } \rho'(s)<0 \text{ 时}. \end{cases}
\end{aligned}
$$

即渐缩线段的长度等于它的两个端点在渐伸线的对应点处的曲率半径之差的绝对值. □

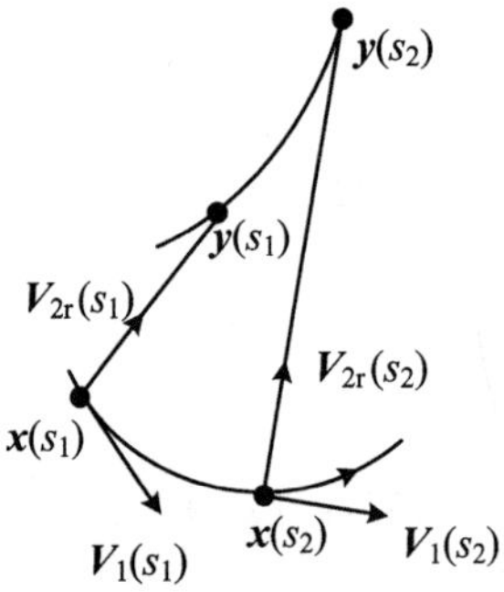

图 1.6.4

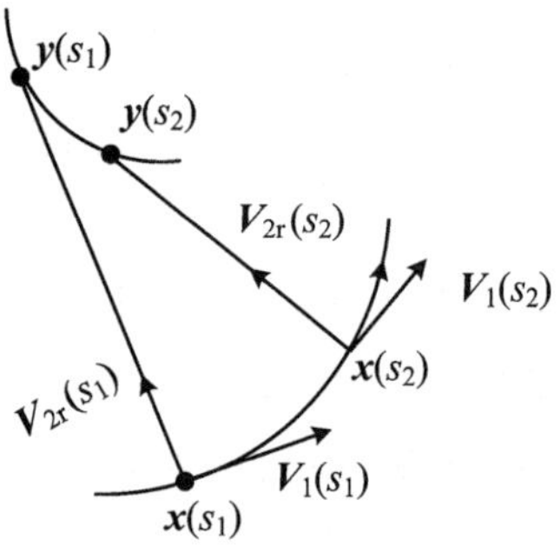

图 1.6.5

例 1.6.2 推论 1.5.2 指出:圆弧是唯一具有非零常值相对曲率的曲线.现在我们用第 3 种方法重新证明.

证明 设相对曲率 $\kappa_{\mathrm{r}}(s)$为非零常值 c,它等价于曲率半径 $\rho(s)=\dfrac{1}{\kappa_{\mathrm{r}}(s)}$为常数 c,即 $\rho'(s)=0$.于是,对于曲率中心的轨迹

$$
\boldsymbol{y}(s) = \boldsymbol{x}(s) + \rho(s)\boldsymbol{V}_{2\mathrm{r}}(s),
$$

有

$$
\boldsymbol{y}'(s) = (\boldsymbol{x}(s)+\rho(s)\boldsymbol{V}_{2\mathrm{r}}(s))' = \boldsymbol{x}'(s) + \rho'(s)\boldsymbol{V}_{2\mathrm{r}}(s) + \rho(s)(-\kappa_{\mathrm{r}}(s)\boldsymbol{V}_1(s))
$$

$$= V_1(s) + \mathbf{0} - V_1(s) = \mathbf{0},$$

即 $\boldsymbol{y}(s)$为常向量 $\boldsymbol{a}$,从而

$$\boldsymbol{a} = \boldsymbol{x}(s) + \rho(s)\boldsymbol{V}_{2r}(s),$$

$$(\boldsymbol{x}(s) - \boldsymbol{a})^2 = (-\rho(s)\boldsymbol{V}_{2r}(s))' = \rho(s)^2 = c^2,$$

即 $\boldsymbol{x}(s)$是以 $\boldsymbol{a}$ 为中心、$|c|$为半径的圆弧. □

注 1.6.2 定理 1.6.3(2)、(3)给出了渐缩线与渐伸线之间的下述直观关系.设想一条线钉在渐缩线的点 P_0 处,朝着渐缩线切线方向拉直.然后,将这条线拉紧缠在渐缩线上,使得它总是(在一个变点处)与渐缩线相切,则这条线的一个定点就描出一条渐伸线.这就是渐缩线与渐伸线命名的由来.上述直观解释只是对缠绕渐缩线的那条线上一个确定的点而言的(因为我们本来就是从一条确定的渐伸线出发得到渐缩线的).容易看出,那条线上其余各点描出了一族"平行"的渐伸线,它们有相同的渐缩线(参阅定理 1.6.4).

值得注意的是一条渐缩线在任何一点处的邻近不能为直线段.事实上,如果渐缩线 $\boldsymbol{y}(s)$,有

$$\boldsymbol{y}(s) = s\boldsymbol{a} + \boldsymbol{b},\ \boldsymbol{a} \neq \mathbf{0},\quad \boldsymbol{a} \text{ 与 } \boldsymbol{b} \text{ 均为常向量},$$

则

$$\boldsymbol{y}'(s) = \boldsymbol{a}.$$

根据定理 1.6.3 证明中的结论:$\boldsymbol{y}'(s) = \rho'(s)\boldsymbol{V}_{2r}(s)$得到

$$\frac{\boldsymbol{a}}{|\boldsymbol{a}|} = \frac{\boldsymbol{y}'(s)}{|\boldsymbol{y}'(s)|} = \pm \boldsymbol{V}_{2r}(s),$$

从而

$$\mathbf{0} = \left(\pm \frac{\boldsymbol{a}}{|\boldsymbol{a}|}\right)' = \boldsymbol{V}'_{2r}(s) = -\kappa_r(s)\boldsymbol{V}_1(s),\quad \kappa_r(s) = 0$$

(此时,$\boldsymbol{V}_1'(s) = \kappa_r(s)\boldsymbol{V}_{2r}(s) = 0 \cdot \boldsymbol{V}_{2r}(s) = \mathbf{0}$,$\boldsymbol{x}'(s) = \boldsymbol{V}_1(s) = \boldsymbol{c}$(常向量),$\boldsymbol{x}(s) = s\boldsymbol{c} + \boldsymbol{d}$ 也为直线).于是,$\rho(s) = \dfrac{1}{\kappa_r(s)} = \infty$,曲率中心 $\boldsymbol{y}(s) = \boldsymbol{x}(s) + \rho(s)\boldsymbol{V}_{2r}(s)$及渐缩线本身就无意义.

注 1.6.3 考察圆 $\boldsymbol{x}(s) = \left(R\cos\dfrac{s}{R}, R\sin\dfrac{s}{R}\right)$,

$$\boldsymbol{x}'(s) = \left(-\sin\frac{s}{R}, \cos\frac{s}{R}\right),\quad |\boldsymbol{x}'(s)| = 1,$$

故 s 为圆的弧长,

$$\boldsymbol{V}_1(s) = \boldsymbol{x}'(s) = \left(-\sin\frac{s}{R}, \cos\frac{s}{R}\right),$$

$$\boldsymbol{V}_{2r}(s) = \left(-\cos\frac{s}{R}, -\sin\frac{s}{R}\right),$$

$$\kappa_r(s)\boldsymbol{V}_{2r}(s)=\boldsymbol{V}_1'(s)=\frac{1}{R}\left(-\cos\frac{s}{R},-\sin\frac{s}{R}\right)=\frac{1}{R}\boldsymbol{V}_{2r}(s),$$

所以

$$\kappa_r(s)=\frac{1}{R},\quad \rho(s)=\frac{1}{\kappa_r(s)}=R.$$

于是,曲率中心为

$$\boldsymbol{y}(s)=\boldsymbol{x}(s)+R\boldsymbol{V}_{2r}(s)=\left(R\cos\frac{s}{R},R\sin\frac{s}{R}\right)+R\left(-\cos\frac{s}{R},-\sin\frac{s}{R}\right)=\boldsymbol{0},$$

即圆的渐缩线为其圆心这一个点!

注 1.6.4 设 $\boldsymbol{y}(\sigma)$以 σ 为弧长,如果它有渐伸线 $\boldsymbol{x}(\sigma)$,如何用 $\boldsymbol{y}(\sigma)$来表达渐伸线?当 $\rho'(s)>0$ 时(图 1.6.6),

$$\boldsymbol{x}(\sigma)=\boldsymbol{y}(\sigma)+(\sigma+\sigma_0)(-\boldsymbol{y}'(\sigma))=\boldsymbol{y}(\sigma)-(\sigma+\sigma_0)\boldsymbol{y}'(\sigma);$$

当 $\rho'(s)<0$ 时(图 1.6.7),

$$\boldsymbol{x}(\sigma)=\boldsymbol{y}(\sigma)+(\sigma_0-\sigma)\boldsymbol{y}'(\sigma)=\boldsymbol{y}(\sigma)-(\sigma-\sigma_0)\boldsymbol{y}'(\sigma).$$

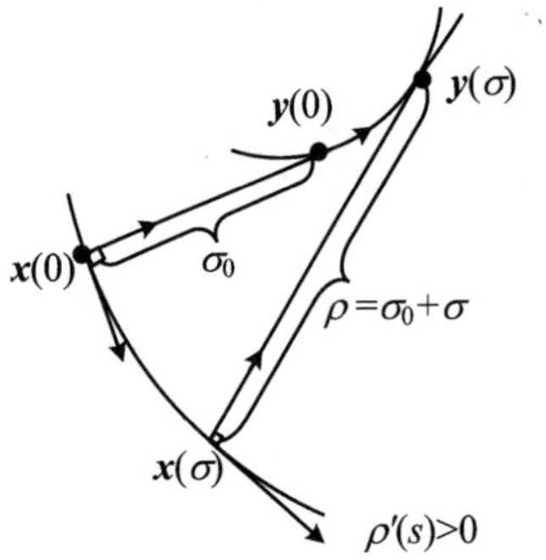

图 1.6.6

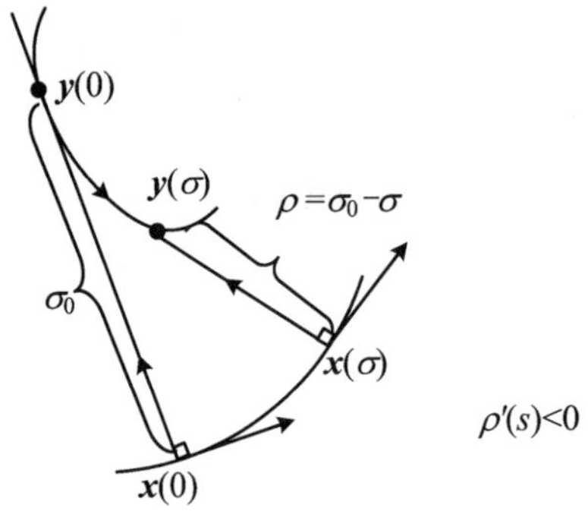

图 1.6.7

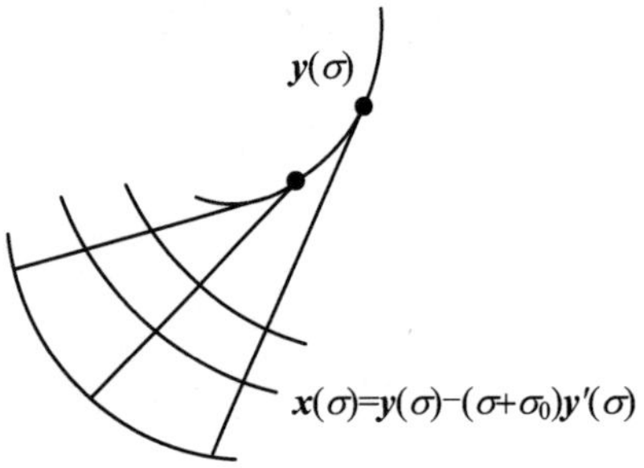

图 1.6.8

根据定理 1.6.3(2)、(3),注 1.6.2 以及注 1.6.4 自然猜测到.

定理 1.6.4 设 $\boldsymbol{y}(\sigma)$是以 σ 为弧长参数的 C^3 正则曲线,$\boldsymbol{y}''(\sigma)\neq 0$.在这条曲线的各切线上与切点相距为 $\sigma+\sigma_0$ 或 $\sigma_0-\sigma$ 之点的几何位置 $\boldsymbol{x}(\sigma)$就是 $\boldsymbol{y}(\sigma)$的一条渐伸线,而$\boldsymbol{y}(\sigma)$为 $\boldsymbol{x}(\sigma)$的渐缩线(图 1.6.8).

易见,不同的 σ_0 对应不同的渐伸线,这些渐伸线彼此"平行".

证明 根据注 1.6.4,我们令

$$\boldsymbol{x}(\sigma) = \boldsymbol{y}(\sigma) - (\sigma \pm \sigma_0)\boldsymbol{y}'(\sigma),$$

则

$$\boldsymbol{x}'(\sigma) = \boldsymbol{y}'(\sigma) - (\boldsymbol{y}'(\sigma) + (\sigma \pm \sigma_0)\boldsymbol{y}''(\sigma)) = -(\sigma \pm \sigma_0)\boldsymbol{y}''(\sigma),$$

故

$$\begin{aligned}\boldsymbol{x}'(\sigma) \cdot \boldsymbol{y}'(\sigma) &= -(\sigma \pm \sigma_0)\boldsymbol{y}''(\sigma) \cdot \boldsymbol{y}'(\sigma) = -\frac{1}{2}(\sigma \pm \sigma_0)(\boldsymbol{y}'(\sigma)^2)' \\ &= \frac{1}{2}(\sigma \pm \sigma_0) \cdot 1' = 0.\end{aligned}$$

由此可看出,这个几何位置 $\boldsymbol{x}(\sigma)$就是 $\boldsymbol{y}(\sigma)$的切线的正交轨线(这里只需 $\boldsymbol{y}(\sigma)$是 C^2 曲线).

因为 $\boldsymbol{y}(\sigma)$为 C^3 曲线,故 $\boldsymbol{x}(\sigma)$为 C^2 曲线.又因 $\boldsymbol{y}''(\sigma)\neq 0$,所以,当 $\sigma \pm \sigma_0 \neq 0$ 时,$|\boldsymbol{x}'(\sigma)| = |-(\sigma \pm \sigma_0)\boldsymbol{y}''(\sigma)| \neq 0$,从而 $\boldsymbol{x}(\sigma)$为 C^2 正则曲线.根据下面的引理 1.6.1 立知,上述正交轨线 $\boldsymbol{x}(\sigma)$的确以所给曲线

$$\boldsymbol{y}(\sigma) = \boldsymbol{x}(\sigma) + (\sigma \pm \sigma_0)\boldsymbol{y}'(\sigma) = \boldsymbol{x}(\sigma) \pm (\sigma \pm \sigma_0)\boldsymbol{V}_{2r}(\sigma)$$

为其渐缩线. □

引理 1.6.1 设 $\boldsymbol{x}(s)$为 C^2 正则曲线,s 为其弧长参数,如果

$$\boldsymbol{y}(s) = \boldsymbol{x}(s) + t(s)\boldsymbol{V}_{2r}(s),$$

$t(s)$为 C^1 函数,则

$$\boldsymbol{y}(s)\text{ 与 }\boldsymbol{x}(s)\text{ 的法线总相切} \quad \Leftrightarrow \quad \boldsymbol{y}(s)\text{ 必为 }\boldsymbol{x}(s)\text{ 的渐缩线}.$$

证明 由题意得

$$\begin{aligned}\boldsymbol{y}'(s) &= \boldsymbol{x}'(s) + t'(s)\boldsymbol{V}_{2r}(s) + t(s)\boldsymbol{V}'_{2r}(s) \\ &= \boldsymbol{x}'(s)(1 - \kappa_r(s)t(s)) + t'(s)\boldsymbol{V}_{2r}(s).\end{aligned}$$

如果 $\boldsymbol{y}(s)$与 $\boldsymbol{x}(s)$的法线相切,即

$$\boldsymbol{y}'(s) /\!/ \boldsymbol{V}_{2r}(s) \quad \Leftrightarrow \quad 1 - \kappa_r(s)t(s) = 0 \quad \Leftrightarrow \quad t(s) = \frac{1}{\kappa_r(s)},$$

则这条曲线

$$\boldsymbol{y}(s) = \boldsymbol{x}(s) + \frac{1}{\kappa_r(s)}\boldsymbol{V}_{2r}(s) = \boldsymbol{x}(s) + t(s)\boldsymbol{V}_{2r}(s)$$

的确是 $\boldsymbol{x}(s)$的曲率中心的轨迹,即 $\boldsymbol{x}(s)$的渐缩线. □

最后,我们再稍微细致地考虑一下在渐伸线的一个顶点邻近处渐缩线的性态如何.

定理 1.6.5 设 $\boldsymbol{x}(s)$为 C^4 正则曲线,$\boldsymbol{x}(s_0)$为其顶点,即

$$\kappa_r'(s_0) = 0 \quad \left(\Leftrightarrow \rho'(s_0) = \left(\frac{1}{\kappa_r(s)}\right)'\bigg|_{s=s_0} = \frac{-\kappa_r'(s_0)}{\kappa_r(s_0)^2} = 0\right),$$

$$\kappa_r''(s_0) \neq 0 \quad \text{且} \quad \kappa_r(s_0) \neq 0,$$

则有：

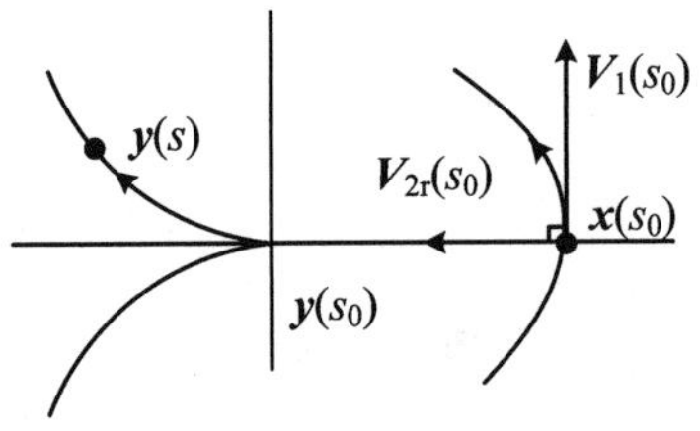

图 1.6.9

（1）这条渐缩线在点 s_0 的邻近处由两段弧组成，这两段弧均在这个顶点的曲率中心处与这个顶点的法线相切.

（2）渐缩线在点 s_0 处有一个尖点，即在点 s_0 处相切的这两段渐缩线在过曲率中心且与顶点切线平行的直线的同一侧(图 1.6.9).

证明 （1）应用 L'Hospital(洛必达)法则，有

$$
\begin{aligned}
&\lim_{s\to s_0}\frac{\boldsymbol{y}(s)-\boldsymbol{y}(s_0)}{\rho(s)-\rho(s_0)}\\
&=\lim_{s\to s_0}\frac{\boldsymbol{x}(s)-\boldsymbol{x}(s_0)+\rho(s)\boldsymbol{V}_{2\mathrm{r}}(s)-\rho(s_0)\boldsymbol{V}_{2\mathrm{r}}(s_0)}{\rho(s)-\rho(s_0)}\\
&=\lim_{s\to s_0}\left(\frac{\boldsymbol{x}(s)-\boldsymbol{x}(s_0)+\rho(s_0)(\boldsymbol{V}_{2\mathrm{r}}(s)-\boldsymbol{V}_{2\mathrm{r}}(s_0))}{\rho(s)-\rho(s_0)}+\boldsymbol{V}_{2\mathrm{r}}(s)\right)\\
&\xlongequal{\text{L'Hospital}}\lim_{s\to s_0}\frac{\boldsymbol{x}'(s)+\rho(s_0)\boldsymbol{V}_{2\mathrm{r}}'(s)}{\rho'(s)}+\boldsymbol{V}_{2\mathrm{r}}(s_0)\\
&=\lim_{s\to s_0}\frac{\boldsymbol{V}_1(s)+\rho(s_0)(-\kappa_\mathrm{r}(s)\boldsymbol{V}_1(s))}{\rho'(s)}+\boldsymbol{V}_{2\mathrm{r}}(s_0)\\
&\xlongequal{\text{L'Hospital}}\lim_{s\to s_0}\frac{\boldsymbol{V}_1'(s)-\rho(s_0)\kappa_\mathrm{r}'(s)\boldsymbol{V}_1'(s)-\rho(s_0)\kappa_\mathrm{r}(s)\boldsymbol{V}_1'(s)}{\rho''(s)}+\boldsymbol{V}_{2\mathrm{r}}(s_0)\\
&=\frac{\boldsymbol{V}_1'(s_0)-\rho(s_0)\kappa_\mathrm{r}'(s_0)\boldsymbol{V}_1(s_0)-\rho(s_0)\kappa_\mathrm{r}'(s_0)\boldsymbol{V}_1'(s_0)}{\rho''(s_0)}+\boldsymbol{V}_{2\mathrm{r}}(s_0)\\
&\xlongequal{\kappa_\mathrm{r}'(s_0)=0}0+\boldsymbol{V}_{2\mathrm{r}}(s_0)=\boldsymbol{V}_{2\mathrm{r}}(s_0).
\end{aligned}
$$

由此立即得到(1)中的结论.

注意，从

$$\lim_{s\to s_0}\frac{\boldsymbol{y}(s)-\boldsymbol{y}(s_0)}{s-s_0}=\boldsymbol{y}'(s_0)\xlongequal{\text{定理 1.6.3 的证明}}\rho'(s)\boldsymbol{V}_{2\mathrm{r}}(s)=0\cdot\boldsymbol{V}_{2\mathrm{r}}(s_0)=0$$

或者

$$
\begin{aligned}
\boldsymbol{y}'(s_0)&=\lim_{s\to s_0}\frac{\boldsymbol{y}(s)-\boldsymbol{y}(s_0)}{s-s_0}=\lim_{s\to s_0}\frac{\boldsymbol{y}(s)-\boldsymbol{y}(s_0)}{\rho(s)-\rho(s_0)}\cdot\frac{\rho(s)-\rho(s_0)}{s-s_0}\\
&=\boldsymbol{V}_{2\mathrm{r}}(s_0)\cdot\rho'(s_0)=\boldsymbol{V}_{2\mathrm{r}}(s_0)\cdot 0=0
\end{aligned}
$$

不能得出(1)中的结论.

（2）在点 s_0 邻近处，令

$$f(s)=(\boldsymbol{y}(s)-\boldsymbol{y}(s_0))\cdot\boldsymbol{V}_{2\mathrm{r}}(s_0).$$

因为

$$f'(s)=\boldsymbol{y}'(s)\cdot\boldsymbol{V}_{2\mathrm{r}}(s_0)\xlongequal{\text{定理 1.6.3 的证明}}\rho'(s)\boldsymbol{V}_{2\mathrm{r}}(s)\cdot\boldsymbol{V}_{2\mathrm{r}}(s_0),$$

$$f''(s)=\rho''(s)\boldsymbol{V}_{2\mathrm{r}}(s)\boldsymbol{V}_{2\mathrm{r}}(s_0)+\rho'(s)\boldsymbol{V}'_{2\mathrm{r}}(s)\boldsymbol{V}_{2\mathrm{r}}(s_0),$$

所以

$$f'(s_0)=0,$$

$$f''(s_0)=\rho''(s_0)\neq 0\quad(\kappa''_{\mathrm{r}}(s_0)\neq 0\Leftrightarrow\rho''(s_0)\neq 0).$$

于是

$$\begin{aligned}f(s)&=f(s_0)+f'(s_0)(s-s_0)+\frac{f''(s_0)}{2!}(s-s_0)^2+o((s-s_0)^2)\\&=(s-s_0)^2\left(\frac{f''(s_0)}{2}+\frac{o((s-s_0)^2)}{(s-s_0)^2}\right)=(s-s_0)^2\left(\frac{\rho''(s_0)}{2}+\frac{o((s-s_0)^2)}{(s-s_0)^2}\right).\end{aligned}$$

当 s 充分靠近点 s_0 时，$f(s)$是同号的. 因此，在点 $\boldsymbol{y}(s_0)$处与这个顶点法线相切的两段渐缩线在过曲率中心 $\boldsymbol{y}(s_0)$且与顶点切线平行直线的同一侧(图 1.6.9). □

注 1.6.5 在定理 1.6.5 中，如果 $\boldsymbol{x}(s)$为 C^{k+2}正则曲线，

$$\kappa_{\mathrm{r}}(s_0)\neq 0,\ \kappa'_{\mathrm{r}}(s_0)=\kappa''_{\mathrm{r}}(s_0)=\cdots=\kappa_{\mathrm{r}}^{(k-1)}(s_0)=0,\ \kappa_{\mathrm{r}}^{(k)}(s_0)\neq 0$$

$$\Leftrightarrow\quad\rho(s_0)\neq\infty,\ \rho'(s_0)=\rho''(s_0)=\cdots=\rho^{(k-1)}(s_0)=0,\ \rho^{(k)}(s_0)\neq 0.$$

类似 $k=2$ 的情形，有

$$f(s)=(s-s_0)^k\left(\frac{\rho^{(k)}(s_0)}{k!}+\frac{o((s-s_0)^k)}{(s-s_0)^k}\right)\begin{cases}\text{在点 } s_0 \text{ 邻近左右同号，当 } k \text{ 为偶数时，}\\\text{在点 } s_0 \text{ 邻近左右异号，当 } k \text{ 为奇数时.}\end{cases}$$

因此，当 k 为偶数时，渐缩线在 $\boldsymbol{y}(s_0)$处有尖点；当 k 为奇数时，渐缩线在 $\boldsymbol{y}(s_0)$处不出现尖点.

例 1.6.3 在例 1.6.1 中，椭圆 $\boldsymbol{x}(t)=(a\cos t,b\sin t)$，$a>0$，$b>0$ 的渐缩线为

$$\begin{aligned}(y^1(t),y^2(t))&=\boldsymbol{y}(t)=\boldsymbol{x}(t)+\frac{1}{\kappa_{\mathrm{r}}(t)}\boldsymbol{V}_{2\mathrm{r}}(t)\\&=(a\cos t,b\sin t)+\frac{(a^2\sin^2 t+b^2\cos^2 t)^{\frac{3}{2}}}{ab}\\&\quad\cdot\frac{1}{(a^2\sin^2 t+b^2\cos^2 t)^{\frac{1}{2}}}(-b\cos t,-a\sin t)\\&=\left(a\cos t(1-\sin^2 t)-\frac{b^2}{a}\cos^3 t,b\sin t(1-\cos^2 t)-\frac{a^2}{b}\sin^3 t\right)\\&=\left(a\cos^3 t-\frac{b^2}{a}\cos^3 t,b\sin^3 t-\frac{a^2}{b}\sin^3 t\right)\\&=\left(\frac{a^2-b^2}{a}\cos^3 t,-\frac{a^2-b^2}{b}\sin^3 t\right),\end{aligned}$$

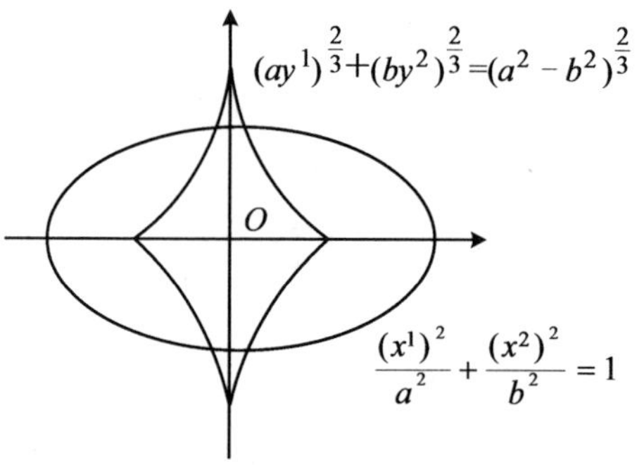

图 1.6.10

即

$$(ay^1)^{\frac{2}{3}}+(by^2)^{\frac{2}{3}}=(a^2-b^2)^{\frac{2}{3}}.$$

这就给出了椭圆的渐缩线的参数表示与直角坐标方程. 这条曲线颇似星形线. 图 1.6.10 表明该渐缩线恰有 4 个尖点(在椭圆的 4 个顶点处), $\kappa_r'(t)=0$, 但 $\kappa_r''(t)\neq 0\left(\text{其中 } t=0,\frac{\pi}{2},\pi,\frac{3\pi}{2}\right)$. 这等价于 $\frac{\mathrm{d}\kappa_r}{\mathrm{d}s}=0,\frac{\mathrm{d}^2\kappa_r}{\mathrm{d}s^2}\neq 0$. 根据定理 1.6.5, 渐缩线在 $t=0,\frac{\pi}{2},\pi,\frac{3\pi}{2}$ 处为尖点. 由例 1.6.1 知, $\kappa_r(0)=\kappa_r(\pi)=\frac{a}{b^2}$ 达最大; $\kappa_r\left(\frac{\pi}{2}\right)=\kappa_r\left(\frac{3\pi}{2}\right)=\frac{b}{a^2}$ 达最小. 因此, 它的曲率半径 $\rho(0)=\rho(\pi)=\frac{b^2}{a}$ 达最小; $\rho\left(\frac{\pi}{2}\right)=\rho\left(\frac{3\pi}{2}\right)=\frac{a^2}{b}$ 达最大.

注 1.6.6 类似例 1.6.3, 我们来给出一般参数 t 的曲线的曲率中心或渐缩线的参数 t 的表达式. 根据定理 1.4.3(3), 有

$$\boldsymbol{x}'(t)=(x^{1\prime}(t),x^{2\prime}(t)),$$

$$\boldsymbol{V}_1(t)=\frac{1}{((x^{1\prime}(t))^2+(x^{2\prime}(t))^2)^{\frac{1}{2}}}(x^{1\prime}(t),x^{2\prime}(t)),$$

$$\boldsymbol{V}_{2r}(t)=\frac{1}{((x^{1\prime}(t))^2+(x^{2\prime}(t))^2)^{\frac{1}{2}}}(-x^{2\prime}(t),x^{1\prime}(t)),$$

$$\kappa_r(t)=\frac{\begin{vmatrix} x^{1\prime}(t) & x^{2\prime}(t)\\ x^{1\prime\prime}(t) & x^{2\prime\prime}(t)\end{vmatrix}}{((x^{1\prime}(t))^2+(x^{2\prime}(t))^2)^{\frac{3}{2}}}.$$

于是, 曲率中心或渐缩线的表达式为

$$\begin{aligned}\boldsymbol{y}(t)&=\boldsymbol{x}(t)+\frac{1}{\kappa_r(t)}\boldsymbol{V}_{2r}(t)\\ &=(x^1(t),x^2(t))+\frac{((x^{1\prime}(t))^2+(x^{2\prime}(t))^2)^{\frac{3}{2}}}{\begin{vmatrix} x^{1\prime}(t) & x^{2\prime}(t)\\ x^{1\prime\prime}(t) & x^{2\prime\prime}(t)\end{vmatrix}}\\ &\quad\cdot\frac{1}{((x^{1\prime}(t))^2+(x^{2\prime}(t))^2)^{\frac{1}{2}}}(-x^{2\prime}(t),x^{1\prime}(t))\\ &=\left(x^1(t)-\frac{x^{2\prime}(t)((x^{1\prime}(t))^2+(x^{2\prime}(t))^2)}{x^{1\prime}(t)x^{2\prime\prime}(t)-x^{1\prime\prime}(t)x^{2\prime}(t)},\right.\end{aligned}$$

$$x^2(t)+\frac{x^{1\prime}(t)((x^{1\prime}(t))^2+(x^{2\prime}(t))^2)}{x^{1\prime}(t)x^{2\prime\prime}(t)-x^{1\prime\prime}(t)x^{2\prime}(t)}\Big).$$

最后,我们来讨论 $\mathbf{R}^3$ 中的 C^2 正则曲线 $\boldsymbol{x}(t)$当曲率 $\kappa(t)>0$ 时的曲率圆.

定义 1.6.4 设 $\boldsymbol{x}(t)$为 $\mathbf{R}^3$ 中的 C^2 正则曲线,曲率 $\kappa(t)>0$,则称点 $\boldsymbol{x}(t)$处的密切平面上经过点 $\boldsymbol{x}(t)$,以 $\rho(t)=\dfrac{1}{\kappa(t)}$为半径(称为**曲率半径**)、圆心(称为**曲率中心**)在主法线正方向上的圆为该点处的**曲率圆**,即

$$\boldsymbol{y}(t)=\boldsymbol{x}(t)+\rho(t)\boldsymbol{V}_2(t)=\boldsymbol{x}(t)+\frac{1}{\kappa(t)}\boldsymbol{V}_2(t).$$

例 1.6.4 圆柱螺线 $\boldsymbol{x}(s)=(r\cos\omega s,r\sin\omega s,\omega hs),\omega=(r^2+h^2)^{-\frac{1}{2}}$.

由例 1.2.3 知

$$\kappa(s)=\omega^2 r,\quad \boldsymbol{V}_2(s)=-(\cos\omega s,\sin\omega s,0).$$

于是,$\boldsymbol{x}(s)$的曲率中心的轨迹为

$$\begin{aligned}\boldsymbol{y}(s)&=\boldsymbol{x}(s)+\frac{1}{\kappa(s)}\boldsymbol{V}_2(s)\\&=(r\cos\omega s,r\sin\omega s,\omega hs)-\frac{1}{\omega^2 r}(\cos\omega s,\sin\omega s,0)\\&=\left(-\frac{h^2}{r}\cos\omega s,-\frac{h^2}{r}\sin\omega s,\omega hs\right).\end{aligned}$$

它仍为圆柱螺线.

1.7 曲线的整体性质(4 顶点定理、Minkowski 定理、Fenchel 定理)

读者已觉察到,想了解相对曲率、曲率、挠率($\kappa_r(s_0),\kappa(s_0),\tau(s_0)$),只需研究$\boldsymbol{x}(s)$在含点 s_0 的开区间里的状态即可.离点 s_0 很远的地方 $\boldsymbol{x}(s)$如何倒无所谓.$\kappa_r(s_0)$,$\kappa(s_0)$,$\tau(s_0)$可由 $\boldsymbol{x}(s)$的 1 阶、2 阶与 3 阶导数表达.但在点 s_0 处的导数只由此点邻近处 $\boldsymbol{x}(s)$的状况而定.在这种意义下,前几节讨论的曲线性质称为**局部性质**.本节将讨论与曲线整体有关的性质,并称它为曲线的**整体性质**,也称为**大范围性质**.

定义 1.7.1 设 $\mathbf{R}^n$ 中的连续曲线$\boldsymbol{x}(t)(a\leqslant t\leqslant b)$的起点 $\boldsymbol{x}(a)$与终点 $\boldsymbol{x}(b)$一致,即 $\boldsymbol{x}(a)=\boldsymbol{x}(b)$,则称它为**闭曲线**.对于闭曲线 $\boldsymbol{x}(t)(a\leqslant t\leqslant b)$,除了 a,b 以外的参数 $t_1,t_2,t_1\neq t_2$ 外,必有 $\boldsymbol{x}(t_1)\neq\boldsymbol{x}(t_2)$,则称此曲线为**简单闭曲线**.

我们有著名的:

Jordan 定理 平面 $\mathbf{R}^2$ 上简单闭连续曲线将平面恰好分成两个开区域：外部（无界部分）与内部（有界部分），它们都以此简单闭曲线为边界.

定义 1.7.2 设 $\boldsymbol{x}(t)(a\leqslant t\leqslant b)$ 为平面 $\mathbf{R}^2$ 上的简单闭曲线，它围住的有界开区域记为 G. 如果该简单闭曲线上任何两点的连线都属于 G 的闭包 $\overline{G}$，则称此简单闭曲线为**凸闭曲线**或**卵形线**（如圆、椭圆、长方形等）.

定义 1.7.3 设 $G\subset\mathbf{R}^n$，如果对 $\forall P,Q\in G,\forall t\in[0,1]$，有 P 与 Q 的连线

$$\overline{PQ}=\{(1-t)P+tQ\mid t\in[0,1]\}\subset G,$$

则称 G 为**凸集**（如线段、开（闭）椭圆片、开（闭）长方体等）.

定义 1.7.4 $\mathbf{R}^n$ 中折线连通开集（$\Leftrightarrow$道路连通开集$\Leftrightarrow$连通开集，见文献[8]22 页定理 7.28）G 称为**开区域**.

如果开区域 G 又为凸集，则称 G 为**凸开区域**.

容易看出，当 G 为凸集时，$\overline{G}$ 仍为凸集. 因此，凸开区域 G 的闭包 $\overline{G}$ 为凸集，且 $\mathring{\overline{G}}$ 必为凸开区域.

定义 1.7.5 设 G 为平面 $\mathbf{R}^2$ 中的开区域，$P\in\partial G$（G 的边界点集），如果存在经过 P 的直线 l，以及 $\delta>0$，使得

$$G\cap B(P;\delta)\cap l=\varnothing$$

（$B(P;\delta)$ 是以 P 为中心、δ 为半径的圆片），则称 l 为 G 在点 P 处的**局部支持直线**（图 1.7.1）.

如果 $P\in\partial G$，存在经过点 P 的直线 l，使得

$$G\cap l=\varnothing,$$

则称 l 为 G 在点 P 处的**整体支持直线**（如：开圆片、开椭圆片、开长方形片的边界点都有整体支持直线）.

显然，在点 P 处有整体支持直线，必有局部支持直线，但反之未必成立（图 1.7.2）.

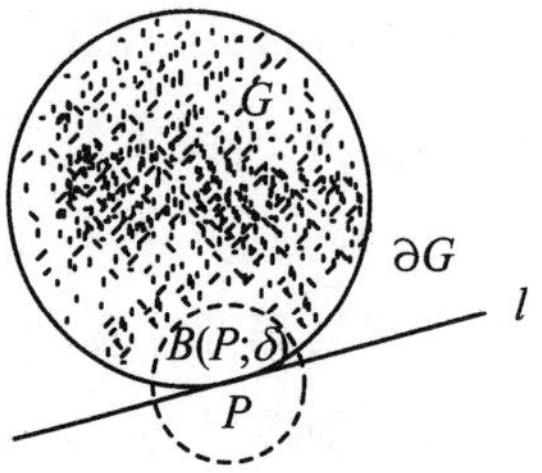

图 1.7.1

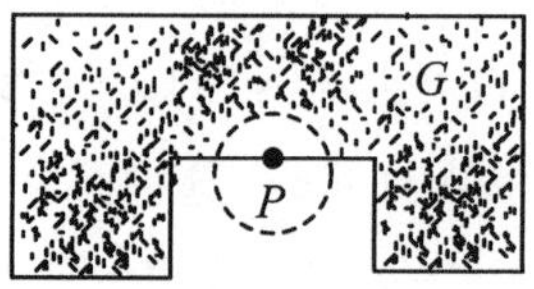

图 1.7.2

定理 1.7.1 在平面 $\mathbf{R}^2$ 中，下列结论：

(1) G 为凸开区域.

(2) 开区域 G 的每个边界点处都有整体支持直线.

(3) 开区域 G 的每个边界点处都有局部支持直线.

有(1)⇔(2)⇒(3).

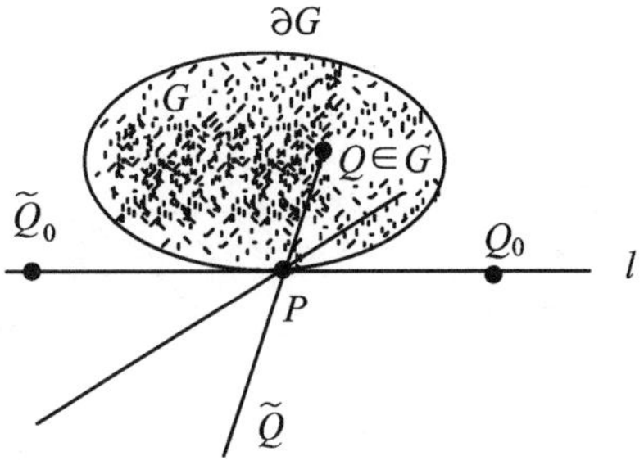

图 1.7.3

证明 (1)⇒(2). 设 $P\in\partial G, Q\in G$,由 G 为凸开区域,故射线 $P\tilde{Q}$ 上不含 G 的点. 设想射线 PQ 按顺时针方向转动达到极限位置 PQ_0. 此时,射线 PQ_0 上不含 G 的点. 同时,射线 $P\tilde{Q}_0$ 上不含 G 的点. 于是,经过 $Q_0, P, \tilde{Q}_0$ 的直线 l 为点 P 处的整体支持直线(图 1.7.3).

(2)⇒(3). 由定义 1.7.5 立知.

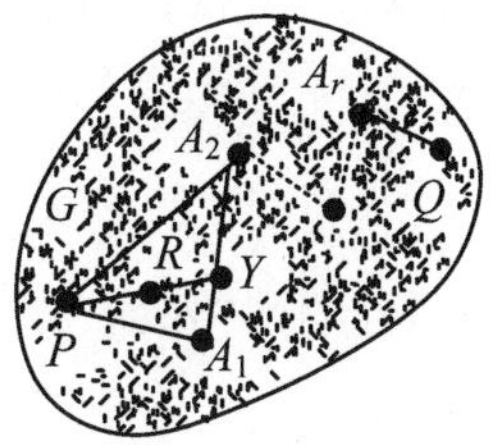

图 1.7.4

(2)⇒(1). (由 E. Schmidt 首创的证法)设 $P, Q\in G$ 为任意两点. 根据定义1.7.4 中开区域的定义,存在完全含于开区域 G 中的折线 $PA_1A_2\cdots A_rQ$(图 1.7.4). 现在,我们来作一条新折线,它也连接 P 与 Q 且完全含于开区域 G 中,但比原来的折线少了一个顶点. 如果线段 $PA_2\subset G$,则以 PA_2 代替 PA_1A_2 之后立即得到所要的折线;如果线段 $PA_2\not\subset G$,命 Y 为线段 A_1A_2 上最靠近 A_1 的点,使得 PY 与 G 的边界 ∂G 相交(由于 ∂G 为闭集,所以点 Y 存在). 再命 R 为线段 PY 上最靠近 P 的边界点. 由(2)在点 $R\in\partial G$ 处有支持直线 l,它与 PY 相交于点 R. 但是,l 不含线段 PY 而穿过线段 PY,都在 R 的开邻域内有支持直线 l 的两边含开区域 G 的点,矛盾. 因而,$PA_2\subset G$ 成立.

由上我们可以依次消去所有的点 $A_1, A_2, \cdots, A_r$,证得连线 $PQ\subset G$. 从而,G 为凸开区域. □

推论 1.7.1 定理 1.7.1 中,$\bar{G}$ 位于整体支持直线 l 的一侧.

证明 (反证)假设 $\exists P, Q\in G$ 位于 l 的两侧,则 $\overline{PQ}$ 必与 l 相交. 再由 G 为凸集,故 $\overline{PQ}\subset G$. 从而,$G\cap l\neq\varnothing$,这与 l 为整体支持直线相矛盾. □

定义 1.7.2′ 在定义 1.7.2 中,如果该简单闭曲线上任何两点 P, Q 的开连线 $\overline{PQ}-\{P, Q\}\subset G$,则称此简单闭曲线为**严格凸闭曲线**或**严格卵形线**.

定义 1.7.5′ 在定义 1.7.5 中,如果 $\forall P\in\partial G$ 点处整体支持直线 l 与 ∂G 只交于一个点 P,则称 l 为 G 在点 P 处的**严格整体支持直线**.

定理 1.7.2 设 G 为由简单闭曲线 $\boldsymbol{x}(t)(a\leqslant t\leqslant b)$ 所围成的平面有界开区域,则

$\boldsymbol{x}(t)(a\leqslant t\leqslant b)$为严格凸闭曲线$\Leftrightarrow\boldsymbol{x}(t)(a\leqslant t\leqslant b)$上任一点处有严格整体支持直线.

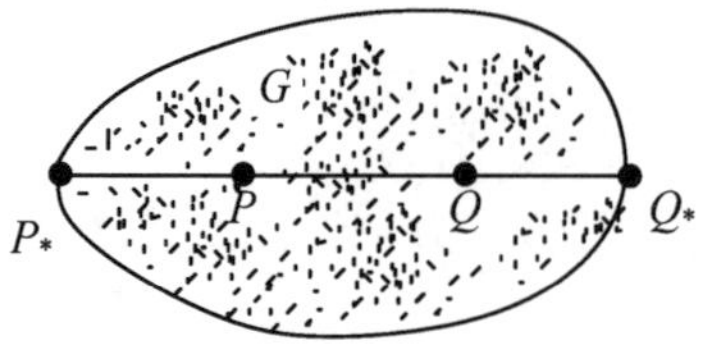

图 1.7.5

证明 ($\Rightarrow$)对$\forall P,Q\in G,P\neq Q$,连接P与Q,再向两边延伸并交于有界开区域的两个边界点P_*,$Q_*\in\partial G$(曲线$\boldsymbol{x}(t)(a\leqslant t\leqslant b)$的点组成)(图1.7.5).因为$\boldsymbol{x}(t)(a\leqslant t\leqslant b)$为严格凸闭曲线,所以$\overline{PQ}\subset\overline{P_*Q_*}-\{P_*,Q_*\}\subset G$,从而$G$为凸开区域.根据定理1.7.1,开区域$G$的每个边界点$\boldsymbol{x}(t_1)$处有整体支持直线$l$.假设$l$还有一个边界点$\boldsymbol{x}(t_2)$,由$\boldsymbol{x}(t)(a\leqslant t\leqslant b)$为严格凸闭曲线,有

$$\overline{\boldsymbol{x}(t_1)\boldsymbol{x}(t_2)}-\{\boldsymbol{x}(t_1),\boldsymbol{x}(t_2)\}\subset G,$$

从而l上有G的点,这与l为整体支持直线相矛盾.这就证明了l为严格整体支持直线.

($\Leftarrow$)设$\boldsymbol{x}(t)(a\leqslant t\leqslant b)$上任一点处有严格整体支持直线,根据定理1.7.1,G为凸开区域.于是,$\bar{G}$为凸集.对于G的任何两边界点$\boldsymbol{x}(t_1)$,$\boldsymbol{x}(t_2)$,它们的连线$\overline{\boldsymbol{x}(t_1)\boldsymbol{x}(t_2)}\subset\bar{G}$.我们只需证

$$\overline{\boldsymbol{x}(t_1)\boldsymbol{x}(t_2)}-\{\boldsymbol{x}(t_1),\boldsymbol{x}(t_2)\}\subset G.$$

(反证)假设$\exists\,\boldsymbol{x}(t_0)\in\partial G,\boldsymbol{x}(t_0)\neq\boldsymbol{x}(t_i),i=1,2$.又设点$\boldsymbol{x}(t_0)$处的严格支持直线为$l$.如果$l$包含线段$\overline{\boldsymbol{x}(t_1)\boldsymbol{x}(t_2)}$,则$l$上含3个$G$的边界点,这与$l$为严格支持直线相矛盾;如果$l$穿过线段$\overline{\boldsymbol{x}(t_1)\boldsymbol{x}(t_2)}$,则$l$两侧都有$G$的点,分别为$R_1,R_2$.由于$G$为凸开区域,故$\overline{R_1R_2}\cap l$为$G$中的点.这与$l$为整体支持直线相矛盾(图1.7.6). □

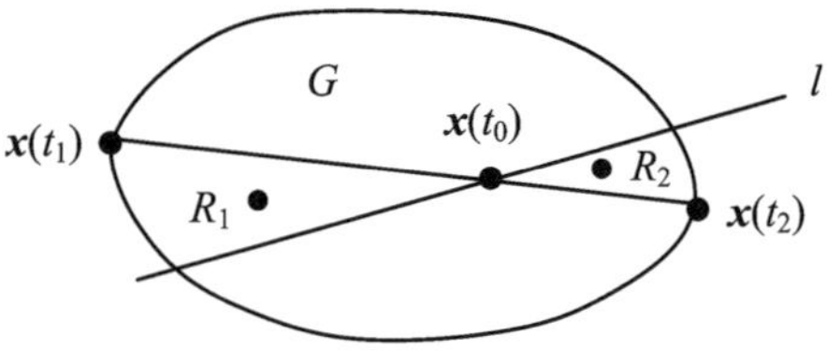

图 1.7.6

推论 1.7.2 定理1.7.2中,由严格凸闭曲线$\boldsymbol{x}(t)(a\leqslant t\leqslant b)$所围成的有界区域$G$为凸开区域,且在每个边界点$\boldsymbol{x}(t)$处位于其严格整体支持直线$l$的一侧,且$\bar{G}\cap l$只含唯一的边界点$\boldsymbol{x}(t)$.

定义 1.7.6 设$\mathbf{R}^n$中的连续曲线$\boldsymbol{x}(t)(a\leqslant t\leqslant b)$在每个$[t_{i-1},t_i]$上是$C^r$的,其中$a=t_0<t_1<\cdots<t_n=b$,则称$\boldsymbol{x}(t)$为**分段$C^r$曲线**.

如果$\boldsymbol{x}(t)(a\leqslant t\leqslant b)$为分段$C^2$正则简单闭曲线,它围成有界开区域$G$.有时,我们要求曲线$\boldsymbol{x}(t)$按逆时针方向走时,$G$总在曲线的左侧,即$\boldsymbol{V}_{2r}(t)$方向有$G$的点.在每个角点$\boldsymbol{x}(t_i)$处,要求将前一段曲线的切向量变成后一段曲线的切向量必须朝正方向(逆时针方向)旋转一个0与π之间的角度(图1.7.7).此时称曲线$\boldsymbol{x}(t)$是**正向曲线**.

定理 1.7.3 设$\boldsymbol{x}(t)(a\leqslant t\leqslant b)$为分段$C^2$正则简单闭曲线,它围成了有界开区域

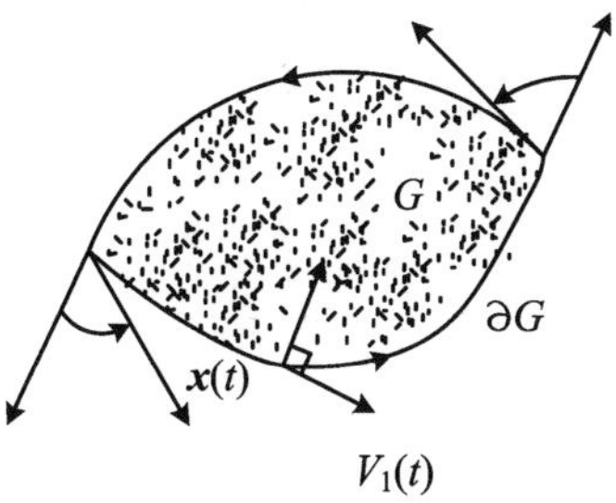

图 1.7.7

G，且边界曲线 $\boldsymbol{x}(t)$ 在 $t\neq t_i$ 处都有正值相对曲率，则 G 在每个边界点处都有严格局部支持直线.

证明 由于 $\kappa_{\mathrm{r}}(t)>0$，$t\in(t_{i-1},t_i)$，所以在 t 的邻近处，由注 1.4.4 知，曲线段严格弯向 $\boldsymbol{V}_{2\mathrm{r}}(t)$ 的一侧，因此邻近 G 的点全在 $\boldsymbol{V}_{2\mathrm{r}}$ 的一侧，该点 $\boldsymbol{x}(t)$ 的切线就是严格局部支持直线. 对于一个角点，注意到在定义 1.7.6 中旋转角所作的假定，每条切线也是严格局部支持直线. □

定理 1.7.4 设 G 为平面凸开区域，其边界曲线 $\boldsymbol{x}(t)(a\leqslant t\leqslant b)$ 为分段 C^2 正则简单正向闭曲线，则边界曲线 $\boldsymbol{x}(t)$ 在 $t\neq t_i$ 处都有非负相对曲率 $\kappa_{\mathrm{r}}(t)$.

证明 （反证）假设 $\exists\, t_*\in(t_{i-1},t_i)$，使得 $\kappa_{\mathrm{r}}(t_*)<0$. 则由注 1.4.4 知，在 t_* 邻近，边界曲线段 $\boldsymbol{x}(t)$，$t\in(t_*-\delta,t_*+\delta)$ 位于切线的负侧（$-\boldsymbol{V}_{2\mathrm{r}}(t_*)$ 一侧）. 所以，这条切线在切点邻近含有 $P,Q\in G$，使得 $\overline{PQ}\not\subset G$（图 1.7.8），这与 G 的凸性相矛盾. 这就证明了 $\kappa_{\mathrm{r}}(t)\geqslant 0$. □

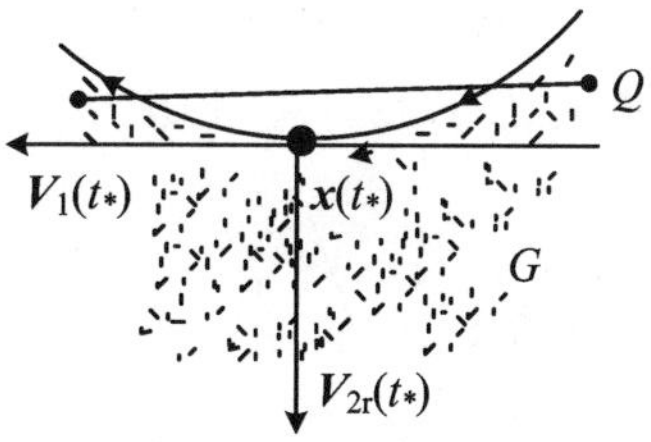

图 1.7.8

定理 1.7.4′ 设 $\boldsymbol{x}(s)$，$s\in[0,L]$ 为平面 $\mathbf{R}^2$ 上的 C^3 正则简单闭曲线，s 为弧长，则

平面闭曲线 $\boldsymbol{x}(s)$ 在它的每一点处切线的同一侧

$\Leftrightarrow$ $\boldsymbol{x}(s)$，$s\in[0,L]$ 的相对曲率 $\kappa_{\mathrm{r}}(s)$ 不变号.

根据定理 1.7.1 和定义 1.7.2，$\boldsymbol{x}(s)$，$s\in[0,L]$ 为凸闭曲线.

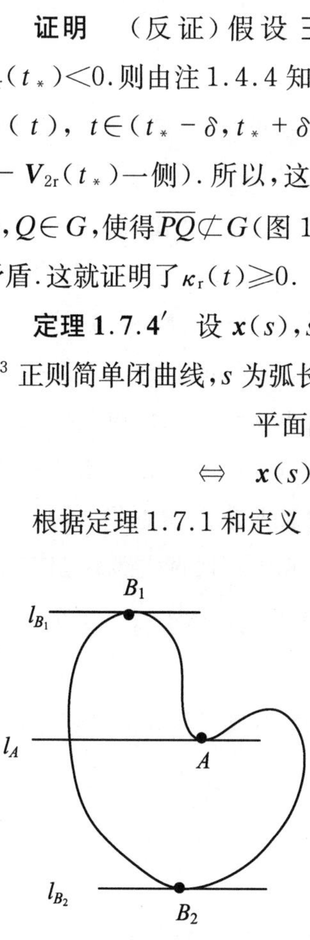

图 1.7.9

证明 设 $\theta(s)$ 为定义 1.4.1 中 $\boldsymbol{V}_1(s)=\boldsymbol{x}'(s)$ 与 $\boldsymbol{e}_1$（$\boldsymbol{x}^1$ 轴方向单位向量）之间的夹角，$\boldsymbol{V}_1(s)=\boldsymbol{x}'(s)=(\cos\theta(s),\sin\theta(s))$. 显然，$\kappa_{\mathrm{r}}(s)=\theta'(s)$ 不变号 $\Leftrightarrow\theta$ 单调（增或减）.

（$\Leftarrow$）设 θ 单调.（反证）假设曲线 C：$\boldsymbol{x}(s)$，$s\in[0,L]$ 上存在点 A，使得 C 在 A 的切线 l_A 的两侧都有点（图 1.7.9）. 因 C 为闭集，选 l_A 的正侧并考虑从 C 的点到 l_A 的有向垂距 $p(s)$. 由于 $p(s)$ 是 s 的连续函数，所以必有点 $B_1,B_2\in C$，使得 $p(s)$ 达到最大值和最小值（当然也是极大值和极小值）. 显然，B_1,B_2 在 l_A 的两侧，而 C 在点 B_1，B_2 处的切线 l_{B_1}，l_{B_2} 平行于 l_A.

A,B_1,B_2 三点中,必有两点的切向量 $\boldsymbol{V}_1(s)$ 相等.设这两点为 $\boldsymbol{x}(s_1)$ 与 $\boldsymbol{x}(s_2)$,$s_1<s_2$.因为 $\boldsymbol{V}_1(s_1)=\boldsymbol{V}_1(s_2)$,所以 $\theta(s_2)=\theta(s_1)+2n\pi$.根据平面简单闭曲线的旋转指标定理(定理 1.7.12),角 θ 在$[0,L]$上的变化不超过 2π,故 $n=-1,0$ 或 1.

当 $n=0$ 时,$\theta(s_1)=\theta(s_2)$.由 θ 的单调性知,θ 在$[s_1,s_2]$上为常数.

当 $n=\pm1$ 时,仍因 θ 在$[0,L]$上的变化不超过 2π,故 θ 在$[0,s_1]$与$[s_2,L]$上只能等于常数.

无论哪种情况,在 C 上 $\boldsymbol{x}(s_1)$ 与 $\boldsymbol{x}(s_2)$ 两点之间必有一段曲线是直线段.因而,这两点的切线相同.这与 l_A,l_{B_1},l_{B_2} 是三条不同直线相矛盾.

($\Rightarrow$)设平面闭曲线 $C:\boldsymbol{x}(s),s\in[0,L]$在它的每一点处切线的同一侧.(反证)反设 θ 不单调,则存在三点 $s_1<s_0<s_2$,使得 $\theta(s_1)=\theta(s_2)\neq\theta(s_0)$,因为 C 为平面简单闭曲线,$\boldsymbol{V}_1:[0,L]\to S^1$ 为满射,故必定 $\exists\, s_3\in[0,L]$,使得 $\boldsymbol{V}_1(s_3)=-\boldsymbol{V}_1(s_1)=-\boldsymbol{V}_1(s_2)$.此时,在点 s_1,s_2,s_3 处切线相互平行.

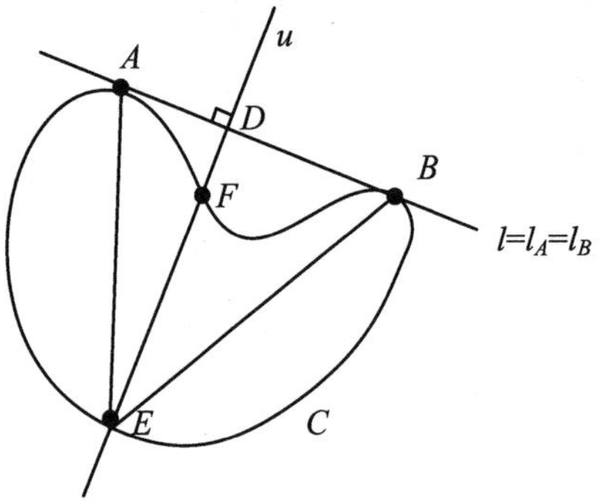

图 1.7.10

如果这三条切线互不重合,则中间一条切线的两侧各有曲线 C 的点,这与题设相矛盾.于是,这三条切线中必有两条重合.因此,曲线 C 上存在两点 A,B 落在同一条切线 $l=l_A=l_B$ 上(图 1.7.10).若点 D 在线段 AB 上,而不在 C 上,过 D 作直线 u 垂直于 l,则 u 绝不为 C 的切线(否则,A,B 两点分别处于直线 u 的两侧,这与关于 C 的题设相矛盾).于是,u 至少交 C 于两点,记为 E,F,并设 F 靠 D 比 E 靠 D 更近些.因为 F 在 $\triangle ABE$ 中,所以过 F 点的任何直线都不能使三角形的三个顶点 A,B,E 位于直线的一侧.从而,在 F 处的切线 l_F 的两侧都有 C 上的点,这与关于 C 的题设相矛盾.

由此可见,AB 上的点均在 C 上,并且 A 与 B 处的切线同向(即单位切向量相等).因此,A 与 B 对应的弧长参数只能是 s_1,s_2.显然,$\theta(s)\equiv\theta(s_1),s\in[s_1,s_2]$,这与 $\theta(s_1)=\theta(s_2)\neq\theta(s_0),s_0\in(s_1,s_2)$相矛盾. □

回忆例 1.6.1,它给出了重要的启示,自然应猜测:

定理 1.7.5(Mukhopadhyaya 4 顶点定理) 设 $\boldsymbol{x}(s)(a\leqslant s\leqslant b,s$ 为弧长)为 C^3 正则凸简单闭曲线(卵形线),则该曲线至少有 4 个顶点.

证明 因为 $\kappa_r(s)$为$[a,b]$上的连续函数,根据最值定理,必定有 s_1,s_2 使得$\kappa_r(s_1)$,$\kappa_r(s_2)$分别达到 $\kappa_r(s)$的最小值与最大值,自然也是极小值与极大值,由 Fermat 定理知,

$\kappa_r'(s_1)=\kappa_r'(s_2)=0$,即 $\boldsymbol{x}(s_1)$ 与 $\boldsymbol{x}(s_2)$ 为两个顶点.不失一般性,$s_1<s_2$(图 1.7.11),且 $\boldsymbol{x}(s_1)$,$\boldsymbol{x}(s_2)$ 落在 x^1 轴上(否则至多作一个刚性运动而不改变相对曲率 $\kappa_r(s)$ 的值).

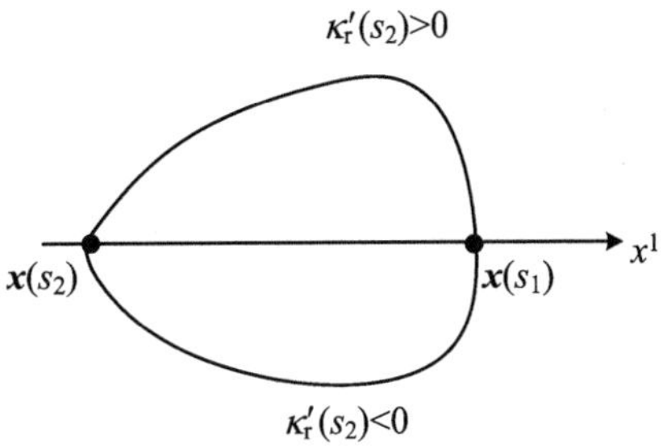

图 1.7.11

如果 $\boldsymbol{x}(s_1)$,$\boldsymbol{x}(s_2)$ 外再没有其他顶点了,则 $\kappa_r(s)$ 从 $\boldsymbol{x}(s_1)$ 到 $\boldsymbol{x}(s_2)$ 单调增,故 $\kappa_r'(s)>0$;从 $\boldsymbol{x}(s_2)$ 到 $\boldsymbol{x}(s_1)$ 单调减,故 $\kappa'_r(s)<0$.于是,$\kappa_r'(s)\boldsymbol{x}^2(s)$ 除 $\boldsymbol{x}(s_1)$,$\boldsymbol{x}(s_2)$ 外处处为正,故

$$0<\int_a^b \kappa_r'(s_1)x^2(s)\mathrm{d}s \xlongequal{\text{分部积分}} \kappa_r(s)x^2(s)\Big|_a^b-\int_a^b\kappa_r(s)(x^2(s))'\mathrm{d}s$$

$$=-\int_a^b\kappa_r(s)(x^2(s))'\mathrm{d}s=\int_a^b\xi_{22}'(s)\mathrm{d}s=\xi_{22}(s)\Big|_a^b=0,$$

矛盾(其中 $\boldsymbol{V}_2(s)=(\xi_{21}(s),\xi_{22}(s))$,$\boldsymbol{V}_2'(s)=-\kappa_r(s)\boldsymbol{V}_1(s)=-\kappa_r(s)\boldsymbol{x}'(s)$,$\xi_{22}'(s)=-\kappa_r(s)(x^2(s))'$).因此,除 $\boldsymbol{x}(s_1)$,$\boldsymbol{x}(s_2)$ 外,至少还有一个顶点 $\boldsymbol{x}(s_3)$.

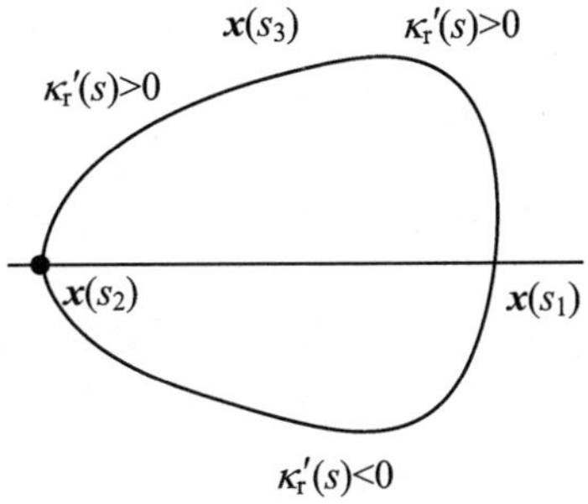

图 1.7.12

今设 $s_3\in(s_1,s_2)$.又设 $\boldsymbol{x}(s_i)$,$i=1,2,3$ 以外再无顶点了.于是,从 $\boldsymbol{x}(s_1)$ 到 $\boldsymbol{x}(s_3)$,$\kappa_r'(s)>0$;从 $\boldsymbol{x}(s_3)$ 到 $\boldsymbol{x}(s_2)$,$\kappa_r'(s)>0$;从 $\boldsymbol{x}(s_2)$ 到 $\boldsymbol{x}(s_1)$,$\kappa_r'(s)<0$.因此,除 $\boldsymbol{x}(s_i)$,$i=1,2,3$ 外处处有 $\kappa_r(s)x^2(s)>0$.与前面一样论证可得到矛盾.由此知,至少还有第 4 个顶点(图 1.7.12). □

4 顶点定理是凸闭曲线的一个重要的整体性质,它于 1909 年由 Mukhopadhyaya 所证明(参阅文献[18]).这里叙述的是由 W. Blaschke 的教科书(*Vorlesungen Uber Differentialgeometrie*)介绍的众所周知的 G. Herglotz 证法.

为从另一角度讨论 4 顶点定理,我们先引入支持函数.

定义 1.7.7 设 G 为平面开区域,它由一条 C^3 正则简单闭曲线 $\boldsymbol{x}(t)(0\leqslant t\leqslant 2\pi)$ 所围成.又设此边界曲线 $\boldsymbol{x}(t)$ 的定向使得该区域 G 常在正侧.命定向曲线的方程为

$$x^1\cos t+x^2\sin t-h(t)=0,$$

其中 $h(t)$ 称为**支持直线函数**.假定 $h(t+2\pi)=h(t)$(即 h 是以 2π 为周期的函数),$h'(t)$,$h''(t)$,$h'''(t)$ 都连续.此外,设 $\boldsymbol{x}(t)$ 有连续的相对曲率 $\kappa_r(t)$.

对上述方程两边关于 t 求导得

$$-x^1\sin t+x^2\cos t-h'(t)=0.$$

解联立方程组

$$\begin{cases} x^1\cos t + x^2\sin t - h(t) = 0, \\ -x^1\sin t + x^2\cos t - h'(t) = 0, \end{cases}$$

得到

$$\begin{cases} x^1 = h(t)\cos t - h'(t)\sin t, \\ x^2 = h(t)\sin t + h'(t)\cos t. \end{cases}$$

于是,我们有

$$x^{1\prime} = -(h(t) + h''(t))\sin t, \quad x^{1\prime\prime} = -(h'(t) + h'''(t))\sin t - (h(t) + h''(t))\cos t,$$

$$x^{2\prime} = (h(t) + h''(t))\cos t, \quad x^{2\prime\prime} = -(h'(t) + h'''(t))\cos t - (h(t) + h''(t))\sin t.$$

因此

$$x^{1\prime}x^{2\prime\prime} - x^{1\prime\prime}x^{2\prime} = |h(t) + h''(t)|^2.$$

从而,边界曲线 $\boldsymbol{x}(t)$的相对曲率为

$$\kappa_r(t) = \frac{x^{1\prime}x^{2\prime\prime} - x^{1\prime\prime}x^{2\prime}}{((x^{1\prime})^2 + (x^{2\prime})^2)^{\frac{3}{2}}} = \frac{|h(t) + h''(t)|^2}{|h(t) + h''(t)|^3} = \frac{1}{|h(t) + h''(t)|}.$$

由于曲率的连续性,$h(t)+h''(t)$绝不为 0.因此,$(x^{1\prime})^2+(x^{2\prime})^2=|h(t)+h''(t)|^2\neq 0$.上述公式表明 $\kappa_r(t)>0$.由定理 1.7.3 知 G 为凸开区域.这个区域的面积为

$$A = \frac{1}{2}\int_0^{2\pi}(x^1(t)x^{2\prime}(t) - x^2(t)x^{1\prime}(t))\mathrm{d}t = \frac{1}{2}\int_0^{2\pi}h(t)(h(t) + h''(t))\mathrm{d}t.$$

问题:微分方程 $h(t)+h''(t)=\rho(t)$,$\rho(t+2\pi)=\rho(t)$什么时候有一个同周期的周期解

$$h(t + 2\pi) = h(t)?$$

这个 2 阶常微分方程的通解为

$$h(t) = c_1\cos t + c_2\sin t - \cos t\int_0^t\rho(\tau)\sin\tau\mathrm{d}\tau + \sin t\int_0^t\rho(\tau)\cos\tau\mathrm{d}\tau,$$

其中 c_1,c_2 为任意常数.我们可看出,如果有一个解是以 2π 为周期的,则所有的解都是同周期的.所以,我们来考虑下面这个解

$$h(t) = -\cos t\int_0^t\rho(\tau)\sin\tau\mathrm{d}\tau + \sin t\int_0^t\rho(\tau)\cos\tau\mathrm{d}\tau.$$

要使 $h(t)$是以 2π 为周期的周期解(曲线闭合条件)$\Leftrightarrow h(t+2\pi)=h(t)$,即

$$\begin{aligned} &-\cos t\int_0^{t+2\pi}\rho(\tau)\sin\tau\mathrm{d}\tau + \sin t\int_0^{t+2\pi}\rho(\tau)\cos\tau\mathrm{d}\tau \\ &= -\cos t\int_0^t\rho(\tau)\sin\tau\mathrm{d}\tau + \sin t\int_0^t\rho(\tau)\cos\tau\mathrm{d}\tau \end{aligned}$$

$$\Leftrightarrow \quad -\cos t\int_t^{t+2\pi}\rho(\tau)\sin\tau\mathrm{d}\tau + \sin t\int_t^{t+2\pi}\rho(\tau)\cos\tau\mathrm{d}\tau = 0$$

$$\Leftrightarrow \quad -\cos t\int_0^{2\pi}\rho(\tau)\sin\tau\mathrm{d}\tau+\sin t\int_0^{2\pi}\rho(\tau)\cos\tau\mathrm{d}\tau=0$$

$$\Leftrightarrow \quad \begin{cases}\int_0^{2\pi}\rho(\tau)\sin\tau\mathrm{d}\tau=0,\\ \int_0^{2\pi}\rho(\tau)\cos\tau\mathrm{d}\tau=0\end{cases}$$

$$\Leftrightarrow \quad \begin{cases}\int_0^{2\pi}\rho'(\tau)\sin\tau\mathrm{d}\tau=0,\\ \int_0^{2\pi}\rho'(\tau)\cos\tau\mathrm{d}\tau=0.\end{cases}$$

事实上，由分部积分可知

$$\begin{cases}\int_0^{2\pi}\rho(\tau)\sin\tau\mathrm{d}\tau=-\rho(\tau)\cos\tau\Big|_0^{2\pi}+\int_0^{2\pi}\rho'(\tau)\cos\tau\mathrm{d}\tau=\int_0^{2\pi}\rho'(\tau)\cos\tau\mathrm{d}\tau,\\ \int_0^{2\pi}\rho(\tau)\cos\tau\mathrm{d}\tau=\rho(\tau)\sin\tau\Big|_0^{2\pi}-\int_0^{2\pi}\rho'(\tau)\sin\tau\mathrm{d}\tau=-\int_0^{2\pi}\rho'(\tau)\sin\tau\mathrm{d}\tau.\end{cases}$$

由此立即推得上述最后一个等价关系.

定理 1.7.5′（Mukhopadhyaya 4 顶点定理） 设 $\boldsymbol{x}(t)(0\leqslant t\leqslant 2\pi)$ 为 C^3 正则简单闭曲线，$\kappa_r(t)>0, 0\leqslant t\leqslant 2\pi$（卵形线），则该曲线至少有 4 个顶点.

证明 由 $\kappa_r(t)>0$ 和定理 1.7.3、定理 1.7.2 知，$\boldsymbol{x}(t)(0\leqslant t\leqslant 2\pi)$ 为严格凸闭曲线，所围的有界开区域 G 是凸的.

由上述得到

$$\begin{cases}\int_0^{2\pi}\rho'(\tau)\sin\tau\mathrm{d}\tau=0,\\ \int_0^{2\pi}\rho'(\tau)\cos\tau\mathrm{d}\tau=0.\end{cases}$$

又因为 $\int_0^{2\pi}\rho'(\tau)\mathrm{d}\tau=\rho(\tau)\Big|_0^{2\pi}=\rho(2\pi)-\rho(0)=0$，于是，对于这条 C^3 正则简单闭曲线 $\boldsymbol{x}(t)(0\leqslant t\leqslant 2\pi)$，上述三个式子等价于

$$\int_0^{2\pi}\rho'(\tau)(a_0+a_1\cos\tau+a_2\sin\tau)\mathrm{d}\tau=0,$$

其中 a_0, a_1, a_2 为任意常数. 或者，它等价于

$$\int_0^{2\pi}\rho'(\tau)(a_0+\cos(\tau-a_1))\mathrm{d}\tau=0,$$

其中 a_0, a_1 为任意常数.

因为 $\rho(t)=\dfrac{1}{\kappa_r(t)}(\kappa_r(t)>0)$ 连续，所以它有最大值与最小值，记其参数为 t_1 与 t_2，$t_1\neq t_2$. 根据 Fermat 定理，$\rho'(t_1)=\rho'(t_2)=0(\Leftrightarrow\kappa_r'(t_1)=\kappa_r'(t_2)=0)$，即 $\boldsymbol{x}(t_1)$ 与 $\boldsymbol{x}(t_2)$ 为其两个顶点.

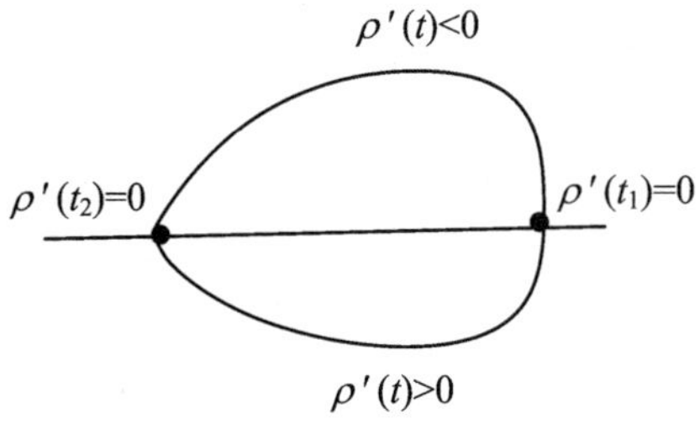

图 1.7.13

如果已无其他顶点,则按逆时针方向从 $\boldsymbol{x}(s_1)$到 $\boldsymbol{x}(s_2)$,$\rho'(t)<0$;从 $\boldsymbol{x}(s_2)$到$\boldsymbol{x}(s_1)$,$\rho'(t)>0$(图 1.7.13).记 $a_1=\dfrac{t_1+t_2}{2}$,并取 a_0 使

$$a_0=-\cos\frac{t_1-t_2}{2}=-\cos\left(t_1-\frac{t_1+t_2}{2}\right)=-\cos\left(t_2-\frac{t_1+t_2}{2}\right),$$

则 $a_0+\cos(t-a_1)$也恰好在 $t=t_1$ 与 $t=t_2$ 时为 0.于是,被积函数

$$\rho'(\tau)(a_0+\cos(\tau-a_1))$$

不变号,从而

$$\int_0^{2\pi}\rho'(\tau)(a_0+\cos(\tau-a_1))\mathrm{d}\tau\neq 0,$$

这与上述

$$\int_0^{2\pi}\rho'(\tau)(a_0+\cos(\tau-a_1))\mathrm{d}\tau=0$$

相矛盾.因此,$\rho'(\tau)$必定至少还有另外一个零点 t_3,即 $\boldsymbol{x}(t_3)$为第 3 个顶点.

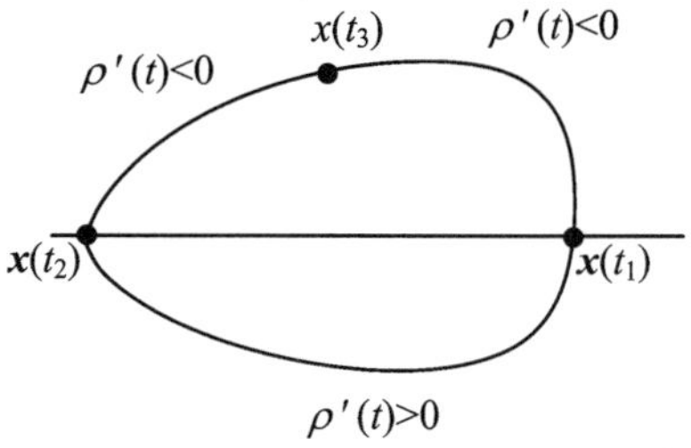

图 1.7.14

今设 $t_3\in(t_1,t_2)$,又设 t_i,$i=1,2,3$ 以外再无 $\rho'(t)$的零点了.于是,从 $\boldsymbol{x}(t_1)$到 $\boldsymbol{x}(t_3)$,$\rho'(t)<0$;从 $\boldsymbol{x}(t_3)$到 $\boldsymbol{x}(t_2)$,$\rho'(t)<0$;从 $\boldsymbol{x}(t_2)$到 $\boldsymbol{x}(t_1)$,$\rho'(t)>0$.因此,可选 a_0 与 a_1,使得除 $\boldsymbol{x}(t_i)$,$i=1,2,3$ 外(图 1.7.14)

$$\rho'(\tau)(a_0+\cos(\tau-a_1))$$

不变号,从而

$$\int_0^{2\pi}\rho'(\tau)(a_0+\cos(\tau-a_1))\mathrm{d}\tau\neq 0,$$

这与上述

$$\int_0^{2\pi}\rho'(\tau)(a_0+\cos(\tau-a_1))\mathrm{d}\tau=0$$

相矛盾.因此,$\rho'(t)$必有第 4 个零点 t_4,即 $\boldsymbol{x}(t_4)$为第 4 个顶点. □

注 1.7.1 4 顶点定理明白地告诉我们,并非对任何正值周期函数 $\rho(t)$都有一条相应的闭合曲线.例如:$\rho(t)=2+\sin t$ 是以 2π 为周期的正值周期函数,但 $\rho'(t)=\cos t$ 仅有两处$\left(t=\dfrac{\pi}{2},\dfrac{3\pi}{2}\right)$为 0.

注 1.7.2 我们可以将上述证明"初等地"建立起来，即是避免涉及前面用到的那些关于线性常微分方程的定理，我们只要从前面的公式

$$x^{1\prime} = -\rho(t)\sin t,\quad x^{2\prime} = \rho(t)\cos t$$

能够断定：曲线闭合的充要条件是

$$\begin{cases}\displaystyle\int_0^{2\pi}\rho(\tau)\sin\tau\,\mathrm{d}\tau = \int_0^{2\pi} -x^{1\prime}(\tau)\,\mathrm{d}\tau = -x^1(\tau)\Big|_0^{2\pi} = 0,\\ \displaystyle\int_0^{2\pi}\rho(\tau)\cos\tau\,\mathrm{d}\tau = \int_0^{2\pi} x^{2\prime}(\tau)\,\mathrm{d}\tau = x^2(\tau)\Big|_0^{2\pi} = 0.\end{cases}$$

注 1.7.3(4 顶点定理的逆定理) 设 $\kappa: S^1\to\mathbf{R}$ 为连续的正值函数，它或者为常数，或者至少有两个相对极大点和两个相对极小点，且相对极大值严格大于相对极小值，则存在严格凸曲线 C，其参数表示 $\boldsymbol{x}(t): S^1\to\mathbf{R}^2$，它在相应点的曲率为 $\kappa=\kappa(t)$(参阅文献[19]295～309 页).

注 1.7.4 如果我们在顶点的定义中将"$\kappa_{\mathrm{r}}'(t)=0(\Leftrightarrow\rho'(t)=0)$"改为"$\kappa_{\mathrm{r}}(t)$达到相对极值($\Leftrightarrow\rho(t)$达到相对极值，此时 $\kappa_{\mathrm{r}}(t)\neq 0$)"，则 4 顶点定理中对 $\kappa_{\mathrm{r}}(t)$或 $\rho(t)$的可导性要求可降低.

定理 1.7.5″(Mukhopadhyaya 4 顶点定理) 设 $\boldsymbol{x}(t)(0\leqslant t\leqslant 2\pi)$为 C^2 正则简单闭曲线，$\kappa_{\mathrm{r}}(t)>0(0\leqslant t\leqslant 2\pi)$，则该曲线至少有 4 个顶点$\left(\kappa_{\mathrm{r}}(t)\text{或 }\rho(t)=\dfrac{1}{\kappa_{\mathrm{r}}(t)}\text{达到极值的点}\right)$.

证明 由 $\kappa_{\mathrm{r}}(t)>0$ 和定理 1.7.3、定理 1.7.2 知，$\boldsymbol{x}(t)(0\leqslant t\leqslant 2\pi)$为严格凸闭曲线，它所围的有界开区域 G 是凸的. 令

$$\rho_1(t) = \rho(t) - \frac{1}{2\pi}\int_0^{2\pi}\rho(\tau)\,\mathrm{d}\tau,$$

则

$$\int_0^{2\pi}\rho_1(\tau)\,\mathrm{d}\tau = 0,\quad \int_0^{2\pi}\rho_1(\tau)\sin\tau\,\mathrm{d}\tau = 0,\quad \int_0^{2\pi}\rho_1(\tau)\cos\tau\,\mathrm{d}\tau = 0.$$

设 $\rho_1(t_1)$ 与 $\rho_1(t_2)$ 分别为 $\rho_1(t)$ 在$[0,2\pi]$上的最大值与最小值，当然也是极大值与极小值. 不失一般性，设 $\rho_1(t)$ 不为常值(若为常值，曲线 $\boldsymbol{x}(t)$ 上每个点都为顶点，定理结论显然成立). 根据$\int_0^{2\pi}\rho_1(\tau)\,\mathrm{d}\tau = 0$，有 $\rho_1(t_1)>0$，$\rho_1(t_2)<0$. 根据连续函数的零值定理，必有 $\xi_1,\xi_2\in(0,2\pi)$，使得 $\rho_1(\xi_1)=\rho_1(\xi_2)=0$(图 1.7.15).

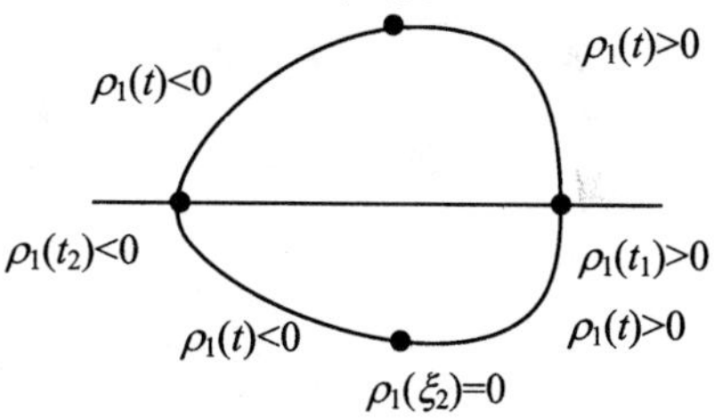

图 1.7.15

如果已无其他零点，则从 $\boldsymbol{x}(\xi_1)$到$\boldsymbol{x}(\xi_2)$，$\rho_1(t)<0$；从 $\boldsymbol{x}(\xi_2)$到 $\boldsymbol{x}(\xi_1)$，$\rho_1(t)>0$. 选 a_0 与 a_1 使

$$a_0 + \cos(t - a_1)$$

也恰好在 $t=\xi_1$ 与 $t=\xi_2$ 时为零. 于是，被积函数

$$\rho_1(t)(a_0 + \cos(t - a_1))$$

不变号，从而

$$\int_0^{2\pi}\rho_1(\tau)(a_0 + \cos(\tau - a_1))\mathrm{d}\tau \neq 0,$$

这与上述

$$\begin{aligned}&\int_0^{2\pi}\rho_1(\tau)(a_0 + \cos(\tau - a_1))\mathrm{d}\tau \\ &= a_0\int_0^{2\pi}\rho_1(\tau)\mathrm{d}\tau + \cos a_1\int_0^{2\pi}\rho_1(\tau)\cos\tau\mathrm{d}\tau + \sin a_1\int_0^{2\pi}\rho_1(\tau)\sin\tau\mathrm{d}\tau \\ &= 0\end{aligned}$$

相矛盾. 因此，$\rho_1(t)$必定还有另外一个零点 ξ_3，即 $\rho_1(\xi_3)=0$.

今设 $\xi_3\in(\xi_1,\xi_2)$，又设 ξ_i，$i=1,2,3$ 外再无 $\rho_1(t)$的零点了. 于是，从 $\boldsymbol{x}(\xi_2)$到 $\boldsymbol{x}(\xi_1)$，$\rho_1(t)>0$；从 $\boldsymbol{x}(\xi_3)$到 $\boldsymbol{x}(\xi_2)$，$\rho_1(t)<0$；从 $\boldsymbol{x}(\xi_1)$到 $\boldsymbol{x}(\xi_3)$，无论是 $\rho_1(t)<0$ 还是 $\rho_1(t)>0$ 都可选 a_0 与 a_1，使得

$$\rho_1(t)(a_0 + \cos(t - a_1))$$

不变号，从而

$$\int_0^{2\pi}\rho_1(\tau)(a_0 + \cos(\tau - a_1))\mathrm{d}\tau \neq 0,$$

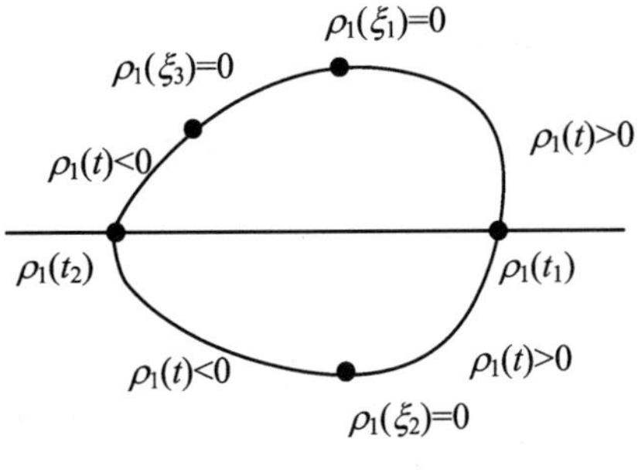

图 1.7.16

这与上述

$$\int_0^{2\pi}\rho_1(\tau)(a_0 + \cos(\tau - a_1))\mathrm{d}\tau = 0$$

相矛盾. 因此，$\rho_1(t)$必有第 4 个零点 ξ_4，即 $\rho_1(\xi_4)=0$(图 1.7.16).

由于 $\rho_1(\xi_i)=0$，$i=1,2,3,4$ 按逆时针方向沿简单闭曲线 $\boldsymbol{x}(t)$，$\{\boldsymbol{x}(\xi_i)\mid i=1,2,3,4\}$每相邻两点之间至少有一个 $\rho_1(t)$的极值点，当然它也是 ρ 的极值点. 这就证明了$\rho(t)$至少有 4 个顶点. □

定义 1.7.8 设 G 为平面 $\mathbf{R}^2$ 中的有界开区域，所谓这个区域在 θ(直线 l_θ 与 x^1 轴夹角)方向上的**宽度**，乃是指这个区域的那两条垂直于 l_θ 的整体支持直线之间的距离. 于是，这个区域完全位于这两条彼此平行的整体支持直线之间.

如果任一 θ 方向的直线 l_θ 至多与开区域 G 的边界 ∂G 交于两点(它排除开圆片挖去中心这样的区域),且都有同样的宽度,则称 G 为**常宽区域**.

例 1.7.1 (1) 圆片是宽度等于其直径的常宽区域.两条垂直 θ 方向的整体支持直线都恰与边界圆周相交(实际是相切)于一个边界点.两个交(切)点的连线垂直于两条整体支持直线(实际上边界的切线),且这条连线为圆的直径.这个圆周(常宽曲线)的周长为 $b\pi$,其中宽度 b 为圆周的直径(图 1.7.17).

(2) 先作一个等边三角形 ABC,以每个顶点为圆心、边长 b 为半径再作一圆弧.这样由三段圆弧所围成的开区域就是一个常宽 b 的区域.当一条整体支持直线,例如沿着圆弧 BC 运动时,与之平行的另一条整体支持直线则绕着顶点 A 旋转,从 AC 于 A 的切线位置转到 AB 于 A 的切线位置.注意到任何两条平行的整体支持直线都与边界常宽曲线恰交于一个点.这两个交点的连线垂直于这两条整体支持直线.该常宽曲线的周长为 $\frac{1}{6}(2\pi b)\cdot 3=b\pi$(图 1.7.18).

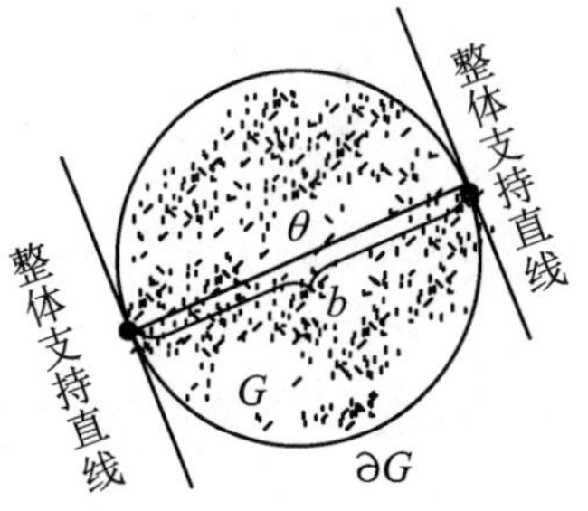

图 1.7.17

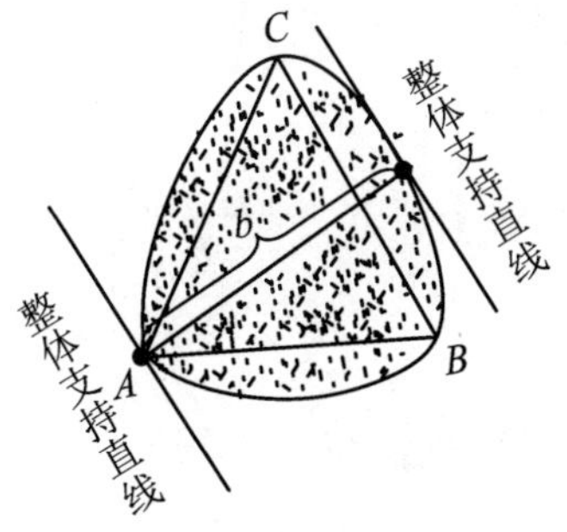

图 1.7.18

(3) 我们可以从等边三角形出发,再作出另外的常宽区域.设此三角形边长为 l.这就可以求得常宽 $b\geqslant l$的区域.如图 1.7.19 所示,围绕着每个顶点画两段圆弧,其半径分别为 ρ_1,ρ_2.其半径之和为 $\rho_1+\rho_2=b$.于是,常宽曲线的周长为

$$\left(\frac{1}{6}\cdot 2\pi\rho_1+\frac{1}{6}\cdot 2\pi\rho_2\right)\cdot 3=\pi(\rho_1+\rho_2)=b\pi.$$

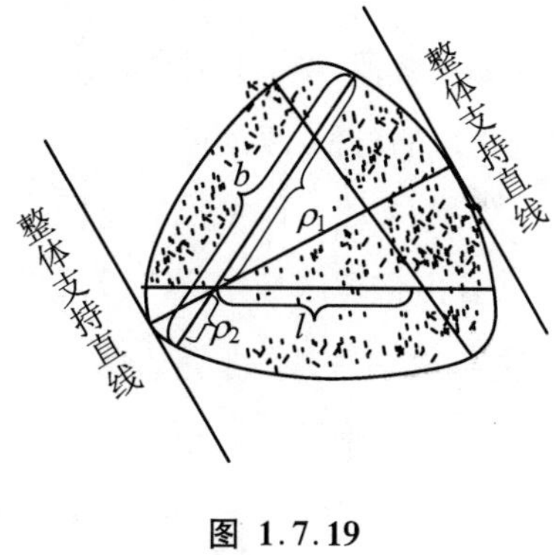

图 1.7.19

从上面三个常宽区域的例子,自然有:

定理 1.7.6 设 G 为常宽区域,宽度为 b.

(1) 如果 l_1,l_2 是垂直 θ 方向的两条整体支持直线,A_1 与 A_2 分别为 l_1,l_2 与 G 的边界 ∂G 的交点,则直线 A_1A_2 与 l_1,l_2 都垂直.

(2) 每条整体支持直线与边界 ∂G 只有唯一的一个交点.

(3) 设 $A\in\partial G$,则

$$\sup\{|A-B| \mid B\in\partial G\}=b,$$

且 G 或 $\bar{G}$ 的直径

$$\begin{aligned} d(G) &= \sup\{|\boldsymbol{x}-\boldsymbol{y}| \mid \boldsymbol{x},\boldsymbol{y}\in G\}=\sup\{|\boldsymbol{x}-\boldsymbol{y}| \mid \boldsymbol{x},\boldsymbol{y}\in \bar{G}\} \\ &= \sup\{|\boldsymbol{x}-\boldsymbol{y}| \mid \boldsymbol{x},\boldsymbol{y}\in \partial G\}=b. \end{aligned}$$

(4) $\forall A_1\in\partial G$,可选 $A_2\in\partial G$,使 $\overline{A_1A_2}=b$,则过 A_1,A_2 各有一条整体支持直线 l_{A_1},l_{A_2} 满足 $A_1A_2\perp l_{A_1}$,$A_1A_2\perp l_{A_2}$.

(5) G 为凸域,∂G 为一条严格凸的连续的闭曲线(严格卵形线).

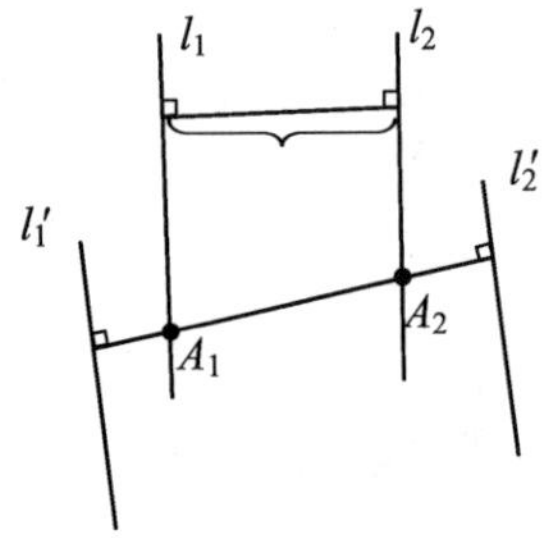

图 1.7.20

证明 (1)(反证)假设 A_1A_2 与 l_1,l_2 不垂直,则 $\overline{A_1A_2}>b$(常宽区域的宽度,即 l_1 与 l_2 之间的距离).作与直线 A_1A_2 方向垂直的两平行整体支持直线 l_1',l_2'.于是

$$b=l_1' \text{与} l_2' \text{之间的距离} \geqslant \overline{A_1A_2}>b,$$

矛盾.所以,直线 A_1A_2 与 l_1,l_2 都垂直(图 1.7.20).

(2) 设 l_1,l_2 为两条平行的整体支持直线,A_1,A_1' 为 l_1 上 G 的边界点,A_2 为 l_2 上 G 的边界点.根据(1)知 $A_1A_2\perp l_2$,$A_1'A_2\perp l_2$,故 $A_1=A_1'$.由此推得 l_1 上的边界点是唯一的.

(3) 设 $A\in\partial G$ 为一固定点,因 ∂G 为闭集,故 $\exists B\in\partial G$,使 $\overline{AB}=\sup\{\overline{AB'} \mid B'\in\partial G\}$.而 l_1,l_2 为垂直于 AB 的两条平行整体支持直线,它们分别交 ∂G 于 A_1,A_2.于是

$$\overline{AB}\leqslant\overline{A_1A_2}=b.$$

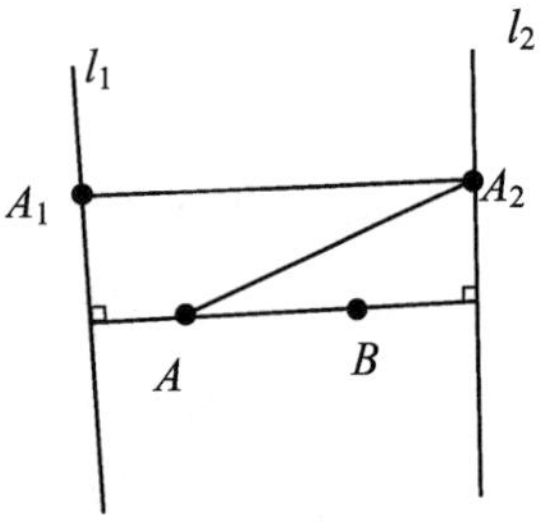

图 1.7.21

如果线段 A_1A_2 不含线段 AB,则 $\overline{AA_2}>\overline{AB}$,这与 $\overline{AB}$ 的最大性矛盾(图 1.7.21).

如果线段 A_1A_2 含线段 AB,由 $\overline{AB}$ 的最大性立知 $B=A_2$.由常宽区域定义 1.7.8 知,一直线上不含 G 的三个边界点,故 $A=A_1$.于是,$\overline{AB}=\overline{A_1A_2}=b$(图 1.7.21).

由上得到

$$\begin{aligned} b\leqslant d(G) &= \sup\{|\boldsymbol{x}-\boldsymbol{y}| \mid \boldsymbol{x},\boldsymbol{y}\in G\}=\sup\{|\boldsymbol{x}-\boldsymbol{y}| \mid \boldsymbol{x},\boldsymbol{y}\in \partial G\} \\ &\xlongequal{\exists A,B\in\partial G} |A-B|=\overline{AB}\leqslant b, \end{aligned}$$

故

$$d(G)=b.$$

(4) 任取 $A_1\in\partial G$，由(3)可取 $A_2\in\partial G$，使 $A_1A_2=b$. 垂直于直线 A_1A_2 的两条整体支持直线 l_1,l_2，由图 1.7.22 知，它们分别交 ∂G 于 A_1,A_2. 再由(1)知，$A_1A_2\perp l_1$，$A_1A_2\perp l_2$.

(5) 由(4)得到 G 的任一边界点处必有一条整体支持直线，再根据定理 1.7.1 推得 G 为一个凸域.

取定点 $O\in G$，过 O 作平面直角坐标系 x^1Ox^2，对过 O 的任何有向直线 l，它与 Ox^1 轴的交角为 θ，有向直线 $l=l(\theta)$ 交 ∂G 恰有两点，记为 $\boldsymbol{x}(\theta)$ 与 $\boldsymbol{x}(\theta+\pi)$. 现证 $\boldsymbol{x}(\theta)$ 关于 θ 是连续的(图 1.7.23). (反证)假设 $\boldsymbol{x}(\theta)$ 在点 θ_0 处不连续，则 $\exists\,\theta_n\to\theta_0$，使得 $\boldsymbol{x}(\theta_n)\to\boldsymbol{a}\neq\boldsymbol{x}(\theta_0)$，$\boldsymbol{a}\neq\boldsymbol{x}(\theta_0+\pi)$. 由于 $\boldsymbol{x}(\theta_n)\in\partial G$，故 $\boldsymbol{a}\in\partial G$. 因此，$l(\theta_0)$ 与 ∂G 有三个交点，这与定义 1.7.8 中的假定相矛盾. □

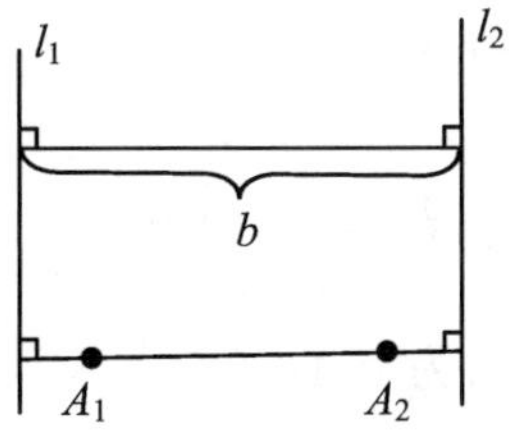

图 1.7.22

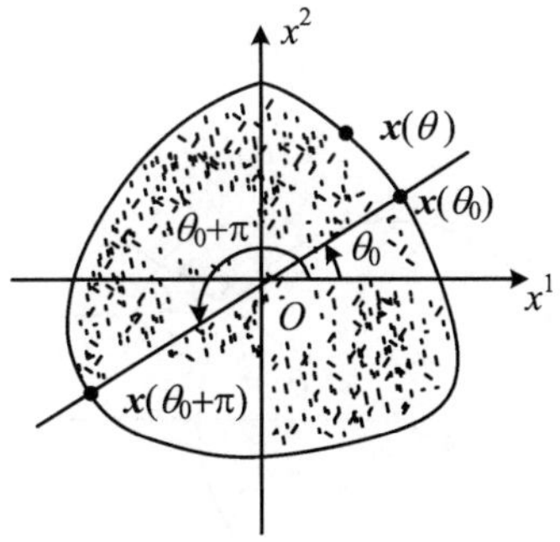

图 1.7.23

定理 1.7.7 设 G 为常宽区域，其宽度为 b，直角坐标系 $\boldsymbol{x}^1Ox^2$ 的原点 $O\in G$. θ 为直线方向，$\theta+\pi$ 为该直线的反方向，$\boldsymbol{x}(\theta)\,(0\leqslant\theta\leqslant 2\pi)$ 为边界参数曲线. 如果 (α,β) 与 $(\alpha+\pi,\beta+\pi)$ 中的 $\boldsymbol{x}(\theta)$ 是 C^2 的，且相对曲率 $\kappa_{\mathrm{r}}(\theta)>0$，则

$$\rho(\theta)+\rho(\theta+\pi)=b,\quad b>0,$$

即同一直线上相应的两个边界点间的距离 b(宽度)恰为 θ 与 $\theta+\pi$ 处的曲率半径之和.

证明 为证明方便，我们以弧长为参数. 设同一直线上对应于 $\boldsymbol{x}(s)$ 的边界点记为

$$\tilde{\boldsymbol{x}}(s)=\boldsymbol{x}(s)+b\boldsymbol{V}_{2\mathrm{r}}(s),$$

其中 s 为 $\boldsymbol{x}(s)$ 的弧长. 再记 $\tilde{s}$ 为 $\tilde{\boldsymbol{x}}(\tilde{s})$ 的弧长，则有

$$\begin{aligned}\widetilde{\boldsymbol{V}}_1(\tilde{s})\frac{\mathrm{d}\tilde{s}}{\mathrm{d}s}&=\frac{\mathrm{d}\tilde{\boldsymbol{x}}}{\mathrm{d}\tilde{s}}\frac{\mathrm{d}\tilde{s}}{\mathrm{d}s}=\tilde{\boldsymbol{x}}'(s)=\boldsymbol{x}'(s)+b\boldsymbol{V}_{2\mathrm{r}}'(s)\\&=\boldsymbol{V}_1(s)-b\kappa_{\mathrm{r}}(s)\boldsymbol{V}_1(s)=(1-b\kappa_{\mathrm{r}}(s))\boldsymbol{V}_1(s).\end{aligned}$$

由此得到

$$\widetilde{\boldsymbol{V}}_1(\tilde{s})=-\boldsymbol{V}_1(s),\quad \frac{\mathrm{d}\tilde{s}}{\mathrm{d}s}=b\kappa_{\mathrm{r}}(s)-1.$$

再对$\widetilde{\boldsymbol{V}}_1(\tilde{s})=-\boldsymbol{V}_1(s)$关于$s$求导得到

$$-\tilde{\kappa}_{\mathrm{r}}(\tilde{s})\widetilde{\boldsymbol{V}}_{2\mathrm{r}}(\tilde{s})\frac{\mathrm{d}\tilde{s}}{\mathrm{d}s}=\widetilde{\boldsymbol{V}}_1'(\tilde{s})\frac{\mathrm{d}\tilde{s}}{\mathrm{d}s}=-\boldsymbol{V}_1'(s)=\kappa_{\mathrm{r}}(s)\boldsymbol{V}_{2\mathrm{r}}(s).$$

由此推出

$$\widetilde{\boldsymbol{V}}_{2\mathrm{r}}(\tilde{s})=-\boldsymbol{V}_{2\mathrm{r}}(s),\quad \tilde{\kappa}_{\mathrm{r}}(\tilde{s})\frac{\mathrm{d}\tilde{s}}{\mathrm{d}s}=\kappa_{\mathrm{r}}(s),$$

$$\frac{1}{\tilde{\kappa}_{\mathrm{r}}(\tilde{s})}=\frac{\frac{\mathrm{d}\tilde{s}}{\mathrm{d}s}}{\kappa_{\mathrm{r}}(s)}=\frac{b\kappa_{\mathrm{r}}(s)-1}{\kappa_{\mathrm{r}}(s)}=b-\frac{1}{\kappa_{\mathrm{r}}(s)},$$

$$\tilde{\rho}(\tilde{s})+\rho(s)=\frac{1}{\tilde{\kappa}_{\mathrm{r}}(\tilde{s})}+\frac{1}{\kappa_{\mathrm{r}}(s)}=b.$$ □

观察例 1.7.1 中的三个例子,我们猜到:

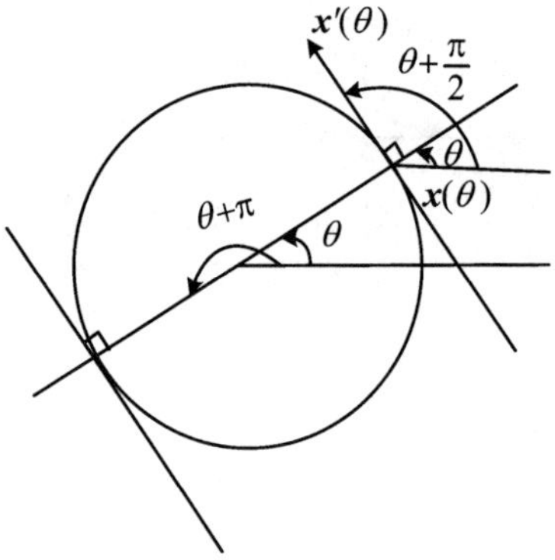

图 1.7.24

定理 1.7.8(Minkowski) 所有具有同样常宽b的分段C^2正则闭曲线$\boldsymbol{x}(\theta)(0\leqslant\theta\leqslant2\pi)$有同样的周长$b\pi$.

证明 设θ为直线的方向,则由定理1.7.6(1)知该直线与x^1轴的夹角为θ,而$\theta+\frac{\pi}{2}$为点$\boldsymbol{x}(\theta)$处的单位切向量$\frac{\boldsymbol{x}'(\theta)}{|\boldsymbol{x}'(\theta)|}$与$x^1$轴的夹角(图 1.7.24),则

$$\frac{\mathrm{d}\theta}{\mathrm{d}s}=\frac{\mathrm{d}\left(\theta+\frac{\pi}{2}\right)}{\mathrm{d}s}=\kappa_{\mathrm{r}}(\theta)=\frac{1}{\rho(\theta)}.$$

自然得到常宽b的分段C^2正则曲线$\boldsymbol{x}(\theta)$的周长

$$L=\int_0^L\mathrm{d}s=\int_0^{2\pi}\frac{\mathrm{d}s}{\mathrm{d}\theta}\mathrm{d}\theta=\int_0^{2\pi}\rho(\theta)\mathrm{d}\theta=\int_0^{\pi}(\rho(\theta)+\rho(\theta+\pi))\mathrm{d}\theta=\int_0^{\pi}b\mathrm{d}\theta=b\pi.$$ □

Weierstrass 于 1870 年严格证明了等周不等式.下面的分析是由 Hurwitz 给出的.

定理 1.7.9(等周不等式) 设平面C^1简单闭正则曲线C的长度为L,C所围的区域G的面积为A,则

$$L^2-4\pi A\geqslant0,$$

且等号成立$\Leftrightarrow C$为一个圆.这表明周长固定为L的C^1简单闭正则曲线中,圆所围的面积最大.

证明 设曲线C的重心为原点$(0,0)$,并建立平面直角坐标系$\{x,y\}$.C的参数表示为$\boldsymbol{x}(t)=(x(t),y(t))$,$t\in[0,2\pi]$,其中$t=\frac{2\pi}{L}s$,$s\in[0,L]$为曲线弧长,则由$C$的重心

为(0,0)知

$$\int_0^{2\pi}\boldsymbol{x}(t)\mathrm{d}t = \boldsymbol{0},$$

且

$$\left(\frac{\mathrm{d}x}{\mathrm{d}t}\right)^2+\left(\frac{\mathrm{d}y}{\mathrm{d}t}\right)^2=\left(\left(\frac{\mathrm{d}x}{\mathrm{d}s}\right)^2+\left(\frac{\mathrm{d}y}{\mathrm{d}s}\right)^2\right)\left(\frac{\mathrm{d}s}{\mathrm{d}t}\right)^2=\left(\frac{\mathrm{d}s}{\mathrm{d}t}\right)^2=\left(\frac{L}{2\pi}\right)^2=\frac{L^2}{4\pi^2}.$$

于是,有

$$\begin{aligned}\frac{L^2}{4\pi}-A&=\frac{1}{2}\int_0^{2\pi}\left(\left(\frac{\mathrm{d}x}{\mathrm{d}t}\right)^2+\left(\frac{\mathrm{d}y}{\mathrm{d}t}\right)^2\right)\mathrm{d}t-\iint_G\mathrm{d}x\wedge\mathrm{d}y\\&\xlongequal{\text{Green 公式}}\frac{1}{2}\int_0^{2\pi}\left(\left(\frac{\mathrm{d}x}{\mathrm{d}t}\right)^2+\left(\frac{\mathrm{d}y}{\mathrm{d}t}\right)^2\right)\mathrm{d}t-\oint_C x\mathrm{d}y\\&=\frac{1}{2}\int_0^{2\pi}\left(\left(\frac{\mathrm{d}x}{\mathrm{d}t}\right)^2+\left(\frac{\mathrm{d}y}{\mathrm{d}t}\right)^2-2x\frac{\mathrm{d}y}{\mathrm{d}t}\right)\mathrm{d}t\\&=\frac{1}{2}\int_0^{2\pi}\left(\left(\frac{\mathrm{d}x}{\mathrm{d}t}\right)^2-x^2+\left(x-\frac{\mathrm{d}y}{\mathrm{d}t}\right)^2\right)\mathrm{d}t\\&\geqslant\frac{1}{2}\int_0^{2\pi}\left(\left(\frac{\mathrm{d}x}{\mathrm{d}t}\right)^2-x^2\right)\mathrm{d}t\overset{\text{引理1.7.1}}{\geqslant}0,\end{aligned}$$

即

$$L^2-4\pi A\geqslant 0,$$

且

$$\begin{aligned}\text{等号成立}\quad&\Leftrightarrow\quad x(t)=a\cos t+b\sin t,\text{且 }x-\frac{\mathrm{d}y}{\mathrm{d}t}=0\\&\Leftrightarrow\quad\begin{cases}x(t)=a\cos t+b\sin t,\\y(t)=a\sin t-b\cos t+c,\quad c\text{ 为常数}\end{cases}\\&\Leftrightarrow\quad x^2(t)+(y(t)-c)^2=a^2+b^2,\end{aligned}$$

即 C 为圆. □

引理 1.7.1(Wirtinger) 设 f 是以 2π 为周期的连续函数,且 f' 在$[0,2\pi]$上可积与平方可积.如果$\int_0^{2\pi}f(t)\mathrm{d}t=0$,则

$$\int_0^{2\pi}(f'(t))^2\mathrm{d}t\geqslant\int_0^{2\pi}f^2(t)\mathrm{d}t,$$

且等号成立$\Leftrightarrow f(x)=a\cos t+b\sin t$.

证明 因为

$$a_n=\frac{1}{\pi}\int_0^{2\pi}f(t)\cos nt\mathrm{d}t=-\frac{1}{n\pi}\int_0^{2\pi}f'(t)\sin nt\mathrm{d}t=-\frac{b_n'}{n},\quad n=1,2,\cdots,$$

$$a_0 = \frac{1}{\pi}\int_0^{2\pi} f(t)\mathrm{d}t = 0,$$

$$b_n = \frac{1}{\pi}\int_0^{2\pi} f(t)\sin nt\mathrm{d}t = \frac{1}{n\pi}\int_0^{2\pi} f'(t)\cos nt\mathrm{d}t = \frac{a'_n}{n}, \quad n = 1,2,\cdots,$$

$$a'_0 = \frac{1}{\pi}\int_0^{2\pi} f'(t)\mathrm{d}t = \frac{1}{\pi}f(t)\Big|_0^{2\pi} = 0,$$

故由 Parseval 等式就有

$$\frac{1}{\pi}\int_0^{2\pi}(f'(t))^2\mathrm{d}t = \frac{a_0'^2}{2} + \sum_{n=1}^{\infty}(a_n'^2 + b_n'^2) = \sum_{n=1}^{\infty}(a_n'^2 + b_n'^2) \geqslant \sum_{n=1}^{\infty}\frac{1}{n^2}(a_n'^2 + b_n'^2)$$

$$= \sum_{n=1}^{\infty}(b_n^2 + a_n^2) = \frac{1}{\pi}\int_0^{2\pi} f^2(t)\mathrm{d}t,$$

即

$$\int_0^{2\pi}(f'(t))^2\mathrm{d}t \geqslant \int_0^{2\pi} f^2(t)\mathrm{d}t.$$

由上知

$$\text{等号成立} \iff a_0 = 0,\quad a'_n = b'_n = 0,\ n \geqslant 2$$

$$\iff f(t) = a\cos t + b\sin t. \qquad \square$$

设曲线 C 为一条 C^3 严格卵形线，P 为曲线 C 上的一点. 根据旋转指标定理，曲线 C 上必有一点 $\widetilde{P}$，使得 P 与 $\widetilde{P}$ 处的切线平行，且切线的切向相反. 又因为曲线 C 是严格凸的，所以在这两条切线之间没有其他切线平行于这两条切线. 因此，给定严格卵形线 C 上一点 P，存在唯一的一点 $\widetilde{P}$，使得这两点处的切线平行，称 $\widetilde{P}$ 为 P 的对应点.

设严格卵形线 C 的 θ 方向的支持直线为

$$x^1\cos\theta + x^2\sin\theta - h(\theta) = 0,$$

支持直线函数为 $h(\theta)$（图 1.7.24）. 于是，有：

定理 1.7.10 C^3 卵形线 C 的周长与面积分别为

$$L = \int_0^{2\pi} h(\theta)\mathrm{d}\theta = \int_0^{\pi}(h(\theta) + h(\theta + \pi))\mathrm{d}\theta = \int_0^{\pi}\omega(\theta)\mathrm{d}\theta \quad (\text{Cauchy 公式}),$$

$$A = \frac{1}{2}\int_0^{2\pi}(h^2(\theta) - h'^2(\theta))\mathrm{d}\theta \quad (\text{Blaschke 公式}).$$

其中 $\omega(\theta) = h(\theta) + h(\theta + \pi)$ 为 C 的两条平行支持直线（切线）之间的距离，称为严格卵形线 C 的**宽度函数**（图 1.7.25）. 又称宽度函数的最大值 $b = \max\limits_{0\leqslant\theta\leqslant 2\pi}\omega(\theta)$ 为 C 的**直径**.

证明 由定义 1.7.7，$\kappa_r = \dfrac{\mathrm{d}\theta}{\mathrm{d}s} = \dfrac{1}{h(\theta) + h''(\theta)}$ 推得

$$L = \int_0^{2\pi}\frac{\mathrm{d}s}{\mathrm{d}\theta}\mathrm{d}\theta = \int_0^{2\pi}(h(\theta) + h''(\theta))\mathrm{d}\theta = \int_0^{2\pi} h(\theta)\mathrm{d}\theta + \int_0^{2\pi}\mathrm{d}h'(\theta)$$

$$= \int_0^{\pi} h(\theta)\mathrm{d}\theta + \int_{\pi}^{2\pi} h(\theta)\mathrm{d}(\theta) + h'(\theta)\Big|_0^{2\pi} = \int_0^{\pi}(h(\theta) + h(\theta+\pi))\mathrm{d}\theta$$

$$= \int_0^{\pi}\omega(\theta)\mathrm{d}\theta,$$

$$A = \frac{1}{2}\int_0^{2\pi} h(\theta)\mathrm{d}s = \frac{1}{2}\int_0^{2\pi} h(\theta)(h(\theta) + h''(\theta))\mathrm{d}\theta$$

$$= \frac{1}{2}\int_0^{2\pi} h^2(\theta)\mathrm{d}\theta + \frac{1}{2}\left(h(\theta)h'(\theta)\Big|_0^{2\pi} - \int_0^{2\pi} h'^2(\theta)\mathrm{d}\theta\right)$$

$$= \frac{1}{2}\int_0^{2\pi}(h^2(\theta) - h'^2(\theta))\mathrm{d}\theta, \tag{1.7.1}$$

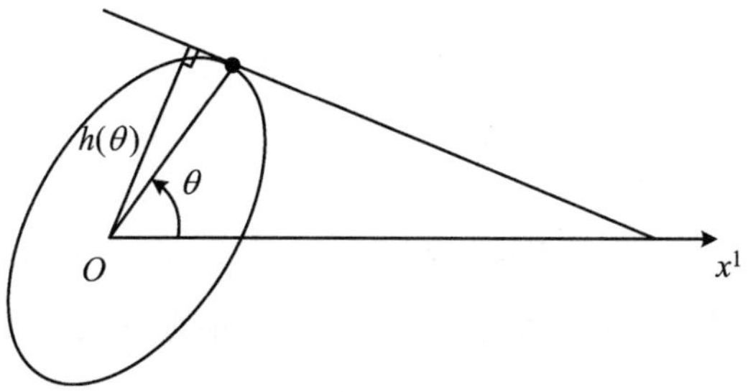

图 1.7.25

其中式(1.7.1)中 $A = \frac{1}{2}\int_0^{2\pi} h(\theta)\mathrm{d}s$ 可从小扇形面积$\frac{1}{2}h(\theta)\mathrm{d}s$ 积分得到;或者

$$\frac{1}{2}\int_0^{2\pi}(x^1,x^2)\cdot\left(\frac{\mathrm{d}x^2}{\mathrm{d}s}, -\frac{\mathrm{d}x^1}{\mathrm{d}s}\right)\mathrm{d}s = \frac{1}{2}\int_0^{2\pi}(x^1\mathrm{d}x^2 - x^2\mathrm{d}x^1) = A = \frac{1}{2}\int_0^{2\pi} h(\theta)\mathrm{d}s. \square$$

定理 1.7.11 (1) 在所有以 b 为直径的严格卵形线中,宽度为 b 的等宽曲线的周长最大.

(2) 设严格卵形线 C 的直径为 b,所围区域面积为 A,则 $A \leqslant \frac{1}{4}\pi b^2$. 等号成立$\Leftrightarrow C$ 为圆周.

证明 (1) 设 C 为任意一条以 b 为直径的严格卵形线,则 $\omega(\theta) \leqslant b$, $\forall\, \theta \in [0,\pi]$. 于是,$C$ 的周长

$$L = \int_0^{\pi}\omega(\theta)\mathrm{d}\theta \leqslant \int_0^{\pi} b\mathrm{d}\theta = b\pi \quad (\text{直径为 } b \text{ 的等宽曲线的周长}).$$

(2) 由等周不等式推得 $A \leqslant \frac{1}{4\pi}L^2 \leqslant \frac{1}{4\pi}(b\pi)^2 = \frac{1}{4}\pi b^2$. 等号成立$\Leftrightarrow C$ 是直径为 b 的圆. □

定义 1.7.9 在定义 1.4.1 中,我们研究了 C^2 光滑正则曲线 C:

$$\boldsymbol{x}(s) = (x^1(s), x^2(s)) = (x(s), y(s)),$$

其中 s 为弧长参数，而

$$V_1(s) = x'(s) = (x'(s), y'(s))$$

为单位切向量场，$\{x(s), V_1(s), V_{2r}(s)\}$为右旋标架场，$V_{2r}(s)$为曲线 C 的单位法向量场. 对于这个标架场，有 Frenet 公式：

$$\begin{cases} V_1' = \kappa_r V_{2r}, \\ V_{2r}' = -\kappa_r V_1, \end{cases}$$

其中

$$\langle V_1'(s), V_{2r}(s)\rangle = \kappa_r(s) = \theta'(s) = \frac{d\theta}{ds}$$

为平面曲线 C 的相对曲率，它是曲线 C 的点 $x(s)$处的切线关于 x 轴倾角 $\theta(s)$对弧长 s 的变化率.

如果平面上周长为 L 的 C^k 光滑曲线 $x(s)$，$s\in[0,L]$满足

$$x(0) = x(L),\quad x'(0) = x'(L),\quad x''(0) = x''(L),\quad \cdots,\quad x^{(k)}(0) = x^{(k)}(L),$$

则称 C 是 C^k **光滑闭曲线**. 没有自交点(即$(0,L)$上不存在两个不同的 s_1 与 s_2)，使得 $x(s_1) = x(s_2)$，则称 $C: x(s)$，$s\in[0,L]$为**简单闭曲线**. 对光滑闭曲线 $C: x(s)$可将参数 s 按周期 L 延拓到整个实数轴上，使得 $x(s+L) = x(s)$，$s\in\mathbf{R}$，即 $x(s)$是周期为 L 的向量值函数，对于曲线 $C: x(s)$的切向量场 $V_1(s)$、法向量场 $V_{2r}(s)$与相对曲率 $\kappa_r(s)$也做类似的延拓.

设曲线 $C: x(s)$的单位切向量 $V_1(s) = x'(s)$与 Ox 轴方向的夹角为 $\bar{\theta}$，则 $V_1(s) = x'(s) = (\cos\bar{\theta}, \sin\bar{\theta})$，如果要求 $\bar{\theta}\in[0,2\pi)$，则 $\bar{\theta}(s)$有可能不是$[0,L]$上的连续函数，但我们可以证明：

引理 1.7.2 设 $x(s)$为$[0,L]$上的 $C^k(k\geqslant 1)$曲线，则存在 C^{k-1}函数 $\theta:[0,L]\to\mathbf{R}$，使得 $\theta(s)$与 $\bar{\theta}(s)$只相差 2π 的整倍数，即 $\theta(s)\equiv\bar{\theta}(s)(\bmod 2\pi)$，且满足上式的连续函数 θ 在 $\bmod 2\pi$ 意义下是唯一的.

证明 $\forall s\in[0,L]$，存在含 s 的开区间 I_s，使得 I_s 在 Gauss 映射 V_{2r}下的像落在 S^1 上的一个四分之一圆内. 于是，可以在 I_s 上适当定义连续函数 θ，使得 $\theta(s)\equiv\bar{\theta}(s)(\bmod 2\pi)$. 因为$\{I_s \mid s\in[0,L]\}$为闭区间$[0,L]$(紧致集)的开覆盖，必有有限子覆盖$\{I_{s_1}, I_{s_2}, \cdots, I_{s_n} \mid s_1<s_2<\cdots<s_n\}$，相应定义的连续函数为 $\theta_1, \theta_2, \cdots, \theta_n$. 在区间 $I_{s_k}\cap I_{s_{k+1}}$上，由 $\theta_k\equiv\theta_{k+1}(\bmod 2\pi)$及 θ_k, θ_{k+1}均连续知，$\exists\, n_k\in\mathbf{Z}$(整数集)，使得

$$\theta_k(s) = \theta_{k+1}(s) + 2n_k\pi,\quad \forall s\in I_k\cap I_{k+1}.$$

所以，在 $\bmod 2\pi$ 意义下可适当选择 θ_k，拼成$[0,L]$上的一个连续函数 θ，使

$$\theta(s)\equiv\bar{\theta}(s)(\bmod 2\pi),\quad \forall s\in[0,L].$$

(反证)假设还有另一个连续函数 $\widetilde{\theta}(s)$ 也满足 $\widetilde{\theta}(s)\equiv\bar{\theta}(s)(\mathrm{mod}\ 2\pi)$, $\forall s\in[0,L]$,则

$$\theta(s)-\widetilde{\theta}(s)\equiv 0(\mathrm{mod}\ 2\pi),\quad \forall s\in[0,L].$$

又 $\theta(s)-\widetilde{\theta}(s)$为连续函数,故$\exists k\in\mathbf{Z}$满足

$$\theta(s)-\widetilde{\theta}(s)=2k\pi,\quad \forall s\in[0,L].$$

□

由于 $\boldsymbol{V}_1(s)=(x'(s),y'(s))=(\cos\theta(s),\sin\theta(s))$ C^{k-1}光滑,故由 $\theta(s)=\arctan\dfrac{y'(s)}{x'(s)}$或 $\theta(s)=\operatorname{arccot}\dfrac{x'(s)}{y'(s)}$等知,$\theta(s)$是 C^{k-1}光滑的.

用上面定义的 $\theta(s)$,可将平面曲线 $C:\boldsymbol{x}(s),s\in[0,L]$的单位切向量表示为

$$\boldsymbol{V}_1(s)=(x'(s),y'(s))=(\cos\theta(s),\sin\theta(s)).$$

于是

$$\begin{aligned}\kappa_{\mathrm{r}}(s)\boldsymbol{V}_{2\mathrm{r}}(s)&=\boldsymbol{V}_1'(s)=\frac{\mathrm{d}}{\mathrm{d}s}(\cos\theta(s),\sin\theta(s))\\&=\frac{\mathrm{d}\theta}{\mathrm{d}s}(-\sin\theta(s),\cos\theta(s))=\theta'(s)\boldsymbol{V}_{2\mathrm{r}}(s),\end{aligned}$$

$$\kappa_{\mathrm{r}}(s)=\theta'(s)=\frac{\mathrm{d}\theta}{\mathrm{d}s},$$

$$\int_0^L\kappa_{\mathrm{r}}(s)\mathrm{d}s=\int_0^L\frac{\mathrm{d}\theta}{\mathrm{d}s}\mathrm{d}s=\int_0^L\mathrm{d}\theta=\theta(L)-\theta(0)\quad(\text{沿曲线 }\boldsymbol{x}(s)\text{ 的第一型积分}).$$

我们称它为 $C:\boldsymbol{x}(s)$的**相对全曲率**,即平面闭曲线走一圈时,相对全曲率就是角 θ 的总变化,而称平面闭曲线 $C:\boldsymbol{x}(s)=(x(s),y(s)),s\in[0,L]$的切线像 $\boldsymbol{x}'(s)=(x'(s),y'(s))$在单位圆上环绕原点 O 所绕的圈数

$$I(C)=\frac{1}{2\pi}\int_0^L\kappa_{\mathrm{r}}(s)\mathrm{d}s=\frac{1}{2\pi}\int_0^L\theta'(s)\mathrm{d}s=\frac{1}{2\pi}(\theta(L)-\theta(0))$$

为 C 的**旋转指标**.

例 1.7.2 求圆 $C:\boldsymbol{x}(s)=\left(R\cos\dfrac{s}{R},R\sin\dfrac{s}{R}\right),s\in[0,2\pi R]$的相对全曲率与旋转指标 $I(C)$.

解 (解法1)在例1.4.2中,已知圆的相对曲率 $\kappa_{\mathrm{r}}=\dfrac{1}{R}$(圆以逆时针方向旋转),则圆的相对全曲率为

$$\int_0^{2\pi R}\kappa_{\mathrm{r}}(s)\mathrm{d}s=\int_0^{2\pi R}\frac{1}{R}\mathrm{d}s=\frac{1}{R}\cdot 2\pi R=2\pi.$$

逆时针方向圆的旋转指标为

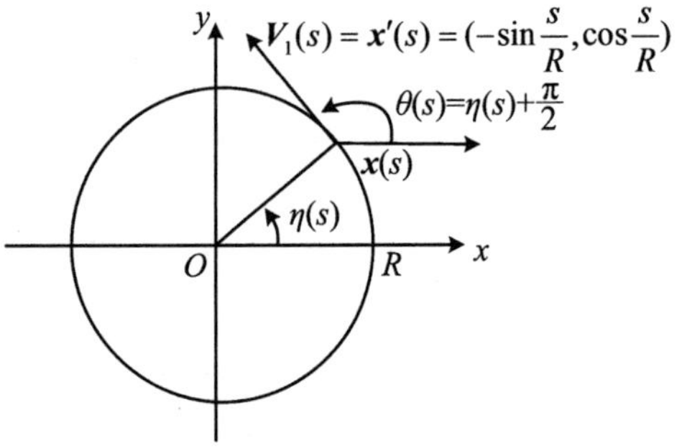

图 1.7.26

$$I(C)=\frac{1}{2\pi}\int_0^{2\pi R}\kappa_r(s)\mathrm{d}s=1.$$

(解法 2)由图 1.7.26 知

$$\int_0^{2\pi R}\kappa_r(s)\mathrm{d}s=\int_0^L\mathrm{d}\theta=\theta(L)-\theta(0)$$

$$=\left(2\pi+\frac{\pi}{2}\right)-\frac{\pi}{2}=2\pi.$$

逆时针方向圆的旋转指标为

$$I(C)=\frac{1}{2\pi}\int_0^{2\pi R}\kappa_r(s)\mathrm{d}s=\frac{1}{2\pi}\cdot 2\pi$$

$$=1.$$ □

例 1.7.3 求逆时针方向的椭圆 $C:\boldsymbol{x}(t)=(a\cos t,b\sin t)$的相对全曲率与旋转指标 $I(C)$.

解 由例 1.4.1 知

$$\kappa_r(t)=\frac{ab}{(a^2\sin^2 t+b^2\cos^2 t)^{\frac{3}{2}}},$$

$$\frac{\mathrm{d}s}{\mathrm{d}t}=|\boldsymbol{x}'(t)|=(a^2\sin^2 t+b^2\cos^2 t)^{\frac{1}{2}}.$$

椭圆的相对全曲率为

$$\int_0^L\kappa_r(s)\mathrm{d}s=\int_0^{2\pi}\kappa_r(s(t))\frac{\mathrm{d}s}{\mathrm{d}t}\mathrm{d}t=4ab\int_0^{\frac{\pi}{2}}\frac{\mathrm{d}t}{a^2\sin^2 t+b^2\cos^2 t}$$

$$=\frac{4a}{b}\int_0^{\frac{\pi}{2}}\frac{\mathrm{d}\tan t}{1+\left(\frac{a}{b}\right)^2\tan^2 t}\xlongequal{u=\frac{a}{b}\tan t}4\int_0^{+\infty}\frac{\mathrm{d}u}{1+u^2}=4\arctan u\Big|_0^{+\infty}$$

$$=4\cdot\frac{\pi}{2}=2\pi,$$

其中 L 为椭圆的周长.逆时针方向椭圆 C 的旋转指标为

$$I(C)=\frac{1}{2\pi}\int_0^L\kappa_r(s)\mathrm{d}s=\frac{1}{2\pi}\cdot 2\pi=1.$$ □

关于旋转指标有下述定理:

定理 1.7.12(光滑简单闭曲线的旋转指标定理) 平面简单 C^2 光滑闭曲线 C: $\boldsymbol{x}(s),s\in[0,L]$的旋转指标为 $I(C)=\varepsilon$,其中若闭曲线取逆时针方向,则 $\varepsilon=1$;若闭曲线取顺时针方向,则 $\varepsilon=-1$.

证明 设曲线 C 取逆时针方向,在闭曲线 C 上总可以取到最低点 O,则整条曲线位于点 O 处切线的上方.以点 O 为坐标原点、曲线 C 在点 O 的切方向为 Ox 轴正向建立

xOy 坐标系.在该坐标系下,曲线 C 表示为 $\boldsymbol{x}(s)=(x(s),y(s))$,其中 $s\in[0,L]$ 为弧长参数,L 为曲线 C 的周长.并设 $\boldsymbol{x}(0)=O$ 为原点,$\boldsymbol{x}'(0)$ 与 x 轴的正方向一致.由于 C 是简单闭曲线,故在三角形区域 $\Delta=\{(u,v)\in\mathbf{R}^2\mid 0\leqslant u\leqslant v\leqslant L\}$ 可以定义**弦映射**(图 1.7.27):

$$\Phi(u,v)=\begin{cases}\dfrac{\boldsymbol{x}(v)-\boldsymbol{x}(u)}{|\boldsymbol{x}(v)-\boldsymbol{x}(u)|}, & 0\leqslant u<v\leqslant L,\\ \boldsymbol{V}_1(u)=\boldsymbol{x}'(u), & v=u,\\ -\boldsymbol{V}_1(L)=-\boldsymbol{V}_1(0)=-\boldsymbol{x}'(0), & u=0,\ v=L.\end{cases}$$

从上式可以看出 Φ 在 $\Delta-\{(0,L),(u,u)\mid u\in[0,L]\}$ 中 C^2 光滑,而在 Δ 的边界上是连续的.设 $\overline{\varphi}(u,v)$,$0\leqslant\overline{\varphi}<2\pi$ 为 Ox 轴正向到 $\Phi(u,v)$ 的夹角,选 $\varphi(u,v)$,使得 φ 在 $\Delta-\{(0,L),(u,u)\mid u\in[0,L]\}$ 中 C^2 光滑,在 Δ 的边界上连续,$\varphi(u,v)=\overline{\varphi}(u,v)\pmod{2\pi}$,且

$$\Phi(u,v)=(\cos\varphi(u,v),\sin\varphi(u,v)).$$

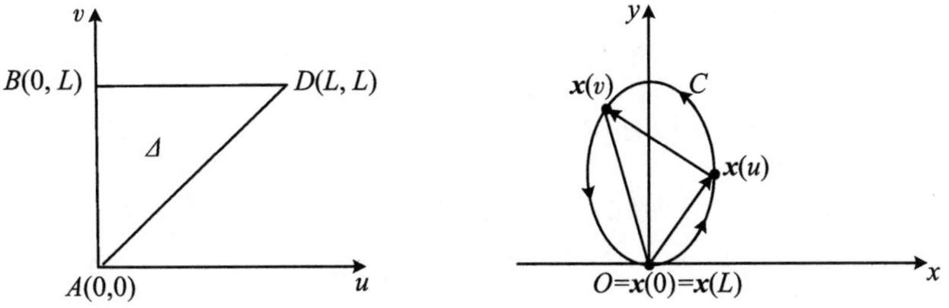

图 1.7.27

当 $u=v=s$ 时,$\Phi(s,s)$ 与引理 1.7.2 中的 $\boldsymbol{V}_1(s)=\boldsymbol{x}'(s)$ 一致,于是

$$\varphi(u,u)=\varphi(s,s)=\theta(s),$$

$$2\pi I(C)=\theta(L)-\theta(0)=\int_0^L \mathrm{d}\theta=\int_{\overrightarrow{AD}}\mathrm{d}\varphi(s,s).$$

由 $\mathrm{d}\varphi$ 为全微分得到积分与路径无关,故

$$\int_{\overrightarrow{AD}}\mathrm{d}\varphi=\int_{\overrightarrow{AB}}\mathrm{d}\varphi+\int_{\overrightarrow{BD}}\mathrm{d}\varphi.$$

或者对 Δ 应用 Green 公式可推得

$$\int_{\overrightarrow{AD}+\overrightarrow{DB}+\overrightarrow{BA}}\mathrm{d}\varphi=\int_{\overrightarrow{AD}+\overrightarrow{DB}+\overrightarrow{BA}}\frac{\partial\varphi}{\partial u}\mathrm{d}u+\frac{\partial\varphi}{\partial v}\mathrm{d}v=\!=\!=\iint_{\overrightarrow{\Delta}}\left(\frac{\partial^2\varphi}{\partial v\partial u}-\frac{\partial^2\varphi}{\partial u\partial v}\right)\mathrm{d}u\wedge\mathrm{d}v$$

$$=\iint_{\overrightarrow{\Delta}}0\,\mathrm{d}u\wedge\mathrm{d}v=0.$$

因此

$$2\pi I(C)=\int_{\overrightarrow{AD}}\mathrm{d}\varphi=\int_{\overrightarrow{AB}}\mathrm{d}\varphi+\int_{\overrightarrow{BD}}\mathrm{d}\varphi=\int_{v=0}^{v=L}\mathrm{d}\varphi(0,v)+\int_{u=0}^{u=L}\mathrm{d}\varphi(u,L)=\pi+\pi=2\pi,$$

$I(C)=1$,

其中由 Φ 的定义知,在$\overline{AB}$上,

$$\Phi(0,s)=\frac{\boldsymbol{x}(s)-\boldsymbol{x}(0)}{|\boldsymbol{x}(s)-\boldsymbol{x}(0)|},$$

所以,$\varphi(0,s)$为弦$\overrightarrow{\boldsymbol{x}(0)\boldsymbol{x}(s)}$与 Ox 轴正向的夹角,当 s 从 $0\to L$ 时,相应的点 $\boldsymbol{x}(s)$从点 $\boldsymbol{x}(0)$沿曲线 C 按逆时针方向旋转一周.因为 $\boldsymbol{x}(s)$在上半平面$\overrightarrow{\boldsymbol{x}(0)\boldsymbol{x}(s)}$不会指向下半平面.$\Phi(0,s)$从 $\Phi(0,0)=\boldsymbol{V}_1(0)=\boldsymbol{x}'(0)$变到 $\Phi(0,L)=-\boldsymbol{V}_1(0)=-\boldsymbol{x}'(0)$.于是,$\varphi(0,s)$的变化为 π,并且

$$\int_{\overrightarrow{AB}}\mathrm{d}\varphi=\int_0^L\mathrm{d}\varphi(0,s)=\varphi(0,L)-\varphi(0,0)=\pi.$$

同理,在 $\overrightarrow{BD}$ 上,

$$\Phi(s,L)=\frac{\boldsymbol{x}(L)-\boldsymbol{x}(s)}{|\boldsymbol{x}(L)-\boldsymbol{x}(s)|}=-\frac{\boldsymbol{x}(s)-\boldsymbol{x}(0)}{|\boldsymbol{x}(s)-\boldsymbol{x}(0)|},$$

所以,$\varphi(s,L)$为弦$-\overrightarrow{\boldsymbol{x}(0)\boldsymbol{x}(s)}$与 Ox 轴正向的夹角,当 s 从 $0\to L$ 时,相应的点$\boldsymbol{x}(s)$从点 $\boldsymbol{x}(0)$沿曲线 C 按逆时针方向旋转一周.因为 $\boldsymbol{x}(s)$在上半平面$-\overrightarrow{\boldsymbol{x}(0)\boldsymbol{x}(s)}$总指向下半平面.$\Phi(s,L)$从 $\Phi(0,L)=-\boldsymbol{V}_1'(0)=-\boldsymbol{x}'(0)$变到 $\Phi(L,L)=\boldsymbol{x}'(0)=\boldsymbol{V}_1(0)$.于是,$\varphi(s,L)$的变化也为 π,并且

$$\int_{\overrightarrow{BD}}\mathrm{d}\varphi=\int_0^L\mathrm{d}\varphi(s,L)=\varphi(L,L)-\varphi(0,L)=\pi.$$

设曲线 C 取顺时针方向,在闭曲线 C 上可取到最高点 0,完全仿上可证

$$I(C)=-1.$$ □

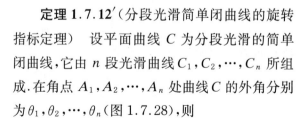

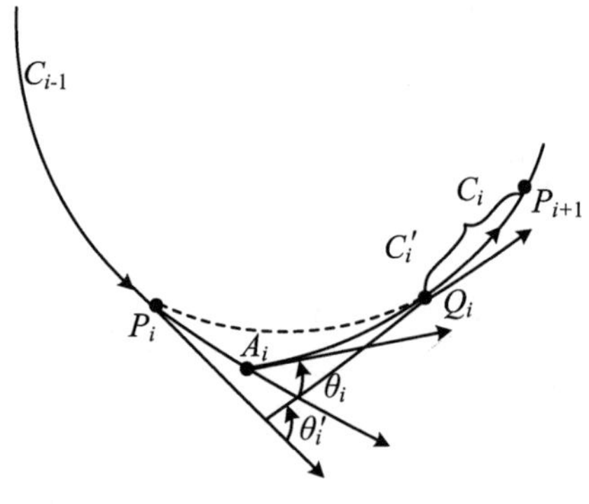

图 1.7.28

关于分段光滑的简单闭曲线也有类似的结论.

定理 1.7.12′(分段光滑简单闭曲线的旋转指标定理) 设平面曲线 C 为分段光滑的简单闭曲线,它由 n 段光滑曲线 $C_1,C_2,\cdots,C_n$ 所组成.在角点 $A_1,A_2,\cdots,A_n$ 处曲线C 的外角分别为$\theta_1,\theta_2,\cdots,\theta_n$(图 1.7.28),则

$$\sum_{i=1}^n\int_{\overrightarrow{C_i}}\mathrm{d}\theta+\sum_{i=1}^n\theta_i=2\pi,$$

其中 $\theta(s)$是从 Ox 轴正向到曲线C_i 上每点切向

量的正向夹角，在每一段弧 C_i 上(不包括角点)，$\theta(s)$可取为连续可导的函数.

证明 为确定起见，设 C 的方向为逆时针方向. 在每一角点 A_i 的近旁取点 $P_i\in C_{i-1}$(当 $i=1$ 时，取 $P_1\in C_n$)，点 $Q_i\in C_i$. 作一条在 P_i，Q_i 点与曲线C 相切的光滑曲线$\widehat{P_iQ_i}$，并用它来代替$\widehat{P_iA_i}+\widehat{A_iQ_i}$. 且简记弧 C_i 中的$\widehat{Q_iP_{i+1}}$部分(当 $i=n$ 时，记$\widehat{Q_nP_1}$为 C_n')为 C_i'. 于是，分段光滑曲线 C 被光滑曲线

$$C':\widehat{P_1Q_1}+C_1'+\widehat{P_2Q_2}+C_2'+\cdots+\widehat{P_nQ_n}+C_n'$$

所代替. 由定理 1.7.12 知道，C'的切向量绕C'一周后转角为 2π，即切向量

$$\text{沿}\widehat{P_1Q_1}\text{的转角}+\text{沿 }C_1'\text{的转角}+\cdots+\text{沿}\widehat{P_nQ_n}\text{的转角}+\text{沿 }C_n'\text{的转角}=2\pi.$$

设 P_i 点的切向量与Q_i 点的切向量所成的外角为θ_i'(图 1.7.28)，则 C'的切向量沿$\widehat{P_iQ_i}$的转角为θ_i'. 因此

$$\theta_1'+\text{切向量沿 }C_1'\text{的转角}+\cdots+\theta_n'+\text{切向量沿 }C_n'\text{的转角}=2\pi.$$

当点 P_i，$Q_i\to$点 A_i 时，显然有 $\theta_i'\to\theta_i$，切向量沿 C_i'的转角$\to$切向量沿 C_i 的转角，所以对上式取极限后得到

$$\theta_1+\text{切向量沿 }C_1\text{ 的转角}+\cdots+\theta_n+\text{切向量沿 }C_n\text{ 的转角}=2\pi.$$

因为切向量沿 C_i 的转角为$\int_{C_i}\mathrm{d}\theta$，所以上式即为

$$\sum_{i=1}^{n}\int_{C_i}\mathrm{d}\theta+\sum_{i=1}^{n}\theta_i=2\pi. \qquad \square$$

定义 1.7.10 设平面直角坐标系 xOy 中一条直线l 的法式方程为

$$x\cos\theta+y\sin\theta=p,$$

其中 $p\geqslant 0,0\leqslant\theta<2\pi$. 因此，直线 l 可由两个参数p 和θ 决定. 于是，我们将(p,θ)平面上相应点集的面积定义为 xOy 平面上直线集合(或直线族)的**测度**.

注意，相互重合的直线和对应于(p,θ)平面上重合的点应重复计算.

定理 1.7.13(平面的 Crofton 公式) 设 C 是平面上一条长度为L 的分段光滑的正则曲线，$U=\{(p,\theta)\mid\text{直线 }l\text{ 由}(p,\theta)\text{决定，且 }l\cap C\neq\varnothing\}$，则有

$$\iint_{\mathbf{R}^2}n(l)\mathrm{d}p\wedge\mathrm{d}\theta=\iint_U n(l)\mathrm{d}p\wedge\mathrm{d}\theta=2L,$$

其中 $n(l)$是直线 l 与曲线C 的交点数，$\mathrm{d}p\wedge\mathrm{d}\theta$ 为U 的面积元素.

证明 记直线 l 的方程为

$$x\cos\theta+y\sin\theta-p=0.$$

在图 1.7.29 中，因为四边形 $OABD$ 的内角和为 2π，所以

$$\theta+\frac{\pi}{2}+\alpha+(\pi-\varphi)=2\pi,$$

故

$$\alpha = \frac{\pi}{2} + \varphi - \theta.$$

再由 $0 \leqslant \alpha \leqslant \pi$ 得

$$0 \leqslant \frac{\pi}{2} + \varphi - \theta \leqslant \pi,$$

故

$$\varphi - \frac{\pi}{2} \leqslant \theta \leqslant \varphi + \frac{\pi}{2}.$$

设光滑正则曲线 C 的弧长参数表示为

$$\boldsymbol{x}(s) = (x(s), y(s)).$$

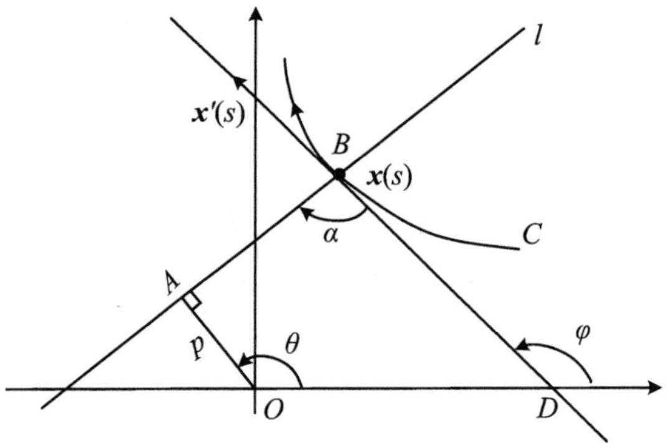

图 1.7.29

在直线 l 与曲线 C 的交点 $\boldsymbol{x}(s)$ 处，有

$$\begin{aligned} & x(s)\cos\theta + y(s)\sin\theta - p = 0, \\ & \boldsymbol{x}'(s) = (x'(s), y'(s)) = (\cos\varphi, \sin\varphi), \\ & \mathrm{d}p = x'(s)\cos\theta\mathrm{d}s + y'(s)\sin\theta\mathrm{d}s - x(s)\sin\theta\mathrm{d}\theta + y(s)\cos\theta\mathrm{d}\theta \\ & \quad = (\cos\varphi\cos\theta + \sin\varphi\sin\theta)\mathrm{d}s + (-x(s)\sin\theta + y(s)\cos\theta)\mathrm{d}\theta, \\ & \mathrm{d}p \wedge \mathrm{d}\theta = \cos(\varphi - \theta)\mathrm{d}s \wedge \mathrm{d}\theta. \end{aligned}$$

于是

$$\iint_{\mathbf{R}^2} \mathrm{d}p \wedge \mathrm{d}\theta = \iint_U n(l)\mathrm{d}p \wedge \mathrm{d}\theta \xlongequal{\varphi = \varphi(s)} \int_0^L \mathrm{d}s \int_{\varphi - \frac{\pi}{2}}^{\varphi + \frac{\pi}{2}} \cos(\varphi - \theta)\mathrm{d}\theta$$

$$\xlongequal{\psi = \varphi - \theta} \int_0^L \mathrm{d}s \int_{\frac{\pi}{2}}^{-\frac{\pi}{2}} (-\cos\psi)\mathrm{d}\psi = L\int_{-\frac{\pi}{2}}^{\frac{\pi}{2}} \cos\psi\mathrm{d}\psi = L\sin\psi\Big|_{-\frac{\pi}{2}}^{\frac{\pi}{2}} = 2L.$$

注意：表达式 $n(l)\mathrm{d}p \wedge \mathrm{d}\theta$ 中，$n(l)$ 为直线 l 与曲线 C 的交点个数. 经变量代换后，面积元素 $\mathrm{d}p \wedge \mathrm{d}\theta$ 换为 $\mathrm{d}s \wedge \mathrm{d}\theta$. 由于同一直线 l 与曲线 C 的不同交点对应不同的 s 值，

所以后面的积分已经将交点的个数计算在内了.

再设 C 为平面上分段光滑正则的曲线,将平面上光滑正则曲线的 Crofton 公式应用到 C 的每段光滑正则弧上,然后相加得到

$$\iint_{\mathbf{R}^2} n(l)\mathrm{d}p \wedge \mathrm{d}\theta = \iint_U n(l)\mathrm{d}p \wedge \mathrm{d}\theta = 2L. \qquad \square$$

定义 1.7.11 设 $\boldsymbol{W}$ 为始点位于原点 O 的单位向量,即 $\boldsymbol{W}\in S^2$(单位球面). S^2 上有向大圆 S_W 所在平面的单位法向量为 $\boldsymbol{W}$,并且与 S_W 的定向构成右手系. $\boldsymbol{W}$ 称为有向大圆 S_W 的**极点**. 显然,S^2 上的有向大圆 S_W 与其极点一一对应;有向大圆的集合对应于极点组成的一个集合,它是 S^2 上的一个子集. 于是,单位球面 S^2 上满足一定条件的有向大圆集(有向大圆族)的**测度**定义为该大圆集的极点集的面积. 显然,它是刚性运动不变量. 注意,重合的有向大圆所对应的极点在计算面积时应重复计算.

定理 1.7.14(球面的 Crofton 公式) 设 $C:\boldsymbol{x}(s)$(弧长 $s\in[0,L]$)为单位球面 S^2 上的一条长度为 L 的分段光滑正则曲线,U 为 S^2 上与曲线 C 相交的有向大圆所对应的极点集,$U=\{\boldsymbol{W}\in S^2 \mid S_W\cap C\neq\varnothing\}$,则

$$\iint_{S^2} n(\boldsymbol{W})\mathrm{d}\boldsymbol{W} = \iint_U n(\boldsymbol{W})\mathrm{d}\boldsymbol{W} = 4L,$$

其中 $n(\boldsymbol{W})$是有向大圆与曲线 C 的交点数($n(\boldsymbol{W})=0$,表示交点数为 0),$\mathrm{d}\boldsymbol{W}$ 是对应的极点集的面积元素,L 为曲线C 的长度.

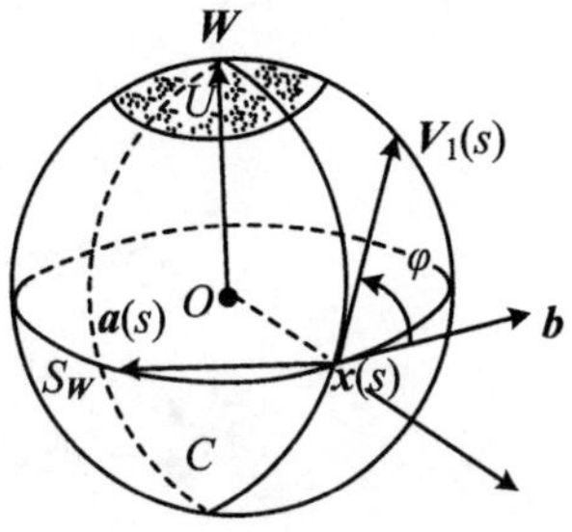

图 1.7.30

证明 设光滑正则曲线 $C:\boldsymbol{x}(s)$的单位切向量为 $\boldsymbol{V}_1(s)=\boldsymbol{x}'(s)$,记 $\boldsymbol{a}(s)=\boldsymbol{x}(s)\times\boldsymbol{V}_1(s)$,则$\{\boldsymbol{x}(s),\boldsymbol{V}_1(s),\boldsymbol{a}(s)\}$构成了右手系的单位正交标架(图 1.7.30). 因为 $\boldsymbol{V}_1^2(s)=1$,故 $\boldsymbol{V}_1'(s)\cdot\boldsymbol{V}_1(s)=0$,即 $\boldsymbol{V}_1'(s)\perp\boldsymbol{V}_1(s)$. 于是

$$\boldsymbol{V}_1'(s) = \lambda\boldsymbol{x}(s) + \mu\boldsymbol{a}(s).$$

又因为 $\boldsymbol{x}\cdot\boldsymbol{V}_1=\boldsymbol{x}\cdot\boldsymbol{x}'=0$,所以

$$\boldsymbol{x}'\cdot\boldsymbol{V}_1 + \boldsymbol{x}\cdot\boldsymbol{V}_1' = (\boldsymbol{x}\cdot\boldsymbol{V}_1)' = 0' = 0,$$

$$\lambda = \boldsymbol{x}\cdot(\lambda\boldsymbol{x}+\mu\boldsymbol{a}) = \boldsymbol{x}\cdot\boldsymbol{V}_1' = -\boldsymbol{x}'\cdot\boldsymbol{V}_1 = -\boldsymbol{V}_1^2 = -1,$$

$$\boldsymbol{V}_1' = -\boldsymbol{x} + \mu\boldsymbol{a}.$$

由 $\boldsymbol{a}=\boldsymbol{x}\times\boldsymbol{V}_1$ 可得到

$$\begin{aligned}\boldsymbol{a}' &= (\boldsymbol{x}\times\boldsymbol{V}_1)' = \boldsymbol{x}'\times\boldsymbol{V}_1 + \boldsymbol{x}\times\boldsymbol{V}_1' = \boldsymbol{V}_1\times\boldsymbol{V}_1 + \boldsymbol{x}\times\boldsymbol{V}_1' \\ &= \boldsymbol{x}\times\boldsymbol{V}_1' = \boldsymbol{x}\times(-\boldsymbol{x}+\mu\boldsymbol{a}) = \mu\boldsymbol{x}\times\boldsymbol{a} = -\mu\boldsymbol{V}_1.\end{aligned}$$

于是,有

$$\begin{cases} x' = V_1, \\ V_1' = \lambda x + \mu a = -x + \mu a, \\ a' = -\mu V_1. \end{cases}$$

任取与曲线 C 相交的有向大圆 S_W，S_W 对应的极点为 $\boldsymbol{W}$. 记 C 的单位切向量 $\boldsymbol{V}_1$ 与 S_W 在点 $\boldsymbol{x}(s)$ 处的单位切向量 $\boldsymbol{b}$ 的夹角为 φ，则

$$\boldsymbol{W} = \cos\left(\frac{\pi}{2} - \varphi\right)\boldsymbol{V}_1(s) + \sin\left(\frac{\pi}{2} - \varphi\right)\boldsymbol{a}(s) = \sin\varphi\boldsymbol{V}_1(s) + \cos\varphi\boldsymbol{a}(s).$$

由此可看出 $\boldsymbol{W}$ 是 s,φ 的向量函数，记为 $\boldsymbol{W} = \boldsymbol{W}(s,\varphi)$. $\boldsymbol{W}$ 定义了 $[0,L]\times[0,2\pi]$ 到 S^2 上的映射，$\boldsymbol{W}$ 的像集为 U，且

$$\begin{aligned}\iint_{S^2} n(\boldsymbol{W})\mathrm{d}\boldsymbol{W} &= \iint_U n(\boldsymbol{W})\mathrm{d}\boldsymbol{W} = \iint_{[0,L]\times[0,2\pi]} \left|\frac{\partial \boldsymbol{W}}{\partial s} \times \frac{\partial \boldsymbol{W}}{\partial \varphi}\right| \mathrm{d}s \times \mathrm{d}\varphi \\ &= \iint_{[0,L]\times[0,2\pi]} |\sin\varphi| \mathrm{d}s\mathrm{d}\varphi \xlongequal{\text{Fubini 定理}} \int_0^L \mathrm{d}s \int_0^{2\pi} |\sin\varphi| \mathrm{d}\varphi \\ &= 4L\int_0^{\frac{\pi}{2}} \sin\varphi \mathrm{d}\varphi = 4L,\end{aligned}$$

其中

$$\begin{aligned}\left|\frac{\partial \boldsymbol{W}}{\partial s} \times \frac{\partial \boldsymbol{W}}{\partial \varphi}\right| &= |(\sin\varphi \boldsymbol{V}_1'(s) + \cos\varphi \boldsymbol{a}'(s)) \times (\cos\varphi \boldsymbol{V}_1(s) - \sin\varphi \boldsymbol{a}(s))| \\ &= |(\sin\varphi(-\boldsymbol{x}(s) + \mu\boldsymbol{a}(s)) + \cos\varphi(-\mu\boldsymbol{V}_1(s))) \\ &\quad \times (\cos\varphi \boldsymbol{V}_1(s) - \sin\varphi \boldsymbol{a}(s))| \\ &= |-\sin\varphi\cos\varphi \boldsymbol{x}(s) \times \boldsymbol{V}_1(s) + \mu\sin\varphi\cos\varphi \boldsymbol{a}(s) \times \boldsymbol{V}_1(s) \\ &\quad - \mu\cos^2\varphi \boldsymbol{V}_1(s) \times \boldsymbol{V}_1(s) + \sin^2\varphi \boldsymbol{x}(s) \times \boldsymbol{a}(s) \\ &\quad - \mu\sin^2\varphi \boldsymbol{a}(s) \times \boldsymbol{a}(s) + \mu\sin\varphi\cos\varphi \boldsymbol{V}_1(s) \times \boldsymbol{a}(s)| \\ &= |-\sin\varphi\cos\varphi \boldsymbol{a}(s) - \sin^2\varphi \boldsymbol{V}_1(s)| \\ &= \sqrt{\sin^2\varphi\cos^2\varphi + \sin^4\varphi} = \sqrt{\sin^2\varphi} = |\sin\varphi|.\end{aligned}$$

再设 C 为分段光滑正则的曲线，将球面上光滑正则曲线的 Crofton 公式应用到 C 的每段光滑正则弧上，然后相加，便得到

$$\iint_{S^2} n(\boldsymbol{W})\mathrm{d}\boldsymbol{W} = \iint_U n(\boldsymbol{W})\mathrm{d}\boldsymbol{W} = 4L. \qquad \square$$

定义 1.7.12 $\mathbf{R}^3$ 中闭曲线 C：$\boldsymbol{x}(s)$ 以 $s\in[0,L]$ 为弧长参数，L 为其周长，将 $\boldsymbol{x}(s)$ 以周期 L 延拓到整个实数轴，即 $\boldsymbol{x}(s+L) = \boldsymbol{x}(s)$，$s\in\mathbf{R}$，将曲线 C 的单位切向量 $\boldsymbol{x}'(s)$ 的起点平移到原点 O，其终点落在单位球面 S^2 上. 当 s 变动时，就得到 S^2 上的一条闭曲线 Γ. 这样，就确定了从曲线 C 到单位球面 S^2 的映射，称为曲线 C 的**切映射**；曲线 Γ 称

为曲线 C 的**切线像**. 切线像的全长

$$K = \int_0^L |\boldsymbol{x}''(s)| \mathrm{d}s = \int_0^L |\kappa(s)\boldsymbol{V}_2(s)| \mathrm{d}s = \int_0^L \kappa(s)\mathrm{d}s$$

称为空间曲线 C 的**全曲率**.

引理 1.7.3 如果空间 $\mathbf{R}^3$ 中正则闭曲线 $C:\boldsymbol{x}(s), s\in[0,L]$的切线像 Γ 落在一个闭半球面内,则 Γ 必位于该半球面的边界大圆内,其中 L 为曲线 $C:\boldsymbol{x}(s)$的周长, s 为弧长参数.

证明 设包含 Γ 的闭半球面的边界大圆为 S_W, S_W 的极点位置为 $\boldsymbol{W}$. 曲线 $C:\boldsymbol{x}(s)$ 的单位切向量 $\boldsymbol{x}'(s)$满足 $\boldsymbol{W}\cdot\boldsymbol{x}'(s)\geqslant 0$. 于是,有

$$0 \leqslant \int_0^L \boldsymbol{W}\cdot\boldsymbol{x}'(s)\mathrm{d}s = \boldsymbol{W}\int_0^L \boldsymbol{x}'(s)\mathrm{d}s = \boldsymbol{W}\boldsymbol{x}(s)\Big|_0^L = 0.$$

由于 $\boldsymbol{W}\cdot\boldsymbol{x}'(s)$非负连续,故 $\boldsymbol{W}\cdot\boldsymbol{x}'(s)=0$,即 Γ 位于大圆 S_W 内. □

引理 1.7.4 空间 $\mathbf{R}^3$ 中正则闭曲线 $C:\boldsymbol{x}(s)$的切线像 Γ 与 S^2 的任一有向大圆至少有两个交点.

证明 设 S_W 是 S^2 的任一有向大圆, $\boldsymbol{W}$ 为 S_W 的极点位置向量. 显然,高度函数 $h(s)=\boldsymbol{W}\cdot\boldsymbol{x}(s)$是闭区间$[0,L]$上的连续函数. 因此,它在达到最大值与最小值的 s 处,有

$$0 = h'(s) = \boldsymbol{W}\cdot\boldsymbol{x}'(s).$$

这些 s 对应的 Γ 的点落在大圆 S_W 上. 从而, Γ 与 S_W 至少有两个交点. □

定理 1.7.15(Fenchel) 空间简单闭曲线 $C:\boldsymbol{x}(s), s\in[0,L]$($s$ 为其弧长)的全曲率

$$\int_0^L \kappa(s)\mathrm{d}s \geqslant 2\pi,$$

等号成立当且仅当曲线 $C:\boldsymbol{x}(s)$为平面简单闭凸曲线(卵形线).

证明 (证法1)在切线像 Γ 上任取两点 A,B,使得 Γ 分成长度相等的两段 Γ_1 与 Γ_2,它们的长度都为 $\frac{K}{2} = \frac{1}{2}\int_0^L \kappa(s)\mathrm{d}s$.

情况 1: A,B 为对径点,即单位球面 S^2 的同一直径上的两个点,则 A 与 B 之间的球面最短距离 $\overline{AB}=\pi$. 注意到 Γ_1(或 Γ_2)的长不小于 $\overline{AB}=\pi$,故 Γ 的长不小于 2π,即

$$K = \int_0^L \kappa(s)\mathrm{d}s \geqslant 2\pi,$$

等号成立当且仅当 Γ_1 和 Γ_2 均为半个大圆弧. 此时, Γ 必位于某个闭半球面内.

情况 2: A,B 不为对径点,则 $\overline{AB}<\pi$. 取 $\overline{AB}$的中点 M,并以 M 为北极点作大圆 S_M. 显然, A,B 不在 S_M 上(图1.7.31). 根据引理 1.7.4, Γ 必与 S_M 相交,设 P 是 Γ 与 S_M 的一

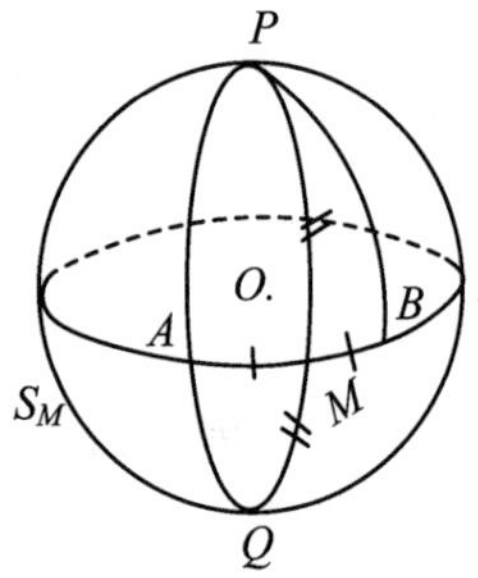

图 1.7.31

个交点,不妨设 $P\in\Gamma_1$,则

$$\frac{1}{2}\int_0^L \kappa(s)\mathrm{d}s = \frac{K}{2} = \widehat{AP} + \widehat{BP} \geqslant \overline{AP} + \overline{BP}$$

(其中 $\widehat{AP}$ 为 A,B 两点在切线像 Γ 上的一段长度,并有 $\widehat{AB}\geqslant\widehat{AP}$).如果将 $\overline{PM}$ 延伸到 P 的对径点 Q,则得到

$$\frac{1}{2}\int_0^L \kappa(s)\mathrm{d}s = \frac{K}{2} \geqslant \overline{AP} + \overline{BP}$$

$$= \overline{AP} + \overline{AQ} = \overline{PQ} = \pi,$$

$$K = \int_0^L \kappa(s)\mathrm{d}s \geqslant 2\pi,$$

等号成立当且仅当 $\widehat{AP} = \overline{AP}$,$\widehat{BP} = \overline{BP}$,$\widehat{AP}$,$\widehat{BP}$ 只能是北半球上的大圆弧.于是,$\Gamma_1 = \widehat{AP}\cup\widehat{BP}$ 落在北闭半球面内.同理,Γ_2 也落在北闭半球面内.

由情况 1 与情况 2 推得 $K = \int_0^L \kappa(s)\mathrm{d}s \geqslant 2\pi$,并且 $K = \int_0^L \kappa(s)\mathrm{d}s = 2\pi$ 时,Γ 落在一个闭半球面内.根据引理 1.7.3,Γ 必位于该闭半球面的边界大圆内,记该大圆的极点位置向量为 $\boldsymbol{n}$,则

$$0 = \boldsymbol{n}\cdot\boldsymbol{x}'(s) = (\boldsymbol{n}\cdot\boldsymbol{x}(s))', \quad \boldsymbol{n}\cdot\boldsymbol{x}(s) = c(\text{常数}).$$

因此,$C:\boldsymbol{x}(s)$ 为平面曲线.于是

$$2\pi \xlongequal[\text{取正向}]{\text{旋转指标定理}} \int_0^L \kappa_r(s)\mathrm{d}s \leqslant \int_0^L \kappa(s)\mathrm{d}s = K = 2\pi.$$

从 $\kappa(s)\geqslant\kappa_r(s)$ 可以推出 $\kappa_r(s)=\kappa(s)\geqslant 0$.再根据定理 1.7.4′,$C:\boldsymbol{x}(s)$,$s\in[0,L]$ 为平面简单凸闭曲线.

(证法 2)因为 S^2 上所有有向大圆集合的测度等于对应极点集合的面积,即 S^2 的面积为 $\iint_{S^2}\mathrm{d}\boldsymbol{W} = 4\pi$.

另一方面,根据引理 1.7.4,每个有向大圆与 Γ 至少有两个交点,即 $n(\boldsymbol{W})\geqslant 2$.于是,$\Gamma$ 的长度为 K,有

$$4K \xlongequal[\text{定义 1.7.11}]{\text{定理 1.7.14}} \iint_{S^2} n(\boldsymbol{W})\mathrm{d}\boldsymbol{W} \geqslant \iint_{S^2} 2\mathrm{d}\boldsymbol{W} = 2\cdot 4\pi = 8\pi,$$

$$\int_0^L \kappa(s)\mathrm{d}s = K \geqslant 2\pi.$$

□

注 1.7.5 Fenchel 定理在分段光滑闭曲线情形下的推广,可参阅白正国在 1958～1959 年《数学学报》中发表的有关文章.

推论 1.7.3 如果空间 $\mathbf{R}^3$ 中的闭曲线 $C:\boldsymbol{x}(s)$,$s\in[0,L]$ 的曲率 $\kappa(s)\leqslant\frac{1}{R}$,则

$C: \boldsymbol{x}(s), s\in[0,L]$的长度 $L\geqslant 2\pi R$.

证明 由题设得

$$L = \int_0^L \mathrm{d}s \geqslant \int_0^L R\kappa(s)\mathrm{d}s = R\int_0^L \kappa(s)\mathrm{d}s \overset{\text{定理1.7.15}}{\geqslant} 2\pi R. \qquad \square$$

定义 1.7.13 对于一条 $\mathbf{R}^3$ 中的空间闭曲线 C,如果存在一个连续映射 $D\to\mathbf{R}^3$(其中 D 为平面中的单位圆盘),使得 C 恰为 D 的边界 $\partial D = S^1$(单位圆)在此映射下的像,则称 C 是一条**非纽结(不打结)曲线**(图 1.7.32(a));否则称 C 为**纽结(打结)曲线**(图 1.7.32(b)).

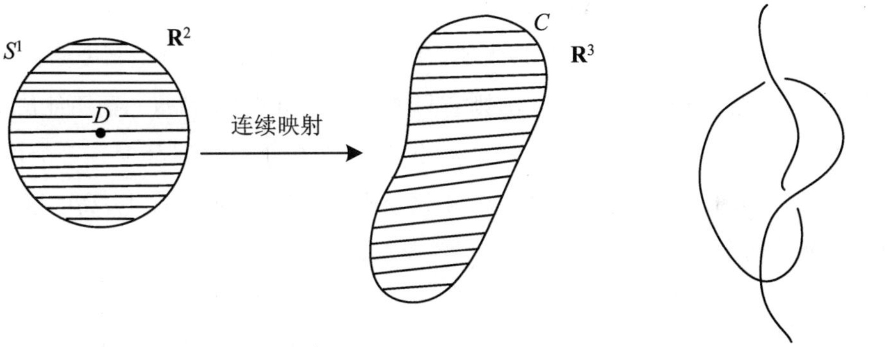

(a) 非纽结(不打结)曲线　　　(b) 纽结(打结)曲线

图 1.7.32

应用球面上的 Crofton 公式可以证明下面的 Fary-Milnor 定理,它是 Fenchel 定理在纽结曲线上的推广. Fary-Milnor 定理是 Borsuk 于 1948 年猜测,并由 Fary 和 Milnor 独立证明的.

定理 1.7.16(Fary-Milnor) $\mathbf{R}^3$ 中纽结简单正则闭曲线 $C: \boldsymbol{x}(s), s\in[0,L]$的全曲率 $L^* = \int_0^L \kappa(s)\mathrm{d}s \geqslant 4\pi$.

证明 (反证)假设 $\int_0^L \kappa(s)\mathrm{d}s < 4\pi$,则 $C: \boldsymbol{x}(s), s\in[0,L]$ 的切线像 $C^*: \boldsymbol{x}'(s)$, $s\in[0,L]$ 的全长(即 C 的全曲率)

$$L^* = \int_0^L |\boldsymbol{x}''(s)| \mathrm{d}s = \int_0^L \kappa(s)\mathrm{d}s < 4\pi.$$

于是

$$\iint_{S^2} n(\boldsymbol{W})\mathrm{d}\boldsymbol{W} \xlongequal{\text{球面 Crofton 公式}} 4L^* < 16\pi,$$

其中 $n(\boldsymbol{W})$ 是以 $\boldsymbol{W}$ 为极点的大圆 S_W 与切线像 $C^*: \boldsymbol{x}'(s), s\in[0,L]$ 的交点数. 因此,至少存在一个单位向量 $\boldsymbol{W}_0$,使 $n(\boldsymbol{W}_0) < 4\Big($否则,$16\pi = 4\cdot 4\pi \leqslant \iint_{S^2} n(\boldsymbol{W})\mathrm{d}\boldsymbol{W} < 16\pi$,

矛盾).作函数

$$h(s) = \boldsymbol{W}_0 \cdot \boldsymbol{x}(s),$$

它是 $\boldsymbol{x}(s)$在 $\boldsymbol{W}_0$ 方向上的投影长度,我们称它为**高度函数**.因为

$$\begin{aligned} & h'(s) = \boldsymbol{W}_0 \cdot \boldsymbol{x}'(s) = \boldsymbol{W}_0 \cdot \boldsymbol{V}_1(s) = 0 \\ \Leftrightarrow \quad & \boldsymbol{x}'(s) = \boldsymbol{V}_1(s) \perp \boldsymbol{W}_0 \\ \Leftrightarrow \quad & \text{切线像 } \boldsymbol{V}_1(x) = \boldsymbol{x}'(s) \in S_{\boldsymbol{W}_0} (\text{以 } \boldsymbol{W}_0 \text{ 为极点的大圆}). \end{aligned}$$

由 $n(\boldsymbol{W}_0)<4$ 立知,$h'(s)=0$ 的点至多只有三个.

因为 $h(s)$定义在闭区间$[0,L]$上,L 为曲线 C:$\boldsymbol{x}(s)$的周长,它有最大、最小值.设 $h(s_1)=H_1$为最小值,$h(s_2)=H_2$ 为最大值.在点 s_1 及 s_2 处,它们都是高度函数 h 的极值点.如果还有一点 s_3 使得 $h'(s_3)=0$,则它只能是 h 的驻点(逗留点),而不能成为极值点(否则,由于两个极大点之间至少有一个极小点;两个极小点之间至少有一个极大点.因而,至少有四个极值点,这就与 $n(\boldsymbol{W}_0)<4$ 相矛盾).因此,在曲线 C 上,高度函数$h(s)$的极值点只能有两个.

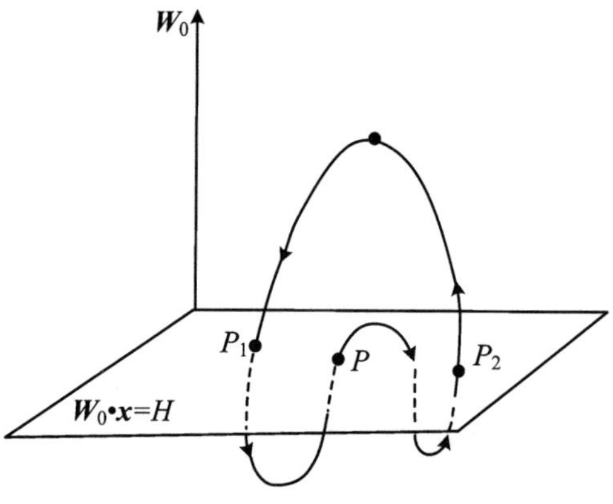

图 1.7.33

对介于 H_1,H_2 之间的每一个数 H,可作一个高度为 H 的截面$\boldsymbol{W}_0 \cdot \boldsymbol{x}=H$.现在来证明这个截面只与曲线 C 相交于两点.根据连续函数的介值定理,至少有两个交点.因为从最高点按曲线的定向走到最低点时至少要与截面交于一点,设 P_1 为交点(图 1.7.33).另一方面,从最低点再顺着曲线的方向走到最高点时,又至少与截面交于一点,设 P_2 为交点,如果曲线 C 上还有一点P 在此截面上,不妨设 P 在从 P_1 到 P_2 的弧段中.由于 $h(P_1)=h(P)$,由 Lagrange 中值定理知,在曲线 C 的开弧段 $\widehat{P_1P}$ 中必有一个极值点.同样,由 $h(P)=h(P_2)$知,在 C 的开弧段 $\widehat{PP_2}$中也必有一个极值点.再加上最高点一起,C 上就有三个极值点,这与上述高度函数 $h(s)$的极值点只能有两个相矛盾.所以,截面上只有两点是 C 上的点.用线段将 P_1,P_2 连接起来,所有这些线段构成了同胚于圆盘的曲面片,以 C 为边界曲线.根据定义 1.7.13,C 是非纽结的,这与题设 C 是纽结的相矛盾.这就证明了$\int_0^L \kappa(s)\mathrm{d}s \geqslant 4\pi$. □

想进一步研究纽结理论的读者可参阅 K. Reidemeister 于 1932 年的经典著作

Knotentheorie 以及 R. H. Crowell 与 R. H. Fox 于 1963 年所著的 *Introduction to knot theory*.

类似空间曲线的全曲率定义，有：

定义 1.7.14 空间闭曲线 C：$\boldsymbol{x}(s)$（$s\in[0,L]$为弧长）的**全挠率**定义为积分

$$\int_0^L \tau(s)\mathrm{d}s,$$

其中 $\tau(s)$为曲线 C 的挠率.

易见，空间闭曲线的全挠率取值可以在 $-\infty$ 与 $+\infty$ 之间. 但球面曲线的全挠率必为 0. 为此，先证明引理 1.7.5 与引理 1.7.6.

引理 1.7.5 球面闭曲线与其单位球面上的共形变换像有相同的全挠率.

证明 设半径为 R 的球面上的闭曲线 C 的参数表示为 $\boldsymbol{x}(s)$，$s\in[0,L]$，s 为弧长参数. 曲线 C 经共形变换到单位球面 S^2 上的像为 $\bar{C}$：$\bar{\boldsymbol{x}}(\bar{s})$，其中 $\bar{s}$ 为 $\bar{C}$ 的弧长参数. 适当选取坐标系，使得曲线 C 为

$$\boldsymbol{x}(s) = R\bar{\boldsymbol{x}}(\bar{s}).$$

球面闭曲线 C 与 S^2 上相应像曲线 $\bar{C}$ 的挠率分别为

$$\tau_{\bar{C}}(\bar{s}) = \frac{(\dot{\bar{\boldsymbol{x}}},\ddot{\bar{\boldsymbol{x}}},\dddot{\bar{\boldsymbol{x}}})}{(\dot{\bar{\boldsymbol{x}}}\times\ddot{\bar{\boldsymbol{x}}})^2},\quad \tau_C(s) = \frac{(\boldsymbol{x}',\boldsymbol{x}'',\boldsymbol{x}''')}{(\boldsymbol{x}'\times\boldsymbol{x}'')^2}.$$

因为

$$\boldsymbol{x}' = R\dot{\bar{\boldsymbol{x}}},\quad \boldsymbol{x}'' = R\ddot{\bar{\boldsymbol{x}}},\quad \boldsymbol{x}''' = R\dddot{\bar{\boldsymbol{x}}},$$

所以

$$\tau_C(s) = \frac{(R\dot{\bar{\boldsymbol{x}}},R\ddot{\bar{\boldsymbol{x}}},R\dddot{\bar{\boldsymbol{x}}})}{(R\dot{\bar{\boldsymbol{x}}}\times R\ddot{\bar{\boldsymbol{x}}})^2} = \frac{1}{R}\frac{(\dot{\bar{\boldsymbol{x}}},\ddot{\bar{\boldsymbol{x}}},\dddot{\bar{\boldsymbol{x}}})}{(\dot{\bar{\boldsymbol{x}}}\times\ddot{\bar{\boldsymbol{x}}})^2} = \frac{1}{R}\tau_{\bar{C}}(\bar{s}).$$

由于变换是共形的，故 $s=R\bar{s}$，$\mathrm{d}s=R\mathrm{d}\bar{s}$，$L=R\bar{L}$. 因此

$$\int_0^L \tau_C(s)\mathrm{d}s = \int_0^{\bar{L}}\frac{1}{R}\tau_{\bar{C}}(\bar{s})\mathrm{d}s = \int_0^{\bar{L}}\tau_{\bar{C}}(\bar{s})\mathrm{d}\bar{s},$$

这就证明了球面曲线与其单位球面上的共形变换像有相同的全挠率. □

引理 1.7.6 如果单位球面 S^2 上的曲线 C：$\boldsymbol{x}(s)$的测地曲率 $\kappa_g\neq0$（即 $\kappa\neq1$），则

$$\tau = -\frac{\kappa'}{\kappa\kappa_g} = -\varepsilon\frac{\kappa'}{\kappa\sqrt{\kappa^2-1}},$$

其中 s 为弧长，$\varepsilon=\pm1$.

证明 由于 $\boldsymbol{x}^2(s)=1$，故 $\boldsymbol{x}\cdot\boldsymbol{V}_1=\boldsymbol{x}\cdot\boldsymbol{x}'=0$. 从而，有

$$\boldsymbol{V}_1^2+\boldsymbol{x}\cdot\kappa\boldsymbol{V}_2 = \boldsymbol{x}'^2+\boldsymbol{x}\cdot\boldsymbol{V}_1' = (\boldsymbol{x}\cdot\boldsymbol{V}_1)' = 0' = 0,$$

即

$$1 + \boldsymbol{x} \cdot \kappa \boldsymbol{V}_2 = 0,$$

故

$$\boldsymbol{x} \cdot \boldsymbol{V}_2 = -\frac{1}{\kappa}.$$

微分上式得到

$$\kappa' \boldsymbol{x} \cdot \boldsymbol{V}_2 + \kappa \boldsymbol{x}' \cdot \boldsymbol{V}_2 + \kappa \boldsymbol{x} \cdot \boldsymbol{V}_2' = 0,$$

应用 Frenet 公式得

$$\kappa' \cdot \left(-\frac{1}{\kappa}\right) + \kappa \cdot 0 + \kappa \boldsymbol{x} \cdot (-\kappa \boldsymbol{V}_1 + \tau \boldsymbol{V}_3) = 0,$$

$$-\frac{\kappa'}{\kappa} + \kappa\tau \boldsymbol{x} \cdot \boldsymbol{V}_3 = 0.$$

若取单位球面的单位法向量 $\boldsymbol{n} = -\boldsymbol{x}$，根据定义 2.8.1，得

$$\kappa_g = \kappa \boldsymbol{V}_3 \cdot \boldsymbol{n} = \kappa \boldsymbol{V}_3 \cdot (-\boldsymbol{x}) = -\kappa \boldsymbol{V}_3 \cdot \boldsymbol{x},$$

则

$$\frac{\kappa'}{\kappa} + \tau \kappa_g = 0.$$

又因为单位球面 S^2 上曲线的法曲率

$$\begin{aligned}\kappa_n &= \kappa_n \boldsymbol{n} \cdot \boldsymbol{n} = (\boldsymbol{\tau} + \kappa_n \boldsymbol{n}) \cdot \boldsymbol{n} = \kappa \boldsymbol{V}_2 \cdot \boldsymbol{n} \\ &= \boldsymbol{V}_1' \cdot \boldsymbol{n} = \boldsymbol{x}'' \cdot (-\boldsymbol{x}) = -(\boldsymbol{x}' \cdot \boldsymbol{x})' + \boldsymbol{x}' \cdot \boldsymbol{x}' \\ &= 0 + 1 = 1,\end{aligned}$$

并且由定理 2.8.2 知，$\kappa_g^2 + \kappa_n^2 = \kappa^2$. 因此

$$\kappa_g = \varepsilon \sqrt{\kappa^2 - \kappa_n^2} = \varepsilon \sqrt{\kappa^2 - 1}, \quad \varepsilon = \pm 1.$$

综上所述，当 $\kappa_g \neq 0$，即 $\kappa \neq 1$ 时（$\kappa \geqslant \sqrt{\kappa_g^2 + \kappa_n^2} = \sqrt{\kappa_g^2 + 1} \geqslant 1$），有

$$\tau = -\frac{\kappa'}{\kappa\kappa_g} = -\varepsilon \frac{\kappa'}{\kappa \sqrt{\kappa^2 - 1}}.$$

□

引理 1.7.7 设单位球面上弧长参数的曲线 $\boldsymbol{x}(s)$ 的曲率 $\kappa(s) \neq 1$，$\tau(s) \neq 0$，则

$$\tau(s) = \frac{1}{\sigma(s)} = \varepsilon \frac{\rho'(s)}{\sqrt{1 - \rho^2(s)}} = -\varepsilon \frac{\kappa'(s)}{\kappa(s) \sqrt{\kappa^2(s) - 1}}, \quad \varepsilon \pm 1,$$

其中 $\rho(s) = \dfrac{1}{\kappa(s)}$ 为曲率半径，$\sigma(s) = \dfrac{1}{\tau(s)}$ 为挠率半径.

证明 根据例 1.3.2，当 $\tau(s) \neq 0$ 时，曲线为

$$\boldsymbol{x}(s) = -\rho(s) \boldsymbol{V}_2(s) - \rho'(s) \sigma(s) \boldsymbol{V}_3(s).$$

于是，由 $\rho = \dfrac{1}{\kappa} \neq 1$ 得到

$$\rho^2+\rho'^2\sigma^2=(-\rho)^2+(-\rho'\sigma)^2=|\boldsymbol{x}(s)|^2=1,\quad \rho'\neq 0,$$

故

$$\sigma^2=\frac{1-\rho^2}{\rho'^2},$$

$$\tau=\frac{1}{\sigma}=\varepsilon\frac{\rho'}{\sqrt{1-\rho^2}}=\varepsilon\frac{\left(\frac{1}{\kappa}\right)'}{\sqrt{1-\frac{1}{\kappa^2}}}=\varepsilon\frac{\frac{-\kappa'}{\kappa^2}}{\frac{1}{\kappa}\sqrt{\kappa^2-1}}=-\varepsilon\frac{\kappa'}{\kappa\sqrt{\kappa^2-1}},\quad \varepsilon=\pm 1.\ \square$$

定理 1.7.17 球面上任何闭曲线的全挠率为 0.

证明 设 C 为球面上的任一闭曲线,对它作共形变换得到单位球面上的闭曲线 $\overline{C}$. 根据引理 1.7.5,C 与 $\overline{C}$ 有相等的全挠率.

(1) 设在整个闭曲线 $\overline{C}$ 上,$\kappa_g\neq 0$. 由连续函数的零值定理知,κ_g 恒为正或恒为负. 此时,$\overline{C}$ 的全挠率为

$$\int_0^L\tau(s)\mathrm{d}s=-\varepsilon\int_0^L\frac{\kappa'}{\kappa\sqrt{\kappa^2-1}}\mathrm{d}s=\varepsilon\operatorname{arccsc}\kappa(s)\Big|_0^L=0.$$

(2) 设 κ_g 在 $s_0=0,s_1,s_2,\cdots,s_n=L$ 各点处为 0,且 $0=s_0\leqslant s_1\leqslant s_2\leqslant\cdots\leqslant s_n=L$,$\kappa_g$ 在 (s_{i-1},s_i) 上不变号;或者在闭区间 $[s_{i-1},s_i]$ 上 $\kappa_g=0$. 如果是前者,由于

$$\kappa_g(s_{i-1})=\kappa_g(s_i)=0\ \xLeftrightarrow[\kappa_g^2+\kappa_n^2=\kappa^2]{\kappa_n=1}\ \kappa(s_{i-1})=\kappa(s_i)=1,$$

有

$$\int_{s_{i-1}}^{s_i}\tau(s)\mathrm{d}s=-\varepsilon\int_{s_{i-1}}^{s_i}\frac{\kappa'}{\kappa\sqrt{\kappa^2-1}}\mathrm{d}s=\varepsilon\operatorname{arccsc}\kappa(s)\Big|_{s_{i-1}}^{s_i}=\varepsilon\left(\frac{\pi}{2}-\frac{\pi}{2}\right)=0;$$

如果是后者,$\overline{C}|_{[s_{i-1},s_i]}$ 为测地线,即大圆弧. 因而,它是一段平面曲线,必有 $\tau=0$,有

$$\int_{s_{i-1}}^{s_i}\tau(s)\mathrm{d}s=\int_{s_{i-1}}^{s_i}0\mathrm{d}s=0.$$

将各个小区间上的积分相加得到

$$\int_0^L\tau(s)\mathrm{d}s=\sum_{i=1}^n\int_{s_{i-1}}^{s_i}\tau(s)\mathrm{d}s=\sum_{i=1}^n 0=0.$$

(3) 更一般地,由 κ_g 和 τ 的连续性知

$$\{s\mid\kappa_g(s)\neq 0\}\cup\{s\mid\tau(s)\neq 0\}$$

为开集,它是至多可数个互不相交开区间(称为构成区间)$\{(s_{i-1},s_i)\mid i=1,2,\cdots\}$ 的并,而

$$\{s\mid\kappa_g(s)=0,\tau(s)=0\}$$

为闭集. 于是

$$\begin{aligned}\int_0^L \tau(s)\mathrm{d}s &= (L)\int_{\{s|\kappa_g(s)\neq 0\}\cup\{s|\tau(s)\neq 0\}}\tau(s)\mathrm{d}s + (L)\int_{\{s|\kappa_g(s)=0=\tau(s)\}}\tau(s)\mathrm{d}s\\ &= \sum_i (L)\int_{s_{i-1}}^{s_i}\tau(s)\mathrm{d}s + (L)\int_{\{s|\kappa_g(s)=0=\tau(s)\}} 0\mathrm{d}s\\ &\xlongequal{\text{引理 1.7.7}} \sum_i -\varepsilon_i\int_{s_{i-1}}^{s_i}\frac{\kappa'(s)}{\kappa(s)\sqrt{\kappa^2(s)-1}}\mathrm{d}s\\ &= -\sum_i \varepsilon_i \operatorname{arccsc}\kappa(s)\Big|_{s_{i-1}}^{s_i} = -\sum_i\varepsilon_i\left(\frac{\pi}{2}-\frac{\pi}{2}\right) = -\sum_i 0 = 0.\end{aligned}$$

其中 $\varepsilon_i = \pm 1$,而(L)表示 Lebesgue 积分.

我们也可如下证明:对$\forall\,\varepsilon>0$,由 $\tau(s)$与 $\kappa_g(s)$连续知 $F=\{s\,|\,\kappa(s)=0,\tau(0)=0\}$为有界闭集(紧集),故$\exists\,\delta>0$,当 $\mathrm{d}(s,F)=\inf\{\mathrm{d}(s,y)\,|\,y\in F\}<\delta$ 时,有$|\tau(s)|<\dfrac{\varepsilon}{2L}$. 由于$|\tau(s)|$连续,故$|\tau(s)|\leqslant M$(常数),$\forall\, s\in[0,L]$. 取 $N\in\mathbf{N}$(自然数集),使当 $n\in\mathbf{N}$, $n>N$ 时,$s_i-s_{i-1}<\delta$, $i=N+1,N+2,\cdots$,且

$$\sum_{i=N+1}^{\infty}\int_{s_{i-1}}^{s_i}|\tau(s)|\mathrm{d}s < M\sum_{i=N+1}^{\infty}(s_i-s_{i-1}) < M\cdot\frac{\varepsilon}{2M+1}<\frac{\varepsilon}{2}.$$

于是

$$\begin{aligned}\left|\int_0^L\tau(s)\mathrm{d}s\right| &= \left|\int_0^L\tau(s)\mathrm{d}s - 0\right| = \left|\int_0^L\tau(s)\mathrm{d}s - \sum_{i=1}^{\infty}\int_{s_{i-1}}^{s_i}\tau(s)\mathrm{d}s\right|\\ &\leqslant \left|\int_0^L\tau(s)\mathrm{d}s - \sum_{i=1}^{N}\int_{s_{i-1}}^{s_i}\tau(s)\mathrm{d}s\right| + \sum_{i=N+1}^{\infty}\int_{s_{i-1}}^{s_i}|\tau(s)|\mathrm{d}s\\ &\leqslant \left|\int_{[0,L]-\bigcup_{i=1}^{N}(s_{i-1},s_i)}|\tau(s)|\mathrm{d}s\right| + \frac{\varepsilon}{2}\\ &< \frac{\varepsilon}{2L}\cdot L + \frac{\varepsilon}{2} = \varepsilon.\end{aligned}$$

令 $\varepsilon\to 0^+$ 得到$\displaystyle\int_0^L\tau(s)\mathrm{d}s = 0$. □

注 1.7.6 W. Scherrer 于 1940 年证明了定理 1.7.17 的逆定理:如果 $\mathbf{R}^3$ 中曲面 M 上任何闭曲线的全挠率为 0,则 M 为球面片或平面片.

第 2 章

$\mathbf{R}^n$ 中 k 维 C^r 曲面的局部性质

本章引入了曲面的第 1 与第 2 基本形式，论述了曲面的基本公式，定义了 Weingarten 映射，讨论了共轭曲线网与渐近曲线网. 接着介绍了法曲率向量、测地曲率向量，并证明了 Euler 公式. 另外，还定义了主曲率、曲率线与测地线.

我们还引入与第 1 基本形式、第 2 基本形式有关的重要的 Gauss（总）曲率 K_G 与平均曲率 H，并给出计算的实例. 着重讨论了常 Gauss（总）曲率的曲面与极小曲面的典型例子，研究了它们的重要性质.

在给出与测地曲率向量密切相关的测地曲率 κ_g 的基础上，考虑 $\kappa_g = 0$ 的特殊曲线，称它为测地线，并证明了测地线的五个等价命题，以及长度达极小值的曲线必为测地线的定理. 进而，还证明了在局部，测地线为最短线，以及测地线的 Liouville 公式.

本章最后介绍了曲面的基本方程与基本定理，证明了意想不到的 Gauss 绝妙定理，使得曲面论的局部理论达到了顶峰.

为了使读者能从古典微分几何顺利地过渡到近代微分几何，一方面，我们引入了 C^r Riemann 流形、Levi-Civita 联络、向量场的平行移动以及应用这种平行移动来定义测地线. 另一方面，引入了正交活动标架与外微分运算. 这样，读者不仅可以站在更高的高度看古典微分几何，而且会感到熟读本章后离近代微分几何只有一步之遥了.

2.1 曲面的参数表示、切向量、法向量、切空间、法空间

定义 2.1.1 设 $\{0;x^1,x^2,\cdots,x^n\}$ 为 $\mathbf{R}^n$ 中的 R. Descartes（笛卡儿）坐标系（这里 x^i 中的 i 表示第 i 个坐标，今后在微分几何里用 x^i 比用 x_i 更方便），$D\subset\mathbf{R}^n$ 为开区域.

$$\begin{aligned}
&\boldsymbol{x}:D\to\mathbf{R}^n,\\
&\boldsymbol{u}=(u^1,u^2,\cdots,u^m)\mapsto\boldsymbol{x}(\boldsymbol{u})=\boldsymbol{x}(u^1,u^2,\cdots,u^m)\\
&\quad=(x^1(u^1,u^2,\cdots,u^m),x^2(u^1,u^2,\cdots,u^m),\cdots,x^n(u^1,u^2,\cdots,u^m))\\
&\quad=(x^1(\boldsymbol{u}),x^2(\boldsymbol{u}),\cdots,x^n(\boldsymbol{u}))=\sum_{i=1}^n x^i(u^1,u^2,\cdots,u^m)\boldsymbol{e}_i
\end{aligned}$$

是以 $u^1,u^2,\cdots,u^m$ 为参数的 **m 维参数曲面**，其中 $\{\boldsymbol{e}_i\mid i=1,\cdots,n\}$ 为 $\mathbf{R}^n$ 中的规范正

交基.

如果 $\boldsymbol{x}(\boldsymbol{u})(\Leftrightarrow x^i(u^1,u^2,\cdots,u^m),i=1,2,\cdots,n)$ 连续,C^r 可导(具有 r 阶连续偏导数,其中 $r\in\mathbf{N}$(自然数集)),C^∞ 可导(具有各阶连续偏导数),C^ω(每个 $x^i(u^1,u^2,\cdots,u^m),i=1,2,\cdots,n$ 在每个点 $\boldsymbol{u}=(u^1,u^2,\cdots,u^m)$ 处可展开为收敛的幂级数,即是实解析的),则分别称 $\boldsymbol{x}(\boldsymbol{u})$ 为 C^0(**连续**) **曲面**、C^r **曲面**、C^∞ **曲面**、C^ω(**实解析**) **曲面**.

记 $C^r(D,\mathbf{R}^n)$ 为 $\mathbf{R}^n$ 中在 D 上的 $C^r(r\in\{0,1,\cdots,+\infty,\omega\})$ 参数曲面的全体.

设 $\boldsymbol{u}_0=(u_0^1,u_0^2,\cdots,u_0^m)\in D,u^j=u_0^j,j\neq i$,而让 u^i 变动,就得到曲面 $M=\{\boldsymbol{x}(\boldsymbol{u})\mid \boldsymbol{u}\in D\}$ 上的一条通过 $P_0=\boldsymbol{x}(\boldsymbol{u}_0)$ 点的曲线

$$\boldsymbol{x}=\boldsymbol{x}(u_0^1,u_0^2,\cdots,u_0^{i-1},u^i,u_0^{i+1},\cdots,u_0^m)\quad(\text{它以 } u^i \text{ 为参数}),$$

称为过 $P_0=\boldsymbol{x}(\boldsymbol{u}_0)$ 的 u^i(**坐标**)**曲线**.因此,通过曲面 M 上的每个点 $P_0=\boldsymbol{x}(\boldsymbol{u}_0)$ 有 m 条 $u^i(i=1,2,\cdots,m)$ 坐标曲线,它们构成曲面 M 上的参数曲线网(图 2.1.1).

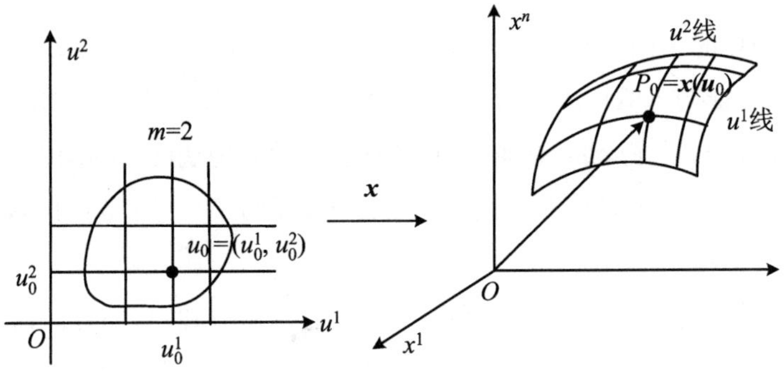

图 2.1.1

当 M 为 m 维 C^1 参数曲面时,这 m 条参数(坐标)曲线的切向量分别为

$$\begin{aligned}\boldsymbol{x}'_{u^i}(\boldsymbol{u}_0)&=\frac{\partial\boldsymbol{x}}{\partial u^i}(\boldsymbol{u}_0)\\&=(x^{1\prime}_{u^i}(u_0^1,u_0^2,\cdots,u_0^m),x^{2\prime}_{u^i}(u_0^1,u_0^2,\cdots,u_0^m),\cdots,x^{n\prime}_{u^i}(u_0^1,u_0^2,\cdots,u_0^m)),\end{aligned}$$

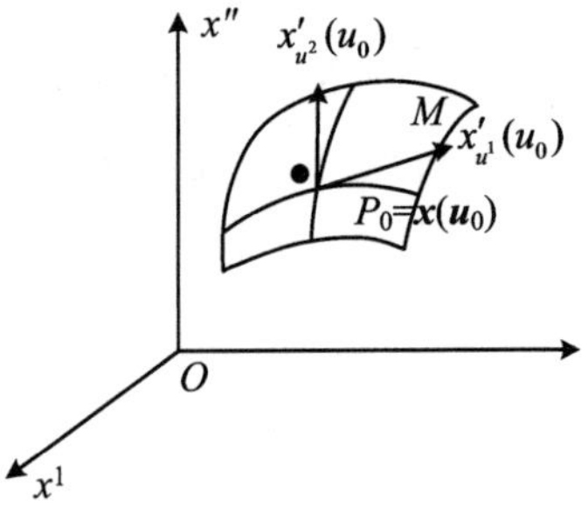

图 2.1.2

我们称它们为**坐标切向量**(图 2.1.2).显然

$$\begin{aligned}&\boldsymbol{x}'_{u^i}(\boldsymbol{u}_0),i=1,2,\cdots,m \text{ 线性无关}\\\Leftrightarrow\quad&\operatorname{rank}\{\boldsymbol{x}'_{u^1}(\boldsymbol{u}_0),\boldsymbol{x}'_{u^2}(\boldsymbol{u}_0),\cdots,\boldsymbol{x}'_{u^m}(\boldsymbol{u}_0)\}=m\\\Leftrightarrow\quad&\text{矩阵秩 rank}\begin{pmatrix}\boldsymbol{x}'_{u^1}(\boldsymbol{u}_0)\\\boldsymbol{x}'_{u^2}(\boldsymbol{u}_0)\\\vdots\\\boldsymbol{x}'_{u^m}(\boldsymbol{u}_0)\end{pmatrix}=m.\end{aligned}$$

如果 $\boldsymbol{x}'_{u^i}(\boldsymbol{u}_0),i=1,2,\cdots,m$ 线性无关,则称 $P_0=$

$\boldsymbol{x}(\boldsymbol{u}_0)$(或 $\boldsymbol{u}_0$)点为 M 的一个**正则点**(当 $m=1$ 时,这与定义 1.1.1 相一致);否则称 P_0(或 $\boldsymbol{u}_0$)为**奇点**.如果 M 上每一点都为正则点,则称它为 **m 维正则曲面**.

定义 2.1.2 设 M 为 $\mathbf{R}^n$ 中 m 维 C^1 正则曲面,其参数表示为 $\boldsymbol{x}(\boldsymbol{u})$,$\boldsymbol{u}\in D\subset\mathbf{R}^m$,$D$ 为开区域,$P_0\in M$.我们称

$$T_{P_0}M = \left\{\boldsymbol{X} = \sum_{i=1}^{m}\alpha^i\boldsymbol{x}'_{u^i} \;\middle|\; \alpha^i \in \mathbf{R}\right\}$$

为点 P_0 处的**切空间**(当 $m=1$ 时,称为**切(直)线**;当 $m=2$ 时,称为**切平面**).$T_{P_0}M$ 中的向量称为曲面 M 在点 P_0 处的**切向量**.因而,$T_{P_0}M$ 就是由 M 在点 P_0 处的所有切向量组成的(或由 m 个线性无关的坐标切向量 $\boldsymbol{x}'_{u^i}(\boldsymbol{u}_0)$,$i=1,2,\cdots,m$(它为 $T_{P_0}M$ 的一个基)张成的)m 维线性空间,是点 P_0 处由

$$\{\boldsymbol{e}_i = (\overbrace{0,\cdots,0}^{i-1\text{个}},1,0,\cdots,0) \mid i = 1,2,\cdots,n\}$$

张成的 n 维线性空间的 m 维线性子空间(图 2.1.3).

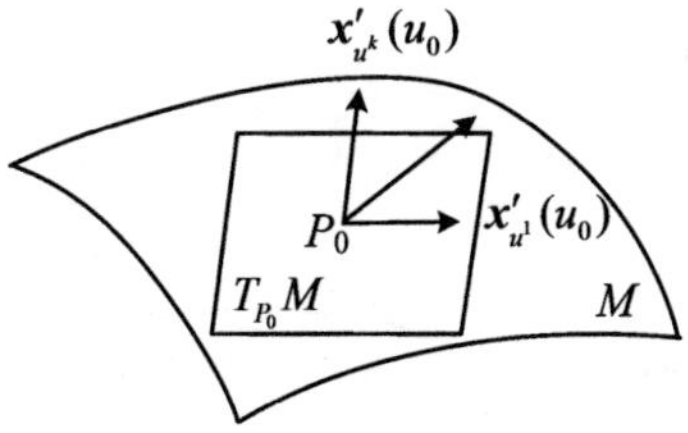

图 2.1.3

定理 2.1.1 设 M 为 $\mathbf{R}^n$ 中 m 维 C^1 正则曲面,其参数表示为 $\boldsymbol{x}(\boldsymbol{u})$,$\boldsymbol{u}\in D\subset\mathbf{R}^m$($D$ 为开区域),$P_0\in M$.

(1) 如果 M 上的曲线 C 可用 C^1 参数方程 $\boldsymbol{u}(t)=(u^1(t),u^2(t),\cdots,u^m(t))$ 表示,且 $\boldsymbol{u}_0=\boldsymbol{u}(t_0)=(u^1(t_0),u^2(t_0),\cdots,u^m(t_0))$,参数 t_0 对应于点 $P_0=\boldsymbol{x}(\boldsymbol{u}_0)=\boldsymbol{x}(\boldsymbol{u}(t_0))\in M$,则曲线 $\boldsymbol{x}(\boldsymbol{u}(t))$ 在点 P_0(或 t_0)处的切向量为

$$\left.\frac{\mathrm{d}\boldsymbol{x}(\boldsymbol{u}(t))}{\mathrm{d}t}\right|_{t=t_0} = \sum_{i=1}^{m}\boldsymbol{x}'_{u^i}(\boldsymbol{u}(t_0))u^{i\prime}(t_0) \in T_{P_0}M.$$

(2) 如果 $\boldsymbol{X}\in T_{P_0}M$,则必有 M 上过点 P_0 的 C^1 参数曲线 $\boldsymbol{x}(\boldsymbol{u}(t))$,使得

$$\left.\frac{\mathrm{d}\boldsymbol{x}(\boldsymbol{u}(t))}{\mathrm{d}t}\right|_{t=0} = \boldsymbol{X}.$$

这表明 $\forall\,\boldsymbol{X}\in T_{P_0}M$,它都可按(1)的方式产生.

证明 (2) 设 $\boldsymbol{X} = \sum_{i=1}^{m}\alpha^i\boldsymbol{x}'_{u^i}(\boldsymbol{u}_0) \in T_{P_0}M$,其中 $P_0 = \boldsymbol{x}(\boldsymbol{u}_0)$.令

$$\boldsymbol{u}(t) = \boldsymbol{u}_0 + (t-t_0)\boldsymbol{\alpha},\quad \boldsymbol{\alpha} = (\alpha^1,\alpha^2,\cdots,\alpha^m).$$

于是,曲面 M 上过点 $P_0=\boldsymbol{x}(\boldsymbol{u}_0)$ 的曲线 $\boldsymbol{x}(\boldsymbol{u}(t))=\boldsymbol{x}(\boldsymbol{u}_0+(t-t_0)\boldsymbol{\alpha})$ 在点 $P_0=\boldsymbol{x}(\boldsymbol{u}_0)$ 处的切向量为

$$\left.\frac{\mathrm{d}\boldsymbol{x}(\boldsymbol{u}(t))}{\mathrm{d}t}\right|_{t=t_0} = \sum_{i=1}^{m}\boldsymbol{x}'_{u^i}(\boldsymbol{u}(t_0))\left.\frac{\mathrm{d}(u_0^i+(t-t_0)\alpha^i)}{\mathrm{d}t}\right|_{t=t_0}$$

$$= \sum_{i=1}^{m}\alpha^i\boldsymbol{x}'_{u^i}(\boldsymbol{u}_0) = \boldsymbol{X}.$$ □

定义 2.1.3 在定义 2.1.2 中, $T_{P_0}M \subset T_{P_0}\mathbf{R}^n$($P_0$ 点处由通常的规范正交基 $\boldsymbol{e}_1$, $\boldsymbol{e}_2,\cdots,\boldsymbol{e}_n$ 张成的 n 维线性空间),如果 $\boldsymbol{X} = \sum_{i=1}^{n} a^i\boldsymbol{e}_i \in T_{P_0}\mathbf{R}^n$, $\boldsymbol{Y} = \sum_{j=1}^{n} b^j\boldsymbol{e}_j \in T_{P_0}\mathbf{R}^n$, 则 $\boldsymbol{X}$ 与 $\boldsymbol{Y}$ 的内积为

$$\begin{aligned}\boldsymbol{X}\cdot\boldsymbol{Y} &= \langle\boldsymbol{X},\boldsymbol{Y}\rangle = \left\langle\sum_{i=1}^{n} a^i\boldsymbol{e}_i, \sum_{j=1}^{n} b^j\boldsymbol{e}_j\right\rangle = \sum_{i,j=1}^{n} a^ib^j\langle\boldsymbol{e}_i,\boldsymbol{e}_j\rangle \\ &= \sum_{i,j=1}^{n} a^ib^j\delta_{ij} = \sum_{i=1}^{n} a^ib^i,\end{aligned}$$

其中 $\delta_{ij} = \begin{cases}1, i = j, \\ 0, i \neq j.\end{cases}$ $\boldsymbol{X}$ 的模 $|\boldsymbol{X}| = \langle\boldsymbol{X},\boldsymbol{X}\rangle^{\frac{1}{2}} = \left(\sum_{i=1}^{n}(a^i)^2\right)^{\frac{1}{2}}$. 令

$$g_{ij} = \boldsymbol{x}'_{u^i}\cdot\boldsymbol{x}'_{u^j} = \langle\boldsymbol{x}'_{u^i},\boldsymbol{x}'_{u^j}\rangle.$$

因此,当 $\boldsymbol{X},\boldsymbol{Y}\in T_{P_0}M\subset T_{P_0}\mathbf{R}^n$ 时,

$$\begin{aligned}\boldsymbol{X}\cdot\boldsymbol{Y} &= \langle\boldsymbol{X},\boldsymbol{Y}\rangle = \left\langle\sum_{i=1}^{m}\alpha^i\boldsymbol{x}'_{u^i}, \sum_{j=1}^{m}\beta^j\boldsymbol{x}'_{u^j}\right\rangle \\ &= \sum_{i,j=1}^{m}\alpha^i\beta^j\langle\boldsymbol{x}'_{u^i},\boldsymbol{x}'_{u^j}\rangle = \sum_{i,j=1}^{m} g_{ij}\alpha^i\beta^j.\end{aligned}$$

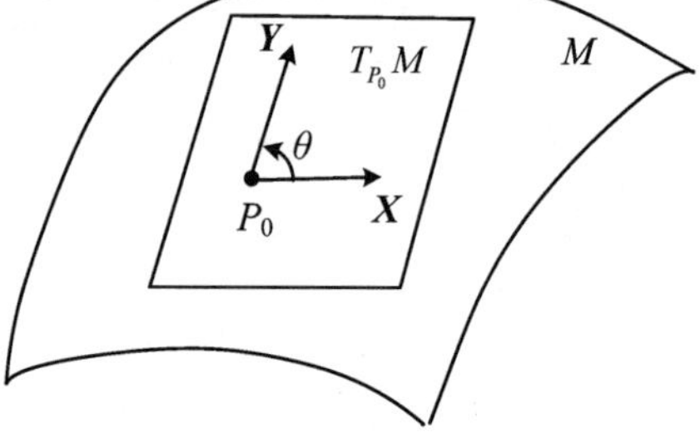

图 2.1.4

$\boldsymbol{X}$ 与 $\boldsymbol{Y}$ 之间的夹角记为 $\theta\in[0,\pi]$(图 2.1.4),则

$$\cos\theta = \frac{\boldsymbol{X}\cdot\boldsymbol{Y}}{|\boldsymbol{X}|\cdot|\boldsymbol{Y}|} = \frac{\sum_{i,j=1}^{m} g_{ij}\alpha^i\beta^j}{\left(\sum_{i,j=1}^{m} g_{ij}\alpha^i\alpha^j\right)^{\frac{1}{2}}\left(\sum_{i,j=1}^{m} g_{ij}\beta^i\beta^j\right)^{\frac{1}{2}}}.$$

当 $\theta = \frac{\pi}{2} \Leftrightarrow \boldsymbol{X}\cdot\boldsymbol{Y} = \langle\boldsymbol{X},\boldsymbol{Y}\rangle = 0$ 时,称 $\boldsymbol{X}$ 与 $\boldsymbol{Y}$ **正交或垂直**,记为 $\boldsymbol{X}\perp\boldsymbol{Y}$.

定义 2.1.4 在定义 2.1.2 中,外围空间 $\mathbf{R}^n$ 的维数 n 与 M 的维数 m 之差 $n-m$ 称为 M 的**余维数**.称

$$T_{P_0}M^{\perp} = \{\boldsymbol{X} \mid \boldsymbol{X}\perp\boldsymbol{Y}, \forall\,\boldsymbol{Y}\in T_{P_0}M\}$$

为 M 在点 P_0 处的**法空间**.而 $X\in T_{P_0}M^{\perp}$ 称为 M 在点 P_0 处的**法向量**.根据线性代数的知识, $T_{P_0}M^{\perp}$ 为 $T_{P_0}\mathbf{R}^n$ 中的 $n-m$ 维线性子空间.

特别地,当 $m=n-1$,即余维数为 1 时,称此 M 为 $\mathbf{R}^n$ 中的 $n-1$ 维 C^1 **正则超曲面**.显然,在 P_0 点,恰好有两个单位向量垂直切空间 $T_{P_0}M$(即垂直所有的坐标切向量 $\boldsymbol{x}'_{u^i}(\boldsymbol{u}_0)$, $i=1,2,\cdots,n-1$),称它们为 $T_{P_0}M$ 的**单位法向量**.我们选单位法向量 $\boldsymbol{n}_0$ 使得

$\{x'_{u^1}(u_0), x'_{u^2}(u_0), \cdots, x'_{u^{n-1}}(u_0), n_0\}$ 组成右手系，则由 n_0 决定了超曲面在点 P_0 处的一个定向，称它为**正向**. 自然，$-n_0$ 决定了 M 在点 P_0 处的另一个定向，称为 M 的**负**(或**反**)**向**(图2.1.5).

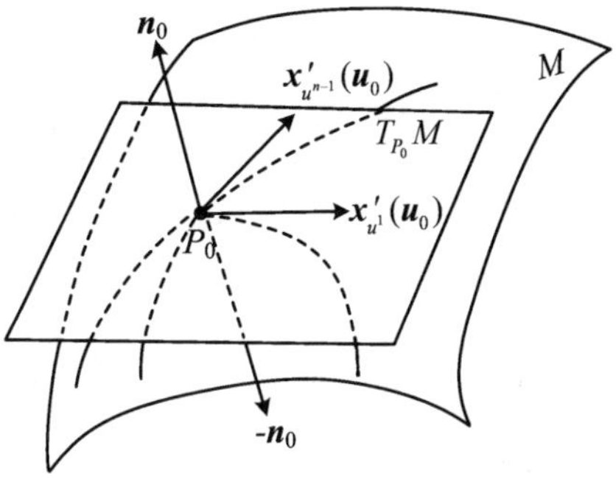

图 2.1.5

对于一般的 $\mathbf{R}^n$ 中的 m 维 C^1 正则曲面，如何由 $T_{P_0}M$ 的坐标基向量 $\{x'_{u^i}(u_0) \mid i = 1, 2, \cdots, m\}$ 构造法空间 $T_{P_0}M^{\perp}$ 的相应的 $n - m$ 个线性无关的法向量组成 $T_{P_0}M^{\perp}$ 的一个基?

定义 2.1.5 作 C^1 **参数变换**

$(u^1, u^2, \cdots, u^m) = (u^1(\bar{u}^1, \bar{u}^2, \cdots, \bar{u}^m), u^2(\bar{u}^1, \bar{u}^2, \cdots, \bar{u}^m), \cdots, u^m(\bar{u}^1, \bar{u}^2, \cdots, \bar{u}^m))$

满足

$$\frac{\partial(u^1, u^2, \cdots, u^m)}{\partial(\bar{u}^1, \bar{u}^2, \cdots, \bar{u}^m)} \neq 0$$

(在微分几何中称它为**局部坐标变换**)，则

$$\begin{pmatrix} x'_{\bar{u}^1} \\ \vdots \\ x'_{\bar{u}^m} \end{pmatrix} = \begin{pmatrix} \sum\limits_{i=1}^{m} x'_{u^i} \dfrac{\partial u^i}{\partial \bar{u}^1} \\ \vdots \\ \sum\limits_{i=1}^{m} x'_{u^i} \dfrac{\partial u^i}{\partial \bar{u}^m} \end{pmatrix} = \begin{pmatrix} \dfrac{\partial u^1}{\partial \bar{u}^1} & \cdots & \dfrac{\partial u^m}{\partial \bar{u}^1} \\ \vdots & & \vdots \\ \dfrac{\partial u^1}{\partial \bar{u}^m} & \cdots & \dfrac{\partial u^m}{\partial \bar{u}^m} \end{pmatrix} \begin{pmatrix} x'_{u^1} \\ \vdots \\ x'_{u^m} \end{pmatrix},$$

我们称右边的 $m \times m$ 矩阵为该坐标变换的 **Jacobi 矩阵**. 容易看出，在上述变换下，

$(u^1, u^2, \cdots, u^m)$下的正则(奇)点 $\Leftrightarrow$ $(\bar{u}^1, \bar{u}^2, \cdots, \bar{u}^m)$下的正则(奇)点.

因此，在正则点处，上述公式正表示了两个**坐标基之间的变换公式**. 这是矩阵形式，也可记为

$$x'_{\bar{u}^j} = \sum_{i=1}^{m} x'_{u^i} \frac{\partial u^i}{\partial \bar{u}^j}, \quad j = 1, 2, \cdots, m.$$

例 2.1.1 定义 2.1.1 中，特别当 $M \subset \mathbf{R}^3$ 为 2 维 C^1 正则超曲面时，记参数$(u^1, u^2) = (u, v)$，则

M 正则，即$\{x'_u, x'_v\}$线性无关

$$\Leftrightarrow \quad \text{rank}\{x'_u, x'_v\} = \text{rank} \begin{pmatrix} \dfrac{\partial x^1}{\partial u} & \dfrac{\partial x^2}{\partial u} & \dfrac{\partial x^3}{\partial u} \\ \dfrac{\partial x^1}{\partial v} & \dfrac{\partial x^2}{\partial v} & \dfrac{\partial x^3}{\partial v} \end{pmatrix} = 2$$

$$\Leftrightarrow \quad \boldsymbol{x}'_u \times \boldsymbol{x}'_v = \begin{vmatrix} \boldsymbol{e}_1 & \boldsymbol{e}_2 & \boldsymbol{e}_3 \\ \dfrac{\partial x^1}{\partial u} & \dfrac{\partial x^2}{\partial u} & \dfrac{\partial x^3}{\partial u} \\ \dfrac{\partial x^1}{\partial v} & \dfrac{\partial x^2}{\partial v} & \dfrac{\partial x^3}{\partial v} \end{vmatrix} \neq \boldsymbol{0}.$$

因此，$\boldsymbol{n}_0 = \dfrac{\boldsymbol{x}'_u \times \boldsymbol{x}'_v}{|\boldsymbol{x}'_u \times \boldsymbol{x}'_v|}$决定了 M 的正向，而 $-\boldsymbol{n}_0$ 决定了 M 的负(反)向.

如果记

$$\begin{aligned} E &= g_{11} = \boldsymbol{x}'_u \cdot \boldsymbol{x}'_u = \langle \boldsymbol{x}'_u, \boldsymbol{x}'_u \rangle = |\boldsymbol{x}'_u|^2, \\ F &= g_{12} = g_{21} = \boldsymbol{x}'_u \cdot \boldsymbol{x}'_v = \langle \boldsymbol{x}'_u, \boldsymbol{x}'_v \rangle, \\ G &= g_{22} = \boldsymbol{x}'_v \cdot \boldsymbol{x}'_v = \langle \boldsymbol{x}'_v, \boldsymbol{x}'_v \rangle = |\boldsymbol{x}'_v|^2, \end{aligned}$$

则

$$\begin{aligned} \boldsymbol{X} \cdot \boldsymbol{Y} = \langle \boldsymbol{X}, \boldsymbol{Y} \rangle &= \langle \alpha^1 \boldsymbol{x}'_u + \alpha^2 \boldsymbol{x}'_v, \beta^1 \boldsymbol{x}'_u + \beta^2 \boldsymbol{x}'_v \rangle \\ &= \alpha^1 \beta^1 \langle \boldsymbol{x}'_u, \boldsymbol{x}'_u \rangle + (\alpha^1 \beta^2 + \alpha^2 \beta^1) \langle \boldsymbol{x}'_u, \boldsymbol{x}'_v \rangle + \alpha^2 \beta^2 \langle \boldsymbol{x}'_v, \boldsymbol{x}'_v \rangle \\ &= E\alpha^1 \beta^1 + F(\alpha^1 \beta^2 + \alpha^2 \beta^1) + G\alpha^2 \beta^2. \end{aligned}$$

作 C^1 参数变换

$$(u, v) = (u(\bar{u}, \bar{v}), v(\bar{u}, \bar{v}))$$

满足

$$\frac{\partial(u, v)}{\partial(\bar{u}, \bar{v})} \neq 0,$$

则(图 2.1.6)

$$\begin{pmatrix} \boldsymbol{x}'_{\bar{u}} \\ \boldsymbol{x}'_{\bar{v}} \end{pmatrix} = \begin{pmatrix} \boldsymbol{x}'_u \dfrac{\partial u}{\partial \bar{u}} + \boldsymbol{x}'_v \dfrac{\partial v}{\partial \bar{u}} \\ \boldsymbol{x}'_u \dfrac{\partial u}{\partial \bar{v}} + \boldsymbol{x}'_v \dfrac{\partial v}{\partial \bar{v}} \end{pmatrix} = \begin{pmatrix} \dfrac{\partial u}{\partial \bar{u}} & \dfrac{\partial v}{\partial \bar{u}} \\ \dfrac{\partial u}{\partial \bar{v}} & \dfrac{\partial v}{\partial \bar{v}} \end{pmatrix} \begin{pmatrix} \boldsymbol{x}'_u \\ \boldsymbol{x}'_v \end{pmatrix},$$

此参数变换的 Jacobi 矩阵为 $\begin{pmatrix} \dfrac{\partial u}{\partial \bar{u}} & \dfrac{\partial v}{\partial \bar{u}} \\ \dfrac{\partial u}{\partial \bar{v}} & \dfrac{\partial v}{\partial \bar{v}} \end{pmatrix}$. 显然，在上述参数变换下，

$$(u, v)\text{下的正则(奇)点} \quad \Leftrightarrow \quad (\bar{u}, \bar{v})\text{下的正则(奇)点}.$$

此外，还有

$$\begin{aligned} \boldsymbol{x}'_{\bar{u}} \times \boldsymbol{x}'_{\bar{v}} &= \left(\boldsymbol{x}'_u \frac{\partial u}{\partial \bar{u}} + \boldsymbol{x}'_v \frac{\partial v}{\partial \bar{u}} \right) \times \left(\boldsymbol{x}'_u \frac{\partial u}{\partial \bar{v}} + \boldsymbol{x}'_v \frac{\partial v}{\partial \bar{v}} \right) \\ &= \left(\frac{\partial u}{\partial \bar{u}} \frac{\partial v}{\partial \bar{v}} - \frac{\partial v}{\partial \bar{u}} \frac{\partial u}{\partial \bar{v}} \right) \boldsymbol{x}'_u \times \boldsymbol{x}'_v = \frac{\partial(u, v)}{\partial(\bar{u}, \bar{v})} \boldsymbol{x}'_u \times \boldsymbol{x}'_v. \end{aligned}$$

而过 $P_0=\boldsymbol{x}(u_0,v_0)$ 的法向量为 $\boldsymbol{x}_u'(u_0,v_0)\times\boldsymbol{x}_v'(u_0,v_0)$，则点 P_0 处的**仿射切平面**(图 2.1.7)为

$$\boldsymbol{X}=\boldsymbol{x}(u_0,v_0)+\alpha\boldsymbol{x}_u'(u_0,v_0)+\beta\boldsymbol{x}_v'(u_0,v_0),$$

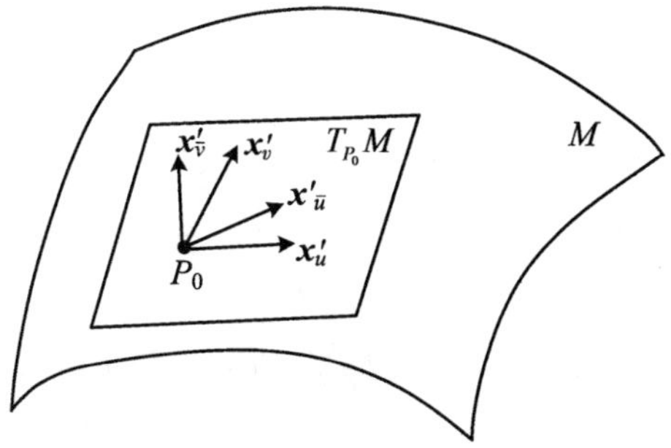

图 2.1.6

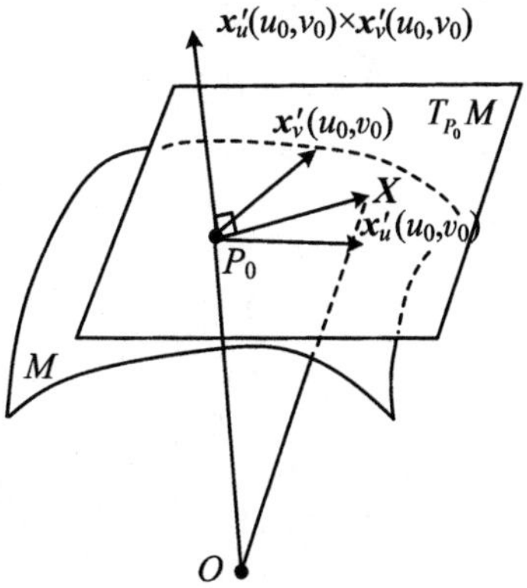

图 2.1.7

或混合积

$$\begin{aligned}&(\boldsymbol{X}-\boldsymbol{x}(u_0,v_0),\boldsymbol{x}_u'(u_0,v_0),\boldsymbol{x}_v'(u_0,v_0))\\&\quad=(\boldsymbol{X}-\boldsymbol{x}(u_0,v_0))\cdot(\boldsymbol{x}_u'(u_0,v_0)\times\boldsymbol{x}_v'(u_0,v_0))=0,\end{aligned}$$

其坐标形式为

$$\begin{vmatrix}x-x(u_0,v_0) & y-y(u_0,v_0) & z-z(u_0,v_0)\\ x_u'(u_0,v_0) & y_u'(u_0,v_0) & z_u'(u_0,v_0)\\ x_v'(u_0,v_0) & y_v'(u_0,v_0) & z_v'(u_0,v_0)\end{vmatrix}=0$$

($\boldsymbol{X}=(x,y,z)$ 为仿射切平面上的动点，而 $\boldsymbol{x}(u,v)=(x(u,v),y(u,v),z(u,v))$).

过点 P_0 且平行于法向量的直线称为曲面 M 在点 P_0 处的**法线**，它为

$$\boldsymbol{X}=\boldsymbol{x}(u_0,v_0)+t\boldsymbol{x}_u'(u_0,v_0)\times\boldsymbol{x}_v'(u_0,v_0),$$

这里 t 为 $\boldsymbol{X}$ 在法线上相应的参数. 它的坐标形式为

$$\begin{aligned}\frac{x-x(u_0,v_0)}{\begin{vmatrix}y_u'(u_0,v_0) & z_u'(u_0,v_0)\\ y_v'(u_0,v_0) & z_v'(u_0,v_0)\end{vmatrix}}&=\frac{y-y(u_0,v_0)}{-\begin{vmatrix}x_u'(u_0,v_0) & z_u'(u_0,v_0)\\ x_v'(u_0,v_0) & z_v'(u_0,v_0)\end{vmatrix}}\\&=\frac{z-z(u_0,v_0)}{\begin{vmatrix}x_u'(u_0,v_0) & y_u'(u_0,v_0)\\ x_v'(u_0,v_0) & y_v'(u_0,v_0)\end{vmatrix}},\end{aligned}$$

其中 $\boldsymbol{X}=(x,y,z)$ 为法线上的动点，而 $\boldsymbol{x}(u,v)=(x(u,v),y(u,v),z(u,v))$.

特别地，$(u^1,u^2)=(x,y)$ 为参数，$\boldsymbol{x}(x,y)=(x,y,z(x,y))$，其中 $z(x,y)$ 为 x,y

的 C^1 函数.

$$\boldsymbol{x}'_x(x,y) = (1,0,z'_x(x,y)),$$
$$\boldsymbol{x}'_y(x,y) = (0,1,z'_y(x,y)).$$

在点 $P_0=(x_0,y_0,z(x_0,y_0))$处的仿射切平面为

$$\begin{aligned}\boldsymbol{X} &= \boldsymbol{x}(x_0,y_0) + \alpha\boldsymbol{x}'_x(x_0,y_0) + \beta\boldsymbol{x}'_y(x_0,y_0)\\ &= \boldsymbol{x}(x_0,y_0) + \alpha(1,0,z'_x(x_0,y_0)) + \beta(0,1,z'_y(x_0,y_0)),\end{aligned}$$

或混合积

$$\begin{aligned}&(\boldsymbol{X} - \boldsymbol{x}(x_0,y_0),\boldsymbol{x}'_x(x_0,y_0),\boldsymbol{x}'_y(x_0,y_0))\\ &\quad = (\boldsymbol{X} - \boldsymbol{x}(x_0,y_0))\cdot(\boldsymbol{x}'_x(x_0,y_0)\times\boldsymbol{x}'_y(x_0,y_0)) = 0,\end{aligned}$$

其坐标形式为

$$\begin{aligned}&-z'_x(x_0,y_0)(x-x_0) - z'_y(x_0,y_0)(y-y_0) + (z - z(x_0,y_0))\\ &= \begin{vmatrix} x-x_0 & y-y_0 & z-z(x_0,y_0)\\ 1 & 0 & z'_x(x_0,y_0)\\ 0 & 1 & z'_y(x_0,y_0)\end{vmatrix} = 0,\end{aligned}$$

即

$$z - z(x_0,y_0) = z'_x(x_0,y_0)(x-x_0) + z'_y(x_0,y_0)(y-y_0),$$

其中 $\boldsymbol{X}=(x,y,z)$为仿射切面 $T_{P_0}M$ 上的动点,$\boldsymbol{x}(x,y)=(x,y,z(x,y))$.

过点 P_0 的法线为

$$\boldsymbol{X} = (x_0,y_0,z(x_0,y_0)) + t(1,0,z'_x(x_0,y_0))\times(0,1,z'_y(x_0,y_0))$$

或

$$\frac{x-x_0}{\begin{vmatrix}0 & z'_x(x_0,y_0)\\ 1 & z'_y(x_0,y_0)\end{vmatrix}} = \frac{y-y_0}{-\begin{vmatrix}1 & z'_x(x_0,y_0)\\ 0 & z'_y(x_0,y_0)\end{vmatrix}} = \frac{z-z(x_0,y_0)}{\begin{vmatrix}1 & 0\\ 0 & 1\end{vmatrix}},$$

$$\frac{x-x_0}{-z'_x(x_0,y_0)} = \frac{y-y_0}{-z'_y(x_0,y_0)} = \frac{z-z(x_0,y_0)}{1},$$

其中 $\boldsymbol{X}=(x,y,z)$为法线上的动点,$\boldsymbol{x}(x,y)=(x,y,z(x,y))$.

例 2.1.2 设 M 为 $\mathbf{R}^n$ 中的$n-1$ 维 C^1 正则超曲面,其参数表示为

$$\boldsymbol{x}(u^1,u^2,\cdots,u^{n-1}).$$

于是,$\boldsymbol{x}'_{u^i}(u^1,u^2,\cdots,u^{n-1})$,$i=1,2,\cdots,n-1$ 为 M 的坐标基向量.于是,根据行列式性质,有

$$\boldsymbol{n}=\begin{vmatrix} \boldsymbol{e}_1 & \boldsymbol{e}_2 & \cdots & \boldsymbol{e}_n \\ x_{u^1}^{1\prime} & x_{u^1}^{2\prime} & \cdots & x_{u^1}^{n\prime} \\ x_{u^2}^{1\prime} & x_{u^2}^{2\prime} & \cdots & x_{u^2}^{n\prime} \\ \vdots & \vdots & & \vdots \\ x_{u^{n-1}}^{1\prime} & x_{u^{n-1}}^{2\prime} & \cdots & x_{u^{n-1}}^{n\prime} \end{vmatrix}_{u_0}$$

$$\overset{\text{记作}}{=\!=} \boldsymbol{x}'_{u^1}(\boldsymbol{u}_0)\times\boldsymbol{x}'_{u^2}(\boldsymbol{u}_0)\times\cdots\times\boldsymbol{x}'_{u^{n-1}}(\boldsymbol{u}_0)$$

都垂直于 $\boldsymbol{x}'_{u^i}(u^1,u^2,\cdots,u^{n-1})|_{u_0}=(x_{u^i}^{1\prime},x_{u^i}^{2\prime},\cdots,x_{u^i}^{n\prime})|_{u_0}$，$i=1,2,\cdots,n-1$，其中 $\boldsymbol{u}_0=(u_0^1,u_0^2,\cdots,u_0^{n-1})$，且由

$$\operatorname{rank}\{\boldsymbol{x}'_{u^1},\boldsymbol{x}'_{u^2},\cdots,\boldsymbol{x}'_{u^{n-1}}\}|_{u_0}=\operatorname{rank}\begin{pmatrix} x_{u^1}^{1\prime} & x_{u^1}^{2\prime} & \cdots & x_{u^1}^{n\prime} \\ x_{u^2}^{1\prime} & x_{u^2}^{2\prime} & \cdots & x_{u^2}^{n\prime} \\ \vdots & \vdots & & \vdots \\ x_{u^{n-1}}^{1\prime} & x_{u^{n-1}}^{2\prime} & \cdots & x_{u^{n-1}}^{n\prime} \end{pmatrix}_{u_0}=n-1$$

立知，上述$(n-1)\times n$ 矩阵必有一个 $n-1$ 阶方阵，其行列式不为 0. 据此推得 $\boldsymbol{n}\neq\boldsymbol{0}$，而 $\dfrac{\boldsymbol{n}}{|\boldsymbol{n}|}$为单位法向量. 在 $\boldsymbol{x}(\boldsymbol{u}_0)=\boldsymbol{x}(u_0^1,u_0^2,\cdots,u_0^{n-1})$的**仿射切空间**为

$$\boldsymbol{X}=\boldsymbol{x}(u_0^1,u_0^2,\cdots,u_0^{n-1})+\sum_{i=1}^{n-1}\alpha^i\boldsymbol{x}'_{u^i}(u_0^1,u_0^2,\cdots,u_0^{n-1}),$$

即

$$(\boldsymbol{X}-\boldsymbol{x}(u_0^1,u_0^2,\cdots,u_0^{n-1}))\cdot\boldsymbol{n}=0,$$

或坐标形式为

$$\begin{vmatrix} x^1-x^1(\boldsymbol{u}_0) & x^2-x^2(\boldsymbol{u}_0) & \cdots & x^n-x^n(\boldsymbol{u}_0) \\ x_{u^1}^{1\prime}(\boldsymbol{u}_0) & x_{u^1}^{2\prime}(\boldsymbol{u}_0) & \cdots & x_{u^1}^{n\prime}(\boldsymbol{u}_0) \\ x_{u^2}^{1\prime}(\boldsymbol{u}_0) & x_{u^2}^{2\prime}(\boldsymbol{u}_0) & \cdots & x_{u^2}^{n\prime}(\boldsymbol{u}_0) \\ \vdots & \vdots & & \vdots \\ x_{u^{n-1}}^{1\prime}(\boldsymbol{u}_0) & x_{u^{n-1}}^{2\prime}(\boldsymbol{u}_0) & \cdots & x_{u^{n-1}}^{n\prime}(\boldsymbol{u}_0) \end{vmatrix}=0,$$

其中 $\boldsymbol{X}=(x^1,x^2,\cdots,x^n)$为仿射切空间的动点，$\boldsymbol{x}(\boldsymbol{u}_0)=(x^1(\boldsymbol{u}_0),x^2(\boldsymbol{u}_0),\cdots,x^n(\boldsymbol{u}_0))$.

过 $\boldsymbol{x}(\boldsymbol{u}_0)$的法线为 $\boldsymbol{X}=\boldsymbol{x}(\boldsymbol{u}_0)+t\,\boldsymbol{n}(\boldsymbol{u}_0)$，这里 t 为法线上相应的参数. 其坐标形式为

$$
\frac{x^1 - x^1(\boldsymbol{u}_0)}{\begin{vmatrix} x^{2\prime}_{u^1}(\boldsymbol{u}_0) & x^{3\prime}_{u^1}(\boldsymbol{u}_0) & \cdots & x^{n\prime}_{u^1}(\boldsymbol{u}_0) \\ x^{2\prime}_{u^2}(\boldsymbol{u}_0) & x^{3\prime}_{u^2}(\boldsymbol{u}_0) & \cdots & x^{n\prime}_{u^2}(\boldsymbol{u}_0) \\ \vdots & \vdots & & \vdots \\ x^{2\prime}_{u^{n-1}}(\boldsymbol{u}_0) & x^{3\prime}_{u^{n-1}}(\boldsymbol{u}_0) & \cdots & x^{n\prime}_{u^{n-1}}(\boldsymbol{u}_0) \end{vmatrix}}
$$

$$
= \frac{x^2 - x^2(\boldsymbol{u}_0)}{-\begin{vmatrix} x^{1\prime}_{u^1}(\boldsymbol{u}_0) & x^{3\prime}_{u^1}(\boldsymbol{u}_0) & \cdots & x^{n\prime}_{u^1}(\boldsymbol{u}_0) \\ x^{1\prime}_{u^2}(\boldsymbol{u}_0) & x^{3\prime}_{u^2}(\boldsymbol{u}_0) & \cdots & x^{n\prime}_{u^2}(\boldsymbol{u}_0) \\ \vdots & \vdots & & \vdots \\ x^{1\prime}_{u^{n-1}}(\boldsymbol{u}_0) & x^{3\prime}_{u^{n-1}}(\boldsymbol{u}_0) & \cdots & x^{n\prime}_{u^{n-1}}(\boldsymbol{u}_0) \end{vmatrix}}
$$

$$
= \cdots
$$

$$
= \frac{x^n - x^n(\boldsymbol{u}_0)}{(-1)^{n+1}\begin{vmatrix} x^{1\prime}_{u^1}(\boldsymbol{u}_0) & x^{2\prime}_{u^1}(\boldsymbol{u}_0) & \cdots & x^{n-1\prime}_{u^1}(\boldsymbol{u}_0) \\ x^{1\prime}_{u^2}(\boldsymbol{u}_0) & x^{2\prime}_{u^2}(\boldsymbol{u}_0) & \cdots & x^{n-1\prime}_{u^2}(\boldsymbol{u}_0) \\ \vdots & \vdots & & \vdots \\ x^{1\prime}_{u^{n-1}}(\boldsymbol{u}_0) & x^{2\prime}_{u^{n-1}}(\boldsymbol{u}_0) & \cdots & x^{n-1\prime}_{u^{n-1}}(\boldsymbol{u}_0) \end{vmatrix}},
$$

其中 $\boldsymbol{X}=(x^1,x^2,\cdots,x^n)$为法线上的动点，而 $\boldsymbol{x}(\boldsymbol{u})=(x^1(\boldsymbol{u}),x^2(\boldsymbol{u}),\cdots,x^n(\boldsymbol{u}))$.

例 2.1.3 给出椭球面、单叶双曲面、双叶双曲面、椭圆抛物面、双曲抛物面的参数表示.

解 (1) 椭球面(图 2.1.8).

$$
(x,y,z)=(a\sin\theta\cos\varphi,b\sin\theta\sin\varphi,c\cos\theta),
$$

$$
\begin{aligned}
\frac{x^2}{a^2}+\frac{y^2}{b^2}+\frac{c^2}{c^2} &= \sin^2\theta\cos^2\varphi+\sin^2\theta\sin^2\varphi+\cos^2\theta \\
&= \sin^2\theta+\cos^2\theta = 1.
\end{aligned}
$$

(2) 单叶双曲面(图 2.1.9).

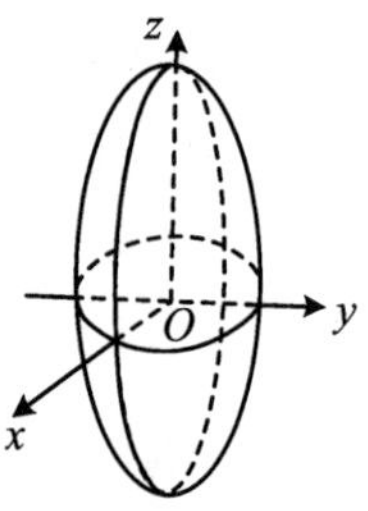

图 2.1.8

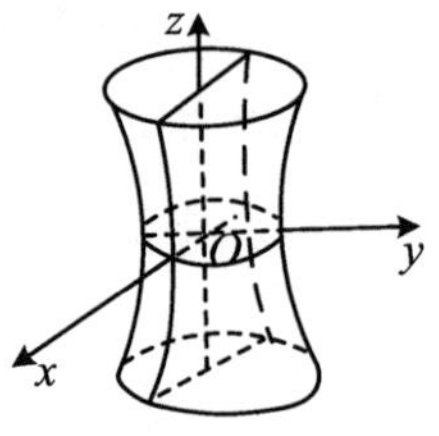

图 2.1.9

$$(x,y,z)=(a\operatorname{ch}^2u\cos v,b\operatorname{ch}u\sin v,c\operatorname{sh}u),$$

$$\frac{x^2}{a^2}+\frac{y^2}{b^2}-\frac{z^2}{c^2}=\operatorname{ch}^2u\cos^2v+\operatorname{ch}^2u\sin^2v-\operatorname{sh}^2u$$

$$=\operatorname{ch}^2u-\operatorname{sh}^2u=\left(\frac{e^u+e^{-u}}{2}\right)^2-\left(\frac{e^u-e^{-u}}{2}\right)^2=1.$$

(3) 双叶双曲面(图 2.1.10)

$$(x,y,z)=(a\operatorname{sh}u\cos v,b\operatorname{sh}u\sin v,c\operatorname{ch}u),$$

$$\frac{x^2}{a^2}+\frac{y^2}{b^2}-\frac{z^2}{c^2}=\operatorname{sh}^2u\cos^2v+\operatorname{sh}^2u\sin^2v-\operatorname{ch}^2u$$

$$=\operatorname{sh}^2u-\operatorname{ch}^2u=\left(\frac{e^u-e^{-u}}{2}\right)^2-\left(\frac{e^u+e^{-u}}{2}\right)^2=-1.$$

(4) 椭圆抛物面(图 2.1.11).

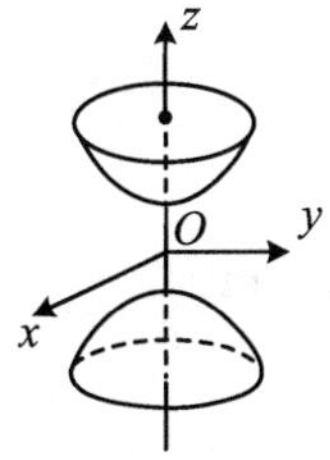

图 2.1.10

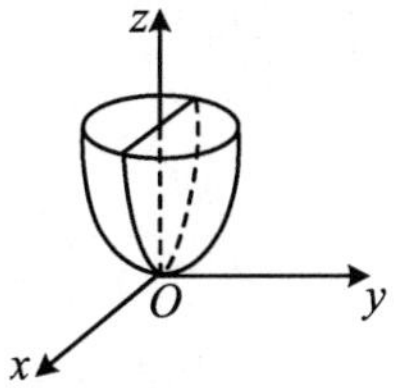

图 2.1.11

$$(x,y,z)=\left(au\cos v,bu\sin v,\frac{u^2}{2}\right),$$

$$\frac{x^2}{a^2}+\frac{y^2}{b^2}=u^2\cos^2v+u^2\sin^2v=u^2=2z.$$

(5) 双曲抛物面(又名“马鞍面”,图 2.1.12).

$$(x,y,z)=(a(u+v),b(u-v),2uv),$$

$$\frac{x^2}{a^2}-\frac{y^2}{b^2}=(u+v)^2-(u-v)^2=4uv=2z. \qquad \square$$

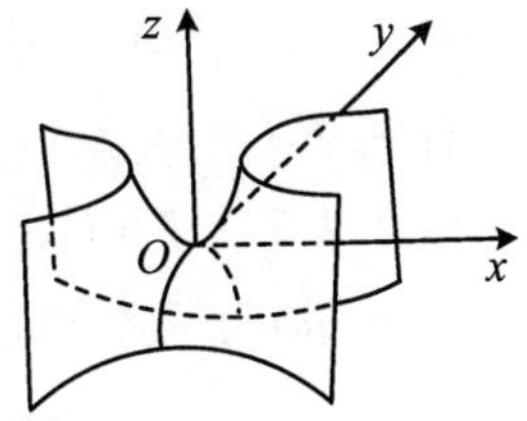

图 2.1.12

2.2 旋转面(悬链面、正圆柱面、正圆锥面)、直纹面、可展曲面(柱面、锥面、切线面)

例 2.2.1 旋转面(图 2.2.1).

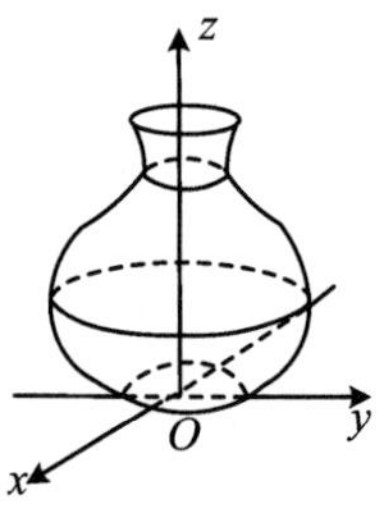

图 2.2.1

将 xOz 平面中的一条曲线 $(x,z)=(f(v),g(v)),a\leqslant v\leqslant b$，$f(v)>0$ 绕 z 轴旋转一周就得到旋转面

$$x(u,v)=(f(v)\cos u,f(v)\sin u,g(v)),$$
$$(u,v)\in(-\infty,+\infty)\times[a,b].$$

旋转面的 u 曲线（v 固定）称为**纬线**，v 曲线（u 固定）称为**经线**. 如果 $f(v),g(v)$ 为 C^1 函数，则 $\boldsymbol{x}(u,v)$ 的坐标切向量为

$$\boldsymbol{x}'_u(u,v)=(-f(v)\sin u,f(v)\cos u,0),$$
$$\boldsymbol{x}'_v(u,v)=(f'(v)\cos u,f'(v)\sin u,g'(v)),$$
$$\boldsymbol{x}'_u\times\boldsymbol{x}'_v=\begin{vmatrix}\boldsymbol{e}_1 & \boldsymbol{e}_2 & \boldsymbol{e}_3\\ -f(v)\sin u & f(v)\cos u & 0\\ f'(v)\cos u & f'(v)\sin u & g'(v)\end{vmatrix}$$
$$=(f(v)g'(v)\cos u,f(v)g'(v)\sin u,-f(v)f'(v)),$$

曲面的单位法向量为（假设 $f'^2(v)+g'^2(v)\neq0$）

$$\boldsymbol{n}_0=\frac{\boldsymbol{x}'_u\times\boldsymbol{x}'_v}{|\boldsymbol{x}'_u\times\boldsymbol{x}'_v|}$$
$$=\frac{1}{f\sqrt{f'^2(v)+g'^2(v)}}(f(v)g'(v)\cos u,f(v)g'(v)\sin u,-f(v)f'(v))$$
$$=\left(\frac{g'(v)\cos u}{\sqrt{f'^2(v)+g'^2(v)}},\frac{g'(v)\sin u}{\sqrt{f'^2(v)+g'^2(v)}},\frac{-f'(v)}{\sqrt{f'^2(v)+g'^2(v)}}\right),$$

$$E=g_{11}=\boldsymbol{x}'_u\cdot\boldsymbol{x}'_u=f^2(v),$$
$$F=g_{12}=g_{21}=\boldsymbol{x}'_u\cdot\boldsymbol{x}'_v=0\quad(u\text{ 线与 }v\text{ 线正交，即纬线与经线正交}),$$
$$G=g_{22}=\boldsymbol{x}'_v\cdot\boldsymbol{x}'_v=f'^2(v)+g'^2(v).$$

例 2.2.2 柱面（图 2.2.2）.

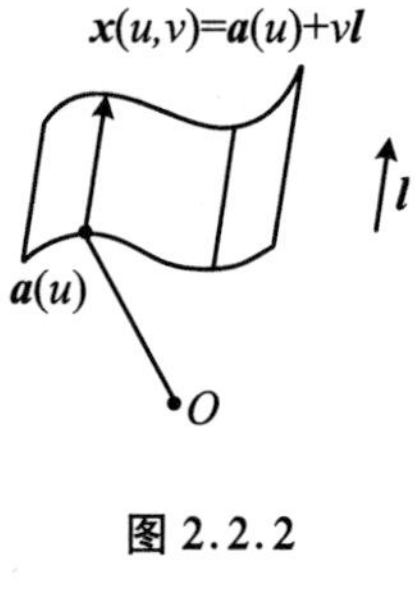

图 2.2.2

设 $\boldsymbol{a}(u)$ 为一条空间曲线，$\boldsymbol{l}$ 为一固定向量，则称曲面

$$\boldsymbol{x}(u,v)=\boldsymbol{a}(u)+v\boldsymbol{l}$$

为**柱面**，其中 $\boldsymbol{a}(u)$ 的参数 $u\in[c,d]$，参数 $v\in(-\infty,+\infty)$. 如果 $\boldsymbol{a}(u)$ 是 C^1 的，则

$$\boldsymbol{x}'_u(u,v)=\boldsymbol{a}'(u),$$
$$\boldsymbol{x}'_v(u,v)=\boldsymbol{l},$$

曲面的单位法向量为（假定 $\boldsymbol{a}'(u)\times\boldsymbol{l}\neq\boldsymbol{0}$）

$$\boldsymbol{n}_0=\frac{\boldsymbol{x}'_u\times\boldsymbol{x}'_v}{|\boldsymbol{x}'_u\times\boldsymbol{x}'_v|}=\frac{\boldsymbol{a}'(u)\times\boldsymbol{l}}{|\boldsymbol{a}'(u)\times\boldsymbol{l}|},$$
$$E=g_{11}=\boldsymbol{x}'_u\cdot\boldsymbol{x}'_u=\boldsymbol{a}'^2(u),$$

$$F = g_{12} = g_{21} = \boldsymbol{x}'_u \cdot \boldsymbol{x}'_v = \boldsymbol{a}'(u) \cdot \boldsymbol{l},$$
$$G = g_{22} = \boldsymbol{x}'_v \cdot \boldsymbol{x}'_v = \boldsymbol{l}^2.$$

例 2.2.3 锥面(图 2.2.3).

称 $\boldsymbol{x}(u,v) = \boldsymbol{a} + v\boldsymbol{l}(u)$为**锥面**(图 2.2.3),其中 $\boldsymbol{a}$ 为常向量,此向量的终点称为锥面的**顶点**,$\boldsymbol{l}(u)$称为锥面的**母线方向**(有时,可取 $\boldsymbol{l}(u)$为单位向量),其参数范围为 $c \leqslant u \leqslant d, -\infty < v < +\infty, v \neq 0$. 此时,

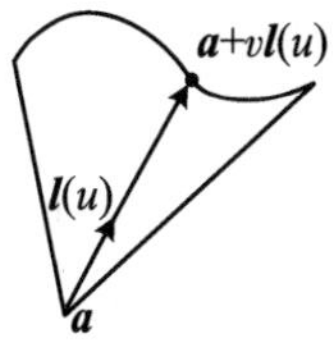

图 2.2.3

$$\boldsymbol{x}'_u(u,v) = v\boldsymbol{l}'(u),$$
$$\boldsymbol{x}'_v(u,v) = \boldsymbol{l}(u).$$

曲面的单位法向量为(假定 $v\boldsymbol{l}'(u) \times \boldsymbol{l}(u) \neq \boldsymbol{0}$)

$$\boldsymbol{n}_0 = \frac{\boldsymbol{x}'_u \times \boldsymbol{x}'_v}{|\boldsymbol{x}'_u \times \boldsymbol{x}'_v|} = \frac{v\boldsymbol{l}'(u) \times \boldsymbol{l}(u)}{|v\boldsymbol{l}'(u) \times \boldsymbol{l}(u)|} = \operatorname{sgn} v \cdot \frac{\boldsymbol{l}'(u) \times \boldsymbol{l}(u)}{|\boldsymbol{l}'(u) \times \boldsymbol{l}(u)|},$$
$$E = g_{11} = \boldsymbol{x}'_u \cdot \boldsymbol{x}'_u = v^2 \boldsymbol{l}'^2(u),$$
$$F = g_{12} = g_{21} = \boldsymbol{x}'_u \cdot \boldsymbol{x}'_v = v\boldsymbol{l}'(u) \cdot \boldsymbol{l}(u),$$
$$G = g_{22} = \boldsymbol{x}'_v \cdot \boldsymbol{x}'_v = \boldsymbol{l}^2(u).$$

例 2.2.4 正圆柱面(例 2.2.4 中,取 $\boldsymbol{a}(u) = (R\cos u, R\sin u, 0)$, $\boldsymbol{l} = (0,0,1)$,图 2.2.4).

$$\boldsymbol{x}(u,v) = (x(u,v), y(u,v), z(u,v))$$
$$= (R\cos u, R\sin u, v), \quad (u,v) \in (-\infty, +\infty) \times (-\infty, +\infty),$$
$$x^2 + y^2 = R^2\cos^2 u + R^2\sin^2 u = R^2.$$

坐标曲线的切向量为

$$\boldsymbol{x}'_u(u,v) = (-R\sin u, R\cos u, 0),$$
$$\boldsymbol{x}'_v(u,v) = (0,0,1),$$
$$\boldsymbol{x}'_u(u,v) \times \boldsymbol{x}'_v(u,v) = \begin{vmatrix} \boldsymbol{e}_1 & \boldsymbol{e}_2 & \boldsymbol{e}_3 \\ -R\sin u & R\cos u & 0 \\ 0 & 0 & 1 \end{vmatrix} = (R\cos u, R\sin u, 0),$$

所以可得 $\boldsymbol{x}'_u(u,v) \times \boldsymbol{x}'_v(u,v)$和(0,0,1)垂直.

曲面的单位法向量为

$$\boldsymbol{n}_0 = \frac{\boldsymbol{x}'_u \times \boldsymbol{x}'_v}{|\boldsymbol{x}'_u \times \boldsymbol{x}'_v|} = \frac{1}{R}(R\cos u, R\sin u, 0) = (\cos u, \sin u, 0),$$
$$E = g_{11} = \boldsymbol{x}'_u \cdot \boldsymbol{x}'_u = R^2,$$
$$F = g_{12} = g_{21} = \boldsymbol{x}'_u \cdot \boldsymbol{x}'_v = 0 \quad (u \text{ 线(圆)与 } v \text{ 线(直线)正交}),$$
$$G = g_{22} = \boldsymbol{x}'_v \cdot \boldsymbol{x}'_v = 1.$$

例 2.2.5 正圆锥面(在例 2.2.3 中,$\boldsymbol{a}=(0,0,0)$,$\boldsymbol{l}(u)=(\cos u,\sin u,\cot\theta)$,图 2.2.5).

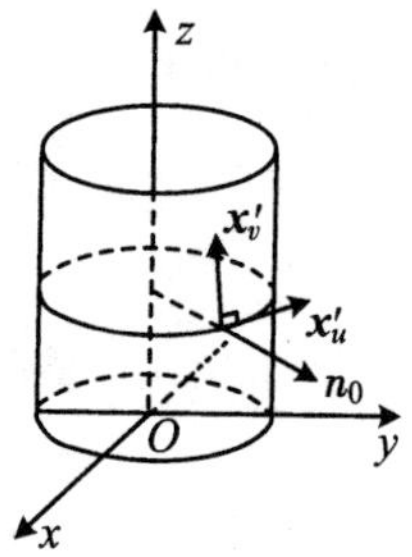

图 2.2.4

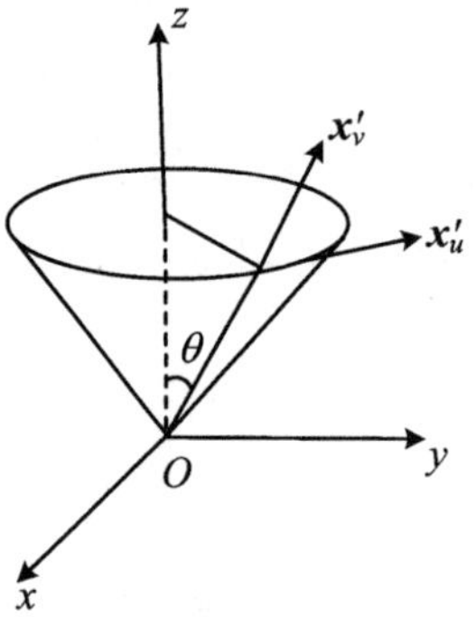

图 2.2.5

半顶角为 θ、对称轴为 z 轴的正圆锥面为

$$\boldsymbol{x}(u,v)=(v\cos u,v\sin u,v\cot\theta)=\boldsymbol{0}+v(\cos u,\sin u,\cot\theta),$$

其中$(u,v)\in(-\infty,+\infty)\times(-\infty,+\infty)$.但当 $v=0$ 时,它对应着正圆锥面的顶点$(0,0,0)$.在顶点处,曲面不正则.因此,当考虑法向量时必须将它排除.

$$\boldsymbol{x}'_u(u,v)=(-v\sin u,v\cos u,0),$$

$$\boldsymbol{x}'_v(u,v)=(\cos u,\sin u,\cot\theta),$$

$$\boldsymbol{x}'_u(u,v)\times\boldsymbol{x}'_v(u,v)=\begin{vmatrix}\boldsymbol{e}_1 & \boldsymbol{e}_2 & \boldsymbol{e}_3\\ -v\sin u & v\cos u & 0\\ \cos u & \sin u & \cot\theta\end{vmatrix}$$

$$=(v\cos u\cot\theta,v\sin u\cot\theta,-v),$$

所以,在 $v\neq0$ 处,单位法向量为

$$\boldsymbol{n}_0=\frac{\boldsymbol{x}'_u\times\boldsymbol{x}'_v}{|\boldsymbol{x}'_u\times\boldsymbol{x}'_v|}=\frac{1}{|v|\sqrt{\cot^2\theta+1}}(v\cos u\cot\theta,v\sin u\cot\theta,-v)$$

$$=\operatorname{sgn}v\cdot(\cos u\cos\theta,\sin u\cos\theta,-\sin\theta),$$

$$E=g_{11}=\boldsymbol{x}'_u\cdot\boldsymbol{x}'_u=v^2,$$

$$F=g_{12}=g_{21}=\boldsymbol{x}'_u\cdot\boldsymbol{x}'_v=0\quad(u\text{ 线(圆)与 }v\text{ 线(直线)正交}),$$

$$G=g_{22}=\boldsymbol{x}'_v\cdot\boldsymbol{x}'_v=\cot^2\theta+1=\csc^2\theta.$$

例 2.2.6 螺旋面.

如果在例 2.2.1 中,该曲线在绕 z 轴旋转 u 角的同时,还沿 z 轴上升 bu($b>0$,为常数),这时就得到螺旋面

$$\boldsymbol{x}(u,v)=(f(v)\cos u,f(v)\sin u,g(v)+bu),\quad(u,v)\in(-\infty,+\infty)\times[c,d].$$

于是

$$\boldsymbol{x}'_u(u,v) = (-f(v)\sin u, f(v)\cos u, b),$$

$$\boldsymbol{x}'_v(u,v) = (f'(v)\cos u, f'(v)\sin u, g'(v)),$$

$$\boldsymbol{x}'_u(u,v)\times\boldsymbol{x}'_v(u,v) = \begin{vmatrix} \boldsymbol{e}_1 & \boldsymbol{e}_2 & \boldsymbol{e}_3 \\ -f(v)\sin u & f(v)\cos u & b \\ f'(v)\cos u & f'(v)\sin u & g'(v) \end{vmatrix}$$

$$= (f(v)g'(v)\cos u - bf'(v)\sin u, f(v)g'(v)\sin u + bf'(v)\cos u, -f(v)f'(v)),$$

当 $\boldsymbol{x}'_u\times\boldsymbol{x}'_v\neq\boldsymbol{0}$ 时,曲面的单位法向量为

$$\boldsymbol{n}_0 = \frac{\boldsymbol{x}'_u\times\boldsymbol{x}'_v}{|\boldsymbol{x}'_u\times\boldsymbol{x}'_v|}$$

$$= \frac{1}{\sqrt{(f(v)g'(v))^2+(bf'(v))^2+(f(v)f'(v))^2}}(f(v)g'(v)\cos u - bf'(v)\sin u, f(v)g'(v)\sin u + bf'(v)\cos u, -f(v)f'(v)),$$

$$E = g_{11} = \boldsymbol{x}'_u\cdot\boldsymbol{x}'_u = f^2(v)+b^2,$$

$$F = g_{12} = g_{21} = \boldsymbol{x}'_u\cdot\boldsymbol{x}'_v = bg'(v),$$

$$G = g_{22} = \boldsymbol{x}'_v\cdot\boldsymbol{x}'_v = f'^2(v)+g'^2(v).$$

特别取 $f(v)=v$, $g(v)=0$ 时所得到的螺旋面为正螺旋面(图 2.2.6),

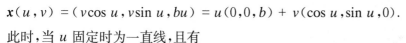

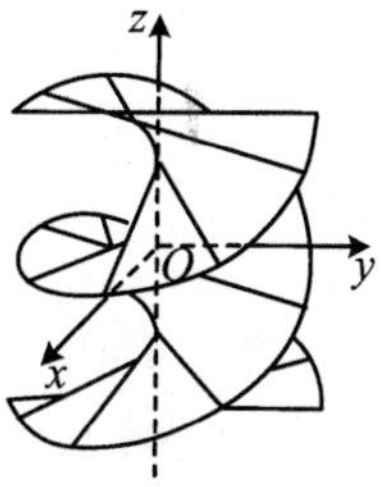

图 2.2.6

$$\boldsymbol{x}(u,v) = (v\cos u, v\sin u, bu) = u(0,0,b)+v(\cos u,\sin u,0).$$

此时,当 u 固定时为一直线,且有

$$\boldsymbol{x}'_u(u,v) = (-v\sin u, v\cos u, b),$$

$$\boldsymbol{x}'_v(u,v) = (\cos u,\sin u,0),$$

$$\boldsymbol{x}'_v(u,v)\perp(0,0,1),$$

$$\boldsymbol{x}'_u(u,v)\times\boldsymbol{x}'_v(u,v) = \begin{vmatrix} \boldsymbol{e}_1 & \boldsymbol{e}_2 & \boldsymbol{e}_3 \\ -v\sin u & v\cos u & b \\ \cos u & \sin u & 0 \end{vmatrix} = (-b\sin u, b\cos u, -v).$$

于是,正螺旋面的单位法向量为

$$\boldsymbol{n}_0 = \frac{\boldsymbol{x}'_u\times\boldsymbol{x}'_v}{|\boldsymbol{x}'_u\times\boldsymbol{x}'_v|} = \frac{1}{\sqrt{v^2+b^2}}(-b\sin u, b\cos u, -v),$$

$$E = g_{11} = \boldsymbol{x}'_u\cdot\boldsymbol{x}'_u = v^2+b^2,$$

$$F = g_{12} = g_{21} = \boldsymbol{x}'_u\cdot\boldsymbol{x}'_v = 0 \quad (u\text{ 线(圆柱螺线)与 }v\text{ 线(直线)正交}),$$

$$G = g_{22} = \boldsymbol{x}'_v \cdot \boldsymbol{x}'_v = 1.$$

例 2.2.7 悬链面.

将 xOz 平面上的一条悬链线 $(x,z)=\left(a\operatorname{ch}\dfrac{v}{a},v\right)$，$a>0$ 绕 Oz 轴旋转所形成的旋转曲面

$$\boldsymbol{x}(u,v) = \left(a\operatorname{ch}\frac{v}{a}\cos u, a\operatorname{ch}\frac{v}{a}\sin u, v\right),$$

$$(u,v)\in(-\infty,+\infty)\times(-\infty,+\infty)$$

称为**悬链面**.

$$\boldsymbol{x}'_u(u,v) = \left(-a\operatorname{ch}\frac{v}{a}\sin u, a\operatorname{ch}\frac{v}{a}\cos u, 0\right),$$

$$\boldsymbol{x}'_v(u,v) = \left(\operatorname{sh}\frac{v}{a}\cos u, \operatorname{sh}\frac{v}{a}\sin u, 1\right),$$

$$\boldsymbol{x}'_u(u,v)\times\boldsymbol{x}'_v(u,v) = \begin{vmatrix} \boldsymbol{e}_1 & \boldsymbol{e}_2 & \boldsymbol{e}_3 \\ -a\operatorname{ch}\dfrac{v}{a}\sin u & a\operatorname{ch}\dfrac{v}{a}\cos u & 0 \\ \operatorname{sh}\dfrac{v}{a}\cos u & \operatorname{sh}\dfrac{v}{a}\sin u & 1 \end{vmatrix}$$

$$= \left(a\operatorname{ch}\frac{v}{a}\cos u, a\operatorname{ch}\frac{v}{a}\sin u, -a\operatorname{sh}\frac{v}{a}\operatorname{ch}\frac{v}{a}\right).$$

悬链面的单位法向量为

$$\boldsymbol{n}_0 = \frac{\boldsymbol{x}'_u\times\boldsymbol{x}'_v}{|\boldsymbol{x}'_u\times\boldsymbol{x}'_v|}$$

$$= \frac{1}{a\operatorname{ch}\dfrac{v}{a}\sqrt{1+\operatorname{sh}^2\dfrac{v}{a}}}\left(a\operatorname{ch}\frac{v}{a}\cos u, a\operatorname{ch}\frac{v}{a}\sin u, -a\operatorname{sh}\frac{v}{a}\operatorname{ch}\frac{v}{a}\right)$$

$$= \frac{1}{\operatorname{ch}\dfrac{v}{a}}\left(\cos u, \sin u, -\operatorname{sh}\frac{v}{a}\right),$$

$$E = g_{11} = \boldsymbol{x}'_u\cdot\boldsymbol{x}'_u = a^2\operatorname{ch}^2\frac{v}{a},$$

$$F = g_{12} = g_{21} = \boldsymbol{x}'_u\cdot\boldsymbol{x}'_v = 0 \quad (u\text{ 线与 }v\text{ 线正交}),$$

$$G = g_{22} = \boldsymbol{x}'_v\cdot\boldsymbol{x}'_v = 1+\operatorname{sh}^2\frac{v}{a} = \operatorname{ch}^2\frac{v}{a}.$$

例 2.2.8 切线面(图 2.2.7).

设 $\mathbf{R}^3$ 中曲线 C 的参数表示为 $\boldsymbol{a}(u)$，它是 C^1 的.称

$$\boldsymbol{x}(u,v)=\boldsymbol{a}(u)+v\boldsymbol{a}'(u)$$

为空间曲线 C 的**切线面**，它由空间曲线 $C:\boldsymbol{a}(u)$ 的每点的切线所组成，而曲线 C 称为这个切线面的**脊线**. 如果 $\boldsymbol{a}(u)$ 是 C^2 的，则

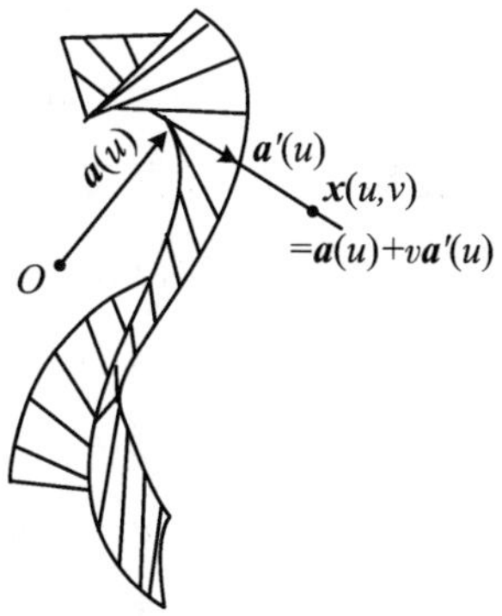

图 2.2.7

$$\boldsymbol{x}'_u(u,v)=\boldsymbol{a}'(u)+v\boldsymbol{a}''(u),$$
$$\boldsymbol{x}'_v(u,v)=\boldsymbol{a}'(u).$$

因此，当 $v\boldsymbol{a}''(u)\times\boldsymbol{a}'(u)\neq\boldsymbol{0}$ 时，该曲面的单位法向量为

$$\boldsymbol{n}_0=\frac{\boldsymbol{x}'_u\times\boldsymbol{x}'_v}{|\boldsymbol{x}'_u\times\boldsymbol{x}'_v|}=\frac{(\boldsymbol{a}'(u)+v\boldsymbol{a}''(u))\times\boldsymbol{a}'(u)}{|(\boldsymbol{a}'(u)+v\boldsymbol{a}''(u))\times\boldsymbol{a}'(u)|}$$
$$=\frac{v\boldsymbol{a}''(u)\times\boldsymbol{a}'(u)}{|v\boldsymbol{a}''(u)\times\boldsymbol{a}'(u)|}=\operatorname{sgn}v\cdot\frac{\boldsymbol{a}''(u)\times\boldsymbol{a}'(u)}{|\boldsymbol{a}''(u)\times\boldsymbol{a}'(u)|}.$$

显然，C^2 正则曲线 $\boldsymbol{a}(u)$ 的曲率

$$\kappa(u)=\frac{|\boldsymbol{a}''(u)\times\boldsymbol{a}'(u)|}{|\boldsymbol{a}'(u)|^3}\neq 0$$

蕴涵着 $\boldsymbol{a}''(u)\times\boldsymbol{a}'(u)\neq\boldsymbol{0}$. 因此，切线面中除去脊线 $(v=0)$ $\boldsymbol{x}(u,0)$ 外的每一点都是切线面的正则点.

例 2.2.9　设 $\boldsymbol{a}(u)$ 为 $\mathbf{R}^3$ 中的 C^1 曲线，$\boldsymbol{l}(u)$ 为单位向量场，则称

$$\boldsymbol{x}(u,v)=\boldsymbol{a}(u)+v\boldsymbol{l}(u)$$

为**直纹面**(图 2.2.8)，这时曲线 v 为一条直线，这些直线称为此直纹面的**母线**，而 $\boldsymbol{a}(u)$ 称为**准线**或**基线**. 如果 $\boldsymbol{l}(u)$ 是 C^1 的，则

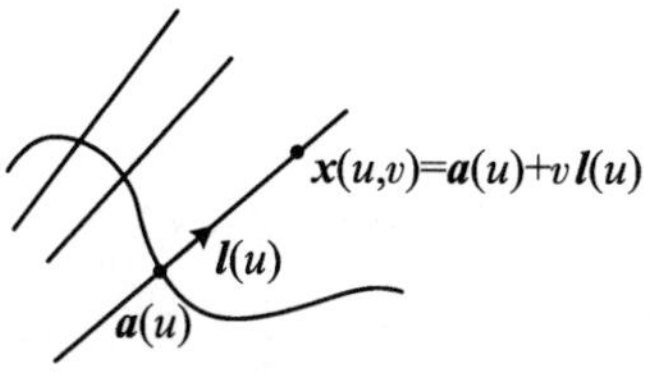

图 2.2.8

$$\boldsymbol{x}'_u(u,v)=\boldsymbol{a}'(u)+v\boldsymbol{l}'(u),$$
$$\boldsymbol{x}'_v(u,v)=\boldsymbol{l}(u),$$
$$\boldsymbol{x}'_u(u,v)\times\boldsymbol{x}'_v(u,v)=(\boldsymbol{a}'(u)+v\boldsymbol{l}'(u))\times\boldsymbol{l}(u),$$

直纹面的单位法向量为(假设 $\boldsymbol{x}'_u\times\boldsymbol{x}'_v\neq\boldsymbol{0}$)

$$\boldsymbol{n}_0=\frac{\boldsymbol{x}'_u\times\boldsymbol{x}'_v}{|\boldsymbol{x}'_u\times\boldsymbol{x}'_v|}=\frac{(\boldsymbol{a}'(u)+v\boldsymbol{l}'(u))\times\boldsymbol{l}(u)}{|\boldsymbol{a}'(u)+v\boldsymbol{l}'(u)\times\boldsymbol{l}(u)|}.$$

前面列举的柱面、锥面、正螺面与切线面都是直纹面，下面我们将研究直纹面中一类性质优良的特殊直纹面——可展曲面.

定义 2.2.1　如果沿着一个直纹面 $\boldsymbol{x}(u,v)=\boldsymbol{a}(u)+v\boldsymbol{l}(u)$ 的母线(固定 u)，它的切平面都相同(因为母线上每一点切平面都包含该母线，故它们的切平面相同等价于它们的法向量平行). 我们称这种直纹面为**可展曲面**.

定理 2.2.1　设 $\boldsymbol{a}(u)$，$\boldsymbol{l}(u)$ 为 $\mathbf{R}^3$ 中的 C^1 向量值函数，则

$$\text{直纹面 } \boldsymbol{x}(u,v)=\boldsymbol{a}(u)+v\boldsymbol{l}(u) \text{ 为可展曲面}$$
$$\Leftrightarrow \quad (\boldsymbol{a}'(u),\boldsymbol{l}(u),\boldsymbol{l}'(u))=0.$$

证明 (⇒)设直纹面为 $\boldsymbol{x}(u,v)=\boldsymbol{a}(u)+v\boldsymbol{l}(u)$,则

$$\boldsymbol{x}'_u(u,v)=\boldsymbol{a}'(u)+v\boldsymbol{l}'(u),$$
$$\boldsymbol{x}'_v(u,v)=\boldsymbol{l}(u),$$
$$\boldsymbol{x}'_u(u,v)\times\boldsymbol{x}'_v(u,v)=(\boldsymbol{a}'(u)+v\boldsymbol{l}'(u))\times\boldsymbol{l}(u).$$

在同一母线上参数 v_1,v_2 处的法向量分别为

$$(\boldsymbol{a}'(u)+v_1\boldsymbol{l}'(u))\times\boldsymbol{l}(u) \quad \text{与} \quad (\boldsymbol{a}'(u)+v_2\boldsymbol{l}'(u))\times\boldsymbol{l}(u).$$

因为 $\boldsymbol{x}(u,v)$为可展曲面,所以

$$(\boldsymbol{a}'(u)+v_1\boldsymbol{l}'(u))\times\boldsymbol{l}(u) /\!/ (\boldsymbol{a}'(u)+v_2\boldsymbol{l}'(u))\times\boldsymbol{l}(u),$$

故

$$\begin{aligned}
&(v_2+v_1)(\boldsymbol{a}'(u)\times\boldsymbol{l}(u))\times(\boldsymbol{l}'(u)\times\boldsymbol{l}(u))\\
&=(\boldsymbol{a}'(u)\times\boldsymbol{l}(u)+v_1\boldsymbol{l}'(u)\times\boldsymbol{l}(u))\times(\boldsymbol{a}'(u)\times\boldsymbol{l}(u)+v_2\boldsymbol{l}'(u)\times\boldsymbol{l}(u))\\
&=((\boldsymbol{a}'(u)+v_1\boldsymbol{l}'(u))\times\boldsymbol{l}(u))\times((\boldsymbol{a}'(u)+v_2\boldsymbol{l}'(u))\times\boldsymbol{l}(u))\\
&=\boldsymbol{0}.
\end{aligned}$$

由于 v_1,v_2 可取任何值,所以,当取 $v_2+v_1\neq 0$ 时,再由线性代数公式

$$(\boldsymbol{a}\times\boldsymbol{b})\times\boldsymbol{c}=(\boldsymbol{a}\cdot\boldsymbol{c})\boldsymbol{b}-(\boldsymbol{b}\cdot\boldsymbol{c})\boldsymbol{a}$$

得到

$$\begin{aligned}
\boldsymbol{0}&=(\boldsymbol{a}'(u)\times\boldsymbol{l}(u))\times(\boldsymbol{l}'(u)\times\boldsymbol{l}(u))\\
&=(\boldsymbol{a}'(u)\cdot(\boldsymbol{l}'(u)\times\boldsymbol{l}(u)))\boldsymbol{l}(u)-(\boldsymbol{l}(u)\cdot(\boldsymbol{l}'(u)\times\boldsymbol{l}(u)))\boldsymbol{a}'(u)\\
&=-(\boldsymbol{a}'(u)\cdot(\boldsymbol{l}(u)\times\boldsymbol{l}'(u)))\boldsymbol{l}(u)-0\cdot\boldsymbol{a}'(u)\\
&=-(\boldsymbol{a}'(u),\boldsymbol{l}(u),\boldsymbol{l}'(u))\boldsymbol{l}(u).
\end{aligned}$$

由 $\boldsymbol{l}(u)\neq\boldsymbol{0}$ 立知,$(\boldsymbol{a}'(u),\boldsymbol{l}(u),\boldsymbol{l}'(u))=0$.

(⇐)设$(\boldsymbol{a}'(u),\boldsymbol{l}(u),\boldsymbol{l}'(u))=0$,则

$$\begin{aligned}
(\boldsymbol{a}'(u)\times\boldsymbol{l}(u))\times(\boldsymbol{l}'(u)\times\boldsymbol{l}(u))&=-(\boldsymbol{a}'(u),\boldsymbol{l}(u),\boldsymbol{l}'(u))\boldsymbol{l}(u)\\
&=0\cdot\boldsymbol{l}(u)=\boldsymbol{0},
\end{aligned}$$

所以

$$\begin{aligned}
&((\boldsymbol{a}'(u)+v_1\boldsymbol{l}'(u))\times\boldsymbol{l}(u))\times((\boldsymbol{a}'(u)+v_2\boldsymbol{l}'(u))\times\boldsymbol{l}(u))\\
&=(v_2+v_1)(\boldsymbol{a}'(u)\times\boldsymbol{l}(u))\times(\boldsymbol{l}'(u)\times\boldsymbol{l}(u))\\
&=(v_2+v_1)\cdot\boldsymbol{0}=\boldsymbol{0},
\end{aligned}$$

由此推出

$$(\boldsymbol{a}'(u)+v_1\boldsymbol{l}'(u))\times\boldsymbol{l}(u) /\!/ (\boldsymbol{a}'(u)+v_2\boldsymbol{l}'(u))\times\boldsymbol{l}(u),$$

即

$$\boldsymbol{x}'_u(u,v_1)\times\boldsymbol{x}'_v(u,v_1)\ /\!/\ \boldsymbol{x}'_u(u,v_2)\times\boldsymbol{x}'_v(u,v_2).$$

这就证明了直纹面 $\boldsymbol{x}(u,v)=\boldsymbol{a}(u)+v\boldsymbol{l}(u)$ 沿着母线(固定 u)的法线相同,所以它为可展曲面. □

定理 2.2.2 在 $\mathbf{R}^3$ 中,$\boldsymbol{x}(u,v)$ 为可展曲面⇔$\boldsymbol{x}(u,v)$ 为柱面,或锥面,或切线面.

证明 (⇐)柱面:$\boldsymbol{x}(u,v)=\boldsymbol{a}(u)+v\boldsymbol{l}$,其中 $\boldsymbol{l}$ 为固定的非零常向量,故 $\boldsymbol{l}'=\boldsymbol{0}$,且 $(\boldsymbol{a}'(u),\boldsymbol{l},\boldsymbol{l}')=(\boldsymbol{a}'(u),\boldsymbol{l},\boldsymbol{0})=0$. 根据定理 2.2.1 的充分性,柱面 $\boldsymbol{x}(u,v)=\boldsymbol{a}(u)+v\boldsymbol{l}$ 为可展曲面.

或法向量 $\boldsymbol{x}'_u(u,v)\times\boldsymbol{x}'_v(u,v)=\boldsymbol{a}'(u)\times\boldsymbol{l}$ 沿母线(固定 u)彼此平行,故切平面沿母线都相同,从而它为可展曲面.

锥面:$\boldsymbol{x}(u,v)=\boldsymbol{a}+v\boldsymbol{l}(u)$,其中 $\boldsymbol{a}$ 为常向量,故 $\boldsymbol{a}'=\boldsymbol{0}$,且

$$(\boldsymbol{a}',\boldsymbol{l},\boldsymbol{l}')=(\boldsymbol{0},\boldsymbol{l},\boldsymbol{l}')=0,$$

根据定理 2.2.1 的充分性,锥面 $\boldsymbol{x}(u,v)=\boldsymbol{a}+v\boldsymbol{l}(u)$ 为可展曲面.

或法向量 $\boldsymbol{x}'_u(u,v)\times\boldsymbol{x}'_v(u,v)=(\boldsymbol{0}+v\boldsymbol{l}'(u))\times\boldsymbol{l}(u)=v\boldsymbol{l}'(u)\times\boldsymbol{l}(u)$ 沿母线(固定 u)彼此平行,故切平面沿母线相同,从而它为可展曲面.

切线面 $\boldsymbol{x}(u,v)=\boldsymbol{a}(u)+v\boldsymbol{a}'(u)$,$\boldsymbol{l}(u)=\boldsymbol{a}'(u)$,则 $(\boldsymbol{a}'(u),\boldsymbol{l}(u),\boldsymbol{l}'(u))=(\boldsymbol{a}'(u),\boldsymbol{a}'(u),\boldsymbol{a}''(u))=0$. 根据定理 2.2.1 的充分性,切线面 $\boldsymbol{x}(u,v)=\boldsymbol{a}(u)+v\boldsymbol{a}'(u)$ 为可展曲面.

或法向量 $\boldsymbol{x}'_u(u,v)\times\boldsymbol{x}'_v(u,v)=(\boldsymbol{a}'(u)+v\boldsymbol{a}''(u))\times\boldsymbol{a}'(u)=v\boldsymbol{a}''(u)\times\boldsymbol{a}'(u)$ 沿母线(固定 u)彼此平行,故切平面沿母线相同,从而它为可展曲面.

(⇒)设 $\boldsymbol{x}(u,v)=\boldsymbol{a}(u)+v\boldsymbol{l}(u)$ 为可展曲面.

(1) 当 $\boldsymbol{l}'(u)\times\boldsymbol{l}(u)=\boldsymbol{0}\Leftrightarrow\boldsymbol{l}'(u)\ /\!/\ \boldsymbol{l}(u)$ 时,由于 $\boldsymbol{l}(u)$ 可取单位向量,则 $\boldsymbol{l}'(u)\cdot\boldsymbol{l}(u)=0$,即 $\boldsymbol{l}'(u)\perp\boldsymbol{l}(u)$. 设 $\boldsymbol{l}'(u)=\lambda\boldsymbol{l}(u)$,则

$$0=\boldsymbol{l}'(u)\cdot\boldsymbol{l}(u)=\lambda\boldsymbol{l}(u)\cdot\boldsymbol{l}(u)=\lambda,$$

$$\boldsymbol{l}'(u)=0\cdot\boldsymbol{l}(u)=\boldsymbol{0},$$

即 $\boldsymbol{l}$ 为常向量($u\in(a,b)$),从而该直纹面为柱面.

(2) 当 $\boldsymbol{l}'(u)\times\boldsymbol{l}(u)\neq\boldsymbol{0}$ 时,则 $\boldsymbol{l}'(u)\neq\boldsymbol{0}$,$u\in(a,b)$. 此时,将直纹面

$$\boldsymbol{l}(u,v)=\boldsymbol{a}(u)+v\boldsymbol{l}(u)$$

改写为

$$\boldsymbol{x}(u,s)=\boldsymbol{b}(u)+s\boldsymbol{l}(u),\quad 其中\ \boldsymbol{b}'(u)\perp\boldsymbol{l}'(u).$$

事实上,含 $\boldsymbol{b}(u)=\boldsymbol{a}(u)+v(u)\boldsymbol{l}(u)$,这里 $v(u)$ 为待定函数. 因为

$$\boldsymbol{b}'(u)=\boldsymbol{a}'(u)+v'(u)\boldsymbol{l}(u)+v(u)\boldsymbol{l}'(u),$$

所以

$$0=\boldsymbol{b}'(u)\cdot\boldsymbol{l}'(u)=(\boldsymbol{a}'(u)+v'(u)\boldsymbol{l}(u)+v(u)\boldsymbol{l}'(u))\cdot\boldsymbol{l}'(u)$$
$$=\boldsymbol{a}'(u)\cdot\boldsymbol{l}'(u)+0+v(u)\boldsymbol{l}'(u)\cdot\boldsymbol{l}'(u)$$
$$=\boldsymbol{a}'(u)\cdot\boldsymbol{l}'(u)+v(u)\boldsymbol{l}'(u)\cdot\boldsymbol{l}'(u),$$

选择

$$v(u)=-\frac{\boldsymbol{a}'(u)\cdot\boldsymbol{l}'(u)}{\boldsymbol{l}'(u)\cdot\boldsymbol{l}'(u)}.$$

这时,直纹面方程变为

$$\boldsymbol{x}(u,v)=\boldsymbol{a}(u)+v\boldsymbol{l}(u)=\boldsymbol{b}(u)+(v-v(u))\boldsymbol{l}(u).$$

再将参数 $v-v(u)$改为 s,则直纹面方程就可写为

$$\bar{\boldsymbol{x}}(u,s)=\boldsymbol{b}(u)+s\boldsymbol{l}(u),$$

其中 $\boldsymbol{b}'(u)\perp\boldsymbol{l}'(u)$. 在新参数 u,s 下,

$$\text{曲面 } \bar{\boldsymbol{x}}(u,s)\text{可展} \quad \Leftrightarrow \quad (\boldsymbol{b}'(u),\boldsymbol{l}(u),\boldsymbol{l}'(u))=0,$$

即 $\boldsymbol{b}'(u),\boldsymbol{l}(u),\boldsymbol{l}'(u)$共面.

(a) 当 $\boldsymbol{b}'(u)=\boldsymbol{0}$ 时,$\boldsymbol{b}$ 为常向量,所以母线全由一点 $\boldsymbol{b}$ 发出,这时直纹面为锥面.

(b) 当 $\boldsymbol{b}'(u)\neq\boldsymbol{0}$ 时,因为 $\boldsymbol{b}'(u)\perp\boldsymbol{l}'(u)$,$\boldsymbol{l}^2(u)=\boldsymbol{l}(u)\cdot\boldsymbol{l}(u)=1$ 蕴涵着 $\boldsymbol{l}(u)\cdot\boldsymbol{l}'(u)=0$(即 $\boldsymbol{l}(u)\perp\boldsymbol{l}'(u)$),以及 $\boldsymbol{b}'(u),\boldsymbol{l}(u),\boldsymbol{l}'(u)$共面立即推得 $\boldsymbol{l}(u)/\!/\boldsymbol{b}'(u)$. 由此知,直纹面的母线为 $\boldsymbol{b}(u)$的切线. 因此,该直纹面由 $\boldsymbol{b}(u)$的切线所组成,即它为切线面,而 $\boldsymbol{b}(u)$就是这个切线面的脊线. □

注 2.2.1 细心的读者会注意到,上面定理 2.2.2 必要性的证明中,对于有些点 $\boldsymbol{l}'(u)\times\boldsymbol{l}(u)=\boldsymbol{0}$,有些点 $\boldsymbol{l}'(u)\times\boldsymbol{l}(u)\neq\boldsymbol{0}$ 时未证清楚. 还有对于有些点 $\boldsymbol{b}'(u)=\boldsymbol{0}$,有些点 $\boldsymbol{b}'(u)\neq\boldsymbol{0}$ 时也未证清楚. 实际上,上述情形也是难以证清楚的地方.

最后,我们来举两个不是可展曲面的直纹面的例子.

例 2.2.10 设 $\boldsymbol{a}(u)=(u^2,0,0)$,$\boldsymbol{l}(u)=(0,u+1,u)$,则 $\boldsymbol{a}'(u)=(2u,0,0)$,$\boldsymbol{l}'(u)=(0,1,1)$,因为

$$(\boldsymbol{a}'(u),\boldsymbol{l}(u),\boldsymbol{l}'(u))=\begin{vmatrix}2u & 0 & 0\\ 0 & u+1 & u\\ 0 & 1 & 1\end{vmatrix}=\begin{vmatrix}2u & 0 & 0\\ 0 & 1 & 0\\ 0 & 0 & 1\end{vmatrix}=\begin{vmatrix}2u & 0\\ 0 & 1\end{vmatrix}$$
$$=2u\neq 0\quad(u\neq 0).$$

根据定理 2.2.1,直纹面 $\boldsymbol{x}(u,v)=\boldsymbol{a}(u)+v\boldsymbol{l}(u)=(u^2,0,0)+v(0,u+1,u)$不为可展曲面. 或

$$\boldsymbol{x}'_u(u,v)\times\boldsymbol{x}'_v(u,v)=((2u,0,0)+v(0,1,1))\times(0,u+1,u)$$
$$=\begin{vmatrix}\boldsymbol{e}_1 & \boldsymbol{e}_2 & \boldsymbol{e}_3\\ 2u & v & v\\ 0 & u+1 & u\end{vmatrix}=(-v,-2u^2,2u^2+2u),$$

并取 $v_1=0, v_2=1$，有

$$\mathrm{rank}\begin{pmatrix} -v_1 & -2u^2 & 2u^2+2u \\ -v_2 & -2u^2 & 2u^2+2u \end{pmatrix} = \mathrm{rank}\begin{pmatrix} 0 & -2u^2 & 2u^2+2u \\ -1 & -2u^2 & 2u^2+2u \end{pmatrix}$$

$$= \mathrm{rank}\begin{pmatrix} 0 & -2u^2 & 2u^2+2u \\ -1 & 0 & 0 \end{pmatrix} = 2 \quad (u \neq 0),$$

所以

$$\boldsymbol{x}'_u(u,v_1)\times \boldsymbol{x}'_v(u,v_1) \not\parallel \boldsymbol{x}'_u(u,v_2)\times \boldsymbol{x}'_v(u,v_2),$$

即沿母线（u 固定），法向量彼此不一定平行，从而沿母线的切平面不完全相同. 根据定义 2.2.1，上述直纹面不是可展曲面.

例 2.2.11 单叶双曲面 $\dfrac{x^2}{a^2}+\dfrac{y^2}{b^2}-\dfrac{z^2}{c^2}=1$ 的参数表示为

$$\begin{aligned}\boldsymbol{x}(u,v) &= (x(u,v), y(u,v), z(u,v)) \\ &= (a(\cos u - v\sin u), b(\sin u + v\cos u), cv) \\ &= (a\cos u, b\sin u, 0) + v(-a\sin u, b\cos u, c) \\ &= \boldsymbol{a}(u) + v\boldsymbol{l}(u)\end{aligned}$$

$\left(\text{可以验证它满足}\dfrac{x^2}{a^2}+\dfrac{y^2}{b^2}-\dfrac{z^2}{c^2}=1\text{，图 2.2.9}\right)$，它是一个直纹面，但不是可展曲面. 事实上，

$$(\boldsymbol{a}', \boldsymbol{l}, \boldsymbol{l}') = \begin{vmatrix} -a\sin u & b\cos u & 0 \\ -a\sin u & b\cos u & c \\ -a\cos u & -b\sin u & 0 \end{vmatrix} = -c\cdot ab(\sin^2 u + \cos^2 u) = -abc \neq 0,$$

由定理 2.2.1 知，单叶双曲面不是可展曲面.

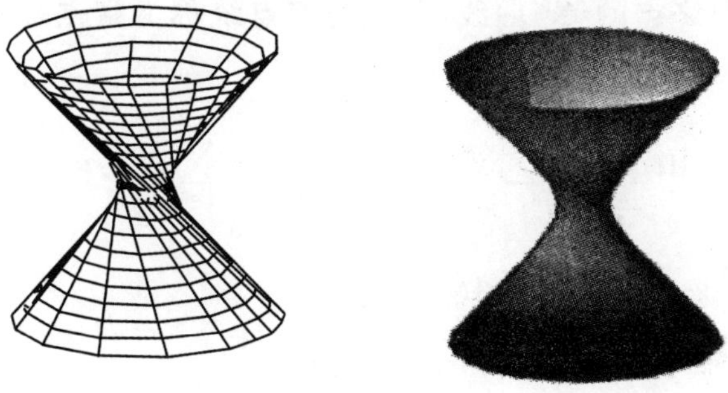

(a) (b)

图 2.2.9

2.3 曲面的第 1 基本形式与第 2 基本形式

定义 2.3.1 设 M 为 $\mathbf{R}^n$ 中的 m 维 C^1 正则曲面，它的参数表示为 $\boldsymbol{x}(\boldsymbol{u})=\boldsymbol{x}(u^1,u^2,\cdots,u^m)$. 令 $g_{ij}=\langle \boldsymbol{x}'_{u^i},\boldsymbol{x}'_{u^j}\rangle=\boldsymbol{x}'_{u^i}\cdot\boldsymbol{x}'_{u^j}$（其中$\langle,\rangle$为 $\mathbf{R}^n$ 中通常的内积）. 根据一次微分形式

$$\mathrm{d}\boldsymbol{x}=\sum_{i=1}^m \boldsymbol{x}'_{u^i}\mathrm{d}u^i$$

得到二次微分形式

$$\begin{aligned}I=\mathrm{d}s^2&=\langle\mathrm{d}\boldsymbol{x},\mathrm{d}\boldsymbol{x}\rangle=\mathrm{d}\boldsymbol{x}\cdot\mathrm{d}\boldsymbol{x}=\Big(\sum_{i=1}^m \boldsymbol{x}'_{u^i}\mathrm{d}u^i\Big)\Big(\sum_{j=1}^m \boldsymbol{x}'_{u^j}\mathrm{d}u^j\Big)\\&=\sum_{i,j=1}^m \boldsymbol{x}'_{u^i}\cdot\boldsymbol{x}'_{u^j}\mathrm{d}u^i\mathrm{d}u^j=\sum_{i,j=1}^m g_{ij}\mathrm{d}u^i\mathrm{d}u^j,\end{aligned}$$

称它为该曲面 M 的**第 1 基本形式**，而 $g_{ij}=\langle \boldsymbol{x}'_{u^i},\boldsymbol{x}'_{u^j}\rangle=\boldsymbol{x}'_{u^i}\cdot\boldsymbol{x}'_{u^j}$ 为该曲面M 的**第 1 基本形式的系数**. 因为 M 为 $\mathbf{R}^n$ 中的m 维C^1 正则曲面，所以$\{\boldsymbol{x}'_{u^i}\mid i=1,2,\cdots,m\}$线性无关. 从而，$(g_{ij})$为 $m\times m$ 的正定矩形，根据线性代数知识，它等价于

$$g_{11}>0,\quad \begin{vmatrix}g_{11}&g_{12}\\g_{21}&g_{22}\end{vmatrix}>0,\quad\cdots,\quad\begin{vmatrix}g_{11}&g_{12}&\cdots&g_{1m}\\g_{21}&g_{22}&\cdots&g_{2m}\\\vdots&\vdots&&\vdots\\g_{m1}&g_{m2}&\cdots&g_{mm}\end{vmatrix}>0.$$

设 $C:\boldsymbol{x}(\boldsymbol{u}(t))=\boldsymbol{x}(u^1(t),u^2(t),\cdots,u^m(t)),a\leqslant t\leqslant b$ 为M 上的一条以$\boldsymbol{x}(\boldsymbol{u}(a))$为**起点**、$\boldsymbol{x}(\boldsymbol{u}(b))$为**终点**的 C^1 曲线（起点与终点统称为**端点**）. 易见，沿曲线 C 从 $\boldsymbol{x}(\boldsymbol{u}(a))$到 $\boldsymbol{x}(\boldsymbol{u}(b))$的弧长为

$$\begin{aligned}L&=\int_a^b|\boldsymbol{x}'_t|\,\mathrm{d}t=\int_a^b\Big(\sum_{i=1}^m \boldsymbol{x}'_{u^i}(\boldsymbol{u}(t))\frac{\mathrm{d}u^i}{\mathrm{d}t}\cdot\sum_{j=1}^m \boldsymbol{x}'_{u^j}(\boldsymbol{u}(t))\frac{\mathrm{d}u^j}{\mathrm{d}t}\Big)^{\frac12}\mathrm{d}t\\&=\int_a^b\Big(\sum_{i,j=1}^m g_{ij}\frac{\mathrm{d}u^i}{\mathrm{d}t}\frac{\mathrm{d}u^j}{\mathrm{d}t}\Big)^{\frac12}\mathrm{d}t\end{aligned}$$

或

$$L=\int_a^b|\mathrm{d}\boldsymbol{x}|=\int_a^b\Big(\sum_{i,j=1}^m g_{ij}\mathrm{d}u^i\mathrm{d}u^j\Big)^{\frac12}=\int_a^b\Big(\sum_{i,j=1}^m g_{ij}\frac{\mathrm{d}u^i}{\mathrm{d}t}\frac{\mathrm{d}u^j}{\mathrm{d}t}\Big)^{\frac12}\mathrm{d}t.$$

又设 $\bar{C}:\boldsymbol{x}(\bar{\boldsymbol{u}}(\bar{t}))=\boldsymbol{x}(\bar{u}^1(\bar{t}),\bar{u}^2(\bar{t}),\cdots,\bar{u}^m(\bar{t})),\bar{a}\leqslant\bar{t}\leqslant\bar{b}$ 为M 上的另一条C^1 曲线，且 C 与$\bar{C}$ 交于点$\boldsymbol{x}(\boldsymbol{u}(t_0))=\boldsymbol{x}(\bar{\boldsymbol{u}}(\bar{t}_0))$，$\boldsymbol{u}_0=\boldsymbol{u}(t_0)=\bar{\boldsymbol{u}}(\bar{t}_0)$，它们的切向量之间的

夹角余弦为(图 2.3.1)

$$\cos\theta=\frac{\sum_{i=1}^m \boldsymbol{x}'_{u^i}(\boldsymbol{u}_0)\frac{\mathrm{d}u^i}{\mathrm{d}t}(t_0)\cdot\sum_{j=1}^m \boldsymbol{x}'_{\bar{u}^j}(\boldsymbol{u}_0)\frac{\mathrm{d}\bar{u}^j}{\mathrm{d}\bar{t}}(\bar{t}_0)}{\left|\sum_{i=1}^m \boldsymbol{x}'_{u^i}(\boldsymbol{u}_0)\frac{\mathrm{d}u^i}{\mathrm{d}t}(t_0)\right|\cdot\left|\sum_{j=1}^m \boldsymbol{x}'_{\bar{u}^j}(\boldsymbol{u}_0)\frac{\mathrm{d}\bar{u}^j}{\mathrm{d}\bar{t}}(\bar{t}_0)\right|}$$

$$=\frac{\sum_{i,j=1}^m \boldsymbol{x}'_{u^i}(\boldsymbol{u}_0)\cdot\boldsymbol{x}'_{\bar{u}^j}(\boldsymbol{u}_0)\frac{\mathrm{d}u^i}{\mathrm{d}t}(t_0)\frac{\mathrm{d}\bar{u}^j}{\mathrm{d}\bar{t}}(\bar{t}_0)}{\sqrt{\sum_{i,j=1}^m \boldsymbol{x}'_{u^i}(\boldsymbol{u}_0)\cdot\boldsymbol{x}'_{u^j}(\boldsymbol{u}_0)\frac{\mathrm{d}u^i}{\mathrm{d}t}(t_0)\frac{\mathrm{d}u^j}{\mathrm{d}t}(t_0)}}$$

$$\cdot\frac{1}{\sqrt{\sum_{i,j=1}^m \boldsymbol{x}'_{\bar{u}^i}(\boldsymbol{u}_0)\cdot\boldsymbol{x}'_{\bar{u}^j}(\boldsymbol{u}_0)\frac{\mathrm{d}\bar{u}^i}{\mathrm{d}\bar{t}}(\bar{t}_0)\frac{\mathrm{d}\bar{u}^j}{\mathrm{d}\bar{t}}(\bar{t}_0)}}$$

$$=\frac{\sum_{i,j=1}^m g_{ij}(\boldsymbol{u}_0)\frac{\mathrm{d}u^i}{\mathrm{d}t}(t_0)\frac{\mathrm{d}\bar{u}^j}{\mathrm{d}\bar{t}}(\bar{t}_0)}{\sqrt{\sum_{i,j=1}^m g_{ij}(\boldsymbol{u}_0)\frac{\mathrm{d}u^i}{\mathrm{d}t}(t_0)\frac{\mathrm{d}u^j}{\mathrm{d}t}(t_0)}\sqrt{\sum_{i,j=1}^m g_{ij}(\boldsymbol{u}_0)\frac{\mathrm{d}\bar{u}^i}{\mathrm{d}\bar{t}}(t_0)\frac{\mathrm{d}\bar{u}^j}{\mathrm{d}\bar{t}}(\bar{t}_0)}}.$$

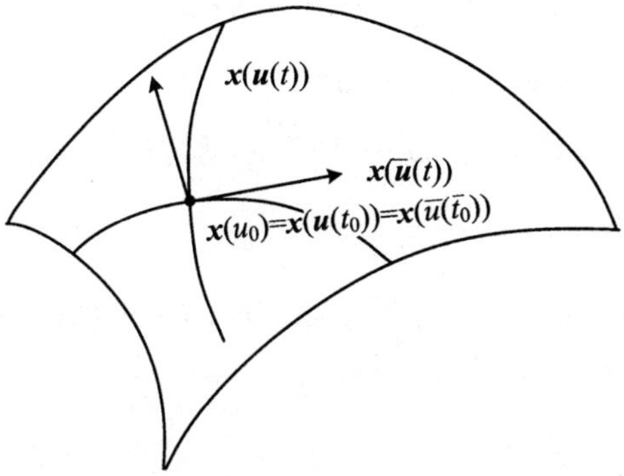

图 2.3.1

特别当 C 与 $\overline{C}$ 分别为 u^i 线与 u^j 线时,有

$$\cos\theta=\frac{g_{ij}}{\sqrt{g_{ii}}\ \sqrt{g_{jj}}}.$$

所以,坐标曲线 u^i 线与 u^j 线彼此正交⇔$g_{ij}=0$.

根据数学分析知识(参阅文献[8]306 页),M 上的 **m 维体积元**(图 2.3.2)为

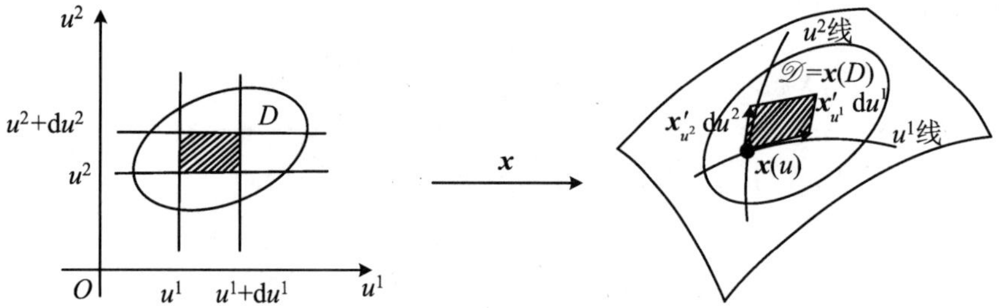

图 2.3.2

$$d\sigma = \sqrt{\begin{pmatrix} \boldsymbol{x}'_{u^1}du^1 \\ \boldsymbol{x}'_{u^2}du^2 \\ \vdots \\ \boldsymbol{x}'_{u^m}du^m \end{pmatrix}\begin{pmatrix} \boldsymbol{x}'_{u^1}du^1 \\ \boldsymbol{x}'_{u^2}du^2 \\ \vdots \\ \boldsymbol{x}'_{u^m}du^m \end{pmatrix}^{\mathrm{T}}}$$

$$= \sqrt{\left|\begin{pmatrix} \boldsymbol{x}'_{u^1}\cdot\boldsymbol{x}'_{u^1} & \cdots & \boldsymbol{x}'_{u^1}\cdot\boldsymbol{x}'_{u^m} \\ \boldsymbol{x}'_{u^2}\cdot\boldsymbol{x}'_{u^1} & \cdots & \boldsymbol{x}'_{u^2}\cdot\boldsymbol{x}'_{u^m} \\ & \vdots & \\ \boldsymbol{x}'_{u^m}\cdot\boldsymbol{x}'_{u^1} & \cdots & \boldsymbol{x}'_{u^m}\cdot\boldsymbol{x}'_{u^m} \end{pmatrix}\right|}\,du^1\cdots du^m$$

$$= \sqrt{|(g_{ij})|}\,du^1\cdots du^m,$$

其中上标“T”表示矩阵的转置.因此,曲面 M 上区域 $\mathscr{D}=\boldsymbol{x}(D)$的 m 维体积为

$$A = \int_{\mathscr{D}} d\sigma = \int_D \sqrt{|(g_{ij})|}\,du^1\cdots du^m.$$

由此看出,长度、面积、m 维体积、夹角都与第 1 基本形式(或 g_{ij})有关.

例 2.3.1 当 $m=1$ 时,1 维体积元就是弧长元

$$ds = \sqrt{|(g_{11})|}\,du^1 = \sqrt{\boldsymbol{x}'_{u^1}\cdot\boldsymbol{x}'_{u^1}}\,du^1 = |\boldsymbol{x}'_{u^1}|\,du^1.$$

当 $m=2$ 时,$u^1=u$,$u^2=v$,

$$E = g_{11} = \boldsymbol{x}'_{u^1}\cdot\boldsymbol{x}'_{u^1} = \boldsymbol{x}'_u\cdot\boldsymbol{x}'_u,$$

$$F = g_{12} = g_{21} = \boldsymbol{x}'_{u^1}\cdot\boldsymbol{x}'_{u^2} = \boldsymbol{x}'_u\cdot\boldsymbol{x}'_v,$$

$$G = g_{22} = \boldsymbol{x}'_{u^2}\cdot\boldsymbol{x}'_{u^2} = \boldsymbol{x}'_v\cdot\boldsymbol{x}'_v,$$

$F=0 \iff \boldsymbol{x}'_u\perp\boldsymbol{x}'_v$,即 u 线与 v 线正交.

面积元

$$d\sigma = \sqrt{\left|\begin{pmatrix} E & F \\ F & G \end{pmatrix}\right|}\,du\,dv = \sqrt{EG-F^2}\,du\,dv,$$

或由

$$|\boldsymbol{x}'_u\times\boldsymbol{x}'_v|^2=|\boldsymbol{x}'_u|^2|\boldsymbol{x}'_v|^2\sin^2\theta=|\boldsymbol{x}'_u|^2|\boldsymbol{x}'_v|^2(1-\cos^2\theta)$$
$$=|\boldsymbol{x}'_u|^2|\boldsymbol{x}'_v|^2-(\boldsymbol{x}'_u\cdot\boldsymbol{x}'_v)^2=EG-F^2$$

得到面积

$$A=\iint_{\mathscr{D}}\mathrm{d}\sigma=\iint_{D}|\boldsymbol{x}'_u\times\boldsymbol{x}'_v|\,\mathrm{d}u\mathrm{d}v=\iint_{D}\sqrt{EG-F^2}\,\mathrm{d}u\mathrm{d}v.$$

例 2.3.2 (1) 平面 $\boldsymbol{x}(x,y)=(x,y,0)$, x 与 y 为参数,

$$\boldsymbol{x}'_x=(1,0,0),\quad \boldsymbol{x}'_y=(0,1,0),$$
$$E=\boldsymbol{x}'_x\cdot\boldsymbol{x}'_x=1,\quad F=\boldsymbol{x}'_x\cdot\boldsymbol{x}'_y=0\ (\text{即 } \boldsymbol{x}'_x\perp\boldsymbol{x}'_y),\quad G=\boldsymbol{x}'_y\cdot\boldsymbol{x}'_y=1,$$
$$\mathrm{I}=\mathrm{d}s^2=E\mathrm{d}x^2+F\mathrm{d}x\mathrm{d}y+F\mathrm{d}y\mathrm{d}x+G\mathrm{d}y^2=\mathrm{d}x^2+\mathrm{d}y^2,$$
$$\mathrm{d}\sigma=\sqrt{EG-F^2}\,\mathrm{d}x\mathrm{d}y=\sqrt{1\cdot 1-0^2}\,\mathrm{d}x\mathrm{d}y=\mathrm{d}x\mathrm{d}y.$$

(2) 直纹面 $\boldsymbol{x}(u,v)=\boldsymbol{a}(u)+v\boldsymbol{l}(u)$, $\boldsymbol{l}(u)$ 为单位向量,

$$0=1'=(\boldsymbol{l}^2(u))'=2\boldsymbol{l}'(u)\cdot\boldsymbol{l}(u),$$
$$\boldsymbol{x}'_u(u,v)=\boldsymbol{a}'(u)+v\boldsymbol{l}'(u),$$
$$\boldsymbol{x}'_v(u,v)=\boldsymbol{l}(u),$$
$$E=\boldsymbol{x}'_u(u,v)\cdot\boldsymbol{x}'_u(u,v)=|\boldsymbol{a}'(u)+v\boldsymbol{l}'(u)|^2,$$
$$F=\boldsymbol{x}'_u(u,v)\cdot\boldsymbol{x}'_v(u,v)=(\boldsymbol{a}'(u)+v\boldsymbol{l}'(u))\cdot\boldsymbol{l}(u)=\boldsymbol{a}'(u)\cdot\boldsymbol{l}(u),$$
$$G=\boldsymbol{x}'_v(u,v)\cdot\boldsymbol{x}'_v(u,v)=\boldsymbol{l}^2(u)=1,$$
$$\mathrm{I}=\mathrm{d}s^2=E\mathrm{d}u^2+2F\mathrm{d}u\mathrm{d}v+G\mathrm{d}v^2$$
$$=|\boldsymbol{a}'(u)+v\boldsymbol{l}'(u)|^2\mathrm{d}u^2+2\boldsymbol{a}'(u)\cdot\boldsymbol{l}(u)\mathrm{d}u\mathrm{d}v+\mathrm{d}v^2,$$
$$\mathrm{d}\sigma=\sqrt{EG-F^2}\,\mathrm{d}u\mathrm{d}v$$
$$=\sqrt{|\boldsymbol{a}'(u)+v\boldsymbol{l}'(u)|^2-(\boldsymbol{a}'(u)\cdot\boldsymbol{l}(u))^2}\,\mathrm{d}u\mathrm{d}v.$$

(3) 柱面 $\boldsymbol{x}(u,v)=\boldsymbol{a}(u)+v\boldsymbol{l}_0$, $\boldsymbol{l}_0$ 为固定的单位向量,

$$\boldsymbol{x}'_u(u,v)=\boldsymbol{a}'(u),$$
$$\boldsymbol{x}'_v(u,v)=\boldsymbol{l}_0,$$
$$E=\boldsymbol{x}'_u(u,v)\cdot\boldsymbol{x}'_u(u,v)=|\boldsymbol{a}'(u)|^2,$$
$$F=\boldsymbol{x}'_u(u,v)\cdot\boldsymbol{x}'_v(u,v)=\boldsymbol{a}'(u)\cdot\boldsymbol{l}_0,$$
$$G=\boldsymbol{x}'_v(u,v)\cdot\boldsymbol{x}'_v(u,v)=\boldsymbol{l}_0^2=1,$$
$$\mathrm{I}=\mathrm{d}s^2=E\mathrm{d}u^2+2F\mathrm{d}u\mathrm{d}v+G\mathrm{d}v^2$$
$$=|\boldsymbol{a}'(u)|^2\mathrm{d}u^2+2\boldsymbol{a}'(u)\cdot\boldsymbol{l}_0\mathrm{d}u\mathrm{d}v+\mathrm{d}v^2,$$
$$\mathrm{d}\sigma=\sqrt{EG-F^2}\,\mathrm{d}u\mathrm{d}v=\sqrt{|\boldsymbol{a}'(u)|^2-(\boldsymbol{a}'(u)\cdot\boldsymbol{l}_0)^2}\,\mathrm{d}u\mathrm{d}v.$$

(4) 锥面 $\boldsymbol{x}(u,v)=\boldsymbol{a}+v\boldsymbol{l}(u)$, $\boldsymbol{a}$ 为常向量, $\boldsymbol{l}(u)$ 为单位向量,

$$\boldsymbol{x}'_u(u,v)=v\boldsymbol{l}'(u),$$

$$\boldsymbol{x}'_v(u,v) = \boldsymbol{l}(u),$$

$$E = \boldsymbol{x}'_u(u,v)\cdot\boldsymbol{x}'_u(u,v) = v^2\,|\,\boldsymbol{l}'(u)\,|^2,$$

$$F = \boldsymbol{x}'_u(u,v)\cdot\boldsymbol{x}'_v(u,v) = v\boldsymbol{l}'(u)\cdot\boldsymbol{l}(u) = 0,\quad 即\ \boldsymbol{x}'_u\perp\boldsymbol{x}'_v,$$

$$G = \boldsymbol{x}'_v(u,v)\cdot\boldsymbol{x}'_v(u,v) = \boldsymbol{l}(u)\cdot\boldsymbol{l}(u) = 1,$$

$$I = \mathrm{d}s^2 = E\mathrm{d}u^2 + 2F\mathrm{d}u\mathrm{d}v + G\mathrm{d}v^2 = v^2\,|\,\boldsymbol{l}'(u)\,|^2\mathrm{d}u^2 + \mathrm{d}v^2,$$

$$\mathrm{d}\sigma = \sqrt{EG-F^2}\mathrm{d}u\mathrm{d}v = |\,v\,|\,|\,\boldsymbol{l}'(u)\,|\,\mathrm{d}u\mathrm{d}v.$$

(5) 螺旋面 $\boldsymbol{x}(u,v)=(f(v)\cos u, f(v)\sin u, g(v)+bu)$,

$$\boldsymbol{x}'_u(u,v) = (-f(v)\sin u, f(v)\cos u, b),$$

$$\boldsymbol{x}'_v(u,v) = (f'(v)\cos u, f'(v)\sin u, g'(v)),$$

$$E = \boldsymbol{x}'_u(u,v)\cdot\boldsymbol{x}'_u(u,v) = f^2(v) + b^2,$$

$$F = \boldsymbol{x}'_u(u,v)\cdot\boldsymbol{x}'_v(u,v) = bg'(v),$$

$$G = \boldsymbol{x}'_v(u,v)\cdot\boldsymbol{x}'_v(u,v) = f'^2(v) + g'^2(v),$$

$$\begin{aligned} I = \mathrm{d}s^2 &= E\mathrm{d}^2u + 2F\mathrm{d}u\mathrm{d}v + G\mathrm{d}v^2 \\ &= (f^2(v)+b^2)\mathrm{d}u^2 + 2bg'(v)\mathrm{d}u\mathrm{d}v + (f'^2(v)+g'^2(v))\mathrm{d}v^2, \end{aligned}$$

$$\begin{aligned} \mathrm{d}\sigma &= \sqrt{EG-F^2}\mathrm{d}u\mathrm{d}v \\ &= \sqrt{(f^2(v)+b^2)(f'^2(v)+g'^2(v)) - b^2g'^2(v)}\mathrm{d}u\mathrm{d}v. \end{aligned}$$

特别当它为正螺面,即 $f(v)=v$, $g(v)=0$ 时,有

$$\begin{aligned} I = \mathrm{d}s^2 &= (v^2+b^2)\mathrm{d}u^2 + 2b\cdot 0\mathrm{d}u\mathrm{d}v + (1^2+0^2)\mathrm{d}v^2 \\ &= (v^2+b^2)\mathrm{d}u^2 + \mathrm{d}v^2, \end{aligned}$$

$$\mathrm{d}\sigma = \sqrt{(v^2+b^2)(1^2+0^2) - (b\cdot 0)^2}\mathrm{d}u\mathrm{d}v = \sqrt{v^2+b^2}\mathrm{d}u\mathrm{d}v.$$

(6) 旋转面 $\boldsymbol{x}(u,v)=(f(v)\cos u, f(v)\sin u, g(v))$, $f(v)>0$,

$$\boldsymbol{x}'_u(u,v) = (-f(v)\sin u, f(v)\cos u, 0),$$

$$\boldsymbol{x}'_v(u,v) = (f'(v)\cos u, f'(v)\sin u, g'(v)),$$

$$E = \boldsymbol{x}'_u(u,v)\cdot\boldsymbol{x}'_u(u,v) = f^2(v),$$

$$F = \boldsymbol{x}'_u(u,v)\cdot\boldsymbol{x}'_v(u,v) = 0,\quad 即\ \boldsymbol{x}'_u\perp\boldsymbol{x}'_v,$$

$$G = \boldsymbol{x}'_v(u,v)\cdot\boldsymbol{x}'_v(u,v) = f'^2(v) + g'^2(v),$$

$$\begin{aligned} I = \mathrm{d}s^2 &= E\mathrm{d}u^2 + 2F\mathrm{d}u\mathrm{d}v + G\mathrm{d}v^2 \\ &= f^2(v)\mathrm{d}u^2 + (f'^2(v)+g'^2(v))\mathrm{d}v^2, \end{aligned}$$

$$\begin{aligned} \mathrm{d}\sigma &= \sqrt{EG-F^2}\mathrm{d}u\mathrm{d}v = \sqrt{f^2(v)(f'^2(v)+g'^2(v)) - 0^2}\mathrm{d}u\mathrm{d}v \\ &= f(v)\sqrt{f'^2(v)+g'^2(v)}\mathrm{d}u\mathrm{d}v. \end{aligned}$$

特别当 $f(v)=a\sin v$, $g(v)=a\cos v$ 时,旋转面为球面 $\boldsymbol{x}^2+y^2+z^2=a^2$,

$$x(u,v) = (a\sin v\cos u, a\sin v\sin u, a\cos v),$$

$$\begin{aligned} I = ds^2 &= f^2(v)du^2 + (f'^2(v) + g'^2(v))dv^2 \\ &= a^2\sin^2 v\,du^2 + (a^2\cos^2 v + a^2(-\sin v)^2)dv^2 \\ &= a^2\sin^2 v\,du^2 + a^2 dv^2. \end{aligned}$$

$$d\sigma = a\sin v\sqrt{(a\cos v)^2 + (-a\sin v)^2}\,du\,dv = a^2\sin v\,du\,dv.$$

定义 2.3.2 设

$$\begin{cases} \bar{u}^1 = \bar{u}^1(u^1, u^2, \cdots, u^m), \\ \cdots, \\ \bar{u}^m = \bar{u}^m(u^1, u^2, \cdots, u^m) \end{cases}$$

为 $\mathbf{R}^n$ 中 m 维 C^1 正则曲面 M 上的 C^1 参数变换,其 Jacobi 行列式

$$\frac{\partial(\bar{u}^1, \bar{u}^2, \cdots, \bar{u}^m)}{\partial(u^1, u^2, \cdots, u^m)} \neq 0.$$

g_{ij},$\bar{g}_{ij}$ 分别为曲面 M 在参数 $(u^1, u^2, \cdots, u^m)$ 与 $(\bar{u}^1, \bar{u}^2, \cdots, \bar{u}^m)$ 下的第 1 基本形式的系数,则

$$\bar{\boldsymbol{x}}(\bar{u}) = \boldsymbol{x}(\boldsymbol{u}(\bar{u})),$$

$$\begin{aligned} \bar{g}_{sk} &= \bar{\boldsymbol{x}}'_{\bar{u}^s} \cdot \bar{\boldsymbol{x}}'_{\bar{u}^k} = \left(\sum_{i=1}^m \boldsymbol{x}'_{u^i} \frac{\partial u^i}{\partial \bar{u}^s}\right) \cdot \left(\sum_{j=1}^m \boldsymbol{x}'_{u^j} \frac{\partial u^j}{\partial \bar{u}^k}\right) \\ &= \sum_{i,j=1}^m (\boldsymbol{x}'_{u^i} \cdot \boldsymbol{x}'_{u^j}) \frac{\partial u^i}{\partial \bar{u}^s} \frac{\partial u^j}{\partial \bar{u}^k} = \sum_{i,j=1}^m g_{ij} \frac{\partial u^i}{\partial \bar{u}^s} \frac{\partial u^j}{\partial \bar{u}^k}, \end{aligned}$$

或用矩阵表示为

$$(\bar{g}_{sk}) = \left(\frac{\partial u^i}{\partial \bar{u}^s}\right)(g_{ij})\left(\frac{\partial u^j}{\partial \bar{u}^k}\right),$$

其中 $\left(\frac{\partial u^j}{\partial \bar{u}^k}\right) = \left(\frac{\partial u^i}{\partial \bar{u}^s}\right)^{\mathrm{T}}$,上标"T"表示矩阵的转置.

引理 2.3.1 第 1 基本形式与参数变换的参数选择无关.

证明

$$\begin{aligned} d\bar{\boldsymbol{x}} \cdot d\bar{\boldsymbol{x}} = d\bar{s}^2 &= \sum_{s,k=1}^m \bar{g}_{sk} d\bar{u}^s d\bar{u}^k = \sum_{s,k=1}^m \sum_{i,j=1}^m g_{ij} \frac{\partial u^i}{\partial \bar{u}^s} \frac{\partial u^j}{\partial \bar{u}^k} d\bar{u}^s d\bar{u}^k \\ &= \sum_{i,j=1}^m g_{ij} du^i du^j = ds^2 = d\boldsymbol{x} \cdot d\boldsymbol{x}. \end{aligned}$$

这说明第 1 基本形式与参数变换的参数选择无关. □

定理 2.3.1 m 维体积与坐标(参数)的选取无关.

证明

$$\int_{\bar{D}} \sqrt{|\bar{g}_{sk}|}\,\mathrm{d}\bar{u}^1\cdots\mathrm{d}\bar{u}^m = \int_{\bar{D}} \sqrt{\left|\left(\frac{\partial u^i}{\partial \bar{u}^s}\right)(g_{ij})\left(\frac{\partial u^j}{\partial \bar{u}^k}\right)\right|}\,\mathrm{d}\bar{u}^1\cdots\mathrm{d}\bar{u}^m$$

$$= \int_{\bar{D}} \sqrt{|g_{ij}|}\left|\left(\frac{\mathrm{d}u^i}{\mathrm{d}\bar{u}^s}\right)\right|\mathrm{d}\bar{u}^1\cdots\mathrm{d}\bar{u}^m$$

$$\xlongequal{\text{变量代换}} \int_D \sqrt{|g_{ij}|}\,\mathrm{d}u^1\cdots\mathrm{d}u^m. \qquad \square$$

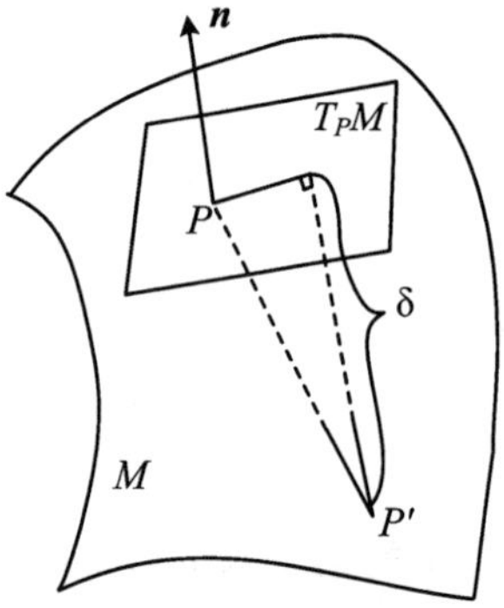

图 2.3.3

为了描述超曲面 M 在点 P 处的弯曲程度(总曲率,即 Gauss 曲率,以及平均曲率),我们先证下面的定理 2.3.2,并引入第 2 基本形式.

定理 2.3.2　设 M 为 $\mathbf{R}^n$ 中 $n-1$ 维 C^3 正则超曲面,其参数表示为 $\boldsymbol{x}(\boldsymbol{u})=\boldsymbol{x}(u^1,u^2,\cdots,u^{n-1})$, T_PM 为点 $P=\boldsymbol{x}(\boldsymbol{u})$处 M 的切空间,则 $P'=\boldsymbol{x}(\boldsymbol{u}+\Delta\boldsymbol{u})=\boldsymbol{x}(u^1+\Delta u^1,u^2+\Delta u^2,\cdots,u^{n-1}+\Delta u^{n-1})\in M$ 到 T_PM 的有向垂直距离为(图 2.3.3)

$$\delta = \overrightarrow{PP'}\cdot\boldsymbol{n}(u) = \frac{1}{2}\sum_{i,j=1}^{n-1} L_{ij}(\boldsymbol{u})\Delta u^i\Delta u^j + \{3\text{ 阶及 }3\text{ 阶以上的无穷小量}\},$$

其中

$$L_{ij}(\boldsymbol{u}) = \boldsymbol{x}''_{u^iu^j}(\boldsymbol{u})\cdot\boldsymbol{n}(\boldsymbol{u}) = -\boldsymbol{x}'_{u^i}(\boldsymbol{u})\cdot\boldsymbol{n}'_{u^j}(\boldsymbol{u}) = -\boldsymbol{x}'_{u^j}(\boldsymbol{u})\cdot\boldsymbol{n}'_{u^i}(\boldsymbol{u})$$
$$= \boldsymbol{x}''_{u^ju^i}(\boldsymbol{u})\cdot\boldsymbol{n}(\boldsymbol{u}) = L_{ji}(\boldsymbol{u}),\quad i,j=1,2,\cdots,n-1,$$

$\boldsymbol{n}$ 为 M 上点 $P=\boldsymbol{x}(\boldsymbol{u})$处的单位法向量.

如果 $\delta>0$,则 P'在 T_PM 的朝单位法向量 $\boldsymbol{n}$ 的一侧;如果 $\delta<0$,则 P'在 T_PM 的另一侧;如果 $\delta=0$,则 P'在 T_PM 上(图 2.3.3).

证明　由 Taylor 公式,有

$$\overrightarrow{PP'} = \boldsymbol{x}(\boldsymbol{u}+\Delta\boldsymbol{u})-\boldsymbol{x}(\boldsymbol{u})$$
$$= \sum_{i=1}^{n-1}\boldsymbol{x}'_{u^i}(\boldsymbol{u})\Delta u^i + \frac{1}{2}\sum_{i,j=1}^{n-1}\boldsymbol{x}''_{u^iu^j}(\boldsymbol{u})\Delta u^i\Delta u^j + \{3\text{ 阶及 }3\text{ 阶以上的无穷小量}\},$$

于是

$$\delta = \overrightarrow{PP'}\cdot\boldsymbol{n}(u) \xlongequal{\boldsymbol{x}'_{u^i}(\boldsymbol{u})\cdot\boldsymbol{n}(\boldsymbol{u})=0} \frac{1}{2}\sum_{i,j=1}^{n-1}\boldsymbol{x}''_{u^iu^j}(\boldsymbol{u})\cdot\boldsymbol{n}(\boldsymbol{u})\Delta u^i\Delta u^j + \{3\text{ 阶及 }3\text{ 阶以上的无穷小量}\}$$

$$= \frac{1}{2}\sum_{i,j=1}^{n-1}L_{ij}(\boldsymbol{u})\Delta u^i\Delta u^j + \{3\text{ 阶及 }3\text{ 阶以上的无穷小量}\}.$$

此外,有

$$0=0'=(\boldsymbol{x}'_{u^i}(\boldsymbol{u})\cdot\boldsymbol{n}(\boldsymbol{u}))'_{u^j}=\boldsymbol{x}''_{u^iu^j}(\boldsymbol{u})\cdot\boldsymbol{n}(\boldsymbol{u})+\boldsymbol{x}'_{u^i}(\boldsymbol{u})\cdot\boldsymbol{n}'_{u^j}(\boldsymbol{u}),$$
$$\boldsymbol{x}''_{u^iu^j}(\boldsymbol{u})\cdot\boldsymbol{n}=-\boldsymbol{x}'_{u^i}(\boldsymbol{u})\cdot\boldsymbol{n}'_{u^j}(\boldsymbol{u}),$$
$$0=0'=(\boldsymbol{x}'_{u^j}(\boldsymbol{u})\cdot\boldsymbol{n}(\boldsymbol{u}))'_{u^i}=\boldsymbol{x}''_{u^ju^i}(\boldsymbol{u})\cdot\boldsymbol{n}(\boldsymbol{u})+\boldsymbol{x}'_{u^j}(\boldsymbol{u})\cdot\boldsymbol{n}'_{u^i}(\boldsymbol{u}),$$
$$\boldsymbol{x}''_{u^ju^i}(\boldsymbol{u})\cdot\boldsymbol{n}(\boldsymbol{u})=-\boldsymbol{x}'_{u^j}(\boldsymbol{u})\cdot\boldsymbol{n}'_{u^i}(\boldsymbol{u}),$$
$$L_{ij}=\boldsymbol{x}''_{u^iu^j}(\boldsymbol{u})\cdot\boldsymbol{n}(\boldsymbol{u})=\boldsymbol{x}''_{u^ju^i}(\boldsymbol{u})\cdot\boldsymbol{n}(\boldsymbol{u})=L_{ji}.$$
□

定义 2.3.3 我们将 2δ 的主要部分(舍去 3 阶及 3 阶以上的无穷小量后的部分),即二次微分形式

$$II=\sum_{i,j=1}^{n-1}L_{ij}\mathrm{d}u^i\mathrm{d}u^j$$

称为**曲面 M 的第 2 基本形式**,而 $L_{ij}(i,j=1,2,\cdots,n-1)$ 称为**第 2 基本形式的系数**.

引理 2.3.2 第 2 基本形式与参数变换的参数选择无关.

证明

$$\bar{\boldsymbol{x}}(\bar{\boldsymbol{u}})=\boldsymbol{x}(\boldsymbol{u})=\boldsymbol{x}(\boldsymbol{u}(\bar{\boldsymbol{u}})),$$
$$\bar{\boldsymbol{n}}(\bar{\boldsymbol{u}})=\boldsymbol{n}(\boldsymbol{u}),$$
$$\begin{aligned}\bar{L}_{sm}(\bar{\boldsymbol{u}})&=\bar{\boldsymbol{x}}''_{\bar{u}^s\bar{u}^m}(\bar{\boldsymbol{u}})\cdot\bar{\boldsymbol{n}}(\bar{\boldsymbol{u}})=\left(\sum_{i=1}^{n-1}\boldsymbol{x}'_{u^i}(\boldsymbol{u}(\bar{\boldsymbol{u}}))\frac{\partial u^i}{\partial\bar{u}^s}\right)'_{\bar{u}^m}\cdot\bar{\boldsymbol{n}}(\bar{\boldsymbol{u}})\\&=\left(\sum_{i,j=1}^{n-1}\boldsymbol{x}''_{u^iu^j}(\boldsymbol{u}(\bar{\boldsymbol{u}}))\frac{\partial u^j}{\partial\bar{u}^m}\frac{\partial u^i}{\partial\bar{u}^s}+\sum_{i=1}^{n-1}\boldsymbol{x}'_{u^i}(\boldsymbol{u}(\bar{\boldsymbol{u}}))\frac{\partial^2u^i}{\partial\bar{u}^s\partial\bar{u}^m}\right)\cdot\boldsymbol{n}(\boldsymbol{u})\\&=\sum_{i,j=1}^{n-1}\boldsymbol{x}''_{u^iu^j}(\boldsymbol{u}(\bar{\boldsymbol{u}}))\cdot\boldsymbol{n}(\boldsymbol{u})\frac{\partial u^j}{\partial\bar{u}^m}\frac{\partial u^i}{\partial\bar{u}^s}\\&=\sum_{i,j=1}^{n-1}L_{ij}(\boldsymbol{u})\frac{\partial u^i}{\partial\bar{u}^s}\frac{\partial u^j}{\partial\bar{u}^m},\end{aligned}$$

即

$$(\bar{L}_{sm}(\bar{\boldsymbol{u}}))=\left(\frac{\partial u^i}{\partial\bar{u}^s}\right)(L_{ij}(\boldsymbol{u}))\left(\frac{\partial u^j}{\partial\bar{u}^m}\right),$$

其中 $\left(\frac{\partial u^j}{\partial\bar{u}^m}\right)=\left(\frac{\partial u^i}{\partial\bar{u}^s}\right)^{\mathrm{T}}$. 于是

$$\begin{aligned}\sum_{s,m=1}^{n-1}\bar{L}_{sm}(\bar{\boldsymbol{u}})\mathrm{d}\bar{u}^s\mathrm{d}\bar{u}^m&=\sum_{s,m=1}^{n-1}\left(\sum_{i,j=1}^{n-1}L_{ij}(\boldsymbol{u})\frac{\partial u^i}{\partial\bar{u}^s}\frac{\partial u^j}{\partial\bar{u}^m}\right)\mathrm{d}\bar{u}^s\mathrm{d}\bar{u}^m\\&=\sum_{s,m=1}^{n-1}L_{ij}(\boldsymbol{u})\mathrm{d}u^i\mathrm{d}u^j.\end{aligned}$$

这就说明第 2 基本形式与参数变换的参数选择无关. □

注 2.3.1 由引理 2.3.2 证明知

$$\det(\bar{L}_{sm}(\bar{\boldsymbol{u}}))=\left(\det\left(\frac{\partial u^i}{\partial\bar{u}^s}\right)\right)^2\det(L_{ij}(\boldsymbol{u})).$$

特别当 $n=3$ 时,有

$$\bar{L}\bar{N}-\bar{M}^2=\det\begin{pmatrix}\bar{L} & \bar{M}\\ \bar{M} & \bar{N}\end{pmatrix}=\left(\frac{\partial(u,v)}{\partial(\bar{u},\bar{v})}\right)^2\det\begin{pmatrix}L & M\\ M & N\end{pmatrix}=\left(\frac{\partial(u,v)}{\partial(\bar{u},\bar{v})}\right)^2(LN-M^2).$$

定理 2.3.3 (1) 设 M 为 $\mathbf{R}^n$ 中的 k 维 C^1 正则曲面,$u^1,u^2,\cdots,u^k$ 为其参数,$\boldsymbol{x}(u^1,u^2,\cdots,u^k)$为 M 的参数表示,$\bar{M}$ 为M 在 $\bar{\boldsymbol{x}}=\boldsymbol{x}\boldsymbol{A}+\boldsymbol{b}$ 下的 k 维 C^1 正则曲面(其中 $\boldsymbol{A}$ 为正交矩阵),则第 1 基本形式在此变换下不变,即 $\bar{I}=I$.

(2) 在(1)中,如果 $k=n-1$,M 为 C^2 正则曲面,则第 2 基本形式在刚性运动 $\bar{\boldsymbol{x}}=\boldsymbol{x}\boldsymbol{A}+\boldsymbol{b}$($\boldsymbol{A}$ 为正交矩阵,$\det\boldsymbol{A}=1$)下不变,即 $\bar{II}=II$.

(3) 在(2)中,如果 $\det\boldsymbol{A}=-1$,则$\bar{II}=-II$.

证明 (证法 1)(1) 设 M 为 $\mathbf{R}^n$ 中的k 维C^1 正则曲面,$\bar{M}$ 为刚性运动下k 维C^1 正则曲面($\operatorname{rank}(\bar{\boldsymbol{x}}'_{u^1},\bar{\boldsymbol{x}}'_{u^2},\cdots,\bar{\boldsymbol{x}}'_{u^k})=\operatorname{rank}(\boldsymbol{x}'_{u^1}\boldsymbol{A},\boldsymbol{x}'_{u^2}\boldsymbol{A},\cdots,\boldsymbol{x}'_{u^k}\boldsymbol{A})=\operatorname{rank}(\boldsymbol{x}'_{u^1},\boldsymbol{x}'_{u^2},\cdots,\boldsymbol{x}'_{u^k})=k$).又因

$$\bar{g}_{ij}=\bar{\boldsymbol{x}}_{u^i}\cdot\bar{\boldsymbol{x}}_{u^j}=(\boldsymbol{x}'_{u^i}\boldsymbol{A})\cdot(\boldsymbol{x}'_{u^j}\boldsymbol{A})=\boldsymbol{x}'_{u^i}\cdot\boldsymbol{x}'_{u^j}=g_{ij},$$

故

$$\bar{I}=\sum_{i,j=1}^{k}\bar{g}_{ij}\mathrm{d}u^i\mathrm{d}u^j=\sum_{i,j=1}^{k}g_{ij}\mathrm{d}u^i\mathrm{d}u^j=I.$$

(2) $k=n-1,\det\boldsymbol{A}=1$.

$$\bar{\boldsymbol{x}}'_{u^i}=\boldsymbol{x}'_{u^i}\boldsymbol{A},\quad \boldsymbol{x}''_{u^iu^j}=\boldsymbol{x}''_{u^iu^j}\boldsymbol{A},$$

$$\bar{L}_{ij}=\bar{\boldsymbol{x}}''_{u^iu^j}\cdot\bar{\boldsymbol{n}}=(\boldsymbol{x}''_{u^iu^j}\boldsymbol{A})\cdot\boldsymbol{n}\boldsymbol{A}=\boldsymbol{x}''_{u^iu^j}\cdot\boldsymbol{n}=L_{ij},$$

$$II=\sum_{i,j=1}^{n-1}\bar{L}_{ij}\mathrm{d}u^i\mathrm{d}u^j=\sum_{i,j=1}^{n-1}L_{ij}\mathrm{d}u^i\mathrm{d}u^j=II.$$

(3) $k=n-1,\det\boldsymbol{A}=-1$.设 $\boldsymbol{A}=\begin{pmatrix}-1 & & & \\ & 1 & & \\ & & \ddots & \\ & & & 1\end{pmatrix}\boldsymbol{B}$,则

$$|\boldsymbol{B}|=\det\begin{pmatrix}-1 & & & \\ & 1 & & \\ & & \ddots & \\ & & & 1\end{pmatrix}\cdot|\boldsymbol{A}|=-|\boldsymbol{A}|=1,$$

由(2)知,只需证明当 $\boldsymbol{A}=\begin{pmatrix}-1 & & & \\ & 1 & & \\ & & \ddots & \\ & & & 1\end{pmatrix}$ 时,有$\bar{II}=-II$ 即可.

事实上,

$$\begin{aligned}
&\bar{\boldsymbol{x}} = \boldsymbol{x}\boldsymbol{A} + \boldsymbol{b} = (-x^1, x^2, \cdots, x^n) + \boldsymbol{b},\\
&\bar{\boldsymbol{x}}'_{u^i} = (-\boldsymbol{x}^{1\prime}_{u^i}, \boldsymbol{x}^{2\prime}_{u^i}, \cdots, \boldsymbol{x}^{n\prime\prime}_{u^i}),\\
&\bar{\boldsymbol{x}}''_{u^iu^j} = (-\boldsymbol{x}^{1\prime\prime}_{u^iu^j}, \boldsymbol{x}^{2\prime\prime}_{u^iu^j}, \cdots, \boldsymbol{x}^{n\prime\prime}_{u^iu^j}).
\end{aligned}$$

于是,有

$$\begin{aligned}
\bar{L}_{ij} &= \bar{\boldsymbol{x}}''_{u^iu^j} \cdot \bar{\boldsymbol{n}}\\
&= (\bar{\boldsymbol{x}}^{1\prime\prime}_{u^iu^j}, \cdots, \bar{\boldsymbol{x}}^{n\prime\prime}_{u^iu^j}) \cdot \begin{vmatrix} \boldsymbol{e}_1 & \boldsymbol{e}_2 & \cdots & \boldsymbol{e}_n \\ -x^{1\prime}_{u^1} & x^{2\prime}_{u^1} & \cdots & x^{n\prime}_{u^1} \\ -x^{1\prime}_{u^2} & x^{2\prime}_{u^2} & \cdots & x^{n\prime}_{u^2} \\ \vdots & \vdots & & \vdots \\ -x^{1\prime}_{u^{n-1}} & x^{2\prime}_{u^{n-1}} & \cdots & x^{n\prime}_{u^{n-1}} \end{vmatrix} \cdot \frac{1}{|\bar{\boldsymbol{x}}'_{u^1} \times \cdots \times \bar{\boldsymbol{x}}'_{u^{n-1}}|}\\
&= \begin{vmatrix} -x^{1\prime\prime}_{u^iu^j} & x^{2\prime\prime}_{u^iu^j} & \cdots & x^{n\prime\prime}_{u^iu^j} \\ -x^{1\prime}_{u^1} & x^{2\prime}_{u^1} & \cdots & x^{n\prime}_{u^1} \\ -x^{1\prime}_{u^2} & x^{2\prime}_{u^2} & \cdots & x^{n\prime}_{u^2} \\ \vdots & \vdots & & \vdots \\ -x^{1\prime}_{u^{n-1}} & x^{2\prime}_{u^{n-1}} & \cdots & x^{n\prime}_{u^{n-1}} \end{vmatrix} \cdot \frac{1}{|\boldsymbol{x}'_{u^1} \times \cdots \times \boldsymbol{x}'_{u^{n-1}}|}\\
&= -\begin{vmatrix} x^{1\prime\prime}_{u^iu^j} & x^{2\prime\prime}_{u^iu^j} & \cdots & x^{n\prime\prime}_{u^iu^j} \\ x^{1\prime}_{u^1} & x^{2\prime}_{u^1} & \cdots & x^{n\prime}_{u^1} \\ x^{1\prime}_{u^2} & x^{2\prime}_{u^2} & \cdots & x^{n\prime}_{u^2} \\ \vdots & \vdots & & \vdots \\ x^{1\prime}_{u^{n-1}} & x^{2\prime}_{u^{n-1}} & \cdots & x^{n\prime}_{u^{n-1}} \end{vmatrix} \cdot \frac{1}{|\boldsymbol{x}'_{u^1} \times \cdots \times \boldsymbol{x}'_{u^{n-1}}|}\\
&= -\boldsymbol{x}''_{u^iu^j} \cdot \boldsymbol{n} = -L_{ij},
\end{aligned}$$

$$\bar{I\!I} = \sum_{i,j=1}^{n-1} \bar{L}_{ij} \mathrm{d}u^i \mathrm{d}u^j = -\sum_{i,j=1}^{n-1} L_{ij} \mathrm{d}u^i \mathrm{d}u^j = -I\!I.$$

(证法 2)(1)

$$\begin{aligned}
\bar{I} &= \mathrm{d}\bar{s}^2 = \mathrm{d}\bar{\boldsymbol{x}} \cdot \mathrm{d}\bar{\boldsymbol{x}} = \mathrm{d}(\boldsymbol{x}\boldsymbol{A} + \boldsymbol{b}) \cdot \mathrm{d}(\boldsymbol{x}\boldsymbol{A} + \boldsymbol{b})\\
&= (\mathrm{d}\boldsymbol{x}\boldsymbol{A}) \cdot (\mathrm{d}\boldsymbol{x}\boldsymbol{A}) = \mathrm{d}\boldsymbol{x} \cdot \mathrm{d}\boldsymbol{x} = \mathrm{d}s^2 = I.
\end{aligned}$$

(2) 在 $\bar{\boldsymbol{x}} = \boldsymbol{x}\boldsymbol{A} + \boldsymbol{b}$ 下,

$$\begin{aligned}
&M \to \bar{M},\\
&P \mapsto \bar{P}, \quad T_PM \to T_{\bar{P}}\bar{M},
\end{aligned}$$

$$P' \mapsto \bar{P}', \quad \boldsymbol{n} \mapsto \bar{\boldsymbol{n}},$$

$$\bar{\delta} = \overrightarrow{\bar{P}\bar{P}'} \cdot \boldsymbol{n} = \delta.$$

由此得到$\overline{II} = II$. □

例 2.3.3 当 $n=3, k=n-1=2$ 时,在定理 2.3.2 中,$u^1 = u, u^2 = v$,

$$L = L_{11} = \boldsymbol{x}''_{uu} \cdot \boldsymbol{n} = -\boldsymbol{x}'_u \cdot \boldsymbol{n}'_u,$$

$$M = L_{12} = L_{21} = \boldsymbol{x}''_{uv} \cdot \boldsymbol{n} = -\boldsymbol{x}'_u \cdot \boldsymbol{n}'_v = -\boldsymbol{x}'_v \cdot \boldsymbol{n}'_u,$$

$$N = L_{22} = \boldsymbol{x}''_{vv} \cdot \boldsymbol{n} = -\boldsymbol{x}'_v \cdot \boldsymbol{n}'_v.$$

$$\delta = \overrightarrow{PP'} \cdot \boldsymbol{n} = \frac{1}{2}(L(\Delta u)^2 + 2M\Delta u \Delta v + N(\Delta v)^2) + \{3\text{ 阶及 }3\text{ 阶以上的无穷小量}\}.$$

此外,有

$$L = \boldsymbol{x}''_{uu} \cdot \boldsymbol{n} = \boldsymbol{x}''_{uu} \cdot \frac{\boldsymbol{x}'_u \times \boldsymbol{x}'_v}{|\boldsymbol{x}'_u \times \boldsymbol{x}'_v|} = \frac{(\boldsymbol{x}'_u, \boldsymbol{x}'_v, \boldsymbol{x}''_{uu})}{|\boldsymbol{x}'_u \times \boldsymbol{x}'_v|},$$

$$M = \boldsymbol{x}''_{uv} \cdot \boldsymbol{n} = \boldsymbol{x}''_{uv} \cdot \frac{\boldsymbol{x}'_u \times \boldsymbol{x}'_v}{|\boldsymbol{x}'_u \times \boldsymbol{x}'_v|} = \frac{(\boldsymbol{x}'_u, \boldsymbol{x}'_v, \boldsymbol{x}''_{uv})}{|\boldsymbol{x}'_u \times \boldsymbol{x}'_v|}$$

$$\left(\text{或 } \boldsymbol{x}''_{vu} \cdot \boldsymbol{n} = \frac{(\boldsymbol{x}'_u, \boldsymbol{x}'_v, \boldsymbol{x}''_{vu})}{|\boldsymbol{x}'_u \times \boldsymbol{x}'_v|}\right),$$

$$N = \boldsymbol{x}''_{vv} \cdot \boldsymbol{n} = \boldsymbol{x}''_{vv} \cdot \frac{\boldsymbol{x}'_u \times \boldsymbol{x}'_v}{|\boldsymbol{x}'_u \times \boldsymbol{x}'_v|} = \frac{(\boldsymbol{x}'_u, \boldsymbol{x}'_v, \boldsymbol{x}''_{vv})}{|\boldsymbol{x}'_u \times \boldsymbol{x}'_v|}.$$

第 2 基本形式为

$$II = L\mathrm{d}u^2 + 2M\mathrm{d}u\mathrm{d}v + N\mathrm{d}v^2.$$

正如定理 2.3.3,在 $\bar{\boldsymbol{x}} = \boldsymbol{x}\boldsymbol{A} + \boldsymbol{b}$($\boldsymbol{A}$ 为正交矩阵)下,$\bar{I} = I$;在 $\bar{\boldsymbol{x}} = \boldsymbol{x}\boldsymbol{A} + \boldsymbol{b}$($\boldsymbol{A}$ 为正交矩阵,$\det\boldsymbol{A} = 1$)下,$\overline{II} = II$;如果 $\det\boldsymbol{A} = -1$,则$\overline{II} = -II$.

或者,只需证明当 $\boldsymbol{A} = \begin{pmatrix} -1 & & \\ & -1 & \\ & & -1 \end{pmatrix}$时,有$\overline{II} = -II$.

事实上,$\bar{\boldsymbol{x}}'_{u^i} = \boldsymbol{x}'_{u^i}\boldsymbol{A} = -\boldsymbol{x}'_{u^i}$,$\bar{\boldsymbol{x}}''_{u^iu^j} = \boldsymbol{x}''_{u^iu^j}\boldsymbol{A} = -\boldsymbol{x}''_{u^iu^j}$,

$$\bar{\boldsymbol{n}} = \frac{\bar{\boldsymbol{x}}'_{u^1} \times \bar{\boldsymbol{x}}'_{u^2}}{|\bar{\boldsymbol{x}}'_{u^1} \times \bar{\boldsymbol{x}}'_{u^2}|} = \frac{(-\boldsymbol{x}'_{u^1}) \times (-\boldsymbol{x}'_{u^2})}{|(-\boldsymbol{x}'_{u^1}) \times (-\boldsymbol{x}'_{u^2})|} = \boldsymbol{n} \neq -\boldsymbol{n} = \boldsymbol{n}\boldsymbol{A}.$$

所以

$$\bar{L}_{ij} = \bar{\boldsymbol{x}}''_{u^iu^j} \cdot \bar{\boldsymbol{n}} = (\boldsymbol{x}''_{u^iu^j}\boldsymbol{A}) \cdot (-\boldsymbol{n}\boldsymbol{A}) = -L_{ij}$$

$$(\text{或} = (-\boldsymbol{x}''_{u^iu^j}) \cdot \boldsymbol{n} = -L_{ij}),$$

$$\overline{II} = \sum_{i,j=1}^{2} \bar{L}_{ij} du^i du^j = -\sum_{i,j=1}^{2} L_{ij} du^i du^j = -II.$$ □

例 2.3.4 旋转面

$$\boldsymbol{x}(u,v) = (f(v)\cos u, f(v)\sin u, g(v)),$$

其中 f,g 为 C^2 函数，$f(v)>0$，则

$$\boldsymbol{x}'_u(u,v) = (-f(v)\sin u, f(v)\cos u, 0),$$

$$\boldsymbol{x}'_v(u,v) = (f'(v)\cos u, f'(v)\sin u, g'(v)),$$

$$\boldsymbol{x}'_u(u,v)\times\boldsymbol{x}'_v(u,v) = \begin{vmatrix} \boldsymbol{e}_1 & \boldsymbol{e}_2 & \boldsymbol{e}_3 \\ -f(v)\sin u & f(v)\cos u & 0 \\ f'(v)\cos u & f'(v)\sin u & g'(v) \end{vmatrix}$$

$$= (f(v)g'(v)\cos u, f(v)g'(v)\sin u, -f(v)f'(v)),$$

$$\boldsymbol{n}(u,v) = \frac{\boldsymbol{x}'_u(u,v)\times\boldsymbol{x}'_v(u,v)}{|\boldsymbol{x}'_u(u,v)\times\boldsymbol{x}'_v(u,v)|}$$

$$= \frac{1}{\sqrt{f'^2(v)+g'^2(v)}}(g'(v)\cos u, g'(v)\sin u, -f'(v)),$$

$$\boldsymbol{x}''_{uu} = (-f(v)\cos u, -f(v)\sin u, 0),$$

$$\boldsymbol{x}''_{uv} = \boldsymbol{x}''_{vu} = (-f'(v)\sin u, f'(v)\cos u, 0),$$

$$\boldsymbol{x}''_{vv} = (f''(v)\cos u, f''(v)\sin u, g''(v)).$$

因此

$$L = \boldsymbol{x}''_{uu}\cdot\boldsymbol{n}(u,v) = \frac{-f(v)g'(v)}{\sqrt{f'^2(v)+g'^2(v)}},$$

$$M = \boldsymbol{x}''_{uv}(u,v)\cdot\boldsymbol{n}(u,v) = 0,$$

$$N = \boldsymbol{x}''_{vv}(u,v)\cdot\boldsymbol{n}(u,v) = \frac{f''(v)g'(v)-f'(v)g''(v)}{\sqrt{f'^2(v)+g'^2(v)}},$$

$$II = L du^2 + 2M du dv + N dv^2$$

$$= -\frac{f(v)g'(v)}{\sqrt{f'^2(v)+g'^2(v)}}du^2 + \frac{f''(v)g'(v)-f'(v)g''(v)}{\sqrt{f'^2(v)+g'^2(v)}}dv^2.$$ □

例 2.3.5 直纹面

$$\boldsymbol{x}(u,v) = \boldsymbol{a}(u) + v\boldsymbol{l}(u),$$

$$\boldsymbol{x}'_u(u,v) = \boldsymbol{a}'(u) + v\boldsymbol{l}'(u),$$

$$\boldsymbol{x}'_v(u,v) = \boldsymbol{l}(u),$$

$$E = \boldsymbol{x}'_u\cdot\boldsymbol{x}'_u = (\boldsymbol{a}'(u)+v\boldsymbol{l}'(u))^2,$$

$$F = \boldsymbol{x}'_u\cdot\boldsymbol{x}'_v = (\boldsymbol{a}'(u)+v\boldsymbol{l}'(u))\boldsymbol{l}(u),$$

$$G = \boldsymbol{x}'_v \cdot \boldsymbol{x}'_v = \boldsymbol{l}^2(u),$$

$$\begin{aligned} \boldsymbol{n} &= \frac{\boldsymbol{x}'_u(u,v) \times \boldsymbol{x}'_v(u,v)}{|\boldsymbol{x}'_u(u,v) \times \boldsymbol{x}'_v(u,v)|} \\ &= \frac{\boldsymbol{a}'(u) \times \boldsymbol{l}(u) + v\boldsymbol{l}'(u) \times \boldsymbol{l}(u)}{\sqrt{EG - F^2}}, \end{aligned}$$

其中

$$\begin{aligned} |\boldsymbol{x}'_u \times \boldsymbol{x}'_v|^2 &= |\boldsymbol{x}'_u|^2 |\boldsymbol{x}'_v|^2 \sin^2\theta = |\boldsymbol{x}'_u|^2 |\boldsymbol{x}'_v|^2 (1 - \cos^2\theta) \\ &= |\boldsymbol{x}'_u|^2 |\boldsymbol{x}'_v|^2 - |\boldsymbol{x}'_u \cdot \boldsymbol{x}'_v|^2 = EG - F^2, \end{aligned}$$

而 θ 为向量 $\boldsymbol{x}'_u$ 与 $\boldsymbol{x}'_v$ 之间的夹角.

此外,由

$$\begin{aligned} \boldsymbol{x}''_{uu}(u,v) &= \boldsymbol{a}''(u) + v\boldsymbol{l}''(u), \\ \boldsymbol{x}''_{uv}(u,v) &= \boldsymbol{l}'(u), \\ \boldsymbol{x}''_{vv}(u,v) &= \boldsymbol{0} \end{aligned}$$

推得

$$\begin{aligned} L &= \boldsymbol{x}''_{uu}(u,v) \cdot \boldsymbol{n}(u,v) \\ &= \frac{(\boldsymbol{a}'(u) + v\boldsymbol{l}'(u), \boldsymbol{l}(u), \boldsymbol{a}''(u) + v\boldsymbol{l}''(u))}{|(\boldsymbol{a}'(u) + v\boldsymbol{l}'(u)) \times \boldsymbol{l}(u)|} \\ &= \frac{(\boldsymbol{l}', \boldsymbol{l}, \boldsymbol{l}'')v^2 + ((\boldsymbol{l}', \boldsymbol{l}, \boldsymbol{a}'') + (\boldsymbol{a}', \boldsymbol{l}, \boldsymbol{l}''))v + (\boldsymbol{a}', \boldsymbol{l}, \boldsymbol{a}'')}{\sqrt{EG - F^2}}, \end{aligned}$$

$$M = \boldsymbol{x}''_{uv}(u,v) \cdot \boldsymbol{n}(u,v) = \frac{(\boldsymbol{a}'(u) + u\boldsymbol{l}'(u), \boldsymbol{l}(u), \boldsymbol{l}'(u))}{|(\boldsymbol{a}'(u) + v\boldsymbol{l}'(v)) \times \boldsymbol{l}(u)|} = \frac{(\boldsymbol{a}', \boldsymbol{l}, \boldsymbol{l}')}{\sqrt{EG - F^2}},$$

$$N = \boldsymbol{x}''_{vv}(u,v) \cdot \boldsymbol{n}(u,v) = \boldsymbol{0} \cdot \boldsymbol{n}(u,v) = 0.$$

因此

$$\begin{aligned} II &= L\mathrm{d}u^2 + 2M\mathrm{d}u\mathrm{d}v + N\mathrm{d}v^2 \\ &= \frac{(\boldsymbol{a}' + v\boldsymbol{l}', \boldsymbol{l}, \boldsymbol{a}'' + v\boldsymbol{l}'')}{|(\boldsymbol{a}' + v\boldsymbol{l}') \times \boldsymbol{l}|}\mathrm{d}u^2 + \frac{2(\boldsymbol{a}', \boldsymbol{l}, \boldsymbol{l}')}{|(\boldsymbol{a}' + v\boldsymbol{l}') \times \boldsymbol{l}|}\mathrm{d}u\mathrm{d}v. \end{aligned}$$ □

2.4 曲面的基本公式、Weingarten 映射、共轭曲线网、渐近曲线网

定义2.4.1 设 M 为 $n-1$ 维 C^2 正则曲面,其参数表示为

$$\boldsymbol{x}(\boldsymbol{u}) = \boldsymbol{x}(u^1, u^2, \cdots, u^{n-1}),$$

$\boldsymbol{n}(\boldsymbol{u})$为点 $\boldsymbol{x}(\boldsymbol{u})$处的单位法向量,称右旋基

$$\{\boldsymbol{x}'_{u^1},\boldsymbol{x}'_{u^2},\cdots,\boldsymbol{x}'_{u^{n-1}},\boldsymbol{n}\}$$

为点 $\boldsymbol{x}(\boldsymbol{u})$ 处的**自然活动标架场**(图 2.4.1).

类似曲线论的 Frenet 公式,有:

定理 2.4.1(曲面的基本公式) 对于定义 2.4.1 中 M 的自然活动标架场,有**曲面的基本公式**:

$$\begin{cases} \mathrm{d}\boldsymbol{x} = \sum\limits_{j=1}^{n-1}\mathrm{d}u^j\boldsymbol{x}'_{u^j}, \\ \sum\limits_{j=1}^{n-1}\boldsymbol{x}''_{u^iu^j}\mathrm{d}u^j = \mathrm{d}\boldsymbol{x}'_{u^i} = \sum\limits_{j,k=1}^{n-1}\Gamma_{ij}^k\mathrm{d}u^j\boldsymbol{x}'_{u^k} + \sum\limits_{j=1}^{n-1}L_{ij}\mathrm{d}u^j\boldsymbol{n} \quad (\text{Gauss 公式}), \\ \sum\limits_{i=1}^{n-1}\boldsymbol{n}'_{u^i}\mathrm{d}u^i = \mathrm{d}\boldsymbol{n} = -\sum\limits_{i,j=1}^{n-1}\omega_i^j\mathrm{d}u^i\boldsymbol{x}'_{u^j} = -\sum\limits_{i,j,l=1}^{n-1}g^{jl}L_{li}\mathrm{d}u^i\boldsymbol{x}'_{u^j} \quad (\text{Weingarten 公式}), \end{cases}$$

其中 $\Gamma_{ij}^k = \dfrac{1}{2}\sum\limits_{l=1}^{n-1}g^{kl}\left(\dfrac{\partial g_{lj}}{\partial u^i}+\dfrac{\partial g_{il}}{\partial u^j}-\dfrac{\partial g_{ij}}{\partial u^l}\right)$称为**联络系数**(它由第1基本形式的系数及其导数表达出,而与第2基本形式的系数无关.所以 Γ_{ij}^k是曲面M 的内蕴几何量 —— 只与第1基本形式有关的量).

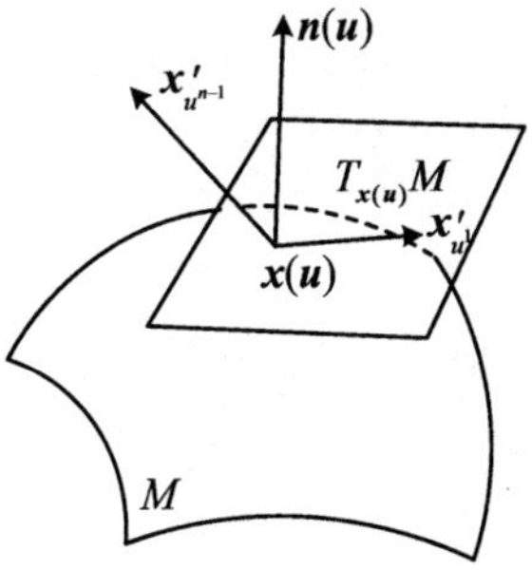

图 2.4.1

上述三式等价于

$$\begin{cases} \mathrm{d}\boldsymbol{x} = \sum\limits_{j=1}^{n-1}\mathrm{d}u^j\boldsymbol{x}'_{u^j}, \\ \boldsymbol{x}''_{u^iu^j} = \sum\limits_{k=1}^{n-1}\Gamma_{ij}^k\boldsymbol{x}'_{u^k} + L_{ij}\boldsymbol{n} \quad (\text{Gauss 公式}), \\ \boldsymbol{n}'_{u^i} = -\sum\limits_{j=1}^{n-1}\omega_i^j\boldsymbol{x}'_{u^j} = -\sum\limits_{j,l=1}^{n-1}g^{il}L_{li}\boldsymbol{x}'_{u^j} \quad (\text{Weingarten 公式}). \end{cases}$$

证明 设$\{\boldsymbol{x}'_{u^1},\boldsymbol{x}'_{u^2},\cdots,\boldsymbol{x}'_{u^{n-1}},\boldsymbol{n}(\boldsymbol{u})\}$为点 $\boldsymbol{x}(\boldsymbol{u})$处的自然活动标架场,则

$$\begin{cases} \mathrm{d}\boldsymbol{x}'_{u^i} = \sum\limits_{j=1}^{n-1}a_i^j\boldsymbol{x}'_{u^j} + b_i\boldsymbol{n}, \\ \mathrm{d}\boldsymbol{n} = \sum\limits_{j=1}^{n-1}\omega^j\boldsymbol{x}'_{u^j} + c\boldsymbol{n}, \end{cases}$$

其中 $\boldsymbol{x}'_{u^j}$,$\boldsymbol{n}$ 的系数a_i^j,b_i,ω^j,c 为u^1,u^2,$\cdots$,u^{n-1}的待定1次微分形式.因为我们只讨论到1阶无穷小量,所以它们都是 $\mathrm{d}u^i$ 的线性组合.于是,有

$$\begin{cases} \mathrm{d}\boldsymbol{x}'_{u^i} = \sum\limits_{j,k=1}^{n-1}\Gamma_{ij}^k\mathrm{d}u^j\boldsymbol{x}'_{u^k} + \sum\limits_{j=1}^{n-1}b_{ij}\mathrm{d}u^j\boldsymbol{n}, & (2.4.1) \\ \mathrm{d}\boldsymbol{n} = -\sum\limits_{j,k=1}^{n-1}\omega_k^j\mathrm{d}u^k\boldsymbol{x}'_{u^j} + \sum\limits_{j=1}^{n-1}c_j\mathrm{d}u^j\boldsymbol{n}, & (2.4.2) \end{cases}$$

其中 $\Gamma_{ij}^{k}, b_{ij}, \omega_{k}^{j}, c_{j}$ 为待定函数，而第 2 式中的负号完全是为了以后运算方便引入的.

下面要应用第 1、第 2 基本形式的系数 g_{ij}, L_{ij} 去确定这些待定函数.

式(2.4.1)两边与 $\boldsymbol{n}$ 作内积后得到($\boldsymbol{x}'_{u^k}\cdot\boldsymbol{n}=0$)

$$\sum_{j=1}^{n-1}L_{ij}\mathrm{d}u^j=\sum_{j=1}^{n-1}\boldsymbol{x}''_{u^iu^j}\cdot\boldsymbol{n}\mathrm{d}u^j=\Big(\sum_{j=1}^{n-1}\boldsymbol{x}''_{u^iu^j}\mathrm{d}u^j\Big)\cdot\boldsymbol{n}=\mathrm{d}\boldsymbol{x}'_{u^i}\cdot\boldsymbol{n}=\sum_{j=1}^{n-1}b_{ij}\mathrm{d}u^j$$

$$\Leftrightarrow\quad b_{ij}=L_{ij}.$$

式(2.4.2)两边与 $\boldsymbol{n}$ 作内积后得到($\boldsymbol{x}'_{u^j}\cdot\boldsymbol{n}=0$)

$$0\overset{\boldsymbol{n}\cdot\boldsymbol{n}=1}{=\!=\!=\!=}\sum_{j=1}^{n-1}\boldsymbol{n}'_{u^j}\cdot\boldsymbol{n}\mathrm{d}u^j=\mathrm{d}\boldsymbol{n}\cdot\boldsymbol{n}=\sum_{j=1}^{n-1}c_j\mathrm{d}u^j\quad\Leftrightarrow\quad c_j=0.$$

式(2.4.2)两边与 $-\boldsymbol{x}'_{u^i}$ 作内积后得到($-\boldsymbol{x}'_{u^i}\cdot\boldsymbol{n}=0$)

$$\sum_{j=1}^{n-1}L_{ij}\mathrm{d}u^j=-\sum_{j=1}^{n-1}\boldsymbol{x}'_{u^i}\cdot\boldsymbol{n}'_{u^j}\mathrm{d}u^j=-\boldsymbol{x}'_{u^i}\cdot\mathrm{d}\boldsymbol{n}=\boldsymbol{x}'_{u^i}\cdot\sum_{j,k=1}^{n-1}\omega_k^j\boldsymbol{x}'_{u^j}\mathrm{d}u^k$$

$$=\sum_{j,k=1}^{n-1}\omega_k^jg_{ij}\mathrm{d}u^k=\sum_{j,k=1}^{n-1}\omega_j^kg_{ik}\mathrm{d}u^j,$$

所以

$$L_{ij}=-\boldsymbol{x}'_{u^i}\cdot\boldsymbol{n}'_{u^j}=\sum_{k=1}^{n-1}\omega_j^kg_{ik}.$$

记(g_{ij})的逆矩阵为(g^{ij})，即 $\sum\limits_{j=1}^{n-1}g^{ij}g_{jk}=\delta_k^i=\begin{cases}1, i=k,\\0, i=k,\end{cases}$ 这里 δ_k^i 为 Kronecker 记号，于是

$$\omega_k^m=\sum_{l=1}^{n-1}\delta_l^m\omega_k^l=\sum_{i,l=1}^{n-1}g^{mi}g_{il}\omega_k^l=\sum_{i=1}^{n-1}g^{mi}L_{ik}.\tag{2.4.3}$$

最后，我们来确定 Γ_{ik}^j. 对 $\boldsymbol{x}'_{u^i}\cdot\boldsymbol{x}'_{u^j}=g_{ij}$ 两边求微分后得到

$$\mathrm{d}\boldsymbol{x}'_{u^i}\cdot\boldsymbol{x}'_{u^j}+\boldsymbol{x}'_{u^i}\cdot\mathrm{d}\boldsymbol{x}'_{u^j}=\mathrm{d}g_{ij},$$

$$\Big(\sum_{l,k=1}^{n-1}\Gamma_{ik}^l\mathrm{d}u^k\boldsymbol{x}'_{u^l}+\sum_{k=1}^{n-1}b_{ik}\mathrm{d}u^k\boldsymbol{n}\Big)\cdot\boldsymbol{x}'_{u^j}+\boldsymbol{x}'_{u^i}\cdot\Big(\sum_{l,k=1}^{n-1}\Gamma_{jk}^l\mathrm{d}u^k\boldsymbol{x}'_{u^l}+\sum_{k=1}^{n-1}b_{jk}\mathrm{d}u^k\boldsymbol{n}\Big)$$

$$=\sum_{k=1}^{n-1}\frac{\partial g_{ij}}{\partial u^k}\mathrm{d}u^k.$$

应用 $\boldsymbol{x}'_{u^j}\cdot\boldsymbol{n}=0=\boldsymbol{x}'_{u^i}\cdot\boldsymbol{n}, \boldsymbol{x}'_{u^i}\cdot\boldsymbol{x}'_{u^j}=g_{ij}$，并消去 $\mathrm{d}u^k$ 后得到

$$\sum_{l=1}^{n-1}\Gamma_{ik}^lg_{lj}+\sum_{l=1}^{n-1}\Gamma_{jk}^lg_{li}=\frac{\partial g_{ij}}{\partial u^k}.$$

交换 i,k 后，有

$$\sum_{l=1}^{n-1}\Gamma_{ki}^{l}g_{lj}+\sum_{l=1}^{n-1}\Gamma_{ji}^{l}g_{lk}=\frac{\partial g_{kj}}{\partial u^{i}}.$$

而前式中交换 j,k 后,有

$$\sum_{l=1}^{n-1}\Gamma_{ij}^{l}g_{lk}+\sum_{l=1}^{n-1}\Gamma_{kj}^{l}g_{li}=\frac{\partial g_{ik}}{\partial u^{j}}.$$

由上面三式得到

$$\begin{aligned}&\frac{\partial g_{kj}}{\partial u^{i}}+\frac{\partial g_{ik}}{\partial u^{j}}-\frac{\partial g_{ij}}{\partial u^{k}}\\&=\Big(\sum_{l=1}^{n-1}\Gamma_{ki}^{l}g_{lj}+\sum_{l=1}^{n-1}\Gamma_{ji}^{l}g_{lk}\Big)+\Big(\sum_{l=1}^{n-1}\Gamma_{ij}^{l}g_{lk}+\sum_{l=1}^{n-1}\Gamma_{kj}^{l}g_{li}\Big)-\Big(\sum_{l=1}^{n-1}\Gamma_{ik}^{l}g_{lj}+\sum_{l=1}^{n-1}\Gamma_{jk}^{l}g_{li}\Big)\\&\xlongequal{\text{引理 2.4.1}}2\sum_{l=1}^{n-1}\Gamma_{ij}^{l}g_{lk}.\end{aligned}$$

再在上式两边乘$\frac{1}{2}g^{kl}$,且对 l 相加后就可解出

$$\Gamma_{ij}^{k}=\sum_{s=1}^{n-1}\delta_{s}^{k}\Gamma_{ij}^{s}=\frac{1}{2}\sum_{s,l=1}^{n-1}g^{kl}\cdot 2\Gamma_{ij}^{s}g_{sl}=\frac{1}{2}\sum_{l=1}^{n-1}g^{kl}\Big(\frac{\partial g_{lj}}{\partial u^{i}}+\frac{\partial g_{il}}{\partial u^{j}}-\frac{\partial g_{ij}}{\partial u^{l}}\Big).$$

由此可见,Γ_{ij}^{k}能用g_{ij}及其一阶偏导数表示出,而不涉及第 2 基本形式的系数,所以,Γ_{ij}^{k}为曲面的内蕴几何量. □

引理 2.4.1 $\Gamma_{ij}^{k}=\Gamma_{ji}^{k}$.

证明 由 Gauss 公式得到

$$\sum_{j=1}^{n-1}\boldsymbol{x}''_{u^iu^j}\mathrm{d}u^{j}=\mathrm{d}\boldsymbol{x}'_{u^i}=\sum_{j,k=1}^{n-1}\Gamma_{ij}^{k}\mathrm{d}u^{j}\boldsymbol{x}'_{u^k}+\sum_{j=1}^{n-1}L_{ij}\mathrm{d}u^{j}\boldsymbol{n}.$$

由此推得

$$\boldsymbol{x}''_{u^iu^j}=\sum_{k=1}^{n-1}\Gamma_{ij}^{k}\boldsymbol{x}'_{u^k}+L_{ij}\boldsymbol{n},$$

$$\sum_{k=1}^{n-1}\Gamma_{ij}^{k}\boldsymbol{x}'_{u^k}=\boldsymbol{x}''_{u^iu^j}-L_{ij}\boldsymbol{n}=\boldsymbol{x}''_{u^ju^i}-L_{ji}\boldsymbol{n}=\sum_{k=1}^{n-1}\Gamma_{ji}^{k}\boldsymbol{x}'_{u^k}.$$

因为 $\boldsymbol{x}'_{u^1},\boldsymbol{x}'_{u^2},\cdots,\boldsymbol{x}'_{u^{n-1}}$线性无关,所以 $\Gamma_{ij}^{k}=\Gamma_{ji}^{k}$.或由上面 Γ_{ij}^{k}的表达式推出. □

推论 2.4.1 $\dfrac{\partial g^{mk}}{\partial u^{l}}=-\sum_{i=1}^{n-1}g^{ik}\Gamma_{il}^{m}-\sum_{i=1}^{n-1}g^{mi}\Gamma_{il}^{k}$.

证明 对 $\sum_{i=1}^{n-1}g^{mi}g_{ij}=\delta_{j}^{m}$两边关于$u^{l}$ 求偏导数得到

$$\sum_{i=1}^{n-1}\frac{\partial g^{mi}}{\partial u^{l}}g_{ij}+\sum_{i=1}^{n-1}g^{mi}\frac{\partial g_{ij}}{\partial u^{l}}=0.$$

由此得到

$$\frac{\partial g^{mk}}{\partial u^l}=\sum_{i=1}^{n-1}\frac{\partial g^{mi}}{\partial u^l}\delta_i^k=\sum_{i,j=1}^{n-1}\left(\frac{\partial g^{mi}}{\partial u^l}g_{ij}\right)g^{jk}=-\sum_{i,j=1}^{n-1}\left(g^{mi}\frac{\partial g_{ij}}{\partial u^l}\right)g^{jk}$$

$$=-\sum_{i,j=1}^{n-1}g^{mi}\sum_{s=1}^{n-1}(\Gamma_{il}^{s}g_{sj}+\Gamma_{jl}^{s}g_{si})g^{jk}=-\sum_{i,j=1}^{n-1}g^{mi}\Gamma_{il}^{s}\delta_s^k-\sum_{j,s=1}^{n-1}\delta_s^m\Gamma_{jl}^{s}g^{jk}$$

$$=-\sum_{i=1}^{n-1}g^{mi}\Gamma_{il}^{k}-\sum_{j=1}^{n-1}\Gamma_{jl}^{m}g^{jk}=-\sum_{i=1}^{n-1}g^{ik}\Gamma_{il}^{m}-\sum_{i=1}^{n-1}g^{mi}\Gamma_{il}^{m}. \qquad \square$$

例 2.4.1 当采用正交曲线网(即坐标切向量彼此正交)作 2 维 C^2 正则曲面 $M\subset\mathbf{R}^3$ 的曲线网时,由于 $g_{12}=g_{21}=F=0$,所以

$$\begin{pmatrix}g_{11} & g_{12}\\ g_{21} & g_{22}\end{pmatrix}=\begin{pmatrix}E & 0\\ 0 & G\end{pmatrix},$$

$$\begin{pmatrix}g^{11} & g^{12}\\ g^{21} & g^{22}\end{pmatrix}=\begin{pmatrix}g_{11} & g_{12}\\ g_{21} & g_{22}\end{pmatrix}^{-1}=\begin{pmatrix}\frac{1}{E} & 0\\ 0 & \frac{1}{G}\end{pmatrix}.$$

于是($u^1=u,u^2=v$)

$$\Gamma_{11}^{1}=\frac{1}{2}g^{11}\left(\frac{\partial g_{11}}{\partial u^1}+\frac{\partial g_{11}}{\partial u^1}-\frac{\partial g_{11}}{\partial u^1}\right)=\frac{1}{2}g^{11}\frac{\partial g_{11}}{\partial u^1}=\frac{1}{2}\cdot\frac{1}{E}\cdot E'_{u^1}=\frac{E'_u}{2E},$$

$$\Gamma_{12}^{1}=\frac{1}{2}g^{11}\left(\frac{\partial g_{12}}{\partial u^1}+\frac{\partial g_{11}}{\partial u^2}-\frac{\partial g_{12}}{\partial u^1}\right)=\frac{1}{2}g^{11}\frac{\partial g_{11}}{\partial u^2}=\frac{1}{2}\cdot\frac{1}{E}\cdot E'_{u^2}=\frac{E'_v}{2E},$$

$$\Gamma_{22}^{1}=\frac{1}{2}g^{11}\left(\frac{\partial g_{12}}{\partial u^2}+\frac{\partial g_{21}}{\partial u^2}-\frac{\partial g_{22}}{\partial u^1}\right)=-\frac{1}{2}g^{11}\frac{\partial g_{22}}{\partial u^1}=-\frac{1}{2}\frac{1}{E}\cdot G'_{u^1}=-\frac{G'_u}{2E},$$

$$\Gamma_{11}^{2}=\frac{1}{2}g^{22}\left(\frac{\partial g_{21}}{\partial u^1}+\frac{\partial g_{12}}{\partial u^1}-\frac{\partial g_{11}}{\partial u^2}\right)=-\frac{1}{2}g^{22}\frac{\partial g_{11}}{\partial u^2}=-\frac{1}{2}\frac{1}{G}\cdot E'_{u^2}=-\frac{E'_v}{2G},$$

$$\Gamma_{12}^{2}=\frac{1}{2}g^{22}\left(\frac{\partial g_{22}}{\partial u^1}+\frac{\partial g_{12}}{\partial u^2}-\frac{\partial g_{12}}{\partial u^2}\right)=\frac{1}{2}g^{22}\frac{\partial g_{22}}{\partial u^1}=\frac{1}{2}\frac{1}{G}\cdot G'_{u^1}=\frac{G'_u}{2G},$$

$$\Gamma_{22}^{2}=\frac{1}{2}g^{22}\left(\frac{\partial g_{22}}{\partial u^2}+\frac{\partial g_{22}}{\partial u^2}-\frac{\partial g_{22}}{\partial u^2}\right)=\frac{1}{2}g^{22}\frac{\partial g_{22}}{\partial u^2}=\frac{1}{2}\cdot\frac{1}{G}\cdot G'_{u^2}=\frac{G'_v}{2G}.$$

$$\begin{cases}\omega_1^1=g^{11}L_{11}+g^{12}L_{21}=\dfrac{L}{E},\\[2mm] \omega_1^2=g^{21}L_{11}+g^{22}L_{21}=\dfrac{M}{G},\\[2mm] \omega_2^1=g^{11}L_{12}+g^{12}L_{22}=\dfrac{M}{E},\\[2mm] \omega_2^2=g^{21}L_{12}+g^{22}L_{22}=\dfrac{N}{G}.\end{cases}$$

因此,曲面 M 的基本公式可写为

$$
\begin{cases}
\boldsymbol{x}''_{uu} = \boldsymbol{x}''_{u^1u^1} = \sum\limits_{k=1}^{2}\Gamma_{11}^{k}\boldsymbol{x}'_{u^k} + L_{11}\boldsymbol{n} = \dfrac{E'_u}{2E}\boldsymbol{x}'_u - \dfrac{E'_v}{2G}\boldsymbol{x}'_v + L\boldsymbol{n}, \\
\boldsymbol{x}''_{uv} = \boldsymbol{x}''_{u^1u^2} = \sum\limits_{k=1}^{2}\Gamma_{12}^{k}\boldsymbol{x}'_{u^k} + L_{12}\boldsymbol{n} = \dfrac{E'_v}{2E}\boldsymbol{x}'_u + \dfrac{G'_u}{2G}\boldsymbol{x}'_v + M\boldsymbol{n}, \\
\boldsymbol{x}''_{vv} = \boldsymbol{x}''_{u^2u^2} = \sum\limits_{k=1}^{2}\Gamma_{22}^{k}\boldsymbol{x}'_{u^k} + L_{22}\boldsymbol{n} = -\dfrac{G'_u}{2E}\boldsymbol{x}'_u + \dfrac{G'_v}{2G}\boldsymbol{x}'_v + N\boldsymbol{n}, \\
\boldsymbol{n}'_u = \boldsymbol{n}'_{u^1} = -\sum\limits_{j=1}^{2}\omega_1^j\boldsymbol{x}'_{u^j} = -\dfrac{L}{E}\boldsymbol{x}'_u - \dfrac{M}{G}\boldsymbol{x}'_v, \\
\boldsymbol{n}'_v = \boldsymbol{n}'_{u^2} = -\sum\limits_{j=1}^{2}\omega_2^j\boldsymbol{x}'_{u^j} = -\dfrac{M}{E}\boldsymbol{x}'_u - \dfrac{N}{G}\boldsymbol{x}'_v.
\end{cases}
$$

定义 2.4.2 设 M 为 $\mathbf{R}^n$ 中的 $n-1$ 维 C^2 正则超曲面,其参数表示为

$$\boldsymbol{x}(u^1, u^2, \cdots, u^{n-1}),$$

$P\in M$,T_PM 为 M 在 P 点的切空间.令线性变换

$$W: T_PM \to T_PM, \quad \boldsymbol{x} \mapsto W(\boldsymbol{x})$$

使得 $W(\boldsymbol{x}'_{u^j}) = \sum\limits_{i=1}^{n-1}\omega_j^i\boldsymbol{x}'_{u^i}$,从而

$$W(\boldsymbol{x}) = W\Big(\sum_{j=1}^{n-1}\alpha^j\boldsymbol{x}'_{u^j}\Big) = \sum_{j=1}^{n-1}\alpha^j W(\boldsymbol{x}'_{u^j}) = \sum_{i,j=1}^{n-1}\alpha^j\omega_j^i\boldsymbol{x}'_{u^i}.$$

我们称 W 为 T_PM 中的 **Weingarten 映射**.

定理 2.4.2 设 M 为 $\mathbf{R}^n$ 中的 $n-1$ 维正则超曲面,其参数表示为

$$\boldsymbol{x}(u^1, u^2, \cdots, u^{n-1}),$$

$\boldsymbol{n}$ 为 M 上的单位法向量场,则:

(1)

$$\mathrm{d}\boldsymbol{n} = -W(\mathrm{d}\boldsymbol{x}) \iff W(\boldsymbol{x}'_{u^i}) = -\boldsymbol{n}'_{u^i} \iff W(\boldsymbol{X}) = -\overline{\nabla}_X\boldsymbol{n},$$

其中 $\overline{\nabla}_X\boldsymbol{n} = \overline{\nabla}_{\sum\limits_{i=1}^{n-1}\alpha^i\boldsymbol{x}'_{u^i}}\boldsymbol{n} = \sum\limits_{i=1}^{n-1}\alpha^i\overline{\nabla}_{\boldsymbol{x}'_{u^i}}\boldsymbol{n} = \sum\limits_{i=1}^{n-1}\alpha^i\boldsymbol{n}'_{u^i}$.

(2) $II = \langle W(\mathrm{d}\boldsymbol{x}), \mathrm{d}\boldsymbol{x}\rangle$.

(3) W 关于切空间的内积是共轭的,即

$$\langle W(\boldsymbol{X}), \boldsymbol{Y}\rangle = \langle \boldsymbol{X}, W(\boldsymbol{Y})\rangle, \quad \forall\, \boldsymbol{X}, \boldsymbol{Y} \in T_pM.$$

(4) $L_{ij} = \langle W(\boldsymbol{x}'_{u^i}), \boldsymbol{x}'_{u^j}\rangle$.

证明 (1) 由定理 2.4.1,有

$$\mathrm{d}\boldsymbol{n} = -\sum_{i,j=1}^{n-1}\omega_i^j\mathrm{d}u^i\boldsymbol{x}'_{u^j} = -W\Big(\sum_{i=1}^{n-1}\mathrm{d}u^i\boldsymbol{x}'_{u^i}\Big) = -W(\mathrm{d}\boldsymbol{x})$$

$$\iff \sum_{i=1}^{n-1}\boldsymbol{n}'_{u^i}\mathrm{d}u^i = \mathrm{d}\boldsymbol{n} = -W\Big(\sum_{i=1}^{n-1}\mathrm{d}u^i\boldsymbol{x}'_{u^i}\Big) = \sum_{i=1}^{n-1} -W(\boldsymbol{x}'_{u^i})\mathrm{d}u^i$$

$$\Leftrightarrow \quad W(\boldsymbol{x}'_{u^i}) = -\boldsymbol{n}'_{u^i} = \overline{\nabla}_{\boldsymbol{x}'_{u^i}}\boldsymbol{n}, \quad i = 1,2,\cdots,n-1$$

$$\Leftrightarrow \quad W(\boldsymbol{X}) = \overline{\nabla}_{\boldsymbol{X}}\boldsymbol{n}.$$

(2)

$$II = \sum_{i,j=1}^{n-1} L_{ij}\mathrm{d}u^i\mathrm{d}u^j = \sum_{i,j=1}^{n-1} -\boldsymbol{n}'_{u^i}\cdot\boldsymbol{x}'_{u^j}\mathrm{d}u^i\mathrm{d}u^j = -\left\langle \sum_{i=1}^{n-1}\boldsymbol{n}'_{u^i}\mathrm{d}u^i, \sum_{j=1}^{n-1}\boldsymbol{x}'_{u^j}\mathrm{d}u^j \right\rangle$$

$$= -\langle \mathrm{d}\boldsymbol{n}, \mathrm{d}\boldsymbol{x}\rangle \xlongequal{\text{由}(1)} \langle W(\mathrm{d}\boldsymbol{x}), \mathrm{d}\boldsymbol{x}\rangle.$$

(3)、(4) 由

$$\langle W(\boldsymbol{x}'_{u^i}), \boldsymbol{x}'_{u^j}\rangle = \left\langle \sum_{k=1}^{n-1}\omega_i^k\boldsymbol{x}'_{u^k}, \boldsymbol{x}'_{u^j}\right\rangle = \sum_{k=1}^{n-1}\omega_i^k g_{kj} = L_{ji} = L_{ij}$$

$$= \sum_{k=1}^{n-1}\omega_j^k g_{ki} = \left\langle \boldsymbol{x}'_{u^i}, \sum_{k=1}^{n-1}\omega_j^k\boldsymbol{x}'_{u^k}\right\rangle = \langle \boldsymbol{x}'_{u^i}, W(\boldsymbol{x}'_{u^j})\rangle$$

以及 W 为线性变换,对 $\forall\, \boldsymbol{X},\boldsymbol{Y}\in T_PM$,有

$$\langle W(\boldsymbol{X}), \boldsymbol{Y}\rangle = \left\langle W\Big(\sum_{i=1}^{n-1}\alpha^i\boldsymbol{x}'_{u^i}\Big), \sum_{j=1}^{n-1}\beta^j\boldsymbol{x}'_{u^j}\right\rangle$$

$$= \sum_{i,j=1}^{n-1}\alpha^i\beta^j\langle W(\boldsymbol{x}'_{u^i}), \boldsymbol{x}'_{u^j}\rangle = \sum_{i,j=1}^{n-1}\alpha^i\beta^j\langle \boldsymbol{x}'_{u^i}, W(\boldsymbol{x}'_{u^j})\rangle$$

$$= \left\langle \sum_{i=1}^{n-1}\alpha^i\boldsymbol{x}'_{u^i}, W\Big(\sum_{i=1}^{n-1}\beta^j\boldsymbol{x}'_{u^j}\Big)\right\rangle = \langle \boldsymbol{X}, W(\boldsymbol{Y})\rangle,$$

即 W 是自共轭的. □

注 2.4.1 由定理 2.4.2,我们可用

$$W(\boldsymbol{X}) = -\overline{\nabla}_{\boldsymbol{X}}\boldsymbol{n} = -\overline{\nabla}_{\sum_{i=1}^{n-1}\alpha^i\boldsymbol{x}'_{u^i}}\boldsymbol{n} = -\sum_{i=1}^{n-1}\alpha^i\overline{\nabla}_{\boldsymbol{x}'_{u^i}}\boldsymbol{n} = -\sum_{i=1}^{n-1}\alpha^i\boldsymbol{n}'_{u^i}$$

来定义 Weingarten 映射.这个定义的第 1 个优点是几何意义比较清楚,$\overline{\nabla}_{\boldsymbol{X}}\boldsymbol{n}$ 表示单位法向量场 $\boldsymbol{n}$ 沿 X 方向的变化率;第 2 个优点是 $\overline{\nabla}_{\boldsymbol{X}}\boldsymbol{n}$ 具有整体性.进而可看出:当单位法向量 $\boldsymbol{n}$ 变为 $-\boldsymbol{n}$ 时,Weingarten 映射 W 的特征值变号,下面 2.6 节的 K_{G} 变为 $(-1)^{n-1}K_{\mathrm{G}}$,H 变为 $-H$.

注 2.4.2 Weingarten 映射与参数的选取无关.事实上,

$$W(\boldsymbol{x}'_{\bar{u}^i}) = W\left(\sum_{j=1}^{n-1}\boldsymbol{x}'_{u^j}\frac{\partial u^j}{\partial \bar{u}^i}\right) = \sum_{j=1}^{n-1}\frac{\partial u^j}{\partial \bar{u}^i}W(\boldsymbol{x}'_{u^j})$$

$$= \sum_{j=1}^{n-1}\frac{\partial u^j}{\partial \bar{u}^i}(-\boldsymbol{n}'_{u^j}) = -\sum_{j=1}^{n-1}\frac{\partial u^j}{\partial \bar{u}^i}\boldsymbol{n}'_{u^j}$$

$$= -\boldsymbol{n}'_{\bar{u}^i} = \overline{W}(\boldsymbol{x}'_{\bar{u}^i}),$$

所以 $W = \overline{W}$.

定义 2.4.3 设 M 为 $\mathbf{R}^n$ 中的 $n-1$ 维 C^2 正则曲面，$P\in M$，$\boldsymbol{X},\boldsymbol{Y}\in T_PM$，如果

$$\langle W(\boldsymbol{X}),\boldsymbol{Y}\rangle = 0,$$

则称 $\boldsymbol{X}$ 与 $\boldsymbol{Y}$ 是**共轭**的. 由定理 2.4.2(3)，W 是自共轭的，即 $\langle W(\boldsymbol{X}),\boldsymbol{Y}\rangle = \langle \boldsymbol{X},W(\boldsymbol{Y})\rangle$，故由 $\langle W(\boldsymbol{X}),\boldsymbol{Y}\rangle=0$ 立即推出 $\langle W(\boldsymbol{Y}),\boldsymbol{X}\rangle=\langle \boldsymbol{Y},W(\boldsymbol{X})\rangle=\langle W(\boldsymbol{X}),\boldsymbol{Y}\rangle=0$. 这就证明了 $\boldsymbol{Y}$ 与 $\boldsymbol{X}$ 也是共轭的. 由此知，也可称 $\boldsymbol{X}$ 与 $\boldsymbol{Y}$ 是**相互共轭**的. 显然

$$\boldsymbol{X} = \sum_{i=1}^{n-1}\alpha^i\boldsymbol{x}'_{u^i} \text{ 与 } \boldsymbol{Y} = \sum_{j=1}^{n-1}\beta^j\boldsymbol{x}'_{u^j} \text{ 相互共轭}$$

$$\Leftrightarrow\quad 0 = \langle W(\boldsymbol{X}),\boldsymbol{Y}\rangle = \left\langle W\Big(\sum_{i=1}^{n-1}\alpha^i\boldsymbol{x}'_{u^i}\Big),\sum_{j=1}^{n-1}\beta^j\boldsymbol{x}'_{u^j}\right\rangle$$

$$= \sum_{i,j=1}^{n-1}\alpha^i\beta^j\langle W(\boldsymbol{x}^{i\prime}),\boldsymbol{x}'_{u^j}\rangle = \sum_{i,j=1}^{n-1}L_{ij}\alpha^i\beta^j.$$

如果 $\boldsymbol{X}$ 与自身相互共轭，则称 $\boldsymbol{X}$ 为**渐近方向**. 于是，当 $\boldsymbol{X}=\sum\limits_{i=1}^{n-1}\alpha^i\boldsymbol{x}'_{u^i}$ 时，$\boldsymbol{X}$ 为渐近方向 $\Leftrightarrow \sum\limits_{i,j=1}^{n-1}L_{ij}\alpha^i\alpha^j = 0$，即渐近方向就是法曲率为 0 的方向(见定义 2.5.1).

如果曲面 M 上的一条曲线 $\boldsymbol{x}(\boldsymbol{u}(t))=\boldsymbol{x}(u^1(t),u^2(t),\cdots,u^{n-1}(t))$ 上的每点的切向量都为渐近方向，则称这条曲线为**渐近曲线**. 它满足的微分方程为

$$\sum_{i,j=1}^{n-1}L_{ij}\,u^{i\prime}(t)\,u^{j\prime}(t) = 0,$$

即

$$\sum_{i,j=1}^{n-1}L_{ij}\mathrm{d}u^i\mathrm{d}u^j = 0.$$

此外，由曲面的基本公式(定理 2.4.1)，有

$$\begin{aligned}-\mathrm{d}\boldsymbol{x}\cdot\mathrm{d}\boldsymbol{n} &= -\sum_{j=1}^{n-1}\mathrm{d}u^j\boldsymbol{x}'_{u^j}\cdot\Big(\sum_{i=1}^{n-1}\boldsymbol{n}'_{u^i}\mathrm{d}u^i\Big) = -\sum_{i,j=1}^{n-1}\boldsymbol{x}'_{u^j}\cdot\boldsymbol{n}'_{u^i}\mathrm{d}u^i\mathrm{d}u^j\\ &= -\sum_{i,j=1}^{n-1}((\boldsymbol{x}'_{u^j}\cdot\boldsymbol{n})'_{u^i}-\boldsymbol{x}''_{u^ju^i}\cdot\boldsymbol{n})\mathrm{d}u^i\mathrm{d}u^j = \sum_{i,j=1}^{n-1}\boldsymbol{x}''_{u^iu^j}\cdot\boldsymbol{n}\mathrm{d}u^i\mathrm{d}u^j\\ &= \sum_{i,j=1}^{n-1}L_{ij}\mathrm{d}u^i\mathrm{d}u^j = I\!I.\end{aligned}$$

因此，渐近曲线

$$\sum_{i,j=1}^{n-1}L_{ij}\mathrm{d}u^i\mathrm{d}u^j = 0 \quad\Leftrightarrow\quad I\!I = 0.$$

特别地，当 $n=3$ 时，$L_{11}=L$，$L_{12}=L_{21}=M$，$L_{22}=N$，则

$$X = \sum_{i=1}^{2}\alpha^i\boldsymbol{x}'_{u^i} \text{ 与 } Y = \sum_{j=1}^{2}\beta^j\boldsymbol{x}'_{u^j} \text{ 相互共轭}$$

$$\Leftrightarrow\quad L\alpha^1\beta^1+M(\alpha^1\beta^2+\alpha^2\beta^1)+N\alpha^2\beta^2=0,\quad X \text{ 为渐近方向}$$

$$\Leftrightarrow \quad L\alpha^1\alpha^1 + 2M\alpha^1\alpha^2 + N\alpha^2\alpha^2 = 0, \quad \boldsymbol{x}(u(t),v(t))\text{为渐近曲线}$$

$$\Leftrightarrow \quad Lu'(t)u'(t) + 2Mu'(t)v'(t) + Nv'(t)v'(t) = 0$$

$$\Leftrightarrow \quad L\mathrm{d}u^2 + 2M\mathrm{d}u\mathrm{d}v + N\mathrm{d}v^2 = 0.$$

定理 2.4.3 设 M^2为 $\mathbf{R}^3$ 中的 2 维 C^2 正则曲面,$\boldsymbol{x}(u,v)$为其参数表示,则:

(1) M^2的坐标曲线网为共轭曲线网(即 $\boldsymbol{x}'_u$与$\boldsymbol{x}'_v$相互共轭)$\Leftrightarrow M=0$.

(2) M^2的坐标曲线网为渐近曲线网(即 $\boldsymbol{x}'_u$与$\boldsymbol{x}'_v$都为渐近方向)$\Leftrightarrow L=N=0$.

证明 (证法 1)(1) 因为$\langle W(\boldsymbol{x}'_u),\boldsymbol{x}'_v\rangle = L_{12}=M$,所以

$$\boldsymbol{x}'_u\text{与}\boldsymbol{x}'_v\text{共轭} \quad \Leftrightarrow \quad 0 = \langle W(\boldsymbol{x}'_u),\boldsymbol{x}'_v\rangle \quad \Leftrightarrow \quad M = 0.$$

(2) 因为$\langle W(\boldsymbol{x}'_u),\boldsymbol{x}'_u\rangle = L_{11}=L$,$\langle W(\boldsymbol{x}'_v),\boldsymbol{x}'_v\rangle = L_{22}=N$,所以

$$\boldsymbol{x}'_u\text{与}\boldsymbol{x}'_v\text{都为渐近方向} \quad \Leftrightarrow \quad L = N = 0.$$

(证法 2)(1) 同上.

(2) ($\Leftarrow$)设 $L=N=0$,由于坐标曲线网有 $\mathrm{d}u\mathrm{d}v=0$,故

$$L\mathrm{d}u^2 + 2M\mathrm{d}u\mathrm{d}v + N\mathrm{d}v^2 = 0\mathrm{d}u^2 + 2M\mathrm{d}u\mathrm{d}v + 0\mathrm{d}v^2 = 2M\mathrm{d}u\mathrm{d}v = 0,$$

即坐标曲线网为渐近曲线网.

($\Rightarrow$)因为坐标曲线网的微分方程为 $\mathrm{d}u\mathrm{d}v=0$,如果 u 线为渐近曲线,则

$$\mathrm{d}u \neq 0, \quad \mathrm{d}v = 0, \quad L\mathrm{d}u^2 = L\mathrm{d}u^2 + 2M\mathrm{d}u\mathrm{d}v + N\mathrm{d}v^2 = 0, \quad L = 0.$$

同理,$N=0$. □

定理 2.4.4 $\mathbf{R}^n$ 中的$n-1$ 维 C^2 正则超曲面上的直线必为该曲面的渐近曲线.但反之不一定成立,即渐近曲线未必为直线.

证明 设 $\boldsymbol{x}(\boldsymbol{u})$为 $\mathbf{R}^n$ 中的$n-1$ 维 C^2 正则超曲面的参数表示,$\boldsymbol{x}(\boldsymbol{u}(s))$为该超曲面上的一条直线,$s$ 为其弧长参数,则

$$0 = \frac{\mathrm{d}^2\boldsymbol{x}(\boldsymbol{u}(s))}{\mathrm{d}s^2} = \frac{\mathrm{d}}{\mathrm{d}s}\left(\frac{\mathrm{d}\boldsymbol{x}(\boldsymbol{u}(s))}{\mathrm{d}s}\right) = \frac{\mathrm{d}}{\mathrm{d}s}\left(\sum_{i=1}^{n-1}\frac{\mathrm{d}u^i}{\mathrm{d}s}\boldsymbol{x}'_{u^i}\right)$$

$$\xlongequal{\text{Gauss 公式}} \sum_{i=1}^{n-1}\frac{\mathrm{d}^2u^i}{\mathrm{d}s^2}\boldsymbol{x}'_{u^i} + \sum_{i=1}^{n-1}\frac{\mathrm{d}u^i}{\mathrm{d}s}\left(\sum_{j,k=1}^{n-1}\Gamma_{ij}^k\frac{\mathrm{d}u^j}{\mathrm{d}s}\boldsymbol{x}'_k + \sum_{j=1}^{n-1}L_{ij}\frac{\mathrm{d}u^j}{\mathrm{d}s}\boldsymbol{n}\right)$$

$$= \sum_{k=1}^{n-1}\left(\frac{\mathrm{d}^2u^k}{\mathrm{d}s^2} + \sum_{i,j=1}^{n-1}\Gamma_{ij}^k\frac{\mathrm{d}u^i}{\mathrm{d}s}\frac{\mathrm{d}u^j}{\mathrm{d}s}\right)\boldsymbol{x}'_{u^k} + \sum_{i,j=1}^{n-1}L_{ij}\frac{\mathrm{d}u^i}{\mathrm{d}s}\frac{\mathrm{d}u^j}{\mathrm{d}s}\boldsymbol{n}.$$

由于$\{\boldsymbol{x}'_{u^1},\boldsymbol{x}'_{u^2},\cdots,\boldsymbol{x}'_{u^{n-1}},\boldsymbol{n}\}$线性无关,故

$$\sum_{i,j=1}^{n-1}L_{ij}\frac{\mathrm{d}u^i}{\mathrm{d}s}\frac{\mathrm{d}u^j}{\mathrm{d}s} = 0,$$

即 $n-1$ 维 C^2 正则曲面上的直线必为该曲面的渐近曲线.

但反之不一定成立.如 $\mathbf{R}^n$ 中的$n-1$ 维超平面的参数表示为 $\boldsymbol{x}(\boldsymbol{u})$,它满足

$$(\boldsymbol{x}(\boldsymbol{u}) - \boldsymbol{x}(\boldsymbol{u}_0))\cdot\boldsymbol{n} = 0,$$

这里 $\boldsymbol{n}$ 为超平面的单位法向量,它是一个常向量.对上式两边关于 u^i 与 u^j 求偏导得到

$$L_{ij}=\boldsymbol{x}''_{u^iu^j}\cdot\boldsymbol{n}=0,\quad \sum_{i,j=1}^{n-1}L_{ij}\frac{\mathrm{d}u^i}{\mathrm{d}s}\frac{\mathrm{d}u^j}{\mathrm{d}s}=0.$$

因此,对该超平面上的任何 C^1 曲线都为渐近曲线,但此曲线不必为直线. □

定理 2.4.5 $\mathbf{R}^3$ 中 C^2 曲面 $\boldsymbol{x}(\boldsymbol{u})$上的不含直线段的 C^2 曲线 $\boldsymbol{x}(\boldsymbol{u}(s))$为渐近曲线$\Leftrightarrow$曲面沿此曲线的切平面重合于曲线的密切平面.

证明 ($\Rightarrow$)在曲率 $\kappa(s)\neq 0$ 处,渐近曲线 $\boldsymbol{x}(\boldsymbol{u}(s))$有

$$\begin{aligned}\kappa(s)\boldsymbol{V}_2(s)\cdot\boldsymbol{n}(s)&=\frac{\mathrm{d}^2\boldsymbol{x}(\boldsymbol{u}(s))}{\mathrm{d}s^2}\cdot\boldsymbol{n}(s)\\&\xlongequal{\text{定理 2.4.4 的证明}}\left[\sum_{k=1}^{n-1}\left(\frac{\mathrm{d}^2u^k}{\mathrm{d}s^2}+\sum_{i,j=1}^{n-1}\Gamma_{ij}^k\frac{\mathrm{d}u^i}{\mathrm{d}s}\frac{\mathrm{d}u^j}{\mathrm{d}s}\right)\boldsymbol{x}'_{u^k}\right.\\&\qquad\left.+\sum_{i,j=1}^{n-1}L_{ij}\frac{\mathrm{d}u^i}{\mathrm{d}s}\frac{\mathrm{d}u^j}{\mathrm{d}s}\boldsymbol{n}(s)\right]\cdot\boldsymbol{n}(s)=\sum_{i,j=1}^{n-1}L_{ij}\frac{\mathrm{d}u^i}{\mathrm{d}s}\frac{\mathrm{d}u^j}{\mathrm{d}s}=0,\end{aligned}$$

$$\boldsymbol{V}_2(s)\cdot\boldsymbol{n}(s)=0,$$

即 $\boldsymbol{n}(s)\perp\boldsymbol{V}_2(s)$.

又因

$$\boldsymbol{V}_1(s)\cdot\boldsymbol{n}(s)=\frac{\mathrm{d}\boldsymbol{x}(\boldsymbol{u}(s))}{\mathrm{d}s}\cdot\boldsymbol{n}(s)=\sum_{i=1}^{n-1}\frac{\mathrm{d}u^i}{\mathrm{d}s}\boldsymbol{x}'_{u^i}(\boldsymbol{u}(s))\cdot\boldsymbol{n}(s)=0,$$

即 $\boldsymbol{n}(s)\perp\boldsymbol{V}_1(s)$,所以 $\boldsymbol{n}(s)/\!/\boldsymbol{V}_3(s)$.

由于该曲线 $\boldsymbol{x}(\boldsymbol{u}(s))$不含直线段,故对任一点 $\boldsymbol{x}(\boldsymbol{u}(s_0))$,必有曲率不为 0 的$\boldsymbol{x}(\boldsymbol{u}(s_n))\to\boldsymbol{x}(\boldsymbol{u}(s_0))(n\to+\infty,s_n\to s_0)$.从而,$\boldsymbol{V}_2(s_0)\cdot\boldsymbol{n}(s_0)=\lim\limits_{n\to+\infty}\boldsymbol{V}_2(s_n)\cdot\boldsymbol{n}(s_n)=\lim\limits_{n\to+\infty}0=0$,即 $\boldsymbol{n}(s_0)\perp\boldsymbol{V}_2(s_0)$.又因为 $\boldsymbol{n}(s_0)\perp\boldsymbol{V}_1(s_0)$,所以 $\boldsymbol{n}(s_0)/\!/\boldsymbol{V}_3(s_0)$.

综合知,总有 $\boldsymbol{n}(s)/\!/\boldsymbol{V}_3(s)$.这就证明了沿此曲线的曲面的切平面重合于曲线的密切平面.

($\Leftarrow$)设曲面沿此曲线的切平面重合于曲线的密切平面,即 $\boldsymbol{n}(s)/\!/\boldsymbol{V}_3(s)$.由上面必要性推导知

$$\sum_{i,j=1}^{n-1}L_{ij}\frac{\mathrm{d}u^i}{\mathrm{d}s}\frac{\mathrm{d}u^j}{\mathrm{d}s}=\kappa(s)\boldsymbol{V}_2(s)\cdot\boldsymbol{n}(s)=\kappa(s)\boldsymbol{V}_2(s)\cdot(\pm\boldsymbol{V}_3(s))=0,$$

即此曲线为渐近曲线. □

2.5 法曲率向量、测地曲率向量、Euler 公式、主曲率、曲率线

应用曲线论中的一些结果作为工具来研究曲面上的几何性质.

定义 2.5.1 设 M 为 $\mathbf{R}^n$ 中的 $n-1$ 维 C^2 正则超曲面，$\boldsymbol{x}(u^1,u^2,\cdots,u^{n-1})$为其参数表示.曲线 $\boldsymbol{x}(u^1(s),u^2(s),\cdots,u^{n-1}(s))$为 M 上的一条C^2 曲线，$u^i(s)(i=1,2,\cdots,n-1)$为 C^2 函数，其中 s 为弧长参数.曲线 $\boldsymbol{x}(u^1(s),u^2(s),\cdots,u^{n-1}(s))$的切向量为

$$\frac{\mathrm{d}\boldsymbol{x}(\boldsymbol{u}(s))}{\mathrm{d}s}=\sum_{i=1}^{n-1}\boldsymbol{x}'_{u^i}(\boldsymbol{u}(s))\cdot\frac{\mathrm{d}u^i}{\mathrm{d}s}.$$

现用 $\kappa(s)$表示曲线 $\boldsymbol{x}(\boldsymbol{u}(s))$的曲率，$V_2(s)$表示曲线 $\boldsymbol{x}(\boldsymbol{u}(s))$的主法单位向量，由 Frenet 公式知，曲线 $\boldsymbol{x}(\boldsymbol{u}(s))$的曲率向量定义为

$$\begin{aligned}\kappa(s)V_2(s)&=\boldsymbol{V}_1'(s)=\frac{\mathrm{d}}{\mathrm{d}s}\left(\frac{\mathrm{d}\boldsymbol{x}(\boldsymbol{u}(s))}{\mathrm{d}s}\right)=\frac{\mathrm{d}}{\mathrm{d}s}\left(\sum_{i=1}^{n-1}\boldsymbol{x}'_{u^i}\cdot\frac{\mathrm{d}u^i}{\mathrm{d}s}\right)\\&=\sum_{i=1}^{n-1}\frac{\mathrm{d}^2u^i}{\mathrm{d}s^2}\boldsymbol{x}'_{u^i}+\sum_{i=1}^{n-1}\frac{\mathrm{d}u^i}{\mathrm{d}s}\sum_{j=1}^{n-1}\boldsymbol{x}''_{u^iu^j}\frac{\mathrm{d}u^j}{\mathrm{d}s}\\&\xlongequal{\text{Gauss 公式}}\sum_{i=1}^{n-1}\frac{\mathrm{d}^2u^i}{\mathrm{d}s^2}\boldsymbol{x}'_{u^i}+\sum_{i=1}^{2}\frac{\mathrm{d}u^i}{\mathrm{d}s}\sum_{j=1}^{n-1}\left(\sum_{k=1}^{n-1}\Gamma_{ij}^k\boldsymbol{x}'_{u^k}+L_{ij}\boldsymbol{n}\right)\frac{\mathrm{d}u^j}{\mathrm{d}s}\\&=\sum_{k=1}^{n-1}\left(\frac{\mathrm{d}^2u^k}{\mathrm{d}s^2}+\sum_{i,j=1}^{n-1}\Gamma_{ij}^k\frac{\mathrm{d}u^i}{\mathrm{d}s}\frac{\mathrm{d}u^j}{\mathrm{d}s}\right)\boldsymbol{x}'_{u^k}+\left(\sum_{i,j=1}^{n-1}L_{i,j}\frac{\mathrm{d}u^i}{\mathrm{d}s}\frac{\mathrm{d}u^j}{\mathrm{d}s}\right)\boldsymbol{n}\\&=\boldsymbol{\tau}+\kappa_{\mathrm{n}}(s)\boldsymbol{n},\end{aligned}$$

上式右端第2项 $\kappa_{\mathrm{n}}(s)\boldsymbol{n}(s)=\left(\sum_{i,j=1}^{n-1}L_{ij}\frac{\mathrm{d}u^i}{\mathrm{d}s}\frac{\mathrm{d}u^j}{\mathrm{d}s}\right)\boldsymbol{n}(s)$为 $\kappa(s)\cdot\boldsymbol{V}_2(s)$向曲面单位法向量 $\boldsymbol{n}=\boldsymbol{n}(s)$上的投影向量，称为曲线 $\boldsymbol{x}(\boldsymbol{u}(s))$在点 s 处的**法曲率向量**，而

$$\begin{aligned}\kappa_{\mathrm{n}}&=\sum_{i,j=1}^{n-1}L_{ij}\frac{\mathrm{d}u^i}{\mathrm{d}s}\frac{\mathrm{d}u^j}{\mathrm{d}s}=\kappa(s)\boldsymbol{V}_2(s)\cdot\boldsymbol{n}\\&=\boldsymbol{x}''(\boldsymbol{u}(s))\cdot\boldsymbol{n}=\kappa\boldsymbol{V}_2(s)\cdot\boldsymbol{n}=\kappa\cos\theta\end{aligned}$$

称为曲线在该点处的**法曲率**，其中 θ 为主法向量 $\boldsymbol{V}_2$ 与单位法向量 $\boldsymbol{n}$ 的夹角.而该式右端第1项是 $\kappa(s)\boldsymbol{V}_2(s)$向该点的切平面 $T_{\boldsymbol{x}(\boldsymbol{u}(s))}M$ 上的投影向量，称为**测地曲率向量**，记为

$$\boldsymbol{\tau}=\sum_{k=1}^{n-1}\left(\frac{\mathrm{d}^2u^k}{\mathrm{d}s^2}+\sum_{i,j=1}^{n-1}\Gamma_{ij}^k\frac{\mathrm{d}u^i}{\mathrm{d}s}\frac{\mathrm{d}u^j}{\mathrm{d}s}\right)\boldsymbol{x}'_{u^k}.$$

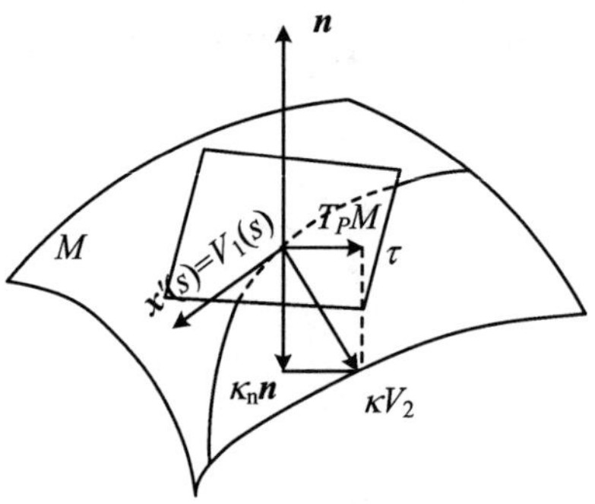

图 2.5.1

定理 2.5.1(Meusnier) 设 M 为 $\mathbf{R}^n$ 中的$n-1$ 维 C^2 正则曲面(其参数表示为 $\boldsymbol{x}(u^1,u^2,\cdots,u^{n-1})$)上的两条曲线 $\boldsymbol{x}(u^1(s),u^2(s),\cdots,u^{n-1}(s))$与$\boldsymbol{x}(\bar{u}^1(\bar{s}),\bar{u}^2(\bar{s}),\cdots,\bar{u}^{n-1}(\bar{s}))$在某点

$$\begin{aligned}P&=\boldsymbol{x}(u^1(s_0),u^2(s_0),\cdots,u^{n-1}(s_0))\\&=\boldsymbol{x}(\bar{u}^1(\bar{s}_0),\bar{u}^2(\bar{s}_0),\cdots,\bar{u}^{n-1}(\bar{s}_0))\end{aligned}$$

处相切，则它们在这一点处的法曲率相同，即 $\bar{\kappa}_{\mathrm{n}}(\bar{s}_0)=\kappa_{\mathrm{n}}(s_0)$(图 2.5.1).

证明　(证法 1)由于两曲线在点 P 处相切,故

$$\sum_{i=1}^{n-1}\boldsymbol{x}'_{\bar u^i}(\bar u^1(\bar s_0),\bar u^2(\bar s_0),\cdots,\bar u^{n-1}(\bar s_0))\cdot\frac{\mathrm{d}\bar u^i}{\mathrm{d}\bar s}(\bar s_0)$$
$$=\sum_{i=1}^{n-1}\boldsymbol{x}'_{u^i}(u^1(s_0),u^2(s_0),\cdots,u^{n-1}(s_0))\cdot\frac{\mathrm{d}u^i}{\mathrm{d}s}(s_0),$$

即

$$\sum_{i=1}^{n-1}\boldsymbol{x}'_{u^i}(u^1(s_0),u^2(s_0),\cdots,u^{n-1}(s_0))\frac{\mathrm{d}\bar u^i}{\mathrm{d}\bar s}(\bar s_0)$$
$$=\sum_{i=1}^{2}\boldsymbol{x}'_{u^i}(u^1(s_0),u^2(s_0),\cdots,u^{n-1}(s_0))\cdot\frac{\mathrm{d}u^i}{\mathrm{d}s}(s_0).$$

因为 $\{\boldsymbol{x}'_{u^1},\boldsymbol{x}'_{u^2},\cdots,\boldsymbol{x}'_{u^{n-1}}\}$ 线性无关,故 $\left(\frac{\mathrm{d}\bar u^1}{\mathrm{d}\bar s}(\bar s_0),\frac{\mathrm{d}\bar u^2}{\mathrm{d}\bar s}(\bar s_0),\cdots,\frac{\mathrm{d}\bar u^{n-1}}{\mathrm{d}\bar s}(\bar s_0)\right)=\left(\frac{\mathrm{d}u^1}{\mathrm{d}s}(s_0),\frac{\mathrm{d}u^2}{\mathrm{d}s}(s_0),\cdots,\frac{\mathrm{d}u^{n-1}}{\mathrm{d}s}(s_0)\right)$,从而

$$\begin{aligned}\bar\kappa_{\mathrm{n}}(\bar s_0)&=\sum_{i,j=1}^{n-1}L_{ij}(\bar u^1(\bar s_0),\bar u^2(\bar s_0),\cdots,\bar u^{n-1}(\bar s_0))\frac{\mathrm{d}\bar u^i}{\mathrm{d}\bar s}(\bar s_0)\frac{\mathrm{d}\bar u^j}{\mathrm{d}\bar s}(\bar s_0)\\&=\sum_{i,j=1}^{n-1}L_{ij}(u^1(s_0),u^2(s_0),\cdots,u^{n-1}(s_0))\frac{\mathrm{d}u^i}{\mathrm{d}s}(s_0)\frac{\mathrm{d}u^j}{\mathrm{d}s}(s_0)\\&=\kappa_{\mathrm{n}}(s_0).\end{aligned}$$

(证法 2)由法曲率定义知

$$\kappa_{\mathrm{n}}=\sum_{i,j=1}^{n-1}L_{ij}\frac{\mathrm{d}u^i}{\mathrm{d}s}\frac{\mathrm{d}u^j}{\mathrm{d}s}=\frac{\sum\limits_{i,j=1}^{n-1}L_{ij}\mathrm{d}u^i\mathrm{d}u^j}{\mathrm{d}s\cdot\mathrm{d}s}\xlongequal{\text{定理 2.4.2(2)}}\frac{\langle W(\mathrm{d}\boldsymbol{x}),\mathrm{d}\boldsymbol{x}\rangle}{\langle\mathrm{d}\boldsymbol{x},\mathrm{d}\boldsymbol{x}\rangle}$$
$$\xlongequal{\text{或者}}\frac{\sum\limits_{i,j=1}^{n-1}L_{ij}\frac{\mathrm{d}u^i}{\mathrm{d}t}\frac{\mathrm{d}u^j}{\mathrm{d}t}\mathrm{d}t^2}{\sum\limits_{i,j=1}^{n-1}g_{ij}\frac{\mathrm{d}u^i}{\mathrm{d}t}\frac{\mathrm{d}u^j}{\mathrm{d}t}\mathrm{d}t^2}=\frac{\sum\limits_{i,j=1}^{n-1}L_{ij}\frac{\mathrm{d}u^i}{\mathrm{d}t}\frac{\mathrm{d}u^j}{\mathrm{d}t}}{\sum\limits_{i,j=1}^{n-1}g_{ij}\frac{\mathrm{d}u^i}{\mathrm{d}t}\frac{\mathrm{d}u^j}{\mathrm{d}t}}=\frac{II}{I}.$$

因此,从 κ_{n} 在一般参数 t 下的表示可看出,它只与曲线的切向量的方向有关,而与切向量的长度无关. □

注 2.5.1　用 Weingarten 映射可给出法曲率的另一表达:

$$\kappa_{\mathrm{n}}(\boldsymbol{X})=\langle W(\boldsymbol{X}),\boldsymbol{X}\rangle,\quad \boldsymbol{X}\text{ 为单位切向量}.$$

事实上,

$$\begin{aligned}\langle W(\boldsymbol{X}),\boldsymbol{X}\rangle&=\left\langle W\Big(\sum_{i=1}^{n-1}\alpha^i\boldsymbol{x}'_{u^i}\Big),\sum_{j=1}^{2}\alpha^j\boldsymbol{x}'_{u^j}\right\rangle=\sum_{i,j=1}^{n-1}\langle W(\boldsymbol{x}'_{u^i}),\boldsymbol{x}'_{u^j}\rangle\alpha^i\alpha^j\\&=\sum_{i,j=1}^{n-1}\langle-\boldsymbol{n}'_{n^i},\boldsymbol{x}'_{u^j}\rangle\alpha^i\alpha^j=\sum_{i,j=1}^{n-1}L_{ij}\cdot\alpha^i\alpha^j=\kappa_{\mathrm{n}}(\boldsymbol{X}).\end{aligned}$$

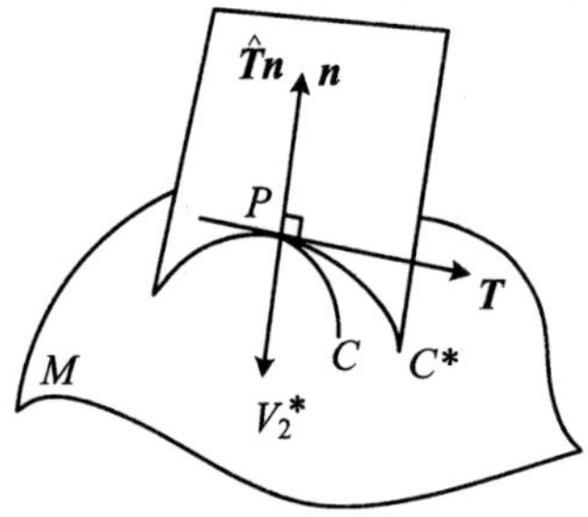

图 2.5.2

定义 2.5.2 $\mathbf{R}^3$ 中经过点 $P\in M$ 的法线的平面与曲面 M 的交线,称为**法截线**.

定理 2.5.2 设 M 为 $\mathbf{R}^3$ 中的 2 维 C^2 正则曲面,其参数表示为 $\boldsymbol{x}(u^1,u^2)$. M 上的 C^2 曲线 C(参数表示为 $\boldsymbol{x}(\boldsymbol{u}(s))$,$s$ 为其弧长)在点 P 处的法曲率的绝对值等于其相应的法截线(以曲线 C 在点 P 处的单位切向量 $\boldsymbol{T}$ 与曲面 M 在点 P 处的单位法向量 $\boldsymbol{n}$ 所张成的平面 $\hat{T}n$ 所截得的曲线)C^* 在点 P 处的曲率(图 2.5.2).

证明 由 Meusnier 定理知,在点 P 处,曲线 C 的法曲率与法截线 C^* 的法曲率是相等的(因 C 与 C^* 相切).又因为 C^* 是平面 $\hat{T}n$ 中的曲线,故 C^* 的主法向量 $\boldsymbol{V}_2^*\perp\boldsymbol{T}$($C^*$ 的单位切向量 $\boldsymbol{V}_1^*\perp\boldsymbol{n}$,又 $\boldsymbol{T}\perp\boldsymbol{n}$,故 $\boldsymbol{V}_1^*\,/\!/\,\boldsymbol{T}$),所以 $\boldsymbol{V}_2^*=\pm\boldsymbol{n}$,且

$$\kappa(C^*)\boldsymbol{V}_2^*=\sum_{i,j=1}^{2}L_{ij}\frac{\mathrm{d}u^i}{\mathrm{d}s}\frac{\mathrm{d}u^j}{\mathrm{d}s}\boldsymbol{n}=\kappa_{\mathrm{n}}(C^*)\boldsymbol{n},$$

$$\kappa(C^*)=|\kappa(C^*)\boldsymbol{V}_2^*|=|\kappa_{\mathrm{n}}(C^*)\boldsymbol{n}|=|\kappa_{\mathrm{n}}(C^*)|.$$

于是

$$|\kappa_{\mathrm{n}}(C)|\xlongequal{\text{Meusnier 定理}}|\kappa_{\mathrm{n}}(C^*)|=\kappa(C^*).$$
□

引理 2.5.1 设 M 为 $\mathbf{R}^3$ 中的 C^2 正则曲面,$\mathcal{W}:T_PM\to T_PM$ 为 Weingarten 映射,它是自共轭线性变换(定理 2.4.2(3)),其特征值 κ_1,κ_2 为实数,则必可选择相应的特征向量 $\boldsymbol{e}_1,\boldsymbol{e}_2\in T_PM$,使得$\{\boldsymbol{e}_1,\boldsymbol{e}_2\}$为 T_PM 的规范正交基,即

$$\langle\boldsymbol{e}_i,\boldsymbol{e}_j\rangle=\delta_{ij}=\begin{cases}1, & i=j,\\ 0, & i\neq j,\end{cases}\quad i,j=1,2,$$

且

$$\begin{cases}\mathcal{W}(\boldsymbol{e}_1)=\kappa_1\boldsymbol{e}_1,\\ \mathcal{W}(\boldsymbol{e}_2)=\kappa_2\boldsymbol{e}_2,\end{cases}\quad \mathcal{W}\begin{pmatrix}\boldsymbol{e}_1\\ \boldsymbol{e}_2\end{pmatrix}=\begin{pmatrix}\kappa_1 & 0\\ 0 & \kappa_2\end{pmatrix}\begin{pmatrix}\boldsymbol{e}_1\\ \boldsymbol{e}_2\end{pmatrix}.$$

证明 如果 $\kappa_1\neq\kappa_2$,则

$$\kappa_1\langle\boldsymbol{e}_1,\boldsymbol{e}_2\rangle=\langle\kappa_1\boldsymbol{e}_1,\boldsymbol{e}_2\rangle=\langle\mathcal{W}(\boldsymbol{e}_1),\boldsymbol{e}_2\rangle=\langle\boldsymbol{e}_1,\mathcal{W}(\boldsymbol{e}_2)\rangle=\langle\boldsymbol{e}_1,\kappa_2\boldsymbol{e}_2\rangle=\kappa_2\langle\boldsymbol{e}_1,\boldsymbol{e}_2\rangle,$$
$$(\kappa_2-\kappa_1)\langle\boldsymbol{e}_1,\boldsymbol{e}_2\rangle=0.$$

因为 $\kappa_2-\kappa_1\neq0$,故$\langle\boldsymbol{e}_1,\boldsymbol{e}_2\rangle=0$,即 $\boldsymbol{e}_1\perp\boldsymbol{e}_2$.于是,当$\{\boldsymbol{e}_1,\boldsymbol{e}_2\}$不是规范正交基时,用$\left\{\frac{\boldsymbol{e}_1}{|\boldsymbol{e}_1|},\frac{\boldsymbol{e}_2}{|\boldsymbol{e}_2|}\right\}$代替$\langle\boldsymbol{e}_1,\boldsymbol{e}_2\rangle$即可.

如果 $\kappa_1=\kappa_2=\kappa$,取 $\boldsymbol{e}_1\neq\boldsymbol{0}$,使得 $\mathcal{W}(\boldsymbol{e}_1)=\kappa_1\boldsymbol{e}_1=\kappa_2\boldsymbol{e}_1=\kappa\boldsymbol{e}_1$.取 $\boldsymbol{e}_2\neq\boldsymbol{0}$,$\boldsymbol{e}_2\perp\boldsymbol{e}_1$,则

$$\langle\mathcal{W}(\boldsymbol{e}_2),\boldsymbol{e}_1\rangle=\langle\boldsymbol{e}_2,\mathcal{W}(\boldsymbol{e}_1)\rangle=\langle\boldsymbol{e}_2,\kappa_1\boldsymbol{e}_1\rangle=\kappa_1\langle\boldsymbol{e}_2,\boldsymbol{e}_1\rangle=0,$$

$$\mathcal{W}(\boldsymbol{e}_2)\perp\boldsymbol{e}_1,\quad \mathcal{W}(\boldsymbol{e}_2)=\lambda\boldsymbol{e}_2,\quad \lambda=\kappa_1=\kappa_2=\kappa.$$
□

定理 2.5.3(Euler 公式) 设 $\boldsymbol{e}_1,\boldsymbol{e}_2\in T_PM$,如引理 2.5.1 所述,$\boldsymbol{T}\in T_PM$ 为 T_PM 中任一单位切向量,它可表示为

$$\boldsymbol{T}(\theta) = \cos\theta\boldsymbol{e}_1 + \sin\theta\boldsymbol{e}_2,$$

θ 为从 $\boldsymbol{e}_1$ 到 $\boldsymbol{T}$ 的正向夹角(即对着点 P 处 M 的法向 $\boldsymbol{n}$ 的箭头方向看过去,逆时针方向视为正向),则相应于 $\boldsymbol{T}(\theta)$方向的法曲率为

$$\kappa_{\mathrm{n}}(\theta) = \kappa_1\cos^2\theta + \kappa_2\sin^2\theta,$$

这是计算法曲率的 **Euler 公式**(图 2.5.3).

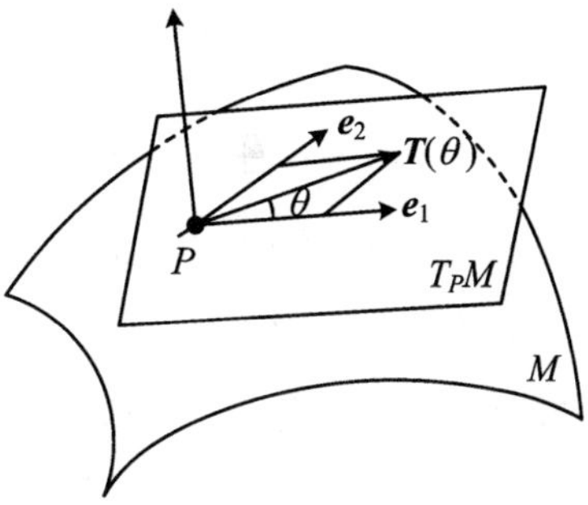

图 2.5.3

特别地,有 $\kappa_{\mathrm{n}}(0)=\kappa_1,\kappa_{\mathrm{n}}\left(\dfrac{\pi}{2}\right)=\kappa_2$. 故 Weingarten 映射的特征值等于其相应特征方向的法曲率.

证明

$$\begin{aligned}\kappa_{\mathrm{n}}(\theta) &= \frac{\langle W(\boldsymbol{T}(\theta)),\boldsymbol{T}(\theta)\rangle}{\langle \boldsymbol{T}(\theta),\boldsymbol{T}(\theta)\rangle}\\ &= \langle W(\cos\theta\boldsymbol{e}_1+\sin\theta\boldsymbol{e}_2),\cos\theta\boldsymbol{e}_1+\sin\theta\boldsymbol{e}_2\rangle\\ &= \langle\cos\theta\cdot\kappa_1\boldsymbol{e}_1+\sin\theta\cdot\kappa_2\boldsymbol{e}_2,\cos\theta\boldsymbol{e}_1+\sin\theta\boldsymbol{e}_2\rangle\\ &= \kappa_1\cos^2\theta+\kappa_2\sin^2\theta.\end{aligned}$$

□

定义 2.5.3 对点 $P\in M$ 的法曲率

$$\kappa_{\mathrm{n}}(\theta) = \kappa_1\cos^2\theta + \kappa_2\sin^2\theta$$

关于 θ 求导得($0\leqslant\theta\leqslant 2\pi$)

$$\frac{\mathrm{d}\kappa_{\mathrm{n}}}{\mathrm{d}\theta} = (\kappa_2-\kappa_1)\cdot 2\sin\theta\cos\theta.$$

(1) 当 $\kappa_1\neq\kappa_2$ 时,不妨设 $\kappa_1<\kappa_2$,则 $\kappa_1\leqslant\kappa_{\mathrm{n}}\leqslant\kappa_2$,且

$$\frac{\mathrm{d}\kappa_{\mathrm{n}}}{\mathrm{d}\theta} = 0 \quad\Leftrightarrow\quad \theta = 0,\frac{\pi}{2},\pi,\frac{3\pi}{2}.$$

因此,M 的 Weingarten 映射下的特征方向 $\boldsymbol{e}_1$ 就是使点 P 的法曲率达到最小的方向. 而特征方向 $\boldsymbol{e}_2$ 就是使点 P 的法曲率达到最大的方向. 我们称这两个方向为**主方向**,它们所相应的法曲率 κ_1,κ_2 称为**主曲率**.

(2) 当 $\kappa_1=\kappa_2=\rho$ 时,$\kappa_{\mathrm{n}}=\kappa_1\cos^2\theta+\kappa_2\sin^2\theta=\rho$,故点 P 处的任何方向的法曲率都相等. 此时,我们称点 P 为曲面 M 的**脐点**,在脐点 P 处,

$$\rho = \kappa_{\mathrm{n}}(\theta) = \frac{\sum\limits_{i,j=1}^{2}L_{ij}\mathrm{d}u^i\mathrm{d}u^j}{\sum\limits_{i,j=1}^{2}g_{ij}\mathrm{d}u^i\mathrm{d}u^j} \quad\Leftrightarrow\quad \sum_{i,j=1}^{2}L_{ij}\mathrm{d}u^i\mathrm{d}u^j = \rho\sum_{i,j=1}^{2}g_{ij}\mathrm{d}u^i\mathrm{d}u^j$$

$$\Leftrightarrow \quad L_{ij} = \rho g_{ij}, \quad i,j = 1,2$$
$$\Leftrightarrow \quad II = \rho I.$$

(ⅰ) 当 $\rho=0$ 时,称此脐点为**平点**;

(ⅱ) 当 $\rho\neq 0$ 时,称此脐点为**圆点**.

定义 2.5.4 设 M 为 $\mathbf{R}^3$ 中的 2 维 C^2 正则曲面,其参数表示为 $\boldsymbol{x}(\boldsymbol{u})=\boldsymbol{x}(u^1,u^2)$,$C$ 为 M 上的 C^2 曲线,其参数表示为 $\boldsymbol{x}(\boldsymbol{u}(s))$. 如果 C 的每一点处的切向量正好都是曲面 M 在该点的主方向,则称曲线 C 为曲面 M 的**曲率线**. 换言之,曲率线是曲面 M 的主方向场的积分曲线.

定理 2.5.4 设 M 为 $\mathbf{R}^3$ 中的 2 维 C^2 正则曲面,$\boldsymbol{x}(\boldsymbol{u})=\boldsymbol{x}(u^1,u^2)$为其参数表示,$\boldsymbol{n}$ 为其单位法向量场,则下列条件等价:

(1) C^1 正则曲线 $\boldsymbol{r}(s)=\boldsymbol{x}(\boldsymbol{u}(s))=\boldsymbol{x}(u^1(s),u^2(s))$为曲面 M 的曲率线.

(2) (Olinde-Rodrigues 公式,曲率线的特征之一)存在函数 $\lambda(s)$,使得

$$\boldsymbol{n}'(s) = -\lambda(s)\boldsymbol{r}'(s),$$

即

$$\mathrm{d}\boldsymbol{n} = -\lambda(s)\mathrm{d}\boldsymbol{r}.$$

此时,$\lambda(s)$正好是曲面 M 在 $\boldsymbol{r}(s)$处的主曲率.

(3) (曲率线的特征之二)沿曲线 $\boldsymbol{r}(s)=\boldsymbol{x}(\boldsymbol{u}(s))$的曲面法线所生成的直纹面 Σ 为可展曲面.

证明 (1)$\Leftrightarrow$(2).

$\boldsymbol{r}(s)$ 为曲面 M 的曲率线,即切向 $\mathrm{d}\boldsymbol{r}$ 为主方向

$\Leftrightarrow$ $W(\mathrm{d}\boldsymbol{r}) = \lambda(s)\mathrm{d}\boldsymbol{r}$,即 $\mathrm{d}\boldsymbol{r}$ 为 W 的特征方向,其中 $\lambda(s)$ 为主曲率

$$\xLeftrightarrow[\mathrm{d}\boldsymbol{n}=-W(\mathrm{d}\boldsymbol{r})]{\text{曲面基本公式}} \mathrm{d}\boldsymbol{n} = -\lambda(s)\mathrm{d}\boldsymbol{r}.$$

(1)$\Rightarrow$(3). 设曲线 $\boldsymbol{r}(s)$为曲率线,它的曲面法线所生成的直纹面方程为

$$\boldsymbol{x}^*(s,v) = \boldsymbol{r}(s) + v\boldsymbol{n}(s),$$

于是,由(1)$\Leftrightarrow$(2)知,$\boldsymbol{n}'(s)=-\lambda(s)\boldsymbol{r}'(s)$,$\lambda(s)$为 W 的特征值. 由此推得

$$(\boldsymbol{r}'(s),\boldsymbol{n}(s),\boldsymbol{n}'(s)) = (\boldsymbol{r}'(s),\boldsymbol{n}(s),-\lambda(s)\boldsymbol{r}'(s)) = 0.$$

由定理 2.2.1 知,Σ 为可展曲面,称为曲线 $\boldsymbol{r}(s)$的**法线曲面**.

(1)$\Leftarrow$(3). 设 Σ 为可展曲面,即$(\boldsymbol{r}'(s),\boldsymbol{n}(s),\boldsymbol{n}'(s))=0\Leftrightarrow\boldsymbol{r}'(s),\boldsymbol{n}(s),\boldsymbol{n}'(s)$线性相关. 因而,存在不全为 0 的 a,b,c(s 的函数),使得

$$a\boldsymbol{r}'(s) + b\boldsymbol{n}(s) + c\boldsymbol{n}'(s) = 0.$$

于是

$$0 = \langle 0,\boldsymbol{n}(s)\rangle = \langle a\boldsymbol{r}'(s) + b\boldsymbol{n}(s) + c\boldsymbol{n}'(s),\boldsymbol{n}(s)\rangle = b\langle \boldsymbol{n},\boldsymbol{n}\rangle = b,$$

$$a\boldsymbol{r}'(s)+c\boldsymbol{n}'(s)=0.$$

此时，$c\neq0$（否则，$c=0$，$a\boldsymbol{r}'(s)=0$. 又因 $a\neq0$，故 $\boldsymbol{r}'(s)=0$，这与 $\boldsymbol{r}(s)$ 为 C^1 正则曲线相矛盾）. 所以，$\boldsymbol{n}'(s)=-\dfrac{a}{c}\boldsymbol{r}'(s)$，根据(2)⇒(1)，$\boldsymbol{r}(s)$ 必为曲率线. □

例 2.5.1 旋转曲面上的经线与纬线都是曲率线.

证明 将 xOz 平面中的一条曲线

$$(x,z)=(f(v),g(v)),\quad a\leqslant v\leqslant b$$

绕 z 轴旋转一周后就得到旋转面（$f(v)>0$）

$$\boldsymbol{x}(u,v)=(f(v)\cos u,f(v)\sin u,g(v)),$$

其中 $(u,v)\in(0,2\pi]\times[a,b]$.

$$\boldsymbol{x}'_u(u,v)=(-f(v)\sin u,f(v)\cos u,0),$$

$$\boldsymbol{x}'_v(u,v)=(f'(v)\cos u,f'(v)\sin u,g'(v)),$$

$$\boldsymbol{x}'_u(u,v)\times\boldsymbol{x}'_v(u,v)=\begin{vmatrix}\boldsymbol{e}_1 & \boldsymbol{e}_2 & \boldsymbol{e}_3\\ -f(v)\sin u & f(v)\cos u & 0\\ f'(v)\cos u & f'(v)\sin u & g'(v)\end{vmatrix}$$
$$=(f(v)g'(v)\cos u,f(v)g'(v)\sin u,-f(v)f'(v)),$$

$$\boldsymbol{n}=\frac{\boldsymbol{x}'_u\times\boldsymbol{x}'_v}{|\boldsymbol{x}'_u\times\boldsymbol{x}'_v|}=\frac{1}{f(v)\sqrt{f'^2(v)+g'^2(v)}}\cdot(f(v)g'(v)\cos u,f(v)g'(v)\sin u,-f(v)f'(v))$$
$$=\left(\frac{g'(v)\cos u}{\sqrt{f'^2(v)+g'^2(v)}},\frac{g'(v)\sin u}{\sqrt{f'^2(v)+g'^2(v)}},\frac{-f'(v)}{\sqrt{f'^2(v)+g'^2(v)}}\right).$$

显然，经线（u 为常数）$\boldsymbol{r}_{经}(v)=\boldsymbol{x}(u,v)$ 所在平面的法向为

$$(-f(v)\sin u,f(v)\cos u,0)\perp\boldsymbol{n}(u,v).$$

又因为经线 $\boldsymbol{r}_{经}(v)$ 为该平面的平面曲线，所以由经线生成的法线面

$$\boldsymbol{x}_{经}(v,t)=\boldsymbol{r}_{经}(v)+t\boldsymbol{n}(u,v)=\boldsymbol{x}(u,v)+t\boldsymbol{n}(u,v)$$

正好就是经线所在的平面（图 2.5.4），它是可展曲面.

而纬线（v 为常数）$\boldsymbol{r}_{纬}(u)=\boldsymbol{x}(u,v)$ 在 u 处的法线为

$$\boldsymbol{x}_{纬}(u,t)=\boldsymbol{r}_{纬}(u)+t\boldsymbol{n}(u,v)=\boldsymbol{x}(u,v)+t\boldsymbol{n}(u,v)$$
$$=(f(v)\cos u,f(v)\sin u,g(v))$$
$$+t\left(\frac{g'(v)\cos u}{\sqrt{f'^2(v)+g'^2(v)}},\frac{g'(v)\sin u}{\sqrt{f'^2(v)+g'^2(v)}},\frac{-f'(v)}{\sqrt{f'^2(v)+g'^2(v)}}\right)$$
$$=\left(\left(f(v)+t\frac{g'(v)}{\sqrt{f'^2(v)+g'^2(v)}}\right)\cos u,\right.$$

$$\left(f(v)+t\frac{g'(v)}{\sqrt{f'^2(v)+g'^2(v)}}\right)\sin u, g(v)-\frac{tf'(v)}{\sqrt{f'^2(v)+g'^2(v)}}\right).$$

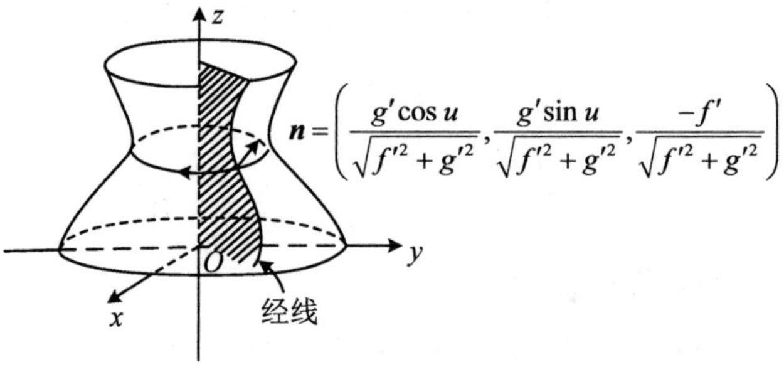

图 2.5.4

如果取 $f(v)+t\dfrac{g'(v)}{\sqrt{f'^2(v)+g'^2(v)}}=0$,即

$$t=-\frac{f(v)\sqrt{f'^2(v)+g'^2(v)}}{g'(v)},$$

就有该法线与 z 轴交于 $\left(0,0,g(v)+\dfrac{f(v)f'(v)}{g'(v)}\right)$. 因此,上述纬线的法线曲面为正圆锥面,它也是可展曲面(图 2.5.5).

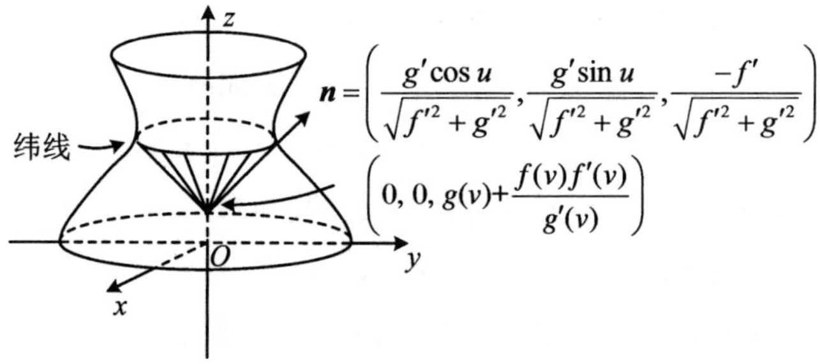

图 2.5.5

根据定理 2.5.4(2),经线与纬线都为曲率线. □

定理 2.5.5 设 M 为 $\mathbf{R}^3$ 中的 2 维 C^2 正则曲面,其参数表示为 $\boldsymbol{x}(u^1,u^2)$,C 为 M 上的曲率线,λ 为它的主曲率. 曲率线的切向 $\mathrm{d}\boldsymbol{x}=\sum_{i=1}^{2}\mathrm{d}u^i\boldsymbol{x}'_{u^i}$ 为主方向,则曲率线满足微分方程

$$\begin{vmatrix} L\mathrm{d}u^1+M\mathrm{d}u^2 & E\mathrm{d}u^1+F\mathrm{d}u^2 \\ M\mathrm{d}u^1+N\mathrm{d}u^2 & F\mathrm{d}u^1+G\mathrm{d}u^2 \end{vmatrix}=0,$$

即

$$(LF-ME)(\mathrm{d}u^1)^2+(LG-NE)\mathrm{d}u^1\mathrm{d}u^2+(MG-NF)(\mathrm{d}u^2)^2=0,$$

或

$$\begin{vmatrix}(\mathrm{d}u^2)^2 & -\mathrm{d}u^1\mathrm{d}u^2 & (\mathrm{d}u^1)^2\\ E & F & G\\ L & M & N\end{vmatrix}=0.$$

证明 由定理2.6.1,有 $\sum\limits_{j=1}^{2}(L_{kj}-\lambda g_{kj})\mathrm{d}u^j=0$. 当 $k=1,2$ 时,

$$\begin{cases}(L_{11}-\lambda g_{11})\mathrm{d}u^1+(L_{12}-\lambda g_{12})\mathrm{d}u^2=0,\\ (L_{21}-\lambda g_{21})\mathrm{d}u^1+(L_{22}-\lambda g_{22})\mathrm{d}u^2=0,\end{cases}\tag{2.5.1}$$

即

$$\begin{cases}(L-\lambda E)\mathrm{d}u^1+(M-\lambda F)\mathrm{d}u^2=0,\\ (M-\lambda F)\mathrm{d}u^1+(N-\lambda G)\mathrm{d}u^2=0.\end{cases}$$

因为 λ 为 W 的特征值,$(\mathrm{d}u^1,\mathrm{d}u^2)\neq(0,0)$为其主方向,故

$$\det\begin{pmatrix}L-\lambda E & M-\lambda F\\ M-\lambda F & N-\lambda G\end{pmatrix}=0.$$

这表明曲率线微分方程组(2.5.1)只有一个是独立的,从中能解出主方向$(\mathrm{d}u^1,\mathrm{d}u^2)$,利用常微分方程的理论求出此主方向场的积分曲线.

也可不必先求出 λ,而将方程组(2.5.1)改为

$$(L\mathrm{d}u^1+M\mathrm{d}u^2)-\lambda(E\mathrm{d}u^1+F\mathrm{d}u^2)=0,$$
$$(M\mathrm{d}u^1+N\mathrm{d}u^2)-\lambda(F\mathrm{d}u^1+G\mathrm{d}u^2)=0,$$

因为$(1,-\lambda)$为其非零解,故

$$\begin{aligned}0&=\begin{vmatrix}L\mathrm{d}u^1+M\mathrm{d}u^2 & E\mathrm{d}u^1+F\mathrm{d}u^2\\ M\mathrm{d}u^1+N\mathrm{d}u^2 & F\mathrm{d}u^1+G\mathrm{d}u^2\end{vmatrix}\\ &=\begin{vmatrix}L\mathrm{d}u^1 & E\mathrm{d}u^1\\ M\mathrm{d}u^1 & F\mathrm{d}u^1\end{vmatrix}+\begin{vmatrix}M\mathrm{d}u^2 & E\mathrm{d}u^1\\ N\mathrm{d}u^2 & F\mathrm{d}u^1\end{vmatrix}+\begin{vmatrix}L\mathrm{d}u^1 & F\mathrm{d}u^2\\ M\mathrm{d}u^1 & G\mathrm{d}u^2\end{vmatrix}+\begin{vmatrix}M\mathrm{d}u^2 & F\mathrm{d}u^2\\ N\mathrm{d}u^2 & G\mathrm{d}u^2\end{vmatrix}\\ &=(LF-ME)(\mathrm{d}u^1)^2+(MF-EN+LG-MF)\mathrm{d}u^1\mathrm{d}u^2+(MG-NF)(\mathrm{d}u^2)^2\\ &=(LF-ME)(\mathrm{d}u^1)^2+(LG-NE)\mathrm{d}u^1\mathrm{d}u^2+(MG-NF)(\mathrm{d}u^2)^2.\end{aligned}$$ □

关于曲率线网有:

定理 2.5.6 在不含脐点的2维 C^2 正则曲面 $M\subset\mathbf{R}^3$ 上,$\boldsymbol{x}(u^1,u^2)$为其参数表示,则参数曲线网为曲率线网$\Leftrightarrow F=M=0$.

证明 ($\Rightarrow$)设 M 的参数曲线网为曲率线网,由于 M 不含脐点,故 $\kappa_1\neq\kappa_2$,且主方向

$\boldsymbol{x}'_{u^1}$，$\boldsymbol{x}'_{u^2}$ 彼此正交，从而 $g_{12}=F=\boldsymbol{x}'_{u^1}\cdot\boldsymbol{x}'_{u^2}=0$. 再由 $\mathrm{d}\boldsymbol{x}=\sum_{i=1}^{2}\boldsymbol{x}'_{u^i}\cdot\mathrm{d}u^i$ 得到

$$I=\langle\mathrm{d}\boldsymbol{x},\mathrm{d}\boldsymbol{x}\rangle=\sum_{i,j=1}^{2}g_{ij}\mathrm{d}u^i\mathrm{d}u^j=E(\mathrm{d}u^1)^2+G(\mathrm{d}u^2)^2.$$

又因 $\boldsymbol{x}'_{u^i}$ 为主方向，所以 $W(\boldsymbol{x}'_{u^i})=\kappa_i\boldsymbol{x}'_{u^i}$，其中 κ_i，$i=1,2$ 为 W 的主曲率. 于是

$$\begin{aligned}II&\xlongequal{\text{定理 2.4.2(2)}}\langle W(\mathrm{d}\boldsymbol{x}),\mathrm{d}\boldsymbol{x}\rangle=\left\langle W\left(\sum_{i=1}^{2}\boldsymbol{x}'_{u^i}\mathrm{d}u^i\right),\sum_{j=1}^{2}\boldsymbol{x}'_{u^j}\mathrm{d}u^j\right\rangle\\&=\left\langle\sum_{i=1}^{2}\kappa_i\boldsymbol{x}'_{u^i}\mathrm{d}u^i,\sum_{j=1}^{2}\boldsymbol{x}'_{u^j}\mathrm{d}u^j\right\rangle=\sum_{i,j=1}^{2}\kappa_i g_{ij}\mathrm{d}u^i\mathrm{d}u^j\\&=\kappa_1E(\mathrm{d}u^1)^2+\kappa_2G(\mathrm{d}u^2)^2,\end{aligned}$$

即

$$L=\kappa_1E,\quad M=0,\quad N=\kappa_2G.$$

这时，两个主曲率分别为 $\kappa_1=\dfrac{L}{E}$，$\kappa_2=\dfrac{N}{G}$.

($\Leftarrow$)设 $F=M=0$，则曲率线方程为

$$0=\begin{vmatrix}(\mathrm{d}u^2)^2&-\mathrm{d}u^1\mathrm{d}u^2&(\mathrm{d}u^1)^2\\E&F&G\\L&M&N\end{vmatrix}=\begin{vmatrix}(\mathrm{d}u^2)^2&-\mathrm{d}u^1\mathrm{d}u^2&(\mathrm{d}u^1)^2\\E&0&G\\L&0&N\end{vmatrix}$$

$$=\begin{vmatrix}E&G\\L&N\end{vmatrix}\mathrm{d}u^1\mathrm{d}u^2=(EN-LG)\mathrm{d}u^1\mathrm{d}u^2,$$

$$(NE-LG)\mathrm{d}u^1\mathrm{d}u^2=0.$$

如果 $\dfrac{L}{E}=\dfrac{N}{G}=\rho$，再加上 $F=M=0$，有

$$(L,M,N)=\rho(E,F,G),$$

即得到了脐点的条件，这与定理中的假设相矛盾.

因此，$\dfrac{L}{E}\neq\dfrac{N}{G}$，即 $NE-LG\neq0$，则由 $(EN-LG)\mathrm{d}u^1\mathrm{d}u^2=0$ 立即推得 u^1 为常数或 u^2 为常数，都是曲率线，即两族坐标曲线均为曲率线. □

2.6 Gauss 曲率(总曲率)K_G、平均曲率 H

这一节我们将引入古典微分几何中的两个极其重要的概念：Gauss 曲率(总曲率)K_G 与平均曲率 H. 为此先证明：

定理 2.6.1 设 M 为 $\mathbf{R}^n$ 中的 $n-1$ 维 C^2 正则曲面，其参数表示为

$$\boldsymbol{x}(u^1,u^2,\cdots,u^{n-1}),$$

λ 为 $P\in M$ 处的主曲率，相应的主方向为 $\boldsymbol{e}=\sum_{i=1}^{n-1}a^i\boldsymbol{x}'_{u^i}$，即 $W(\boldsymbol{e})=\lambda\boldsymbol{e},\boldsymbol{e}\neq\boldsymbol{0}$，其中 $W:T_PM\to T_PM$ 为 Weingarten 映射. 则：

(1)

$$\lambda^{n-1}-\mathrm{tr}(\omega_j^i)\lambda^{n-2}+\cdots+(-1)^{n-1}\det(\omega_j^i)=(-1)^{n-1}\det(\omega_j^i-\lambda\delta_j^i),$$

其中矩阵 (ω_j^i) 的迹 $\mathrm{tr}(\omega_j^i)=\sum_{i=1}^{n-1}\omega_i^i$，特别当 $n=3$ 时，

$$\det\begin{pmatrix}\omega_1^1-\lambda & \omega_2^1\\ \omega_1^2 & \omega_2^2-\lambda\end{pmatrix}=\lambda^2-(\omega_1^1+\omega_2^2)\lambda+\det\begin{pmatrix}\omega_1^1 & \omega_2^1\\ \omega_1^2 & \omega_2^2\end{pmatrix}$$
$$=\lambda^2-\mathrm{tr}(\omega_j^i)\lambda+\det(\omega_j^i)=0,$$

即 $\lambda^2-2H\lambda+K_G=0$（$K_G,H$ 见定义 2.6.1）.

(2) $\det(L_{kj}-\lambda g_{kj})=0$. 当 $n=3$ 时，$\det\begin{pmatrix}L-\lambda E & M-\lambda F\\ M-\lambda F & N-\lambda G\end{pmatrix}=0$.

证明 (1)

$$\sum_{i,j=1}^{n-1}a^j\omega_j^i\boldsymbol{x}'_{u^i}=\sum_{j=1}^{n-1}a^jW(\boldsymbol{x}'_{u^j})=W\Big(\sum_{j=1}^{n-1}a^j\boldsymbol{x}'_{u^j}\Big)$$
$$=W(\boldsymbol{e})=\lambda\boldsymbol{e}=\lambda\sum_{i=1}^{n-1}a^i\boldsymbol{x}'_{u^i}=\sum_{i=1}^{n-1}\lambda\delta_j^ia^j\boldsymbol{x}'_{u^i}.$$

由于 $\{\boldsymbol{x}'_{u^i}\}$ 线性无关，故 $\sum_{j=1}^{n-1}a^j\omega_j^i=\sum_{j=1}^{n-1}\lambda\delta_j^ia^j$，即

$$\sum_{j=1}^{n-1}(\omega_j^i-\lambda\delta_j^i)a^j=0.$$

用矩阵表达为

$$\begin{pmatrix}\omega_1^1-\lambda & \omega_2^1 & \cdots & \omega_{n-1}^1\\ \omega_1^2 & \omega_2^2-\lambda & \cdots & \omega_{n-1}^2\\ \vdots & \vdots & & \vdots\\ \omega_1^{n-1} & \omega_2^{n-1} & \cdots & \omega_{n-1}^{n-1}-\lambda\end{pmatrix}\begin{pmatrix}a^1\\ a^2\\ \vdots\\ a^{n-1}\end{pmatrix}=\begin{pmatrix}0\\0\\ \vdots\\0\end{pmatrix}.$$

因为 $(a^1,a^2,\cdots,a^{n-1})^{\mathrm{T}}$ 为非零向量，所以上述方程组的系数行列式必为 0，即

$$0=(-1)^{n-1}\det(\omega_j^i-\lambda\delta_j^i)=\lambda^{n-1}-\mathrm{tr}(\omega_j^i)\lambda^{n-2}+\cdots+(-1)^{n-1}\det(\omega_j^i).$$

(2) 由(1)的证明知，$\sum_{j=1}^{n-1}(\omega_j^i-\lambda\delta_j^i)=0$，所以

$$\sum_{j=1}^{n-1}(L_{kj}-\lambda g_{kj})a^j=\sum_{i,j=1}^{n-1}g_{ki}(\omega_j^i-\lambda\delta_j^i)a^j=0.$$ □

定义 2.6.1 在点 $P\in M$,我们定义 Gauss 曲率(总曲率)为

$$K_G=\det(\omega_j^i)=\det\left(\sum_{k=1}^{n-1}g^{ik}L_{kj}\right)=\det(g^{ik})\cdot\det(L_{kj})=\frac{\det(L_{kj})}{\det(g_{ik})},$$

平均曲率为

$$H=\frac{1}{n-1}\mathrm{tr}(\omega_j^i)=\frac{1}{n-1}\mathrm{tr}\left(\sum_{k=1}^{n-1}g^{ik}L_{kj}\right)=\frac{\sum\limits_{i,k=1}^{n-1}g^{ik}L_{ki}}{n-1}.$$

如果选另一参数坐标$(\bar{u}^1,\bar{u}^2,\cdots,\bar{u}^{n-1})$,则相应的矩阵$(\bar{\omega}_j^i)\underset{\text{相似}}{\sim}(\omega_j^i)$,故 K_G,H 都与参数的选取无关.

注 2.6.1 当 $n=3$ 时,

$$K_G=\det\begin{pmatrix}L&M\\M&N\end{pmatrix}\Big/\det\begin{pmatrix}E&F\\F&G\end{pmatrix},$$

$$\begin{pmatrix}E&F\\F&G\end{pmatrix}^{-1}=\frac{1}{EG-F^2}\begin{pmatrix}G&-F\\-F&E\end{pmatrix},$$

$$H=\frac{1}{2}\frac{\mathrm{tr}\begin{pmatrix}G&-F\\-F&E\end{pmatrix}\begin{pmatrix}L&M\\M&N\end{pmatrix}}{EG-F^2}=\frac{1}{2}\frac{GL-2FM+EN}{EG-F^2}.$$

注 2.6.2 考虑 Weingarten 映射 $W:T_PM\to T_PM,W(\boldsymbol{x}'_{u^j})=\sum\limits_{i=1}^{n-1}\omega_j^i\boldsymbol{x}'_{u^i}$,

$$\begin{pmatrix}W(\boldsymbol{x}'_{u^1})\\W(\boldsymbol{x}'_{u^2})\\\vdots\\W(\boldsymbol{x}'_{u^{n-1}})\end{pmatrix}=\begin{pmatrix}\omega_1^1&\omega_1^2&\cdots&\omega_1^{n-1}\\\omega_2^1&\omega_2^2&\cdots&\omega_2^{n-1}\\\vdots&\vdots&&\vdots\\\omega_{n-1}^1&\omega_{n-1}^2&\cdots&\omega_{n-1}^{n-1}\end{pmatrix}\begin{pmatrix}\boldsymbol{x}'_{u^1}\\\boldsymbol{x}'_{u^2}\\\vdots\\\boldsymbol{x}'_{u^{n-1}}\end{pmatrix}.$$

由于 W 是自共轭线性变换,根据线性代数知识,W 的所有特征值$\kappa_1,\cdots,\kappa_{n-1}$均为实数,且有 $n-1$ 个线性无关的特征向量 $\boldsymbol{e}_1,\boldsymbol{e}_2,\cdots,\boldsymbol{e}_{n-1}$,即 $W(\boldsymbol{e}_j)=\kappa_j\boldsymbol{e}_j$,于是

$$\begin{pmatrix}W(\boldsymbol{e}_1)\\W(\boldsymbol{e}_2)\\\vdots\\W(\boldsymbol{e}_{n-1})\end{pmatrix}=\begin{pmatrix}\kappa_1&&&\\&\kappa_2&&\\&&\ddots&\\&&&\kappa_{n-1}\end{pmatrix}\begin{pmatrix}\boldsymbol{e}_1\\\boldsymbol{e}_2\\\vdots\\\boldsymbol{e}_{n-1}\end{pmatrix},$$

而

$$\begin{pmatrix}\omega_1^1&\omega_1^2&\cdots&\omega_1^{n-1}\\\omega_2^1&\omega_2^2&\cdots&\omega_2^{n-1}\\\vdots&\vdots&&\vdots\\\omega_{n-1}^1&\omega_{n-1}^2&\cdots&\omega_{n-1}^{n-1}\end{pmatrix}\overset{\text{相似}}{\sim}\begin{pmatrix}\kappa_1&&&\\&\kappa_2&&\\&&\ddots&\\&&&\kappa_{n-1}\end{pmatrix},$$

$$K_G = \det(\omega_j^i) = \det\begin{pmatrix} \kappa_1 & & & \\ & \kappa_2 & & \\ & & \ddots & \\ & & & \kappa_{n-1} \end{pmatrix} = \kappa_1\kappa_2\cdots\kappa_{n-1},$$

$$H = \frac{1}{n-1}\mathrm{tr}(\omega_j^i) = \frac{1}{n-1}\mathrm{tr}\begin{pmatrix} \kappa_1 & & & \\ & \kappa_2 & & \\ & & \ddots & \\ & & & \kappa_{n-1} \end{pmatrix} = \frac{\kappa_1 + \kappa_2 + \cdots + \kappa_{n-1}}{n-1}.$$

例 2.6.1 计算环面($0<r<a$)

$$\boldsymbol{x}(u,v) = ((a + r\cos u)\cos v,(a + r\cos u)\sin v, r\sin u)$$

上的点的 Gauss(总)曲率 K_G 与平均曲率 H,$0\leqslant u<2\pi$,$0\leqslant v<2\pi$.

解

$$\boldsymbol{x}'_u(u,v) = (-r\sin u\cos v, -r\sin u\sin v, r\cos u),$$

$$\boldsymbol{x}'_v(u,v) = (-(a + r\cos u)\sin v,(a + r\cos u)\cos v,0),$$

$$\boldsymbol{x}''_{uu}(u,v) = (-r\cos u\cos v, -r\cos u\sin v, -r\sin u),$$

$$\boldsymbol{x}''_{uv}(u,v) = \boldsymbol{x}''_{vu}(u,v) = (r\sin u\sin v, -r\sin u\cos v,0),$$

$$\boldsymbol{x}''_{vv}(u,v) = (-(a + r\cos u)\cos v, -(a + r\cos u)\sin v,0),$$

$$E = \boldsymbol{x}'_u(u,v)\cdot\boldsymbol{x}'_u(u,v) = r^2,$$

$$F = \boldsymbol{x}'_u(u,v)\cdot\boldsymbol{x}'_v(u,v) = 0,$$

$$G = \boldsymbol{x}'_v(u,v)\cdot\boldsymbol{x}'_v(u,v) = (a + r\cos u)^2,$$

$$\sqrt{EG - F^2} = r(a + r\cos u),$$

$$L = \frac{(\boldsymbol{x}'_u,\boldsymbol{x}'_v,\boldsymbol{x}''_{uu})}{\sqrt{EG - F^2}}$$

$$= \frac{\begin{vmatrix} -r\sin u\cos v & -r\sin u\sin v & r\cos u \\ -(a + r\cos u)\sin v & (a + r\cos u)\cos v & 0 \\ -r\cos u\cos v & -r\cos u\sin v & -r\sin u \end{vmatrix}}{r(a + r\cos u)}$$

$$= r\begin{vmatrix} -\sin u\cos v & -\sin u\sin v & \cos u \\ -\sin v & \cos v & 0 \\ -\cos u\cos v & -\cos u\sin v & -\sin u \end{vmatrix}$$

$$= r(\cos u(\cos u\sin^2 v + \cos u\cos^2 v) - \sin u(-\sin u\cos^2 v - \sin u\sin^2 v))$$

$$= r,$$

$$M=\frac{(\boldsymbol{x}'_u,\boldsymbol{x}'_v,\boldsymbol{x}''_{uv})}{\sqrt{EG-F^2}}$$

$$=\frac{\begin{vmatrix} -r\sin u\cos v & -r\sin u\sin v & r\cos u \\ -(a+r\cos u)\sin v & (a+r\cos u)\cos v & 0 \\ r\sin u\sin v & -r\sin u\cos v & 0 \end{vmatrix}}{r(a+r\cos u)}$$

$$=r\sin u\cos u(\sin v\cos v-\sin v\cos v)=0,$$

$$N=\frac{(\boldsymbol{x}'_u,\boldsymbol{x}'_v,\boldsymbol{x}''_{vv})}{\sqrt{EG-F^2}}$$

$$=\frac{\begin{vmatrix} -r\sin u\cos v & -r\sin u\sin v & r\cos u \\ -(a+r\cos u)\sin v & (a+r\cos u)\cos v & 0 \\ -(a+r\cos u)\cos v & -(a+r\cos u)\sin v & 0 \end{vmatrix}}{r(a+r\cos u)}$$

$$=(a+r\cos u)\begin{vmatrix} -\sin u\cos v & -\sin u\sin v & \cos u \\ -\sin v & \cos v & 0 \\ -\cos v & -\sin v & 0 \end{vmatrix}$$

$$=(a+r\cos u)\cos u(\sin^2 v+\cos^2 v)=(a+r\cos u)\cos u.$$

所以

$$K_G=\frac{LN-M^2}{EG-F^2}=\frac{r(a+r\cos u)\cos u-0^2}{r^2(a+r\cos u)^2-0^2}=\frac{\cos u}{r(a+r\cos u)},$$

$$H=\frac{1}{2}\frac{GL-2FM+EN}{EG-F^2}$$

$$=\frac{1}{2}\frac{(a+r\cos u)^2\cdot r-2\cdot 0\cdot 0+r^2\cdot(a+r\cos u)\cos u}{r^2(a+r\cos u)^2-0^2}$$

$$=\frac{1}{2}\frac{(a+r\cos u)+r\cos u}{r(a+r\cos u)}=\frac{a+2r\cos u}{2r(a+r\cos u)}.$$

□

注 2.6.3 $K_G>0$ 的点称为曲面 M 的**椭圆点**，$K_G<0$ 的点称为曲面 M 的**双曲点**，$K_G=0$的点称为曲面 M 的**抛物点**(图 2.6.1).

从例 2.6.1 可看出(图 2.6.2)：

$K_G=0$ 的点为 $u=\frac{\pi}{2}$ 及 $\frac{3\pi}{2}$，即环面最高、最低处的纬线，这些点为抛物点；

$K_G<0$ 的点为 $\frac{\pi}{2}<u<\frac{3\pi}{2}$，即环面的内侧面，这些点为双曲点；

$K_G>0$ 的点为 $0\leqslant u<\frac{\pi}{2}$ 及 $\frac{3\pi}{2}<u<2\pi$，即环面的外侧面，这些点为椭圆点.

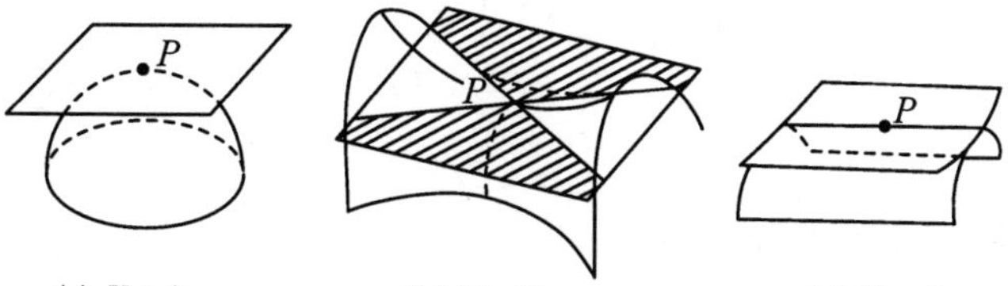

(a) $K_G>0$　(b) $K_G<0$　(c) $K_G=0$

图 2.6.1

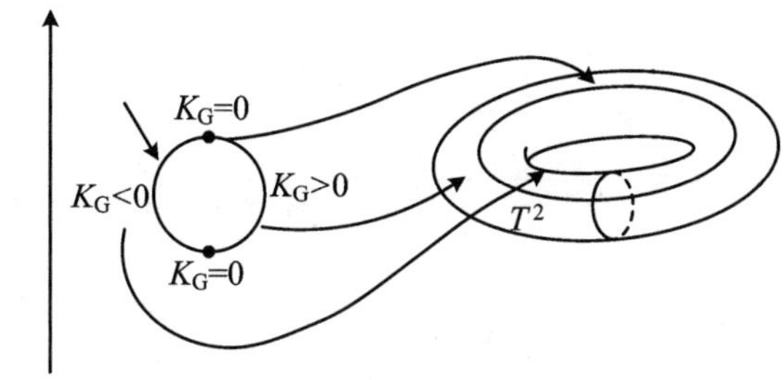

图 2.6.2

例 2.6.2　在直角坐标系中,曲面 M 方程

$$z = f(x,y)$$

为 C^2 函数,其中 x,y 为曲面的参数.求曲面 M 的第 1 基本形式 I、第 2 基本形式 II 以及总曲率 K_G、平均曲率 H.

解

$$\boldsymbol{x}(x,y) = (x,y,f(x,y)),$$

$$\boldsymbol{x}'_x(x,y) = (1,0,f'_x),\quad \boldsymbol{x}'_y(x,y) = (0,1,f'_y),$$

$$E = \boldsymbol{x}'_x\cdot\boldsymbol{x}'_x = 1+f'^2_x,\quad F = \boldsymbol{x}'_x\cdot\boldsymbol{x}'_y = f'_xf'_y,\quad G = \boldsymbol{x}'_y\cdot\boldsymbol{x}'_y = 1+f'^2_y,$$

$$\boldsymbol{x}''_{xx} = (0,0,f''_{xx}),\quad \boldsymbol{x}''_{xy} = (0,0,f''_{xy}),\quad \boldsymbol{x}''_{yy} = (0,0,f''_{yy}),$$

$$\boldsymbol{x}'_x\times\boldsymbol{x}'_y = \begin{vmatrix} \boldsymbol{e}_1 & \boldsymbol{e}_2 & \boldsymbol{e}_3 \\ 1 & 0 & f'_x \\ 0 & 1 & f'_y \end{vmatrix} = (-f'_x,-f'_y,1),$$

$$\boldsymbol{n} = \frac{\boldsymbol{x}'_x\times\boldsymbol{x}'_y}{|\boldsymbol{x}'_x\times\boldsymbol{x}'_y|} = \frac{(-f'_x,-f'_y,1)}{\sqrt{1+f'^2_x+f'^2_y}},$$

$$L = \boldsymbol{x}''_{xx}\cdot\boldsymbol{n} = (0,0,f''_{xx})\cdot\frac{(-f'_x,-f'_y,1)}{\sqrt{1+f'^2_x+f'^2_y}} = \frac{f''_{xx}}{\sqrt{1+f'^2_x+f'^2_y}},$$

$$M = \boldsymbol{x}''_{xy}\cdot\boldsymbol{n} = (0,0,f''_{xy})\cdot\frac{(-f'_x,-f'_y,1)}{\sqrt{1+f'^2_x+f'^2_y}} = \frac{f''_{xy}}{\sqrt{1+f'^2_x+f'^2_y}},$$

$$N = \boldsymbol{x}''_{yy} \cdot \boldsymbol{n} = (0,0,f''_{yy}) \cdot \frac{(-f'_x, -f'_y, 1)}{\sqrt{1+f'^2_x+f'^2_y}} = \frac{f''_{yy}}{\sqrt{1+f'^2_x+f'^2_y}}.$$

由此得到

$$\begin{aligned} I &= E\mathrm{d}x^2 + 2F\mathrm{d}x\mathrm{d}y + G\mathrm{d}y^2 \\ &= (1+f'^2_x)\mathrm{d}x^2 + 2f'_xf'_y\mathrm{d}x\mathrm{d}y + (1+f'^2_y)\mathrm{d}y^2, \end{aligned}$$

$$\begin{aligned} II &= L\mathrm{d}x^2 + 2M\mathrm{d}x\mathrm{d}y + N\mathrm{d}y^2 \\ &= \frac{f''_{xx}}{\sqrt{1+f'^2_x+f'^2_y}}\mathrm{d}x^2 + 2\frac{f''_{xy}}{\sqrt{1+f'^2_x+f'^2_y}}\mathrm{d}x\mathrm{d}y + \frac{f''_{yy}}{\sqrt{1+f'^2_x+f'^2_y}}\mathrm{d}y^2, \end{aligned}$$

$$\begin{aligned} K_{\mathrm{G}} = \frac{LN-M^2}{EG-F^2} &= \frac{\dfrac{f''_{xx}}{\sqrt{1+f'^2_x+f'^2_y}} \cdot \dfrac{f''_{yy}}{\sqrt{1+f'^2_x+f'^2_y}} - \left(\dfrac{f''_{xy}}{\sqrt{1+f'^2_x+f'^2_y}}\right)^2}{(1+f'^2_x)(1+f'^2_y)-(f'_xf'_y)^2} \\ &= \frac{f''_{xx}f''_{yy}-(f''_{xy})^2}{(1+f'^2_x+f'^2_y)^2}, \end{aligned}$$

$$\begin{aligned} H &= \frac{1}{2}\frac{GL-2FM+EN}{EG-F^2} \\ &= \frac{(1+f'^2_y) \cdot \dfrac{f''_{xx}}{\sqrt{1+f'^2_x+f'^2_y}} - 2f'_xf'_y \cdot \dfrac{f''_{xy}}{\sqrt{1+f'^2_x+f'^2_y}}}{2((1+f'^2_x)(1+f'^2_y)-(f'_xf'_y)^2)} \\ &\quad + \frac{(1+f'^2_x)\dfrac{f''_{yy}}{\sqrt{1+f'^2_x+f'^2_y}}}{2((1+f'^2_x)(1+f'^2_y)-(f'_xf'_y)^2)} \\ &= \frac{(1+f'^2_y)f''_{xx}-2f'_xf'_yf''_{xy}+(1+f'^2_x)f''_{yy}}{2(1+f'^2_x+f'^2_y)^{\frac{3}{2}}}. \end{aligned}$$

□

例 2.6.3 求旋转曲面 $\boldsymbol{x}(u,v)=(f(v)\cos u, f(v)\sin u, g(v))$，$f(v)>0$ 的 Gauss 曲率 K_{G} 与平均曲率 H 以及它的曲率线.

解

$$\boldsymbol{x}'_u = (-f(v)\sin u, f(v)\cos u, 0), \quad \boldsymbol{x}'_v = (f'(v)\cos u, f'(v)\sin u, g'(v)),$$

$$E = \boldsymbol{x}'_u \cdot \boldsymbol{x}'_u = f^2(v), \quad F = \boldsymbol{x}'_u \cdot \boldsymbol{x}'_v = 0, \quad G = \boldsymbol{x}'_v \cdot \boldsymbol{x}'_v = f'^2(v) + g'^2(v),$$

$$\sqrt{EG-F^2} = f(v)\sqrt{f'^2(v)+g'^2(v)},$$

$$\boldsymbol{x}'_u \times \boldsymbol{x}'_v = (f(v)g'(v)\cos u, f(v)g'(v)\sin u, -f(v)f'(v)),$$

$$\boldsymbol{n} = \frac{\boldsymbol{x}'_u \times \boldsymbol{x}'_v}{|\boldsymbol{x}'_u \times \boldsymbol{x}'_v|} = \frac{(g'(v)\cos u, g'(v)\sin u, -f'(v))}{\sqrt{f'^2(v)+g'^2(v)}},$$

$$\boldsymbol{x}''_{uu} = (-f(v)\cos u, -f(v)\sin u, 0),$$

$$\boldsymbol{x}''_{uv} = \boldsymbol{x}''_{vu} = (-f'(v)\sin u, f'(v)\cos u, 0),$$

$$\boldsymbol{x}''_{vv} = (f''(v)\cos u, f''(v)\sin u, g''(v)),$$

$$L = \boldsymbol{x}''_{uu}\cdot\boldsymbol{n} = \frac{-f(v)g'(v)}{\sqrt{f'^2(v)+g'^2(v)}},$$

$$M = \boldsymbol{x}''_{uv}\cdot\boldsymbol{n} = 0,$$

$$N = \boldsymbol{x}''_{vv}\cdot\boldsymbol{n} = \frac{f''(v)g'(v)-f'(v)g''(v)}{\sqrt{f'^2(v)+g'^2(v)}},$$

$$K_{\mathrm{G}} = \frac{LN-M^2}{EG-F^2}$$

$$= \frac{\dfrac{-f(v)g'(v)}{\sqrt{f'^2(v)+g'^2(v)}}\cdot\dfrac{f''(v)g'(v)-f'(v)g''(v)}{\sqrt{f'^2(v)+g'^2(v)}}-0^2}{f^2(v)(f'^2(v)+g'^2(v))}$$

$$= \frac{g'(v)(f'(v)g''(v)-f''(v)g'(v))}{f(v)(f'^2(v)+g'^2(v))^2},$$

$$H = \frac{1}{2}\,\frac{GL-2FM+EN}{EG-F^2}$$

$$= \frac{1}{2}\,\frac{(f'^2(v)+g'^2(v))\dfrac{-f(v)g'(v)}{\sqrt{f'^2(v)+g'^2(v)}}-2\cdot 0\cdot 0}{f^2(v)(f'^2(v)+g'^2(v))}$$

$$+\frac{1}{2}\,\frac{f^2(v)\dfrac{f''(v)g'(v)-f'(v)g''(v)}{\sqrt{f'^2(v)+g'^2(v)}}}{f^2(v)(f'^2(v)+g'^2(v))}$$

$$= \frac{-g'(v)}{2f(v)(f'^2(v)+g'^2(v))^{\frac{1}{2}}}+\frac{f''(v)g'(v)-f'(v)g''(v)}{2(f'^2(v)+g'^2(v))^{\frac{3}{2}}},$$

$$\kappa_1 = \frac{-g'(v)}{f(v)(f'^2(v)+g'^2(v))^{\frac{1}{2}}},$$

$$\kappa_2 = \frac{f''(v)g'(v)-f'(v)g''(v)}{(f'^2(v)+g'^2(v))^{\frac{3}{2}}}.$$

$\left(注意:\dfrac{\kappa_1+\kappa_2}{2}=H, \kappa_1\kappa_2=K_{\mathrm{G}}.\right)$

如果取 $f(v)=R\sin v, g(v)=R\cos v$(此时,该曲面是半径为 R 的球面),代入上面两式得到

$$K_G = \frac{1}{R^2}, \quad H = \frac{1}{R}.$$

如果取 $g(v)=v$,则

$$E = f^2(v), \quad F = 0, \quad G = 1 + f'^2(v),$$

$$L = \frac{-f(v)}{\sqrt{1+f'^2(v)}}, \quad M = 0, \quad N = \frac{f''(v)}{\sqrt{1+f'^2(v)}},$$

$$K_G = -\frac{f''(v)}{f(v)(1+f'^2(v))^2},$$

$$H = \frac{(-1+f'^2(v)) + f(v)f''(v)}{2f(v)(1+f'^2(v))^{\frac{3}{2}}}.$$

我们也可这样来计算.由 $F=M=0$ 或例 2.5.1 知,经线(子午线)与纬线都是曲率线,再由定理 2.5.6(假定该曲面不含脐点)知,主曲率(见定理 2.5.6 的证明)

$$\kappa_1 = \frac{L}{E} = -\frac{1}{f(v)\sqrt{1+f'^2(v)}},$$

$$\kappa_2 = \frac{N}{G} = \frac{f''(v)}{(1+f'^2(v))^{\frac{3}{2}}},$$

$$K_G = \kappa_1\kappa_2 = -\frac{f''(v)}{f(v)(1+f'^2(v))^2},$$

$$H = \frac{\kappa_1+\kappa_2}{2} = \frac{-(1+f'^2(v)) + f(v)f''(v)}{2f(v)(1+f'^2(v))^{\frac{3}{2}}}.$$

最后,我们来研究旋转曲面的曲率线,由定理 2.5.5 可得曲率线微分方程为

$$(LG - NE)\mathrm{d}u\mathrm{d}v = 0,$$

$$\left(\frac{-fg'}{\sqrt{f'^2+g'^2}}\cdot(f'^2+g'^2) - \frac{f''g'-f'g''}{\sqrt{f'^2+g'^2}}\cdot f^2\right)\mathrm{d}u\mathrm{d}v = 0,$$

即

$$(f^2(f''g'-f'g'') + fg'(f'^2+g'^2))\mathrm{d}u\mathrm{d}v = 0.$$

如果旋转曲面上无脐点,即 $\frac{L}{E}\neq\frac{N}{G}$,则 $\mathrm{d}u\mathrm{d}v$ 前的系数不为 0.因此,$\mathrm{d}u\mathrm{d}v=0$,即正则连通曲率线为 $u=$ 常数或 $v=$ 常数.于是,曲率线正好是旋转曲面上所有的经线与纬线. □

为研究 Gauss 曲率 K_G 与平均曲率 H 之间的关系,我们引入第 3 基本形式.

定义 2.6.2 称

$$III = \langle \mathrm{d}\boldsymbol{n}, \mathrm{d}\boldsymbol{n}\rangle = \mathrm{d}\boldsymbol{n}\cdot\mathrm{d}\boldsymbol{n} = \sum_{i,j=1}^{n-1}\boldsymbol{n}'_{u^i}\cdot\boldsymbol{n}'_{u^j}\mathrm{d}u^i\mathrm{d}u^j$$

为 $\mathbf{R}^n$ 中 $n-1$ 维 C^2 正则曲面 M 的**第3基本形式**.

定理 2.6.2 设 M 为 $\mathbf{R}^3$ 中的不含脐点的 C^2 正则超曲面,则三个基本形式之间满足关系式

$$III-2HII+K_G I=0.$$

证明 根据下面的引理 2.6.2,可在 M 上取曲率线网为其参数曲线网,根据定理 2.5.6,$F=M=0$,$L=\kappa_1 E$,$N=\kappa_2 G$.于是

$$I=E(\mathrm{d}u^1)^2+G(\mathrm{d}u^2)^2,$$
$$II=L(\mathrm{d}u^1)^2+N(\mathrm{d}u^2)^2=\kappa_1 E(\mathrm{d}u^1)^2+\kappa_2 G(\mathrm{d}u^2)^2,$$
$$K_G=\kappa_1\kappa_2,\quad H=\frac{\kappa_1+\kappa_2}{2}.$$

由 Olinde-Rodringues 公式(定理 2.5.4(2))知,$\boldsymbol{n}'_{u^1}=-\kappa_1\boldsymbol{x}'_{u^1}$,$\boldsymbol{n}'_{u^2}=-\kappa_2\boldsymbol{x}'_{u^2}$.

因此,由 $\boldsymbol{n}'_{u^1}\cdot\boldsymbol{n}'_{u^2}=(-\kappa_1)(-\kappa_2)\boldsymbol{x}'_{u^1}\cdot\boldsymbol{x}'_{u^2}\overset{F=0}{=\!=\!=}0$ 得到

$$\begin{aligned}III&=\mathrm{d}\boldsymbol{n}\cdot\mathrm{d}\boldsymbol{n}=(\boldsymbol{n}'_{u^1}\mathrm{d}u^1+\boldsymbol{n}'_{u^2}\mathrm{d}u^2)\cdot(\boldsymbol{n}'_{u^1}\mathrm{d}u^1+\boldsymbol{n}'_{u^2}\mathrm{d}u^2)\\&=\boldsymbol{n}'_{u^1}\cdot\boldsymbol{n}'_{u^1}(\mathrm{d}u^1)^2+\boldsymbol{n}'_{u^2}\cdot\boldsymbol{n}'_{u^2}(\mathrm{d}u^2)^2\\&=\kappa_1^2E(\mathrm{d}u^1)^2+\kappa_2^2G(\mathrm{d}u^2)^2.\end{aligned}$$

由此推得

$$\begin{aligned}&III-2HII+K_G I\\&=(\kappa_1^2E(\mathrm{d}u^1)^2+\kappa_2^2G(\mathrm{d}u^2)^2)-2\cdot\frac{\kappa_1+\kappa_2}{2}(\kappa_1E(\mathrm{d}u^1)^2+\kappa_2G(\mathrm{d}u^2)^2)\\&\quad+\kappa_1\kappa_2(E(\mathrm{d}u^1)^2+G(\mathrm{d}u^2)^2)\\&=\kappa_1^2E(\mathrm{d}u^1)^2+\kappa_2^2G(\mathrm{d}u^2)^2-\kappa_1^2E(\mathrm{d}u^1)^2-\kappa_2\kappa_1E(\mathrm{d}u^1)^2-\kappa_1\kappa_2G(\mathrm{d}u^2)^2\\&\quad-\kappa_2^2G(\mathrm{d}u^2)^2+\kappa_1\kappa_2E(\mathrm{d}u^1)^2+\kappa_1\kappa_2G(\mathrm{d}u^2)^2=0.\end{aligned}$$

□

引理 2.6.1 $\mathbf{R}^3$ 中的2维 C^1 正则曲面 M 上已给两个线性无关的连续切向量场 $\boldsymbol{a}(u,v)$,$\boldsymbol{b}(u,v)$,则可选一族新参数$(\bar{u},\bar{v})$,使在新参数下,$\bar{u}$ 曲线的切向量 $\boldsymbol{x}'_{\bar{u}}/\!/\boldsymbol{a}$,$\bar{v}$ 曲线的切向量 $\boldsymbol{x}'_{\bar{v}}/\!/\boldsymbol{b}$.

证明 设在曲面 M 上每一点(u,v)处有两个线性无关的切向量

$$\begin{cases}\boldsymbol{a}(u,v)=a^1(u,v)\boldsymbol{x}'_u+a^2(u,v)\boldsymbol{x}'_v,\\\boldsymbol{b}(u,v)=b^1(u,v)\boldsymbol{x}'_u+b^2(u,v)\boldsymbol{x}'_v.\end{cases}$$

由常微分方程理论知,必分别存在非零积分因子 μ,ν,使得

$$\begin{cases}\dfrac{\partial\bar{u}}{\partial u}\mathrm{d}u+\dfrac{\partial\bar{u}}{\partial v}\mathrm{d}v=\mathrm{d}\bar{u}=\mu(b^2\mathrm{d}u-b^1\mathrm{d}v),\\[2ex]\dfrac{\partial\bar{v}}{\partial u}\mathrm{d}u+\dfrac{\partial\bar{v}}{\partial v}\mathrm{d}v=\mathrm{d}\bar{v}=\nu(-a^2\mathrm{d}u+a^1\mathrm{d}v).\end{cases}$$

即

$$\begin{cases}\dfrac{\partial u}{\partial \bar{u}}\mathrm{d}\bar{u}+\dfrac{\partial u}{\partial \bar{v}}\mathrm{d}\bar{v}=\mathrm{d}u=\dfrac{1}{\begin{vmatrix} b^2 & -b^1 \\ -a^2 & a^1 \end{vmatrix}}\left(\dfrac{a^1}{\mu}\mathrm{d}\bar{u}+\dfrac{b^1}{\nu}\mathrm{d}\bar{v}\right),\\ \dfrac{\partial v}{\partial \bar{u}}\mathrm{d}\bar{u}+\dfrac{\partial v}{\partial \bar{v}}\mathrm{d}\bar{v}=\mathrm{d}v=\dfrac{1}{\begin{vmatrix} b^2 & -b^1 \\ -a^2 & a^1 \end{vmatrix}}\left(\dfrac{a^2}{\mu}\mathrm{d}\bar{u}+\dfrac{b^2}{\nu}\mathrm{d}\bar{v}\right),\end{cases}$$

其中 $\mu,\nu\neq 0$,而 $\bar{u},\bar{v}$ 为 u,v 的两个 C^1 函数.

由于 $\boldsymbol{a},\boldsymbol{b}$ 线性无关,故

$$\frac{\partial(\bar{u},\bar{v})}{\partial(u,v)}=\begin{vmatrix} \mu b^2 & -\mu b^1 \\ -\nu a^2 & \nu a^1 \end{vmatrix}=\mu\nu\begin{vmatrix} b^2 & -b^1 \\ -a^2 & a^1 \end{vmatrix}=\mu\nu(a^1b^2-a^2b^1)\neq 0.$$

于是,$(\bar{u},\bar{v})$可作为新参数.在新参数$(\bar{u},\bar{v})$下,$\bar{u}$ 曲线的切向量为

$$\boldsymbol{x}'_{\bar{u}}=\boldsymbol{x}'_u\frac{\partial u}{\partial \bar{u}}+\boldsymbol{x}'_v\frac{\partial v}{\partial \bar{u}}=\frac{1}{\begin{vmatrix} b^2 & -b^1 \\ -a^2 & a^1 \end{vmatrix}}\left(\frac{a^1}{\mu}\boldsymbol{x}'_u+\frac{a^2}{\mu}\boldsymbol{x}'_v\right)/\!/\ \boldsymbol{a},$$

$$\boldsymbol{x}'_{\bar{v}}=\boldsymbol{x}'_u\frac{\partial u}{\partial \bar{v}}+\boldsymbol{x}'_v\frac{\partial v}{\partial \bar{v}}=\frac{1}{\begin{vmatrix} b^2 & -b^1 \\ -a^2 & a^1 \end{vmatrix}}\left(\frac{b^1}{\nu}\boldsymbol{x}'_u+\frac{b^2}{\nu}\boldsymbol{x}'_v\right)/\!/\ \boldsymbol{b}.$$ □

引理 2.6.2 设 C^1 正则曲面 M 上无脐点,于是过曲面 M 上每一点有两个不相同的主曲率 κ_1 与 κ_2.相应的主方向 $\boldsymbol{e}_1$ 与 $\boldsymbol{e}_2$ 必线性无关(且正交).则必可选到参数$(\bar{u},\bar{v})$,使得坐标曲线都是曲率线(这样的参数曲线网就是曲率线网).

证明 应用引理 2.6.1 即得. □

定义 2.6.3 设 $\mathbf{R}^3$ 中的 C^1 正则曲面 M 上有一族C^1 正则曲线,使得过每点 $P\in M$,只有族中一条曲线通过,它在点 P 处的切向量为$\boldsymbol{a}(u,v)(\neq\boldsymbol{0})$.再在每点 P 处作一个与 $\boldsymbol{a}(u,v)$正交的线性无关的 C^1 切向量场 $\boldsymbol{b}(u,v)$.于是,切向量场 $\boldsymbol{b}$ 的积分曲线(即该曲线的切向量为 $\boldsymbol{b}(u,v)$)就与原来曲线族的曲线正交.我们称这族积分曲线为原来曲线族的**正交轨线**.

引理 2.6.3 在 $\mathbf{R}^3$ 中任何 C^1 正则曲面 M 上总可取到正交参数曲线网.

证明 设 $\boldsymbol{x}(u,v)$为 M 的C^1 参数表示,$\boldsymbol{x}'_u$为 u 线的切向量场,因为 M 正则,故$\boldsymbol{x}'_u$为非零切向量场.再取与 $\boldsymbol{x}'_u$正交的单位切向量场 $\boldsymbol{b}(u,v)$,根据引理 2.6.2,必有参数$(\bar{u},\bar{v})$,其参数曲线网为正交曲线网. □

最后,我们来研究 Gauss 曲率(总曲率)的几何意义.先引入 Gauss 映照.

定义 2.6.4 设 M 为 $\mathbf{R}^n$ 中的$n-1$ 维 C^2正则超曲面,

$$\boldsymbol{n}(\boldsymbol{u})=\boldsymbol{n}(u^1,u^2,\cdots,u^{n-1})$$

为点 $P=\boldsymbol{x}(\boldsymbol{u})\in M$ 处的单位法向量. 我们称

$$G:M\to S^{n-1}\subset\mathbf{R}^n,$$

$$P=\boldsymbol{x}(\boldsymbol{u})\to G(P)=\boldsymbol{n}(\boldsymbol{u})\in S^{n-1}$$

为曲面 M 的 **Gauss 映照**(图 2.6.3).

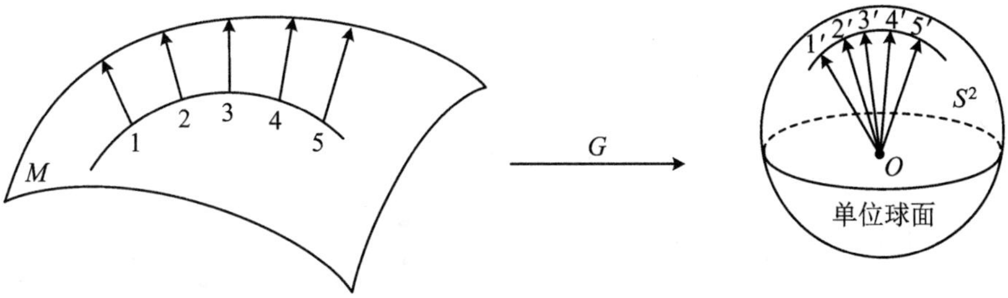

图 2.6.3

显然, $\Sigma=G(M)\subset S^{n-1}$, 其方程为 $\boldsymbol{n}=\boldsymbol{n}(\boldsymbol{u})$. 这个点集可能为单位球面 S^{n-1}的一个点(如 M 为 $n-1$ 维平面), 也可能为一条球面曲线(如 M 为 $n-1$ 维柱面), 还可能为球面 S^{n-1}的一个区域(如 M 为 $n-1$ 维单位球面 S^{n-1})(图 2.6.4).

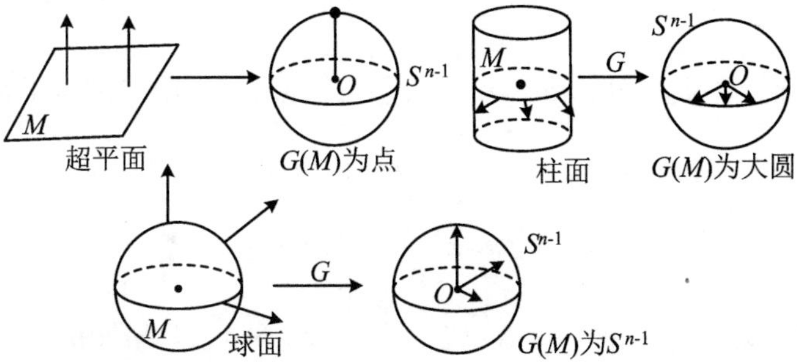

图 2.6.4

定理 2.6.3(Gauss 曲率几何意义) 设 $\boldsymbol{x}(u^1,u^2)$为 $\mathbf{R}^3$ 中的 C^2 正则曲面, 则:

(1) $\boldsymbol{n}'_{u^1}\times\boldsymbol{n}'_{u^2}=K_G(\boldsymbol{x}'_{u^1}\times\boldsymbol{x}'_{u^2})=K_G\sqrt{EG-F^2}\,\boldsymbol{n}$.

(2) (Gauss 曲率(总曲率)K_G 的另一表示)

$$|K_G(P_0)|=\lim_{D\to u_0}\frac{\int_D|K_G|\cdot|\boldsymbol{n}'_{u^1}\times\boldsymbol{n}'_{u^2}|\,\mathrm{d}u^1\mathrm{d}u^2}{\int_D|\boldsymbol{n}'_{u^1}\times\boldsymbol{n}'_{u^2}|\,\mathrm{d}u^1\mathrm{d}u^2}=\lim_{\mathscr{D}\to P_0}\frac{A'}{A},$$

其中 $P_0=\boldsymbol{x}(u_0)=\boldsymbol{x}(u_0^1,u_0^2)$, $\mathscr{D}=\boldsymbol{x}(D)\subset M$ 为区域, $\mathscr{D}'=G(\mathscr{D})$, 它们相应的面积分别为(图 2.6.5)

$$A = \int_D |\boldsymbol{x}'_{u^{n-1}} \times \boldsymbol{x}'_{u^2}| \mathrm{d}u^1 \mathrm{d}u^2,$$

$$A' = \int_D |\boldsymbol{n}'_{u_1} \times \boldsymbol{n}'_{u^2}| \mathrm{d}u^1 \mathrm{d}u^2 = \int_D |K_G| \cdot |\boldsymbol{x}'_{u^1} \times \boldsymbol{x}'_{u^2}| \mathrm{d}u^1 \mathrm{d}u^2.$$

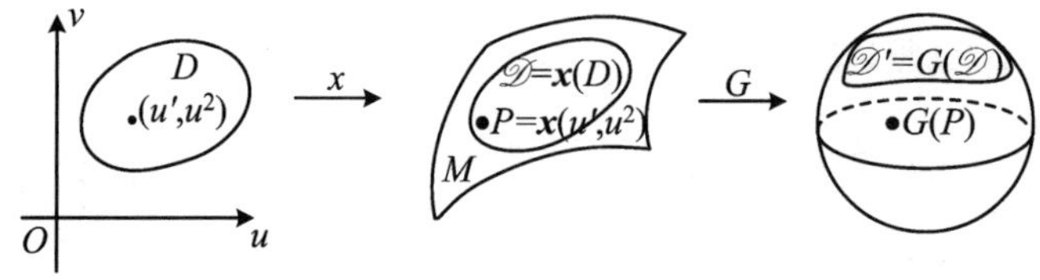

图 2.6.5

证明 (1) 由曲面论的基本公式

$$\boldsymbol{n}'_{u^1} = -\sum_{i=1}^{2} \omega_1^i \boldsymbol{x}'_{u^i}, \quad \boldsymbol{n}'_{u^2} = -\sum_{j=1}^{2} \omega_2^j \boldsymbol{x}'_{u^j}$$

得到

$$\begin{aligned}\boldsymbol{n}'_{u^1} \times \boldsymbol{n}'_{u^2} &= (\omega_1^1 \boldsymbol{x}'_{u^1} + \omega_1^2 \boldsymbol{x}'_{u^2}) \times (\omega_2^1 \boldsymbol{x}'_{u^1} + \omega_2^2 \boldsymbol{x}'_{u^2}) \\ &= (\omega_1^1 \omega_2^2 - \omega_1^2 \omega_2^1)(\boldsymbol{x}'_{u^1} \times \boldsymbol{x}'_{u^2}) \\ &= \det(\omega_j^i)(\boldsymbol{x}'_{u^1} \times \boldsymbol{x}'_{u^2}) = K_G \boldsymbol{x}'_{u^1} \times \boldsymbol{x}'_{u^2} = K_G \sqrt{EG - F^2} \boldsymbol{n}.\end{aligned}$$

(2)

$$\mathrm{d}\bar{\sigma} = |\boldsymbol{n}'_{u^1} \times \boldsymbol{n}'_{u^2}| \mathrm{d}u^1 \mathrm{d}u^2 = |K_G| |\boldsymbol{x}'_{u^1} \times \boldsymbol{x}'_{u^2}| \mathrm{d}u^1 \mathrm{d}u^2 = |K_G| \mathrm{d}\sigma.$$

$$\begin{aligned}\lim_{\mathscr{D} \to P_0} \frac{A'}{A} &= \lim_{D \to u_0} \frac{\int_D |K_G| \cdot |\boldsymbol{x}'_{u^1} \times \boldsymbol{x}'_{u^2}| \mathrm{d}u^1 \mathrm{d}u^2}{\int_D |\boldsymbol{x}'_{u^1} \times \boldsymbol{x}'_{u^2}| \mathrm{d}u^1 \mathrm{d}u^2} \\ &\xlongequal[\exists P_* \in D]{\text{积分中值定理}} \lim_{D \to u_0} \frac{K_G(P_*) \int_D |\boldsymbol{x}'_{u^1} \times \boldsymbol{x}'_{u^2}| \mathrm{d}u^1 \mathrm{d}u^2}{\int_D |\boldsymbol{x}'_{u^1} \times \boldsymbol{x}'_{u^2}| \mathrm{d}u^1 \mathrm{d}u^2} \\ &= \lim_{P_* \to P_0} K_G(P_*) = K_G(P_0).\end{aligned}$$

□

2.7 常 Gauss 曲率的曲面、极小曲面($H=0$)

这一节主要讨论两类重要的曲面:一类是常 Gauss 曲率的曲面;另一类是常平均曲率的曲面,特别是极小曲面($H=0$).

例 2.6.3 与例 2.7.1 指出半径为 R 的球面为常 Gauss 曲率 $K_G = \dfrac{1}{R^2}$ 的曲面. 例

2.7.3、例 2.7.5、例 2.7.6 研究了常 Gauss 曲率 C 的曲面.

例 2.7.1 设

$$M = S^{n-1}(R) = \left\{ \boldsymbol{x} = (x^1, x^2, \cdots, x^n) \in \mathbf{R}^n \,\Big|\, \sum_{i=1}^{n} (x^i)^2 = R^2 \right\},$$

则它的 Gauss 曲率(总曲率)$K_G = (-1)^{n-1}\dfrac{1}{R^{n-1}}$;平均曲率 $H = -\dfrac{1}{R}$.

证明 (证法 1)当 $n=3$ 时,参阅例 2.6.3 的证明.

(证法 2)由定理 2.4.2(1)知

$$W(\boldsymbol{X}) = -\overline{\nabla}_{X}\boldsymbol{n} = -\overline{\nabla}_{X}\left(\sum_{i=1}^{n} \frac{1}{R}x^i\boldsymbol{e}_i\right) = -\frac{1}{R}\sum_{i=1}^{n}(\boldsymbol{X}x^i)\boldsymbol{e}_i - \frac{1}{R}\sum_{i=1}^{m}(x^i)\overline{\nabla}_{X}\boldsymbol{e}_i = -\frac{1}{R}\boldsymbol{X},$$

其中$\overline{\nabla}_{X}f = \boldsymbol{X}f$ 为 f 沿 $\boldsymbol{X}$ 方向的方向导数,$\overline{\nabla}_{X}\boldsymbol{Y} = \overline{\nabla}_{X}\left(\sum_{i=1}^{n} y^i\boldsymbol{e}_i\right) = \sum_{i=1}^{n}(\boldsymbol{X}y^i)\boldsymbol{e}_i$ 为 $\boldsymbol{Y}$ 沿 $\boldsymbol{X}$ 方向的方向导数.

$$K_G = \det\begin{pmatrix} -\frac{1}{R} & & & \\ & -\frac{1}{R} & & \\ & & \ddots & \\ & & & -\frac{1}{R} \end{pmatrix} = \left(-\frac{1}{R}\right)^{n-1} = (-1)^{n-1}\frac{1}{R^{n-1}},$$

$$H = \frac{1}{n-1}\operatorname{tr}\begin{pmatrix} -\frac{1}{R} & & & \\ & -\frac{1}{R} & & \\ & & \ddots & \\ & & & -\frac{1}{R} \end{pmatrix} = -\frac{1}{R}.$$

当 $n=3$ 时,$K_G = \dfrac{1}{R^2}$,$H = -\dfrac{1}{R}$. □

例 2.7.2 设旋转曲面 M 的待定母线为 yOz 平面中的曲线 $z=f(y)$.将它绕 z 轴旋转后形成的旋转曲面为

$$\boldsymbol{x}(u,v) = (v\cos u, v\sin u, f(v)).$$

于是,以母线(称为**曳物线**——该曲线任一点的切线上介于切点与 z 轴之间的线段始终保持定长 a)

$$\begin{cases} y = a\cos\varphi, \\ z = a(\ln(\sec\varphi + \tan\varphi) - \sin\varphi), \quad a > 0 \end{cases}$$

绕 z 轴旋转后所得的旋转曲面(称为**伪球面**)的 Gauss 曲率(总曲率) K_G 正好等于负常数 $-\dfrac{1}{a^2}$(图 2.7.1).

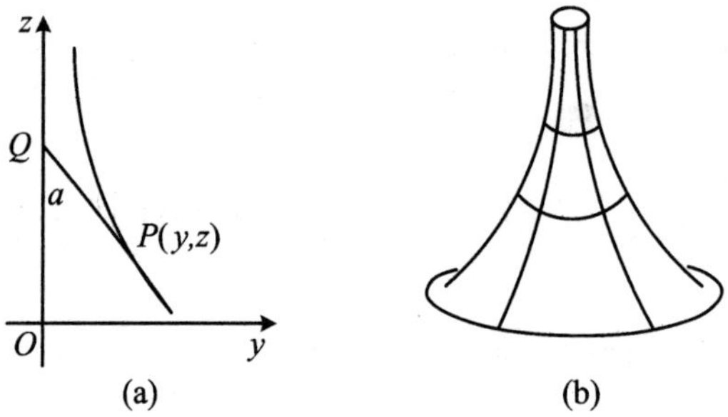

图 2.7.1

证明 对旋转曲面

$$\boldsymbol{x}(u,v) = (v\cos u, v\sin u, f(v))$$

应用例 2.6.3 中的结果,有

$$E = v^2, \quad F = 0, \quad G = 1 + f'^2(v),$$

$$L = -\frac{vf'(v)}{\sqrt{1+f'^2(v)}}, \quad M = 0, \quad N = -\frac{f''(v)}{\sqrt{1+f'^2(v)}}.$$

于是

$$K_G = \frac{LN - M^2}{EG - F^2} = \frac{LN}{EG} = \frac{\dfrac{-vf'(v)}{\sqrt{1+f'^2(v)}} \cdot \dfrac{-f''(v)}{\sqrt{1+f'^2(v)}}}{v^2(1+f'^2(v))}$$

$$= \frac{f'(v)f''(v)}{v(1+f'^2(v))^2}.$$

因此

$$\frac{f'f''}{v(1+f'^2)^2} = -\frac{1}{a^2},$$

分离变量得

$$\frac{-\mathrm{d}(1+f'^2)}{(1+f'^2)^2} = \frac{2v}{a^2}\mathrm{d}v,$$

积分后得

$$\frac{1}{1+f'^2}=\frac{v^2}{a^2}+C_1.$$

取 $C_1=0$ 得

$$1+f'^2=\frac{a^2}{v^2},$$

则

$$f'=\pm\sqrt{\frac{a^2}{v^2}-1}=\pm\frac{\sqrt{a^2-v^2}}{v}.$$

取 $f'=-\dfrac{\sqrt{a^2-v^2}}{v}$,再积分得

$$\begin{aligned} f(v) &= -\int\frac{\sqrt{a^2-v^2}}{v}\mathrm{d}v \xlongequal{\text{令 } v=a\cos\varphi} -\int\frac{a\sin\varphi}{a\cos\varphi}(-a\sin\varphi)\mathrm{d}\varphi \\ &= a\int\frac{\sin^2\varphi}{\cos\varphi}\mathrm{d}\varphi = a\int\left(\frac{1}{\cos\varphi}-\cos\varphi\right)\mathrm{d}\varphi = a(\ln(\sec\varphi+\tan\varphi)-\sin\varphi)+C_2. \end{aligned}$$

再取 $C_2=0$. 于是,选母线为

$$\begin{cases} y=a\cos\varphi, \\ z=a(\ln(\sec\varphi+\tan\varphi)-\sin\varphi). \end{cases}$$ □

例 2.7.3 考虑 $\mathbf{R}^n$ 中的 $n-1$ 维超平面

$$M:\boldsymbol{x}(x^1,x^2,\cdots,x^{n-1})=(x^1,x^2,\cdots,x^{n-1},f(x^1,x^2,\cdots,x^{n-1})),$$

其中 $f(x^1,x^2,\cdots,x^{n-1})=a_1x^1+a_2x^2+\cdots+a_{n-1}x^{n-1}$ 为线性(一次)函数,$a_1,a_2,\cdots,a_{n-1}$ 为实常数.

$$\begin{aligned} &\boldsymbol{x}'_{x^1}=(1,0,0,\cdots,0,f'_{x^1}), \\ &\boldsymbol{x}'_{x^2}=(0,1,0,\cdots,0,f'_{x^2}), \\ &\cdots, \\ &\boldsymbol{x}'_{x^{n-1}}=(0,0,0,\cdots,1,f'_{x^{n-1}}), \\ &g_{ij}=\boldsymbol{x}'_{x^i}\cdot\boldsymbol{x}'_{x^j}=\begin{cases} 1+f'^2_{x^i}, & j=i,i=1,2,\cdots,n-1, \\ f'_{x^i}\cdot f'_{x^j}, & i,j=1,2,\cdots,n-1,i\neq j, \end{cases} \\ &\boldsymbol{x}''_{x^ix^j}=(0,0,\cdots,0,f''_{x^ix^j})=(0,0,\cdots,0),\quad i,j=1,2,\cdots,n-1, \end{aligned}$$

$$\boldsymbol{x}'_{x^1}\times\boldsymbol{x}'_{x^2}\times\cdots\times\boldsymbol{x}'_{x^{n-1}}=\begin{vmatrix} \boldsymbol{e}_1 & \boldsymbol{e}_2 & \boldsymbol{e}_3 & \cdots & \boldsymbol{e}_{n-1} & \boldsymbol{e}_n \\ 1 & 0 & 0 & \cdots & 0 & f'_{x^1} \\ 0 & 1 & 0 & \cdots & 0 & f'_{x^2} \\ \vdots & \vdots & \vdots & & \vdots & \vdots \\ 0 & 0 & 0 & \cdots & 1 & f'_{x^{n-1}} \end{vmatrix}\neq 0,$$

$$\boldsymbol{n} = \frac{\boldsymbol{x}'_{x^1} \times \boldsymbol{x}'_{x^2} \times \cdots \times \boldsymbol{x}'_{x^{n-1}}}{|\boldsymbol{x}'_{x^1} \times \boldsymbol{x}'_{x^2} \times \cdots \times \boldsymbol{x}'_{x^{n-1}}|} \text{ 为单位法向量场,}$$

$$L_{ij} = \boldsymbol{x}''_{x^i x^j} \cdot \boldsymbol{n} = \boldsymbol{0} \cdot \boldsymbol{n} = 0 = 0 \cdot g_{ij},$$

故 M 为 $n-1$ 维全脐子流形(参阅定义 3.1.1).

$$K_G = \frac{\det(L_{kj})}{\det(g_{ik})} = \frac{0}{\det(g_{ik})} = 0,$$

$$H = \frac{1}{n-1}\sum_{i,k=1}^{n-1} g^{ik} L_{ki} = \sum_{i,k=1}^{n-1} g^{ik} \cdot 0 = 0,$$

即 $n-1$ 维超平面是 Gauss(总)曲率与平均曲率都为 0 的全脐子流形. □

上面三例,球面为常正 Gauss 曲率的代表,伪球面为常负 Gauss 曲率的代表,超平面为常零 Gauss 曲率的代表. 球面为常负平均曲率 $H=-\frac{1}{R}$ 的例子. 超平面为极小曲面($H=0$)的例子.

例 2.7.4 $\mathbf{R}^3$ 中的 C^2 正则的旋转曲面 M^2: $\boldsymbol{x}(u,v)=(f(v)\cos u, f(v)\sin u, v)$ 为极小曲面 $\Leftrightarrow M^2$ 为悬链面,即由悬链线 $y=a\operatorname{ch}\left(\frac{z}{a}+b\right)$ 绕 z 轴旋转而得的曲面($a>0$, $b>0$):

$$\boldsymbol{x}(u,v) = \left(a\operatorname{ch}\left(\frac{v}{a}+b\right)\cos u, a\operatorname{ch}\left(\frac{v}{a}+b\right)\sin u, v\right),$$

$$(u,v) \in [0,2\pi] \times (-\infty, +\infty).$$

证明 ($\Leftarrow$)

$$\boldsymbol{x}(u,v) = \left(a\operatorname{ch}\left(\frac{v}{a}+b\right)\cos u, a\operatorname{ch}\left(\frac{v}{a}+b\right)\sin u, v\right),$$

$$\boldsymbol{x}'_u(u,v) = \left(-a\operatorname{ch}\left(\frac{v}{a}+b\right)\sin u, a\operatorname{ch}\left(\frac{v}{a}+b\right)\cos u, 0\right),$$

$$\boldsymbol{x}'_v(u,v) = \left(\operatorname{sh}\left(\frac{v}{a}+b\right)\cos u, \operatorname{sh}\left(\frac{v}{a}+b\right)\sin u, 1\right),$$

$$E = \boldsymbol{x}'_u \cdot \boldsymbol{x}'_u = a^2\operatorname{ch}^2\left(\frac{v}{a}+b\right),$$

$$F = \boldsymbol{x}'_u \cdot \boldsymbol{x}'_v = 0,$$

$$G = \boldsymbol{x}'_v \cdot \boldsymbol{x}'_v = 1 + \operatorname{sh}^2\left(\frac{v}{a}+b\right) = \operatorname{ch}^2\left(\frac{v}{a}+b\right),$$

$$\begin{aligned} I &= E\mathrm{d}u^2 + 2F\mathrm{d}u\mathrm{d}v + G\mathrm{d}v^2 \\ &= a^2\operatorname{ch}^2\left(\frac{v}{a}+b\right)\mathrm{d}u^2 + \operatorname{ch}^2\left(\frac{v}{a}+b\right)\mathrm{d}v^2, \end{aligned}$$

$$\boldsymbol{x}'_u\times\boldsymbol{x}'_v=\left(a\,\mathrm{ch}\left(\frac{v}{a}+b\right)\cos u, a\,\mathrm{ch}\left(\frac{v}{a}+b\right)\sin u, -a\,\mathrm{sh}\left(\frac{v}{a}+b\right)\mathrm{ch}\left(\frac{v}{a}+b\right)\right),$$

$$\boldsymbol{n}=\frac{\boldsymbol{x}'_u\times\boldsymbol{x}'_v}{|\boldsymbol{x}'_u\times\boldsymbol{x}'_v|}=\frac{1}{\sqrt{1+\mathrm{sh}^2\left(\frac{v}{a}+b\right)}}\left(\cos u,\sin u,-\mathrm{sh}\left(\frac{v}{a}+b\right)\right)$$

$$=\frac{1}{\mathrm{ch}\left(\frac{v}{a}+b\right)}\left(\cos u,\sin u,-\mathrm{sh}\left(\frac{v}{a}+b\right)\right),$$

$$\boldsymbol{x}''_{uu}(u,v)=\left(-a\,\mathrm{ch}\left(\frac{v}{a}+b\right)\cos u,-a\,\mathrm{ch}\left(\frac{v}{a}+b\right)\sin u,0\right),$$

$$\boldsymbol{x}''_{uv}(u,v)=\left(-\mathrm{sh}\left(\frac{v}{a}+b\right)\sin u,\mathrm{sh}\left(\frac{v}{a}+b\right)\cos u,0\right),$$

$$\boldsymbol{x}''_{vv}(u,v)=\left(\frac{1}{a}\mathrm{ch}\left(\frac{v}{a}+b\right)\cos u,\frac{1}{a}\mathrm{ch}\left(\frac{v}{a}+b\right)\sin u,0\right),$$

$$L=\boldsymbol{x}''_{uu}\cdot\boldsymbol{n}=-a,\quad M=\boldsymbol{x}''_{uv}\cdot\boldsymbol{n}=0,\quad N=\boldsymbol{x}''_{vv}\cdot\boldsymbol{n}=\frac{1}{a},$$

$$II=L\mathrm{d}u^2+2M\mathrm{d}u\mathrm{d}v+N\mathrm{d}v^2=-a\mathrm{d}u^2+\frac{1}{a}\mathrm{d}v^2.$$

于是

$$H=\frac{1}{2}\frac{GL-2FM+EN}{EG-F^2}$$

$$=\frac{1}{2}\frac{\mathrm{ch}^2\left(\frac{v}{a}+b\right)(-a)-2\cdot 0\cdot 0+a^2\mathrm{ch}^2\left(\frac{v}{a}+b\right)\cdot\frac{1}{a}}{a^2\mathrm{ch}^2\left(\frac{v}{a}+b\right)\cdot\mathrm{ch}^2\left(\frac{v}{a}+b\right)-0^2}$$

$$=0,$$

即悬链面 M^2 为极小曲面.

此外,我们还得到

$$K_{\mathrm{G}}=\frac{LN-M^2}{EG-F^2}=\frac{(-a)\cdot\frac{1}{a}-0^2}{a^2\mathrm{ch}^2\left(\frac{v}{a}+b\right)\cdot\mathrm{ch}^2\left(\frac{v}{a}+b\right)-0^2}=-\frac{1}{a^2\mathrm{ch}^4\left(\frac{v}{a}+b\right)},$$

它是恒负 Gauss 曲率的曲面,但不是常负 Gauss 曲率的曲面.

(⇒)设旋转曲面

$$M^2:\boldsymbol{x}(u,v)=(f(v)\cos u,f(v)\sin u,v)$$

为极小曲面,则由例 2.6.3 得到

$$H=0 \quad \Leftrightarrow \quad (-f)\sqrt{1+(f')^2}+\frac{f^2 f''}{\sqrt{1+(f')^2}}=GL-2FM+EN=0$$

$$\overset{f>0}{\Leftrightarrow} \quad 1+(f')^2=ff''.$$

现在来解此常微分方程

$$\frac{f'}{f}=\frac{f'f''}{1+(f')^2},$$

两边积分后得到

$$\ln f=\frac{1}{2}\ln(1+(f')^2)+\ln a,$$

$$f=a\sqrt{1+(f')^2},$$

其中 a 为一积分常数. 于是

$$\frac{\mathrm{d}f}{\mathrm{d}v}=f'(v)=\pm\sqrt{\left(\frac{f}{a}\right)^2-1}, \quad \pm\frac{\mathrm{d}f}{\sqrt{\left(\frac{f}{a}\right)^2-1}}=\mathrm{d}v, \quad \pm\frac{\mathrm{d}\left(\frac{f}{a}\right)}{\sqrt{\left(\frac{f}{a}\right)^2-1}}=\mathrm{d}\left(\frac{v}{a}\right),$$

两边再积分后得到

$$\pm\operatorname{ch}^{-1}\frac{f}{a}=\frac{v}{a}+b,$$

其中 b 为另一积分常数,而 $\operatorname{ch}^{-1}\frac{f}{a}=\operatorname{arch}\frac{f}{a}$. 由此推得

$$f(v)=a\operatorname{ch}\left(\frac{v}{a}+b\right).$$

显然,旋转曲面

$$\boldsymbol{x}(u,v)=\left(a\operatorname{ch}\left(\frac{v}{a}+b\right)\cos u, a\operatorname{ch}\left(\frac{v}{a}+b\right)\sin u, v\right)$$

为悬链面. □

例 2.7.5 由例 2.6.3 知

$$\boldsymbol{x}(u,v)=(f(v)\cos u, f(v)\sin u, g(v)),$$

$$K_G=\frac{g'(v)(f'(v)g''(v)-f''(v)g'(v))}{f(v)(f'^2(v)+g'^2(v))^2},$$

$$H=\frac{-g'(v)}{2f(v)(f'^2(v)+g'^2(v))^{\frac{1}{2}}}+\frac{f''(v)g'(v)-f'(v)g''(v)}{2(f'^2(v)+g'^2(v))^{\frac{3}{2}}}.$$

如果取 v 为 xOz 平面上曲线 $(f(v),g(v))$ 的弧长参数,即

$$f'^2(v)+g'^2(v)=1. \tag{2.7.1}$$

此时，K_G，H 等的表达式特别简单，对式(2.7.1)两边关于 v 求导得

$$f'f'' + g'g'' = 0.$$

因此

$$g'(f'g'' - f''g') = g'f'g'' - f''g'g' = -f'f'f'' - f''(1 - f'f') = -f''.$$

代入 K_G，H 的表达式得到

$$K_G = -\frac{f''}{f}, \quad H = \frac{1}{2}\left(-\frac{g'}{f} + f''g' - f'\left(-\frac{f'f''}{g'}\right)\right) = \frac{1}{2}\left(\frac{-g'}{f} + \frac{f''}{g'}\right).$$

首先求解常 Gauss 曲率的旋转曲面.

(a) $K_G = c^2 > 0$，则

$$c^2 = K_G = -\frac{f''}{f},$$

故

$$f''(v) + c^2 f(v) = 0.$$

解此2阶常系数常微分方程得到

$$f(v) = a\cos cv + b\sin cv.$$

因此

$$g(v) = \pm\int_0^v \sqrt{1 - f'^2(t)}\,\mathrm{d}t = \pm\int_0^v \sqrt{1 - c^2(-a\sin ct + b\cos ct)^2}\,\mathrm{d}t.$$

当 $b = 0, a = \dfrac{1}{c}$ 时，

$$f(v) = \frac{1}{c}\cos cv, \quad g(v) = \pm\frac{1}{c}\sin cv.$$

此时，曲面

$$\boldsymbol{x}(u, v) = \left(\frac{1}{c}\cos cv \cdot \cos u, \frac{1}{c}\cos cv \cdot \sin u, \pm\frac{1}{c}\sin cv\right),$$

即

$$x^2 + y^2 + z^2 = \frac{1}{c^2}$$

为中心在原点、半径为 $\dfrac{1}{c}$ 的球面.

(b) $K_G = 0$，则

$$0 = K_G = -\frac{f''}{f},$$

故

$$f''(v) = 0, \quad f'(v) = a,$$

$$f(v)=av+b,\quad g(v)=\pm\sqrt{1-a^2}\,v+c,$$

其中 a,b,c 为常数,$0\leqslant a\leqslant 1$.

当 $a=0$ 时,$\boldsymbol{x}(u,v)=(b\cos u,b\sin u,\pm v+c)$为圆柱面:$x^2+y^2=b^2$;

当 $a=1$ 时,$\boldsymbol{x}(u,v)=((v+b)\cos u,(v+b)\sin u,c)$为平面:$z=c$;

当 $0<a<1,b=0=c$ 时,$\boldsymbol{x}(u,v)=(av\cos u,av\sin u,\pm\sqrt{1-a^2}\,v)$为圆锥面

$$\frac{(1-a^2)x^2}{a^2}+\frac{(1-a^2)y^2}{a^2}=z^2.$$

(c) $K_G=-c^2<0$,则

$$-c^2=K_G=-\frac{f''}{f},$$

故

$$f''(v)-c^2f(v)=0.$$

解此 2 阶常系数常微分方程得到

$$f(v)=ae^{cv}+be^{-cv},\quad f'(v)=c(ae^{cv}-be^{-cv}),$$

$$g(v)=\pm\int_0^v\sqrt{1-c^2(ae^{ct}-be^{-ct})^2}\,dt+d.$$

特别当

$$f(v)=\frac{1}{c}e^{-cv},\quad f'(v)=-e^{-cv},$$

$$g(v)=\pm\int_0^v\sqrt{1-e^{-2ct}}\,dt$$

时,曲面为伪球面.

其次,求极小的旋转曲面.

$$0=H=\frac{1}{2}\left(\frac{-g'}{f}+\frac{f''}{g'}\right),$$

$$ff''=(g')^2=1-(f')^2,$$

即

$$(ff')'=(f')^2+ff''=1.$$

对上式两边积分得到

$$\frac{1}{2}(f^2)'=ff'=v+a.$$

再积分得

$$f^2(v)=v^2+2av+b,$$

故

$$f(v) = \sqrt{v^2 + 2av + b}.$$

因此

$$g'(v) = \pm\sqrt{1 - f'^2(v)} = \pm\sqrt{1 - \frac{(v+a)^2}{v^2 + 2av + b}} = \pm\sqrt{\frac{b - a^2}{v^2 + 2av + b}}$$

$$= \pm\sqrt{\frac{b - a^2}{(v+a)^2 + (b - a^2)}} \xlongequal[\bar{a} = \sqrt{b - a^2}]{\bar{v} = v + a} \pm \frac{\bar{a}}{\sqrt{\bar{v}^2 + \bar{a}^2}}.$$

$$\begin{cases} x = f(v) = \sqrt{v^2 + 2av + b} = \sqrt{\bar{v}^2 + \bar{a}^2}, \\ z = g(v) = \pm\int_0^v \sqrt{\dfrac{b - a^2}{t^2 + 2at + b}}\mathrm{d}t + c \end{cases}$$

$$= \pm\int_0^{\bar{v}} \frac{\bar{a}}{\sqrt{\bar{t}^2 + \bar{a}^2}}\mathrm{d}\bar{t} + \bar{c} = \pm\,\bar{a}\,\mathrm{arcsh}\frac{\bar{v}}{\bar{a}} + \bar{c}.$$

取 $\bar{c} = 0$ 得到

$$x = \sqrt{\bar{v}^2 + \bar{a}^2} = \sqrt{\bar{a}^2\mathrm{sh}^2\frac{z}{\bar{a}} + \bar{a}^2} = \bar{a}\,\mathrm{ch}\frac{z}{\bar{a}}.$$

这恰好是 xOz 平面上的一条悬链线. 它绕 z 轴旋转生成的曲面就是悬链面(图 2.7.2).

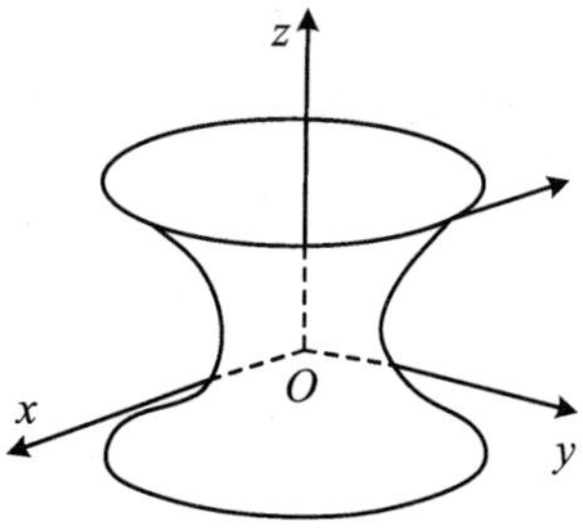

图 2.7.2

现在我们来研究直纹面中 Gauss 曲率为零的曲面,它们是可展曲面.

例 2.7.6　考虑 $\mathbf{R}^3$ 中直纹面

$$\boldsymbol{x}(u,v) = \boldsymbol{a}(u) + v\boldsymbol{l}(u).$$

由例 2.3.4,有 $N = 0, M = \dfrac{(\boldsymbol{a}', \boldsymbol{l}, \boldsymbol{l}')^2}{\sqrt{EG - F^2}}$,

$$K_{\mathrm{G}} = \frac{LN - M^2}{EG - F^2} = \frac{-M^2}{EG - F^2} = -\frac{(\boldsymbol{a}', \boldsymbol{l}, \boldsymbol{l}')^2}{(EG - F^2)^2} \leqslant 0.$$

(1) 当 $(\boldsymbol{a}', \boldsymbol{l}, \boldsymbol{l}') \neq 0$ 时, $K_{\mathrm{G}} < 0$;

(2) 当 $(\boldsymbol{a}', \boldsymbol{l}, \boldsymbol{l}') = 0$ 时, $K_{\mathrm{G}} = 0$.

特别地,直纹面为可展曲面 $\overset{\text{定理2.2.1}}{\Longleftrightarrow} (\boldsymbol{a}', \boldsymbol{l}, \boldsymbol{l}') = 0 \Leftrightarrow K_{\mathrm{G}} = 0$. 因此,直纹面中 Gauss 曲率 K_{G} 恒为 0 的曲面恰为可展曲面(柱面、锥面、切线面(定理 2.2.2)). $K_{\mathrm{G}} = 0$ 是可展曲面的另一特征. 对这样的曲面可以沿母线剪开,并自然展开为平面.

注 2.7.1　沿直纹面的母线方向,法截线就是母线,其曲率为 0. 因此,由定理 2.5.2 知,其法曲率为 0. 如果主曲率 κ_1, κ_2 恒正(或恒负),则由 Euler 公式知,法曲率 $\kappa_{\mathrm{n}} = \kappa_1\cos^2\theta + \kappa_2\sin^2\theta$ 恒正(或恒负),这与沿母线法曲率为 0 相矛盾. 于是,如果 $\kappa_1 \leqslant \kappa_2$,则

$\kappa_1 \leqslant 0 \leqslant \kappa_2$. 由此推得 $K_G = \kappa_1\kappa_2 \leqslant 0$，这与上面计算得到的结果相一致.

注 2.7.2 由注 2.7.1 知，沿直纹面的直母线有 $0 = \kappa_n = \dfrac{\sum\limits_{i,j=1}^{2} L_{ij}\dfrac{du^i}{dt}\dfrac{du^j}{dt}}{\sum\limits_{i,j=1}^{2} g_{ij}\dfrac{du^i}{dt}\dfrac{du^j}{dt}} = \dfrac{II}{I}$，所以 $0 = \sum\limits_{i,j=1}^{2} L_{ij}du^i du^j$. 由此推得，该直母线一定是渐近曲线（也参阅定理 2.4.4）.

更进一步，有：

例 2.7.7 在 $\mathbf{R}^3$ 中，设 C^1 正则曲面 M 上无脐点，则

M 的 Gauss 曲率（总曲率）$K_G = 0 \quad \Leftrightarrow \quad M$ 为可展曲面（即 M 为柱面或锥面或切线面）.

证明 （$\Leftarrow$）由例 2.7.6 可得.

（$\Rightarrow$）因为 $K_G = \kappa_1\kappa_2 = 0$，不妨设 $\kappa_1 = 0$. 根据引理 2.6.2，我们取这个曲面的曲率线网 (u, v) 为参数曲线网，并设 u 曲线为主曲率 $\kappa_1 = 0$ 的曲率线，u 为此曲率线的弧长参数. 于是，有 $E = 1, L = \kappa_1 E = 0 \cdot E = 0$（定理 2.5.6），故由例 2.4.1，有

$$\boldsymbol{x}''_{uu} = \frac{E'_u}{2E}\boldsymbol{x}'_u - \frac{E'_v}{2G}\boldsymbol{x}'_v + L\boldsymbol{n} = 0.$$

因此

$$\boldsymbol{x}'_u = \boldsymbol{l}(v),$$

$$\boldsymbol{x} = \boldsymbol{x}(u, v) = u\boldsymbol{l}(v) + \boldsymbol{a}(v),$$

其中 $\boldsymbol{l}, \boldsymbol{a}$ 是与 u 无关的向量，故该曲面为直纹面.

由例 2.7.6 知，$K_G = 0 \Leftrightarrow (\boldsymbol{a}'_u, \boldsymbol{l}, \boldsymbol{l}'_u) = 0$，即直纹面 M 为可展曲面.

或者 u 曲线为直纹面 M 的母线，由定理 2.4.2(1) 知，$\boldsymbol{n}'_u = -W(\boldsymbol{x}'_u) = -\kappa_1\boldsymbol{x}'_u = 0$，$\boldsymbol{x}'_u = 0$. 所以沿直纹面的母线，切平面都相同，因此它是一个可展曲面. □

例 2.7.8 考虑正螺面

$\boldsymbol{x}(u, v) = (v\cos u, v\sin u, bu), \quad 0 \leqslant u \leqslant 2\pi, \ -\infty < v < -\infty$（其中 $b > 0$），

$\boldsymbol{x}'_u = (-v\sin u, v\cos u, b)$，

$\boldsymbol{x}'_v = (\cos u, \sin u, 0)$，

$E = \boldsymbol{x}'_u \cdot \boldsymbol{x}'_u = v^2 + b^2, \quad F = \boldsymbol{x}'_u \cdot \boldsymbol{x}'_v = 0, \quad G = \boldsymbol{x}'_v \cdot \boldsymbol{x}'_v = 1$，

$$\boldsymbol{x}'_u \times \boldsymbol{x}'_v = \begin{vmatrix} \boldsymbol{e}_1 & \boldsymbol{e}_2 & \boldsymbol{e}_3 \\ -v\sin u & v\cos u & b \\ \cos u & \sin u & 0 \end{vmatrix} = (-b\sin u, b\cos u, -v),$$

$$\boldsymbol{n} = \frac{\boldsymbol{x}'_u \times \boldsymbol{x}'_v}{|\boldsymbol{x}'_u \times \boldsymbol{x}'_v|} = \frac{1}{\sqrt{v^2 + b^2}}(-b\sin u, b\cos u, -v),$$

$$\boldsymbol{x}''_{uu} = (-v\cos u, -v\sin u, 0),\quad \boldsymbol{x}''_{uv} = (-\sin u, \cos u, 0),\quad \boldsymbol{x}''_{vv} = (0,0,0).$$

$$L = \boldsymbol{x}''_{uu}\cdot \boldsymbol{n} = 0,\quad M = \boldsymbol{x}''_{uv}\cdot \boldsymbol{n} = \frac{b}{\sqrt{v^2+b^2}},\quad N = \boldsymbol{x}''_{vv}\cdot \boldsymbol{n} = 0.$$

所以

$$I = (v^2+b^2)\mathrm{d}u^2 + \mathrm{d}v^2,\quad II = \frac{2b}{\sqrt{v^2+b^2}}\mathrm{d}u\mathrm{d}v,$$

$$\mathrm{d}\sigma = \sqrt{EG-F^2}\mathrm{d}u\mathrm{d}v = \sqrt{v^2+b^2}\mathrm{d}u\mathrm{d}v,$$

$$K_G = \frac{LN-M^2}{EG-F^2} = \frac{0\cdot 0 - \left(\dfrac{b}{\sqrt{v^2+b^2}}\right)^2}{(v^2+b^2)\cdot 1 - 0^2} = -\frac{b^2}{(v^2+b^2)^2}\text{(Gauss 曲率恒负的曲面)},$$

$$H = \frac{1}{2}\frac{GL-2FM+EN}{EG-F^2} = \frac{1}{2}\frac{1\cdot 0 - 2\cdot 0\cdot\dfrac{b}{\sqrt{v^2+b^2}} + (v^2+b^2)\cdot 0}{(v^2+b^2)\cdot 1 - 0^2} = 0.$$

因此,正螺面为极小曲面. □

综合上述知,平面、悬链面及正螺面均为极小曲面的重要典型实例.可以证明:在 $\mathbf{R}^3$ 中,除了平面外,极小的直纹面只有正螺面(参阅文献[6]132 页例 4).

最后,我们来研究极小曲面的几何解释.粗略来讲,极小曲面是邻近曲面中,面积取逗留值(驻点值)的曲面(当然面积取极小值的曲面,其面积必取逗留值,因而它必为极小曲面).严格论述如下.

定理 2.7.1 设 M 为 $\mathbf{R}^3$ 中的 2 维 C^2 正则超曲面,则 M 为极小曲面 $\Leftrightarrow$ 曲面 M 的面积达到逗留值(驻点值),即 $A'(0)=0$,其中 $h(u^1,u^2)$ 为区域 $D\subset\mathbf{R}^2$ 上的 C^1 函数,$\boldsymbol{n}(u^1,u^2)$ 为曲面 M 的单位法向量场.作一族以 t 为参数的新曲面

$$M^t: \boldsymbol{x}^t(u^1,u^2) = \boldsymbol{x}(u^1,u^2) + th(u^1,u^2)\boldsymbol{n}(u^1,u^2),\quad -\varepsilon < t < \varepsilon.$$

当 $t=0$ 时,$M^t|_{t=0} = M$.曲面 M^t 的面积为

$$A(t) = \iint_D \sqrt{E^tG^t - (F^t)^2}\,\mathrm{d}u^1\mathrm{d}u^2,$$

E^t, F^t, G^t 为 M^t 的第 1 基本形式的系数.

证明 ($\Rightarrow$)设曲面 M 的第 2 基本形式的系数及平均曲率分别为

$$L = -\boldsymbol{x}'_{u^1}\cdot\boldsymbol{n}'_{u^1},\quad M = -\boldsymbol{x}'_{u^1}\cdot\boldsymbol{n}'_{u^2},\quad N = -\boldsymbol{x}'_{u^2}\cdot\boldsymbol{n}'_{u^2},$$

$$H = \frac{1}{2}\frac{EN-2FM+GL}{EG-F^2}.$$

而对于曲面 M^t,

$$\boldsymbol{x}^{t\prime}_{u^1} = \boldsymbol{x}'_{u^1} + th\boldsymbol{n}'_{u^1} + th'_{u^1}\boldsymbol{n},\quad \boldsymbol{x}^{t\prime}_{u^2} = \boldsymbol{x}'_{u^2} + th\boldsymbol{n}'_{u^2} + th'_{u^2}\boldsymbol{n},$$

$$\begin{aligned}
E^t &= \boldsymbol{x}_{u^1}^{t\prime} \cdot \boldsymbol{x}_{u^1}^{t\prime} \\
&\xlongequal[\boldsymbol{n}'_{u^i} \cdot \boldsymbol{n} = 0]{\boldsymbol{x}'_{u^i} \cdot \boldsymbol{n} = 0} E + th(\boldsymbol{x}'_{u^1} \cdot \boldsymbol{n}'_{u^1} + \boldsymbol{x}'_{u^1} \cdot \boldsymbol{n}'_{u^1}) + t^2 h^2 \boldsymbol{n}'_{u^1} \cdot \boldsymbol{n}'_{u^1} + t^2 h'_{u^1} h'_{u^1} \\
&= E - 2thL + o(t), \\
F^t &= \boldsymbol{x}_{u^1}^{t\prime} \cdot \boldsymbol{x}_{u^2}^{t\prime} \\
&= F + th(\boldsymbol{x}'_{u^1} \cdot \boldsymbol{n}'_{u^2} + \boldsymbol{x}'_{u^2} \cdot \boldsymbol{n}'_{u^1}) + t^2 h^2 \boldsymbol{n}'_{u^1} \cdot \boldsymbol{n}'_{u^2} + t^2 h'_{u^1} h'_{u^2} \\
&= F - 2thM + o(t), \\
G^t &= \boldsymbol{x}_{u^2}^{t\prime} \cdot \boldsymbol{x}_{u^2}^{t\prime} \\
&= G + th(\boldsymbol{x}'_{u^2} \cdot \boldsymbol{n}'_{u^2} + \boldsymbol{x}'_{u^2} \cdot \boldsymbol{n}'_{u^2}) + t^2 h^2 \boldsymbol{n}'_{u^2} \cdot \boldsymbol{n}'_{u^2} + t^2 h'_{u^2} h'_{u^2} \\
&= G - 2thN + o(t).
\end{aligned}$$

所以

$$\begin{aligned}
E^t G^t - (F^t)^2 &= (E - 2thL + o(t))(G - 2thN + o(t)) - (F - 2thM + o(t))^2 \\
&= EG - F^2 - 2th(GL - 2FM + EN) + o(t).
\end{aligned}$$

于是

$$\begin{aligned}
A(t) &= \iint_D \sqrt{E^t G^t - (F^t)^2}\, \mathrm{d}u^1 \mathrm{d}u^2 \\
&= \iint_D \sqrt{EG - F^2 - 2th(GL - 2FM + EN) + o(t)}\, \mathrm{d}u^1 \mathrm{d}u^2 \\
&= \iint_D \sqrt{1 - 4thH + o(t)} \cdot \sqrt{EG - F^2}\, \mathrm{d}u^1 \mathrm{d}u^2.
\end{aligned}$$

由此推得

$$\begin{aligned}
A'(0) &= \left.\frac{\mathrm{d}A}{\mathrm{d}t}\right|_{t=0} = \iint_D \left.\frac{\mathrm{d}}{\mathrm{d}t}\sqrt{1 - 4thH + o(t)}\right|_{t=0} \sqrt{EG - F^2}\, \mathrm{d}u^1 \mathrm{d}u^2 \\
&= \iint_D \left.\frac{-4hH + \dfrac{\mathrm{d}}{\mathrm{d}t}o(t)}{2\sqrt{1 - 4thH + o(t)}}\right|_{t=0} \sqrt{EG - F^2}\, \mathrm{d}u^1 \mathrm{d}u^2 \\
&= -\iint_D 2hH \sqrt{EG - F^2}\, \mathrm{d}u^1 \mathrm{d}u^2.
\end{aligned}$$

因为 $H = 0$,故 $A'(0) = -\iint_D 2h \cdot 0 \cdot \sqrt{EG - F^2}\, \mathrm{d}u^1 \mathrm{d}u^2 = 0$.

($\Leftarrow$)(反证)假设 $H \neq 0$,则存在 $q \in M$,使得 $H(q) \neq 0$.不妨设 $H(q) > 0$.于是,由 H 的连续性知,存在 q 的开邻域 V,使 $H|_V > 0$.再选 $h \geqslant 0$,且 $h(q) > 0$,而对 q 的开邻域 $U \subset V$,有 $h|_{M-U} = 0$.于是

$$0 \xlongequal{\text{题设}} A'(0) = -\iint_D 2hH \sqrt{EG - F^2}\, \mathrm{d}u^1 \mathrm{d}u^2 < 0,$$

矛盾. □

定理 2.7.2 在 $\mathbf{R}^3$ 中,设 Σ 为由 $z=f(x,y)$ 所确定的极小曲面,$\partial\Sigma=C$(简单闭曲线),则 Σ 在所有以 C 为边界的曲面中面积最小.

证明 在例 2.6.2 中,令

$$p=f'_x,\quad q=f'_y,\quad r=f''_{xx},\quad s=f''_{xy},\quad t=f''_{yy},$$

则 Σ 的单位法向量为 $\boldsymbol{n}=\frac{1}{W}(-p,-q,1)$,其中 $W=\sqrt{1+p^2+q^2}$. Σ 的面积元为 $\mathrm{d}A$.

$$\begin{aligned}
&\boldsymbol{x}(x,y)=(x,y,f(x,y)),\\
&\boldsymbol{x}'_x=(1,0,f'_x),\quad \boldsymbol{x}'_y=(0,1,f'_y),\\
&E=\boldsymbol{x}'_x\cdot\boldsymbol{x}'_x=1+(f'_x)^2=1+p^2,\\
&F=\boldsymbol{x}'_x\cdot\boldsymbol{x}'_y=f'_xf'_y=pq,\\
&G=\boldsymbol{x}'_y\cdot\boldsymbol{x}'_y=1+(f'_y)^2=1+q^2.\\
&\boldsymbol{x}''_{xx}=(0,0,f''_{xx})=(0,0,r),\quad \boldsymbol{x}''_{xy}=(0,0,f''_{xy})=(0,0,s),\\
&\boldsymbol{x}''_{yy}=(0,0,f''_{yy})=(0,0,t),\\
&L=\boldsymbol{x}''_{xx}\cdot\boldsymbol{n}=\frac{r}{W},\quad M=\boldsymbol{x}''_{xy}\cdot\boldsymbol{n}=\frac{s}{W},\quad N=\boldsymbol{x}''_{yy}\cdot\boldsymbol{n}=\frac{t}{W}.\\
&\mathrm{d}A=\sqrt{EG-F^2}\,\mathrm{d}x\wedge\mathrm{d}y=\sqrt{(1+p^2)(1+q^2)-(pq)^2}\,\mathrm{d}x\wedge\mathrm{d}y\\
&\quad\ =\sqrt{1+p^2+q^2}\,\mathrm{d}x\wedge\mathrm{d}y=W\mathrm{d}x\wedge\mathrm{d}y.\\
&H=\frac{1}{2}\frac{GL-2FM+EN}{EG-F^2}=\frac{1}{2}\frac{(1+q^2)\cdot\frac{r}{W}-2pq\frac{s}{W}+(1+p^2)\frac{t}{W}}{W^2}\\
&\quad=\frac{1}{2}\frac{(1+q^2)r-2pqs+(1+p^2)t}{(1+p^2+q^2)^{\frac{3}{2}}}=\frac{1}{2}\left[\frac{\partial}{\partial x}\left(\frac{p}{W}\right)+\frac{\partial}{\partial y}\left(\frac{q}{W}\right)\right]=0\\
&\Leftrightarrow\ \frac{\partial}{\partial x}\left(\frac{p}{W}\right)+\frac{\partial}{\partial y}\left(\frac{q}{W}\right)=0.
\end{aligned}$$

设 $\overline{\Sigma}$ 为 $\mathbf{R}^3$ 中与 Σ 有公共边界 C 的任一曲面,它的单位法向量为 $\bar{\boldsymbol{n}}=(\cos\alpha,\cos\beta,\cos\gamma)$,面积元为 $\mathrm{d}\bar{A}$.考虑由 Σ 与 $\overline{\Sigma}$ 包围的 $\mathbf{R}^3$ 中的区域 Ω 上的 2 次微分形式

$$\omega=\frac{1}{W}(p\mathrm{d}y\wedge\mathrm{d}z+q\mathrm{d}z\wedge\mathrm{d}x-\mathrm{d}x\wedge\mathrm{d}y).$$

由于 $-\frac{1}{W}$ 不含 z,故

$$\mathrm{d}\omega=\left[\frac{\partial}{\partial x}\left(\frac{p}{W}\right)+\frac{\partial}{\partial y}\left(\frac{q}{W}\right)+\frac{\partial}{\partial z}\left(-\frac{1}{W}\right)\right]\mathrm{d}x\wedge\mathrm{d}y\wedge\mathrm{d}z$$

$$= \left[\frac{\partial}{\partial x}\left(\frac{p}{W}\right) + \frac{\partial}{\partial y}\left(\frac{q}{W}\right)\right] \mathrm{d}x \wedge \mathrm{d}y \wedge \mathrm{d}z = 0\mathrm{d}x \wedge \mathrm{d}y \wedge \mathrm{d}z = 0.$$

因此

$$0 = \int_{\Omega} 0\mathrm{d}x \wedge \mathrm{d}y \wedge \mathrm{d}z = \int_{\Omega} \mathrm{d}\omega \xlongequal{\text{Stokes 定理}} \int_{\partial\Omega} \omega = \int_{\Sigma} \omega + \int_{\bar{\Sigma}} \omega.$$

于是,$\bar{\Sigma}$ 的面积

$$\begin{aligned} S_{\bar{\Sigma}} &= \int_{\bar{\Sigma}} \mathrm{d}\bar{A} \geqslant -\int_{\bar{\Sigma}} \cos\theta \mathrm{d}\bar{A} = -\int_{\bar{\Sigma}} \boldsymbol{n} \cdot \bar{\boldsymbol{n}} \mathrm{d}\bar{A} \\ &= -\int_{\bar{\Sigma}} \frac{1}{W}(-p, -q, 1) \cdot (\cos\alpha, \cos\beta, \cos\gamma) \mathrm{d}\bar{A} \\ &= -\int_{\bar{\Sigma}} \frac{1}{W}(-p\mathrm{d}y \wedge \mathrm{d}z - q\mathrm{d}z \wedge \mathrm{d}x + \mathrm{d}x \wedge \mathrm{d}y) \\ &= \int_{\bar{\Sigma}} \frac{1}{W}(p\mathrm{d}y \wedge \mathrm{d}z + q\mathrm{d}z \wedge \mathrm{d}x - \mathrm{d}x \wedge \mathrm{d}y) \\ &= \int_{\bar{\Sigma}} \omega \xlongequal{\text{Stokes 定理}} -\int_{\Sigma} \omega = \int_{\Sigma} \boldsymbol{n} \cdot \boldsymbol{n} \mathrm{d}A = \int_{\Sigma} \mathrm{d}A = S_{\Sigma}, \end{aligned}$$

其中 $\cos\theta = \frac{\boldsymbol{n} \cdot \bar{\boldsymbol{n}}}{\|\boldsymbol{n}\| \|\bar{\boldsymbol{n}}\|} = \boldsymbol{n} \cdot \bar{\boldsymbol{n}}$,$\theta$ 为两单位向量 $\boldsymbol{n}$ 与 $\bar{\boldsymbol{n}}$ 之间的夹角. □

例 2.7.9 形如 $z = f(x) + g(y)$(不是平面)的极小曲面总可以表示为

$$z = \frac{1}{a} \ln \frac{\cos ay}{\cos ax},$$

它称为 Scherk 曲面,a 为非零常数(图 2.7.3).

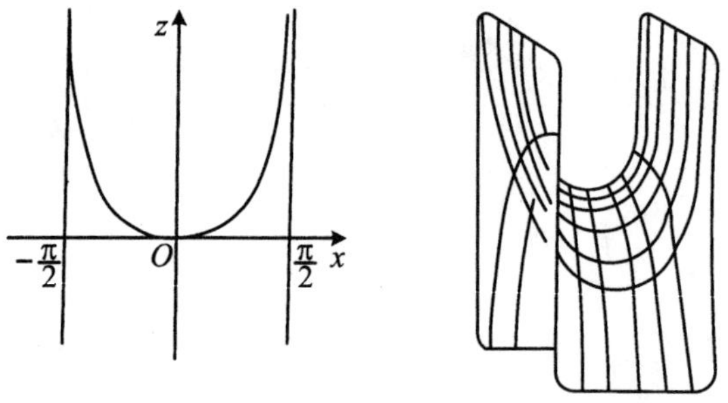

图 2.7.3

证明 根据例 2.6.2,空间曲面 $z = f(x) + g(y)$ 为极小曲面的充要条件是

$$(1 + g_y'^2) f_{xx}'' + (1 + f_x'^2) g_{yy}'' = 0,$$

即

$$\frac{f_{xx}''}{1 + f_x'^2} = -\frac{g_{yy}''}{1 + g_y'^2}$$

对任意 x,y 成立.它的左边是 x 的函数,右边是 y 的函数.因此有常数 a 使得

$$\frac{f''_{xx}}{1+f'^2_x} = -\frac{g''_{yy}}{1+g'^2_y} = a.$$

如果 $a=0$,则 $f''_{xx}=0,g''_{yy}=0,f$ 与 g 分别为 x 与 y 的一次函数(线性函数),推得它为平面.

如果 $a\neq 0$,则两边积分得

$$\arctan f'_x = ax+c_1,\quad f'_x = \tan(ax+c_1),$$

$$f(x) = -\frac{1}{a}\ln(\cos(ax+c_1))+c_2.$$

同理得

$$g(y) = \frac{1}{a}\ln(\cos(ay+c_3))+c_4.$$

由上得满足条件的曲面是

$$z = f(x)+g(y) = \frac{1}{a}\ln\frac{\cos(ay+c_3)}{\cos(ax+c_1)}+c_2+c_4.$$

作坐标轴的平移,可得曲面

$$z = \frac{1}{a}\ln\frac{\cos(ay)}{\cos(ax)}.$$ □

Scherk 曲面

$$z = \ln\frac{\cos y}{\cos x} = \ln\cos y - \ln\cos x,\quad -\frac{\pi}{2}<x,y<\frac{\pi}{2}$$

可以看作由所在平面互相垂直的两条曲线 $z=-\ln\cos x, y=0$ 与 $z=\ln\cos y, x=0$ 中的一条沿着另一条平行移动生成(图 2.7.3).因此

$$z = \frac{1}{a}\ln\frac{\cos(ay)}{\cos(ax)}$$

也称为平移极小曲面.

注 2.7.3 平均曲率在 Riemann 流形(2.10 节)中的推广是平均曲率向量 $H(x)$,$H(x)=\mathbf{0}$ 的 M 称为极小子流形(见文献[11]133 页).Euclid 空间和 Euclid 球面中的极小子流形可参阅文献[11]144～160 页,特别要读读例 1.9.4 中的 Veronese 曲面和例 1.9.5 中的 Clifford 极小超曲面 $M_{p,n-p}\subset S^{n+1}(1)$.当 $n=2$ 时,$M_{1,1}$ 是 $S^3(1)$ 中的平坦极小曲面,称为 Clifford 环面.

2.8 测地曲率、测地线、测地曲率的 Liouville 公式

在定义 2.5.1 中,过 $P\in M\subset\mathbf{R}^3$ 的曲线 $C:\boldsymbol{x}(u^1(s),u^2(s))$ 的曲率向量为

$$\kappa(s)\boldsymbol{V}_2(s) = \boldsymbol{V}_1'(s) = \frac{\mathrm{d}}{\mathrm{d}s}\left(\frac{\mathrm{d}\boldsymbol{x}}{\mathrm{d}s}\right)$$

$$= \sum_{k=1}^{2}\left(\frac{\mathrm{d}^2 u^k}{\mathrm{d}s^2} + \sum_{i,j=1}^{2}\Gamma_{ij}^{k}\frac{\mathrm{d}u^i}{\mathrm{d}s}\frac{\mathrm{d}u^j}{\mathrm{d}s}\right)\boldsymbol{x}'_{u^k} + \left(\sum_{i,j=1}^{2}L_{ij}\frac{\mathrm{d}u^i}{\mathrm{d}s}\frac{\mathrm{d}u^j}{\mathrm{d}s}\right)\boldsymbol{n}$$

$$= \boldsymbol{\tau} + \kappa_{\mathrm{n}}(s)\boldsymbol{n},$$

测地曲率向量为

$$\boldsymbol{\tau} = \sum_{k=1}^{2}\left(\frac{\mathrm{d}^2 u^k}{\mathrm{d}s^2} + \sum_{i,j=1}^{2}\Gamma_{ij}^{k}\frac{\mathrm{d}u^i}{\mathrm{d}s}\frac{\mathrm{d}u^j}{\mathrm{d}s}\right)\boldsymbol{x}'_{u^k},$$

法曲率向量为

$$\kappa_{\mathrm{n}}(s)\boldsymbol{n} = \left(\sum_{i,j=1}^{2}L_{ij}\frac{\mathrm{d}u^i}{\mathrm{d}s}\frac{\mathrm{d}u^j}{\mathrm{d}s}\right)\boldsymbol{n},$$

其中 $\kappa_{\mathrm{n}}(s) = \sum_{i,j=1}^{2}L_{ij}\frac{\mathrm{d}u^i}{\mathrm{d}s}\frac{\mathrm{d}u^j}{\mathrm{d}s}$ 为法曲率. 它们分别为曲率向量 $\kappa(s)\boldsymbol{V}_2(s)$ 向切平面 T_PM 与法向 $\boldsymbol{n}$ 的投影.

定理 2.8.1 $\mathbf{R}^3$ 中曲线 C 在 P 点的测地曲率向量 $\boldsymbol{\tau}$ 就是 C 在平面 T_PM 上的投影曲线 C^* 于 P 点的曲率向量.

证明 将曲线 C 按法向 $\boldsymbol{n}$ 垂直投影到切平面 T_PM,得到切平面上的一条曲面 C^*,这时投影直线就组成了一个柱面 Σ. 曲线 C 与 C^* 都是柱面 Σ 上过点 P 的曲线,它们的切向量都是 $\boldsymbol{T}$(因为 C 与 C^* 都在柱面上,故它们的切向量都垂直于柱面的法向;另一方面,C 在曲面 M 上,故它的切向量垂直 M 的法向量 $\boldsymbol{n}$;由于 C^* 在切平面 T_PM 上,故 C^* 的切向量也垂直 M 在点 P 的法向量 $\boldsymbol{n}$. 由此推得 C 与 C^* 在点 P 的切向量相同,都为 $\boldsymbol{T}$). 因为 $\boldsymbol{T}\times\boldsymbol{n}$ 为柱面的法向量以及 T_PM 中向量 $\boldsymbol{\tau}\perp\boldsymbol{n}$,又因 $\kappa\boldsymbol{V}_2\perp\boldsymbol{V}_1$, $\boldsymbol{V}_1=\boldsymbol{T}$,故 $\boldsymbol{\tau}\perp\boldsymbol{T}$, $\boldsymbol{\tau}$ 平行于柱面 Σ 在点 P 的法向. 于是,$\boldsymbol{\tau}$ 可视作曲线 C 在点 P 关于柱面的法曲率向量,所以对柱面运用定理 2.5.1 后知,$\boldsymbol{\tau}$ 也为曲线 C^* 关于柱面 Σ 的法曲率向量. C^* 又可视作柱面上过点 P 的相应于方向 $\boldsymbol{T}$ 的法截线. 由定理 2.5.2 知,$\boldsymbol{\tau}$ 就是 C^* 在点 P 的曲率向量(图 2.8.1). □

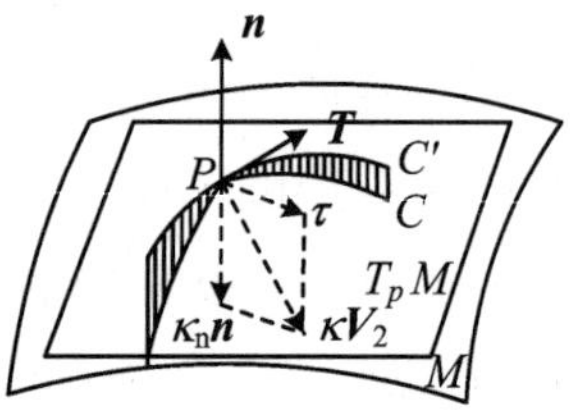

图 2.8.1

定义 2.8.1 设 C 为 C^2 正则曲面 M 上的曲线,$\kappa\boldsymbol{V}_2 = \boldsymbol{V}_1' = \boldsymbol{\tau}+\kappa_{\mathrm{n}}\boldsymbol{n}$,则

$$0 = \langle\kappa\boldsymbol{V}_2,\boldsymbol{V}_1\rangle = \langle\boldsymbol{\tau}+\kappa_{\mathrm{n}}\boldsymbol{n},\boldsymbol{V}_1\rangle = \langle\boldsymbol{\tau},\boldsymbol{V}_1\rangle + \kappa_{\mathrm{n}}\langle\boldsymbol{n},\boldsymbol{V}_1\rangle = \langle\boldsymbol{\tau},\boldsymbol{V}_1\rangle,$$

即 $\boldsymbol{\tau}\perp\boldsymbol{V}_1$. 又 $\boldsymbol{\tau}\in T_PM$,故 $\boldsymbol{\tau}\perp\boldsymbol{n}$,从而 $\boldsymbol{\tau}/\!/\boldsymbol{n}\times\boldsymbol{V}_1$. 记

$$\boldsymbol{\tau} = \kappa_{\mathrm{g}}(\boldsymbol{n}\times\boldsymbol{V}_1),$$

并称 κ_{g} 为曲线 C 在点 P 处的**测地曲率**. 所以测地曲率的绝对值

$$|\kappa_g| = |\kappa_g(\boldsymbol{n}\times\boldsymbol{V}_1)| = |\boldsymbol{\tau}| \quad \text{(测地曲率向量的模或长度)}.$$

此处还有($\boldsymbol{n}$ 为曲面的单位法向量)

$$\begin{aligned}\kappa_g &= \kappa_g(\boldsymbol{n}\times\boldsymbol{V}_1)\cdot(\boldsymbol{n}\times\boldsymbol{V}_1) = \boldsymbol{\tau}\cdot(\boldsymbol{n}\times\boldsymbol{V}_1) = (\boldsymbol{\tau}+\kappa_n\boldsymbol{n})\cdot(\boldsymbol{n}\times\boldsymbol{V}_1)\\ &= \kappa\boldsymbol{V}_2\cdot(\boldsymbol{n}\times\boldsymbol{V}_1) = \kappa(\boldsymbol{V}_1,\boldsymbol{V}_2,\boldsymbol{n}) = (\boldsymbol{x}',\boldsymbol{x}'',\boldsymbol{n})\\ &= \kappa(\boldsymbol{V}_1\times\boldsymbol{V}_2)\cdot\boldsymbol{n} = \kappa\boldsymbol{V}_3\cdot\boldsymbol{n}.\end{aligned}$$

它表明 κ_g 是 $\kappa\boldsymbol{V}_2=\boldsymbol{x}''$ 或 $\boldsymbol{\tau}=\kappa_g(\boldsymbol{n}\times\boldsymbol{V}_1)$ 在 $\boldsymbol{n}\times\boldsymbol{V}_1$ 上的投影.

定理 2.8.2 $\kappa^2=\kappa_g^2+\kappa_n^2$(曲线 C 的曲率 κ 的平方等于测地曲率 κ_g 的平方与法曲率 κ_n 的平方之和).

证明

$$|\kappa| = |\kappa\boldsymbol{V}_2| = |\boldsymbol{\tau}+\kappa_n\boldsymbol{n}| \xlongequal{\text{勾股定理}} \sqrt{|\boldsymbol{\tau}|^2+|\kappa_n\boldsymbol{n}|^2} = \sqrt{\kappa_g^2+\kappa_n^2},$$

即

$$\kappa^2 = \kappa_g^2+\kappa_n^2.$$ □

我们来推导测地曲率的表达式.

定理 2.8.3(Liouville) 设 M 为 $\mathbf{R}^3$ 中的 2 维 C^2 正则曲面,$\boldsymbol{x}(u^1,u^2)$ 为其参数表示,并选 (u^1,u^2) 为正交的参数曲线网.令

$$\boldsymbol{e}_1 = \frac{\boldsymbol{x}'_{u^1}}{\sqrt{E}},\quad \boldsymbol{e}_2 = \frac{\boldsymbol{x}'_{u^2}}{\sqrt{G}},$$

它为 T_PM 中的规范正交基. C 为过 $P\in M$ 的 C^2 曲线,s 为其弧长,单位切向量为

$$\boldsymbol{V}_1 = \cos\theta\boldsymbol{e}_1+\sin\theta\boldsymbol{e}_2,$$

则 C 的测地曲率为

$$\begin{aligned}\kappa_g &= \frac{d\theta}{ds}+\frac{1}{2\sqrt{EG}}\left(-E'_{u^2}\frac{\cos\theta}{\sqrt{E}}+G'_{u^1}\frac{\sin\theta}{\sqrt{G}}\right)\\ &= \frac{d\theta}{ds}-\frac{1}{2\sqrt{G}}\frac{\partial\ln E}{\partial u^2}\cos\theta+\frac{1}{2\sqrt{E}}\frac{\partial\ln G}{\partial u^1}\sin\theta.\end{aligned}$$

这就是计算测地曲率 κ_g 的 **Liouville 公式**.它只涉及 E,F,G,所以 κ_g 只与曲面 M 的第 1 基本形式有关,它是曲面的内蕴几何量.

证明

$$\begin{aligned}\kappa_g &= (\boldsymbol{n}\times\boldsymbol{V}_1)\cdot\kappa_g(\boldsymbol{n}\times\boldsymbol{V}_1) = (\boldsymbol{n}\times\boldsymbol{V}_1)\times\boldsymbol{\tau}\\ &= (\boldsymbol{n}\times\boldsymbol{V}_1)\cdot(\boldsymbol{V}_1'-\kappa_n\boldsymbol{n}) = (\boldsymbol{n}\times\boldsymbol{V}_1)\cdot\boldsymbol{V}_1'\\ &= (\cos\theta\boldsymbol{e}_2-\sin\theta\boldsymbol{e}_1)\left(\cos\theta\frac{d\boldsymbol{e}_1}{ds}+\sin\theta\frac{d\boldsymbol{e}_2}{ds}+(-\sin\theta\boldsymbol{e}_1+\cos\theta\boldsymbol{e}_2)\frac{d\theta}{ds}\right)\\ &= \cos^2\theta\boldsymbol{e}_2\cdot\frac{d\boldsymbol{e}_1}{ds}-\sin^2\theta\boldsymbol{e}_1\cdot\frac{d\boldsymbol{e}_2}{ds}+(\cos^2\theta+\sin^2\theta)\frac{d\theta}{ds}\end{aligned}$$

$$= (\cos^2\theta + \sin^2\theta)\boldsymbol{e}_2 \cdot \frac{\mathrm{d}\boldsymbol{e}_1}{\mathrm{d}s} + \frac{\mathrm{d}\theta}{\mathrm{d}s} = \frac{\mathrm{d}\theta}{\mathrm{d}s} + \boldsymbol{e}_2 \cdot \frac{\mathrm{d}\boldsymbol{e}_1}{\mathrm{d}s}$$

$$= \frac{\mathrm{d}\theta}{\mathrm{d}s} + \boldsymbol{e}_2 \frac{\mathrm{d}}{\mathrm{d}s}\left(\frac{\boldsymbol{x}'_{u^1}}{\sqrt{E}}\right) = \frac{\mathrm{d}\theta}{\mathrm{d}s} + \frac{\boldsymbol{e}_2}{\sqrt{E}}\frac{\mathrm{d}\boldsymbol{x}'_{u^1}}{\mathrm{d}s}$$

$$\xlongequal[\text{曲面基本公式}]{\text{定理 2.9.1 的证明}} \frac{\mathrm{d}\theta}{\mathrm{d}s} + \frac{\boldsymbol{e}_2}{\sqrt{E}}\left(\sum_{k=1}^{2}\Gamma_{1k}^{1}\frac{\mathrm{d}u^k}{\mathrm{d}s}\boldsymbol{x}'_{u^1} + \sum_{k=1}^{2}\Gamma_{1k}^{2}\frac{\mathrm{d}u^k}{\mathrm{d}s}\boldsymbol{x}'_{u^2}\right)$$

$$= \frac{\mathrm{d}\theta}{\mathrm{d}s} + \frac{\boldsymbol{e}_2}{\sqrt{E}}\sum_{k=1}^{2}\Gamma_{1k}^{2}\frac{\mathrm{d}u^k}{\mathrm{d}s}\sqrt{G}\boldsymbol{e}_2 = \frac{\mathrm{d}\theta}{\mathrm{d}s} + \sqrt{\frac{G}{E}}\left(\Gamma_{11}^{2}\frac{\mathrm{d}u^1}{\mathrm{d}s} + \Gamma_{12}^{2}\frac{\mathrm{d}u^2}{\mathrm{d}s}\right)$$

$$\xlongequal{\text{例 2.4.1}} \frac{\mathrm{d}\theta}{\mathrm{d}s} + \sqrt{\frac{G}{E}}\left(-\frac{E'_{u^2}}{2G}\frac{\mathrm{d}u^1}{\mathrm{d}s} + \frac{G'_{u^1}}{2G}\frac{\mathrm{d}u^2}{\mathrm{d}s}\right)$$

$$= \frac{\mathrm{d}\theta}{\mathrm{d}s} + \frac{1}{2\sqrt{EG}}\left(-E'_{u^2}\frac{\mathrm{d}u^1}{\mathrm{d}s} + G'_{u^1}\frac{\mathrm{d}u^2}{\mathrm{d}s}\right)$$

$$= \frac{\mathrm{d}\theta}{\mathrm{d}s} + \frac{1}{2\sqrt{EG}}\left(-E'_{u^2}\frac{\cos\theta}{\sqrt{E}} + G'_{u^1}\frac{\sin\theta}{\sqrt{G}}\right)$$

$$= \frac{\mathrm{d}\theta}{\mathrm{d}s} - \frac{1}{2\sqrt{G}}\frac{\partial \ln E}{\partial u^2}\cos\theta + \frac{1}{2\sqrt{E}}\frac{\partial \ln G}{\partial u^1}\sin\theta.$$

上面第 5、16 个等号分别用到

$$\boldsymbol{n}\times\boldsymbol{V}_1 = \boldsymbol{n}\times(\cos\theta\boldsymbol{e}_1 + \sin\theta\boldsymbol{e}_2) = \begin{vmatrix} \boldsymbol{e}_1 & \boldsymbol{e}_2 & \boldsymbol{n} \\ 0 & 0 & 1 \\ \cos\theta & \sin\theta & 0 \end{vmatrix} = \cos\theta\boldsymbol{e}_2 - \sin\theta\boldsymbol{e}_1,$$

$$\boldsymbol{V}_1' = (\cos\theta\boldsymbol{e}_1 + \sin\theta\boldsymbol{e}_2) = \cos\theta\frac{\mathrm{d}\boldsymbol{e}_1}{\mathrm{d}s} + \sin\theta\frac{\mathrm{d}\boldsymbol{e}_2}{\mathrm{d}s} + (-\sin\theta\boldsymbol{e}_1 + \cos\theta\boldsymbol{e}_2)\frac{\mathrm{d}\theta}{\mathrm{d}s},$$

$$\cos\theta\boldsymbol{e}_1 + \sin\theta\boldsymbol{e}_2 = \boldsymbol{V}_1 = \frac{\mathrm{d}\boldsymbol{x}(u^1(s), u^2(s))}{\mathrm{d}s} = \boldsymbol{x}'_{u^1}\frac{\mathrm{d}u^1}{\mathrm{d}s} + \boldsymbol{x}'_{u^2}\frac{\mathrm{d}u^2}{\mathrm{d}s}$$

$$= \sqrt{E}\boldsymbol{e}_1\frac{\mathrm{d}u^1}{\mathrm{d}s} + \sqrt{G}\boldsymbol{e}_2\frac{\mathrm{d}u^2}{\mathrm{d}s},$$

$$\begin{cases} \dfrac{\mathrm{d}u^1}{\mathrm{d}s} = \dfrac{\cos\theta}{\sqrt{E}}, \\[2ex] \dfrac{\mathrm{d}u^2}{\mathrm{d}s} = \dfrac{\sin\theta}{\sqrt{G}}, \\[2ex] \dfrac{\mathrm{d}u^2}{\mathrm{d}u^1} = \sqrt{\dfrac{E}{G}}\tan\theta. \end{cases}$$ □

定义 2.8.2 设 M 为 $\mathbf{R}^3$ 中的 2 维 C^2 正则超曲面，$\boldsymbol{x}(u^1, u^2)$ 为其参数表示. 如果 C 的测地曲率 $\kappa_g = 0$，则称 C 为**测地线**.

定理 2.8.4 设 M 为 $\mathbf{R}^3$ 中的 2 维 C^2 正则曲面，$\boldsymbol{x}(u^1,u^2)$ 为其参数表示，则下列条件等价：

(1) C 为曲面 M 上的测地线.

(2) $\boldsymbol{\tau}=\mathbf{0}$.

(3) $\dfrac{\mathrm{d}^2u^k}{\mathrm{d}s^2}+\sum\limits_{i,j=1}^{2}\Gamma_{ij}^{k}\dfrac{\mathrm{d}u^i}{\mathrm{d}s}\dfrac{\mathrm{d}u^j}{\mathrm{d}s}=0,\ k=1,2.$

(4) $C(\kappa\neq 0)$ 的每一点处的主法线向量与曲面在这一点的曲面法线平行.

(5) 曲线 C 的长度达到逗留值(驻点值)，即

$$\frac{\mathrm{d}L}{\mathrm{d}\lambda}(0)=0,$$

其中 $C_\lambda:\boldsymbol{x}(u^1(s,\lambda),u^2(s,\lambda))$ 为 $C=C_0=\boldsymbol{x}(u^1(s,0),u^2(s,0))=\boldsymbol{x}(u^1(s),u^2(s))$ 附近的曲线族，$a\leqslant s\leqslant b$，s 为 $C=C_0$ 的弧长(不必为其他 C_λ 的弧长).

$$\boldsymbol{x}(u^1(a,\lambda),u^2(a,\lambda))=A,\quad \boldsymbol{x}(u^1(b,\lambda),u^2(b,\lambda))=B.$$

$$L(C_\lambda)=\int_a^b\left|\frac{\partial\boldsymbol{x}}{\partial s}\right|\mathrm{d}s=\int_a^b\sqrt{\frac{\partial\boldsymbol{x}}{\partial s}\cdot\frac{\partial\boldsymbol{x}}{\partial s}}\,\mathrm{d}s$$

为曲线 C_λ 从 A 到 B 的长度(图 2.8.2).

证明 从 $\kappa_g(\boldsymbol{n}\times\boldsymbol{V}_1)=\boldsymbol{\tau}=\sum\limits_{k=1}^{2}\left(\dfrac{\mathrm{d}^2u^k}{\mathrm{d}s^2}+\sum\limits_{i,j=1}^{2}\Gamma_{ij}^{k}\dfrac{\mathrm{d}u^i}{\mathrm{d}s}\dfrac{\mathrm{d}u^j}{\mathrm{d}s}\right)\boldsymbol{x}'_{u^k}$ 立知：

$$(1)\ \kappa_g=0\ \Leftrightarrow\ (2)\ \boldsymbol{\tau}=\mathbf{0}\ \Leftrightarrow\ (3)\ \frac{\mathrm{d}^2u^k}{\mathrm{d}s^2}+\sum_{i,j=1}^{2}\Gamma_{ij}^{k}\frac{\mathrm{d}u^i}{\mathrm{d}s}\frac{\mathrm{d}u^j}{\mathrm{d}s}=0,k=1,2.$$

由

$$\boldsymbol{V}_1'=\kappa\boldsymbol{V}_2=\boldsymbol{\tau}+\kappa_n\boldsymbol{n}$$

得到

(2) $\boldsymbol{\tau}=\mathbf{0}\ \Leftrightarrow\ (4)\ \boldsymbol{V}_2/\!/\boldsymbol{n}$.

(1)⇒(5). 由弧长第 1 变分公式

$$\frac{\mathrm{d}L}{\mathrm{d}\lambda}(0)=\frac{\mathrm{d}L}{\mathrm{d}\lambda}\bigg|_{\lambda=0}=-\int_a^b h\kappa_g\,\mathrm{d}s$$

推得

$$\frac{\mathrm{d}L}{\mathrm{d}\lambda}(0)=-\int_a^b h\cdot 0\,\mathrm{d}s=0.$$

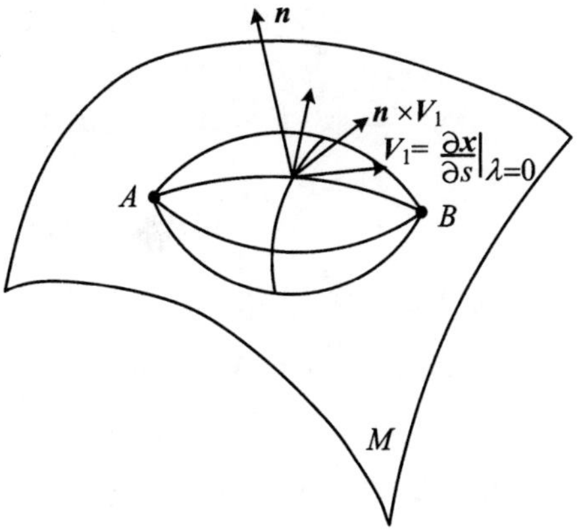

图 2.8.2

(1)⇐(5).(反证)假设 $\kappa_g\neq 0$，则存在 $s_0\in[a,b]$，使得 $\kappa_g(s_0)\neq 0$，不妨设 $\kappa_g(s_0)>0$. 必有 $\delta>0$，当 $s\in(x_0-\delta,x_0+\delta)\cap[a,b]$ 时，$\kappa_g(s)>0$. 选 C^2 鼓包函数 h，使

$$h(s)\begin{cases}>0, & s\in(x_0-\delta,x_0+\delta)\cap[a,b],\\ =0, & s\in[a,b]-(x_0-\delta,x_0+\delta),\end{cases}$$

则

$$0=\frac{\mathrm{d}L}{\mathrm{d}\lambda}(0)=-\int_a^b h\kappa_g\mathrm{d}s=-\int_{(s_0-\delta,s_0+\delta)\cap[a,b]}h\kappa_g\mathrm{d}s>0,$$

矛盾. □

定理 2.8.5(弧长第 1 变分公式) 如果

$$\left.\frac{\partial \boldsymbol{x}}{\partial\lambda}\right|_{\lambda=0}=l(s)\boldsymbol{V}_1+h(s)\boldsymbol{n}\times\boldsymbol{V}_1,$$

其中 $\boldsymbol{V}_1\perp\boldsymbol{n},\boldsymbol{n}\times\boldsymbol{V}_1\perp\boldsymbol{n}$ 为 T_PM 的基,则

$$\frac{\mathrm{d}L}{\mathrm{d}\lambda}(0)=\left.\frac{\mathrm{d}L}{\mathrm{d}\lambda}\right|_{\lambda=0}=-\int_a^b h\kappa_g\mathrm{d}s.$$

证明

$$L(C_\lambda)=\int_a^b\left|\frac{\partial\boldsymbol{x}}{\partial s}\right|\mathrm{d}s=\int_a^b\sqrt{\frac{\partial\boldsymbol{x}}{\partial s}\cdot\frac{\partial\boldsymbol{x}}{\partial s}}\mathrm{d}s.$$

$$\begin{aligned}\frac{\mathrm{d}L}{\mathrm{d}\lambda}(0)&=\left.\frac{\mathrm{d}L}{\mathrm{d}\lambda}\right|_{\lambda=0}=\int_a^b\frac{\partial}{\partial\lambda}\sqrt{\frac{\partial\boldsymbol{x}}{\partial s}\cdot\frac{\partial\boldsymbol{x}}{\partial s}}\Bigg|_{\lambda=0}\mathrm{d}s=\int_a^b\left.\frac{2\dfrac{\partial\boldsymbol{x}}{\partial s}\cdot\dfrac{\partial}{\partial\lambda}\left(\dfrac{\partial\boldsymbol{x}}{\partial s}\right)}{2\sqrt{\dfrac{\partial\boldsymbol{x}}{\partial s}\cdot\dfrac{\partial\boldsymbol{x}}{\partial s}}}\right|_{\lambda=0}\mathrm{d}s\\
&=\int_a^b\boldsymbol{V}_1\frac{\partial}{\partial s}\left(\left.\frac{\partial\boldsymbol{x}}{\partial\lambda}\right|_{\lambda=0}\right)\mathrm{d}s=\int_a^b\boldsymbol{V}_1\frac{\partial}{\partial s}(l(s)\boldsymbol{V}_1+h(s)(\boldsymbol{n}\times\boldsymbol{V}_1))\mathrm{d}s\\
&=\int_a^b\boldsymbol{V}_1(l'\boldsymbol{V}_1+l\boldsymbol{V}_1'+h'(\boldsymbol{n}\times\boldsymbol{V}_1)+h(\boldsymbol{n}'\times\boldsymbol{V}_1+\boldsymbol{n}\times\boldsymbol{V}_1'))\mathrm{d}s\\
&=\int_a^b(l'+h\boldsymbol{V}_1\cdot(\boldsymbol{n}\times\boldsymbol{V}_1'))\mathrm{d}s=\int_a^b(l'-h\kappa_g)\mathrm{d}s\\
&=l(b)-l(a)-\int_a^b h\kappa_g\mathrm{d}s=-\int_a^b h\kappa_g\mathrm{d}s,\end{aligned}$$

其中倒数第 3 个等式是因为

$$\begin{aligned}\boldsymbol{V}_1\cdot(\boldsymbol{n}\times\boldsymbol{V}_1')&=\boldsymbol{V}_1\cdot(\boldsymbol{n}\times(\boldsymbol{\tau}+\kappa_n\boldsymbol{n}))=\boldsymbol{V}_1\cdot(\boldsymbol{n}\times\boldsymbol{\tau})=-\boldsymbol{V}_1\cdot(\boldsymbol{\tau}\times\boldsymbol{n})\\&=-\boldsymbol{V}_1\cdot(\kappa_g(\boldsymbol{n}\times\boldsymbol{V}_1)\times\boldsymbol{n})=-\boldsymbol{V}_1\cdot\kappa_g\boldsymbol{V}_1=-\kappa_g.\end{aligned}$$

而倒数第 1 个等式是因为 C_λ 的始点 A 固定,终点 B 固定,故

$$0=\left.\frac{\partial\boldsymbol{x}}{\partial\lambda}\right|_{\lambda=0,s=a,b}=(l(s)\boldsymbol{V}_1+h(s)\boldsymbol{n}\times\boldsymbol{V}_1)\Big|_{\lambda=0,s=a,b},$$

从而

$$l(a)=0=l(b).$$ □

定义 2.8.3 设 M 为 $\mathbf{R}^n$ 中的 $n-1$ 维 C^2 正则超曲面,如果 M 上的一条 C^2 曲线 C

满足

$$\frac{d^2u^k}{dt^2}+\sum_{i,j=1}^{n-1}\Gamma_{ij}^k\frac{du^i}{dt}\frac{du^j}{dt}=0,\quad k=1,2,\cdots,n-1,$$

则称该曲线为一条**测地线**,其中 $\boldsymbol{u}=(u^1,u^2,\cdots,n^{n-1})$ 为 M 上的参数,$\boldsymbol{x}(\boldsymbol{u})=\boldsymbol{x}(u^1,u^2,\cdots,u^{n-1})$ 为 M 的参数表示,t 为曲线 C 的参数.

定理 2.8.6 在定义 2.8.3 中,设 $P\in M,\boldsymbol{X}\in T_PM$,则在 M 中存在一条唯一的最大测地线 $\sigma(t)$,使得 $\sigma(0)=P,\sigma'(0)=\boldsymbol{X}$(图 2.8.3).

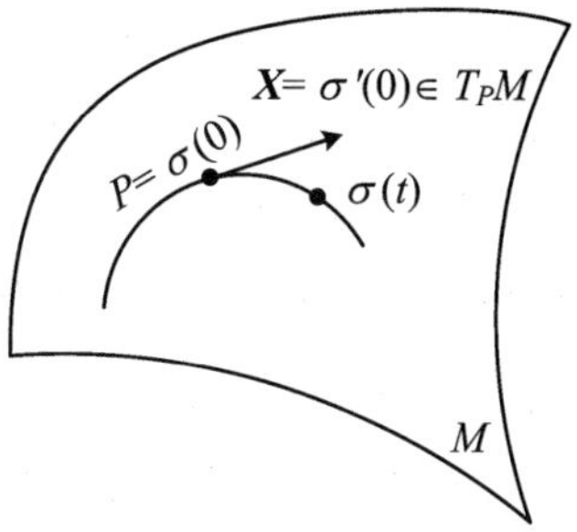

图 2.8.3

证明 令 $\boldsymbol{X}=\sum_{i=1}^{n-1}a^i\boldsymbol{x}'_{u^i}|_P$,我们考察2阶常微分方程组

$$\frac{d^2u^k}{dt^2}+\sum_{i,j=1}^{n-1}\Gamma_{ij}^k\frac{du^i}{dt}\frac{du^j}{dt}=0,\quad k=1,2,\cdots,n-1,$$

即

$$\begin{cases}\dfrac{du^k}{dt}=v^k\quad(1\leqslant k\leqslant n-1),\\ \dfrac{dv^k}{dt}=-\displaystyle\sum_{i,j=1}^{n-1}\Gamma_{ij}^k(u^1,u^2,\cdots,u^{n-1})v^iv^j,\\ (u^1,u^2,\cdots,u^{n-1};v^1,v^2,\cdots,v^{n-1})(0)=(0,0,\cdots,0;a^1,a^2,\cdots,a^{n-1}),\end{cases}$$

$$|u^k|<c,\quad k=1,2,\cdots,n-1.$$

设 c_1,K 满足 $0<c_1<c,0<K<+\infty$,使得上述方程组的右边在

$$\{(u^1,u^2,\cdots,u^{n-1},v^1,v^2,\cdots,v^{n-1})\mid|u^k|<c_1,\ |v^k|<K,k=1,2,\cdots,n-1\}$$

中满足 Lipschitz 条件.从1阶常微分方程组解的存在性与唯一性定理得到:存在常数 $b_1>0$和 C^2 函数$u^k(t)$,C^1 函数 $v^k(t)$,$1\leqslant k\leqslant n-1,|t|<b_1$,使得

(1)

$$\frac{du^k(t)}{dt}=v^k(t),1\leqslant k\leqslant n-1,\ |t|<b_1,$$

$$\frac{dv^k(t)}{dt}=-\sum_{i,j=1}^{n-1}\Gamma_{ij}^k(u^1(t),u^2(t),\cdots,u^{n-1}(t))v^i(t)v^j(t),$$

$$1\leqslant k\leqslant n-1,\ |t|<b_1.$$

(2) $(u^1(0),u^2(0),\cdots,u^{n-1}(0);v^1(0),v^2(0),\cdots,v^{n-1}(0))=(0,0,\cdots,0;a^1,a^2,\cdots,a^{n-1})$.

(3) $|u^i(t)|<c_1,|v^i(t)|<K(1\leqslant i\leqslant n-1,|t|<b_1)$.

(4) $u^k(t),v^k(t)(1\leqslant k\leqslant n-1)$为满足条件(1),(2)与(3)的唯一函数组.

这就证明了存在一条满足条件 $\sigma(0)=P,\sigma'(0)=\boldsymbol{X}$ 的 M 中的测地线 $\sigma(t)$. 此外,任何两条这样的测地线在 $t=0$ 的某个区间内是重合的. 从(4)可看出,如果两条测地线 $\sigma_1(t)(t\in I_1)$与 $\sigma_2(t)(t\in I_2)$在某个区间内重合($I_i,i=1,2$ 为区间),则它们在 $I_1\cap I_2$ 上也重合. 于是,立即得到定理中的结论. □

我们知道:测地线 $C\Leftrightarrow C$ 的长度达逗留值(驻点值). 但它不一定达到极小值(如:单位球面上长度大于 π 的大圆优弧为测地线(见例 2.8.2),却不达极小值). 如果曲线 C 的长度达极小值,则有以下定理:

定理 2.8.7 长度达极小值的曲线必为测地线.

证明 设曲线 C 的参数表示为$\boldsymbol{x}(\boldsymbol{u}(s))=\boldsymbol{x}(u^1(s),u^2(s),\cdots,u^{n-1}(s))$,它通过 P 与 Q 两点,P 与 Q 对应的弧长参数 s 的值分别为 s_1 与 s_2,过这两点的曲线 C 邻近的曲线为C_λ,它的参数表示为 $\boldsymbol{x}(\tilde{\boldsymbol{u}}(s))=\boldsymbol{x}(\boldsymbol{u}(s)+\lambda\boldsymbol{v}(s))$,其中 $\lambda\in(-\delta,\delta),\delta>0$,并且 $\boldsymbol{v}(s)=(v^1(s),v^2(s),\cdots,v^{n-1}(s)),\boldsymbol{v}(s_1)=\boldsymbol{v}(s_2)=\boldsymbol{0}$. 当 $\lambda=0$ 时,$C_0=C$.

沿曲线 $C_0=C$ 在P,Q 间的长度为

$$L(0)=\int_{s_1}^{s_2}\mathrm{d}s=\int_{s_1}^{s_2}\sqrt{\sum_{i,j=1}^{n-1}g_{ij}\frac{\mathrm{d}u^i}{\mathrm{d}s}\frac{\mathrm{d}u^j}{\mathrm{d}s}}\mathrm{d}s$$
$$=\int_{s_1}^{s_2}\varphi(u^1,u^2,\cdots,u^{n-1},\dot{u}^1,\dot{u}^2,\cdots,\dot{u}^{n-1})\mathrm{d}s,$$

其中 $\dot{u}^i$ 表示u^i 关于弧s 的导数.

沿曲线 C_λ 在P,Q 间的长度为

$$L(\lambda)=\int_{s_1}^{s_2}\varphi(u^1+\lambda v^1,u^2+\lambda v^2,\cdots,u^{n-1}+\lambda v^{n-1},$$
$$\dot{u}^1+\lambda\dot{v}^1,\dot{u}^2+\lambda\dot{v}^2,\cdots,\dot{u}^{n-1}+\lambda\dot{v}^{n-1})\mathrm{d}s.$$

因为 $C_0=C$ 为曲线族C_λ 中长度达极小值的曲线,根据 Fermat 定理,必须有

$$\begin{aligned}0&=\left.\frac{\mathrm{d}L(\lambda)}{\mathrm{d}\lambda}\right|_{\lambda=0}\\&=\frac{\mathrm{d}}{\mathrm{d}\lambda}\int_{s_1}^{s_2}\varphi(u^1+\lambda v^1,u^2+\lambda v^2,\cdots,u^{n-1}+\lambda v^{n-1},\dot{u}^1+\lambda\dot{v}^1,\dot{u}^2+\lambda\dot{v}^2,\cdots,\dot{u}^{n-1}+\lambda\dot{v}^{n-1})\mathrm{d}s\,\Big|_{\lambda=0}\\&=\int_{s_1}^{s_2}\frac{\mathrm{d}}{\mathrm{d}\lambda}\varphi(u^1+\lambda v^1,u^2+\lambda v^2,\cdots,u^{n-1}+\lambda v^{n-1},\dot{u}^1+\lambda\dot{v}^1,\dot{u}^2+\lambda\dot{v}^2,\cdots,\dot{u}^{n-1}+\lambda\dot{v}^{n-1})\Big|_{\lambda=0}\mathrm{d}s\\&=\int_{s_1}^{s_2}\left(\frac{\partial\varphi}{\partial u^1}v^1+\frac{\partial\varphi}{\partial u^2}v^2+\cdots+\frac{\partial\varphi}{\partial u^{n-1}}v^{n-1}+\frac{\partial\varphi}{\partial\dot{u}^1}\dot{v}^1+\frac{\partial\varphi}{\partial\dot{u}^2}\dot{v}^2+\cdots+\frac{\partial\varphi}{\partial\dot{u}^{n-1}}\dot{v}^{n-1}\right)\Big|_{\lambda=0}\mathrm{d}s\\&=\sum_{i=1}^{n-1}\int_{s_1}^{s_2}\left(\frac{\partial\varphi}{\partial u^i}v^i+\frac{\partial\varphi}{\partial\dot{u}^i}\dot{v}^i\right)\mathrm{d}s=\int_{s_1}^{s_2}\sum_{i=1}^{n-1}v^i\left(\left(\frac{\partial\varphi}{\partial u^i}\right)-\frac{\mathrm{d}}{\mathrm{d}s}\left(\frac{\partial\varphi}{\partial\dot{u}^i}\right)\right)\mathrm{d}s,\end{aligned}$$

其中上面最后一个等式是因为

$$v(s_1) = v(s_2) = 0$$

及

$$\sum_{i=1}^{n-1}\int_{s_1}^{s_2} \frac{\partial\varphi}{\partial \dot{u}^i}\dot{v}^i \mathrm{d}s = \sum_{i=1}^{n-1}\int_{s_1}^{s_2} \frac{\partial\varphi}{\partial \dot{u}^i}\mathrm{d}(v^i) \xlongequal{\text{分部积分}} \sum_{i=1}^{n-1} \frac{\partial\varphi}{\partial \dot{u}^i}v^i \Big|_{s_1}^{s_2} - \sum_{i=1}^{n-1}\int_{s_1}^{s_2} v^i \mathrm{d}\left(\frac{\partial\varphi}{\partial \dot{u}^i}\right)$$

$$= -\int_{s_1}^{s_2}\sum_{i=1}^{n-1} v^i \frac{\mathrm{d}}{\mathrm{d}s}\left(\frac{\partial\varphi}{\partial \dot{u}^i}\right)\mathrm{d}s.$$

因为函数 v^i 是任意的,仿照定理 2.8.4 中(5)⇒(1)得到 Euler 方程

$$\frac{\mathrm{d}}{\mathrm{d}s}\left(\frac{\partial\varphi}{\partial \dot{u}^i}\right) - \frac{\partial\varphi}{\partial u^i} = 0, \quad i = 1,2.$$

由于

$$\varphi = \sqrt{\sum_{i,j=1}^{n-1} g_{ij}\frac{\mathrm{d}u^i}{\mathrm{d}s}\frac{\mathrm{d}u^j}{\mathrm{d}s}},$$

故沿 $C_0 = C$,有

$$\frac{\partial\varphi}{\partial \dot{u}^i} = \frac{\sum\limits_{j=1}^{n-1} g_{ij}\dfrac{\mathrm{d}u^j}{\mathrm{d}s}}{\sqrt{\sum\limits_{i,j=1}^{n-1} g_{ij}\dfrac{\mathrm{d}u^i}{\mathrm{d}s}\dfrac{\mathrm{d}u^j}{\mathrm{d}s}}} = \sum_{j=1}^{n-1} g_{ij}\frac{\mathrm{d}u^j}{\mathrm{d}s},$$

其中

$$\sum_{i,j=1}^{n-1} g_{ij}\frac{\mathrm{d}u^i}{\mathrm{d}s}\frac{\mathrm{d}u^j}{\mathrm{d}s} = \frac{\sum\limits_{i,j=1}^{n-1} g_{ij}\mathrm{d}u^i\mathrm{d}u^j}{\mathrm{d}s^2} = 1.$$

$$\frac{\partial\varphi}{\partial u^i} = \frac{\sum\limits_{j,k=1}^{n-1}\dfrac{\partial g_{jk}}{\partial u^i}\dfrac{\mathrm{d}u^j}{\mathrm{d}s}\dfrac{\mathrm{d}u^k}{\mathrm{d}s}}{2\sqrt{\sum\limits_{i,j=1}^{n-1} g_{ij}\dfrac{\mathrm{d}u^i}{\mathrm{d}s}\dfrac{\mathrm{d}u^j}{\mathrm{d}s}}} = \frac{1}{2}\sum_{j,k=1}^{n-1}\frac{\partial g_{jk}}{\partial u^i}\frac{\mathrm{d}u^j}{\mathrm{d}s}\frac{\mathrm{d}u^k}{\mathrm{d}s}.$$

由于

$$\sum_{l=1}^{n-1} g_{il}\Gamma_{jk}^l = \sum_{l=1}^{n-1} g_{il}\cdot\frac{1}{2}\sum_{s=1}^{n-1} g^{ls}\left(\frac{\partial g_{sj}}{\partial u^k} + \frac{\partial g_{sk}}{\partial u^j} - \frac{\partial g_{jk}}{\partial u^s}\right)$$

$$= \frac{1}{2}\sum_{s=1}^{n-1}\delta_i^s\left(\frac{\partial g_{sj}}{\partial u^k} + \frac{\partial g_{sk}}{\partial u^j} - \frac{\partial g_{jk}}{\partial u^s}\right)$$

$$= \frac{1}{2}\left(\frac{\partial g_{ij}}{\partial u^k} + \frac{\partial g_{ik}}{\partial u^j} - \frac{\partial g_{jk}}{\partial u^i}\right),$$

$$\sum_{l,j,k=1}^{n-1} g_{il}\Gamma_{jk}^l\frac{\mathrm{d}u^j}{\mathrm{d}s}\frac{\mathrm{d}u^k}{\mathrm{d}s} = \sum_{j,k=1}^{n-1}\left(\sum_{l=1}^{n-1} g_{il}\Gamma_{jk}^l\right)\frac{\mathrm{d}u^j}{\mathrm{d}s}\frac{\mathrm{d}u^k}{\mathrm{d}s}$$

$$= \sum_{j,k=1}^{n-1}\left(\frac{1}{2}\frac{\partial g_{ij}}{\partial u^k}\frac{\mathrm{d}u^j}{\mathrm{d}s}\frac{\mathrm{d}u^k}{\mathrm{d}s} + \frac{1}{2}\frac{\partial g_{ik}}{\partial u^j}\frac{\mathrm{d}u^j}{\mathrm{d}s}\frac{\mathrm{d}u^k}{\mathrm{d}s} - \frac{1}{2}\frac{\partial g_{jk}}{\partial u^i}\frac{\mathrm{d}u^j}{\mathrm{d}s}\frac{\mathrm{d}u^k}{\mathrm{d}s}\right)$$

$$= \sum_{j,k=1}^{n-1}\frac{\partial g_{ij}}{\partial u^k}\frac{\mathrm{d}u^j}{\mathrm{d}s}\frac{\mathrm{d}u^k}{\mathrm{d}s} - \frac{1}{2}\sum_{j,k=1}^{n-1}\frac{\partial g_{jk}}{\partial u^i}\frac{\mathrm{d}u^j}{\mathrm{d}s}\frac{\mathrm{d}u^k}{\mathrm{d}s}. \quad (2.8.1)$$

因此，Euler 方程可写作

$$0 = \frac{\mathrm{d}}{\mathrm{d}s}\left(\frac{\partial\varphi}{\partial\dot{u}^i}\right) - \frac{\partial\varphi}{\partial u^i} = \frac{\mathrm{d}}{\mathrm{d}s}\left(\sum_{j=1}^{n-1} g_{ij}\frac{\mathrm{d}u^j}{\mathrm{d}s}\right) - \frac{1}{2}\sum_{j,k=1}^{n-1}\frac{\partial g_{jk}}{\partial u^i}\frac{\mathrm{d}u^j}{\mathrm{d}s}\frac{\mathrm{d}u^k}{\mathrm{d}s}$$

$$= \sum_{j=1}^{n-1} g_{ij}\frac{\mathrm{d}^2u^j}{\mathrm{d}s^2} + \sum_{j,k=1}^{n-1}\frac{\partial g_{ij}}{\partial u^k}\frac{\mathrm{d}u^k}{\mathrm{d}s}\frac{\mathrm{d}u^j}{\mathrm{d}s} - \frac{1}{2}\sum_{j,k=1}^{n-1}\frac{\partial g_{jk}}{\partial u^i}\frac{\mathrm{d}u^j}{\mathrm{d}s}\frac{\mathrm{d}u^k}{\mathrm{d}s}$$

$$\xlongequal{\text{式(2.8.1)}} \sum_{l=1}^{n-1} g_{il}\left(\frac{\mathrm{d}^2u^l}{\mathrm{d}s^2} + \sum_{j,k=1}^{n-1}\Gamma_{jk}^l\frac{\mathrm{d}u^j}{\mathrm{d}s}\frac{\mathrm{d}u^k}{\mathrm{d}s}\right).$$

由此推得

$$0 = \sum_{i,l=1}^{n-1} g^{ti}g_{il}\left(\frac{\mathrm{d}^2u^l}{\mathrm{d}s^2} + \sum_{j,k=1}^{n-1}\Gamma_{jk}^l\frac{\mathrm{d}u^j}{\mathrm{d}s}\frac{\mathrm{d}u^k}{\mathrm{d}s}\right)$$

$$= \sum_{l=1}^{n-1}\delta_l^t\left(\frac{\mathrm{d}^2u^l}{\mathrm{d}s^2} + \sum_{j,k=1}^{n-1}\Gamma_{jk}^l\frac{\mathrm{d}u^j}{\mathrm{d}s}\frac{\mathrm{d}u^k}{\mathrm{d}s}\right)$$

$$= \frac{\mathrm{d}^2u^t}{\mathrm{d}s^2} + \sum_{j,k=1}^{n-1}\Gamma_{jk}^t\frac{\mathrm{d}u^j}{\mathrm{d}s}\frac{\mathrm{d}u^k}{\mathrm{d}s}, \quad t = 1,2.$$

这就是测地线方程，所以曲线 $C_0 = C$ 为测地线. □

注 2.8.1 连接两个固定点的最短线当然是长度达极小值的曲线. 由定理 2.8.7 知，它必为测地线(长度达逗留值(驻点值)，即 $L'(0)=0$ 的曲线). 自然，如果 $L'(0)=0$，且还有 $L''(0)>0$，则 $L(0)$ 为 $L(\lambda)$ 的严格极小值.

证明 由 Taylor 公式，存在 $\delta>0$，使得

$$L(\lambda) = L(0) + L'(0)\lambda + \frac{L''(0)}{2!}\lambda^2 + o(\lambda^2)$$

$$= L(0) + \lambda^2\left(\frac{L''(0)}{2} + \frac{o(\lambda^2)}{\lambda^2}\right)$$

$$> L(0), \quad \lambda \in (-\delta, 0) \cup (0, \delta),$$

这就证明了 $L(0)$ 为 $L(\lambda)$ 的严格极小值. □

注 2.8.2 设 $L(\lambda)$ 在 $\lambda = 0$ 处 2 阶可导，且 $L(0)$ 为 $L(\lambda)$ 的极小值，根据 Fermat 定理知，$L'(0)=0$，则 $L''(0) \geqslant 0$.

证明 (反证)假设 $L''(0)<0$，则存在 $\delta>0$，使得

$$
\begin{aligned}
L(\lambda) &= L(0) + L'(0)\lambda + \frac{L''(0)}{2!}\lambda^2 + o(\lambda^2) \\
&= L(0) + \lambda^2\left(\frac{L''(0)}{2} + \frac{o(\lambda^2)}{\lambda^2}\right) \\
&< L(0), \quad \lambda \in (-\delta, 0) \cup (0, \delta),
\end{aligned}
$$

这与 $L(0)$ 为 $L(\lambda)$ 的极小值相矛盾. □

例 2.8.1 设 M 为 $\mathbf{R}^n$ 中的 $n-1$ 维 C^2 超曲面，σ 为 M 上的一条直线，则 σ 必为 M 上的一条测地线.

证明 （证法 1）因直线 σ 为 $\mathbf{R}^n$ 中的最短线，当然也是 M 上的最短线，故它是 M 上长度达极小值的曲线，根据定理 2.8.7，σ 为 M 上的测地线.

（证法 2）设 ∇ 与 $\overline{\nabla}$ 分别为 M 与 $\mathbf{R}^n$ 中的 Levi-Civita 联络（参阅 2.10 节），σ' 为沿 σ 的切向量场，则 σ' 为 $\mathbf{R}^n$ 中的常向量，从而根据推论 2.10.1 与文献[7]324 页定理 1，有

$$
\nabla_{\sigma'}\sigma' = (\overline{\nabla}_{\sigma'}\sigma')^T = 0^T = 0,
$$

其中“T”表示 $\mathbf{R}^n$ 中向 M 的切平面的投影. 由此知 σ 也为 M 的测地线.

（证法 3）设直线 $\sigma(t)$ 的参数表示为

$$
u^k = a_k + t b_k,
$$

且 $\overline{\Gamma}_{ij}^k = 0$，故

$$
\frac{\mathrm{d}^2 u^k}{\mathrm{d}t^2} + \sum_{i,j=1}^{n-1} \overline{\Gamma}_{ij}^k \frac{\mathrm{d}u^i}{\mathrm{d}t}\frac{\mathrm{d}u^j}{\mathrm{d}t} = 0 + \sum_{i=1}^{n-1} 0 \frac{\mathrm{d}u^i}{\mathrm{d}t}\frac{\mathrm{d}u^j}{\mathrm{d}t} = 0,
$$

这表明直线 $\sigma(t)$ 为 $\mathbf{R}^n$ 中的测地线，当然也为 M 上的测地线. □

例 2.8.2 $\mathbf{R}^3$ 中球面上的测地线恰是大圆弧全体.

证明 （证法 1）因为大圆弧的主法线与球面法线平行，故由定理 2.8.4(4)知，大圆弧为球面的测地线.

反之，设 C（$\boldsymbol{x}(\boldsymbol{u}(s))$ 是其参数表示）为球面的测地线. 对任何点 $P = \boldsymbol{x}(\boldsymbol{u}(s_0)) \in C$，根据定理 2.8.6，在点 P 附近，沿 $\frac{\mathrm{d}\boldsymbol{x}}{\mathrm{d}s}(s_0)$ 方向有唯一的测地线，而过点 P 与 $\frac{\mathrm{d}\boldsymbol{x}}{\mathrm{d}s}(s_0)$ 相切的大圆和 C 都是符合条件的测地线，所以 C 与大圆局部重合. 然后，由延拓的方法知，C 就是大圆.

（证法 2）用 $\boldsymbol{x}(\theta, \varphi) = (R\sin\theta\cos\varphi, R\sin\theta\sin\varphi, R\cos\theta)$ 表示半径为 R 的球面，其中 $u^1 = \theta, u^2 = \varphi$. 当 $u^1 = \theta = \frac{\pi}{2}$ 时，由于 $u^2 = \varphi = \frac{s}{R}$（$s$ 为该曲线弧长），故

$$
\frac{\mathrm{d}u^1}{\mathrm{d}s} = \frac{\mathrm{d}\theta}{\mathrm{d}s} = \frac{\mathrm{d}\left(\frac{\pi}{2}\right)}{\mathrm{d}s} = 0,
$$

$$\frac{\mathrm{d}u^2}{\mathrm{d}s}=\frac{\mathrm{d}\varphi}{\mathrm{d}s}=\frac{\mathrm{d}\left(\frac{s}{R}\right)}{\mathrm{d}s}=\frac{1}{R},$$

$$\frac{\mathrm{d}^2u^1}{\mathrm{d}s^2}=0=\frac{\mathrm{d}\left(\frac{1}{R}\right)}{\mathrm{d}s}=\frac{\mathrm{d}^2u^2}{\mathrm{d}s^2}.$$

根据例 2.3.2(6),有

$I=R^2\sin^2\varphi\mathrm{d}\theta^2+R^2\mathrm{d}\varphi^2,\quad g_{11}=R^2\sin^2\varphi,\quad g_{12}=0,\quad g_{22}=R^2,$

$$\begin{pmatrix}g_{11}&g_{12}\\g_{21}&g_{22}\end{pmatrix}=\begin{pmatrix}R^2\sin^2\varphi&0\\0&R^2\end{pmatrix},$$

$$\begin{pmatrix}g^{11}&g^{12}\\g^{21}&g^{22}\end{pmatrix}=\begin{pmatrix}g_{11}&g_{12}\\g_{21}&g_{22}\end{pmatrix}^{-1}=\begin{pmatrix}\dfrac{1}{R^2\sin^2\varphi}&0\\0&\dfrac{1}{R^2}\end{pmatrix},$$

$$\Gamma_{22}^1=\frac{1}{2}\sum_{l=1}^2g^{1l}\left(\frac{\partial g_{l2}}{\partial\varphi}+\frac{\partial g_{2l}}{\partial\varphi}-\frac{\partial g_{22}}{\partial u^l}\right)=\frac{1}{2}g^{11}\left(-\frac{\partial g_{22}}{\partial\theta}\right)=\frac{1}{2}\frac{1}{R^2\sin^2\varphi}\cdot0=0,$$

$$\Gamma_{22}^2=\frac{1}{2}\sum_{l=1}^2g^{2l}\left(\frac{\partial g_{l2}}{\partial\varphi}+\frac{\partial g_{2l}}{\partial\varphi}-\frac{\partial g_{22}}{\partial u^l}\right)=\frac{1}{2}g^{22}\left(2\frac{\partial g_{22}}{\partial\varphi}-\frac{\partial g_{22}}{\partial\varphi}\right)=\frac{1}{2}\cdot\frac{1}{R^2}(2\cdot0-0)=0.$$

因此,总有

$$\frac{\mathrm{d}^2u^k}{\mathrm{d}s^2}+\sum_{i,j=1}^2\Gamma_{ij}^k\frac{\mathrm{d}u^i}{\mathrm{d}s}\frac{\mathrm{d}u^j}{\mathrm{d}s}=0,\quad k=1,2.$$

因此,这条曲线为测地线.再由定理 2.8.4(5)知,测地线在 $\mathbf{R}^3$ 的刚性运动下是不变的,所以球面上任一大圆都为测地线. □

例 2.8.3 圆柱面 $x^2+y^2=r^2(r>0)$上的测地线为平行于 xOy 平面的圆、圆柱面上平行于 z 轴的直线以及圆柱螺线.

证明 圆柱面参数表示为

$$\boldsymbol{x}(\varphi,z)=(r\cos\varphi,r\sin\varphi,z),$$

$$\boldsymbol{x}'_\varphi=(-r\sin\varphi,r\cos\varphi,0),\quad\boldsymbol{x}'_z=(0,0,1),$$

$$\boldsymbol{x}'_\varphi\times\boldsymbol{x}'_z=\begin{vmatrix}\boldsymbol{e}_1&\boldsymbol{e}_2&\boldsymbol{e}_3\\-r\sin\varphi&r\cos\varphi&0\\0&0&1\end{vmatrix}=(r\cos\varphi,r\sin\varphi,0)$$

为圆柱面的法向量.由例 1.2.3 知,圆柱螺线

$$\boldsymbol{x}(s)=(r\cos\omega s,r\sin\omega s,\omega hs),\quad\omega=(r^2+h^2)^{-\frac{1}{2}},$$

s 为其弧长,主法向量

$$V_2(s) = -(\cos \omega s, \sin \omega s, 0) \,/\!/\, x'_\varphi \times x'_z \quad (\text{图 } 2.8.4),$$

由定理 2.8.4(4)知,圆柱螺线为圆柱面上与 z 轴夹角为 θ 的测地线,其中

$$\cos\theta = V_1(s) \cdot e_3 = x'(s) \cdot e_3 = \omega(-r\sin\omega s, r\cos\omega s, h) \cdot e_3$$
$$= \omega h = \frac{h}{(r^2+h^2)^{\frac{1}{2}}}.$$

显然,当 $h=0$ 时,$x(s)=(r\cos\omega s, r\sin\omega s, 0)=\left(r\cos\frac{s}{r}, r\sin\frac{s}{r}, 0\right)$为过$(r,0,0)$的圆,此时,$\cos\theta=0$,$\theta=\frac{\pi}{2},-\frac{\pi}{2}$,$x(s)=\left(r\cos\frac{s}{r}, r\sin\frac{s}{r}, 0\right)$为测地线.

当 $\theta=0,\pi$ 时,$x(s)=(r,0,\pm s)$为直线,根据例 2.8.1,它必为测地线(圆柱面的母线).

上述测地线都是从$(r,0,0)$发出的.同样,可得到从圆柱面上任一点发出的测地线.

将圆柱面沿母线 AB 剪开铺平(图 2.8.4),给出了圆柱面到平面的一个局部等距对应,使得圆柱面上的测地线对应于平面上的测地线(直线).因此,圆柱面上的测地线就是将平面卷成圆柱面时,由平面倾角为$\frac{\pi}{2}-\theta$ 的直线卷成上述圆柱螺线.自然界攀缘植物沿螺线向上生长就是测地线的一个有趣的典型实例. □

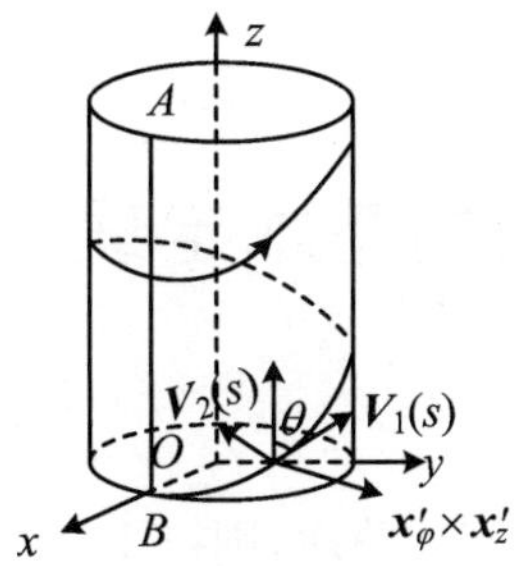

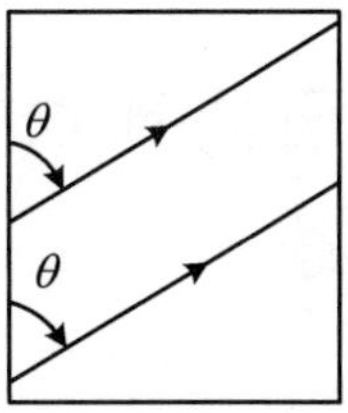

图 2.8.4

定理 2.8.8 给出 C^2 正则曲面 M 上充分小开邻域内的两点 P 与 Q,则过 P 与 Q 两点在此小邻域内的测地线段 C 是连接 P 与 Q 两点的曲面上的曲线中弧长最短的曲线.

证明 在曲面 M 上点 P 的某开邻域内从点 P 的不同单位切向量为方向作测地线,根据引理 2.6.1,作其正交轨线,建立正交参数曲线网,它就是以 P 为极点的测地极坐标系(ρ,θ)(图2.8.5).于是,测地线 C 的方程为

$$\theta = \theta_0, \quad 0 \leqslant \rho \leqslant L, \ L \text{ 为测地线} C \text{ 的长度},$$

而曲线 C^* 的方程可写成

$$\begin{cases}\rho = \rho(t), \\ \theta = \theta(t),\end{cases} \quad a \leqslant t \leqslant b.$$

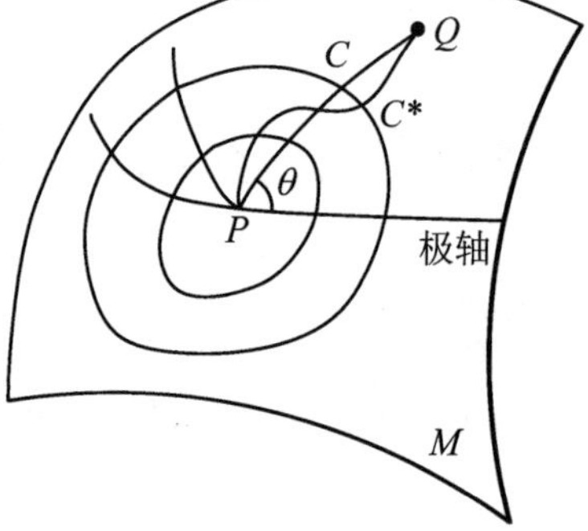

图 2.8.5

当 $t=a$ 时,$\rho=0$;当 $t=b$ 时,$\rho=L$.

因为在这测地极坐标系下,曲面 M 的第 1 基本形式为

$$\mathrm{I} = \mathrm{d}s^2 = \mathrm{d}\rho^2 + G(\rho,\theta)\mathrm{d}\theta^2.$$

由此推得

$$\begin{aligned} L(C^*) &= \int_a^b \sqrt{\left(\frac{\mathrm{d}\rho}{\mathrm{d}t}\right)^2 + G(\rho,\theta)\left(\frac{\mathrm{d}\theta}{\mathrm{d}t}\right)^2}\,\mathrm{d}t \\ &\geqslant \int_a^b \sqrt{\left(\frac{\mathrm{d}\rho}{\mathrm{d}t}\right)^2}\,\mathrm{d}t \geqslant \int_a^b \frac{\mathrm{d}\rho}{\mathrm{d}t}\mathrm{d}t = \rho(t)\Big|_a^b \\ &= \rho(b) - \rho(a) = L - 0 = L = L(C). \end{aligned}$$

这就是说,在局部范围内,测地线 C 是连接 P 与 Q 两点之间的最短线. □

注 2.8.3 如果不限制在一充分小的曲面片上,定理 2.8.8 未必正确. 例如:在球面上,如果两点不是一条直径的两端,连接它们的测地线有两条(大圆弧),这两条大圆弧一长一短,短的是最短线,长的不是. 但是,只取球面上不含任何同一条直径的两个端点的大圆弧(测地线)为最短线.

2.9 曲面的基本方程、曲面论的基本定理、Gauss 绝妙定理

定理 2.9.1 设 M 为 $\mathbf{R}^n$ 中的 $n-1$ 维 C^3 正则超曲面,则第 1,2 基本形式系数 g_{ij},L_{ij} 必须满足下面的曲面基本方程:

$$\frac{\partial \Gamma_{ij}^k}{\partial u^l} - \frac{\partial \Gamma_{il}^k}{\partial u^j} + \sum_{m=1}^{n-1}(\Gamma_{ij}^m \Gamma_{ml}^k - \Gamma_{il}^m \Gamma_{mj}^k) = L_{ij}\omega_l^k - L_{il}\omega_j^k \quad \textbf{(Gauss 方程)};$$

$$\frac{\partial L_{ij}}{\partial u^l} - \frac{\partial L_{il}}{\partial u^j} + \sum_{m=1}^{n-1}(\Gamma_{ij}^m L_{ml} - \Gamma_{il}^m L_{mj}) = 0 \quad \textbf{(Codazzi 方程)}.$$

证明 熟知 2 阶连续偏导数可交换次序,即

$$\frac{\partial}{\partial u^i}\boldsymbol{x}'_{u^j} = \frac{\partial}{\partial u^i}\left(\frac{\partial \boldsymbol{x}}{\partial u^j}\right) = \frac{\partial}{\partial u^j}\left(\frac{\partial \boldsymbol{x}}{\partial u^i}\right) = \frac{\partial}{\partial u^j}\boldsymbol{x}'_{u^i}, \tag{2.9.1}$$

$$\frac{\partial}{\partial u^l}\left(\frac{\partial \boldsymbol{x}'_{u^i}}{\partial u^j}\right) = \frac{\partial}{\partial u^j}\left(\frac{\partial \boldsymbol{x}'_{u^i}}{\partial u^l}\right), \tag{2.9.2}$$

$$\frac{\partial}{\partial u^i}\left(\frac{\partial \boldsymbol{n}}{\partial u^j}\right)=\frac{\partial}{\partial u^j}\left(\frac{\partial \boldsymbol{n}}{\partial u^i}\right). \tag{2.9.3}$$

将曲面的基本公式

$$\begin{cases}\dfrac{\partial \boldsymbol{x}}{\partial u^i}=\boldsymbol{x}'_{u^i},\\ \dfrac{\partial \boldsymbol{x}'_{u^i}}{\partial u^j}=\displaystyle\sum_{k=1}^{n-1}\Gamma_{ij}^k\boldsymbol{x}'_{u^k}+L_{ij}\boldsymbol{n},\\ \dfrac{\partial \boldsymbol{n}}{\partial u^j}=-\displaystyle\sum_{k=1}^{n-1}\omega_j^k\boldsymbol{x}'_{u^k},\quad 其中\ \omega_j^k=\sum_{l=1}^{n-1}g^{kl}L_{lj}\end{cases}$$

代入式(2.9.1)后得到

$$\sum_{k=1}^{n-1}\Gamma_{ij}^k\boldsymbol{x}'_{u^k}+L_{ij}\boldsymbol{n}=\frac{\partial \boldsymbol{x}'_{u^i}}{\partial u^j}=\frac{\partial \boldsymbol{x}'_{u^j}}{\partial u^i}=\sum_{k=1}^{n-1}\Gamma_{ji}^k\boldsymbol{x}'_{u^k}+L_{ji}\boldsymbol{n}$$

$$\overset{\{\boldsymbol{x}'_{u^1},\boldsymbol{x}'_{u^2},\cdots,\boldsymbol{x}'_{u^{n-1}},\boldsymbol{n}\}线性无关}{\Longleftrightarrow}\quad \Gamma_{ij}^k=\Gamma_{ji}^k,\quad L_{ij}=L_{ji}\quad (对称性)$$

(因为 Γ_{ij}^k,L_{ij} 关于 i,j 对称,所以上式自动成立,这并不对 g_{ij},L_{ij} 附加什么约束条件).

再将曲面的基本公式代入式(2.9.2)后得到

$$\begin{aligned}&\sum_{k=1}^{n-1}\frac{\partial \Gamma_{ij}^k}{\partial u^l}\boldsymbol{x}'_{u^k}+\sum_{k=1}^{n-1}\Gamma_{ij}^k\left(\sum_{m=1}^{n-1}\Gamma_{kl}^m\boldsymbol{x}'_{u^m}+L_{kl}\boldsymbol{n}\right)+\frac{\partial L_{il}}{\partial u^l}\boldsymbol{n}+L_{ij}\left(-\sum_{k=1}^{n-1}\omega_l^k\boldsymbol{x}'_{u^k}\right)\\&=\frac{\partial}{\partial u^l}\left(\sum_{k=1}^{n-1}\Gamma_{ij}^k\boldsymbol{x}'_{u^k}+L_{ij}\boldsymbol{n}\right)=\frac{\partial}{\partial u^l}\left(\frac{\partial \boldsymbol{x}'_{u^i}}{\partial u^j}\right)=\frac{\partial}{\partial u^j}\left(\frac{\partial \boldsymbol{x}'_{u^i}}{\partial u^l}\right)=\frac{\partial}{\partial u^j}\left(\sum_{k=1}^{n-1}\Gamma_{il}^k\boldsymbol{x}'_{u^k}+L_{il}\boldsymbol{n}\right)\\&=\sum_{k=1}^{n-1}\frac{\partial \Gamma_{il}^k}{\partial u^j}\boldsymbol{x}'_{u^k}+\sum_{k=1}^{n-1}\Gamma_{il}^k\frac{\partial \boldsymbol{x}'_{u^k}}{\partial u^j}+\frac{\partial L_{il}}{\partial u^j}\boldsymbol{n}+L_{il}\frac{\partial \boldsymbol{n}}{\partial u^j}\\&=\sum_{k=1}^{n-1}\frac{\partial \Gamma_{il}^k}{\partial u^j}\boldsymbol{x}'_{u^k}+\sum_{k=1}^{n-1}\Gamma_{il}^k\left(\sum_{m=1}^{n-1}\Gamma_{kj}^m\boldsymbol{x}'_{u^m}+L_{kj}\boldsymbol{n}\right)+\frac{\partial L_{il}}{\partial u^j}\boldsymbol{n}+L_{il}\left(-\sum_{k=1}^{n-1}\omega_j^k\boldsymbol{x}'_{u^k}\right).\end{aligned}$$

由$\{\boldsymbol{x}'_{u^1},\boldsymbol{x}'_{u^2},\cdots,\boldsymbol{x}'_{u^{n-1}},\boldsymbol{n}\}$线性无关就得出

$$\frac{\partial \Gamma_{ij}^k}{\partial u^l}-\frac{\partial \Gamma_{il}^k}{\partial u^j}+\sum_{m=1}^{n-1}(\Gamma_{ij}^m\Gamma_{ml}^k-\Gamma_{il}^m\Gamma_{mj}^k)=L_{ij}\omega_l^k-L_{il}\omega_j^k\quad (\text{Gauss 方程}),$$

$$\frac{\partial L_{ij}}{\partial u^l}-\frac{\partial L_{il}}{\partial u^j}+\sum_{m=1}^{n-1}(\Gamma_{ij}^mL_{ml}-\Gamma_{il}^mL_{mj})=0\quad (\text{Codazzi 方程}).$$

□

注 2.9.1 将曲面基本公式代入式(2.9.3)后得到

$$\begin{aligned}&-\sum_{k=1}^{n-1}\frac{\partial \omega_j^k}{\partial u^i}\boldsymbol{x}'_{u^k}-\sum_{k=1}^{n-1}\omega_j^k\left(\sum_{l=1}^{n-1}\Gamma_{ki}^l\boldsymbol{x}'_{u^l}+L_{ki}\boldsymbol{n}\right)\\&=\frac{\partial}{\partial u^i}\left(-\sum_{k=1}^{n-1}\omega_j^k\boldsymbol{x}'_{u^k}\right)=\frac{\partial}{\partial u^i}\left(\frac{\partial \boldsymbol{n}}{\partial u^j}\right)=\frac{\partial}{\partial u^j}\left(\frac{\partial \boldsymbol{n}}{\partial u^i}\right)=\frac{\partial}{\partial u^j}\left(-\sum_{k=1}^{n-1}\omega_i^k\boldsymbol{x}'_{u^k}\right)\\&=-\sum_{k=1}^{n-1}\frac{\partial \omega_i^k}{\partial u^j}\boldsymbol{x}'_{u^k}-\sum_{k=1}^{n-1}\omega_i^k\left(\sum_{l=1}^{n-1}\Gamma_{kj}^l\boldsymbol{x}'_{u^l}+L_{kj}\boldsymbol{n}\right).\end{aligned}$$

由$\{\boldsymbol{x}'_{u^1},\boldsymbol{x}'_{u^2},\cdots,\boldsymbol{x}'_{u^{n-1}},\boldsymbol{n}\}$线性无关就得出

$$\begin{cases}\dfrac{\partial\omega_i^k}{\partial u^j}-\dfrac{\partial\omega_j^k}{\partial u^i}-\sum\limits_{l=1}^{n-1}\omega_j^l\Gamma_{li}^k+\sum\limits_{l=1}^{n-1}\omega_i^l\Gamma_{lj}^k=0, & (2.9.4)\\ \sum\limits_{k=1}^{n-1}\omega_j^kL_{ki}=\sum\limits_{k=1}^{n-1}\omega_i^kL_{kj}. & (2.9.5)\end{cases}$$

因此,g_{ij},L_{ij}必须满足这两式以及 Gauss 方程与 Codazzi 方程.

由于 $\omega_j^i=\sum\limits_{h=1}^{n-1}g^{ih}L_{hj}$,所以式(2.9.5) 自动成立,即

$$\sum_{k=1}^{n-1}\omega_j^kL_{ki}=\sum_{k,h=1}^{n-1}g^{kh}L_{hj}L_{ki}=\sum_{k,h=1}^{n-1}g^{hk}L_{kj}L_{hi}=\sum_{k,h=1}^{n-1}g^{kh}L_{hi}L_{kj}=\sum_{k=1}^{n-1}\omega_i^kL_{kj}.$$

此外,我们来从 Codazzi 方程推出式(2.9.4).事实上,

$$\begin{aligned}0&=\sum_{i=1}^{n-1}g^{ki}\cdot 0\\
&\xlongequal{\text{Codazzi 方程}}\sum_{i=1}^{n-1}g^{ki}\left(\frac{\partial L_{ij}}{\partial u^l}-\frac{\partial L_{il}}{\partial u^j}+\sum_{m=1}^{n-1}(\Gamma_{ij}^mL_{ml}-\Gamma_{il}^mL_{mj})\right)\\
&=\frac{\partial\left(\sum\limits_{i=1}^{n-1}g^{ki}L_{ij}\right)}{\partial u^l}-\frac{\partial\left(\sum\limits_{i=1}^{n-1}g^{ki}L_{il}\right)}{\partial u^j}-\sum_{i=1}^{n-1}\frac{\partial g^{ki}}{\partial u^l}L_{ij}+\sum_{i=1}^{n-1}\frac{\partial g^{ki}}{\partial u^j}L_{il}\\
&\quad+\sum_{i,m=1}^{n-1}g^{ki}\Gamma_{ij}^mL_{ml}-\sum_{i,m=1}^{n-1}g^{ki}\Gamma_{il}^mL_{mj}\\
&\xlongequal{\text{推论 2.4.1}}\frac{\partial\omega_j^k}{\partial u^l}-\frac{\partial\omega_l^k}{\partial u^j}+\sum_{i=1}^{n-1}\left(\sum_{p=1}^{n-1}g^{kp}\Gamma_{pl}^i+\sum_{p=1}^{n-1}g^{ip}\Gamma_{pl}^k\right)L_{ij}\\
&\quad-\sum_{i=1}^{n-1}\left(\sum_{p=1}^{n-1}g^{kp}\Gamma_{pj}^i+\sum_{p=1}^{n-1}g^{ip}\Gamma_{pj}^k\right)L_{il}+\sum_{i,m=1}^{n-1}g^{ki}\Gamma_{ij}^mL_{ml}-\sum_{i,m=1}^{n-1}g^{ki}\Gamma_{il}^mL_{mj}\\
&=\frac{\partial\omega_j^k}{\partial u^l}-\frac{\partial\omega_l^k}{\partial u^j}+\sum_{p=1}^{n-1}\omega_j^p\Gamma_{pl}^k-\sum_{p=1}^{n-1}\omega_l^p\Gamma_{pl}^k,\end{aligned}$$

这就是式(2.9.4).

注 2.9.2 当 $n=3$ 时,$n-1=2$,$u^1=u$,$u^2=v$.根据例 2.4.1 中 Γ_{ij}^k 与 ω_j^i 的表达式以及选用正交曲线网作为参数曲线网,有 $F=g_{12}=g_{21}=0$.于是,Gauss 方程中只有一个独立方程

$$-\frac{1}{\sqrt{EG}}\left\{\left[\frac{(\sqrt{E})'_v}{\sqrt{G}}\right]'_v+\left[\frac{(\sqrt{G})'_u}{\sqrt{E}}\right]'_u\right\}=\frac{LN-M^2}{EG}(=K_G).$$

而 Codazzi 方程中只有两个独立方程

$$\begin{cases} \left(\dfrac{L}{\sqrt{E}}\right)'_v - \left(\dfrac{M}{\sqrt{E}}\right)'_v - N\dfrac{(\sqrt{E})'_v}{G} - M\dfrac{(\sqrt{G})'_u}{\sqrt{EG}} = 0, \\ \left(\dfrac{N}{\sqrt{G}}\right)'_u - \left(\dfrac{M}{\sqrt{G}}\right)'_v - L\dfrac{(\sqrt{G})'_u}{E} - M\dfrac{(\sqrt{E})'_v}{\sqrt{EG}} = 0. \end{cases}$$

值得注意的是,从表面上看,Gauss 曲率

$$K_G = \frac{\begin{vmatrix} L_{11} & L_{12} & \cdots & L_{1,n-1} \\ L_{21} & L_{22} & \cdots & L_{2,n-1} \\ \vdots & \vdots & & \vdots \\ L_{n-1,1} & L_{n-1,2} & \cdots & L_{n-1,n-1} \end{vmatrix}}{\begin{vmatrix} g_{11} & g_{12} & \cdots & g_{1,n-1} \\ g_{21} & g_{22} & \cdots & g_{2,n-1} \\ \vdots & \vdots & & \vdots \\ g_{n-1,1} & g_{n-1,2} & \cdots & g_{n-1,n-1} \end{vmatrix}}$$

既与第 1 基本形式(的系数 g_{ij})有关,也与第 2 基本形式(的系数 L_{ij})有关.下面的 Gauss 绝妙定理是出乎意料的!

定理 2.9.2(Gauss 绝妙定理) $\mathbf{R}^3$ 中的 C^3 正则超曲面 M 的 Gauss 曲率(总曲率)K_G 由曲面的第 1 基本形式(的系数 g_{ij})所完全确定(而与第 2 基本形式(的系数 L_{ij})无关).

证明 (证法 1)取曲面的正交曲线网后(参数为 u,v),由注 2.9.2 中的 Gauss 方程得到

$$K_G = \frac{LN - M^2}{EG} = -\frac{1}{\sqrt{EG}}\left(\left(\frac{(\sqrt{E})'_v}{\sqrt{G}}\right)'_v + \left(\frac{(\sqrt{G})'_u}{\sqrt{E}}\right)'_u\right),$$

它的右边只与第 1 基本形式有关,故 K_G 只与第 1 基本形式有关(参阅例 2.11.2 中应用外微分(活动标架)的推导).

(证法 2)从

$$\begin{aligned} \begin{vmatrix} L_{ir} & L_{il} \\ L_{jr} & L_{jl} \end{vmatrix} &= L_{ir}L_{jl} - L_{il}L_{jr} \xlongequal{\text{定理 2.4.1 的证明}} L_{jl}\sum_{k=1}^{n-1} g_{kr}\omega_i^k - L_{il}\sum_{k=1}^{n-1} g_{kr}\omega_j^k \\ &= \sum_{k=1}^{n-1} g_{kr}(L_{lj}\omega_i^k - L_{li}\omega_j^k) \\ &\xlongequal{\text{Gauss 方程}} \sum_{k=1}^{n-1} g_{kr}\left(\frac{\partial \Gamma_{lj}^k}{\partial u^i} - \frac{\partial \Gamma_{li}^k}{\partial u^j} + \sum_{s=1}^{n-1}(\Gamma_{lj}^s\Gamma_{si}^k - \Gamma_{li}^s\Gamma_{sj}^k)\right) \end{aligned}$$

立知

$$\begin{vmatrix} L_{ir} & L_{il} \\ L_{jr} & L_{jl} \end{vmatrix}$$

只依赖于第 1 基本形式,而与第 2 基本形式无关.

当 $n=3$ 时,$n-1=2$,Gauss 曲率(总曲率)

$$K_G = \frac{\begin{vmatrix} L_{11} & L_{12} \\ L_{21} & L_{22} \end{vmatrix}}{\begin{vmatrix} g_{11} & g_{12} \\ g_{21} & g_{22} \end{vmatrix}} = \frac{\begin{vmatrix} L & M \\ M & N \end{vmatrix}}{EG-F^2}$$

只依赖于第 1 基本形式,而与第 2 基本形式无关! □

定理 2.9.3(推广的 Gauss 绝妙定理) $\mathbf{R}^{2k+1}$(k 为自然数)中的 C^3 正则超曲面 M 的 Gauss 曲率(总曲率)K_G 由曲面 M 的第 1 基本形式(的系数 g_{ij})所完全确定(而与第 2 基本形式(的系数 L_{ij})无关).

证明 由定理 2.9.2 的证法 2 知

$$\begin{vmatrix} L_{ir} & L_{il} \\ L_{jr} & L_{jl} \end{vmatrix} = \sum_{k=1}^{n-1} g_{kr}\left(\frac{\partial \Gamma_{lj}^k}{\partial u^i} - \frac{\partial \Gamma_{li}^k}{\partial u^j} + \sum_{s=1}^{n-1}(\Gamma_{lj}^s\Gamma_{si}^k - \Gamma_{li}^s\Gamma_{sj}^k)\right)$$

只依赖于第 1 基本形式,而与第 2 基本形式无关.

应用行列式的 Laplace 展开就得到

$$\begin{vmatrix} L_{11} & L_{12} & \cdots & L_{1,n-1} \\ L_{21} & L_{22} & \cdots & L_{2,n-1} \\ \vdots & \vdots & & \vdots \\ L_{n-1,1} & L_{n-1,2} & \cdots & L_{n-1,n-1} \end{vmatrix} = \sum \pm \begin{vmatrix} L_{ik} & L_{il} \\ L_{jk} & L_{jl} \end{vmatrix} \cdots \begin{vmatrix} L_{su} & L_{sv} \\ L_{tu} & L_{tv} \end{vmatrix}.$$

综上推得 Gauss 曲率(总曲率)

$$K_G = \frac{\begin{vmatrix} L_{11} & L_{12} & \cdots & L_{1,n-1} \\ L_{21} & L_{22} & \cdots & L_{2,n-1} \\ \vdots & \vdots & & \vdots \\ L_{n-1,1} & L_{n-1,2} & \cdots & L_{n-1,n-1} \end{vmatrix}}{\begin{vmatrix} g_{11} & g_{12} & \cdots & g_{1,n-1} \\ g_{21} & g_{22} & \cdots & g_{2,n-1} \\ \vdots & \vdots & & \vdots \\ g_{n-1,1} & g_{n-1,2} & \cdots & g_{n-1,n-1} \end{vmatrix}}$$

可用 g_{ij} 及其导数表达,即它只由第 1 基本形式(的系数 g_{ij})所完全确定,而与第 2 基本形式(的系数 L_{ij})无关! □

由曲面的第 1 基本形式所决定的几何,即所谓的曲面的内蕴几何学. 而 Gauss 绝妙定理表明 Gauss 曲率 K_G 就是一个曲面的内蕴几何量.

例 2.9.1 设 M 为 $\mathbf{R}^3$ 中的 2 维 C^3 正则曲面,它的第 1 基本形式为

$$I = ds^2 = \frac{du^2 + dv^2}{\left(1 + \frac{c}{4}(u^2 + v^2)\right)^2}, \quad c \text{ 为常数},$$

u, v 为参数. 证明:M 的 Gauss 曲率(总曲率)为常数 c.

当 $c \geqslant 0$ 时,曲面 M 的定义域 $D = \mathbf{R}^2$;当 $c < 0$ 时,

$$D = \left\{(u, v) \in \mathbf{R}^2 \,\middle|\, u^2 + v^2 < -\frac{4}{c}\right\}.$$

证明 (证法 1)

$$E = G = \frac{1}{\left(1 + \frac{c}{4}(u^2 + v^2)\right)^2}, \quad F = 0.$$

根据 Gauss 绝妙定理证法 1 中的公式得到

$$K_G = -\frac{1}{\sqrt{EG}}\left(\left(\frac{(\sqrt{E})'_v}{\sqrt{G}}\right)'_v + \left(\frac{(\sqrt{G})'_u}{\sqrt{E}}\right)'_u\right)$$

$$= -\left(1 + \frac{c}{4}(u^2 + v^2)\right)^2 \cdot \left(\left(\frac{\left(\frac{1}{1 + \frac{c}{4}(u^2 + v^2)}\right)'_v}{\frac{1}{1 + \frac{c}{4}(u^2 + v^2)}}\right)'_v\right.$$

$$\left. + \left(\frac{\left(\frac{1}{1 + \frac{c}{4}(u^2 + v^2)}\right)'_u}{\frac{1}{1 + \frac{c}{4}(u^2 + v^2)}}\right)'_u\right)$$

$$= -\left(1 + \frac{c}{4}(u^2 + v^2)\right)^2 \left(\left(\frac{-\frac{c}{2}v}{1 + \frac{c}{4}(u^2 + v^2)}\right)'_v + \left(\frac{-\frac{c}{2}u}{1 + \frac{c}{4}(u^2 + v^2)}\right)'_u\right)$$

$$= -\left(1 + \frac{c}{4}(u^2 + v^2)\right)^2 \left(\frac{-\frac{c}{2}\left(1 + \frac{c}{4}(u^2 + v^2) - \frac{c}{2}v^2\right)}{\left(1 + \frac{c}{4}(u^2 + v^2)\right)^2}\right.$$

$$+\frac{-\frac{c}{2}\left(1+\frac{c}{4}(u^2+v^2)-\frac{c}{2}u^2\right)}{\left(1+\frac{c}{4}(u^2+v^2)\right)^2}\Bigg]$$

$$=-\left(1+\frac{c}{4}(u^2+v^2)\right)^2\cdot\frac{-\frac{c}{2}\cdot 2}{\left(1+\frac{c}{4}(u^2+v^2)\right)^2}$$

$$=c.$$

（证法 2）因为第 1 基本量

$$F=0,\quad E=G=\frac{1}{\left(1+\frac{c}{4}(u^2+v^2)\right)^2},$$

所以由 Gauss 方程得到

$$K_{\mathrm{G}}=-\frac{1}{2\sqrt{EG}}\left[\left(\frac{E'_v}{\sqrt{EG}}\right)'_v+\left(\frac{G'_u}{\sqrt{EG}}\right)'_u\right]=-\frac{1}{2E}\left(\left(\frac{E'_v}{E}\right)'_v+\left(\frac{E'_u}{E}\right)'_u\right)$$

$$=-\frac{1}{E}\left((\ln\sqrt{E})''_{uu}+(\ln\sqrt{E})''_{vv}\right)\left(=\frac{-1}{E}\Delta\ln\sqrt{E}\right)$$

$$=\left(1+\frac{c}{4}(u^2+v^2)\right)^2\left(\left(\ln\left(1+\frac{c}{4}(u^2+v^2)\right)\right)''_{uu}+\left(\ln\left(1+\frac{c}{4}(u^2+v^2)\right)\right)''_{vv}\right)$$

$$=\left(1+\frac{c}{4}(u^2+v^2)\right)^2\left[\frac{\frac{c}{2}\left(1+\frac{c}{4}(v^2-u^2)\right)}{\left(1+\frac{c}{4}(u^2+v^2)\right)^2}+\frac{\frac{c}{2}\left(1+\frac{c}{4}(u^2-v^2)\right)}{\left(1+\frac{c}{4}(u^2+v^2)\right)^2}\right]$$

$$=c,$$

其中

$$\left(\ln\left(1+\frac{c}{4}(u^2+v^2)\right)\right)'_u=\frac{\frac{c}{2}u}{1+\frac{c}{4}(u^2+v^2)},$$

$$\left(\ln\left(1+\frac{c}{4}(u^2+v^2)\right)\right)''_{uu}=\frac{\frac{c}{2}\left(1+\frac{c}{4}(v^2-u^2)\right)}{\left(1+\frac{c}{4}(u^2+v^2)\right)^2},$$

$$\left(\ln\left(1+\frac{c}{4}(u^2+v^2)\right)\right)''_{vv}=\frac{\frac{c}{2}\left(1+\frac{c}{4}(u^2-v^2)\right)}{\left(1+\frac{c}{4}(u^2+v^2)\right)^2}.$$

□

注 2.9.3 在例 2.9.1 中,自然会问:$\mathbf{R}^3$ 中以

$$I = \mathrm{d}s^2 = \frac{\mathrm{d}u^2 + \mathrm{d}v^2}{\left(1 + \frac{c}{4}(u^2 + v^2)\right)^2}$$

为其第 1 基本形式的 2 维 C^3 正则曲面 M 是否存在? 当 $c \geqslant 0$ 时,回答是肯定的.事实上,取 $L = \sqrt{c}E, M = 0, N = \sqrt{c}G$,则

$$-\frac{1}{\sqrt{EG}}\left(\left(\frac{(\sqrt{E})'_v}{\sqrt{G}}\right)'_v + \left(\frac{(\sqrt{G})'_u}{\sqrt{E}}\right)'_u\right) = c = \frac{(\sqrt{c}E)(\sqrt{c}G) - 0^2}{EG} = \frac{LN - M^2}{EG} = K_G,$$

即 Gauss 方程是满足的.进而,有

$$\left(\frac{L}{\sqrt{E}}\right)'_v - \left(\frac{M}{\sqrt{E}}\right)'_u - N\frac{(\sqrt{E})'_v}{G} - M\frac{(\sqrt{G})'_u}{\sqrt{EG}} = (\sqrt{c}\sqrt{E})'_v - 0 - \sqrt{c}G\frac{(\sqrt{E})'_v}{G} - 0 = 0,$$

$$\left(\frac{N}{\sqrt{G}}\right)'_u - \left(\frac{M}{\sqrt{G}}\right)'_v - L\frac{(\sqrt{G})'_u}{E} - M\frac{(\sqrt{E})'_v}{\sqrt{EG}} = (\sqrt{c}\sqrt{G})'_u - 0 - \sqrt{c}E\frac{(\sqrt{G})'_u}{E} - 0 = 0,$$

即 Codazzi 方程是满足的.由下面的定理 2.9.4 与定理 2.9.5 知,这样的曲面是存在的.

从定理 2.9.1 知道,如果所给出的函数 g_{ij}, L_{ij} 不满足 Gauss-Codazzi 方程,则它们肯定不能成为某个曲面的第 1 基本形式与第 2 基本形式的系数.人们自然会问:如果给出了两族函数 g_{ij}, L_{ij},它们关于 i, j 对称,(g_{ij}) 正定且满足 Gauss-Codazzi 方程,那么能否找出曲面,使得它的第 1 基本形式与第 2 基本形式的系数就是所给的函数 g_{ij}, L_{ij} 呢? 我们有下面的定理.

定理 2.9.4 设 $\mathbf{R}^{n-1}$ 中单连通区域($(u^1, u^2, \cdots, u^{n-1})$ 为其参数)中定义的函数 g_{ij}, L_{ij},它们关于 i, j 对称,(g_{ij}) 正定,且满足 Gauss-Codazzi 方程.则偏微分方程组

$$\begin{cases} \dfrac{\partial \boldsymbol{x}}{\partial u^i} = \boldsymbol{x}_i, \\ \dfrac{\partial \boldsymbol{x}_i}{\partial u^j} = \sum\limits_{k=1}^{n-1} \Gamma_{ij}^k \boldsymbol{x}_k + L_{ij}\boldsymbol{n}, \\ \dfrac{\partial \boldsymbol{n}}{\partial u^j} = -\sum\limits_{k=1}^{n-1} \omega_j^k \boldsymbol{x}_k \quad \left(\text{其中 } \omega_j^k = \sum\limits_{l=1}^{n-1} g^{kl} L_{lj}\right) \end{cases}$$

(用 $\boldsymbol{x}_i$ 代替了 $\boldsymbol{x}'_{u^i}$),或相当于全微分方程组

$$\begin{cases} \mathrm{d}\boldsymbol{x} = \sum\limits_{i=1}^{n-1} \boldsymbol{x}_i \mathrm{d}u^i, \\ \mathrm{d}\boldsymbol{x}_i = \sum\limits_{j,k=1}^{n-1} \Gamma_{ij}^k \mathrm{d}u^j \boldsymbol{x}_k + \sum\limits_{j=1}^{n-1} L_{ij}\mathrm{d}u^j \boldsymbol{n}, \\ \mathrm{d}\boldsymbol{n} = -\sum\limits_{k,j=1}^{n-1} \omega_j^k \mathrm{d}u^j \boldsymbol{x}_k = -\sum\limits_{k,l,j=1}^{n-1} g^{kl} L_{lj} \mathrm{d}u^j \boldsymbol{x}_k \end{cases}$$

在初始($u^i=u_0^i$)的条件

$$\begin{cases} \boldsymbol{x} = \mathring{\boldsymbol{x}}, \\ \boldsymbol{x}_i = \mathring{\boldsymbol{x}}_i, \\ \boldsymbol{n} = \mathring{\boldsymbol{n}}, \end{cases}$$

下(其中 $\mathring{\boldsymbol{x}}_i \cdot \mathring{\boldsymbol{x}}_j = g_{ij}(\boldsymbol{u}_0)$, $\mathring{\boldsymbol{x}}_i \cdot \mathring{\boldsymbol{n}} = 0$, $\mathring{\boldsymbol{n}} \cdot \mathring{\boldsymbol{n}} = 1$)存在着唯一的解$\{\boldsymbol{x}, \boldsymbol{x}_i, \boldsymbol{n}\}$.

证明 (1) 在单连通参数区域中用一条曲线 C_0 将初始点 $P_0(\boldsymbol{u}_0)$与参数区域中任一点 $P_1(\boldsymbol{u}_1)$连接起来(图 2.9.1). 设 C_0 的参数表示为

$$\boldsymbol{u} = \boldsymbol{u}(t) = (u^1(t), u^2(t), \cdots, u^{n-1}(t)), \quad 0 \leqslant t \leqslant 1,$$

其中 $\boldsymbol{u}(0)=\boldsymbol{u}_0$, $\boldsymbol{u}(1)=\boldsymbol{u}_1$, 即$(u^1(0), u^2(0), \cdots, u^{n-1}(0)) = (u_0^1, u_0^2, \cdots, u_0^{n-1})$, $(u^1(1), u^2(1), \cdots, u^{n-1}(1)) = (u_1^1, u_1^2, \cdots, u_1^{n-1})$. 沿此曲线, 上述全微分方程组就变成了常微分方程组

$$\begin{cases} \dfrac{\mathrm{d}\boldsymbol{x}}{\mathrm{d}t} = \displaystyle\sum_{i=1}^{n-1} \boldsymbol{x}_i \frac{\mathrm{d}u^i}{\mathrm{d}t}, \\ \dfrac{\mathrm{d}\boldsymbol{x}_i}{\mathrm{d}t} = \displaystyle\sum_{j,k=1}^{n-1} \Gamma_{ij}^k \frac{\mathrm{d}u^j}{\mathrm{d}t}\boldsymbol{x}_k + \sum_{j=1}^{n-1} L_{ij} \frac{\mathrm{d}u^j}{\mathrm{d}t}\boldsymbol{n}, \\ \dfrac{\mathrm{d}\boldsymbol{n}}{\mathrm{d}t} = -\displaystyle\sum_{k,l,j=1}^{n-1} g^{kl} L_{lj} \frac{\mathrm{d}u^j}{\mathrm{d}t}\boldsymbol{x}_k. \end{cases}$$

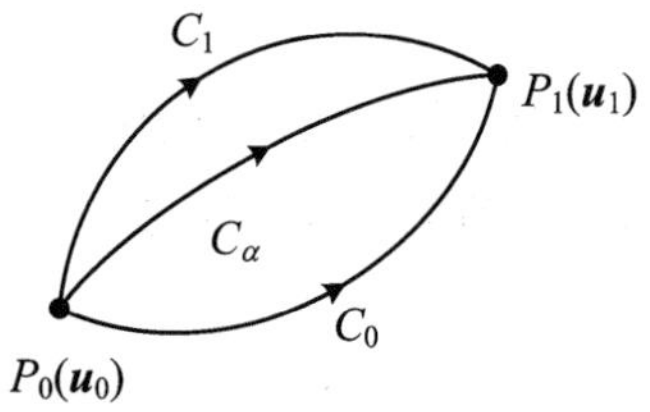

图 2.9.1

于是, 在初始条件下, 此常微分方程组有解$\{\boldsymbol{x}(t), \boldsymbol{x}_i(t), \boldsymbol{n}(t)\}$. 因而, 在 $P_1(\boldsymbol{u}_1)$处就得到了$\{\boldsymbol{x}(1), \boldsymbol{x}_i(1), \boldsymbol{n}(1)\}$.

(2) 下面我们证明$\{\boldsymbol{x}(1), \boldsymbol{x}_i(1), \boldsymbol{n}(1)\}$和连接点 P_0 与 P_1 的曲线选择无关.

设 C_1 为连接点 P_0 与 P_1 的另一条曲线. 因为参数区域是单连通区域, 所以必能选取一族曲线 C_α, 其中每一条曲线都是连接点 P_0 与 P_1 的(图 2.9.1). 设它们为

$$\boldsymbol{u} = \boldsymbol{u}(t, \alpha),$$

其中 t, $0 \leqslant t \leqslant 1$ 是每条曲线上的参数. $\boldsymbol{u}(0, \alpha)$代表点 P_0, $\boldsymbol{u}(1, \alpha)$代表点 P_1, 所以

$$\begin{cases} \boldsymbol{u}(0, \alpha) = \boldsymbol{u}_0, & \dfrac{\partial \boldsymbol{u}}{\partial \alpha}(0, \alpha) = 0, \\ \boldsymbol{u}(1, \alpha) = \boldsymbol{u}_1, & \dfrac{\partial \boldsymbol{u}}{\partial \alpha}(1, \alpha) = 0. \end{cases}$$

不同的 α, $0 \leqslant \alpha \leqslant 1$ 表示曲线族中不同的曲线, 其中 $\boldsymbol{u}(t, 0)$代表 C_0, $\boldsymbol{u}(t, 1)$代表 C_1

(图 2.9.1).

当固定 α 时,沿曲线 C_α,如上类似地可在上述同样的初始条件下得到常微分方程组的解

$$\{\boldsymbol{x}(t,\alpha),\boldsymbol{x}_i(t,\alpha),\boldsymbol{n}(t,\alpha)\},$$

其中 α 为一个参变量.因此,上述常微分方程组实际上应改写为(d 换成 ∂)

$$\begin{cases}\dfrac{\partial \boldsymbol{x}}{\partial t}=\displaystyle\sum_{i=1}^{n-1}\boldsymbol{x}_i\frac{\partial u^i}{\partial t},\\ \dfrac{\partial \boldsymbol{x}_i}{\partial t}=\displaystyle\sum_{j,k=1}^{n-1}\Gamma_{ij}^k\frac{\partial u^j}{\partial t}\boldsymbol{x}_k+\sum_{j=1}^{n-1}L_{ij}\frac{\partial u^j}{\partial t}\boldsymbol{n},\\ \dfrac{\partial \boldsymbol{n}}{\partial t}=-\displaystyle\sum_{k,l,j=1}^{n-1}g^{kl}L_{lj}\frac{\partial u^j}{\partial t}\boldsymbol{x}_k.\end{cases}\tag{2.9.6}$$

又从常微分方程组的解对参数连续可导定理知,解$\{\boldsymbol{x}(t,\alpha),\boldsymbol{x}_i(t,\alpha),\boldsymbol{n}(t,\alpha)\}$对 α 也是连续可导的.

进而希望能证出

$$\begin{cases}\dfrac{\partial \boldsymbol{x}}{\partial \alpha}=\displaystyle\sum_{i=1}^{n-1}\boldsymbol{x}_i\frac{\partial u^i}{\partial \alpha},\\ \dfrac{\partial \boldsymbol{x}_i}{\partial \alpha}=\displaystyle\sum_{j,k=1}^{n-1}\Gamma_{ij}^k\frac{\partial u^j}{\partial \alpha}\boldsymbol{x}_k+\sum_{j=1}^{n-1}L_{ij}\frac{\partial u^j}{\partial \alpha}\boldsymbol{n},\\ \dfrac{\partial \boldsymbol{n}}{\partial \alpha}=-\displaystyle\sum_{k,l,j=1}^{n-1}g^{kl}L_{lj}\frac{\partial u^j}{\partial \alpha}\boldsymbol{x}_k.\end{cases}\tag{2.9.7}$$

若上面各式都成立,则在式中令 $t=1$,由于$\left.\dfrac{\partial u^i}{\partial \alpha}\right|_{t=1}=0$,于是

$$\begin{aligned}\frac{\partial \boldsymbol{x}\mid_{t=1}}{\partial \alpha}&=\left.\frac{\partial \boldsymbol{x}}{\partial \alpha}\right|_{t=1}=0,\\ \frac{\partial \boldsymbol{x}_i\mid_{t=1}}{\partial \alpha}&=\left.\frac{\partial \boldsymbol{x}_i}{\partial \alpha}\right|_{t=1}=0,\\ \frac{\partial \boldsymbol{n}\mid_{t=1}}{\partial \alpha}&=\left.\frac{\partial \boldsymbol{n}}{\partial \alpha}\right|_{t=1}=0.\end{aligned}$$

所以,$\boldsymbol{x}|_{t=1}$,$\boldsymbol{x}_i|_{t=1}$,$\boldsymbol{n}|_{t=1}$与 α 无关;也就是说,沿不同的曲线 C_α 求解,在点 P_1 处所得到的解都是相同的.特别地,沿 C_0 与沿 C_1 所得的解$\{\boldsymbol{x}(1,0),\boldsymbol{x}_i(1,0),\boldsymbol{n}(1,0)\}$与$\{\boldsymbol{x}(1,1),\boldsymbol{x}_i(1,1),\boldsymbol{n}(1,1)\}$是相同的.

(3) 剩下的是要证明式(2.9.7).先令

$$\begin{cases} \dfrac{\partial \boldsymbol{x}}{\partial \alpha} = \displaystyle\sum_{i=1}^{n-1} \boldsymbol{x}_i \frac{\partial u^i}{\partial \alpha} + \boldsymbol{\varepsilon}, \\ \dfrac{\partial \boldsymbol{x}_i}{\partial \alpha} = \displaystyle\sum_{j,k=1}^{n-1} \Gamma_{ij}^k \frac{\partial u^j}{\partial \alpha} \boldsymbol{x}_k + \sum_{j=1}^{n-1} L_{ij} \frac{\partial u^j}{\partial \alpha} \boldsymbol{n} + \boldsymbol{\varepsilon}_i, \\ \dfrac{\partial \boldsymbol{n}}{\partial \alpha} = -\displaystyle\sum_{k,l,j=1}^{n-1} g^{kl} L_{lj} \frac{\partial u^j}{\partial \alpha} \boldsymbol{x}_k + \boldsymbol{\eta}. \end{cases} \tag{2.9.8}$$

显然,式(2.9.7)成立$\Leftrightarrow \boldsymbol{\varepsilon} = \boldsymbol{0}, \boldsymbol{\varepsilon}_i = \boldsymbol{0}, \boldsymbol{\eta} = \boldsymbol{0}$.

由于 $\boldsymbol{x}, \boldsymbol{x}_i, \boldsymbol{n}$ 都是(t, α)的连续可导的函数,所以 2 阶偏导数次序可交换,即

$$\begin{cases} \dfrac{\partial}{\partial t}\left(\dfrac{\partial \boldsymbol{x}}{\partial \alpha}\right) = \dfrac{\partial}{\partial \alpha}\left(\dfrac{\partial \boldsymbol{x}}{\partial t}\right), \\ \dfrac{\partial}{\partial t}\left(\dfrac{\partial \boldsymbol{x}_i}{\partial \alpha}\right) = \dfrac{\partial}{\partial \alpha}\left(\dfrac{\partial \boldsymbol{x}_i}{\partial t}\right), \\ \dfrac{\partial}{\partial t}\left(\dfrac{\partial \boldsymbol{n}}{\partial \alpha}\right) = \dfrac{\partial}{\partial \alpha}\left(\dfrac{\partial \boldsymbol{n}}{\partial t}\right). \end{cases}$$

将式(2.9.8)代入上面各式的左边,而将式(2.9.6)代入上面各式的右边,利用 Γ_{ij}^k, L_{ij} 关于 i, j 的对称性及 Gauss-Codazzi 方程,经整理后就得到

$$\begin{cases} \dfrac{\partial \boldsymbol{\varepsilon}}{\partial t} = \displaystyle\sum_{i=1}^{n-1} \boldsymbol{\varepsilon}_i \frac{\partial u^i}{\partial t}, \\ \dfrac{\partial \boldsymbol{\varepsilon}_i}{\partial t} = \displaystyle\sum_{k,j=1}^{n-1} \Gamma_{ij}^k \frac{\partial u^j}{\partial t} \boldsymbol{\varepsilon}_k + \sum_{j=1}^{n-1} L_{ij} \frac{\partial u^j}{\partial t} \boldsymbol{\eta}, \\ \dfrac{\partial \boldsymbol{\eta}}{\partial t} = -\displaystyle\sum_{k,l,j=1}^{n-1} g^{kl} L_{lj} \frac{\partial u^j}{\partial t} \boldsymbol{\varepsilon}_k. \end{cases} \tag{2.9.9}$$

上面式(2.9.9)中第 1,2 式的证明较容易,第 3 式的证明还需用到:对

$$\sum_{l=1}^{n-1} g^{kl} g_{lj} = \delta_j^k$$

两边关于 u^i 求偏导得到的

$$\frac{\partial g^{ks}}{\partial u^i} = -\sum_{j,l=1}^{n-1} g^{kl} g^{js} \frac{\partial g_{lj}}{\partial u^i} = -\sum_{j,l=1}^{n-1} g^{kl} g^{js} \left(\sum_{r=1}^{n-1} \Gamma_{li}^r g_{rj} + \sum_{r=1}^{n-1} \Gamma_{ji}^r g_{rl} \right) = -\sum_{r=1}^{n-1} g^{kr} \Gamma_{ri}^s - \sum_{r=1}^{n-1} g^{rs} \Gamma_{ri}^k.$$

在式(2.9.8)中令 $t = 0$ 后就得到式(2.9.9)的初始条件应为

$$\boldsymbol{\varepsilon}\,\big|_{t=0} = \boldsymbol{\varepsilon}_i\,\big|_{t=0} = \boldsymbol{\eta}\,\big|_{t=0} = \boldsymbol{0}.$$

因为沿每一条曲线 C_α 在上述初始条件下求解式(2.9.9),只能得到零解. 于是,我们证明了式(2.9.7)成立. □

从定理 2.9.4 自然得到:

定理 2.9.5(曲面论的基本定理) $\mathbf{R}^{n-1}$中在单连通区域上给出了两组 $g_{ij}, L_{ij}$$(i, j$

$=1,2,\cdots,n-1$)，它们关于 i,j 是对称的，其中(g_{ij})正定，而且满足 Gauss-Codazzi 方程，则存在 $\mathbf{R}^n$ 中的曲面，它以 g_{ij}，L_{ij} 为第1基本形式与第2基本形式的系数，且满足此性质的曲面除 $\mathbf{R}^n$ 中的一个刚性运动外是唯一的.

证明 (1) 首先证明从方程组

$$\begin{cases} \mathrm{d}\boldsymbol{x} = \sum_{i=1}^{n-1} \boldsymbol{x}_i \mathrm{d}u^i, \\ \mathrm{d}\boldsymbol{x}_i = \sum_{j,k=1}^{n-1} \Gamma_{ij}^k \mathrm{d}u^j \boldsymbol{x}_k + \sum_{j=1}^{n-1} L_{ij} \mathrm{d}u^j \boldsymbol{n}, \\ \mathrm{d}\boldsymbol{n} = \sum_{k,l,j=1}^{n-1} g^{kl} L_{lj} \mathrm{d}u^j \boldsymbol{x}_k \end{cases}$$

同时被解出的 $\boldsymbol{x},\boldsymbol{x}_i,\boldsymbol{n}$ 之间有着下列密切的关系：

$$\begin{cases} \boldsymbol{x}_i \cdot \boldsymbol{x}_j - g_{ij} = 0, \\ \boldsymbol{x}_i \cdot \boldsymbol{n} = 0, \\ \boldsymbol{n} \cdot \boldsymbol{n} - 1 = 0, \end{cases} \tag{2.9.10}$$

这里 $\boldsymbol{x}_i$ 是曲面 $\boldsymbol{x}$ 的坐标曲线切向量，$\{\boldsymbol{x}_i,\boldsymbol{n}\mid_{i=1,2,\cdots,n-1}\}$构成了该曲面上的活动标架，它是自然标架场.在2.11节中，我们还要引入另一种重要的正交活动标架场.

由定理2.4.1证明知

$$\sum_{k=1}^{n-1} \Gamma_{il}^k g_{kj} + \sum_{k=1}^{n-1} \Gamma_{jl}^k g_{ik} - \frac{\partial g_{ij}}{\partial u^l} = 0,$$

因此

$$\begin{aligned} \mathrm{d}(\boldsymbol{x}_i \cdot \boldsymbol{x}_j - g_{ij}) &= \mathrm{d}\boldsymbol{x}_i \cdot \boldsymbol{x}_j + \boldsymbol{x}_i \cdot \mathrm{d}\boldsymbol{x}_j - \mathrm{d}g_{ij} \\ &= \Big(\sum_{k,l=1}^{n-1} \Gamma_{il}^k \mathrm{d}u^l \boldsymbol{x}_k\Big) \cdot \boldsymbol{x}_j + \boldsymbol{x}_i \cdot \Big(\sum_{k,l=1}^{n-1} \Gamma_{jl}^k \mathrm{d}u^l \boldsymbol{x}_k\Big) - \mathrm{d}g_{ij} \\ &\quad + \Big(\sum_{l=1}^{n-1} L_{il} \mathrm{d}u^l \boldsymbol{n}\Big) \cdot \boldsymbol{x}_j + \boldsymbol{x}_i \cdot \Big(\sum_{l=1}^{n-1} L_{jl} \mathrm{d}u^l \boldsymbol{n}\Big) \\ &= \sum_{k,l=1}^{n-1} \Gamma_{il}^k \mathrm{d}u^l (\boldsymbol{x}_k \cdot \boldsymbol{x}_j - g_{kj}) + \sum_{k,l=1}^{n-1} \Gamma_{jl}^k \mathrm{d}u^l (\boldsymbol{x}_i \cdot \boldsymbol{x}_k - g_{ik}) \\ &\quad + \sum_{l=1}^{n-1} L_{il} \mathrm{d}u^l \boldsymbol{x}_j \cdot \boldsymbol{n} + \sum_{l=1}^{n-1} L_{jl} \mathrm{d}u^l \boldsymbol{x}_i \cdot \boldsymbol{n} \\ &\quad + \sum_{l=1}^{n-1} \Big(\sum_{k=1}^{n-1} \Gamma_{il}^k g_{kj} + \sum_{k=1}^{n-1} \Gamma_{jl}^k g_{ik} - \frac{\partial g_{ij}}{\partial u^l}\Big) \mathrm{d}u^l, \end{aligned}$$

$$
\begin{cases}
\mathrm{d}(\boldsymbol{x}_i\cdot\boldsymbol{x}_j-g_{ij})=\displaystyle\sum_{k,l=1}^{n-1}\Gamma_{il}^k\mathrm{d}u^l(\boldsymbol{x}_k\cdot\boldsymbol{x}_j-g_{kj})+\sum_{k,l=1}^{n-1}\Gamma_{jl}^k\mathrm{d}u^l(\boldsymbol{x}_i\cdot\boldsymbol{x}_k-g_{ik})\\
\qquad\qquad\qquad\qquad+\displaystyle\sum_{l=1}^{n-1}L_{il}\mathrm{d}u^l\boldsymbol{x}_j\cdot\boldsymbol{n}+\sum_{l=1}^{n-1}L_{jl}\mathrm{d}u^l\boldsymbol{x}_i\cdot\boldsymbol{n},\\
\mathrm{d}(\boldsymbol{n}\cdot\boldsymbol{n}-1)=2\boldsymbol{n}\cdot\mathrm{d}\boldsymbol{n}=2\boldsymbol{n}\cdot\left(-\displaystyle\sum_{k,j=1}^{n-1}\omega_j^k\mathrm{d}u^j\boldsymbol{x}_k\right)=-2\sum_{k,j=1}^{n-1}\omega_j^k\mathrm{d}u^j(\boldsymbol{x}_k\cdot\boldsymbol{n}),\\
\mathrm{d}(\boldsymbol{x}_i\cdot\boldsymbol{n})=\mathrm{d}\boldsymbol{x}_i\cdot\boldsymbol{n}+\boldsymbol{x}_i\cdot\mathrm{d}\boldsymbol{n}\\
\qquad=\displaystyle\sum_{k,j=1}^{n-1}\Gamma_{ij}^k\mathrm{d}u^j(\boldsymbol{x}_k\cdot\boldsymbol{n})+\sum_{j=1}^{n-1}L_{ij}\mathrm{d}u^j(\boldsymbol{n}\cdot\boldsymbol{n})-\boldsymbol{x}_i\sum_{k,j=1}^{n-1}\omega_j^k\mathrm{d}u^j\boldsymbol{x}_k\\
\qquad=\displaystyle\sum_{k,j=1}^{n-1}\Gamma_{ij}^k\mathrm{d}u^j(\boldsymbol{x}_k\cdot\boldsymbol{n})+\sum_{j=1}^{n-1}L_{ij}\mathrm{d}u^j(\boldsymbol{n}\cdot\boldsymbol{n}-1)\\
\qquad\quad-\displaystyle\sum_{k,j=1}^{n-1}\omega_j^k\mathrm{d}u^j(\boldsymbol{x}_i\cdot\boldsymbol{x}_k-g_{ik})
\end{cases}
\tag{2.9.11}
$$

$\left(\text{这里第3式中用到了定理2.4.1证明中的公式 } L_{ij}=\displaystyle\sum_{k=1}^{n-1}\omega_j^k g_{ik}\right)$是关于未知函数$\boldsymbol{x}_i\cdot\boldsymbol{x}_j-g_{ij}$,$\boldsymbol{n}\cdot\boldsymbol{n}-1$及$\boldsymbol{x}_i\cdot\boldsymbol{n}$的线性微分方程组,在$u=u_0$处的初始条件为

$$
\begin{cases}
\mathring{\boldsymbol{x}}_i\cdot\mathring{\boldsymbol{x}}_j-g_{ij}(u_0)=0,\\
\mathring{\boldsymbol{n}}\cdot\mathring{\boldsymbol{n}}-1=0,\\
\mathring{\boldsymbol{x}}_i\cdot\mathring{\boldsymbol{n}}=0.
\end{cases}
\tag{2.9.12}
$$

现证方程组(2.9.11)只有零解,即式(2.9.10)成立.

事实上,设C是连接$P_0(\boldsymbol{u}_0)$及曲面上任意点$P(\boldsymbol{u})$的任意曲线,用$\boldsymbol{u}=\boldsymbol{u}(t)$表示.于是,沿着曲线$C$,方程组(2.9.11)化为

$$
\begin{cases}
\dfrac{\mathrm{d}(\boldsymbol{x}_i\cdot\boldsymbol{x}_j-g_{ij})}{\mathrm{d}t}=\displaystyle\sum_{k,l=1}^{n-1}\Gamma_{il}^k\frac{\mathrm{d}u^l}{\mathrm{d}t}(\boldsymbol{x}_k\cdot\boldsymbol{x}_j-g_{kj})+\sum_{k,j=1}^{n-1}\Gamma_{jl}^k\frac{\mathrm{d}u^l}{\mathrm{d}t}(\boldsymbol{x}_i\cdot\boldsymbol{x}_k-g_{ik})\\
\qquad\qquad\qquad\qquad+\displaystyle\sum_{l=1}^{n-1}L_{il}\frac{\mathrm{d}u^l}{\mathrm{d}t}\boldsymbol{x}_j\cdot\boldsymbol{n}+\sum_{l=1}^{n-1}L_{jl}\frac{\mathrm{d}u^l}{\mathrm{d}t}\boldsymbol{x}_i\cdot\boldsymbol{n},\\
\dfrac{\mathrm{d}(\boldsymbol{n}\cdot\boldsymbol{n}-1)}{\mathrm{d}t}=-2\displaystyle\sum_{k,j=1}^{n-1}\omega_j^k\frac{\mathrm{d}u^j}{\mathrm{d}t}(\boldsymbol{x}_k\cdot\boldsymbol{n}),\\
\dfrac{\mathrm{d}(\boldsymbol{x}_i\cdot\boldsymbol{n})}{\mathrm{d}t}=\displaystyle\sum_{k,j=1}^{n-1}\Gamma_{ij}^k\frac{\mathrm{d}u^j}{\mathrm{d}t}(\boldsymbol{x}_k\cdot\boldsymbol{n})+\sum_{j=1}^{n-1}L_{ij}\frac{\mathrm{d}u^j}{\mathrm{d}t}(\boldsymbol{n}\cdot\boldsymbol{n}-1)\\
\qquad\qquad-\displaystyle\sum_{k,j=1}^{n-1}\omega_j^k\frac{\mathrm{d}u^j}{\mathrm{d}t}(\boldsymbol{x}_i\cdot\boldsymbol{x}_k-g_{ik}).
\end{cases}
\tag{2.9.13}
$$

常微分方程组(2.9.13)在零初始条件(2.9.12)下只有零解.因此,沿着曲线 C,在 C 的终点 $P(\boldsymbol{u})$处式(2.9.10)成立.

又因

$$I = \mathrm{d}\boldsymbol{x} \cdot \mathrm{d}\boldsymbol{x} = \Big(\sum_{i=1}^{n-1} \boldsymbol{x}_i \mathrm{d}u^i\Big)\Big(\sum_{j=1}^{n-1} \boldsymbol{x}_j \mathrm{d}u^j\Big) = \sum_{i,j=1}^{n-1} g_{ij}\mathrm{d}u^i \mathrm{d}u^j,$$

$$\begin{aligned} II &= -\mathrm{d}\boldsymbol{n} \cdot \mathrm{d}\boldsymbol{x} = \Big(\sum_{k,i=1}^{n-1} \omega_i^k \mathrm{d}u^i \boldsymbol{x}_k\Big)\Big(\sum_{j=1}^{n-1} \boldsymbol{x}_j \mathrm{d}u^j\Big) \\ &= \sum_{k,i,j=1}^{n-1} \omega_i^k g_{kj} \mathrm{d}u^i \mathrm{d}u^j = \sum_{i,j=1}^{n-1} L_{ij} \mathrm{d}u^i \mathrm{d}u^j, \end{aligned}$$

所以这个曲面具有已给的第 1 基本形式与第 2 基本形式.

最后,取两组不同的满足式(2.9.12)的初始条件

$$\{\underset{\circ}{\boldsymbol{x}}, \underset{\circ}{\boldsymbol{x}}_i, \underset{\circ}{\boldsymbol{n}}\} \quad 及 \quad \{\underset{\circ}{\bar{\boldsymbol{x}}}, \underset{\circ}{\bar{\boldsymbol{x}}}_i, \underset{\circ}{\bar{\boldsymbol{n}}}\}$$

所解出的曲面 M 与 $\bar{M}$ 当然不相同.但由于两组初始条件中相应的基向量之间的内积都相同,故可用 $\mathbf{R}^n$ 中的一个刚性运动将$\{\underset{\circ}{\bar{\boldsymbol{x}}}, \underset{\circ}{\bar{\boldsymbol{x}}}_i, \underset{\circ}{\bar{\boldsymbol{n}}}\}$移到$\{\underset{\circ}{\boldsymbol{x}}, \underset{\circ}{\boldsymbol{x}}_i, \underset{\circ}{\boldsymbol{n}}\}$,在这种刚性运动下,该曲面 $\bar{M}$ 变到曲面 M^*.又因第 1 基本形式与第 2 基本形式在 $\mathbf{R}^n$ 中的一个刚性运动下是不变的,而且曲面 M^* 与 M 有相同的初始条件.于是,由定理 2.9.4,上述方程组在初始条件下解的唯一性知 M^* 与 M 重合,故曲面 M 与 $\bar{M}$ 只差 $\mathbf{R}^n$ 中的一个刚性运动. □

2.10 Riemann 流形、Levi-Civita 联络、向量场的平行移动、测地线

定义2.10.1 设 M 为非空集合,$\mathscr{T}$为 M 的一个子集族,满足:

(1) $\varnothing, M \in \mathscr{T}$;

(2) 若 $U_1, U_2 \in \mathscr{T}$,则 $U_1 \cap U_2 \in \mathscr{T}$;

(3) 若 $U_\alpha \in \mathscr{T}, \alpha \in \Gamma$(指标集),则 $\bigcup\limits_{\alpha \in \Gamma} U_\alpha \in \mathscr{T}$.或者,如果 $\mathscr{T}_1 \subset \mathscr{T}$,则 $\bigcup\limits_{U \in \mathscr{T}_1} U \in \mathscr{T}$.

我们称 $\mathscr{T}$为 M 上的一个**拓扑**,称$(M, \mathscr{T})$为 M 上的一个**拓扑空间**,称 $U \in \mathscr{T}$为该拓扑空间$(M, \mathscr{T})$的**开集**;如果 F 的余(补)集 $F^c = M - F$ 为开集,则称 F 为**闭集**.

如果对 $\forall\, p, q \in M, p \neq q$,必有 p 的开邻域 U_p 和 q 的开邻域 U_q,使得 $U_p \cap U_q = \varnothing$,则称$(M, \mathscr{T})$为 **Hausdorff 空间或 T_2 空间**.

如果有可数子集族 $\mathscr{T}_0 \subset \mathscr{T}$,使得对 $\forall\, U \in \mathscr{T}$,必有 $\mathscr{T}_1 \subset \mathscr{T}_0$,满足 $U = \bigcup\limits_{B \in \mathscr{T}_1} B$(等价地,$\forall\, x \in U$,必$\exists\, B \in \mathscr{T}_0$,使 $x \in B \subset U$),则称$(M, \mathscr{T})$为**具有第二可数性公理的拓扑空间**或

A_2 空间,称 $\mathscr{T}_0$ 为$(M,\mathscr{T})$的**可数拓扑基**.

例 2.10.1 设$(M,\mathscr{T})$为拓扑空间,$X\subset M$,则

$$\mathscr{T}_X = \{X \cap U \mid U \in \mathscr{T}\}$$

为 X 上的一个拓扑,$(X,\mathscr{T}_X)$为 X 上的一个拓扑空间,称为$(M,\mathscr{T})$的**子拓扑空间**.

事实上,因为

(1) $\varnothing_X = X\cap\varnothing_M$, $\varnothing_M\in\mathscr{T}$, 故$\varnothing_X\in\mathscr{T}_X$; $X = X\cap M$, $M\in\mathscr{T}$, 故 $X\in\mathscr{T}_X$.

(2) 若 $V_1\in\mathscr{T}_X$, $V_2\in\mathscr{T}_X$,则$\exists\, U_1, U_2\in\mathscr{T}$,使得

$$V_i = X \cap U_i, \quad i = 1,2.$$

由此推得 $U_1\cap U_2\in\mathscr{T}$,且

$$V_1 \cap V_2 = (X \cap U_1) \cap (X \cap U_2) = X \cap (U_1 \cap U_2) \in \mathscr{T}_X.$$

(3) 若 $V_\alpha\in\mathscr{T}_X$, $\alpha\in\Gamma$(指标集),则$\exists\, U_\alpha\in\mathscr{T}$,使得

$$V_\alpha = X \cap U_\alpha, \quad \alpha \in \Gamma.$$

由此推得 $\bigcup\limits_{\alpha\in\Gamma} U_\alpha\in\mathscr{T}$,且

$$\bigcup_{\alpha\in\Gamma} V_\alpha = \bigcup_{\alpha\in\Gamma}(X \cap U_\alpha) = X \cap \left(\bigcup_{\alpha\in\Gamma} U_\alpha\right) \in \mathscr{T}_X.$$

综合(1)、(2)、(3)立知,$\mathscr{T}_X$ 为 X 上的一个拓扑.

如果$(M,\mathscr{T})$为 T_2 空间,$X\subset M$,则$(M,\mathscr{T})$的子拓扑空间$(X,\mathscr{T}_X)$也为 T_2 空间.事实上,对$\forall\, p,q\in X\subset M$,由$(M,\mathscr{T})$为 T_2 空间,故$\exists\, U_p\in\mathscr{T}$, $U_q\in\mathscr{T}$,使得 $p\in U_p$, $q\in U_q$,且 $U_p\cap U_q=\varnothing$.于是

$$p \in X \cap U_p \in \mathscr{T}_X, \quad q \in X \cap U_q \in \mathscr{T}_X,$$

且

$$(X \cap U_p) \cap (X \cap U_q) = X \cap (U_p \cap U_q) = X \cap \varnothing = \varnothing.$$

从而,$(X,\mathscr{T}_X)$为 T_2 空间.

如果$(M,\mathscr{T})$为 A_2 空间,$X\subset M$,则$(M,\mathscr{T})$的子拓扑空间$(X,\mathscr{T}_X)$也为 A_2 空间.事实上,因为$(M,\mathscr{T})$为 A_2 空间,故存在可数拓扑基 $\mathscr{T}_0$.令

$$\mathscr{T}_{X0} = \{X \cap U \mid U \in \mathscr{T}_0\},$$

则对$\forall\, V = X\cap U$, $U\in\mathscr{T}$, $\exists\,\mathscr{T}_1\subset\mathscr{T}_0$,使得

$$U = \bigcup_{B\in\mathscr{T}_1} B.$$

于是

$$V = X \cap U = X \cap \left(\bigcup_{B\in\mathscr{T}_1} B\right) = \bigcup_{B\in\mathscr{T}_1}(X \cap B),$$

其中 $X\cap B\in X\cap\mathscr{T}_1\subset X\cap\mathscr{T}_0\subset X\cap\mathscr{T}$.因此

$$X \cap \mathscr{T}_0 = \{X \cap C \mid C \in \mathscr{T}_0\}$$

为$(X,\mathscr{T}_X)$的可数拓扑基.从而,$(X,\mathscr{T}_X)$也为 A_2 空间.

例 2.10.2 设映射 $\rho: M\times M\to\mathbf{R}$ 满足对 $x,y,z\in M$,有:

(1) $\rho(x,y)\geqslant 0$,且 $\rho(x,y)=0\Leftrightarrow x=y$(正定性);

(2) $\rho(x,y)=\rho(y,x)$(对称性);

(3) $\rho(x,y)\leqslant\rho(x,z)+\rho(z,y)$(三点(角)不等式).

则称 ρ 为 M 上的一个**度量**或**距离**.而(M,ρ)称为 M 上的一个**度量(或距离)空间**.

容易验证:M 的子集族 $\mathcal{T}_\rho=\{U\subset M\mid \forall x\in U,\exists\delta>0$,使开球 $B(x;\delta)\subset U\}$ 为 M 上的一个拓扑,$(M,\mathcal{T}_\rho)$为由度量(或距离)ρ 诱导的拓扑空间,其中开球

$$B(x;\delta)=\{y\in M\mid \rho(y,x)<\delta\}.$$

事实上:

(1) 因为$\varnothing$中不含点,故$\varnothing\in\mathcal{T}_\rho$.对 $\forall x\in M$,$M=\bigcup\limits_{x\in M}B(x;1)\in\mathcal{T}_\rho$,故 $M\in\mathcal{T}_\rho$.

(2) 设 $U_1,U_2\in\mathcal{T}_\rho$,则当 $U_1\cap U_2=\varnothing$时,由(1)立知,$U_1\cap U_2=\varnothing\in\mathcal{T}_\rho$;当 $x\in U_1\cap U_2\neq\varnothing$时,$x\in U_i$,$i=1,2$,则 $\exists\delta_i>0$,$B(x;\delta_i)\in U_i$,从而 $x\in B(x;\delta)\subset U_1\cap U_2$,其中 $\delta=\min\{\delta_1,\delta_2\}>0$.由此推得 $U_1\cap U_2\in\mathcal{T}_\rho$.

(3) 设 $U_\alpha\in\mathcal{T}_\rho$,$\alpha\in\Gamma$,则当 $\bigcup\limits_{\alpha\in\Gamma}U_\alpha=\varnothing$时,由(1)立知,$\bigcup\limits_{\alpha\in\Gamma}U_\alpha=\varnothing\in\mathcal{T}_\rho$;当 $x\in\bigcup\limits_{\alpha\in\Gamma}U_\alpha\neq\varnothing$时,$\exists\alpha_0\in\Gamma$ 使得$x\in U_{\alpha_0}\subset\bigcup\limits_{\alpha\in\Gamma}U_\alpha$.因此,必有 $\delta>0$,使 $x\in B(x;\delta)\subset U_{\alpha_0}\subset\bigcup\limits_{\alpha\in\Gamma}U_\alpha$.由此推得 $\bigcup\limits_{\alpha\in\Gamma}U_\alpha\in\mathcal{T}_\rho$.

综合(1)、(2)、(3)立知,$\mathcal{T}_\rho$ 为M 上的一个拓扑.

对 $\forall p,q\in M$,$p\neq q$,因为

$$B\left(p;\frac{\rho(p,q)}{2}\right)\cap B\left(q;\frac{\rho(p,q)}{2}\right)=\varnothing,\quad p\in B\left(p;\frac{\rho(p,q)}{2}\right),\ q\in B\left(q;\frac{\rho(p,q)}{2}\right),$$

且开球必属于 $\mathcal{T}_\rho$,即开球为开集,故$(M,\mathcal{T}_\rho)$为 T_2 空间.

在 Euclid 空间$(\mathbf{R}^n,\rho_0^n)$中,设

$$\rho_0^n(x,y)=\left(\sum_{i=1}^n(x^i-y^i)^2\right)^{\frac{1}{2}}$$

为 $x=(x^1,\cdots,x^n)\in\mathbf{R}^n$ 与 $y=(y^1,\cdots,y^n)\in\mathbf{R}^n$ 两点的距离(满足距离的三条件).易见

$$\mathcal{T}_0=\left\{B\left(x;\frac{1}{n}\right)\middle|\, x\in\mathbf{Q}^n,n\in\mathbf{N}\right\}\subset\mathcal{T}_\rho$$

为$(\mathbf{R}^n,\mathcal{T}_{\rho_0^n})$的可数拓扑基,从而$(\mathbf{R}^n,\mathcal{T}_{\rho_0^n})$为 A_2 空间,其中 $\mathbf{Q}$ 为有理数集,$\mathbf{N}$ 为自然数集.

根据上述知,Euclid 空间$(\mathbf{R}^n,\mathcal{T}_{\rho_0^n})$的任何子拓扑空间也是 T_2 和 A_2 空间.

定义 2.10.2 设 M 为T_2 和 A_2 空间.如果对 $\forall p\in M$,都存在 p 在M 中的一个开邻域U 和同胚$\varphi: U\to\varphi(U)$,其中 $\varphi(U)\subset\mathbf{R}^n$ 为开集(**局部欧**),则称 M 为 **n 维拓扑流形**或 **C^0 流形**.

(U,φ)称为**局部坐标系**(图片族)，U 称为**局部坐标邻域**，φ 称为**局部坐标映射**，$u^i(p)=(\varphi(p))^i, i=1,2,\cdots,m$ 为 $p\in U$ 的**局部坐标**，简记为$\{u^i\}$，有时也称它为局部坐标系. 如果记 $\mathscr{D}^0$ 为局部坐标系的全体，那么拓扑流形就是由 $\mathscr{D}^0$ 中的图片粘成的图册. 如果 $p\in U$，则称(U,φ)为 **p 的局部坐标系**.

定义 2.10.3 设$(M,\mathscr{D}^0)$为 n 维拓扑流形，Γ 为指标集，如果 $\mathscr{D}=\{(U_\alpha,\varphi_\alpha)\mid\alpha\in\Gamma\}\subset\mathscr{D}^0$满足：

(1) $\bigcup\limits_{\alpha\in\Gamma}U_\alpha=M$.

(2) C^r 相容性：如果$(U_\alpha,\varphi_\alpha),(U_\beta,\varphi_\beta)\in\mathscr{D}$, $U_\alpha\cap U_\beta\neq\varnothing$，则 $\varphi_\beta\circ\varphi_\alpha^{-1}$: $\varphi_\alpha(U_\alpha\cap U_\beta)\to\varphi_\beta(U_\alpha\cap U_\beta)$是 C^r, $r\in\{0,1,\cdots,\infty,\omega\}$类的(由对称性，当然 $\varphi_\alpha\circ\varphi_\beta^{-1}$ 也是 C^r 类的). 即

$$\begin{cases}v^1=(\varphi_\beta\circ\varphi_\alpha^{-1})_1(u^1,u^2,\cdots,u^n),\\ \cdots,\\ v^n=(\varphi_\beta\circ\varphi_\alpha^{-1})_n(u^1,u^2,\cdots,u^n)\end{cases}$$

是 C^r类的.

(3) 最大性：$\mathscr{D}$ 关于(2)是最大的，也就是说，如果$(U,\varphi)\in\mathscr{D}^0$，且它和任何$(U_\alpha,\varphi_\alpha)\in\mathscr{D}$ 是 C^r相容的，则$(U,\varphi)\in\mathscr{D}$. 它等价于：如果$(U,\varphi)\notin\mathscr{D}$，则$(U,\varphi)$必与某个$(U_\alpha,\varphi_\alpha)\in\mathscr{D}$ 不是 C^r相容的.

当 $r\geqslant1$ 时，我们称 $\mathscr{D}$ 为 M 上的一个 C^r **微分构造**；$(M,\mathscr{D})$称为 C^r**流形**. 当 $r=\omega$ 时，称$(M,\mathscr{D})$为**实解析流形**.

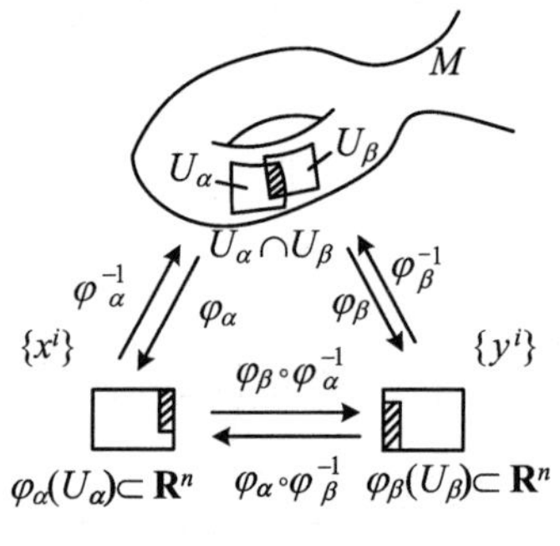

图 2.10.1

类似于拓扑流形，C^r微分流形就是 $\mathscr{D}$ 中图片光滑($C^r, r\geqslant1$)粘成的图册(图 2.10.1).

如果$(U_\alpha,\varphi_\alpha),\{u^i\}\in\mathscr{D}$ 和$(U_\beta,\varphi_\beta),\{v^i\}\in\mathscr{D}$ 为 p 的两个局部坐标系，$p\in U_\alpha\cap U_\beta$，则由 Jacobi 行列式

$$1=\frac{\partial(v^1,v^2,\cdots,v^n)}{\partial(v^1,v^2,\cdots,v^n)}=\frac{\partial(v^1,v^2,\cdots,v^n)}{\partial(u^1,u^2,\cdots,u^n)}\frac{\partial(u^1,u^2,\cdots,u^n)}{\partial(v^1,v^2,\cdots,v^n)}$$

可知，在 $\varphi_\alpha(U_\alpha\cap U_\beta)$中，

$$\frac{\partial(v^1,v^2,\cdots,v^n)}{\partial(u^1,u^2,\cdots,u^n)}\neq0.$$

一般来说，要直接得到满足(1)、(2)、(3)的 $\mathscr{D}$ 中所有的图片是很困难的. 但只要得到满足(1)、(2)的 $\mathscr{D}'$就可唯一确定

$$\mathscr{D}=\{(U,\varphi)\in\mathscr{D}^0\mid(U,\varphi)\text{ 与 }\mathscr{D}'C^r\text{ 相容}\},$$

它满足(1)、(2)、(3). 进而,如果 $\mathscr{D}_1',\mathscr{D}_2'\subset\mathscr{D}^0$ 满足定义 2.10.3 中的(1)和(2),且彼此的元素 C^r 相容,则它们确定的 C^r 微分构造 $\mathscr{D}_1$ 和 $\mathscr{D}_2$ 是相同的,即 $\mathscr{D}_1=\mathscr{D}_2$.

我们称上述 $\mathscr{D}'$ 为 C^r 微分构造 $\mathscr{D}$ 的一个**基**. 这就给出了具体构造微分流形的方法. 它与线性代数中由基生成向量空间以及点集拓扑中由拓扑基生成拓扑的思想是完全类似的.

定义 2.10.4　设 $(M,\mathscr{D})$ 为 n 维 $C^r(r\geqslant 1)$ 微分流形, $p\in M$, f 为 p 的某个局部坐标系 (U,φ), $\{u^i\}$ 中的 C^r 函数,我们定义 p 点处**坐标切向量** $\left.\frac{\partial}{\partial u^i}\right|_p$, $i=1,2,\cdots,n$, 使得

$$\left.\frac{\partial}{\partial u^i}\right|_p f=\left.\frac{\partial(f\circ\varphi^{-1})}{\partial u^i}\right|_{\varphi(p)}.$$

称点 p 处所有的切向量组成的空间

$$T_pM=\left\{\sum_{i=1}^n\alpha^i\left.\frac{\partial}{\partial u^i}\right|_p\ \middle|\ \alpha^i\in\mathbf{R},i=1,2,\cdots,n\right\}$$

为点 p 处的**切空间**. M 上所有切向量形成一个**切丛**

$$TM=\bigcup_{p\in M}T_pM,$$

它是所有切空间 $T_pM(p\in M)$ 的并. 设

$$X:M\rightarrow TM$$

为映射,且 $\boldsymbol{X}(p)\in T_pM$, 则称 $\boldsymbol{X}$ 为 M 上的**切向量场**. 如果对 M 的任一局部坐标系 (U,φ), $\{u^i\}\in\mathscr{D}$, $\boldsymbol{X}=\sum\limits_{i=1}^n\alpha^i(u^1,u^2,\cdots,u^n)\frac{\partial}{\partial u^i}$ 的每个系数 $\alpha^i(u^1,u^2,\cdots,u^n)$ 为 $u^1,u^2,\cdots,u^n$ 的 C^k, $0\leqslant k\leqslant r$ 函数,则称 $\boldsymbol{X}$ 为 M 上的 **C^k 切向量场**. 当 $k=0$ 时,它也称为**连续切向量场**.

定义 2.10.5　如果 $g=\langle,\rangle$ 对 $\forall\,p\in M$,

$$g_p=\langle,\rangle_p:T_pM\times T_pM\rightarrow\mathbf{R}$$

为 T_pM 上的一个内积,它是 T_pM 上的一个正定的对称的双(偏)线性函数. 又对任何局部坐标系 $(U_\alpha,\varphi_\alpha)$, $\{u^i\}$,

$$g\left(\frac{\partial}{\partial u^i},\frac{\partial}{\partial u^j}\right)=g_{ij}(u^1,u^2,\cdots,u^n),$$

其中 $u^1,u^2,\cdots,u^n$ 为 C^r 函数,则称 g 为 $(M,\mathscr{D})$ 上的一个 **C^r Riemann 度量**, 而 (M,g) 称为 $(M,\mathscr{D})$ 上的一个 **C^r Riemann 流形**.

设 $(U_\alpha,\varphi_\alpha)$, $\{u^i\}$ 与 (U_β,φ_β), $\{v^i\}$ 为点 p 的两个局部坐标系,则

$$\left.\frac{\partial}{\partial v^j}\right|_p f=\frac{\partial(f\circ\varphi_\beta^{-1})}{\partial v^j}(\varphi_\beta(p))=\sum_{i=1}^n\frac{\partial(f\circ\varphi_\alpha^{-1})}{\partial u^i}(\varphi_\alpha(p))\frac{\partial u^i}{\partial v^j}$$

$$= \left(\sum_{i=1}^{n} \frac{\partial u^i}{\partial v^j} \frac{\partial}{\partial u^i}\bigg|_p\right) f,$$

$$\frac{\partial}{\partial v^j}\bigg|_p = \sum_{i=1}^{n} \frac{\partial u^i}{\partial v^j} \frac{\partial}{\partial u^i}\bigg|_p \quad \text{（坐标基向量的变换公式）},$$

$$\begin{pmatrix} \dfrac{\partial}{\partial v^1} \\ \vdots \\ \dfrac{\partial}{\partial v^n} \end{pmatrix}_p = \begin{pmatrix} \dfrac{\partial u^1}{\partial v^1} & \cdots & \dfrac{\partial u^n}{\partial v^1} \\ \vdots & & \vdots \\ \dfrac{\partial u^1}{\partial v^n} & \cdots & \dfrac{\partial u^n}{\partial v^n} \end{pmatrix}_{\varphi_\beta(p)} \begin{pmatrix} \dfrac{\partial}{\partial u^1} \\ \vdots \\ \dfrac{\partial}{\partial u^n} \end{pmatrix}_p .$$

对 $\forall \boldsymbol{X}_p \in T_pM$，有

$$\sum_{j=1}^{n} \beta^j \frac{\partial}{\partial v^j}\bigg|_p = \boldsymbol{X}_p = \sum_{i=1}^{n} \alpha^i \frac{\partial}{\partial u^i}\bigg|_p = \sum_{i=1}^{n} \alpha^i \sum_{j=1}^{n} \frac{\partial v^j}{\partial u^i} \frac{\partial}{\partial v^j}\bigg|_p = \sum_{j=1}^{n} \left(\sum_{i=1}^{n} \alpha^i \frac{\partial v^j}{\partial u^i}\right) \frac{\partial}{\partial v^j}\bigg|_p .$$

由 $\left\{\dfrac{\partial}{\partial v^j}\bigg|_p \,\middle|\, j = 1,2,\cdots,n\right\}$ 线性无关得到**坐标变换公式**：

$$\beta^j = \sum_{i=1}^{n} \frac{\partial v^j}{\partial u^i} \alpha^i, \quad j = 1,2,\cdots,n,$$

即

$$\begin{pmatrix} \beta^1 \\ \vdots \\ \beta^n \end{pmatrix} = \begin{pmatrix} \dfrac{\partial v^1}{\partial u^1} & \cdots & \dfrac{\partial v^1}{\partial u^n} \\ \vdots & & \vdots \\ \dfrac{\partial v^n}{\partial u^1} & \cdots & \dfrac{\partial v^n}{\partial u^n} \end{pmatrix}_{\varphi_\alpha(p)} \begin{pmatrix} \alpha^1 \\ \vdots \\ \alpha^n \end{pmatrix} .$$

进而，我们有

$$\begin{aligned} \tilde{g}_{kl}(v^1, v^2, \cdots, v^n) &= g\left(\frac{\partial}{\partial v^k}, \frac{\partial}{\partial v^l}\right) = g\left(\sum_{i=1}^{n} \frac{\partial u^i}{\partial v^k} \frac{\partial}{\partial u^i}, \sum_{j=1}^{n} \frac{\partial u^j}{\partial v^l} \frac{\partial}{\partial u^j}\right) \\ &= \sum_{i,j=1}^{n} g\left(\frac{\partial}{\partial u^i}, \frac{\partial}{\partial u^j}\right) \frac{\partial u^i}{\partial v^k} \frac{\partial u^j}{\partial v^l} \\ &= \sum_{i,j=1}^{n} g_{ij}(u^1, u^2, \cdots, u^n) \frac{\partial u^i}{\partial v^k} \frac{\partial u^j}{\partial v^l}, \end{aligned}$$

即

$$\begin{pmatrix} \tilde{g}_{11} & \cdots & \tilde{g}_{1n} \\ \vdots & & \vdots \\ \tilde{g}_{n1} & \cdots & \tilde{g}_{nn} \end{pmatrix} = \begin{pmatrix} \dfrac{\partial u^1}{\partial v^1} & \cdots & \dfrac{\partial u^n}{\partial v^1} \\ \vdots & & \vdots \\ \dfrac{\partial u^1}{\partial v^n} & \cdots & \dfrac{\partial u^n}{\partial v^n} \end{pmatrix} \begin{pmatrix} g_{11} & \cdots & g_{1n} \\ \vdots & & \vdots \\ g_{n1} & \cdots & g_{nn} \end{pmatrix} \begin{pmatrix} \dfrac{\partial u^1}{\partial v^1} & \cdots & \dfrac{\partial u^1}{\partial v^n} \\ \vdots & & \vdots \\ \dfrac{\partial u^n}{\partial v^1} & \cdots & \dfrac{\partial u^n}{\partial v^n} \end{pmatrix},$$

这就表明$(\tilde{g}_{ij})$与(g_{ij})是相合的.

我们称

$$\boldsymbol{X}f = \left(\sum_{i=1}^{n} \alpha^i \frac{\partial}{\partial u^i}\right)f = \sum_{i=1}^{n} \alpha^i \frac{\partial f}{\partial u^i}$$

为 C^r 函数 f(在局部坐标系中,$f\circ\varphi_\alpha^{-1}(u^1,u^2,\cdots,u^n)$是 C^r 的)沿 X 方向的**方向导数**.而 $\dfrac{\partial f}{\partial u^i}$为$\dfrac{\partial(f\circ\varphi_\alpha^{-1})}{\partial u^i}$的简单表示.因为

$$\begin{aligned}\left(\sum_{j=1}^{n}\beta^j\frac{\partial}{\partial v^j}\right)f &= \sum_{j=1}^{n}\beta^j\frac{\partial f}{\partial v^j} = \sum_{j=1}^{n}\left(\sum_{i=1}^{n}\frac{\partial v^j}{\partial u^i}\alpha^i\right)\frac{\partial f}{\partial v^j} \\ &= \sum_{i=1}^{n}\alpha^i\left(\sum_{j=1}^{n}\frac{\partial f}{\partial v^j}\frac{\partial v^j}{\partial u^i}\right) = \sum_{i=1}^{n}\alpha^i\frac{\partial f}{\partial u^i},\end{aligned}$$

所以 f 沿 X 方向的方向导数与局部坐标系的选取无关.

设 $\boldsymbol{X},\boldsymbol{Y}$ 为 M 上的 C^k, $k\geqslant 1$ 切向量场,在局部坐标系$(U_\alpha,\varphi_\alpha)$,$\{u^i\}$中,记

$$\boldsymbol{X} = \sum_{i=1}^{n}\alpha^i\frac{\partial}{\partial u^i},\quad \boldsymbol{Y} = \sum_{j=1}^{n}\beta^j\frac{\partial}{\partial u^j}.$$

我们令

$$[\boldsymbol{X},\boldsymbol{Y}] = \sum_{j=1}^{n}\left(\sum_{i=1}^{n}\left(\alpha^i\frac{\partial\beta^j}{\partial u^i} - \beta^i\frac{\partial\alpha^j}{\partial u^i}\right)\right)\frac{\partial}{\partial u^j},$$

读者不难验证,右式与局部坐标系的选取无关.因此,$[\boldsymbol{X},\boldsymbol{Y}]$定义了 M 上的一个整体 C^{k-1}切向量场,称它为 $\boldsymbol{X}$ 与 $\boldsymbol{Y}$ 的**交换子积**或**方括号积**或 $\boldsymbol{Y}$ 关于 $\boldsymbol{X}$ 的 **Lie 导数**.

如果 $\boldsymbol{X},\boldsymbol{Y},f$ 都是C^2 类的,则对$\forall\lambda,\mu\in\mathbf{R}$, $\forall f,g\in C^2(M,\mathbf{R})$,$M$ 上的C^2 切向量场 $\boldsymbol{X},\boldsymbol{Y},\boldsymbol{Z}$ 有:

(1) $[\boldsymbol{X},\boldsymbol{Y}]f = \boldsymbol{X}(\boldsymbol{Y}f) - \boldsymbol{Y}(\boldsymbol{X}f)$;

(2) $[\boldsymbol{X},\boldsymbol{Y}] = -[\boldsymbol{Y},\boldsymbol{X}]$(反称性),$[\boldsymbol{X},\boldsymbol{X}]=0$(幂零性);

(3) $\left.\begin{aligned}&[\lambda\boldsymbol{X}+\mu\boldsymbol{Y},\boldsymbol{Z}] = \lambda[\boldsymbol{X},\boldsymbol{Z}]+\mu[\boldsymbol{Y},\boldsymbol{Z}]\\&[\boldsymbol{X},\lambda\boldsymbol{Y}+\mu\boldsymbol{Z}] = \lambda[\boldsymbol{X},\boldsymbol{Y}]+\mu[\boldsymbol{X},\boldsymbol{Z}]\end{aligned}\right\}$(双线性);

(4) $[f\boldsymbol{X},g\boldsymbol{Y}] = f(\boldsymbol{X}g)\boldsymbol{Y} - g(\boldsymbol{Y}f)\boldsymbol{X} + fg[\boldsymbol{X},\boldsymbol{Y}]$;

(5) $\left[\dfrac{\partial}{\partial u^i},\dfrac{\partial}{\partial u^j}\right] = 0$;

(6) $[\boldsymbol{X},[\boldsymbol{Y},\boldsymbol{Z}]]+[\boldsymbol{Y},[\boldsymbol{Z},\boldsymbol{X}]]+[\boldsymbol{Z},[\boldsymbol{X},\boldsymbol{Y}]] = 0$(**Jacobi 恒等式**).

在定理 2.4.1 的证明中,我们得到了在 p 的局部坐标系$(U_\alpha,\varphi_\alpha)$,$\{u^i\}$中,联络系数为

$$\Gamma_{ij}^k = \frac{1}{2}\sum_{r=1}^{n}g^{kr}\left(\frac{\partial g_{rj}}{\partial u^i} + \frac{\partial g_{ri}}{\partial u^j} - \frac{\partial g_{ij}}{\partial u^r}\right),\quad \Gamma_{ij}^k = \Gamma_{ji}^k.$$

而在 p 的另一局部坐标系 (U_β,φ_β),$\{v^i\}$ 中,联络系数为

$$\widetilde{\Gamma}^r_{\alpha\beta}=\frac{1}{2}\sum_{\delta=1}^n\widetilde{g}^{r\delta}\left(\frac{\partial\widetilde{g}_{\delta\beta}}{\partial v^\alpha}+\frac{\partial\widetilde{g}_{\delta\alpha}}{\partial v^\beta}-\frac{\partial\widetilde{g}_{\alpha\beta}}{\partial v^\delta}\right),\quad \widetilde{\Gamma}^r_{\alpha\beta}=\widetilde{\Gamma}^r_{\beta\alpha}.$$

作如下的计算:

$$\widetilde{g}_{\delta\beta}=\sum_{i,j=1}^n\frac{\partial u^i}{\partial v^\delta}\frac{\partial u^j}{\partial v^\beta}g_{ij},\quad \widetilde{g}^{r\delta}=\sum_{k,s=1}^n\frac{\partial v^r}{\partial u^k}\frac{\partial v^\delta}{\partial u^s}g^{ks},$$

$$\frac{\partial\widetilde{g}_{\delta\beta}}{\partial v^\alpha}=\sum_{i,j,l=1}^n\frac{\partial u^i}{\partial v^\alpha}\frac{\partial u^j}{\partial v^\beta}\frac{\partial u^l}{\partial v^\delta}\frac{\partial g_{lj}}{\partial u^i}+\sum_{i,j=1}^n\left(\frac{\partial^2u^i}{\partial v^\delta\partial v^\alpha}\frac{\partial u^j}{\partial v^\beta}g_{ij}+\frac{\partial u^i}{\partial v^\delta}\frac{\partial^2u^j}{\partial v^\beta\partial v^\alpha}g_{ij}\right).$$

同理,有

$$\frac{\partial\widetilde{g}_{\delta\alpha}}{\partial v^\beta}=\frac{\partial\widetilde{g}_{\alpha\delta}}{\partial v^\beta}=\sum_{i,j,l=1}^n\frac{\partial u^i}{\partial v^\alpha}\frac{\partial u^j}{\partial v^\beta}\frac{\partial u^l}{\partial v^\delta}\frac{\partial g_{il}}{\partial u^j}+\sum_{i,j=1}^n\left(\frac{\partial^2u^i}{\partial v^\alpha\partial v^\beta}\frac{\partial u^j}{\partial v^\delta}g_{ij}+\frac{\partial u^i}{\partial v^\alpha}\frac{\partial^2u^j}{\partial v^\delta\partial v^\beta}g_{ij}\right),$$

$$\frac{\partial\widetilde{g}_{\alpha\beta}}{\partial v^\delta}=\sum_{i,j,l=1}^n\frac{\partial u^i}{\partial v^\alpha}\frac{\partial u^j}{\partial v^\beta}\frac{\partial u^l}{\partial v^\delta}\frac{\partial g_{ij}}{\partial u^l}+\sum_{i,j=1}^n\left(\frac{\partial^2u^i}{\partial v^\alpha\partial v^\delta}\frac{\partial u^j}{\partial v^\beta}g_{ij}+\frac{\partial u^i}{\partial v^\alpha}\frac{\partial^2u^j}{\partial v^\beta\partial v^\delta}g_{ij}\right),$$

$$\begin{aligned}\widetilde{\Gamma}^r_{\alpha\beta}&=\frac{1}{2}\sum_{\delta=1}^n\widetilde{g}^{r\delta}\left(\frac{\partial\widetilde{g}_{\delta\beta}}{\partial v^\alpha}+\frac{\partial\widetilde{g}_{\delta\alpha}}{\partial v^\beta}-\frac{\partial\widetilde{g}_{\alpha\beta}}{\partial v^\delta}\right)\\
&=\frac{1}{2}\sum_{i,j,k,l,s,\delta=1}^n\frac{\partial v^r}{\partial u^k}\frac{\partial v^\delta}{\partial u^s}g^{ks}\cdot\frac{\partial u^i}{\partial v^\alpha}\frac{\partial u^j}{\partial v^\beta}\frac{\partial u^l}{\partial v^\delta}\left(\frac{\partial g_{lj}}{\partial u^i}+\frac{\partial g_{il}}{\partial u^j}-\frac{\partial g_{ij}}{\partial u^l}\right)\\
&\quad+\frac{1}{2}\sum_{i,j,k,s,\delta=1}^n\frac{\partial v^r}{\partial u^k}\frac{\partial v^\delta}{\partial u^s}g^{ks}\left(\frac{\partial u^i}{\partial v^\delta}\frac{\partial^2u^j}{\partial v^\beta\partial v^\alpha}g_{ij}+\frac{\partial^2u^i}{\partial v^\alpha\partial v^\beta}\frac{\partial u^j}{\partial v^\delta}g_{ij}\right)\\
&=\frac{1}{2}\sum_{i,j,k,l,s=1}^n\frac{\partial v^r}{\partial u^k}\frac{\partial u^i}{\partial v^\alpha}\frac{\partial u^j}{\partial v^\beta}\frac{\partial u^l}{\partial u^s}g^{ks}\left(\frac{\partial g_{lj}}{\partial u^i}+\frac{\partial g_{il}}{\partial u^j}-\frac{\partial g_{ij}}{\partial u^l}\right)\\
&\quad+\sum_{i,j,k,s=1}^n\frac{\partial v^r}{\partial u^k}\frac{\partial u^i}{\partial u^s}\frac{\partial^2u^j}{\partial v^\beta\partial v^\alpha}g^{ks}g_{ij}\\
&=\frac{1}{2}\sum_{i,j,k,l=1}^n\frac{\partial v^i}{\partial v^\alpha}\frac{\partial u^j}{\partial v^\beta}\frac{\partial v^r}{\partial u^k}g^{kl}\left(\frac{\partial g_{lj}}{\partial u^i}+\frac{\partial g_{il}}{\partial u^j}-\frac{\partial g_{ij}}{\partial u^l}\right)+\sum_{i,j,k=1}^n\frac{\partial v^r}{\partial u^k}\frac{\partial^2u^j}{\partial v^\beta\partial v^\alpha}g^{ki}g_{ij}\\
&=\sum_{i,j,k=1}^n\frac{\partial u^i}{\partial v^\alpha}\frac{\partial u^j}{\partial v^\beta}\frac{\partial v^r}{\partial u^k}\Gamma^k_{ij}+\sum_{j=1}^n\frac{\partial^2u^j}{\partial v^\alpha\partial v^\beta}\frac{\partial v^r}{\partial u^j},\end{aligned}\tag{2.10.1}$$

$$\begin{aligned}&\sum_{l=1}^n g_{lj}\Gamma^l_{ki}+\sum_{l=1}^n g_{il}\Gamma^l_{kj}\\
&=\frac{1}{2}\sum_{l=1}^n g_{lj}\sum_{s=1}^n g^{ls}\left(\frac{\partial g_{si}}{\partial u^k}+\frac{\partial g_{sk}}{\partial u^i}-\frac{\partial g_{ki}}{\partial u^s}\right)+\frac{1}{2}\sum_{l=1}^n g_{il}\sum_{s=1}^n g^{ls}\left(\frac{\partial g_{sj}}{\partial u^k}+\frac{\partial g_{sk}}{\partial u^j}-\frac{\partial g_{kj}}{\partial u^s}\right)\\
&=\frac{1}{2}\sum_{s=1}^n\delta^s_j\left(\frac{\partial g_{si}}{\partial u^k}+\frac{\partial g_{sk}}{\partial u^i}-\frac{\partial g_{ki}}{\partial u^s}\right)+\frac{1}{2}\sum_{s=1}^n\delta^s_i\left(\frac{\partial g_{sj}}{\partial u^k}+\frac{\partial g_{sk}}{\partial u^j}-\frac{\partial g_{kj}}{\partial u^s}\right)\\
&=\frac{1}{2}\left(\frac{\partial g_{ji}}{\partial u^k}+\frac{\partial g_{jk}}{\partial u^i}-\frac{\partial g_{ki}}{\partial u^j}\right)+\frac{1}{2}\left(\frac{\partial g_{ij}}{\partial u^k}+\frac{\partial g_{ik}}{\partial u^j}-\frac{\partial g_{kj}}{\partial u^i}\right)\end{aligned}$$

$$= \frac{\partial g_{ij}}{\partial u^k}. \qquad (2.10.2)$$

这就是定理 2.4.1 的证明中得到的式子.

令

$$\nabla_{\frac{\partial}{\partial u^i}} \frac{\partial}{\partial u^j} = \sum_{k=1}^n \Gamma_{ij}^k \frac{\partial}{\partial u^k}, \quad \nabla_{\frac{\partial}{\partial v^\alpha}} \frac{\partial}{\partial v^\beta} = \sum_{r=1}^n \tilde{\Gamma}_{\alpha\beta}^r \frac{\partial}{\partial v^r},$$

根据式(2.10.1)不难证明

$$\nabla_{\boldsymbol{X}} \boldsymbol{Y} = \nabla_{\sum\limits_{i=1}^n \alpha^i \frac{\partial}{\partial u^i}} \left(\sum_{j=1}^n \beta^j \frac{\partial}{\partial u^j} \right) = \sum_{i,j=1}^n \alpha^i \frac{\partial \beta^j}{\partial u^i} \frac{\partial}{\partial u^j} + \sum_{i,j=1}^n \alpha^i \beta^j \nabla_{\frac{\partial}{\partial u^i}} \frac{\partial}{\partial u^j}$$

$$= \sum_{i,j=1}^n \alpha^i \frac{\partial \beta^j}{\partial u^i} \frac{\partial}{\partial u^j} + \sum_{i,j,k=1}^n \alpha^i \beta^j \Gamma_{ij}^k \frac{\partial}{\partial u^k}$$

与局部坐标系的选取无关. 因此, $\nabla_{\boldsymbol{X}} \boldsymbol{Y}$ 定义了 M 上的一个整体的 C^{k-1} 切向量场.

如果 $(M, \mathscr{D})$, (M, g), $\boldsymbol{X}$, $\boldsymbol{Y}$ 都是 C^∞ 的, 易见 $\nabla_{\boldsymbol{X}} \boldsymbol{Y}$ 也是 C^∞ 的, 且算子(或映射)

$$\nabla : C^\infty(TM) \times C^\infty(TM) \to C^\infty(TM),$$
$$(X, Y) \mapsto \nabla_X Y$$

满足(其中 $C^\infty(TM)$ 为 M 上的 C^∞ 切向量场的全体):

(1) $\nabla_{f_1 \boldsymbol{X}_1 + f_2 \boldsymbol{X}_2} \boldsymbol{Y} = f_1 \nabla_{\boldsymbol{X}_1} \boldsymbol{Y} + f_2 \nabla_{\boldsymbol{X}_2} \boldsymbol{Y}$, $f_1, f_2 \in C^\infty(M, \mathbf{R})$, $\boldsymbol{X}_1, \boldsymbol{X}_2, \boldsymbol{Y} \in C^\infty(TM)$ (线性性);

(2) $\nabla_{\boldsymbol{X}}(\lambda_1 \boldsymbol{Y}_1 + \lambda_2 \boldsymbol{Y}_2) = \lambda_1 \nabla_{\boldsymbol{X}} \boldsymbol{Y}_1 + \lambda_2 \nabla_{\boldsymbol{X}} \boldsymbol{Y}_2$, $\lambda_1, \lambda_2 \in \mathbf{R}$, $\boldsymbol{X}, \boldsymbol{Y}_1, \boldsymbol{Y}_2 \in C^\infty(TM)$ (线性性);

(3) $\nabla_{\boldsymbol{X}}(f\boldsymbol{Y}) = (\boldsymbol{X}f)\boldsymbol{Y} + f\nabla_{\boldsymbol{X}} \boldsymbol{Y}$, $f \in C^\infty(M, \mathbf{R})$, $\boldsymbol{X}, \boldsymbol{Y} \in C^\infty(TM)$ (导性);

(4) $T(\boldsymbol{X}, \boldsymbol{Y}) = \nabla_{\boldsymbol{X}} \boldsymbol{Y} - \nabla_{\boldsymbol{Y}} \boldsymbol{X} - [\boldsymbol{X}, \boldsymbol{Y}] = 0$, $\forall \boldsymbol{X}, \boldsymbol{Y} \in C^\infty(TM)$, 即**挠张量** $T = 0$;

(5) $Z\langle \boldsymbol{X}, \boldsymbol{Y} \rangle = \langle \nabla_{\boldsymbol{Z}} \boldsymbol{X}, \boldsymbol{Y} \rangle + \langle \boldsymbol{X}, \nabla_{\boldsymbol{Z}} \boldsymbol{Y} \rangle$, $\forall \boldsymbol{X}, \boldsymbol{Y}, \boldsymbol{Z} \in C^\infty(TM)$.

我们称满足上述 5 个条件的 ∇ 为 Riemann 流形 $(M, g) = (M, \langle , \rangle)$ 上的 **Riemann 联络**或 **Levi-Civita 联络**.

定理 2.10.1　设 ∇ 为 n 维 C^∞ Riemann 流形 $(M, g) = (M, \langle , \rangle)$ 上的 Riemann 联络, $\sigma: [a, b] \to M$ 为 C^∞ 曲线, 则对 $\forall\, \boldsymbol{Y} \in T_{\sigma(a)} M$, 存在 σ 上的唯一的 $\boldsymbol{Y}(t) \in T_{\sigma(t)} M$, 使得 $\boldsymbol{Y}(a) = \boldsymbol{Y}$, $\boldsymbol{Y}(t)$ 关于 t 是 C^∞ 的, 且 $\boldsymbol{Y}(t)$ 沿 σ 是**平行的**或 $\boldsymbol{Y}(t)$ 是 $\boldsymbol{Y}$ 沿 σ 的**平行移动**, 即 $\nabla_{\sigma'(t)} \boldsymbol{Y}(t) = 0$ (图 2.10.2).

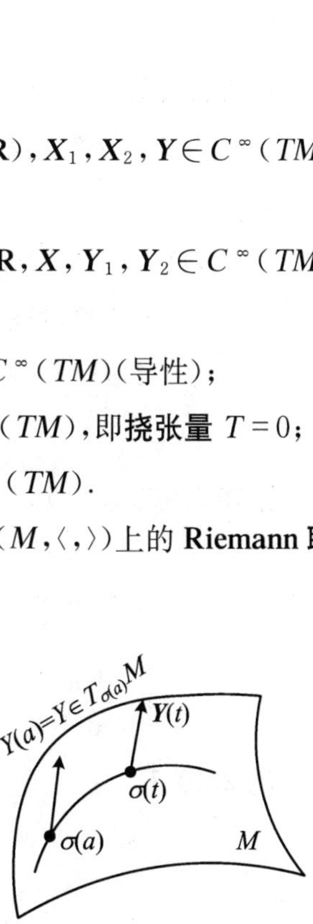

图 2.10.2

证明　在 $\sigma(a)$ 的局部坐标系 (U, φ), $\{u^i\}$ 中, 设

$$\nabla_{\frac{\partial}{\partial u^i}} \frac{\partial}{\partial u^j} = \sum_{k=1}^n \Gamma_{ij}^k \frac{\partial}{\partial u^k},$$

记 $u^i(\sigma(t))$为 $u^i(t), i=1,2,\cdots,n$.

$$\sigma'(t) = \sum_{i=1}^{n} \frac{\mathrm{d}u^i}{\mathrm{d}t} \frac{\partial}{\partial u^i}\Big|_{\sigma(t)}, \quad \boldsymbol{Y}(t) = \sum_{j=1}^{n} Y^j(t) \frac{\partial}{\partial u^j}\Big|_{\sigma(t)},$$

则

$$\begin{aligned}
&\boldsymbol{Y}(t)\text{沿 }\sigma\text{ 平行}\\
\Leftrightarrow\quad & 0 = \nabla_{\sigma'(t)} \boldsymbol{Y}(t) = \nabla_{\sigma'(t)} \sum_{j=1}^{n} Y^j(t) \frac{\partial}{\partial u^j}\Big|_{\sigma(t)}\\
&= \sum_{j=1}^{n} (\nabla_{\sigma'(t)} Y^j(t)) \cdot \frac{\partial}{\partial u^j}\Big|_{\sigma(t)} + \sum_{j=1}^{n} Y^j(t) \nabla_{\sum_{i=1}^{n} \frac{\mathrm{d}u^i}{\mathrm{d}t} \frac{\partial}{\partial u^i}|_{\sigma(t)}} \frac{\partial}{\partial u^j}\Big|_{\sigma(t)}\\
&= \sum_{j=1}^{n} \frac{\mathrm{d}Y^j(t)}{\mathrm{d}t} \frac{\partial}{\partial u^j}\Big|_{\sigma(t)} + \sum_{j=1}^{n} Y^j(t) \sum_{i=1}^{n} \frac{\mathrm{d}u^i}{\mathrm{d}t} \nabla_{\frac{\partial}{\partial u^i}} \frac{\partial}{\partial u^j}\Big|_{\sigma(t)}\\
&= \sum_{k=1}^{n} \left(\frac{\mathrm{d}Y^k}{\mathrm{d}t} + \sum_{i,j=1}^{n} \Gamma_{ij}^k \frac{\mathrm{d}u^i}{\mathrm{d}t} Y^j(t) \right) \frac{\partial}{\partial u^k}\Big|_{\sigma(t)}\\
\Leftrightarrow\quad & \frac{\mathrm{d}Y^k}{\mathrm{d}t} + \sum_{i,j=1}^{n} \Gamma_{ij}^k \frac{\mathrm{d}u^i}{\mathrm{d}t} Y^j = 0, \quad k = 1,2,\cdots,n \quad \textbf{（向量场的平移方程）}.
\end{aligned}$$

因为初始条件 $\boldsymbol{Y}(a)=\boldsymbol{Y}$ 确定了 n 个初始值 $Y^i(a), i=1,2,\cdots,n$，由线性常微分方程组解的存在性与唯一性定理，以及利用延拓的方法可以得到沿 σ 平行的唯一的 C^∞ 向量场 $\boldsymbol{Y}(t)$. □

推论 2.10.1 在局部坐标系(U,φ)，$\{u^i\}$中，

$$\begin{aligned}
&\sigma\text{ 为测地线，即}\nabla_{\sigma'(t)}\sigma'(t) = 0\\
\Leftrightarrow\quad & \frac{\mathrm{d}^2 u^k}{\mathrm{d}t^2} + \sum_{i,j=1}^{n} \Gamma_{ij}^k \frac{\mathrm{d}u^i}{\mathrm{d}t} \frac{\mathrm{d}u^j}{\mathrm{d}t} = 0, \quad k = 1,2,\cdots,n \quad \textbf{（测地线方程）}.
\end{aligned}$$

证明 在定理 2.10.1 中，$Y^j(t)=\dfrac{\mathrm{d}u^j}{\mathrm{d}t}$，则

$$0 = \nabla_{\sigma'(t)}\sigma'(t) = \sum_{k=1}^{n} \left(\frac{\mathrm{d}^2 u^k}{\mathrm{d}t^2} + \sum_{i,j=1}^{n} \Gamma_{ij}^k \frac{\mathrm{d}u^i}{\mathrm{d}t} \frac{\mathrm{d}u^j}{\mathrm{d}t} \right) \frac{\partial}{\partial u^k}\Big|_{\sigma(t)}$$

$$\Leftrightarrow \quad \frac{\mathrm{d}^2 u^k}{\mathrm{d}t^2} + \sum_{i,j=1}^{n} \Gamma_{ij}^k \frac{\mathrm{d}u^i}{\mathrm{d}t} \frac{\mathrm{d}u^j}{\mathrm{d}t} = 0, \quad k = 1,2,\cdots,n.$$ □

例 2.10.3 设

$$M = \{(x^1, x^2, \cdots, x^n) \mid x^i \in \mathbf{R}, i = 1,2,\cdots,n\},$$

$$g_{ij} = \left\langle \frac{\partial}{\partial x^i}, \frac{\partial}{\partial x^j} \right\rangle = \delta_{ij} = \begin{cases} 1, & i = j, \\ 0, & i \neq j, \end{cases} \quad i = 1,2,\cdots,n,$$

则

$$\Gamma_{ij}^k = \frac{1}{2}\sum_{l=1}^{n-1} g^{kl}\left(\frac{\partial g_{lj}}{\partial u^i} + \frac{\partial g_{il}}{\partial u^j} - \frac{\partial g_{ij}}{\partial u^l}\right) = 0, \quad k,i,j = 1,2,\cdots,n.$$

$$\frac{\mathrm{d}^2 x^k}{\mathrm{d}t^2} + \sum_{i,j=1}^{n}\Gamma_{ij}^k \frac{\mathrm{d}x^i}{\mathrm{d}t}\frac{\mathrm{d}x^j}{\mathrm{d}t} = 0, \quad k = 1,2,\cdots,n$$

$$\Leftrightarrow \quad \frac{\mathrm{d}^2 x^k}{\mathrm{d}t^2} = 0, \quad k = 1,2,\cdots,n$$

$$\Leftrightarrow \quad x^k = \alpha^k + \beta^k t, \quad k = 1,2,\cdots,n,$$

即

$$\text{测地线} \quad \Leftrightarrow \quad \text{直线}. \qquad \square$$

定理 2.10.2 设 ∇ 为 n 维 C^∞ Riemann 流形 $(M,g)=(M,\langle,\rangle)$ 的切丛 TM 上的 Riemann 联络(Levi-Civita 联络).

(1) 挠张量 $T=0 \Leftrightarrow$ 对任何局部坐标系 (U,φ), $\{u^i\}$, 有 $\Gamma_{ij}^k = \Gamma_{ji}^k$, $\forall\, i,j,k = 1,2,\cdots,n$(对称联络).

(2) 下列条件等价:

(a) ∇ 满足

$$\boldsymbol{Z}\langle \boldsymbol{X},\boldsymbol{Y}\rangle = \langle \nabla_{\boldsymbol{Z}}\boldsymbol{X},\boldsymbol{Y}\rangle + \langle \boldsymbol{X},\nabla_{\boldsymbol{Z}}\boldsymbol{Y}\rangle, \quad \forall\, \boldsymbol{X},\boldsymbol{Y},\boldsymbol{Z} \in C^\infty(TM).$$

(b) 对任何局部坐标系 $\{u^i\}$, 有

$$\frac{\partial g_{ij}}{\partial u^k} = \sum_{l=1}^n g_{lj}\Gamma_{ki}^l + \sum_{l=1}^n g_{il}\Gamma_{kj}^l, \quad i,j,k = 1,2,\cdots,n.$$

(c) 平行移动下保持内积(当然也保持长度).

证明 (1) 对 $\forall\, \boldsymbol{X},\boldsymbol{Y} \in C^\infty(TM)$,

$$T(\boldsymbol{X},\boldsymbol{Y}) = \nabla_{\boldsymbol{X}}\boldsymbol{Y} - \nabla_{\boldsymbol{Y}}\boldsymbol{X} - [\boldsymbol{X},\boldsymbol{Y}] = 0$$

$\Leftrightarrow$ 对任何局部坐标系 $\{u^i\}$,

$$0 = \nabla_{\frac{\partial}{\partial u^i}}\frac{\partial}{\partial u^j} - \nabla_{\frac{\partial}{\partial u^j}}\frac{\partial}{\partial u^i} - \left[\frac{\partial}{\partial u^i},\frac{\partial}{\partial u^j}\right] = \sum_{k=1}^n (\Gamma_{ij}^k - \Gamma_{ji}^k)\frac{\partial}{\partial u^k}$$

$$\Leftrightarrow \quad \Gamma_{ij}^k = \Gamma_{ji}^k, \quad i,j,k = 1,2,\cdots,n.$$

(2) (a)$\Leftrightarrow$(b).

$$\boldsymbol{Z}\langle \boldsymbol{X},\boldsymbol{Y}\rangle = \langle \nabla_{\boldsymbol{Z}}\boldsymbol{X},\boldsymbol{Y}\rangle + \langle \boldsymbol{X},\nabla_{\boldsymbol{Z}}\boldsymbol{Y}\rangle, \quad \forall\, \boldsymbol{X},\boldsymbol{Y},\boldsymbol{Z} \in C^\infty(TM)$$

$\Leftrightarrow$ 对任何局部坐标系 $\{u^i\}$, 有

$$\frac{\partial}{\partial u^k}\left\langle \frac{\partial}{\partial u^i},\frac{\partial}{\partial u^j}\right\rangle = \left\langle \nabla_{\frac{\partial}{\partial u^k}}\frac{\partial}{\partial u^i},\frac{\partial}{\partial u^j}\right\rangle + \left\langle \frac{\partial}{\partial u^i},\nabla_{\frac{\partial}{\partial u^k}}\frac{\partial}{\partial u^j}\right\rangle$$

$$\Leftrightarrow \quad \frac{\partial g_{ij}}{\partial u^k} = \left\langle \sum_{l=1}^n \Gamma_{ki}^l \frac{\partial}{\partial u^l},\frac{\partial}{\partial u^j}\right\rangle + \left\langle \frac{\partial}{\partial u^i},\sum_{l=1}^n \Gamma_{kj}^l \frac{\partial}{\partial u^l}\right\rangle$$

$$= \sum_{l=1}^{n} g_{lj}\Gamma_{ki}^{l} + \sum_{l=1}^{n} g_{il}\Gamma_{kj}^{l}, \quad i,j,k = 1,2,\cdots,n.$$

(c)$\Leftrightarrow$(b). 设

$$\boldsymbol{X}(t) = \sum_{i=1}^{n} a^{i}(t)\frac{\partial}{\partial u^{i}}, \quad \boldsymbol{Y}(t) = \sum_{j=1}^{n} b^{j}(t)\frac{\partial}{\partial u^{j}}$$

为沿 C^{∞} 曲线 $\sigma(t)$ 的关于 t 的 C^{∞} 切向量场. 如果 $\boldsymbol{X}(t)$ 与 $\boldsymbol{Y}(t)$ 沿 $\sigma(t)$ 平行,则

$$\frac{\mathrm{d}a^{i}}{\mathrm{d}t} + \sum_{j,k=1}^{n}\Gamma_{jk}^{i}\frac{\mathrm{d}u^{j}}{\mathrm{d}t}a^{k} = 0, \quad \frac{\mathrm{d}b^{i}}{\mathrm{d}t} + \sum_{j,k=1}^{n}\Gamma_{jk}^{i}\frac{\mathrm{d}u^{j}}{\mathrm{d}t}b^{k} = 0.$$

于是

平行移动保持内积不变,即 $\langle \boldsymbol{X}(t), \boldsymbol{Y}(t)\rangle$ 为常数

$$\begin{aligned}
\Leftrightarrow \quad 0 &= \frac{\mathrm{d}}{\mathrm{d}t}\langle \boldsymbol{X}(t), \boldsymbol{Y}(t)\rangle = \frac{\mathrm{d}}{\mathrm{d}t}\Big(\sum_{i,j=1}^{n} g_{ij}a^{i}b^{j}\Big) \\
&= \sum_{i,j=1}^{n}\frac{\mathrm{d}g_{ij}}{\mathrm{d}t}a^{i}b^{j} + \sum_{i,j=1}^{n} g_{ij}\frac{\mathrm{d}a^{i}}{\mathrm{d}t}b^{j} + \sum_{i,j=1}^{n} g_{ij}a^{i}\frac{\mathrm{d}b^{j}}{\mathrm{d}t} \\
&= \sum_{i,j=1}^{n}\frac{\mathrm{d}g_{ij}}{\mathrm{d}t}a^{i}b^{j} - \sum_{i,j=1}^{n} g_{ij}\Big(\sum_{k,l=1}^{n}\Gamma_{kl}^{i}\frac{\mathrm{d}u^{k}}{\mathrm{d}t}a^{l}\Big)b^{j} - \sum_{i,j=1}^{n} g_{ij}a^{i}\Big(\sum_{k,l=1}^{n}\Gamma_{kl}^{j}\frac{\mathrm{d}u^{k}}{\mathrm{d}t}b^{l}\Big) \\
&= \sum_{k,i,j=1}^{n}\Big(\frac{\partial g_{ij}}{\partial u^{k}} - \sum_{l=1}^{n} g_{lj}\Gamma_{ki}^{l} - \sum_{l=1}^{n} g_{il}\Gamma_{kj}^{l}\Big)\frac{\mathrm{d}u^{k}}{\mathrm{d}t}a^{i}b^{j}
\end{aligned}$$

$$\Leftrightarrow \quad \frac{\partial g_{ij}}{\partial u^{k}} = \sum_{l=1}^{n} g_{lj}\Gamma_{ki}^{l} + \sum_{l=1}^{n} g_{il}\Gamma_{kj}^{l}, \quad i,j,k = 1,2,\cdots,n. \tag{2.10.3}$$

该等价性中,($\Leftarrow$)是显然的. 下证($\Rightarrow$).

对任何固定的 $p \in M$,选 $\sigma(t)$ 使得

$$\sigma(0) = p, \quad \sigma'(0) = \Big(\frac{\mathrm{d}u^{1}}{\mathrm{d}t},\cdots,\frac{\mathrm{d}u^{n}}{\mathrm{d}t}\Big)\Big|_{t=0} = (\overbrace{0,\cdots,0}^{k-1\text{个}},1,0,\cdots,0),$$

$$a(0) = (\overbrace{0,\cdots,0}^{i-1\text{个}},1,0,\cdots,0), \quad b(0) = (\overbrace{0,\cdots,0}^{j-1\text{个}},1,0,\cdots,0),$$

并代入式(2.10.3)得到

$$\frac{\partial g_{ij}}{\partial u^{k}} = \sum_{l=1}^{n} g_{lj}\Gamma_{ki}^{l} + \sum_{l=1}^{n} g_{il}\Gamma_{kj}^{l}, \quad i,j,k = 1,2,\cdots,n. \qquad \square$$

注 2.10.1 设 $\sigma(t)$ 为 M 上的 C^{∞} 曲线,如果 $\nabla_{\sigma'(t)}\sigma'(t) = 0$,即 $\sigma'(t)$ 沿 $\sigma(t)$ 是平行的,也就是 $\sigma(t)$ 为 M 上的测地线. 根据 Riemann 联络的条件(5),$\sigma'(t)$ 的长度 $|\sigma'(t)|$ 为常数. 特别当 $|\sigma'(o)| = 1$ 时,$|\sigma'(t)| \equiv 1$,故 t 为 $\sigma(t)$ 的弧长参数.

注 2.10.2 上面 C^{k} 切向量场、C^{r} Riemann 度量、Levi-Civita 联络等都是先在局部坐标系内定义,再证明与局部坐标系的选取无关. 这种称为坐标观点,即古典观点. 另一

种是映射观点或算子观点,即近代观点,当计算时采用不同的局部坐标系,并推导出它们之间的关系(参阅文献[7]、[11]).

2.11 正交活动标架

2.9 节我们应用自然活动标架研究了曲面的基本方程与曲面论的基本定理以及曲面的几何性质.下面,我们应用正交活动标架的运动方程来研究曲面的几何性质.

设 M 为 $\mathbf{R}^n(n\geqslant 3)$中的 $n-1$ 维 C^2 正则曲面,其参数表示为

$$\begin{aligned}\boldsymbol{x} &= \boldsymbol{x}(u^1,u^2,\cdots,u^{n-1})\\ &= (x^1(u^1,u^2,\cdots,u^{n-1}),x^2(u^1,u^2,\cdots,u^{n-1}),\cdots,x^n(u^1,u^2,\cdots,u^{n-1})).\end{aligned}$$

在 M 的每一点的切空间中取 C^1 局部规范正交基$\{\boldsymbol{e}_1,\boldsymbol{e}_2,\cdots,\boldsymbol{e}_{n-1}\}$,即

$$\langle \boldsymbol{e}_i,\boldsymbol{e}_j\rangle = \delta_{ij} = \begin{cases}1, & i=j,\\ 0, & i\neq j,\end{cases}\quad i,j=1,2,\cdots,n-1.$$

例如,从坐标自然基$\{\boldsymbol{x}'_{u^1},\boldsymbol{x}'_{u^2},\cdots,\boldsymbol{x}'_{u^{n-1}}\}$出发,根据 Gram-Schmidt 正交化过程,设

$$\begin{cases}\boldsymbol{Y}_1 = \boldsymbol{x}'_{u^1},\\ \boldsymbol{Y}_2 = \lambda_{21}\boldsymbol{x}'_{u^1}+\boldsymbol{x}'_{u^2},\\ \boldsymbol{Y}_3 = \lambda_{31}\boldsymbol{x}'_{u^1}+\lambda_{32}\boldsymbol{x}'_{u^2}+\boldsymbol{x}'_{u^3},\\ \cdots,\\ \boldsymbol{Y}_{n-1} = \lambda_{n-1,1}\boldsymbol{x}'_{u^1}+\lambda_{n-1,2}\boldsymbol{x}'_{u^2}+\cdots+\lambda_{n-1,n-2}\boldsymbol{x}'_{u^{n-2}}+\boldsymbol{x}'_{u^{n-1}}.\end{cases}$$

由$\langle \boldsymbol{Y}_i,\boldsymbol{Y}_j\rangle=0(i\neq j)$可推出$\langle \boldsymbol{x}'_{u^i},\boldsymbol{Y}_j\rangle=0(i<j)$,即

$$\lambda_{j1}\langle \boldsymbol{x}'_{u^i},\boldsymbol{x}'_{u^1}\rangle+\lambda_{j2}\langle \boldsymbol{x}'_{u^i},\boldsymbol{x}'_{u^2}\rangle+\cdots+\lambda_{j,j-1}\langle \boldsymbol{x}'_{u^i},\boldsymbol{x}'_{u^{j-1}}\rangle+\langle \boldsymbol{x}'_{u^i},\boldsymbol{x}'_{u^j}\rangle = 0,$$
$$i=1,2,\cdots,j-1.$$

于是,可推出 $\lambda_{ji}(j=1,2,\cdots,n-1,i<j)$为$\langle \boldsymbol{x}'_k,\boldsymbol{x}'_l\rangle$的有理函数,因而$\{\boldsymbol{Y}_i\mid i=1,2,\cdots,n-1\}$为 C^1 正交切向量场.令

$$\boldsymbol{e}_i = \frac{\boldsymbol{Y}_i}{|\boldsymbol{Y}_i|} = \frac{\boldsymbol{Y}_i}{\sqrt{\langle \boldsymbol{Y}_i,\boldsymbol{Y}_i\rangle}},$$

则$\{\boldsymbol{e}_i\mid i=1,2,\cdots,n-1\}$为 M 的切空间上的 C^1 局部规范正交基.再取 M 在点 $\boldsymbol{x}(u^1,u^2,\cdots,u^{n-1})$处的右手系单位法向量为

$$\boldsymbol{e}_n = (-1)^{n-1}\boldsymbol{e}_1\times\boldsymbol{e}_2\times\cdots\times\boldsymbol{e}_{n-1}.$$

于是,$\{\boldsymbol{x};\boldsymbol{e}_1,\boldsymbol{e}_2,\cdots,\boldsymbol{e}_{n-1},\boldsymbol{e}_n\}$ 就构成了沿曲面 M 的一个右手系 C^1 的局部正交活动标架场.设 $\boldsymbol{x}'_{u^i}=\sum\limits_{i=1}^{n-1}a_{ij}\boldsymbol{e}_j$,即

$$\begin{pmatrix} \boldsymbol{x}'_{u^1} \\ \boldsymbol{x}'_{u^2} \\ \vdots \\ \boldsymbol{x}'_{u^{n-1}} \end{pmatrix} = \begin{pmatrix} a_{11} & a_{12} & \cdots & a_{1,n-1} \\ a_{21} & a_{22} & \cdots & a_{2,n-1} \\ \vdots & \vdots & & \vdots \\ a_{n-1,1} & a_{n-1,2} & \cdots & a_{n-1,n-1} \end{pmatrix} \begin{pmatrix} \boldsymbol{e}_1 \\ \boldsymbol{e}_2 \\ \vdots \\ \boldsymbol{e}_{n-1} \end{pmatrix},$$

$$\boldsymbol{A} = \begin{pmatrix} a_{11} & a_{12} & \cdots & a_{1,n-1} \\ a_{21} & a_{22} & \cdots & a_{2,n-1} \\ \vdots & \vdots & & \vdots \\ a_{n-1,1} & a_{n-1,2} & \cdots & a_{n-1,n-1} \end{pmatrix} \quad \text{（非异矩阵）},$$

$$\omega_j = \sum_{j=1}^{n-1} a_{ij} \mathrm{d}u^i \quad \text{（定义在}\{u^1, u^2, \cdots, u^{n-1}\}\text{上的 1 阶微分形式）},$$

$$\mathrm{d}\boldsymbol{e}_i = \sum_{j=1}^{n} \omega_{ij} \boldsymbol{e}_j, \quad i = 1,2,\cdots,n,$$

其中$\omega_{ij} = \langle \mathrm{d}\boldsymbol{e}_i, \boldsymbol{e}_j \rangle, i,j = 1,2,\cdots,n$（定义在$\{u^1, u^2, \cdots, u^{n-1}\}$上的 1 阶微分形式）.

定理 2.11.1 设 M 为 $\mathbf{R}^n$ 中的C^2 正则曲面，$\{\boldsymbol{x}; \boldsymbol{e}_1, \boldsymbol{e}_2, \cdots, \boldsymbol{e}_n\}$为其 C^1 局部正交活动标架场，则：

（1）

$$\left.\begin{aligned} \mathrm{d}\boldsymbol{x} &= \sum_{j=1}^{n-1} \omega_j \boldsymbol{e}_j \\ \mathrm{d}\boldsymbol{e}_i &= \sum_{j=1}^{n} \omega_{ij} \boldsymbol{e}_j, \quad i = 1,2,\cdots,n \end{aligned}\right\} \text{曲面 } M \text{ 的正交活动标架的运动方程},$$

其中 $\omega_{ij} + \omega_{ji} = 0, \omega_{ii} = 0$.

（2）曲面 M 的第 1 基本形式为

$$I = \langle \mathrm{d}\boldsymbol{x}, \mathrm{d}\boldsymbol{x} \rangle = \sum_{i=1}^{n-1} \omega_i \omega_i,$$

第 2 基本形式为

$$II = -\langle \mathrm{d}\boldsymbol{x}, \mathrm{d}\boldsymbol{e}_n \rangle = \sum_{i=1}^{n-1} \omega_i \omega_{in},$$

第 3 基本形式为

$$III = \langle \mathrm{d}\boldsymbol{e}_n, \mathrm{d}\boldsymbol{e}_n \rangle = \sum_{i=1}^{n-1} \omega_{ni} \omega_{ni}.$$

由此可见，曲面的第 1,2,3 基本形式由正交活动标架运动方程的系数 ω_j, ω_{jn}所决定.

证明 （1）

$$\mathrm{d}\boldsymbol{x} = \sum_{i=1}^{n-1} \boldsymbol{x}'_{u^i} \mathrm{d}u^i = \sum_{i=1}^{n-1} \Big(\sum_{j=1}^{n-1} a_{ij} \boldsymbol{e}_j \Big) \mathrm{d}u^i = \sum_{j=1}^{n-1} \Big(\sum_{i=1}^{n-1} a_{ij} \mathrm{d}u^i \Big) \boldsymbol{e}_j = \sum_{j=1}^{n-1} \omega_j \boldsymbol{e}_j.$$

$$\omega_{ij}+\omega_{ji}=\langle \mathrm{d}\boldsymbol{e}_i,\boldsymbol{e}_j\rangle+\langle \mathrm{d}\boldsymbol{e}_j,\boldsymbol{e}_i\rangle=\mathrm{d}\langle \boldsymbol{e}_i,\boldsymbol{e}_j\rangle=\mathrm{d}\delta_{ij}=0,$$

$$2\omega_{ii}=\omega_{ii}+\omega_{ii}=0,\quad \omega_{ii}=0.$$

(2)

$$I=\langle \mathrm{d}\boldsymbol{x},\mathrm{d}\boldsymbol{x}\rangle=\left\langle \sum_{i=1}^{n-1}\omega_i\boldsymbol{e}_i,\sum_{j=1}^{n-1}\omega_j\boldsymbol{e}_j\right\rangle=\sum_{i,j=1}^{n-1}\omega_i\omega_j\delta_{ij}=\sum_{i=1}^{n-1}\omega_i\omega_i,$$

$$II=-\langle \mathrm{d}\boldsymbol{x},\mathrm{d}\boldsymbol{e}_n\rangle=-\left\langle \sum_{i=1}^{n-1}\omega_i\boldsymbol{e}_i,\sum_{j=1}^{n}\omega_{nj}\boldsymbol{e}_j\right\rangle=-\sum_{i=1}^{n-1}\sum_{j=1}^{n}\omega_i\omega_{nj}\delta_{ij}=\sum_{i=1}^{n-1}\omega_i\omega_{ni},$$

$$III=\langle \mathrm{d}\boldsymbol{e}_n,\mathrm{d}\boldsymbol{e}_n\rangle=\left\langle \sum_{i=1}^{n}\omega_{ni}\boldsymbol{e}_i,\sum_{j=1}^{n}\omega_{nj}\boldsymbol{e}_j\right\rangle=\sum_{i,j=1}^{n}\omega_{ni}\omega_{nj}\delta_{ij}$$

$$=\sum_{i=1}^{n}\omega_{ni}\omega_{ni}\xlongequal{\omega_{nn}=0}\sum_{i=1}^{n-1}\omega_{ni}\omega_{ni}.$$ □

定理 2.11.2 曲面 M 的第1基本形式与正交活动标架的选取无关;第2基本形式和第3基本形式与相同法向的正交活动标架的选取无关.

证明 设$\{\boldsymbol{x};\tilde{\boldsymbol{e}}_1,\tilde{\boldsymbol{e}}_2,\cdots,\tilde{\boldsymbol{e}}_{n-1},\tilde{\boldsymbol{e}}_n\}$为曲面 M 的另一正交活动标架,

$$\begin{pmatrix}\tilde{\boldsymbol{e}}_1\\ \tilde{\boldsymbol{e}}_2\\ \vdots\\ \tilde{\boldsymbol{e}}_{n-1}\end{pmatrix}=\begin{pmatrix}b_{11} & b_{12} & \cdots & b_{1,n-1}\\ b_{21} & b_{22} & \cdots & b_{2,n-1}\\ \vdots & \vdots & & \vdots\\ b_{n-1,1} & b_{n-1,2} & \cdots & b_{n-1,n-1}\end{pmatrix}\begin{pmatrix}\boldsymbol{e}_1\\ \boldsymbol{e}_2\\ \vdots\\ \boldsymbol{e}_{n-1}\end{pmatrix},$$

$$\boldsymbol{B}=\begin{pmatrix}b_{11} & b_{12} & \cdots & b_{1,n-1}\\ b_{21} & b_{22} & \cdots & b_{2,n-1}\\ \vdots & \vdots & & \vdots\\ b_{n-1,1} & b_{n-1,2} & \cdots & b_{n-1,n-1}\end{pmatrix}$$

为正交矩阵.

设正交活动标架$\{\boldsymbol{x};\tilde{\boldsymbol{e}}_1,\tilde{\boldsymbol{e}}_2,\cdots,\tilde{\boldsymbol{e}}_{n-1},\tilde{\boldsymbol{e}}_n\}$运动方程的系数为$\{\tilde{\omega}_{ij}\mid i,j=1,2,\cdots,n\}$,则

$$\tilde{\omega}_i=\langle \mathrm{d}\boldsymbol{x},\tilde{\boldsymbol{e}}_i\rangle=\left\langle \mathrm{d}\boldsymbol{x},\sum_{j=1}^{n-1}b_{ij}\boldsymbol{e}_j\right\rangle=\sum_{j=1}^{n-1}b_{ij}\langle \mathrm{d}\boldsymbol{x},\boldsymbol{e}_j\rangle=\sum_{j=1}^{n-1}b_{ij}\omega_j,$$

$$\sum_{i=1}^{n-1}\tilde{\omega}_i\tilde{\omega}_i=\sum_{i=1}^{n-1}\Big(\sum_{j=1}^{n-1}b_{ij}\omega_j\Big)\Big(\sum_{l=1}^{n-1}b_{il}\omega_l\Big)=\sum_{j,l=1}^{n-1}\Big(\sum_{i=1}^{n-1}b_{ij}b_{il}\Big)\omega_j\omega_l$$

$$=\sum_{j,l=1}^{n-1}\delta_{jl}\omega_j\omega_l=\sum_{j=1}^{n-1}\omega_j\omega_j,$$

$$\tilde{\omega}_{ni}=\langle \mathrm{d}\tilde{\boldsymbol{e}}_n,\tilde{\boldsymbol{e}}_i\rangle=\langle \mathrm{d}\boldsymbol{e}_n,\tilde{\boldsymbol{e}}_i\rangle=\left\langle \sum_{j=1}^{n}\omega_{nj}\boldsymbol{e}_j,\sum_{s=1}^{n-1}b_{is}\boldsymbol{e}_s\right\rangle=\sum_{j=1}^{n}\sum_{s=1}^{n-1}\omega_{nj}b_{is}\delta_{js}$$

$$= \sum_{j=1}^{n}\omega_{nj}b_{ij} \xlongequal{\omega_{nn}=0} \sum_{j=1}^{n-1}\omega_{nj}b_{ij},$$

$$\sum_{i=1}^{n-1}\widetilde{\omega}_i\widetilde{\omega}_{ni} = \sum_{i=1}^{n-1}\Big(\sum_{j=1}^{n-1}b_{ij}\omega_j\Big)\Big(\sum_{l=1}^{n-1}\omega_{nl}b_{il}\Big) = \sum_{j,l=1}^{n-1}\Big(\sum_{i=1}^{n-1}b_{ij}b_{il}\Big)\omega_j\omega_{nl}$$

$$= \sum_{j,l=1}^{n-1}\delta_{jl}\omega_j\omega_{nl} = \sum_{j=1}^{n-1}\omega_j\omega_{nj},$$

$$\sum_{i=1}^{n-1}\widetilde{\omega}_{ni}\widetilde{\omega}_{ni} = \sum_{i=1}^{n-1}\Big(\sum_{j=1}^{n-1}\omega_{nj}b_{ij}\Big)\Big(\sum_{l=1}^{n-1}\omega_{nl}b_{il}\Big) = \sum_{j,l=1}^{n-1}\Big(\sum_{i=1}^{n-1}b_{ij}b_{il}\Big)\omega_{nj}\omega_{nl}$$

$$= \sum_{j,l=1}^{n-1}\delta_{jl}\omega_{nj}\omega_{nl} = \sum_{j=1}^{n-1}\omega_{nj}\omega_{nj}.$$

这就证明了曲面 M 的第 1 基本形式与正交活动标架的选取无关;第 2 基本形式和第 3 基本形式与相同法向的正交活动标架的选取无关. □

由于

$$\begin{pmatrix}\omega_1\\ \omega_2\\ \vdots\\ \omega_{n-1}\end{pmatrix} = \begin{pmatrix} a_{11} & a_{21} & \cdots & a_{n-1,1}\\ a_{12} & a_{22} & \cdots & a_{n-1,2}\\ \vdots & \vdots & & \vdots\\ a_{1,n-1} & a_{2,n-1} & \cdots & a_{n-1,n-1}\end{pmatrix}\begin{pmatrix}\mathrm{d}u^1\\ \mathrm{d}u^2\\ \vdots\\ \mathrm{d}u^{n-1}\end{pmatrix} = \boldsymbol{A}^{\mathrm{T}}\begin{pmatrix}\mathrm{d}u^1\\ \mathrm{d}u^2\\ \vdots\\ \mathrm{d}u^{n-1}\end{pmatrix},$$

$$\begin{pmatrix}\mathrm{d}u^1\\ \mathrm{d}u^2\\ \vdots\\ \mathrm{d}u^{n-1}\end{pmatrix} = (\boldsymbol{A}^{\mathrm{T}})^{-1}\begin{pmatrix}\omega_1\\ \omega_2\\ \vdots\\ \omega_{n-1}\end{pmatrix},$$

故$\{\omega_1,\omega_2,\cdots,\omega_{n-1}\}$线性无关. 此外,从

$$\omega_i(\boldsymbol{e}_j) = \sum_{l=1}^{n-1}a_{li}\mathrm{d}u^l\Big(\sum_{s=1}^{n-1}b_{js}\boldsymbol{x}'_{u^s}\Big) = \sum_{l,s=1}^{n-1}a_{li}b_{js}\delta_{ls} = \sum_{s=1}^{n-1}a_{si}b_{js} = \delta_{ij}$$

可得到$\{\omega_1,\omega_2,\cdots,\omega_{n-1}\}$为$\{\boldsymbol{e}_1,\boldsymbol{e}_2,\cdots,\boldsymbol{e}_{n-1}\}$的对偶基. 而关于曲面 M 的第 1 基本形式 $\boldsymbol{I}$,有

$$(\mathrm{d}u^1,\mathrm{d}u^2,\cdots,\mathrm{d}u^{n-1})\begin{pmatrix} g_{11} & g_{12} & \cdots & g_{1,n-1}\\ g_{21} & g_{22} & \cdots & g_{2,n-1}\\ \vdots & \vdots & & \vdots\\ g_{n-1,1} & g_{n-1,2} & \cdots & g_{n-1,n-1}\end{pmatrix}\begin{pmatrix}\mathrm{d}u^1\\ \mathrm{d}u^2\\ \vdots\\ \mathrm{d}u^{n-1}\end{pmatrix}$$

$$= \boldsymbol{I} = \langle \mathrm{d}\boldsymbol{x},\mathrm{d}\boldsymbol{x}\rangle$$

$$= (\omega_1, \omega_2, \cdots, \omega_{n-1}) \begin{pmatrix} \omega_1 \\ \omega_2 \\ \vdots \\ \omega_{n-1} \end{pmatrix} = (\mathrm{d}u^1, \mathrm{d}u^2, \cdots, \mathrm{d}u^{n-1}) \boldsymbol{A}\boldsymbol{A}^{\mathrm{T}} \begin{pmatrix} \omega_1 \\ \omega_2 \\ \vdots \\ \omega_{n-1} \end{pmatrix},$$

$$\begin{pmatrix} g_{11} & g_{12} & \cdots & g_{1,n-1} \\ g_{21} & g_{22} & \cdots & g_{2,n-1} \\ \vdots & \vdots & & \vdots \\ g_{n-1,1} & g_{n-1,2} & \cdots & g_{n-1,n-1} \end{pmatrix} = \boldsymbol{A}\boldsymbol{A}^{\mathrm{T}}.$$

因为 $\boldsymbol{A}$ 为可逆矩形,所以 $\mathrm{d}u^1, \mathrm{d}u^2, \cdots, \mathrm{d}u^{n-1}$ 可表示为 $\omega_1, \omega_2, \cdots, \omega^{n-1}$ 的线性组合,即

$$\begin{pmatrix} \mathrm{d}u^1 \\ \mathrm{d}u^2 \\ \vdots \\ \mathrm{d}u^{n-1} \end{pmatrix} = (\boldsymbol{A}^{\mathrm{T}})^{-1} \begin{pmatrix} \omega^1 \\ \omega^2 \\ \vdots \\ \omega^{n-1} \end{pmatrix}.$$

由此可知 1 阶微分形式 $\omega_{1n}, \omega_{2n}, \cdots, \omega_{n-1,n}$ 为 $\mathrm{d}u^1, \mathrm{d}u^2, \cdots, \mathrm{d}u^{n-1}$ 的线性组合,因此它们也可表示为 $\omega_1, \omega_2, \cdots, \omega_{n-1}$ 的线性组合.记

$$\begin{pmatrix} \omega_{1n} \\ \omega_{2n} \\ \vdots \\ \omega_{n-1,n} \end{pmatrix} = \begin{pmatrix} h_{11} & h_{12} & \cdots & h_{1,n-1} \\ h_{21} & h_{22} & \cdots & h_{2,n-1} \\ \vdots & \vdots & & \vdots \\ h_{n-1,1} & h_{n-1,2} & \cdots & h_{n-1,n-1} \end{pmatrix} \begin{pmatrix} \omega_1 \\ \omega_2 \\ \vdots \\ \omega_{n-1} \end{pmatrix},$$

则曲面的第 2 基本形式为

$$(\mathrm{d}u^1, \mathrm{d}u^2, \cdots, \mathrm{d}u^{n-1}) \begin{pmatrix} L_{11} & L_{12} & \cdots & L_{1,n-1} \\ L_{21} & L_{22} & \cdots & L_{2,n-1} \\ \vdots & \vdots & & \vdots \\ L_{n-1,1} & L_{n-1,2} & \cdots & L_{n-1,n-1} \end{pmatrix} \begin{pmatrix} \mathrm{d}u^1 \\ \mathrm{d}u^2 \\ \vdots \\ \mathrm{d}u^{n-1} \end{pmatrix} = I\!I$$

$$= (\omega_1, \omega_2, \cdots, \omega_{n-1}) \begin{pmatrix} \omega_{1n} \\ \omega_{2n} \\ \vdots \\ \omega_{n-1,n} \end{pmatrix}$$

$$= (\omega_1, \omega_2, \cdots, \omega_{n-1}) \begin{pmatrix} h_{11} & h_{12} & \cdots & h_{1,n-1} \\ h_{21} & h_{22} & \cdots & h_{2,n-1} \\ \vdots & \vdots & & \vdots \\ h_{n-1,1} & h_{n-1,2} & \cdots & h_{n-1,n-1} \end{pmatrix} \begin{pmatrix} \omega_1 \\ \omega_2 \\ \vdots \\ \omega_{n-1} \end{pmatrix}$$

$$= (\mathrm{d}u^1,\mathrm{d}u^2,\cdots,\mathrm{d}u^{n-1})\boldsymbol{A}\begin{pmatrix} h_{11} & h_{12} & \cdots & h_{1,n-1} \\ h_{21} & h_{22} & \cdots & h_{2,n-1} \\ \vdots & \vdots & & \vdots \\ h_{n-1,1} & h_{n-1,2} & \cdots & h_{n-1,n-1} \end{pmatrix}\boldsymbol{A}^{\mathrm{T}}\begin{pmatrix} \mathrm{d}u^1 \\ \mathrm{d}u^2 \\ \vdots \\ \mathrm{d}u^{n-1} \end{pmatrix},$$

$$\begin{pmatrix} L_{11} & L_{12} & \cdots & L_{1,n-1} \\ L_{21} & L_{22} & \cdots & L_{2,n-1} \\ \vdots & \vdots & & \vdots \\ L_{n-1,1} & L_{n-1,2} & \cdots & L_{n-1,n-1} \end{pmatrix} = \boldsymbol{A}\begin{pmatrix} h_{11} & h_{12} & \cdots & h_{1,n-1} \\ h_{21} & h_{22} & \cdots & h_{2,n-1} \\ \vdots & \vdots & & \vdots \\ h_{n-1,1} & h_{n-1,2} & \cdots & h_{n-1,n-1} \end{pmatrix}\boldsymbol{A}^{\mathrm{T}}.$$

由上式可推得(h_{ij})为对称矩阵,即 $h_{ij} = h_{ji}$.

下面我们可以用 $h_{ij}(i,j=1,2,\cdots,n-1)$来表达曲面 M 的 Gauss 曲率 K_{G} 与平均曲率 H.

定理 2.11.3 曲面 M 的 Gauss 曲率 $K_{\mathrm{G}} = \det(h_{ij})$,平均曲率 $H = \frac{1}{2}\mathrm{tr}(h_{ij}) = \frac{1}{n-1}\sum_{i=1}^{n-1} h_{ii}$.

证明 由上面矩阵等式得到

$$(h_{ij}) = \boldsymbol{A}^{-1}(L_{ij})(\boldsymbol{A}^{\mathrm{T}})^{-1},$$

$$\begin{aligned} \det(h_{ij}) &= \det\boldsymbol{A}^{-1}(L_{ij})(\boldsymbol{A}^{\mathrm{T}})^{-1} = \det\boldsymbol{A}^{-1}(L_{ij})(\boldsymbol{A}^{\mathrm{T}})^{-1}\boldsymbol{A}^{-1}\boldsymbol{A} \\ &= \det\boldsymbol{A}^{-1}(L_{ij})(\boldsymbol{A}\boldsymbol{A}^{\mathrm{T}})^{-1}\boldsymbol{A} = \det(L_{ij})(g_{kl})^{-1} \\ &= \frac{\det(L_{ij})}{\det(g_{kl})} \xlongequal{\text{定义 2.6.1}} K_{\mathrm{G}}, \end{aligned}$$

$$\begin{aligned} \frac{1}{n-1}\mathrm{tr}(h_{ij}) &= \frac{1}{n-1}\mathrm{tr}A^{-1}(L_{ij})(\boldsymbol{A}^{\mathrm{T}})^{-1} = \frac{1}{n-1}\mathrm{tr}(L_{ij})(g_{kl})^{-1} \\ &= \frac{\sum_{i,j=1}^{n-1} L_{ij}g^{ji}}{n-1} \xlongequal{\text{定义 2.6.1}} H. \end{aligned}$$ □

定理 2.11.4 设$\wedge$为外积,$\{\boldsymbol{x};\boldsymbol{e}_1,\boldsymbol{e}_2,\cdots,\boldsymbol{e}_{n-1},\boldsymbol{e}_n\}$为曲面 M 的正交活动标架,则

$$\omega_1 \wedge \omega_2 \wedge \cdots \wedge \omega_{n-1} = \sqrt{\det(g_{ij})}\mathrm{d}u^1 \wedge \mathrm{d}u^2 \wedge \cdots \wedge \mathrm{d}u^{n-1}$$

为曲面 M 的体积元.

证明 由

$$\mathrm{d}u^i \wedge \mathrm{d}u^j = -\mathrm{d}u^j \wedge \mathrm{d}u^i, \quad \mathrm{d}u^i \wedge \mathrm{d}u^i = 0$$

推得

$$\omega_1 \wedge \omega_2 \wedge \cdots \wedge \omega_{n-1}$$

$$= \left(\sum_{i_1=1}^{n-1} a_{i_1 1}\mathrm{d}u^{i_1}\right) \wedge \left(\sum_{i_2=1}^{n-1} a_{i_2 2}\mathrm{d}u^{i_2}\right) \wedge \cdots \wedge \left(\sum_{i_{n-1}=1}^{n-1} a_{i_{n-1},n-1}\mathrm{d}u^{i_{n-1}}\right)$$

$$= \sum_{i_1=1}^{n-1}\sum_{i_2=1}^{n-1}\cdots\sum_{i_{n-1}=1}^{n-1} a_{i_1 1}a_{i_2 2}\cdots a_{i_{n-1},n-1}\mathrm{d}u^{i_1} \wedge \mathrm{d}u^{i_2} \wedge \cdots \wedge \mathrm{d}u^{i_{n-1}}$$

$$= \left(\sum_{(i_1,i_2,\cdots,i_{n-1})} (-1)^{\pi(i_1,i_2,\cdots,i_{n-1})} a_{i_1 1}a_{i_2 2}\cdots a_{i_{n-1},n-1}\right)\mathrm{d}u^1 \wedge \mathrm{d}u^2 \wedge \cdots \wedge \mathrm{d}u^{n-1}$$

$$= \det\boldsymbol{A} \cdot \mathrm{d}u^1 \wedge \mathrm{d}u^2 \wedge \cdots \wedge \mathrm{d}u^{n-1}$$

$$= \sqrt{\det\boldsymbol{A}\boldsymbol{A}^{\mathrm{T}}}\mathrm{d}u^1 \wedge \mathrm{d}u^2 \wedge \cdots \wedge \mathrm{d}u^{n-1}$$

$$= \sqrt{\det(g_{ij})}\mathrm{d}u^1 \wedge \mathrm{d}u^2 \wedge \cdots \wedge \mathrm{d}u^{n-1}. \qquad \square$$

定理 2.11.5 Weingarten 映射 W 在正交活动标架 $\{\boldsymbol{x};\boldsymbol{e}_1,\boldsymbol{e}_2,\cdots,\boldsymbol{e}_{n-1},\boldsymbol{e}_n\}$ 下的系数矩阵为

$$(h_{ij}) = \begin{pmatrix} h_{11} & h_{12} & \cdots & h_{1,n-1} \\ h_{21} & h_{22} & \cdots & h_{2,n-1} \\ \vdots & \vdots & & \vdots \\ h_{n-1,1} & h_{n-1,2} & \cdots & h_{n-1,n-1} \end{pmatrix}.$$

证明 (证法 1)因为

$$\begin{pmatrix} \boldsymbol{x}'_{u^1} \\ \boldsymbol{x}'_{u^2} \\ \vdots \\ \boldsymbol{x}'_{u^{n-1}} \end{pmatrix} = \boldsymbol{A}\begin{pmatrix} \boldsymbol{e}_1 \\ \boldsymbol{e}_2 \\ \vdots \\ \boldsymbol{e}_{n-1} \end{pmatrix},$$

所以

$$\boldsymbol{A}\begin{pmatrix} W(\boldsymbol{e}_1) \\ W(\boldsymbol{e}_2) \\ \vdots \\ W(\boldsymbol{e}_{n-1}) \end{pmatrix} = W\left(\boldsymbol{A}\begin{pmatrix} \boldsymbol{e}_1 \\ \boldsymbol{e}_2 \\ \vdots \\ \boldsymbol{e}_{n-1} \end{pmatrix}\right) = W\begin{pmatrix} \boldsymbol{x}'_{u^1} \\ \boldsymbol{x}'_{u^2} \\ \vdots \\ \boldsymbol{x}'_{u^{n-1}} \end{pmatrix} = \begin{pmatrix} W(\boldsymbol{x}'_{u^1}) \\ W(\boldsymbol{x}'_{u^2}) \\ \vdots \\ W(\boldsymbol{x}'_{u^{n-1}}) \end{pmatrix}$$

$$\xlongequal{\text{定义 2.4.2}} \begin{pmatrix} \omega_1^1 & \omega_1^2 & \cdots & \omega_1^{n-1} \\ \omega_2^1 & \omega_2^2 & \cdots & \omega_2^{n-1} \\ \vdots & \vdots & & \vdots \\ \omega_{n-1}^1 & \omega_{n-1}^2 & \cdots & \omega_{n-1}^{n-1} \end{pmatrix}\begin{pmatrix} \boldsymbol{x}'_{u^1} \\ \boldsymbol{x}'_{u^2} \\ \vdots \\ \boldsymbol{x}'_{u^{n-1}} \end{pmatrix}$$

$$\xlongequal{\text{定理 2.4.1 的证明}} \begin{pmatrix} L_{11} & L_{12} & \cdots & L_{1,n-1} \\ L_{21} & L_{22} & \cdots & L_{2,n-1} \\ \vdots & \vdots & & \vdots \\ L_{n-1,1} & L_{n-1,2} & \cdots & L_{n-1,n-1} \end{pmatrix} \begin{pmatrix} g^{11} & g^{12} & \cdots & g^{1,n-1} \\ g^{21} & g^{22} & \cdots & g^{2,n-1} \\ \vdots & \vdots & & \vdots \\ g^{n-1,1} & g^{n-1,2} & \cdots & g^{n-1,n-1} \end{pmatrix} \begin{pmatrix} \boldsymbol{x}'_{u^1} \\ \boldsymbol{x}'_{u^2} \\ \vdots \\ \boldsymbol{x}'_{u^{n-1}} \end{pmatrix}$$

$$= (L_{ij})(\boldsymbol{A}\boldsymbol{A}^{\mathrm{T}})^{-1} \begin{pmatrix} \boldsymbol{x}'_{u^1} \\ \boldsymbol{x}'_{u^2} \\ \vdots \\ \boldsymbol{x}'_{u^{n-1}} \end{pmatrix} = (L_{ij})(\boldsymbol{A}^{\mathrm{T}})^{-1}\boldsymbol{A}^{-1} \begin{pmatrix} \boldsymbol{x}'_{u^1} \\ \boldsymbol{x}'_{u^2} \\ \vdots \\ \boldsymbol{x}'_{u^{n-1}} \end{pmatrix} = (L_{ij})(\boldsymbol{A}^{\mathrm{T}})^{-1} \begin{pmatrix} \boldsymbol{e}_1 \\ \boldsymbol{e}_2 \\ \vdots \\ \boldsymbol{e}_{n-1} \end{pmatrix},$$

$$\begin{pmatrix} W(\boldsymbol{e}_1) \\ W(\boldsymbol{e}_2) \\ \vdots \\ W(\boldsymbol{e}_{n-1}) \end{pmatrix} = \boldsymbol{A}^{-1}(L_{ij})(\boldsymbol{A}^{\mathrm{T}})^{-1} \begin{pmatrix} \boldsymbol{e}_1 \\ \boldsymbol{e}_2 \\ \vdots \\ \boldsymbol{e}_{n-1} \end{pmatrix} = (h_{ij}) \begin{pmatrix} \boldsymbol{e}_1 \\ \boldsymbol{e}_2 \\ \vdots \\ \boldsymbol{e}_{n-1} \end{pmatrix},$$

其中 $h_{ij}=\langle W(\boldsymbol{e}_i),\boldsymbol{e}_j\rangle$.

(证法 2)根据定理 2.4.2(1),有

$$\sum_{j=1}^{n-1}\omega_j W(\boldsymbol{e}_j) = W\Big(\sum_{j=1}^{n-1}\omega_j\boldsymbol{e}_j\Big) = W(\mathrm{d}\boldsymbol{x}) \xlongequal{\text{定理 2.4.2(1)}} -\mathrm{d}\boldsymbol{n} = -\mathrm{d}\boldsymbol{e}_n$$

$$= -\sum_{l=1}^{n-1}\omega_{nl}\boldsymbol{e}_l = \sum_{l=1}^{n-1}\omega_{ln}\boldsymbol{e}_l = \sum_{l=1}^{n-1}\Big(\sum_{j=1}^{n-1}h_{lj}\omega_j\Big)\boldsymbol{e}_l,$$

$$\sum_{j=1}^{n-1}\omega_j\langle W(\boldsymbol{e}_j),\boldsymbol{e}_i\rangle = \Big\langle\sum_{j=1}^{n-1}\omega_j W(\boldsymbol{e}_j),\boldsymbol{e}_i\Big\rangle = \Big\langle\sum_{l=1}^{n-1}\Big(\sum_{j=1}^{n-1}h_{lj}\omega_j\Big)\boldsymbol{e}_l,\boldsymbol{e}_i\Big\rangle$$

$$= \sum_{l=1}^{n-1}\sum_{j=1}^{n-1}h_{lj}\omega_j\delta_{li} = \sum_{j=1}^{n-1}h_{ij}\omega_j.$$

由于 $\omega_1,\omega_2,\cdots,\omega_{n-1}$线性无关,故

$$h_{ij} = \langle W(\boldsymbol{e}_j),\boldsymbol{e}_i\rangle.$$

从而

$$\begin{pmatrix} W(\boldsymbol{e}_1) \\ W(\boldsymbol{e}_2) \\ \vdots \\ W(\boldsymbol{e}_{n-1}) \end{pmatrix} = (h_{ij}) \begin{pmatrix} \boldsymbol{e}_1 \\ \boldsymbol{e}_2 \\ \vdots \\ \boldsymbol{e}_{n-1} \end{pmatrix}. \qquad \square$$

设 M 为 $\mathbf{R}^n$ 中的C^2 正则超曲面,$\{\boldsymbol{x};\boldsymbol{e}_1,\boldsymbol{e}_2,\cdots,\boldsymbol{e}_{n-1},\boldsymbol{e}_n\}$为其正交活动标架.正交活动标架的运动方程为

$$\begin{cases} \mathrm{d}\boldsymbol{x} = \sum_{i=1}^{n-1} \omega_i \boldsymbol{e}_i, \\ \mathrm{d}\boldsymbol{e}_i = \sum_{j=1}^{n} \omega_{ij} \boldsymbol{e}_j, \quad \omega_{ij} + \omega_{ji} = 0, \quad i, j = 1, 2, \cdots, n. \end{cases}$$

对上面第 1 式求外微分得到

$$\begin{aligned} 0 &= \mathrm{d}(\mathrm{d}\boldsymbol{x}) = \mathrm{d}\Big(\sum_{i=1}^{n-1} \omega_i \boldsymbol{e}_i\Big) = \sum_{i=1}^{n-1} (\mathrm{d}\omega_i \boldsymbol{e}_i - \omega_i \wedge \mathrm{d}\boldsymbol{e}_i) = \sum_{i=1}^{n-1} \Big(\mathrm{d}\omega_i \boldsymbol{e}_i - \omega_i \wedge \sum_{j=1}^{n} \omega_{ij} \boldsymbol{e}_j\Big) \\ &= \sum_{i=1}^{n-1} \Big(\mathrm{d}\omega_i - \sum_{j=1}^{n-1} \omega_j \wedge \omega_{ji}\Big) \boldsymbol{e}_i - \sum_{i=1}^{n-1} \omega_i \wedge \omega_{in} \boldsymbol{e}_n, \end{aligned}$$

再由 $\{\boldsymbol{e}_1, \boldsymbol{e}_2, \cdots, \boldsymbol{e}_{n-1}, \boldsymbol{e}_n\}$ 线性无关推得曲面 M 的第 1 结构方程

$$\mathrm{d}\omega_i - \sum_{j=1}^{n-1} \omega_j \wedge \omega_{ji} = 0,$$

以及

$$\sum_{i=1}^{n-1} \omega_i \wedge \omega_{in} = 0,$$

其中

$$\begin{aligned} 0 &= \sum_{i=1}^{n-1} \omega_i \wedge \omega_{in} = \sum_{i=1}^{n-1} \omega_i \wedge \Big(\sum_{j=1}^{n-1} h_{ij} \omega_j\Big) = \sum_{i,j=1}^{n-1} h_{ij} \omega_i \wedge \omega_j \\ &= \sum_{i<j}^{n-1} (h_{ij} - h_{ji}) \omega_i \wedge \omega_j \end{aligned}$$

$$\Leftrightarrow \quad h_{ij} = h_{ji}, \quad i, j = 1, 2, \cdots, n-1, \quad \text{即}(h_{ij})\text{为对称矩阵}.$$

对正交活动标架的运动方程的第 2 式求外微分得到

$$\begin{aligned} 0 &= \mathrm{d}(\mathrm{d}\boldsymbol{e}_i) = \mathrm{d}\Big(\sum_{j=1}^{n} \omega_{ij} \boldsymbol{e}_j\Big) = \sum_{j=1}^{n} (\mathrm{d}\omega_{ij} \boldsymbol{e}_j - \omega_{ij} \mathrm{d}\boldsymbol{e}_j) \\ &= \sum_{k=1}^{n} \mathrm{d}\omega_{ik} \boldsymbol{e}_k - \sum_{j=1}^{n} \omega_{ij} \wedge \Big(\sum_{k=1}^{n} \omega_{jk} \boldsymbol{e}_k\Big) \\ &= \sum_{k=1}^{n} \Big(\mathrm{d}\omega_{ik} - \sum_{j=1}^{n} \omega_{ij} \wedge \omega_{jk}\Big) \boldsymbol{e}_k. \end{aligned}$$

由于 $\{\boldsymbol{e}_1, \boldsymbol{e}_2, \cdots, \boldsymbol{e}_{n-1}, \boldsymbol{e}_n\}$ 线性无关，故有第 2 结构方程

$$\mathrm{d}\omega_{ik} - \sum_{j=1}^{n} \omega_{ij} \wedge \omega_{jk} = 0, \quad i, k = 1, 2, \cdots, n.$$

注 2.11.1 在等式两边求导和在外微分等式两边求外微分 d，往往会得到意想不到的惊奇结果. 这是读者必须熟练掌握的方法.

注 2.11.2 在文献[11]中的定理 1.6.5(Riemann 流形的基本定理)的证明(活动标架法)中看到

$$X(\langle Y,Z\rangle)=\langle\nabla_X Y,Z\rangle+\langle Y,\nabla_X Z\rangle,\quad \forall\, C^2 \text{ 切向量场 } X,Y,Z$$

$$\Leftrightarrow\quad \omega_{ij}+\omega_{ji}=0,\quad i,j=1,2,\cdots,n-1,$$

$$T(X,Y)=\nabla_X Y-\nabla_Y X-[X,Y]=0,\quad \forall\, C^2 \text{ 切向量场 } X,Y$$

$$\Leftrightarrow\quad d\omega_i=\sum_{j=1}^{n-1}\omega_j\wedge\omega_{ji},\quad i=1,2,\cdots,n-1.$$

关于正交活动标架进一步的研究和结果请参阅文献[11]1.6 节.

例 2.11.1 当 $n=3$ 时,M 为 $\mathbf{R}^3$ 中的 C^2 曲面,$\boldsymbol{x}(u^1,u^2)$为其参数表示,则上面的结果成为:$\{\boldsymbol{x};\boldsymbol{e}_1,\boldsymbol{e}_2,\boldsymbol{e}_3\}$为曲面 M 的正交活动标架.正交活动的运动方程为

$$d\boldsymbol{x}=\omega_1\boldsymbol{e}_1+\omega_2\boldsymbol{e}_2,$$

$$d\boldsymbol{e}_i=\sum_{j=1}^{3}\omega_{ij}\boldsymbol{e}_j,\quad \omega_{ij}+\omega_{ji}=0,\quad i=1,2,3.$$

对上面第 1 个正交活动标架的运动方程求外微分后得到结构方程

$$d\omega_i-\sum_{j=1}^{2}\omega_j\wedge\omega_{ji}=0,\quad i=1,2,$$

即

$$\begin{cases}d\omega_1=\omega_2\wedge\omega_{21},\\ d\omega_2=\omega_1\wedge\omega_{12},\end{cases}\tag{2.11.1}$$

以及

$$\sum_{i=1}^{2}\omega_i\wedge\omega_{i3}=0.$$

后面一式$\Leftrightarrow\begin{pmatrix}h_{11}&h_{12}\\h_{21}&h_{22}\end{pmatrix}$为对称矩阵.

对正交活动标架的运动方程的第 2 式求外微分后得到

$$d\omega_{ik}-\sum_{j=1}^{n-1}\omega_{ij}\wedge\omega_{jk}=0,\quad i,k=1,2,3.$$

由于 ω_{ij}的反称性,即 $\omega_{ij}=-\omega_{ji}$,上述方程实际上就是

$$d\omega_{ik}-\sum_{j=1}^{3}\omega_{ij}\wedge\omega_{jk}=0,\quad i=1,2;\ k=1,2,3.$$

再由

$$\alpha\wedge\alpha=\Big(\sum_{i=1}^{n-1}\alpha_i du^i\Big)\wedge\Big(\sum_{j=1}^{n-1}\alpha_j du^j\Big)=\sum_{i<j}(\alpha_i\alpha_j-\alpha_j\alpha_i)du^i\wedge du^j$$

$$=\sum_{i<j}0du^i\wedge du^j=0$$

及 ω_{ij}的反称性,经简单验证,上述方程独立的只有

$$\begin{cases} d\omega_{12} = \omega_{13} \wedge \omega_{32}, \\ d\omega_{13} = \omega_{12} \wedge \omega_{23}, \\ d\omega_{23} = \omega_{21} \wedge \omega_{13}. \end{cases} \tag{2.11.2}$$

式(2.11.1)与式(2.11.2)中5个式子成为正交活动标架的可积性条件.注意

$$0 = d(d\boldsymbol{e}_3) = \sum_{k=1}^{3}\left(d\omega_{3k} - \sum_{j=1}^{3}\omega_{3j} \wedge \omega_{jk}\right)\boldsymbol{e}_k$$

$$\Leftrightarrow \begin{cases} d\omega_{31} - \omega_{31} \wedge \omega_{11} - \omega_{32} \wedge \omega_{21} - \omega_{33} \wedge \omega_{31} = 0, \\ d\omega_{32} - \omega_{31} \wedge \omega_{12} - \omega_{32} \wedge \omega_{22} - \omega_{33} \wedge \omega_{32} = 0, \\ d\omega_{33} - \omega_{31} \wedge \omega_{13} - \omega_{32} \wedge \omega_{23} - \omega_{33} \wedge \omega_{33} = 0 \quad (\text{此式左边恒为 } 0), \end{cases}$$

$$\Leftrightarrow \begin{cases} d\omega_{31} = \omega_{32} \wedge \omega_{21}, \\ d\omega_{32} = \omega_{31} \wedge \omega_{12}, \end{cases}$$

$$\Leftrightarrow \begin{cases} d\omega_{13} = \omega_{12} \wedge \omega_{23}, \\ d\omega_{23} = \omega_{21} \wedge \omega_{13}. \end{cases}$$

显然,最后两式就是式(2.11.2)中的第2式与第3式.而式(2.11.2)中的第1式

$$\begin{aligned} d\omega_{12} &= \omega_{13} \wedge \omega_{32} = -(h_{11}\omega_1 + h_{12}\omega_2) \wedge (h_{21}\omega_1 + h_{22}\omega_2) \\ &= -(h_{11}h_{22} - h_{12}^2)\omega_1 \wedge \omega_2 = -K_G\omega_1 \wedge \omega_2, \end{aligned}$$

$$\begin{pmatrix} h_{11} & h_{12} \\ h_{21} & h_{22} \end{pmatrix} = \boldsymbol{A}^{-1}\begin{pmatrix} L_{11} & L_{12} \\ L_{21} & L_{22} \end{pmatrix}(\boldsymbol{A}^{\mathrm{T}})^{-1} = \boldsymbol{A}^{-1}\begin{pmatrix} L & M \\ M & N \end{pmatrix}(\boldsymbol{A}^{\mathrm{T}})^{-1},$$

$$\begin{aligned} \begin{pmatrix} L & M \\ M & N \end{pmatrix}(\boldsymbol{A}\boldsymbol{A}^{\mathrm{T}})^{-1} &= \begin{pmatrix} L & M \\ M & N \end{pmatrix}\begin{pmatrix} g_{11} & g_{12} \\ g_{21} & g_{22} \end{pmatrix}^{-1} = \begin{pmatrix} L & M \\ M & N \end{pmatrix}\begin{pmatrix} E & F \\ F & G \end{pmatrix}^{-1} \\ &= \frac{1}{EG - F^2}\begin{pmatrix} L & M \\ M & N \end{pmatrix}\begin{pmatrix} G & -F \\ -F & E \end{pmatrix} \\ &= \frac{1}{EG - F^2}\begin{pmatrix} LG - MF & ME - LF \\ MG - NF & NE - MF \end{pmatrix} \end{aligned}$$

与 Weingarten 变换在自然基下的矩阵相同(注意,它未必是对称矩阵),且

$$\begin{aligned} h_{11}h_{22} - h_{12}^2 &= \det\begin{pmatrix} h_{11} & h_{12} \\ h_{21} & h_{22} \end{pmatrix} = \det\begin{pmatrix} L & M \\ M & N \end{pmatrix}(\boldsymbol{A}\boldsymbol{A}^{\mathrm{T}})^{-1} \\ &= \det\frac{1}{EG - F^2}\begin{pmatrix} LG - MF & ME - LF \\ MG - NF & NE - MF \end{pmatrix} \\ &= \frac{1}{(EG - F^2)^2}\det\begin{pmatrix} LG - MF & ME - LF \\ MG - NF & NE - MF \end{pmatrix} \\ &= \frac{1}{(EG - F^2)^2}(EG - F^2)(LN - M^2) \end{aligned}$$

$$= \frac{LN - M^2}{EG - F^2} = K_G,$$

$$\frac{1}{2}(h_{11} + h_{22}) = \frac{1}{2}\mathrm{tr}\begin{pmatrix} h_{11} & h_{12} \\ h_{21} & h_{22} \end{pmatrix} = \frac{1}{2}\mathrm{tr}\begin{pmatrix} L & M \\ M & N \end{pmatrix}(\boldsymbol{A}\boldsymbol{A}^{\mathrm{T}})^{-1}$$

$$= \frac{1}{2}\mathrm{tr}\,\frac{1}{EG - F^2}\begin{pmatrix} LG - MF & ME - LF \\ MG - NF & NE - MF \end{pmatrix}$$

$$= \frac{1}{2}\,\frac{EN - 2FM + GL}{EG - F^2} = H.$$

$$I = \omega_1\omega_1 + \omega_2\omega_2,$$

$$II = (\omega_1, \omega_2)\begin{pmatrix} \omega_{13} \\ \omega_{23} \end{pmatrix} = (\omega_1, \omega_2)\begin{pmatrix} h_{11} & h_{12} \\ h_{21} & h_{22} \end{pmatrix}\begin{pmatrix} \omega_1 \\ \omega_2 \end{pmatrix} = (\mathrm{d}u, \mathrm{d}v)\begin{pmatrix} L & M \\ M & N \end{pmatrix}\begin{pmatrix} \mathrm{d}u \\ \mathrm{d}v \end{pmatrix},$$

$$\begin{pmatrix} L & M \\ M & N \end{pmatrix} = \boldsymbol{A}\begin{pmatrix} h_{11} & h_{12} \\ h_{21} & h_{22} \end{pmatrix}\boldsymbol{A}^{\mathrm{T}}.$$

例 2.11.2 设$\{u, v\}$为 C^2 曲面 M 的正交参数,则曲面 M 的第 1 基本形式为

$$I = E\mathrm{d}u\mathrm{d}u + G\mathrm{d}v\mathrm{d}v, \quad E = \langle \boldsymbol{x}'_u, \boldsymbol{x}'_u \rangle,$$

$$F = \langle \boldsymbol{x}'_u, \boldsymbol{x}'_v \rangle = 0, \quad G = \langle \boldsymbol{x}'_v, \boldsymbol{x}'_v \rangle.$$

取

$$\boldsymbol{e}_1 = \frac{\boldsymbol{x}'_u}{\sqrt{E}}, \quad \boldsymbol{e}_2 = \frac{\boldsymbol{x}'_v}{\sqrt{G}},$$

$$\sqrt{E}\boldsymbol{e}_1 \cdot \mathrm{d}u + \sqrt{G}\boldsymbol{e}_2 \cdot \mathrm{d}v = \boldsymbol{x}'_u\mathrm{d}u + \boldsymbol{x}'_v\mathrm{d}v = \mathrm{d}\boldsymbol{x} = \omega_1\boldsymbol{e}_1 + \omega_2\boldsymbol{e}_2.$$

由于$\{\boldsymbol{e}_1, \boldsymbol{e}_2\}$线性无关,故

$$\begin{cases} \omega_1 = \sqrt{E}\mathrm{d}u, \\ \omega_2 = \sqrt{G}\mathrm{d}v. \end{cases}$$

于是,根据式(2.11.1),有

$$\begin{cases} \omega_{12} \wedge \omega_2 = \mathrm{d}\omega_1 = \mathrm{d}(\sqrt{E}\mathrm{d}u) = (\sqrt{E})'_v\mathrm{d}v \wedge \mathrm{d}u = -\dfrac{(\sqrt{E})'_v}{\sqrt{G}}\mathrm{d}u \wedge \omega_2, \\[2ex] \omega_{21} \wedge \omega_1 = \mathrm{d}\omega_2 = \mathrm{d}(\sqrt{G}\mathrm{d}v) = (\sqrt{G})'_u\mathrm{d}u \wedge \mathrm{d}v = -\dfrac{(\sqrt{G})'_u}{\sqrt{E}}\mathrm{d}v \wedge \omega_1. \end{cases}$$

$$\omega_{12} = -\omega_{21} = -\frac{(\sqrt{E})'_v}{\sqrt{G}}\mathrm{d}u + \frac{(\sqrt{G})'_u}{\sqrt{E}}\mathrm{d}v = -\frac{E'_v}{2\sqrt{EG}}\mathrm{d}u + \frac{G'_u}{2\sqrt{EG}}\mathrm{d}v.$$

此外,还有

$$\begin{cases}\omega_{13}=\langle \mathrm{d}\boldsymbol{e}_1,\boldsymbol{e}_3\rangle=\left\langle \mathrm{d}\dfrac{\boldsymbol{x}'_u}{\sqrt{E}},\boldsymbol{e}_3\right\rangle=\left\langle \dfrac{\boldsymbol{x}''_{uu}\mathrm{d}u+\boldsymbol{x}''_{uv}\mathrm{d}v}{\sqrt{E}}+\boldsymbol{x}'_u\mathrm{d}\dfrac{1}{\sqrt{E}},\boldsymbol{e}_3\right\rangle\\ \quad=\dfrac{\langle \boldsymbol{x}''_{uu},\boldsymbol{e}_3\rangle}{\sqrt{E}}\mathrm{d}u+\dfrac{\langle \boldsymbol{x}''_{uv},\boldsymbol{e}_3\rangle}{\sqrt{E}}\mathrm{d}v=\dfrac{L}{\sqrt{E}}\mathrm{d}u+\dfrac{M}{\sqrt{E}}\mathrm{d}v,\\ \omega_{23}=\langle \mathrm{d}\boldsymbol{e}_2,\boldsymbol{e}_3\rangle=\left\langle \mathrm{d}\dfrac{\boldsymbol{x}'_v}{\sqrt{G}},\boldsymbol{e}_3\right\rangle=\left\langle \dfrac{\boldsymbol{x}''_{vu}\mathrm{d}u+\boldsymbol{x}''_{vv}\mathrm{d}v}{\sqrt{G}},\boldsymbol{e}_3\right\rangle\\ \quad=\dfrac{\langle \boldsymbol{x}''_{vu},\boldsymbol{e}_3\rangle}{\sqrt{G}}\mathrm{d}u+\dfrac{\langle \boldsymbol{x}''_{vv},\boldsymbol{e}_3\rangle}{\sqrt{G}}\mathrm{d}v=\dfrac{M}{\sqrt{G}}\mathrm{d}u+\dfrac{N}{\sqrt{G}}\mathrm{d}v.\end{cases}$$

因此

$$\begin{aligned}&\left(\left(\frac{(\sqrt{E})'_v}{\sqrt{G}}\right)'_v+\left(\frac{(\sqrt{G})'_u}{\sqrt{E}}\right)'_u\right)\mathrm{d}u\wedge\mathrm{d}v\\ &=\mathrm{d}\left(-\frac{(\sqrt{E})'_v}{\sqrt{G}}\mathrm{d}u+\frac{(\sqrt{G})'_u}{\sqrt{E}}\mathrm{d}v\right)=\mathrm{d}\omega_{12}=-\omega_{13}\wedge\omega_{23}\\ &=-\left(\frac{L}{\sqrt{E}}\mathrm{d}u+\frac{M}{\sqrt{E}}\mathrm{d}v\right)\wedge\left(\frac{M}{\sqrt{G}}\mathrm{d}u+\frac{N}{\sqrt{G}}\mathrm{d}v\right)=-\frac{LN-M^2}{\sqrt{EG}}\mathrm{d}u\wedge\mathrm{d}v,\end{aligned}$$

$$-\frac{1}{\sqrt{EG}}\left[\left(\frac{(\sqrt{E})'_v}{\sqrt{G}}\right)'_v+\left(\frac{(\sqrt{G})'_u}{\sqrt{E}}\right)'_u\right]=\frac{LN-M^2}{EG}(=K_{\mathrm{G}}),$$

这就是正交参数下的 Gauss 方程(参阅注 2.9.3).它也表明 Gauss 曲率 K_{G} 只与 E,F,G 及其导数有关,而与 M,L,N 无关,即 K_{G} 由曲面 M 的第 1 基本形式唯一决定,与第 2 基本形式无关! 参阅定理 2.9.2(Gauss 绝妙定理).

完全类似地,由

$$\begin{aligned}\left(-\left(\frac{L}{\sqrt{E}}\right)'_v+\left(\frac{M}{\sqrt{E}}\right)'_u\right)\mathrm{d}u\wedge\mathrm{d}v&=\mathrm{d}\left(\frac{L}{\sqrt{E}}\mathrm{d}u+\frac{M}{\sqrt{E}}\mathrm{d}v\right)=\mathrm{d}\omega_{13}=\omega_{12}\wedge\omega_{23}\\ &=\left(-\frac{(\sqrt{E})'_v}{\sqrt{G}}\mathrm{d}u+\frac{(\sqrt{G})'_u}{\sqrt{E}}\mathrm{d}v\right)\wedge\left(\frac{M}{\sqrt{G}}\mathrm{d}u+\frac{N}{\sqrt{G}}\mathrm{d}v\right)\\ &=\left(-\frac{(\sqrt{E})'_v}{\sqrt{G}}\cdot\frac{N}{\sqrt{G}}-\frac{(\sqrt{G})'_u}{\sqrt{E}}\frac{M}{\sqrt{G}}\right)\mathrm{d}u\wedge\mathrm{d}v\end{aligned}$$

和

$$\begin{aligned}\left(\left(-\frac{M}{\sqrt{G}}\right)'_v+\left(\frac{N}{\sqrt{G}}\right)'_u\right)\mathrm{d}u\wedge\mathrm{d}v&=\mathrm{d}\left(\frac{M}{\sqrt{G}}\mathrm{d}u+\frac{N}{\sqrt{G}}\mathrm{d}v\right)=\mathrm{d}\omega_{23}=\omega_{21}\wedge\omega_{13}\\ &=\left(\frac{(\sqrt{E})'_v}{\sqrt{G}}\mathrm{d}u-\frac{(\sqrt{G})'_u}{\sqrt{E}}\mathrm{d}v\right)\wedge\left(\frac{L}{\sqrt{E}}\mathrm{d}u+\frac{M}{\sqrt{E}}\mathrm{d}v\right)\end{aligned}$$

$$= \left(\frac{(\sqrt{E})'_v M}{\sqrt{GE}} + \frac{(\sqrt{G})'_u L}{E} \right) \mathrm{d}u \wedge \mathrm{d}v$$

得到

$$\begin{cases} \left(\dfrac{L}{\sqrt{E}} \right)'_v - \left(\dfrac{M}{\sqrt{E}} \right)'_u - N \dfrac{(\sqrt{E})'_v}{G} - M \dfrac{(\sqrt{G})'_u}{\sqrt{EG}} = 0, \\ \left(\dfrac{N}{\sqrt{G}} \right)'_u - \left(\dfrac{M}{\sqrt{G}} \right)'_v - L \dfrac{(\sqrt{G})'_u}{E} - M \dfrac{(\sqrt{E})'_v}{\sqrt{EG}} = 0. \end{cases}$$

这就是正交参数下的 Codazzi(1824～1873,意大利)方程(参阅注 2.9.3).

例 2.11.3 设 M 为 $\mathbf{R}^3$ 中的 C^2 曲面,且没有脐点.我们可以取 $\boldsymbol{e}_1,\boldsymbol{e}_2$ 为曲面 M 的主方向,这时

$$\langle W(\boldsymbol{e}_1), \boldsymbol{e}_1 \rangle = \langle \kappa_1 \boldsymbol{e}_1, \boldsymbol{e}_1 \rangle = \kappa_1,$$

$$\langle W(\boldsymbol{e}_2), \boldsymbol{e}_1 \rangle \xlongequal{\text{定理 2.4.2(3)}} \langle W(\boldsymbol{e}_1), \boldsymbol{e}_2 \rangle = \langle \kappa_1 \boldsymbol{e}_1, \boldsymbol{e}_2 \rangle = 0,$$

$$\langle W(\boldsymbol{e}_2), \boldsymbol{e}_2 \rangle = \langle \kappa_2 \boldsymbol{e}_2, \boldsymbol{e}_2 \rangle = \kappa_2.$$

$$\begin{pmatrix} h_{11} & h_{12} \\ h_{21} & h_{22} \end{pmatrix} \begin{pmatrix} \boldsymbol{e}_1 \\ \boldsymbol{e}_2 \end{pmatrix} = \begin{pmatrix} W(\boldsymbol{e}_1) \\ W(\boldsymbol{e}_2) \end{pmatrix} = \begin{pmatrix} \kappa_1 & 0 \\ 0 & \kappa_2 \end{pmatrix} \begin{pmatrix} \boldsymbol{e}_1 \\ \boldsymbol{e}_2 \end{pmatrix},$$

$$\begin{pmatrix} h_{11} & h_{12} \\ h_{21} & h_{22} \end{pmatrix} = \begin{pmatrix} \kappa_1 & 0 \\ 0 & \kappa_2 \end{pmatrix},$$

它为对角矩阵,于是

$$\begin{pmatrix} \omega_{13} \\ \omega_{23} \end{pmatrix} = \begin{pmatrix} h_{11} & h_{12} \\ h_{21} & h_{22} \end{pmatrix} \begin{pmatrix} \omega_1 \\ \omega_2 \end{pmatrix} = \begin{pmatrix} \kappa_1 & 0 \\ 0 & \kappa_2 \end{pmatrix} \begin{pmatrix} \omega_1 \\ \omega_2 \end{pmatrix} = \begin{pmatrix} \kappa_1 \omega_1 \\ \kappa_2 \omega_2 \end{pmatrix}.$$

$$I = \omega_1 \omega_1 + \omega_2 \omega_2,$$

$$II = (\omega_1, \omega_2) \begin{pmatrix} h_{11} & h_{12} \\ h_{21} & h_{22} \end{pmatrix} \begin{pmatrix} \omega_1 \\ \omega_2 \end{pmatrix} = (\omega_1, \omega_2) \begin{pmatrix} \kappa_1 & 0 \\ 0 & \kappa_2 \end{pmatrix} \begin{pmatrix} \omega_1 \\ \omega_2 \end{pmatrix} = \kappa_1 \omega_1 \omega_1 + \kappa_2 \omega_2 \omega_2.$$

设连通曲面 M 的两个主曲率 κ_1,κ_2 都为常数.

(1) 如果 $\kappa_1 = \kappa_2$,则 M 是全脐点曲面,由定理 3.1.1 知,M 为平面片或球面片.

(2) 如果 $\kappa_1 \neq \kappa_2$,则 M 无脐点(参阅定义 2.5.3).

对 $\omega_{13} = \kappa_1 \omega_1$ 求外微分得到

$$\kappa_2 \omega_{12} \wedge \omega_2 = \omega_{12} \wedge (\kappa_2 \omega_2) = \omega_{12} \wedge \omega_{23} \xlongequal[\text{例 2.11.1}]{\text{Codazzi 方程}} \mathrm{d}\omega_{13}$$

$$= \kappa_1 \mathrm{d}\omega_1 \xlongequal{\text{式(2.11.1)第 1 式}} \kappa_1 \omega_{12} \wedge \omega_2,$$

$$(\kappa_1 - \kappa_2) \omega_{12} \wedge \omega_2 = 0.$$

同理,对 $\omega_{23} = \kappa_2 \omega_2$ 求外微分得到

$$\kappa_1\omega_{21}\wedge\omega_1=\omega_{21}\wedge(\kappa_1\omega_1)=\omega_{21}\wedge\omega_{13}\xlongequal[\text{例 2.11.1}]{\text{Codazzi 方程}}\mathrm{d}\omega_{23}$$
$$=\kappa_2\mathrm{d}\omega_2=\kappa_2\omega_{21}\wedge\omega_1,$$
$$(\kappa_1-\kappa_2)\omega_{21}\wedge\omega_1=0,\quad(\kappa_2-\kappa_1)\omega_{12}\wedge\omega_1=0.$$

由于 $\kappa_1-\kappa_2\neq0$,故

$$\begin{cases}\omega_{12}\wedge\omega_1=0,\\ \omega_{12}\wedge\omega_2=0.\end{cases}$$

它就蕴涵着 $\omega_{12}=0$. 于是

$$0=\mathrm{d}0=\mathrm{d}\omega_{12}\xlongequal{\text{例 2.11.1}}-K_G\omega_1\wedge\omega_2,$$
$$\kappa_1\kappa_2=K_G=0,\quad\kappa_1=0\text{ 或 }\kappa_2=0.$$

不妨设 $\kappa_2=0$. 此时,$\omega_{23}=\kappa_2\omega_2=0\cdot\omega_2=0$. 因此,正交活动标架的运动方程为

$$\begin{cases}\mathrm{d}\boldsymbol{e}_1=\omega_{12}\boldsymbol{e}_2+\omega_{13}\boldsymbol{e}_3=0\cdot\boldsymbol{e}_2+\kappa_1\omega_1\cdot\boldsymbol{e}_3=\kappa_1\omega_1\boldsymbol{e}_3,\\ \mathrm{d}\boldsymbol{e}_2=\omega_{21}\boldsymbol{e}_1+\omega_{23}\boldsymbol{e}_3=0\cdot\boldsymbol{e}_1+0\cdot\boldsymbol{e}_3=0,\\ \mathrm{d}\boldsymbol{e}_3=\omega_{31}\boldsymbol{e}_1+\omega_{32}\boldsymbol{e}_2=(-\kappa_1\omega_1)\boldsymbol{e}_1+0\cdot\boldsymbol{e}_2=-\kappa_1\omega_1\boldsymbol{e}_1.\end{cases}$$

从上面第 2 式立知 $\boldsymbol{e}_2$ 是常单位向量. 而 $\boldsymbol{e}_1$ 和 $\boldsymbol{e}_3$ 恰为半径为 $\dfrac{1}{|\kappa_1|}$ 的圆的活动标架. 易见,$\boldsymbol{e}_2$ 方向的积分曲线(即曲率线)是以 $\boldsymbol{e}_2$ 为方向的直线. 垂直该直线的平面交曲面 M 的交线的正交活动标架为

$$\begin{cases}\mathrm{d}\boldsymbol{e}_1=\kappa_1\omega_1\boldsymbol{e}_3,\\ \mathrm{d}\boldsymbol{e}_3=-\kappa_1\omega_1\boldsymbol{e}_1,\end{cases}$$

它相应的曲线是半径为 $\dfrac{1}{|\kappa_1|}$ 的圆. 因此,M 是圆柱面.

例 2.11.4 设 M 为 $\mathbf{R}^3$ 中的 C^2 曲面,无脐点且 Gauss 曲率 $K_G=0$,则 M 为可展曲面.

证明 (证法 1)因为 M 无脐点,我们可以取正交活动标架 $\boldsymbol{e}_1,\boldsymbol{e}_2$ 为曲面 M 的主方向,又设 κ_1,κ_2 为相应于 $\boldsymbol{e}_1,\boldsymbol{e}_2$ 的主曲率,$\kappa_1=0,\kappa_2\neq0$. 于是,根据例 2.11.3,有

$$\begin{cases}\omega_{13}=\kappa_1\omega_1=0,\\ \omega_{23}=\kappa_2\omega_2.\end{cases}$$

根据 Codazzi 方程,有

$$0=\mathrm{d}0=\mathrm{d}\omega_{13}=\omega_{12}\wedge\omega_{23}=\omega_{12}\wedge(\kappa_2\omega_2)=\kappa_2\omega_{12}\wedge\omega_2.$$

由 $\kappa_2\neq0$ 推得 $\omega_{12}=\lambda\omega_2$.

设 $\boldsymbol{x}(t)$ 为由 $\omega_2=0$ 所确定的 M 上的曲线族中的一条曲线,t 为其参数,则沿 $\boldsymbol{x}(t)$,有

$$\frac{\mathrm{d}\boldsymbol{x}}{\mathrm{d}t}=\frac{\omega_1\boldsymbol{e}_1+\omega_2\boldsymbol{e}_2}{\mathrm{d}t}=\frac{\omega_1}{\mathrm{d}t}\boldsymbol{e}_1,$$

$\boldsymbol{e}_1$ 为曲线 $\boldsymbol{x}(t)$的单位切向量,并且

$$\frac{\mathrm{d}\boldsymbol{e}_1}{\mathrm{d}t}=\frac{\omega_{12}\boldsymbol{e}_2+\omega_{13}\boldsymbol{e}_3}{\mathrm{d}t}=\frac{\lambda\omega_2\boldsymbol{e}_2+0\boldsymbol{e}_3}{\mathrm{d}t}\xlongequal{\text{沿}\boldsymbol{x}(t),\omega_2=0}0.$$

这表明 $\boldsymbol{x}(t)$为直线.从而,$\omega_2=0$ 确定了曲面 M 上的直线族,即 M 为直纹面.但 M 的 Gauss 曲率 $K_G=0$,根据例 2.7.6 的证明,Gauss 曲率 $K_G=0$ 的直纹面 M 为可展曲面.

(证法 2)参阅例 2.7.7.

(证法 3)参阅文献[5]157 页命题 3. □

注 2.11.3 在近代微分几何中,研究 Riemann 流形 N^{n+p}中的 n 维 Riemann 子流形 M^n,都选 N^{n+p}上规范正交的活动标架场 $\boldsymbol{e}_1,\boldsymbol{e}_2,\cdots,\boldsymbol{e}_n,\cdots,\boldsymbol{e}_{n+p}$,使它们限制到 M^n 上时,$\boldsymbol{e}_1,\boldsymbol{e}_2,\cdots,\boldsymbol{e}_n$ 为 M^n 上的规范正交的切标架场,$\boldsymbol{e}_{n+1},\boldsymbol{e}_{n+2},\cdots,\boldsymbol{e}_{n+p}$为 M^n 上的规范正交的法标架场.$\omega_1,\omega_2,\cdots,\omega_n,\omega_{n+1},\cdots,\omega_{n+p}$为其对偶,可有相应的基本公式(运动方程)和基本方程(结构方程).关于 Riemann 流形上正交活动标架进一步的知识可参阅文献[11]92 页 1.6 节,131 页 1.8 节.

第3章

曲面的整体性质

第2章着重讨论了曲面的局部性质，它只与曲面局部性状有关，而与远离该点的性状无关.这一章进而研究整个曲面所具有的几何性质，称它为曲面的整体性质.20世纪以来，人们对曲面的整体性质研究得非常多，发现这种整体性质与局部性质之间有着深刻的联系.曲面以及 Riemann 流形(它是曲面的推广)的整体性质的研究，已成为近代微分几何中的重要内容.

本章证明了 $\mathbf{R}^3$ 中紧致定向连通 C^2 全脐超曲面必为球面，常正 Gauss(总)曲率的紧致连通定向超曲面必为球面；证明了球面的刚性定理，即与球面等距的曲面必为球面.还证明了 $\mathbf{R}^3$ 中不存在紧致定向的 C^2 极小曲面以及极小曲面的 Bernstein 定理.

著名的 Gauss-Bonnet 公式及 Poincaré 切向量场指标定理是联系微分几何与代数拓扑两大领域的重要公式，是联系局部量与整体量的极其重要的定理.作为应用，我们有绝对全曲率的不等式 $\iint\limits_M |K_G| \mathrm{d}\sigma \geqslant 4\pi(1+g)$ 和 Hadamard 凸曲面定理.

3.1　紧致全脐超曲面、球面的刚性定理

这一节主要研究全脐超曲面、球面的刚性定理.

定义 3.1.1　设 M 为 $\mathbf{R}^n$ 中的 $n-1$ 维可定向的 C^2 超曲面($n-1$ 维流形)，$\boldsymbol{n}$ 为单位法向量场.$\boldsymbol{x}(u^1,u^2,\cdots,u^{n-1})$ 为点 $P\in M$ 处的定向局部参数表示.如果存在 ρ，使得在点 P 处，有

$$L_{ij} = \rho g_{ij},$$

则称点 P 为 M 的**脐点**.如果选取点 P 的另一定向局部参数表示 $\tilde{\boldsymbol{x}}(\tilde{u}^1,\tilde{u}^2,\cdots,\tilde{u}^{n-1})$，则由

$$\begin{aligned}\tilde{g}_{ls} &= \tilde{\boldsymbol{x}}'_{\tilde{u}^l}\cdot\tilde{\boldsymbol{x}}'_{\tilde{u}^s} = \left(\sum_{i=1}^{n-1}\tilde{\boldsymbol{x}}'_{u^i}\frac{\partial u^i}{\partial\tilde{u}^l}\right)\left(\sum_{j=1}^{n-1}\tilde{\boldsymbol{x}}'_{u^j}\frac{\partial u^j}{\partial\tilde{u}^s}\right)\\ &= \sum_{i,j=1}^{n-1}\boldsymbol{x}'_{u^i}\cdot\boldsymbol{x}'_{u^j}\frac{\partial u^i}{\partial\tilde{u}^l}\frac{\partial u^j}{\partial\tilde{u}^s} = \sum_{i,j=1}^{n-1}g_{ij}\frac{\partial u^i}{\partial\tilde{u}^l}\frac{\partial u^j}{\partial\tilde{u}^s},\end{aligned}$$

$$\widetilde{L}_{ls} = \boldsymbol{x}''_{\widetilde{u}^l\widetilde{u}^s}\cdot\boldsymbol{n} = \left(\sum_{i=1}^{n-1}\boldsymbol{x}'_{u^i}\frac{\partial u^i}{\partial\widetilde{u}^l}\right)'_{\widetilde{u}^s}\cdot\boldsymbol{n} = \sum_{i,j=1}^{n-1}\left(\boldsymbol{x}''_{u^iu^j}\frac{\partial u^i}{\partial\widetilde{u}^l}\frac{\partial u^j}{\partial\widetilde{u}^s} + \boldsymbol{x}'_{u^i}\frac{\partial^2 u^i}{\partial\widetilde{u}^l\partial\widetilde{u}^s}\right)\cdot\boldsymbol{n}$$

$$= \sum_{i,j=1}^{n-1}(\boldsymbol{x}''_{u^iu^j}\cdot\boldsymbol{n})\frac{\partial u^i}{\partial\widetilde{u}^l}\frac{\partial u^j}{\partial\widetilde{u}^s} = \sum_{i,j=1}^{n-1}L_{ij}\frac{\partial u^i}{\partial\widetilde{u}^l}\frac{\partial u^j}{\partial\widetilde{u}^s},$$

以及 $L_{ij}=\rho g_{ij}$ 可推得

$$\widetilde{L}_{ls} = \sum_{i,j=1}^{n-1}L_{ij}\frac{\partial u^i}{\partial\widetilde{u}^l}\frac{\partial u^j}{\partial\widetilde{u}^s} = \sum_{i,j=1}^{n-1}\rho g_{ij}\frac{\partial u^i}{\partial\widetilde{u}^l}\frac{\partial u^j}{\partial\widetilde{u}^s} = \rho\widetilde{g}_{ls}.$$

根据对称性立知，从 $\widetilde{L}_{ls}=\rho\widetilde{g}_{ls}$ 也能推出 $L_{ij}=\rho g_{ij}$. 因此，脐点的定义与定向局部参数的选取无关(此时，法向量场同为 $\boldsymbol{n}$)，且 ρ 相同，与局部参数无关.

容易看出：

$$\begin{aligned}
&\text{Weingarten 映射的特征值全为 } \rho\\
\Leftrightarrow\ & (\omega_j^i) \overset{\text{相似}}{\sim} \rho(\delta_j^i) = \rho\boldsymbol{I}\\
\Leftrightarrow\ & (\omega_j^i) = \boldsymbol{A}\rho\boldsymbol{I}\boldsymbol{A}^{-1} = \rho\boldsymbol{A}\boldsymbol{I}\boldsymbol{A}^{-1} = \rho\boldsymbol{A}\boldsymbol{A}^{-1} = \rho\boldsymbol{I}\\
\Leftrightarrow\ & (g^{ik})(L_{kj}) = (\omega_j^i) = \rho\boldsymbol{I},\quad \text{即}(L_{ij}) = \rho(g_{ij}).
\end{aligned}$$

如果 M 的每一点都为脐点，则称 M 为**全脐(点)超曲面**. 此时，存在函数 ρ，使得

$$L_{ij} = \rho g_{ij},$$

且曲面上各点的任一非零切向量都为主方向，而且主曲率 $\kappa_1=\kappa_2=\cdots=\kappa_{n-1}=\rho$. 根据定理 2.6.1，$\rho$ 为关于 λ 的 $n-1$ 次代数方程

$$\lambda^{n-1} - \operatorname{tr}(\omega_j^i)\lambda^{n-2} + \cdots + (-1)^{n-1}\det(\omega_j^i) = (-1)^{n-1}\det(\omega_j^i - \lambda\delta_j^i) = 0$$

或

$$\det(L_{kj} - \lambda g_{kj}) = 0$$

的根.

当 $n=3$ 时，上述方程为

$$\det\begin{pmatrix}\omega_1^1-\lambda & \omega_2^1\\ \omega_1^2 & \omega_2^2-\lambda\end{pmatrix} = \lambda^2 - (\omega_1^1+\omega_2^2)\lambda + \det\begin{pmatrix}\omega_1^1 & \omega_2^1\\ \omega_1^2 & \omega_2^2\end{pmatrix} = \lambda^2 - 2H\lambda + K_{\mathrm{G}} = 0$$

或

$$\det\begin{pmatrix}L_{11}-\lambda g_{11} & L_{12}-\lambda g_{12}\\ L_{21}-\lambda g_{21} & L_{22}-\lambda g_{22}\end{pmatrix} = \det\begin{pmatrix}L-\lambda E & M-\lambda F\\ M-\lambda F & N-\lambda G\end{pmatrix} = 0.$$

定义 3.1.2 设$(M,\mathscr{D})$为 k 维 C^1 流形，如果 $\mathscr{D}_1\subset\mathscr{D}$ 满足：

(1) $\bigcup\limits_{(U,\varphi)\in\mathscr{D}_1} U = M$；

(2) 对任何(U,φ)，$\{u^1,u^2,\cdots,u^k\}\in\mathscr{D}_1$，$(V,\psi)$，$\{v^1,v^2,\cdots,v^k\}\in\mathscr{D}_1$，必有

$$\frac{\partial(v^1,v^2,\cdots,v^k)}{\partial(u^1,u^2,\cdots,u^k)} > 0,$$

则称$(M,\mathscr{D})$是**可定向**的.

引理 3.1.1 设M为$\mathbf{R}^n$中的$n-1$维C^1子流形,则

$$\begin{aligned}M\text{ 可定向 } &\Leftrightarrow M\text{ 上存在处处非零的连续法向量场}\\ &\Leftrightarrow M\text{ 上存在连续的单位法向量场}.\end{aligned}$$

证明 参阅文献[7]183页定理2或文献[8]328页定理11.2.1. □

注 3.1.1 设$M\subset\mathbf{R}^n$,如果对$\forall p\in M$,都存在$n-1$维$C^r(r\geqslant 1)$正则曲面片$\boldsymbol{x}(u^1,u^2,\cdots,u^{n-1})$,即

$$\operatorname{rank}\{\boldsymbol{x}'_{u^1},\boldsymbol{x}'_{u^2},\cdots,\boldsymbol{x}'_{u^{n-1}}\}=\operatorname{rank}\left(\frac{\partial \boldsymbol{x}^i}{\partial u^j}\right)_{n\times(n-1)}=n-1,$$

则称参数$u^1,u^2,\cdots,u^{n-1}$为局部坐标.记此局部坐标系为(U,φ),$\{u^1,u^2,\cdots,u^{n-1}\}$.设$\{\tilde{\boldsymbol{x}}(\tilde{u}^1,\tilde{u}^2,\cdots,\tilde{u}^{n-1}),(\tilde{U},\tilde{\varphi}),\{\tilde{u}^1,\tilde{u}^2,\cdots,\tilde{u}^{n-1}\}\}$为另一$C^r$正则曲面片,由逆射定理(参阅文献[8]108页定理8.4.3)知,u^i为某$n-1$个$\boldsymbol{x}^j$的C^r函数,因而为$\tilde{u}^k$的C^r函数.于是,在$U\cap\tilde{U}$中,有

$$\tilde{\boldsymbol{x}}'_{\tilde{u}^i}=\sum_{j=1}^{n-1}\boldsymbol{x}'_{u^j}\frac{\partial u^j}{\partial \tilde{u}^i},$$

即

$$\begin{pmatrix}\tilde{\boldsymbol{x}}'_{\tilde{u}^1}\\ \tilde{\boldsymbol{x}}'_{\tilde{u}^2}\\ \vdots\\ \tilde{\boldsymbol{x}}'_{\tilde{u}^{n-1}}\end{pmatrix}=\begin{pmatrix}\frac{\partial u^1}{\partial \tilde{u}^1} & \frac{\partial u^2}{\partial \tilde{u}^1} & \cdots & \frac{\partial u^{n-1}}{\partial \tilde{u}^1}\\ \frac{\partial u^1}{\partial \tilde{u}^2} & \frac{\partial u^2}{\partial \tilde{u}^2} & \cdots & \frac{\partial u^{n-1}}{\partial \tilde{u}^2}\\ \vdots & \vdots & & \vdots\\ \frac{\partial u^1}{\partial \tilde{u}^{n-1}} & \frac{\partial u^2}{\partial \tilde{u}^{n-1}} & \cdots & \frac{\partial u^{n-1}}{\partial \tilde{u}^{n-1}}\end{pmatrix}\begin{pmatrix}\boldsymbol{x}'_{u^1}\\ \boldsymbol{x}'_{u^2}\\ \vdots\\ \boldsymbol{x}'_{u^{n-1}}\end{pmatrix}.$$

因为$\operatorname{rank}\{\boldsymbol{x}'_{u^1},\boldsymbol{x}'_{u^2},\cdots,\boldsymbol{x}'_{u^{n-1}}\}=\operatorname{rank}\{\tilde{\boldsymbol{x}}'_{\tilde{u}^1},\tilde{\boldsymbol{x}}'_{\tilde{u}^2},\cdots,\tilde{\boldsymbol{x}}'_{\tilde{u}^{n-1}}\}=n-1$,所以$\det\left(\frac{\partial u^i}{\partial \tilde{u}^j}\right)\neq 0$.由此推得$M$为$\mathbf{R}^n$中的$n-1$维$C^r$流形.直观地,$M$是由一些$n-1$维$C^r(r\geqslant 1)$正则曲面片$C^r$粘起来的.

显然,

$$\begin{aligned}&\det\left(\frac{\partial u^i}{\partial \tilde{u}^j}\right)>0\\ \Leftrightarrow\ &\{\boldsymbol{x}'_{u^1},\boldsymbol{x}'_{u^2},\cdots,\boldsymbol{x}'_{u^{n-1}}\}\text{与}\{\tilde{\boldsymbol{x}}'_{\tilde{u}^1},\tilde{\boldsymbol{x}}'_{\tilde{u}^2},\cdots,\tilde{\boldsymbol{x}}'_{\tilde{u}^{n-1}}\}\text{都为 }M\text{ 的切空间上的顺向基}\end{aligned}$$

$$\Leftrightarrow \quad \boldsymbol{x}'_{u^1}\times\boldsymbol{x}'_{u^2}\times\cdots\times\boldsymbol{x}'_{u^{n-1}}=\begin{vmatrix}\boldsymbol{e}_1 & \boldsymbol{e}_2 & \cdots & \boldsymbol{e}_n\\ \boldsymbol{x}^{1\prime}_{u^1} & \boldsymbol{x}^{2\prime}_{u^1} & \cdots & \boldsymbol{x}^{n\prime}_{u^1}\\ \boldsymbol{x}^{1\prime}_{u^2} & \boldsymbol{x}^{2\prime}_{u^2} & \cdots & \boldsymbol{x}^{n\prime}_{u^2}\\ \vdots & \vdots & & \vdots\\ \boldsymbol{x}^{1\prime}_{u^{n-1}} & \boldsymbol{x}^{2\prime}_{u^{n-1}} & \cdots & \boldsymbol{x}^{n\prime}_{u^{n-1}}\end{vmatrix}$$

与

$$\tilde{\boldsymbol{x}}'_{\tilde{u}^1}\times\tilde{\boldsymbol{x}}'_{\tilde{u}^2}\times\cdots\times\tilde{\boldsymbol{x}}'_{\tilde{u}^{n-1}}=\begin{vmatrix}\boldsymbol{e}_1 & \boldsymbol{e}_2 & \cdots & \boldsymbol{e}_n\\ \tilde{\boldsymbol{x}}^{1\prime}_{\tilde{u}^1} & \tilde{\boldsymbol{x}}^{2\prime}_{\tilde{u}^1} & \cdots & \tilde{\boldsymbol{x}}^{n\prime}_{\tilde{u}^1}\\ \tilde{\boldsymbol{x}}^{1\prime}_{\tilde{u}^2} & \tilde{\boldsymbol{x}}^{2\prime}_{\tilde{u}^2} & \cdots & \tilde{\boldsymbol{x}}^{n\prime}_{\tilde{u}^2}\\ \vdots & \vdots & & \vdots\\ \tilde{\boldsymbol{x}}^{1}_{\tilde{u}^{n-1}} & \tilde{\boldsymbol{x}}^{2\prime}_{\tilde{u}^{n-1}} & \cdots & \tilde{\boldsymbol{x}}^{n\prime}_{\tilde{u}^{n-1}}\end{vmatrix}$$

同向(在曲面 M 同一点处有方向相同的法向).记

$$\boldsymbol{n}=(-1)^{n-1}\frac{\boldsymbol{x}'_{u^1}\times\boldsymbol{x}'_{u^2}\times\cdots\times\boldsymbol{x}'_{u^{n-1}}}{|\boldsymbol{x}'_{u^1}\times\boldsymbol{x}'_{u^2}\times\cdots\times\boldsymbol{x}'_{u^{n-1}}|}$$

为曲面 M 上的单位法向量,$\{\boldsymbol{x}'_{u^1},\boldsymbol{x}'_{u^2},\cdots,\boldsymbol{x}'_{u^{n-1}},\boldsymbol{n}\}$ 构成右手规范正交基.显然,两个顺向基相应的单位法向量相同.因此,如果 M 由 $\mathbf{R}^n$ 中一些 $C^r(r\geqslant 1)$ 正则曲面片粘成,且任两坐标切向量基都为顺向基 $\Leftrightarrow$ M 是可定向的.此时,$\left\{\boldsymbol{n}=(-1)^{n-1}\frac{\boldsymbol{x}'_{u^1}\times\boldsymbol{x}'_{u^2}\times\cdots\times\boldsymbol{x}'_{u^{n-1}}}{|\boldsymbol{x}'_{u^1}\times\boldsymbol{x}'_{u^2}\times\cdots\times\boldsymbol{x}'_{u^{n-1}}|}\right\}$自然拼成了一个 M 上的整体 C^{r-1} 单位法向量场.根据引理 3.1.1 的充分性,如果 M 上存在连续的单位法向量场,则 M 是可定向的.由充分性的证明立知,M 可由一些具有顺向基的 C^r 正则曲面片粘成.

对于拓扑空间 M,道路连通$\not\Leftarrow$连通(参阅文献[10]46 页定理 1.4.2).但是,有:

引理 3.1.2 设 M 为 $C^r(r\geqslant 0)$ 流形,则

$$M\text{ 道路连通}\quad\Leftrightarrow\quad M\text{ 连通}.$$

证明 参阅文献[10]56 页定理 1.4.6. □

引理 3.1.3 设 M 为 $C^r(r\geqslant 0)$ 连通流形,f 为 M 上的实连续函数.

(1)(零值定理)如果 $f(p)>0$,$f(q)<0$,则必存在 $r\in M$,使得 $f(r)=0$;

(2) 如果 f 局部常值,则 f 必具常值.

证明 (1) 设 $U=\{x\in M\mid f(x)>0\}$,$V=\{x\in M\mid f(x)<0\}$.显然,$p\in U$,$q\in V$,$U\neq\varnothing$,$V\neq\varnothing$.(反证)假设不存在 $r\in M$,使得 $f(r)=0$,则 $M=U\cup V$.因为 f 连续,故 U,V 均为开集.从而,M 为两个不相交的非空开集的并,即 M 不连通,这与题设 M 连通相矛盾.

(2) 设 $p\in M, U=\{x\in M \mid f(x)=f(p)\}, V=\{x\in M \mid f(x)\neq f(p)\}$. 由 f 局部常值知，U,V 均为开集(或由 f 连续知 V 为开集). 因为 $p\in U$，故 $U\neq\varnothing$. 根据题设 $M=U\cup V$ 连通立知，$V=\varnothing, M=U, f(x)\equiv f(p), x\in M$. 这就证明了 f 必具常值. □

引理 3.1.4 在 $\mathbf{R}^n$ 中：

(1) $n-1$ 维 C^2 连通全脐超曲面 $M\Rightarrow M$ 必为 $n-1$ 维连通超平面片或 $n-1$ 维连通超球面片. 自然，M 具有常 Gauss 曲率.

(2) M 为 $n-1$ 维超平面片或 $n-1$ 维超球面片 $\Rightarrow M$ 为 $n-1$ 维全脐超曲面.

证明 (1)($\Rightarrow$)因为 M 为 $\mathbf{R}^n$ 中的 $n-1$ 维 C^2 全脐超曲面，即 $L_{ij}=\rho g_{ij}$，所以在任何 $P\in M$ 处，有

$$\boldsymbol{n}'_{u^i} \xlongequal[\text{定理 2.4.1}]{\text{曲面基本公式}} -\sum_{j=1}^{n-1}\omega_i^j\boldsymbol{x}'_{u^j} \xlongequal{\text{式(2.4.3)}} -\sum_{j,l=1}^{n-1}g^{jl}L_{li}\boldsymbol{x}'_{u^j} = -\sum_{j,l=1}^{n-1}g^{jl}\rho g_{li}\boldsymbol{x}'_{u^j}$$

$$= \sum_{j=1}^{n-1}\rho\delta_i^j\boldsymbol{x}'_{u^j} = -\rho\boldsymbol{x}'_{u^i}.$$

于是

$$-\rho\boldsymbol{x}''_{u^iu^j}-\frac{\partial\rho}{\partial u^j}\boldsymbol{x}'_{u^i} = -\frac{\partial}{\partial u^j}(\rho\boldsymbol{x}'_{u^i}) = \frac{\partial\boldsymbol{n}'_{u^i}}{\partial u^j} = \frac{\partial^2\boldsymbol{n}}{\partial u^i\partial u^j} = \frac{\partial^2 n}{\partial u^j\partial u^i}$$

$$= \frac{\partial\boldsymbol{n}'_{u^j}}{\partial u^i} = -\frac{\partial}{\partial u^i}(\rho\boldsymbol{x}'_{u^j}) = -\rho\boldsymbol{x}''_{u^ju^i}-\frac{\partial\rho}{\partial u^i}\boldsymbol{x}'_{u^j}$$

$$= -\rho\boldsymbol{x}''_{u^iu^j}-\frac{\partial\rho}{\partial u^i}\boldsymbol{x}'_{u^j},$$

故

$$\frac{\partial\rho}{\partial u^j}\boldsymbol{x}'_{u^i} = \frac{\partial\rho}{\partial u^i}\boldsymbol{x}'_{u^j}.$$

特别地，当 $i\neq j$ 时，因为 $\boldsymbol{x}'_{u^i}, \boldsymbol{x}'_{u^j}$ 线性无关，所以

$$\frac{\partial\rho}{\partial u^i} = \frac{\partial\rho}{\partial u^j} = 0,\quad i,j=1,2,\cdots,n-1.$$

于是

$$\frac{\partial\rho}{\partial u^1} = \frac{\partial\rho}{\partial u^2} = \cdots = \frac{\partial\rho}{\partial u^{n-1}} = 0 \quad\Leftrightarrow\quad \rho\ \text{局部常值}.$$

根据引理 3.1.3(2)，ρ 在 M 上为常值(注意 M 连通).

如果 $\rho=0$，则

$$\mathrm{d}\boldsymbol{n} = \sum_{i=1}^{n-1}\boldsymbol{n}'_{u^i}\mathrm{d}u^i = -\rho\sum_{i=1}^{n-1}\boldsymbol{x}'_{u^i}\mathrm{d}u^i = \boldsymbol{0},\quad \boldsymbol{n}\ \text{为局部常向量}$$

$$\xRightarrow[\text{引理 3.1.3(2)}]{M\text{连通}} \boldsymbol{n}\ \text{为常向量}.$$

因此

$$\mathrm{d}(\boldsymbol{x}\cdot\boldsymbol{n})=\mathrm{d}\boldsymbol{x}\cdot\boldsymbol{n}+\boldsymbol{x}\cdot\mathrm{d}\boldsymbol{n}=0+\boldsymbol{x}\cdot\boldsymbol{0}=0$$

$$\xRightarrow{M连通}\boldsymbol{x}\cdot\boldsymbol{n}=常值,即 M 为连通的 n-1 维超平面片.$$

如果 $\rho\neq0$,则

$$\mathrm{d}(\boldsymbol{n}+\rho\boldsymbol{x})=\mathrm{d}\boldsymbol{n}+\rho\mathrm{d}\boldsymbol{x}=\sum_{i=1}^{n-1}\boldsymbol{n}'_{u^i}\mathrm{d}u^i+\rho\sum_{i=1}^{n-1}\boldsymbol{x}'_{u^i}\mathrm{d}u^i$$

$$=\sum_{i=1}^{n-1}(\boldsymbol{n}'_{u^i}+\rho\boldsymbol{x}'_{u^i})\mathrm{d}u^i=\sum_{i=1}^{n-1}\boldsymbol{0}\mathrm{d}u^i=\boldsymbol{0}$$

$$\xRightarrow{M连通}\boldsymbol{n}+\rho\boldsymbol{x}=\boldsymbol{a}\quad(常向量).$$

于是

$$\left|\boldsymbol{x}-\frac{\boldsymbol{a}}{\rho}\right|=\left|\frac{\rho\boldsymbol{x}-\boldsymbol{a}}{\rho}\right|=\left|\frac{-\boldsymbol{n}}{\rho}\right|=\frac{1}{|\rho|}.$$

这是一个以$\dfrac{\boldsymbol{a}}{\rho}$为球心、$\dfrac{1}{|\rho|}$为半径的 $n-1$ 维超球面方程,故 M 为连通的超球面片.

(2) (⇒)考虑 $n-1$ 维超平面片 M:

(证法 1)

$$(\boldsymbol{x}(u^1,u^2,\cdots,u^{n-1})-\boldsymbol{x}(u_0^1,u_0^2,\cdots,u_0^{n-1}))\cdot\boldsymbol{n}=0,\quad \boldsymbol{n}\ 为常单位法向量,$$

由定理 2.4.2(1),$W(\boldsymbol{x}'_{u^i})=-\boldsymbol{n}'_{u^i}=0$ 或 $W(\boldsymbol{X})=-\overline{\nabla}_{X}\boldsymbol{n}=0$ 立知 $W(\boldsymbol{X})=0=\boldsymbol{0}\cdot\boldsymbol{X}$. 故超平面片 M 为 $n-1$ 维全脐超曲面.

(证法 2)设 $n-1$ 维超平面片为

$$a_1x^1+a_2x^2+\cdots+a_nx^n=b,$$

则参数表示为(不妨设 $a_n\neq0$)

$$\boldsymbol{x}(x^1,x^2,\cdots,x^{n-1})=\left(x^1,x^2,\cdots,x^{n-1},\frac{1}{a_n}(b-a_1x^1-a_2x^2-\cdots-a_{n-1}x^{n-1})\right),$$

显然,$\boldsymbol{x}''_{x^ix^j}=\boldsymbol{0},i,j=1,2,\cdots,n-1$,

$$L_{ij}\xlongequal{定理 2.3.2}\boldsymbol{x}''_{x^ix^j}\cdot\boldsymbol{n}=\boldsymbol{0}\cdot\boldsymbol{n}=0\cdot g_{ij},\quad i,j=1,2,\cdots,n-1.$$

因此,超平面片 M 为 $n-1$ 维全脐超曲面.

再考虑 $n-1$ 维超球面片 M:由例 2.7.1 知,$W(\boldsymbol{X})=-\dfrac{1}{R}\boldsymbol{X}$. 因此,$n-1$ 维超球面片 M 为 $n-1$ 维全脐超曲面. □

例 3.1.1 对于 $\mathbf{R}^3$ 中的 2 维超球面片 M:

$$\boldsymbol{x}(u,v)=(R\cos v\cos u,R\cos v\sin u,R\sin v).$$

我们也可如下直接证明它为 2 维全脐超曲面.

因为

$\boldsymbol{x}'_u = (-R\cos v\sin u, R\cos v\cos u, 0)$,

$\boldsymbol{x}'_v = (-R\sin v\cos u, -R\sin v\sin u, R\cos v)$,

$E = \boldsymbol{x}'_u\cdot\boldsymbol{x}'_u = R^2\cos^2 v,\quad F = \boldsymbol{x}'_u\cdot\boldsymbol{x}'_v = 0,\quad G = \boldsymbol{x}'_v\cdot\boldsymbol{x}'_v = R^2$,

$\boldsymbol{x}''_{uu} = (-R\cos v\cos u, -R\cos v\sin u, 0)$,

$\boldsymbol{x}''_{uv} = (R\sin v\sin u, -R\sin v\cos u, 0)$,

$\boldsymbol{x}''_{vv} = (-R\cos v\cos u, -R\cos v\sin u, -R\sin v)$,

$$L = \frac{(\boldsymbol{x}'_u, \boldsymbol{x}'_v, \boldsymbol{x}''_{uu})}{\sqrt{EG-F^2}} = \frac{\begin{vmatrix} -R\cos v\sin u & R\cos v\cos u & 0 \\ -R\sin v\cos u & -R\sin v\sin u & R\cos v \\ -R\cos v\cos u & -R\cos v\sin u & 0 \end{vmatrix}}{R^2\cos v}$$

$$= \frac{R^3\cos^3 v\begin{vmatrix} \sin u & \cos u \\ \cos u & -\sin u \end{vmatrix}}{R^2\cos v} = -R\cos^2 v,$$

$$M = \frac{(\boldsymbol{x}'_u, \boldsymbol{x}'_v, \boldsymbol{x}''_{uv})}{\sqrt{EG-F^2}} = \frac{\begin{vmatrix} -R\cos v\sin u & R\cos v\cos u & 0 \\ -R\sin v\cos u & -R\sin v\sin u & R\cos v \\ R\sin v\sin u & -R\sin v\cos u & 0 \end{vmatrix}}{R^2\cos v} = 0,$$

$$N = \frac{(\boldsymbol{x}'_u, \boldsymbol{x}'_v, \boldsymbol{x}''_{vv})}{\sqrt{EG-F^2}} = \frac{\begin{vmatrix} -R\cos v\sin u & R\cos v\cos u & 0 \\ -R\sin v\cos u & -R\sin v\sin u & R\cos v \\ -R\cos v\cos u & -R\cos v\sin u & -R\sin v \end{vmatrix}}{R^2\cos v}$$

$$= \frac{-R^3\cos v\begin{vmatrix} \sin u & \cos u & 0 \\ \sin v\cos u & -\sin v\sin u & \cos v \\ \cos v\cos u & -\cos v\sin u & -\sin v \end{vmatrix}}{R^2\cos v}$$

$$= -R(-\sin v(-\sin v\sin^2 u - \sin v\cos^2 u) - \cos v(-\cos v\sin^2 u - \cos v\cos^2 u))$$

$$= -R(\sin^2 v + \cos^2 v) = -R,$$

所以

$$(L, M, N) = -\frac{1}{R}(E, F, G),$$

即 2 维球面片为 2 维全脐超曲面.

定理 3.1.1 设 M 为 $\mathbf{R}^n$ 中连通可定向的 $n-1$ 维 C^2 全脐超曲面,则 M 为 $n-1$ 维

超平面片或 $n-1$ 维超球面片. 前者, 若 M 完备, 则 M 必为整个平面; 后者, 若 M 紧致, 则 M 必为整个球面.

证明 定理的前半部分就是引理 3.1.4(1).

如果 M 完备且为 n 维超平面片, 则 M 为整个平面, 否则必有超平面上一点 $a\in M'-M$. 于是, 有 $a_n\in M$, $\lim\limits_{n\to\infty}a_n=a$, a_n 为 M 的 Cauchy 点列, 但不收敛于 M 中的任何点, 这与 M 完备相矛盾(其中 M' 为 M 的导集, 即 M 的聚点的全体).

如果 M 紧致且为 $n-1$ 维超球面片, 则 M 既为该球面 S^2 上的开集又为 S^2 上的闭集, 则 M 与 $M^c=S^2-M$ 为 S^n 上不相交的开集. 因为 S^2 连通, 而 $M\neq\varnothing$, 故必有 $M^c=\varnothing$, $M=S^2$, 即 M 必为整个球面 S^2. □

引理 3.1.5 设 M 为 $\mathbf{R}^3$ 中的 C^4 正则曲面, $\boldsymbol{x}(u^1,u^2)$ 为其参数表示, $P\in M$, 且满足:

(1) $K_G(P)>0$, 即点 P 的 Gauss(总)曲率为正;

(2) 在点 P 处, 函数 κ_1 达极大值, 同时函数 κ_2 达极小值.

则 P 为 M 的脐点. 设 $\kappa_1(Q)$ 与 $\kappa_2(Q)$ 为 M 上点 Q 处的两个主曲率, 总假定 $\kappa_1(Q)\geqslant\kappa_2(Q)$. 因此, κ_1 与 κ_2 为二次方程 $\lambda^2-2H\lambda+K_G=0$ 的两个根, 且为 M 上的连续函数. 除脐点($\kappa_1=\kappa_2$)外, 函数 κ_1 与 κ_2 为 M 上的 C^2 函数(观察求根公式).

证明 (反证)假设 P 不为脐点, 则存在 P 的一个坐标系 (u,v), 使坐标曲线为曲率线(见引理 2.6.2). 这时有 $F=M=0$(定理 2.5.6). 而且, 必要时, 可以交换 u, v 使得

$$\kappa_1=\frac{L}{E},\quad \kappa_2=\frac{N}{G} \tag{3.1.1}$$

(参阅定理 2.5.6 必要性的证明). 在这个坐标系内, Codazzi 方程(见注 2.9.2)为

$$\left(\frac{L}{\sqrt{E}}\right)'_v-N\frac{(\sqrt{E})'_v}{G}=0,$$

$$\left(\frac{N}{\sqrt{G}}\right)'_u-L\frac{(\sqrt{G})'_u}{E}=0,$$

即

$$L'_v=\frac{GL+EN}{2GE}E'_v=\frac{1}{2}\left(\frac{L}{E}+\frac{N}{G}\right)E'_v=\frac{\kappa_1+\kappa_2}{2}E'_v=HE'_v, \tag{3.1.2}$$

$$N'_u=\frac{EN+GL}{2EG}G'_u=\frac{1}{2}\left(\frac{N}{G}+\frac{L}{E}\right)G'_u=\frac{\kappa_1+\kappa_2}{2}G'_u=HG'_u. \tag{3.1.3}$$

现将式(3.1.1)的第 1 式 $\kappa_1E=L$ 关于 v 求导, 并应用式(3.1.2)可以得到

$$(\kappa_1)'_vE+\kappa_1E'_v=L'_v=\frac{E'_v}{2}(\kappa_1+\kappa_2),$$

故

$$E(\kappa_1)'_v=\frac{E'_v}{2}(-\kappa_1+\kappa_2).\tag{3.1.4}$$

再将式(3.1.1)的第2式 $\kappa_2G=N$ 关于 u 求导,并应用式(3.1.3)可以得到

$$G(\kappa_2)'_u=\frac{G'_u}{2}(\kappa_1-\kappa_2).\tag{3.1.5}$$

另一方面,由于坐标曲线为曲率线,P 不为脐点,故 $\kappa_1\neq\kappa_2$,主方向彼此正交,即$F=0$.关于 K_G 的 Gauss 公式化为(定理 2.9.2)

$$\begin{aligned}K_G&=-\frac{1}{\sqrt{EG}}\left(\left(\frac{(\sqrt{E})'_v}{\sqrt{G}}\right)'_v+\left(\frac{(\sqrt{G})'_u}{\sqrt{E}}\right)'_u\right)\\&=-\frac{1}{2\sqrt{EG}}\left(\left(\frac{E'_v}{\sqrt{EG}}\right)'_v+\left(\frac{G'_u}{\sqrt{EG}}\right)'_u\right).\end{aligned}$$

因此

$$-2K_GEG=E''_{vv}+G''_{uu}+AE'_v+BG'_u,\tag{3.1.6}$$

其中 $A=A(u,v),B=B(u,v)$以及下面将引入的 $\bar{A},\bar{B},\tilde{A},\tilde{B}$ 都为 u,v 的函数,它们的具体表达式在证明中不起作用,故不必表达清楚.

从式(3.1.4)及式(3.1.5),我们可求得

$$E'_v=\frac{2E(\kappa_1)'_v}{\kappa_2-\kappa_1},\quad G'_u=\frac{2G(\kappa_2)'_u}{\kappa_1-\kappa_2}.$$

再将式(3.1.4)对 v 求导,且将式(3.1.5)对 u 求导分别得到

$$E''_{vv}=\frac{2E}{\kappa_2-\kappa_1}(\kappa_1)''_{vv}+\frac{2}{\kappa_2-\kappa_1}\left(E'_v(\kappa_1)'_v+\frac{E'_v}{2}(\kappa_1)'_v-\frac{E'_v}{2}(\kappa_2)'_v\right),$$

$$G''_{uu}=\frac{2G}{\kappa_1-\kappa_2}(\kappa_2)''_{uu}+\frac{2}{\kappa_1-\kappa_2}\left(G'_u(\kappa_2)'_u-\frac{G'_u}{2}(\kappa_1)'_u+\frac{G'_u}{2}(\kappa_2)'_u\right).$$

将上面两式代入式(3.1.6)得到

$$-2K_GEG=-\frac{2E}{\kappa_1-\kappa_2}(\kappa_1)''_{vv}+\frac{2G}{\kappa_1-\kappa_2}(\kappa_2)''_{uu}+\tilde{A}(\kappa_1)'_v+\tilde{B}(\kappa_2)'_u,$$

$$-(\kappa_1-\kappa_2)K_GEG=-2E(\kappa_1)''_{vv}+2G(\kappa_2)''_{uu}+\tilde{A}(\kappa_1)'_v+\tilde{B}(\kappa_2)'_u.\tag{3.1.7}$$

由于在点 P 处,$K_G>0,\kappa_1>\kappa_2$,故 $\kappa_1-\kappa_2>0$;根据已知条件,在点 P 处,κ_1 达极大,κ_2 达极小.因此,在点 P 处根据注 2.8.2,有

$$(\kappa_1)'_v=0,\quad(\kappa_2)'_u=0,\quad(\kappa_1)''_{vv}\leqslant0,\quad(\kappa_2)''_{uu}\geqslant0.$$

这就可推出

$$0>-(\kappa_1-\kappa_2)K_GEG\xlongequal{\text{式(3.1.7)}}-2E(\kappa_1)''_{vv}+2G(\kappa_2)''_{uu}+\tilde{A}(\kappa_1)'_v+\tilde{B}(\kappa_2)'_u$$

$$= -2E(\kappa_1)''_{vv} + 2G(\kappa_2)''_{uu} \geqslant 0,$$

矛盾.因此,点 P 必为脐点. □

定理 3.1.2 设 M 为 $\mathbf{R}^3$ 中的紧致定向 C^2 流形(2 维超曲面),则至少有一点 $P_0 \in M$,在点 P_0 处 Gauss(总)曲率 $K_G(P_0) > 0$.

证明 (证法 1)设 $\boldsymbol{x} = (x, y, z)$为曲面 M 在 $\mathbf{R}^3$ 中的位置向量,由 M 紧致知,连续函数

$$f(P) = x^2(P) + y^2(P) + z^2(P)$$

在点 P_0 处达最大值.下证 $K_G(P_0) > 0$.

设$\{u, v\}$为点 P_0 处的局部坐标系,位置向量的参数表示为

$$\boldsymbol{x}(u, v) = (x(u, v), y(u, v), z(u, v)).$$

M 上过点 P_0 且以弧长 s 为参数的曲线 $\boldsymbol{x}(u(s), v(s))$简记为 $\boldsymbol{x}(s)$,$\boldsymbol{x}(0) = P_0$ 是 $f(s) = f(\boldsymbol{x}(s))$的最大值点.所以

$$0 = \frac{\mathrm{d}f}{\mathrm{d}s}(0) = 2(x'(0)x(0) + y'(0)y(0) + z'(0)z(0)),$$

即 $\boldsymbol{x}'(0) = (x'(0), y'(0), z'(0)) \perp (x(0), y(0), z(0)) = \boldsymbol{x}(0)$.这表明 $\boldsymbol{x}(0)$为 M 在点 P_0 处的法向量.显然,$|\boldsymbol{x}(0)| > 0$.

设 $\boldsymbol{x}(0) = \lambda \boldsymbol{n}(0)$,$\lambda \neq 0$ 为固定的实数,$\boldsymbol{n}(0)$为 $\boldsymbol{x}(0)$处的单位法向量.

此外,还有

$$0 \geqslant \frac{1}{2}\frac{\mathrm{d}^2 f}{\mathrm{d}s^2}(0) = (x''(0)x(0) + y''(0)y(0) + z''(0)z(0)) + (x'(0)^2 + y'(0)^2 + z'(0)^2)$$

$$= \boldsymbol{x}''(0) \cdot \boldsymbol{x}(0) + 1 = \lambda \boldsymbol{x}''(0) \cdot \boldsymbol{n}(0) + 1 \xlongequal{\text{定义 } 2.5.1} \lambda \kappa_{\mathrm{n}}(0) + 1,$$

$$-1 \geqslant \lambda \kappa_{\mathrm{n}}(0),$$

$$1 \leqslant |\lambda| |\kappa_{\mathrm{n}}(0)|, \quad |\kappa_{\mathrm{n}}(0)| \geqslant \frac{1}{|\lambda|}.$$

由于曲线 $\boldsymbol{x}(s)$的任意性,M 在点 $\boldsymbol{x}(0) = P_0$ 处的主曲率 $\kappa_1(0)$,$\kappa_2(0)$作为法曲率也有

$$|\kappa_1(0)| \geqslant \frac{1}{|\lambda|}, \quad |\boldsymbol{x}_2(0)| \geqslant \frac{1}{|\lambda|}.$$

因此

$$K_G(P_0) = \kappa_1(P_0)\kappa_2(P_0) = \kappa_1(0)\kappa_2(0) \geqslant \frac{1}{\lambda^2} > 0.$$

其中

$$\boldsymbol{x}''(s) \cdot \boldsymbol{n}(s) = \boldsymbol{V}_1'(s) \cdot \boldsymbol{n}(s) = (\boldsymbol{\tau}(s) + \kappa_{\mathrm{n}}(s)\boldsymbol{n}(s)) \cdot \boldsymbol{n}(s) = \kappa_{\mathrm{n}}(s).$$

或者

$$\begin{aligned}0 &= \boldsymbol{x}'(s)\cdot\boldsymbol{n}(s),\\ 0 &= \boldsymbol{x}''(s)\cdot\boldsymbol{n}(s)+\boldsymbol{x}'(s)\cdot\boldsymbol{n}'(s),\\ \boldsymbol{x}''(s)\cdot\boldsymbol{n}(s) &= -\boldsymbol{x}'(s)\cdot\boldsymbol{n}'(s)=\boldsymbol{x}'(s)\cdot W(\boldsymbol{x}'(s))\\ &= \frac{\boldsymbol{x}'(s)\cdot W(\boldsymbol{x}'(s))}{\boldsymbol{x}'(s)\cdot\boldsymbol{x}'(s)}\xlongequal{\text{注 }2.5.1}\kappa_{\mathrm{n}}(s).\end{aligned}$$

（证法2）因为 M 紧致，故 M 是有界的. 设 W 为所有以原点为中心、内部包含 M 的球面所成的集合，则 W 非空. 设 r 是这些球面半径的下确界，显然 $r>0$. 设 Σ 为以原点为中心、r 为半径的球面，于是 $\Sigma\cap M\neq\varnothing$. 而且，$\Sigma\cap M$ 的所有点处 Gauss（总）曲率 $K_{\mathrm{G}}\geqslant\frac{1}{r^2}>0$. □

推论 3.1.1 $\mathbf{R}^3$ 中不存在 $K_{\mathrm{G}}\leqslant 0$ 处处成立的2维紧致定向曲面 M.

证明 （反证）假设存在上述曲面，由定理3.1.2知，必有 $P_0\in M$，使 $K_{\mathrm{G}}(P_0)>0$，这与题设 $K_{\mathrm{G}}\leqslant 0$ 矛盾. □

所谓球面是刚性的，其意思是，设 $\varphi:\Sigma\to M$ 为球面 $\Sigma\subset\mathbf{R}^3$ 到曲面 $M=\varphi(\Sigma)\subset\mathbf{R}^3$ 上的等距（同尺）对应，则 M 本身必为球面. 直观上，这意味着球面是不能被弯曲的.

严格地，我们将证明下面的定理.

定理 3.1.3 设 M 为 $\mathbf{R}^3$ 中 Gauss 曲率 K_{G} 为常数的紧致连通定向的 C^2 流形（2维超曲面），则 M 必为球面.

证明 因为 M 紧致，根据定理3.1.2，必有一点 $P_0\in M$，使得 $K_{\mathrm{G}}(P_0)>0$. 但是，K_{G} 在 M 上为常值，因此 $K_{\mathrm{G}}(P)=K_{\mathrm{G}}(P_0)>0$ 恒成立. 由 M 的紧致性，连续函数 κ_1 在 M 上的一点 P_1 处达到最大值（当然也是极大值）. 从 $\kappa_1\kappa_2=K_{\mathrm{G}}=$ 常值 >0 可知，$\kappa_2=K_{\mathrm{G}}/\kappa_1$ 在点 P_1 处达到最小值（当然也是极小值）. 于是，根据引理3.1.5，P_1 为 M 的脐点，即 $\kappa_1(P_1)=\kappa_2(P_1)$.

现设 Q 为 M 上的任一点，则有

$$\kappa_1(P_1)\geqslant\kappa_1(Q)\geqslant\kappa_2(Q)\geqslant\kappa_2(P_1)=\kappa_1(P_1),$$

从而 $\kappa_1(Q)=\kappa_2(Q)$. 这就是说，M 的所有点都是脐点. 根据定理3.1.1，M 必为整个球面. □

从定理3.1.3立即得到球面的刚性定理.

定理 3.1.4（球面的刚性定理） 设 $\varphi:\Sigma\to M$ 为球面 $\Sigma\subset\mathbf{R}^3$ 到 C^2 流形（2维超曲面）$M=\varphi(\Sigma)\subset\mathbf{R}^3$ 上的等距对应，则 M 必为球面.

证明 因为 Gauss（总）曲率在等距对应下不变，所以 $\varphi(\Sigma)=M$ 的 Gauss（总）曲率也为常数. 而且由于球面是紧致连通可定向的，因此它的等距像 M 也是紧致连通可定向的. 由定理3.1.3知，M 必为球面. □

定理 3.1.5 设 M 为 $\mathbf{R}^3$ 中紧致定向连通的 2 维 C^4 流形(超曲面),它的 Gauss(总)曲率 $K_G>0$,且平均曲率 H 为常数,则 M 必为球面.

证明 因为 M 紧致,所以连续函数 κ_1 在 M 上某一点 P 处达最大值(当然也是极大值).但 $\kappa_1+\kappa_2=2H=$常数,故 $\kappa_2=2H-\kappa_1$ 在点 P 处达最小值(当然也是极小值).又因 $K_G>0$,根据引理 3.1.5(2),P 为 M 的脐点,即 $\kappa_1(P)=\kappa_2(P)$.现设 Q 为 M 上的任一点,则有

$$\kappa_1(P)\geqslant\kappa_1(Q)\geqslant\kappa_2(Q)\geqslant\kappa_2(P)=\kappa_1(P),$$

从而 $\kappa_1(Q)=\kappa_2(Q)$,即 M 上的点都为脐点.根据定理 3.1.1,M 必为整个球面. □

更一般地,有:

定理 3.1.6 设 M 为 $\mathbf{R}^3$ 中的紧致定向连通 2 维流形(超曲面),它的 Gauss(总)曲率 $K_G>0$,且在 M 上 $\kappa_2=f(\kappa_1)$ 为 κ_1 的递减函数(定理 3.1.3、定理 3.1.5 为其特例),则 M 必为球面.

证明 因为 M 紧致,所以连续函数 κ_1 在 M 上某一点 P 处达最大值(当然也是极大值),但 $\kappa_2=f(x_1)$ 为 κ_1 的递减函数,故 $\kappa_2=f(\kappa_1)$ 在点 P 处达最小值(当然也是极小值).又因 $K_G>0$,根据引理 3.1.5,P 为 M 的脐点.仿定理 3.1.3 与定理 3.1.5 的证明,M 必为整个球面. □

3.2 极小曲面的 Bernstein 定理

从定理 3.1.2 知,在 $\mathbf{R}^3$ 中不存在处处有 $K_G\leqslant 0$ 的 2 维 C^2 紧致定向流形(超曲面).特别是负常 Gauss 曲率的 2 维 C^2 紧致定向流形(超曲面)在 $\mathbf{R}^3$ 中是不存在的.

自然会问:$\mathbf{R}^3$ 中,2 维 C^2 紧致定向的极小曲面($H=0$)是否存在? 回答是否定的.

定理 3.2.1 $\mathbf{R}^3$ 中,2 维 C^2 紧致定向的极小曲面 $M(H=0)$是不存在的.

证明 (证法 1)因为 $0=H=\dfrac{\kappa_1+\kappa_2}{2}$,故 $\kappa_2=-\kappa_1$.又因该极小曲面紧致,根据定理 3.1.2,存在点 $P\in M$,使得 $0<K_G(P)=\kappa_1(P)\cdot\kappa_2(P)=\kappa_1(P)\cdot(-\kappa_1(P))=-\kappa_1(P)^2\leqslant 0$,矛盾.

(证法 2)因为 M 为紧致曲面,根据定理 3.1.2,存在点 $P\in M$,使得 $\kappa_1(P)\cdot\kappa_2(P)=K_G(P)>0$,故 $\kappa_1(P)\neq 0$,$\kappa_2(P)\neq 0$,且 $\kappa_1(P)$ 与 $\kappa_2(P)$ 同号,从而 $H(P)=\dfrac{\kappa_1(P)+\kappa_2(P)}{2}\neq 0$,因此,$M$ 绝不为极小曲面. □

$\mathbf{R}^3$ 中极小曲面的研究是 Lagrange 早在 1760 年就提出的,他给出了极小曲面的方

程,并得到了极小曲面的一个平凡解:平面.1776 年 Meusnier 又找到了两个极小曲面:悬链面与正螺面(例 2.7.4 与例 2.7.7).此后,人们的兴趣完全集中到所谓的 Plateau 问题:给定了空间 $\mathbf{R}^3$ 中一条闭的可求长的 Jordan 曲线 C,能否找到一个以 C 为其边界的极小曲面?

直观上这是显然的:当我们将一条用铅丝弯成的空间曲线浸入肥皂溶液中,再将铅丝取出时,一定会有一个皂膜曲面附在其上,而以铅丝为其边界线.因为皂膜面上的表面张力使皂膜曲面的表面积变为极小,所以这个膜面是极小曲面(参阅定理 2.7.2).但在数学上要严格证明却是不容易的.

Plateau 问题直到 1931 年才由 Rado 和 Douglas 两人在广义解范围内得到了解决.后来,Osserman 证明:所得的解曲面确实是处处正则的.

Plateau 问题属于存在性一类的问题.下面我们证明的定理 3.2.3,它是属于唯一性方面的问题.为此先证定理 3.2.2.

定理 3.2.2(Jorgens) 如果全平面 $\mathbf{R}^2$ 上的函数 $\varphi(x,y)$ 满足

$$\begin{cases}\varphi''_{xx}\varphi''_{yy}-(\varphi''_{xy})^2=1,\\ \varphi''_{xx}>0,\end{cases}\tag{3.2.1}$$

则 $\varphi''_{xx},\varphi''_{xy},\varphi''_{yy}$ 必为常数.因此,φ 为 x,y 的 2 次多项式.

证明 为叙述方便,我们记

$$\begin{cases}p=\varphi'_x, & q=\varphi'_y,\\ r=\varphi''_{xx}, & s=\varphi''_{xy}, \quad t=\varphi''_{yy}.\end{cases}\tag{3.2.2}$$

原方程成为

$$\begin{cases}rt-s^2=1,\\ r>0.\end{cases}\tag{3.2.3}$$

由此可见 $t>0$,且矩阵 $\begin{pmatrix}r & s\\ s & t\end{pmatrix}$ 是正定的,因此这个矩阵的迹 $r+t>0$.作 Levy 变换:

$$\begin{cases}\xi=x+p(x,y),\\ \eta=y+q(x,y),\end{cases}\tag{3.2.4}$$

因为

$$\frac{\partial(\xi,\eta)}{\partial(x,y)}=\begin{vmatrix}1+r & s\\ s & 1+t\end{vmatrix}=(1+t)(1+r)-s^2$$
$$=1+r+t+rt-s^2=2+r+t>0,$$

所以局部可选(ξ,η)作为平面上的新局部坐标(或新参数).最后,我们将证明变换式(3.2.4)建立了整个(x,y)平面与整个(ξ,η)平面之间的一一对应.因此,(ξ,η)可作为整

个平面的整体坐标.

记 $\zeta=\xi+\mathrm{i}\eta$，于是 ζ 取值于整个复平面.令

$$u+\mathrm{i}v=F(\zeta)=F(\xi,\eta)=(x-p)+\mathrm{i}(-y+q),$$

其中 $u=x-p, v=-y+q$.从

$$\begin{pmatrix}\dfrac{\partial x}{\partial \xi} & \dfrac{\partial x}{\partial \eta}\\[2ex] \dfrac{\partial y}{\partial \xi} & \dfrac{\partial y}{\partial \eta}\end{pmatrix}=\begin{pmatrix}\dfrac{\partial \xi}{\partial x} & \dfrac{\partial \xi}{\partial y}\\[2ex] \dfrac{\partial \eta}{\partial x} & \dfrac{\partial \eta}{\partial y}\end{pmatrix}^{-1}=\begin{pmatrix}1+r & s\\ s & 1+t\end{pmatrix}^{-1}=\frac{1}{2+r+t}\begin{pmatrix}1+t & -s\\ -s & 1+r\end{pmatrix}$$

便可推得

$$\begin{cases}\dfrac{\partial u}{\partial \eta}=-\dfrac{\partial v}{\partial \xi},\\[2ex] \dfrac{\partial u}{\partial \xi}=\dfrac{\partial v}{\partial \eta},\end{cases}\tag{3.2.5}$$

即 $F(\zeta)$满足 Cauchy-Riemann 方程，因而 $F(\zeta)$为 ζ 的解析函数.事实上，

$$\begin{aligned}\frac{\partial u}{\partial \eta}&=\frac{\partial x}{\partial \eta}-\frac{\partial p}{\partial \eta}=\frac{\partial x}{\partial \eta}-\left(\frac{\partial p}{\partial x}\frac{\partial x}{\partial \eta}+\frac{\partial p}{\partial y}\frac{\partial y}{\partial \eta}\right)\\ &=\frac{-s}{2+r+t}-\left(r\cdot\frac{-s}{2+r+t}+s\cdot\frac{1+r}{2+r+t}\right)=\frac{-2s}{2+r+t}\\ &=\frac{-s}{2+r+t}-\left(s\cdot\frac{1+t}{2+r+t}+t\cdot\frac{-s}{2+r+t}\right)\\ &=\frac{\partial y}{\partial \xi}-\left(\frac{\partial q}{\partial x}\cdot\frac{\partial x}{\partial \xi}+\frac{\partial q}{\partial y}\cdot\frac{\partial y}{\partial \xi}\right)=\frac{\partial y}{\partial \xi}-\frac{\partial q}{\partial \xi}=-\frac{\partial v}{\partial \xi},\\ \frac{\partial u}{\partial \xi}&=\frac{\partial x}{\partial \xi}-\frac{\partial p}{\partial \xi}=\frac{\partial x}{\partial \xi}-\left(\frac{\partial p}{\partial x}\frac{\partial x}{\partial \xi}+\frac{\partial p}{\partial y}\frac{\partial y}{\partial \xi}\right)\\ &=\frac{1+t}{2+r+t}-\left(r\cdot\frac{1+t}{2+r+t}+s\cdot\frac{-s}{2+r+t}\right)\\ &=\frac{(t-r)+(1-rt+s^2)}{2+r+t}=\frac{t-r}{2+r+t}=\frac{(t-r)-(1-rt+s^2)}{2+r+t}\\ &=-\frac{1+r}{2+r+t}+\left(s\cdot\frac{-s}{2+r+t}+t\cdot\frac{1+r}{2+r+t}\right)\\ &=-\frac{\partial y}{\partial \eta}+\left(\frac{\partial q}{\partial x}\cdot\frac{\partial x}{\partial \eta}+\frac{\partial q}{\partial y}\cdot\frac{\partial y}{\partial \eta}\right)=\frac{\partial v}{\partial \eta}.\end{aligned}$$

由此还可得到

$$F'(\zeta)=\frac{\partial u}{\partial \xi}+\mathrm{i}\frac{\partial v}{\partial \xi}=\frac{t-r}{2+r+t}+\mathrm{i}\frac{2s}{2+r+t},\tag{3.2.6}$$

$$1-|F'(\zeta)|^2=1-\left(\left(\frac{t-r}{2+r+t}\right)^2+\left(\frac{2s}{2+r+t}\right)^2\right)$$

$$=\frac{4+r^2+t^2+4r+4t+2rt-t^2-r^2+2rt-4s^2}{(2+r+t)^2}$$

$$=\frac{4+4r+4t+4(rt-s^2)}{(2+r+t)^2}=\frac{4(2+r+t)}{(2+r+t)^2}=\frac{4}{2+r+t}>0,\quad(3.2.7)$$

所以

$$1>|F'(\zeta)|^2,$$

故 $F'(\zeta)$是整个复平面 ζ 上的有界解析函数.从而,由 Liouville 定理知 $F'(\zeta)$为常数.

但由式(3.2.6)得到

$$|1-F'|^2=\left|\frac{2+r+t-t+r}{2+r+t}-\mathrm{i}\frac{2s}{2+r+t}\right|^2$$

$$=\left|\frac{2(1+r)}{2+r+t}-\mathrm{i}\frac{2s}{2+r+t}\right|^2=\frac{4((1+r)^2+s^2)}{(2+r+t)^2}$$

$$=\frac{4(1+s^2+2r+r^2)}{(2+r+t)^2}=\frac{4(rt+2r+r^2)}{(2+r+t)^2}=\frac{4r}{2+r+t},$$

$$\mathrm{i}(\overline{F}'-F')=\mathrm{i}\left(\left(\frac{t-r}{2+r+t}-\mathrm{i}\frac{2s}{2+r+t}\right)-\left(\frac{t-r}{2+r+t}+\mathrm{i}\frac{2s}{2+r+t}\right)\right)$$

$$=\mathrm{i}\cdot\frac{-4s}{2+r+t}\mathrm{i}=\frac{4s}{2+r+t},$$

$$|1+F'|^2=\left|\frac{2+r+t+t-r}{2+r+t}+\mathrm{i}\frac{2s}{2+r+t}\right|^2=\left|\frac{2(1+t)}{2+r+t}+\mathrm{i}\frac{2s}{2+r+t}\right|^2$$

$$=\frac{4((1+t)^2+s^2)}{(2+r+t)^2}=\frac{4(1+s^2+2t+t^2)}{(2+r+t)^2}=\frac{4(rt+2t+t^2)}{(2+r+t)^2}=\frac{4t}{2+r+t}.$$

由以上各式及式(3.2.7)立即推得

$$r=\frac{|1-F'|^2}{1-|F'|^2},\quad s=\frac{\mathrm{i}(\overline{F}'-F')}{1-|F'|^2},\quad t=\frac{|1+F'|^2}{1-|F'|^2}.$$

因而,可看出 r,s,t 都为常数.

于是

$$r=\varphi''_{xx},\quad \varphi'_x=rx+f(y),$$

$$s=\varphi''_{xy}=f'(y),\quad f(y)=sy+c,$$

$$\varphi'_x=rx+sy+c,\quad \varphi=\frac{r}{2}x^2+sxy+cx+g(y),$$

$$\varphi'_y=sx+g'(y),\quad t=\varphi''_{yy}=g''(y),$$

$$g(y)=\frac{t}{2}y^2+\mathrm{d}y+e,$$

且

$$\varphi = \frac{r}{2}x^2 + sxy + cx + \frac{t}{2}y^2 + \mathrm{d}y + e$$

是 x 与 y 的 2 次函数.

现在我们来证明由式(3.2.4)所确定的对应

$$\mathbf{R}^2 \to \mathbf{R}^2, \quad (x, y) \mapsto (\xi, \eta)$$

为一一映射,即它既为单射又为满射.

设 $P_0 = (x_0, y_0) \neq (x_1, y_1) = P_1$. 在$(x, y)$平面中用直线段连接 P_0, P_1,则线段 P_0P_1 中的点可记为

$$P\tau = (x_\tau, y_\tau) = (x_0 + \tau(x_1 - x_0), y_0 + \tau(y_1 - y_0)), \quad 0 \leqslant \tau \leqslant 1.$$

再令 $h(\tau) = \varphi(x_\tau, y_\tau)$,其中 φ 如前所述. 于是,有

$$h'(\tau) = \varphi'_x \cdot x'_\tau + \varphi'_y \cdot y'_\tau = (x_1 - x_0)p + (y_1 - y_0)q, \tag{3.2.8}$$

$$\begin{aligned} h''(\tau) = &(x_1 - x_0)p'_x \cdot x'_\tau + (x_1 - x_0)p'_y \cdot y'_\tau \\ &+ (y_1 - y_0)q'_x \cdot x'_\tau + (y_1 - y_0)q'_y \cdot y'_\tau \\ = &(x_1 - x_0)^2 r + 2(x_1 - x_0)(y_1 - y_0)s + (y_1 - y_0)^2 t \end{aligned} \tag{3.2.9}$$

(注意,p, q, r, s, t 都在 $P_\tau = (x_\tau, y_\tau)$处计值!). 因为关于 $x_1 - x_0$ 及 $y_1 - y_0$ 的二次型 $h''(\tau)$的系数矩阵$\begin{pmatrix} r & s \\ s & t \end{pmatrix}$是正定的,所以 $h''(\tau) > 0$ $(0 < \tau \leqslant 1)$. 于是,$h'(\tau)$关于 τ 为严格单调增函数,故

$$h'(0) < h'(1).$$

由此及式(3.2.8)就得到

$$\begin{aligned} &(x_1 - x_0)(p_1 - p_0) + (y_1 - y_0)(q_1 - q_0) \\ &\quad = ((x_1 - x_0)p_1 + (y_1 - y_0)q_1) - ((x_1 - x_0)p_0 + (y_1 - y_0)q_0) \\ &\quad = h'(1) - h'(0) > 0 \end{aligned} \tag{3.2.10}$$

(此处 p_0, q_0 分别为 p, q 在点P_0 处的值,p_1, q_1 分别为 p, q 在点P_1 处的值,下同). 再由式(3.2.4)及式(3.2.10)知

$$\begin{aligned} &(\xi_1 - \xi_0)^2 + (\eta_1 - \eta_0)^2 \\ &\quad = ((x_1 - x_0) + (p_1 - p_0))^2 + ((y_1 - y_0) + (q_1 - q_0))^2 \\ &\quad = (x_1 - x_0)^2 + (y_1 - y_0)^2 + (p_1 - p_0)^2 + (q_1 - q_0)^2 \\ &\qquad + 2((x_1 - x_0)(p_1 - p_0) + (y_1 - y_0)(q_1 - q_0)) \\ &\quad > (x_1 - x_0)^2 + (y_1 - y_0)^2, \end{aligned} \tag{3.2.11}$$

所以,当 $P_0 = (x_0, y_0) \neq (x_1, y_1) = P_1$ 时必有$(\xi_0, \eta_0) \neq (\xi_1, \eta_1)$. 这就证明了对应式

(3.2.10)为单射.

为证对应$(x,y)\mapsto(\xi,\eta)$是满射,我们记该对应下的像为K.先证K既为开集又为闭集.因为K非空,且整个(ξ,η)平面为一个连通拓扑空间,所以K必为整个(ξ,η)平面.

剩下的还必须证明:

(ⅰ)K为开集.

设$(\xi_0,\eta_0)\in K$,它是由(x_0,y_0)经上述变换(3.2.10)得到的.由于

$$\frac{\partial(\xi,\eta)}{\partial(x,y)}\neq 0$$

与逆射定理知,存在(x_0,y_0)的一个适当小开邻域与(ξ_0,η_0)的一个适当小开邻域之间的一一对应.因此,(ξ_0,η_0)的这个小开邻域的点都属于K,从而K为开集.

(ⅱ)K为闭集.

设$(\xi_0,\eta_0)\in K'$,则存在$(\xi_i,\eta_i)\in K$,使得$\lim\limits_{i\to+\infty}(\xi_i,\eta_i)=(\xi_0,\eta_0)$.由变换(3.2.4)得

$$(\xi_i,\eta_i)=(x_i+p(x_i,y_i),y_i+q(x_i,y_i)).$$

而$\{(\xi_i,\eta_i)\mid i=1,2,\cdots\}$为有界量.再由式(3.2.11)知,$\{(x_i,y_i)\mid i=1,2,\cdots\}$必亦为有界量.所以,我们可以取其收敛子点列$\{(x_{i_n},y_{i_n})\mid n=1,2,\cdots\}$,使得$\lim\limits_{n\to+\infty}(x_{i_n},y_{i_n})=(x_0,y_0)$.然而,由于式(3.2.4)是连续的,所以有

$$\begin{aligned}(\xi_0,\eta_0)&=(\lim_{n\to+\infty}\xi_{i_n},\lim_{n\to+\infty}\eta_{i_n})\\&=(\lim_{n\to+\infty}(x_{i_n}+p(x_{i_n},y_{i_n})),\lim_{n\to+\infty}(y_{i_n}+q(x_{i_n},y_{i_n})))\\&=(x_0+p(x_0,y_0),y_0+q(x_0,y_0)).\end{aligned}$$

这就证明了$(\xi_0,\eta_0)\in K$.从而,K为闭集.

上面我们证明了对应(3.2.4):$(x,y)\mapsto(\xi,\eta)$为从(x,y)平面到(ξ,η)平面上的一一映射.此外,由$\dfrac{\partial(\xi,\eta)}{\partial(x,y)}>0$及逆射定理保证了映射(3.2.4)的逆映射也是$C^1$的.于是,由对应(3.2.4)决定的映射为从$(x,y)$平面到整个$(\xi,\eta)$平面之间的坐标变换. □

定理 3.2.3(F. Bernstein) 设M的参数表示为

$$(x,y,f(x,y)),\quad (x,y)\in\mathbf{R}^2,$$

其中$f(x,y)$为$\mathbf{R}^2$上的C^2函数.如果M为极小曲面,则它必为平面.

证明 (证法1)由例2.6.2知

$$H=\frac{1}{2}\,\frac{(1+f_y'^2)f''_{xx}-2f'_xf'_yf'_{xy}+(1+f_x'^2)f''_{yy}}{(1+f'_x+f_y'^2)^{\frac{3}{2}}}=0$$

$$\Leftrightarrow \quad (1+f_y'^2)f_{xx}''-2f_x'f_y'f_{xy}''+(1+f_x'^2)f_{yy}''=0. \tag{3.2.12}$$

从

$$\begin{aligned}
&\frac{\partial}{\partial x}\left(\frac{-f_x'f_y'}{\sqrt{1+f_x'^2+f_y'^2}}\right)+\frac{\partial}{\partial y}\left(\frac{1+f_x'^2}{\sqrt{1+f_x'^2+f_y'^2}}\right)\\
&=-\frac{(f_{xx}''f_y'+f_x'f_{xy}'')\sqrt{1+f_x'^2+f_y'^2}-f_x'f_y'\dfrac{2f_x'f_{xx}''+2f_y'f_{xy}''}{2\sqrt{1+f_x'^2+f_y'^2}}}{1+f_x'^2+f_y'^2}\\
&\quad+\frac{2f_x'f_{xy}''\sqrt{1+f_x'^2+f_y'^2}-(1+f_x'^2)\dfrac{2f_x'f_{xy}''+2f_y'f_{yy}''}{2\sqrt{1+f_x'^2+f_y'^2}}}{1+f_x'^2+f_y'^2}\\
&=-\frac{f_y'((1+f_y'^2)f_{xx}''-2f_x'f_y'f_{xy}''+(1+f_x'^2)f_{yy}'')}{(1+f_x'^2+f_y'^2)^{\frac{3}{2}}}
\end{aligned}$$

与

$$\begin{aligned}
&\frac{\partial}{\partial x}\left(\frac{1+f_y'^2}{\sqrt{1+f_x'^2+f_y'^2}}\right)+\frac{\partial}{\partial y}\left(\frac{-f_x'f_y'}{\sqrt{1+f_x'^2+f_y'^2}}\right)\\
&\quad=-\frac{f_x'((1+f_x'^2)f_{yy}''-2f_x'f_y'f_{xy}''+(1+f_y'^2)f_{xx}'')}{(1+f_x'^2+f_y'^2)^{\frac{3}{2}}}
\end{aligned}$$

立即从式(3.2.12)可推出

$$\begin{cases}\dfrac{\partial}{\partial x}\left(\dfrac{-f_x'f_y'}{\sqrt{1+f_x'^2+f_y'^2}}\right)+\dfrac{\partial}{\partial y}\left(\dfrac{1+f_x'^2}{\sqrt{1+f_x'^2+f_y'^2}}\right)=0,\\[2ex]
\dfrac{\partial}{\partial x}\left(\dfrac{1+f_y'^2}{\sqrt{1+f_x'^2+f_y'^2}}\right)+\dfrac{\partial}{\partial y}\left(\dfrac{-f_x'f_y'}{\sqrt{1+f_x'^2+f_y'^2}}\right)=0.\end{cases} \tag{3.2.13}$$

(ⅰ) 考察偏微分方程组:

$$\begin{cases}\dfrac{\partial\varphi}{\partial x}=\varphi_x', \quad \dfrac{\partial\varphi}{\partial y}=\varphi_y', & (3.2.14)\\[2ex]
\dfrac{\partial\varphi_x'}{\partial x}=\varphi_{xx}''=\dfrac{1+f_x'^2}{\sqrt{1+f_x'^2+f_y'^2}}, \quad \dfrac{\partial\varphi_x'}{\partial y}=\varphi_{xy}''=\dfrac{f_x'f_y'}{\sqrt{1+f_x'^2+f_y'^2}}, & (3.2.15)\\[2ex]
\dfrac{\partial\varphi_y'}{\partial x}=\varphi_{yx}''=\dfrac{f_y'f_y'}{\sqrt{1+f_x'^2+f_y'^2}}, \quad \dfrac{\partial\varphi_y'}{\partial y}=\varphi_{yy}''=\dfrac{1+f_y'^2}{\sqrt{1+f_x'^2+f_y'^2}}. & (3.2.16)\end{cases}$$

从式(3.2.15)中解出 φ_x'的可积条件正好是式(3.2.13)中第 1 式,既然此式已成立,所以可解出φ_x'.同样,从式(3.2.16)和式(3.2.13)中第 2 式可解出 φ_y'. 再将所解出的 φ_x',φ_y' 代入式(3.2.14). 因为从式(3.2.14)中能解出 φ 的可积条件是$\dfrac{\partial\varphi_x'}{\partial y}=\dfrac{\partial\varphi_y'}{\partial x}$. 这从式

(3.2.15)与式(3.2.16)可知结论是显然的.因此,必能解出 φ,而这个 φ 正好满足公式

$$\begin{cases}\varphi''_{xx}=\dfrac{1+f'^2_x}{\sqrt{1+f'^2_x+f'^2_y}},\\ \varphi''_{xy}=\dfrac{f'_xf'_y}{\sqrt{1+f'^2_x+f'^2_y}},\\ \varphi''_{yy}=\dfrac{1+f'^2_y}{\sqrt{1+f'^2_x+f'^2_y}}.\end{cases}\tag{3.2.17}$$

(ⅱ) 显然,由式(3.2.17)可得

$$\begin{cases}\varphi''_{xx}\varphi''_{yy}-(\varphi''_{xy})^2=1,\\ \varphi''_{xx}>0.\end{cases}$$

应用定理3.2.2,就能推出 φ''_{xx},φ''_{xy},φ''_{yy}都为常数.因此,由式(3.2.17)知,f'_x,f'_y均为常数,记 $f'_x=a$,$f'_y=b$.

(ⅲ) 因为 a,b 为常数,故

$$f'_x=a,\quad f(x,y)=ax+g(y),$$
$$b=f'_y=g'(y),\quad g(y)=by+c,$$
$$f(x,y)=ax+by+c.$$

这就证明了 $f(x,y)$为 x,y 的线性函数,从而曲面 M 为平面.

(证法2)(陈省身)研究 Levy 变换:

$$\begin{cases}\xi=x+p(x,y),\\ \eta=y+q(x,y)\end{cases}$$

有

$$\begin{cases}\mathrm{d}\xi=\mathrm{d}x+p'_x\mathrm{d}x+p'_y\mathrm{d}y=(1+\varphi''_{xx})\mathrm{d}x+\varphi''_{xy}\mathrm{d}y\\ \quad=\left(1+\dfrac{1+f'^2_x}{\sqrt{1+f'^2_x+f'^2_y}}\right)\mathrm{d}x+\dfrac{f'_xf'_y}{\sqrt{1+f'^2_x+f'^2_y}}\mathrm{d}y,\\ \mathrm{d}\eta=\mathrm{d}y+q'_x\mathrm{d}x+q'_y\mathrm{d}y=\varphi''_{xy}\mathrm{d}x+(1+\varphi''_{yy})\mathrm{d}y\\ \quad=\dfrac{f'_xf'_y}{\sqrt{1+f'^2_x+f'^2_y}}\mathrm{d}x+\left(1+\dfrac{1+f'^2_y}{\sqrt{1+f'^2_x+f'^2_y}}\right)\mathrm{d}y.\end{cases}$$

于是

$$\mathrm{d}\xi^2+\mathrm{d}\eta^2=\left(\frac{1+\sqrt{1+f'^2_x+f'^2_y}}{\sqrt{1+f'^2_x+f'^2_y}}\right)^2((1+f'^2_x)\mathrm{d}x^2+2f'_xf'_y\mathrm{d}x\mathrm{d}y+(1+f'^2_y)\mathrm{d}y^2),$$

由此推得极小曲面 M 在新坐标(ξ,η)下的第1基本形式可写为

$$I\xlongequal{\text{例 2.6.2}}(1+f'^2_x)\mathrm{d}x^2+2f'_xf'_y\mathrm{d}x\mathrm{d}y+(1+f'^2_y)\mathrm{d}y^2$$

$$= \left(\frac{\sqrt{1+f_x'^2+f_y'^2}}{1+\sqrt{1+f_x'^2+f_y'^2}}\right)^2 (\mathrm{d}\xi^2+\mathrm{d}\eta^2), \quad (\xi,\eta)\ \text{定义在全平面}\ \mathbf{R}^2\ \text{上}.$$

经 Levy 变换 $(x,y)\mapsto(\xi,\eta)$ 后,(ξ,η) 为 M 的等温参数(坐标).

由 Gauss 方程(见注 3.9.2)知,在等温参数下,极小曲面 M 的 Gauss 曲率

$$K_G \xlongequal{\text{Gauss 方程}} -\frac{1}{\sqrt{EG}}\left[\left(\frac{(\sqrt{E})'_\eta}{\sqrt{G}}\right)'_\eta + \left(\frac{(\sqrt{G})'_\xi}{\sqrt{E}}\right)'_\xi\right]$$

$$= -\frac{1}{\left(\frac{W}{1+W}\right)^2}\left[\left(\frac{\left(\frac{W}{1+W}\right)'_\eta}{\frac{W}{1+W}}\right)'_\eta + \left(\frac{\left(\frac{W}{1+W}\right)'_\xi}{\frac{W}{1+W}}\right)'_\xi\right]$$

$$= -\left(\frac{1+W}{W}\right)^2\left[\left(\frac{\frac{W_\eta'}{(1+W)^2}}{\frac{W}{1+W}}\right)'_\eta + \left(\frac{\frac{W'_\xi}{(1+W)^2}}{\frac{W}{1+W}}\right)'_\xi\right]$$

$$= -\left(\frac{1+W}{W}\right)^2\left(\left(\frac{W'_\eta}{W(1+W)}\right)'_\eta + \left(\frac{W'_\xi}{W(1+W)}\right)'_\xi\right)$$

$$= -\left(\frac{1+W}{W}\right)^2\left(\frac{\partial^2}{\partial\xi^2}+\frac{\partial^2}{\partial\eta^2}\right)\ln\frac{W}{1+W},$$

其中 $W=\sqrt{1+f_x'^2+f_y'^2}$, $E=G=\left(\frac{\sqrt{1+f_x'^2+f_y'^2}}{1+\sqrt{1+f_x'^2+f_y'^2}}\right)^2=\left(\frac{W}{1+W}\right)^2$. 对于极小曲面 M,两个主曲率 κ_1,κ_2 有 $\kappa_1+\kappa_2=2H=0$,故 $K_G=\kappa_1\kappa_2=\kappa_1(-\kappa_1)=-\kappa_1^2\leqslant 0$. 从而

$$\left(\frac{\partial^2}{\partial\xi^2}+\frac{\partial^2}{\partial\eta^2}\right)\ln\frac{W}{1+W}\geqslant 0.$$

由此推得 $-\ln\left(1+\frac{1}{W}\right)=\ln\frac{W}{1+W}$ 为全平面 $\mathbf{R}^2$ 上负的次调和函数. 根据椭圆方程 Liouville 定理,$\ln\left(1+\frac{1}{W}\right)=$ 常数,即 $W=$ 常数. 于是,$\kappa_1\kappa_2=K_G=0$. 再由 M 为极小曲面知,$\kappa_1+\kappa_2=2H=0$,故 $\kappa_1=\kappa_2=0$. 从而 M 为 2 维全脐完备超曲面,根据定理 3.1.1,M 为 $\mathbf{R}^3$ 中的平面.

或者从 Gauss 公式

$$\overline{\nabla}_X \boldsymbol{Y} = \nabla_X Y + h(\boldsymbol{X},\boldsymbol{Y})\boldsymbol{n}$$

(其中 ∇ 与 $\overline{\nabla}$ 分别为 M 与 $\mathbf{R}^n$ 中的 Riemann 联络)以及 $(u^1=\xi, u^2=\eta)$

$$h_{ij} = \langle h(\boldsymbol{x}'_{u^i},\boldsymbol{x}'_{u^j}),\boldsymbol{n}\rangle = \langle \nabla_{\boldsymbol{x}'_{u^i}}\boldsymbol{x}'_{u^j} + h(\boldsymbol{x}'_{u^i},\boldsymbol{x}'_{u^j}),\boldsymbol{n}\rangle$$

$$= \langle \overline{\nabla}_{\boldsymbol{x}'_{u^i}}\boldsymbol{x}'_{u^j},\boldsymbol{n}\rangle = -\langle \boldsymbol{x}'_{u^j},\boldsymbol{n}'_{u^i}\rangle = \langle \boldsymbol{x}'_{u^j}, W(\boldsymbol{x}'_{u^i})\rangle$$

$$= L_{ij} \xlongequal{\text{全脐}} \rho g_{ij} \xlongequal{\rho = 0} 0, \quad i, j = 1, 2$$

$$\Leftrightarrow \quad h = 0$$

$$\Leftrightarrow \quad \overline{\nabla}_X Y = \nabla_X Y, \quad \boldsymbol{X}, \boldsymbol{Y} \text{ 为 } M \text{ 上的任何 } C^\infty \text{ 切向量场}.$$

因此,M 为 $\mathbf{R}^3$ 中的全测地子流形. 设 $P_0 \in M$ 为固定点,对于任何单位切向量 $\boldsymbol{X} \in T_{P_0}M$,$\sigma(s)$为过点 P_0 切于 $\boldsymbol{X}$ 的测地线(s 为其弧长),则 $\sigma(s)$作为 $\mathbf{R}^3$ 中全测地子流形 M 中的测地线,它也就是 $\mathbf{R}^3$ 中的测地线,因而它为直线. 从而,过点 P_0 的这些测地直线恰好张成切平面 $T_{P_0}M$,它就是平面 M.

(证法 3)由下面的定理 3.2.4 可以看出,当 r 越大时,它在中心(0,0)处就越平坦. 特别当 $r \to +\infty$ 时,$K_G(0,0) = 0$,所以全平面(x, y)上定义的极小曲面,必有 $K_G(0,0) = 0$. 同理,若选平面上(x, y)为中心,必有 $K_G(x, y) = 0$,即全平面上恒有 Gauss(总)曲率 $K_G = 0$. 再考虑到极小曲面的平均曲率 $H = 0$. 同证法 2 立即推得 M 为平面. □

下面我们不加证明地给出如下定理.

定理 3.2.4(E. Heirz, E. Hopf) 设 M:$(x, y, f(x, y))$,$x^2 + y^2 \leqslant r^2$ 为 $\mathbf{R}^3$ 中的一个极小曲面,则 Gauss(总)曲率 K_G 在$(x, y) = (0,0)$处的值 $K_G(0,0)$满足

$$|K_G(0,0)| \leqslant \frac{A}{r^2},$$

其中 A 为一个对任何极小曲面都适用的通用常数. 例如,取 A 为 16.

注 3.2.1 为了将 Bernstein 定理推广到高维空间中去,人们自然提出了下面的问题:

设 $z = f(x^1, x^2, \cdots, x^{n-1})$,$(x^1, x^2, \cdots, x^{n-1}) \in \mathbf{R}^{n-1}$为 $\mathbf{R}^n$($n \geqslant 4$)中的一个$n-1$维极小超曲面,则函数 f 是否必为线性函数? 即该超曲面是否必为 $n-1$ 维超平面?

1965 年 de Giorgi 证明:当 $n = 4$ 时是正确的;1966 年 Almgren 证明:当 $n = 5$ 时是正确的;1967 年 Simons 证明:当 $n \leqslant 8$ 时也是正确的. 1969 年,Bombieri, de Giorgi 与 Giusti 证明:当 $n \geqslant 9$ 时,该命题是不正确的. 这是极小子流形研究中很有趣的一个结果.

3.3 Gauss-Bonnet 公式

众所周知,在 Euclid 平面几何中,$\triangle ABC$ 的三内角之和为 π,即$A + B + C = \pi$. 如何将此定理推广到曲面上更一般的 Gauss-Bonnet 定理就是这一节要解决的问题.

定理 3.3.1(局部 Gauss-Bonnet 公式) (1)(光滑闭曲线围成单连通区域的 Gauss-Bonnet 公式)设 C 为C^2 正则曲面 M 上的一条光滑(C^2)正则简单闭曲线,它包围的区域

$\mathscr{D}$ 为一个单连通区域,相应的参数平面中的区域为 D. 选曲面 M 上的参数曲线网 (u,v) 为正交曲线网. s 为曲线 C 的弧长,则有(图 3.3.1)

$$\int_C \kappa_g \mathrm{d}s + \iint_{\mathscr{D}} K_G \mathrm{d}\sigma = 2\pi.$$

(2)(逐段光滑闭曲线围成单连通区域的 Gauss-Bonnet 公式)在(1)中将"C 为光滑(C^2)正则简单闭曲线"改为"逐段光滑(C^2)正则简单闭曲线",仍有

$$\sum_{i=1}^{n} \theta_i + \int_C \kappa_g \mathrm{d}s + \iint_{\mathscr{D}} K_G \mathrm{d}\sigma = 2\pi$$

(点曲率、线曲率、面曲率之和为 2π),其中 C 由光滑(C^2)曲线 $C_1, C_2, \cdots, C_n$ 组成,θ_i 为其交接处的跳跃角(可正可负,见图 3.3.2).

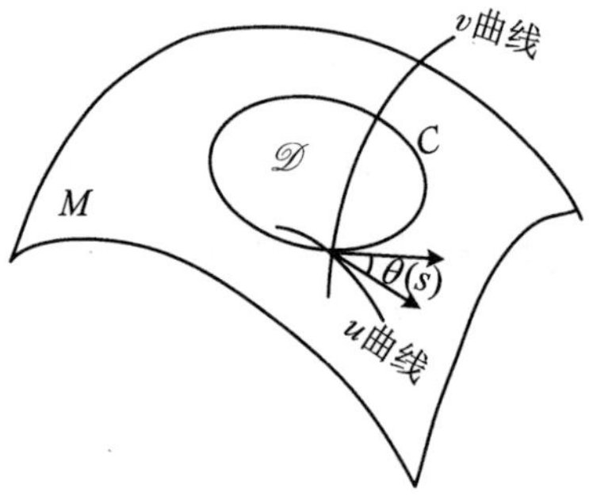

图 3.3.1

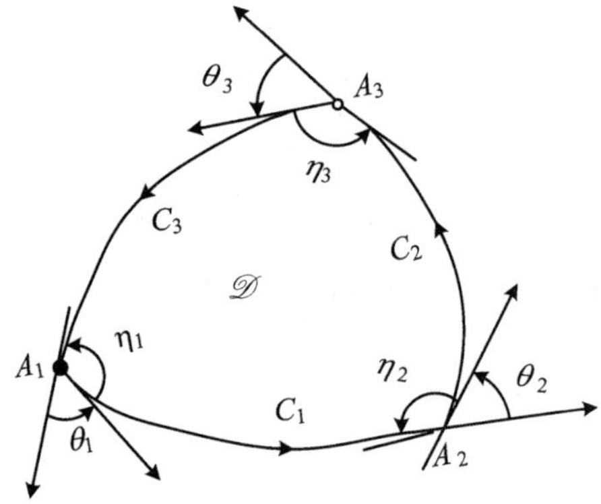

图 3.3.2

证明 (1) 设曲线 C 的参数方程为 $(u,v)=(u(s),v(s))$,其中 s 为其弧长参数,$\theta(s)$ 为曲线 C 在弧长 s 处的切向量与 u 曲线的正向夹角. 而且选取 $\theta(s)$ 为 s 的 C^1 函数(图 3.3.2),于是,有

$$\begin{aligned}
\int_C \kappa_g \mathrm{d}s &\xlongequal[\text{定理 2.8.3}]{\text{测地曲率 Liouville 公式}} \int_C \left(\frac{\mathrm{d}\theta}{\mathrm{d}s} - \frac{1}{2\sqrt{G}}\frac{\partial \ln E}{\partial v}\cos\theta + \frac{1}{2\sqrt{E}}\frac{\partial \ln G}{\partial u}\sin\theta\right)\mathrm{d}s \\
&= \int_C \mathrm{d}\theta + \int_C \frac{1}{2\sqrt{EG}}\left(-E'_v\frac{\cos\theta}{\sqrt{E}} + G'_u\frac{\sin\theta}{\sqrt{G}}\right)\mathrm{d}s \\
&\xlongequal{\text{定理 2.8.3}} \int_C \mathrm{d}\theta + \int_C \frac{1}{2\sqrt{EG}}(-E'_v\mathrm{d}u + G'_u\mathrm{d}v) \\
&\xlongequal[\text{Green 公式}]{\text{旋转指标定理}} 2\pi + \iint_D \left(\left(\frac{E'_v}{2\sqrt{EG}}\right)'_v + \left(\frac{G'_u}{2\sqrt{EG}}\right)'_u\right)\mathrm{d}u\mathrm{d}v \\
&\xlongequal{\text{Gauss 绝妙定理}} 2\pi - \iint_D K_G\sqrt{EG}\,\mathrm{d}u\mathrm{d}v = 2\pi - \iint_{\mathscr{D}} K_G \mathrm{d}\sigma,
\end{aligned}$$

故

$$\int_C \kappa_g ds + \iint_{\mathscr{D}} K_G d\sigma = 2\pi.$$

(2)

$$\int_C \kappa_g ds = \sum_{i=1}^n \int_{C_i} \kappa_g ds = \sum_{i=1}^n \int_{C_i} \left(\frac{d\theta}{ds} - \frac{1}{2\sqrt{G}} \frac{\partial \ln E}{\partial v} \cos\theta + \frac{1}{2\sqrt{E}} \frac{\partial \ln G}{\partial u} \sin\theta \right) ds$$

$$= \sum_{i=1}^n \int_{C_i} d\theta + \sum_{i=1}^n \int_{C_i} \frac{1}{2\sqrt{EG}} (-E'_v du + G'_u dv) = \sum_{i=1}^n \int_{C_i} d\theta - \iint_{\mathscr{D}} K_G d\sigma$$

$$\xlongequal[1.7.12']{\text{旋转指标定理}} 2\pi - \sum_{i=1}^n \theta_i - \iint_{\mathscr{D}} K_G d\sigma \quad (\text{图 } 3.3.2),$$

故

$$\sum_{i=1}^n \theta_i + \int_C \kappa_g ds + \iint_{\mathscr{D}} K_G d\sigma = 2\pi. \qquad \square$$

推论 3.3.1 由测地线段所围成的单连通的测地 n 边形中,Gauss-Bonnet 公式化为(测地线上,$\kappa_g = 0$)

$$\sum_{i=1}^n \theta_i + \iint_{\mathscr{D}} K_G d\sigma = 2\pi.$$

如记 η_i 为点 A_i 处的内角,则

$$\sum_{i=1}^n (\pi - \eta_i) + \iint_{\mathscr{D}} K_G d\sigma = 2\pi,$$

即

$$\sum_{i=1}^n \eta_i = (n-2)\pi + \iint_{\mathscr{D}} K_G d\sigma.$$

当 $n=3$, K_G 为常数时,测地三角形的内角和为(图 3.3.3)

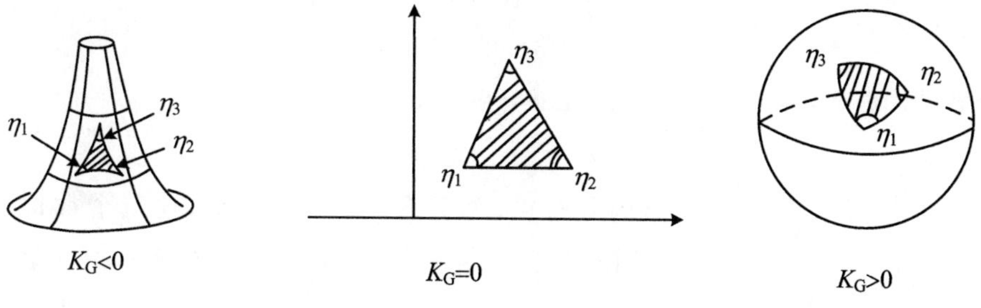

图 3.3.3

$$\eta_1 + \eta_2 + \eta_3 = \pi + K_G \cdot A, \quad A = \iint_D d\sigma \text{ 为 } \mathscr{D} \text{ 的面积}$$

$$\begin{cases} < \pi, & \text{当 } K_G < 0 \text{ 时(常负曲率曲面,如伪球面)}; \\ = \pi, & \text{当 } K_G = 0 \text{ 时(如 Euclid 平面)}; \\ > \pi, & \text{当 } K_G > 0 \text{ 时(常正曲率曲面,如球面)}. \end{cases}$$

上面考虑的 Gauss-Bonnet 定理中的超曲面是在一个局部坐标系(参数区域)内进行的.转而应考察(由连续变动的单位法向量场决定的)定向流形(超曲面)M,$\mathscr{D}$ 为 M 的一个开区域,是 M 的一个连通开集.因为 M 为流形,故它等价于道路连通的开集.$\mathscr{D}$ 的边界是由 n 条互不相交的分段 C^2 光滑正则曲线所组成的简单闭曲线,即由 A_1A_2,$A_2A_3,\cdots,A_{n-1}A_n,A_nA_1$ 等有限段 C^2 光滑曲线弧连接而成的自身不相交的闭曲线.这些弧除连接点外无交点.由拓扑学知,一定可将 $\mathscr{D}$ 三角剖分(单纯剖分),即将 $\mathscr{D}$ 分割成有限个以三条曲线段为边界的曲面三角形.因为假定 M 是可定向的,我们以法向为大拇指方向,依右手规则定出每个三角形的定向及其边界的定向.此时内部相邻两个三角形的公共边界的定向正好相反(图 3.3.4).

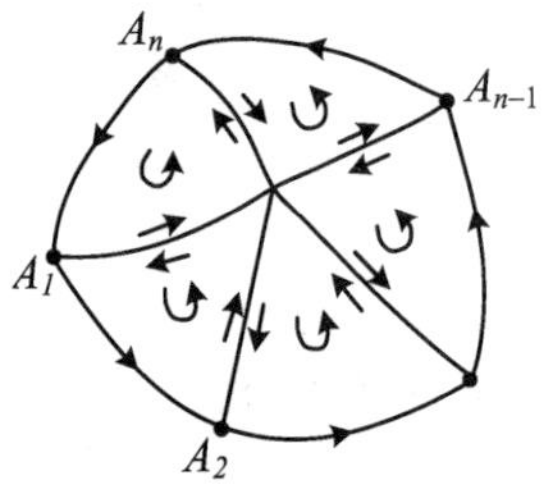

图 3.3.4

由流形的定义,M 被所有局部坐标邻域所覆盖.因为 $\overline{\mathscr{D}}$ 紧致,根据开覆盖的 Lebesgue 数定理,只要三角剖分足够细,可使每个三角形至少含在某一个局部坐标邻域内.

容易验证,测地曲率 κ_g、外角 θ_i、内角 η_i、Gauss(总)曲率 K_G 的值与局部坐标系的选取无关.

另一方面,经过三角剖分后,我们得出三个数:

$$\alpha_0 = \text{三角形的顶点个数},$$
$$\alpha_1 = \text{三角形边的条数},$$
$$\alpha_2 = \text{三角形的个数}.$$

这三个数的代数和定义了区域 $\mathscr{D}$ 的 **Euler-Poincaré 示性数**

$$\chi(\mathscr{D}) = \alpha_0 - \alpha_1 + \alpha_2.$$

此式右边中的 $\alpha_0,\alpha_1,\alpha_2$ 与三角剖分有关,对于不同的三角剖分,这三个数是不一样的.但是,拓扑学中可以证明,它们的代数和 $\alpha_0 - \alpha_1 + \alpha_2 = \chi(\mathscr{D})$ 实际上与三角剖分的方式无关,是曲面的拓扑不变量.或者从下面的一般 Gauss-Bonnet 公式证明结束时的式子

$$\sum_{i=1}^{n}\theta_i + \sum_{i=1}^{n}\int_{C_i}\kappa_g(s)\mathrm{d}s + \iint_{\Omega}K_G\mathrm{d}\sigma = 2\pi(\alpha_0 - \alpha_1 + \alpha_2)$$

可看出 $\chi(\mathscr{D})$ 与三角剖分的方式无关.

对于 $\mathbf{R}^3$ 中 2 维紧致超曲面,边界曲线不出现(边界为空集),但仍可作三角剖分.例

如,球面可以作出下面各种不同的三角剖分(图 3.3.5):

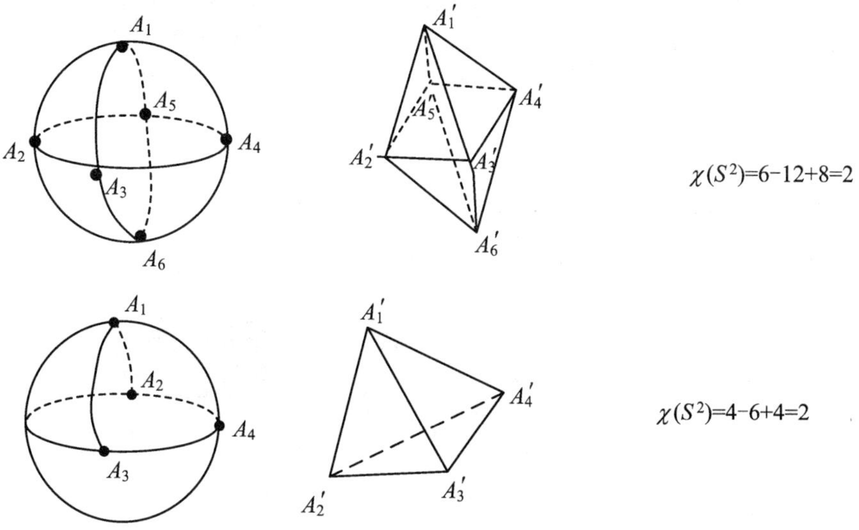

图 3.3.5

根据拓扑学定理,任何定向 2 维紧致曲面的 Euler-Poincaré 示性数总是取 2,0,$-2,\cdots,-2l,\cdots$ 中的一个,而且示性数相同的 2 维紧致曲面彼此同胚.因此,Euler-Poincaré 示性数 χ 就完全给出了 2 维定向紧致曲面的拓扑分类.由图 3.3.6 可见:

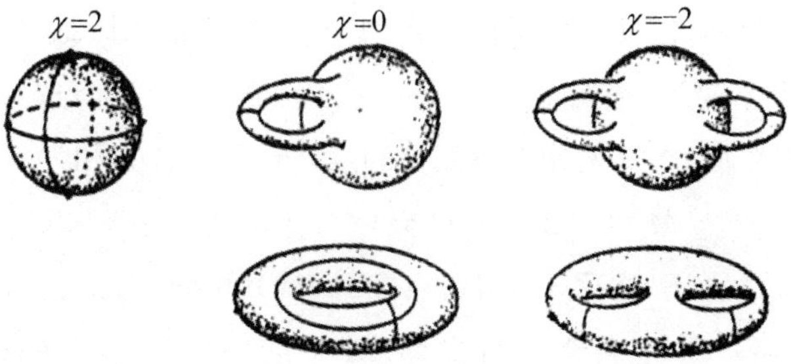

图 3.3.6

球面:$\chi=2$;

环面:$\chi=0$;

两个洞的曲面:$\chi=-2$;

g 个洞的曲面:$\chi=-2(g-1)=2-2g$.

曲面 M 的洞数 $g(M)=\dfrac{2-\chi(M)}{2}$ 也称为 M 的**亏格**.

环面有一个洞,亏格为 1.在球面上挖去一个小洞,然后装上一个环柄得到一个环面.因此,环面可以看成带有一个环柄的球面(图 3.3.7).

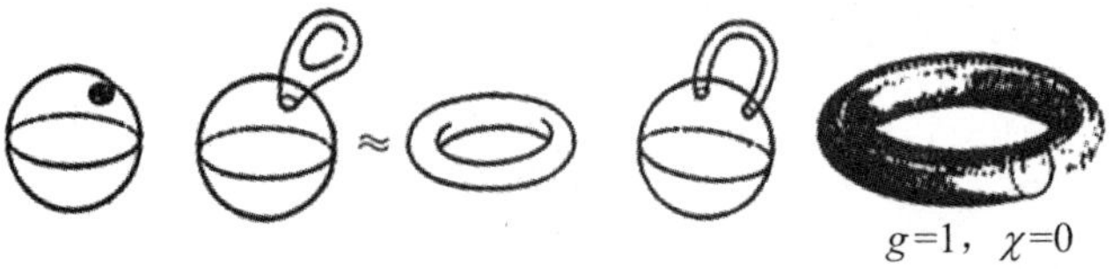

图 3.3.7

如果在球面上开两个洞,并接上两个环柄,它同胚于具有两个洞的 2 维定向紧致曲面.因而它的亏格为 2,称它为**双环面**(图 3.3.8).

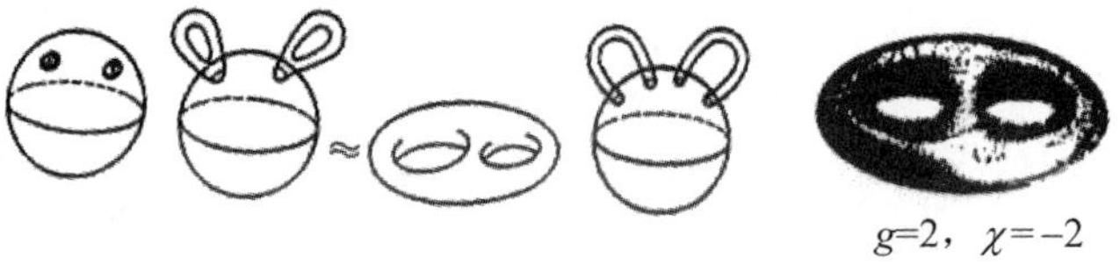

图 3.3.8

依次类推,亏格为 g 的 2 维定向紧致曲面就是带有 g 个环柄的球面,它同胚于具有 g 个洞的 2 维紧致曲面.

引理 3.3.1 亏格为 g 的 2 维定向紧致曲面 M 的 Euler-Poincaré 示性数

$$\chi(M) = -2(g-1) = 2(1-g).$$

证明 切开 2 维定向紧致曲面 M 的每一个环柄,将切口用面盖上.由于每切开一个环柄,都需要盖上两个面.因此,将环柄全部切掉后,共需要盖上 $2g$ 个面.记切补后的曲面为 M^*(同胚于 S^2).易见,当切去一个环柄(柱面)时,损失三角剖分的点、线、面的代数和为零,而当补上两个面时,又增加三角剖分的点、线、面的代数和为 2.因此

$$\chi(M) = \chi(M^*) - 2g = \chi(S^2) - 2g = 2 - 2g = 2(1-g). \qquad \square$$

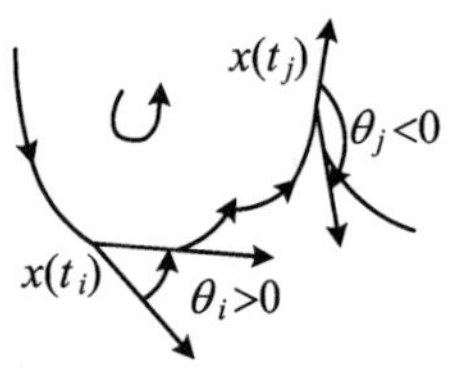

图 3.3.9

定理 3.3.2(整体 Gauss-Bonnet 公式) 设 Ω 为 $\mathbf{R}^3$ 中 2 维 C^2 定向流形(超曲面)M 上的一个区域,Ω 的边界 $\partial\Omega$ 由 n 条简单闭曲线 $C_1, C_2, \cdots, C_n$ 组成.其中每一条 C_i 是分段光滑(C^2)正则且正定向(与 M 的定向一致)的.$C_1, C_2, \cdots, C_n$ 的外角记为 $\theta_1, \theta_2, \cdots, \theta_n$($\theta_i$ 的正负号由 M 的定向决定:当 $\boldsymbol{x}'(s_i^-)$ 到 $\boldsymbol{x}'(s_i^+)$ 的方向与 M 的定向一致时,θ_i 取正号;反之,取负号.因此,$-\pi \leqslant \theta_i \leqslant \pi$,见图 3.3.9).于是,有

$$\sum_{i=1}^{n} \theta_i + \sum_{i=1}^{n} \int_{C_i} \kappa_g(s)\mathrm{d}s + \iint_{\Omega} K_G \mathrm{d}\sigma = 2\pi\chi(\Omega).$$

证明 对区域 Ω 作三角剖分,根据 Lebesgue 数定理,可使得剖分 $\mathscr{A}$ 中每个三角形都落在 M 的一个局部坐标邻域内,且 $\mathscr{A}$ 中每个三角形取正定向(与流形 M 的定向一

致).此时,任何两个相邻的三角形在它们的公共边上决定了两个相反的定向.

现在对每个三角形 T_j 应用局部 Gauss-Bonnet 公式(定理 3.3.1(2)),并将所得结果逐项相加,由于内部的每条边上恰好按相反方向各进行一次积分,因此互相抵消.我们得到

$$\sum_{j=1}^{\alpha_2}\sum_{s=1}^{3}\theta_{js}+\sum_{i=1}^{n}\int_{C_i}\kappa_g(s)\mathrm{d}s+\iint_{\Omega}K_G\mathrm{d}\sigma=2\pi\cdot\alpha_2\cdot 1=2\pi\alpha_2. \qquad (3.3.1)$$

其中 $\theta_{js}, s=1,2,3$ 为三角形 T_j 的三个外角(图 3.3.10),$-\pi\leqslant\theta_{js}\leqslant\pi$.记

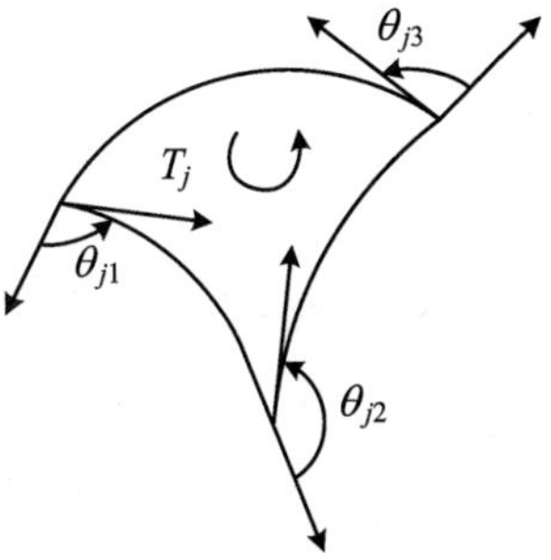

图 3.3.10

$\eta_{js}=\pi-\theta_{js}, s=1,2,3$ 为 T_j 的三个内角,

$\alpha_{0B}=\mathscr{A}$ 中落在 Ω 的边界 $\partial\Omega$ 上的顶点总数,

$\alpha_{0I}=\mathscr{A}$ 中落在 Ω 的内部 $\mathring{\Omega}$ 的顶点总数,

$\alpha_{1B}=\mathscr{A}$ 中落在 Ω 的边界 $\partial\Omega$ 上的边的总数,

$\alpha_{1I}=\mathscr{A}$ 中落在 Ω 的内部 $\mathring{\Omega}$ 的边的总数,

$\alpha_{0C}=\mathscr{A}$ 中 $\partial\Omega$ 上原来各 C_i 的顶点总数,

$\alpha_{0T}=\mathscr{A}$ 中 $\partial\Omega$ 上由剖分 $\mathscr{A}$ 而产生的其他顶点总数.

则

$$3\alpha_2=2\alpha_{1I}+\alpha_{1B},$$

$$\alpha_{1B}=\alpha_{0B}\quad(\text{因每个 } C_i \text{ 的并是闭曲线}),$$

$$\alpha_{0B}=\alpha_{0C}+\alpha_{0T}.$$

$$\begin{aligned}\sum_{j=1}^{\alpha_2}\sum_{s=1}^{3}\theta_{js}&=\sum_{j=1}^{\alpha_2}\sum_{s=1}^{3}(\pi-\eta_{js})=3\pi\alpha_2-\sum_{j=1}^{\alpha_2}\sum_{s=1}^{3}\eta_{js}\\&=\pi(2\alpha_{1I}+\alpha_{1B})-2\pi\alpha_{0I}-\pi\alpha_{0T}-\sum_{i=1}^{n}(\pi-\theta_i)\\&=2\pi\alpha_{1I}+2\pi\alpha_{1B}-2\pi\alpha_{0I}-\pi\alpha_{1B}-\pi(n+\alpha_{0T})+\sum_{i=1}^{n}\theta_i\\&=2\pi(\alpha_{1I}+\alpha_{1B})-2\pi\alpha_{0I}-\pi\alpha_{0B}-\pi(\alpha_{0C}+\alpha_{0T})+\sum_{i=1}^{n}\theta_i\\&=2\pi\alpha_1-2\pi\alpha_{0I}-\pi\alpha_{0B}-\pi_{0B}+\sum_{i=1}^{n}\theta_i=2\pi\alpha_1-2\pi\alpha_0+\sum_{i=1}^{n}\theta_i.\end{aligned}$$

由上式及式(3.3.1)立即得到

$$\sum_{i=1}^{n}\theta_i+\sum_{i=1}^{n}\int_{C_i}\kappa_g(s)\mathrm{d}s+\iint_{\Omega}K_G\mathrm{d}\sigma$$

$$= 2\pi\alpha_0 - 2\pi\alpha_1 + \left(\sum_{j=1}^{\alpha_2}\sum_{s=1}^{3}\theta_{js} + \sum_{i=1}^{n}\int_{C_i}\kappa_g(s)\mathrm{d}s + \iint_{\Omega}K_G\mathrm{d}\sigma\right)$$

$$= 2\pi\alpha_0 - 2\pi\alpha_1 + 2\pi\alpha_2 = 2\pi(\alpha_0 - \alpha_1 + \alpha_2) = 2\pi\chi(\Omega). \qquad \square$$

注 3.3.1 在定理 3.3.2 中：

(1) Gauss-Bonnet 公式的左边是一个微分几何量，右边是一个拓扑不变量.因此，这个公式是联系微分几何与代数拓扑两大领域的极其重要的公式.

(2) θ_i，κ_g，K_G 都是局部的几何量，经积分与求和成为整体的量；而公式右边是拓扑学中的一个整体量.因此，该 Gauss-Bonnet 公式是局部量与整体量相联系的极其重要的公式.

推论 3.3.2 设 Ω 为 $\mathbf{R}^3$ 中的 2 维 C^2 定向流形(超曲面) M 上的一个单连通区域，Ω 的边界为分段 C^2 正则的简单闭曲线 C，s 为弧长参数，$s_0,s_1,\cdots,s_n,s_{n+1}$ 与 $\theta_0,\theta_1,\cdots,\theta_n$ 分别为 C 的顶点(两相邻分段曲线的交点)的弧长参数与外角，其中 s_{n+1} 与 s_0 为同一顶点的参数，κ_g 为 C 的测地曲率，则有

$$\sum_{i=0}^{n}\theta_i + \sum_{i=0}^{n}\int_{s_i}^{s_i+1}\kappa_g(s)\mathrm{d}s + \iint_{\Omega}K_G\mathrm{d}\sigma = 2\pi.$$

证明 单连通拓扑空间 Ω 就是其内任意一条闭曲线可以在其中连续收缩为一点的拓扑空间.因此，Ω 同伦等价于一个点，再由 Euler-Poincaré 示性数的同伦不变性定理知，$\chi(\Omega)=\chi(\{\cdot\})=1$.于是，Gauss-Bonnet 公式(定理 3.3.2)就成为

$$\sum_{i=0}^{n}\theta_i + \sum_{i=0}^{n}\int_{s_i}^{s_{i+1}}\kappa_g(s)\mathrm{d}s + \iint_{\Omega}K_G\mathrm{d}\sigma = 2\pi\chi(\Omega) = 2\pi. \qquad \square$$

推论 3.3.3 设 M 为 $\mathbf{R}^3$ 中的 2 维紧致 C^2 定向流形(超曲面)，则有

$$\iint_M K_G\mathrm{d}\sigma = 2\pi\chi(M).$$

证明 在 Gauss-Bonnet 公式(定理 3.3.2)中，$M=\Omega$，无 θ_i，C_i，故有

$$\iint_M K_G\mathrm{d}\sigma = 2\pi\chi(M). \qquad \square$$

下面我们给出 Gauss-Bonnet 公式的一些应用.

例 3.3.1 设 M 为 $\mathbf{R}^3$ 中的 2 维 C^2 紧致连通定向的流形(超曲面)，它的 Gauss(总)曲率 $K_G\geqslant 0$，则 M 的 Euler 示性数 $\chi(M)=2$，亏格 $g(M)=0$，且它必与球面同胚，以及

$$\iint_M K_G\mathrm{d}\sigma = 4\pi.$$

证明 由定理 3.1.2 知，必有 $P_0\in M$，使得 $K_G(P_0)>0$.又因为 K_G 连续且 $K_G\geqslant 0$，故有

$$\iint_M K_G \mathrm{d}\sigma > 0.$$

再根据推论 3.3.3 得到

$$2\pi\chi(M) = \iint_M K_G \mathrm{d}\sigma > 0.$$

于是,由

$$-2(g-1) = \chi(M) > 0, \quad g = 0,1,2,\cdots$$

立知,$g(M)=0$,$\chi(M)=2-2g(M)=2=\chi(S^2)$. 由 $\mathbf{R}^3$ 中的 2 维紧致定向曲面的分类定理知,它必与 2 维单位球面 S^2 同胚. 此外

$$\iint_M K_G \mathrm{d}\sigma = 2\pi\chi(M) = 2\pi \cdot 2 = 4\pi.$$

□

例 3.3.2 设 M 为 $\mathbf{R}^3$ 中的 2 维定向 C^2 流形(超曲面), Gauss(总)曲率 $K_G<0$,则 M 上不存在由一点出发且相交于另一点的两条测地线,使所围的区域 Ω 是单连通的(图 3.3.11).

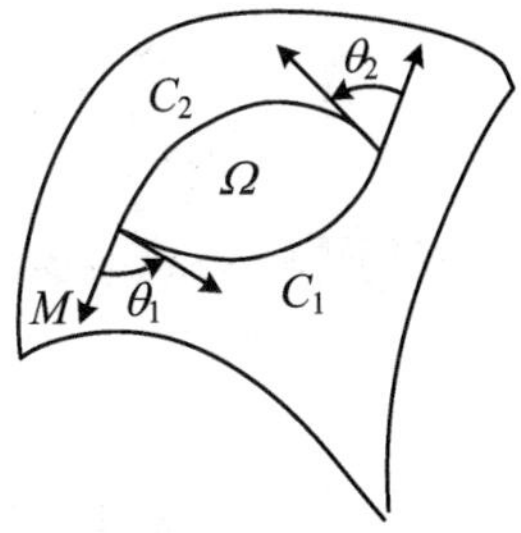

图 3.3.11

证明 (反证)假设满足条件的两条相交测地线存在,记为 C_1 与 C_2. 因为沿测地线 C_1,C_2 有 $\kappa_g=0$, $0<\theta_1<\pi$, $0<\theta_2<\pi$,$\chi(\Omega)=1$,且 $K_G<0$,所以由 Gauss-Bonnet 公式有

$$2\pi > \theta_1 + \theta_2 + 0 + 0 + \iint_\Omega K_G \mathrm{d}\sigma = 2\pi\chi(\Omega) = 2\pi,$$

矛盾. □

例 3.3.3 设 C 为 $\mathbf{R}^3$ 中的一条曲率非零的 C^4 正则闭曲线,如果它的主法向量 $\boldsymbol{V}_2(s)$(称为**主法线象**)为单位球面 S^2 上的简单闭曲线,则它必平分 S^2 的面积.

证明 设 s 为 C 的弧长参数,$\bar{s}$ 为主法线象 $\boldsymbol{V}_2(s)$ 的弧长参数. 由定理 2.8.3 Liouville 公式的证明知,$\boldsymbol{V}_2(s)$的测地曲率

$$\bar{\kappa}_g = (\boldsymbol{n} \times \dot{\boldsymbol{V}}_2) \cdot \ddot{\boldsymbol{V}}_2 = (\boldsymbol{V}_2 \times \dot{\boldsymbol{V}}_2) \cdot \ddot{\boldsymbol{V}}_2,$$

其中"·"表示对 $\bar{s}$ 的导数,"′"表示对 s 的导数. 因为

$$\dot{\boldsymbol{V}}_2 = \boldsymbol{V}_2' \frac{\mathrm{d}s}{\mathrm{d}\bar{s}} = (-\kappa \boldsymbol{V}_1 + \tau \boldsymbol{V}_3)\frac{\mathrm{d}s}{\mathrm{d}\bar{s}},$$

$$\ddot{\boldsymbol{V}}_2 = (-\kappa \boldsymbol{V}_1 + \tau \boldsymbol{V}_3)\frac{\mathrm{d}^2 s}{\mathrm{d}\bar{s}^2} + (-\kappa' \boldsymbol{V}_1 + \tau' \boldsymbol{V}_3)\left(\frac{\mathrm{d}s}{\mathrm{d}\bar{s}}\right)^2$$
$$+ (-\kappa \cdot \kappa \boldsymbol{V}_2 + \tau(-\tau \boldsymbol{V}_2))\left(\frac{\mathrm{d}s}{\mathrm{d}\bar{s}}\right)^2$$

$$= (-\kappa \boldsymbol{V}_1 + \tau \boldsymbol{V}_3)\frac{\mathrm{d}^2 s}{\mathrm{d}\bar{s}^2} + (-\kappa' \boldsymbol{V}_1 + \tau' \boldsymbol{V}_3)\left(\frac{\mathrm{d}s}{\mathrm{d}\bar{s}}\right)^2 - (\kappa^2 + \tau^2)\boldsymbol{V}_2\left(\frac{\mathrm{d}s}{\mathrm{d}\bar{s}}\right)^2,$$

$$\left(\frac{\mathrm{d}s}{\mathrm{d}\bar{s}}\right)^2 = \frac{\dot{\boldsymbol{V}}_2 \cdot \dot{\boldsymbol{V}}_2}{(-\kappa \boldsymbol{V}_1 + \tau \boldsymbol{V}_3)\cdot(-\kappa \boldsymbol{V}_1 + \tau \boldsymbol{V}_3)} = \frac{1}{\kappa^2 + \tau^2},$$

所以

$$\bar{\kappa}_g = (\boldsymbol{V}_2 \times \dot{\boldsymbol{V}}_2)\cdot \ddot{\boldsymbol{V}}_2 = \frac{\mathrm{d}s}{\mathrm{d}\bar{s}}(-\kappa \boldsymbol{V}_2 \times \boldsymbol{V}_1 + \tau \boldsymbol{V}_2 \times \boldsymbol{V}_3)\cdot \ddot{\boldsymbol{V}}_2$$

$$= \frac{\mathrm{d}s}{\mathrm{d}\bar{s}}(\kappa \boldsymbol{V}_3 + \tau \boldsymbol{V}_1)\cdot\Big((-\kappa \boldsymbol{V}_1 + \tau \boldsymbol{V}_3)\frac{\mathrm{d}^2 s}{\mathrm{d}\bar{s}^2} + (-\kappa' \boldsymbol{V}_1 + \tau' \boldsymbol{V}_3)\left(\frac{\mathrm{d}s}{\mathrm{d}\bar{s}}\right)^2$$

$$-(\kappa^2 + \tau^2)\boldsymbol{V}_2\left(\frac{\mathrm{d}s}{\mathrm{d}\bar{s}}\right)^2\Big)$$

$$= \left(\frac{\mathrm{d}s}{\mathrm{d}\bar{s}}\right)^3(\kappa\tau' - \tau\kappa') = \frac{\kappa\tau' - \tau\kappa'}{\kappa^2 + \tau^2}\frac{\mathrm{d}s}{\mathrm{d}\bar{s}} = \left(\frac{\mathrm{d}}{\mathrm{d}s}\arctan\frac{\tau}{\kappa}\right)\frac{\mathrm{d}s}{\mathrm{d}\bar{s}}.$$

我们再将 Gauss-Bonnet 公式应用到单位球面 S^2 上由曲线 $V_2(s)$所围成的区域 Ω，便有($\overline{K}_G = 1$)

$$0 < 2\pi\chi(\Omega) = \int_{\partial\Omega}\bar{\kappa}_g \mathrm{d}\bar{s} + \iint_{\Omega}\overline{K}_G \mathrm{d}\bar{\sigma} = \int_{\partial\Omega}\left(\frac{\mathrm{d}}{\mathrm{d}s}\arctan\frac{\tau}{\kappa}\right)\frac{\mathrm{d}s}{\mathrm{d}\bar{s}}\mathrm{d}\bar{s} + \iint_{\Omega}\mathrm{d}\bar{\sigma}$$

$$= \int_{\partial\Omega}\frac{\mathrm{d}}{\mathrm{d}\bar{s}}\arctan\frac{\tau}{\kappa}\mathrm{d}\bar{s} + \Omega\text{ 的面积} = 0 + \Omega\text{ 的面积} = \Omega\text{ 的面积}$$

$$\overset{(*)}{<} S^2\text{ 的面积} = 4\pi.$$

因此,正整数 $\chi(\Omega) = 1$(Ω 未必单连通),即

$$\Omega\text{ 的面积} = 2\pi\chi(\Omega) = 2\pi\cdot 1 = 2\pi,$$

它是 S^2面积 4π 的一半,所以主法线象 $V_2(s)$平分了 S^2 的面积.

(*)由文献[12]定理 2.1.2 知,C^1 的 $V_2(s)$在 S^2 上的像为 Lebesgue 零测集,从而

$$\Omega\text{ 的面积} < S^2\text{ 的面积}.$$ □

定理 3.3.3 设 M 为 $\mathbf{R}^3$ 中的 2 维紧致定向连通的 C^2 流形(超曲面),其亏格为 g,则

$$\iint_{M_+} K_G \mathrm{d}\sigma \geqslant 4\pi, \quad \iint_{M} K_G \mathrm{d}\sigma = 4\pi(1-g)$$

以及 M 的**绝对全曲率**

$$\iint_{M} |K_G| \mathrm{d}\sigma \geqslant 4\pi(1+g),$$

其中 $M_+ = \{\boldsymbol{x}\in M \mid \text{Gauss(总)曲率 } K_G \geqslant 0\}$.

证明 设 $e\in S^2$,则以 e 为法向的平面中,至少有两个点与 M 相切. 在切点处 M 的法向与 e 平行. 事实上,令函数

$$f(\boldsymbol{x})=\langle \boldsymbol{x},\boldsymbol{e}\rangle,$$

其中 $\boldsymbol{x}$ 为 M 的位置向量. f 在两点 $\boldsymbol{x}_1$ 与 $\boldsymbol{x}_2$ 分别达到极大值与极小值. 所以 M 上过 $\boldsymbol{x}_i(i=1,2)$的任何 C^1 曲线 $\boldsymbol{x}(s)$,有

$$0=\frac{\mathrm{d}f(\boldsymbol{x}(s))}{\mathrm{d}s}=\langle \boldsymbol{x}'(s),\boldsymbol{e}\rangle.$$

这说明单位法向量 $\boldsymbol{n}(\boldsymbol{x}_i)//\boldsymbol{e}$, $i=1,2$. 由于 f 关于曲面 M 的局部坐标$\{u,v\}$的2阶偏导数组成方阵

$$\begin{pmatrix} \dfrac{\partial^2 f}{\partial u^2} & \dfrac{\partial^2 f}{\partial u\partial v} \\ \dfrac{\partial^2 f}{\partial v\partial u} & \dfrac{\partial^2 f}{\partial v^2} \end{pmatrix}=\begin{pmatrix} \langle \boldsymbol{x}''_{uu},\boldsymbol{e}\rangle & \langle \boldsymbol{x}''_{uv},\boldsymbol{e}\rangle \\ \langle \boldsymbol{x}''_{vu},\boldsymbol{e}\rangle & \langle \boldsymbol{x}''_{vv},\boldsymbol{e}\rangle \end{pmatrix}=\begin{pmatrix} \langle \boldsymbol{x}''_{uu},\pm\boldsymbol{n}\rangle & \langle \boldsymbol{x}''_{uv},\pm\boldsymbol{n}\rangle \\ \langle \boldsymbol{x}''_{vu},\pm\boldsymbol{n}\rangle & \langle \boldsymbol{x}''_{vv},\pm\boldsymbol{n}\rangle \end{pmatrix}=\begin{pmatrix} L_{11} & L_{12} \\ L_{21} & L_{22} \end{pmatrix}$$

在 $\boldsymbol{x}_1$ 与 $\boldsymbol{x}_2$ 点分别是半负定与半正定的,因此$\begin{vmatrix} L_{11} & L_{12} \\ L_{21} & L_{22} \end{vmatrix}\geqslant 0$.

$$K_{\mathrm{G}}(\boldsymbol{x}_i)=\frac{\begin{vmatrix} L_{11} & L_{12} \\ L_{21} & L_{22} \end{vmatrix}}{\begin{vmatrix} g_{11} & g_{12} \\ g_{21} & g_{22} \end{vmatrix}}\geqslant 0,\quad \boldsymbol{x}_i\in M_+,\quad i=1,2.$$

记 $G:M\to S^2$, $\boldsymbol{x}\mapsto G(\boldsymbol{x})=\boldsymbol{n}(\boldsymbol{x})$为 Gauss 映射, $U=G(M_+)\subset S^2$ 为 M_+ 在 Gauss 映射 G 下的像. 令

$$U_1=\{\boldsymbol{e}\in U\mid G^{-1}(\boldsymbol{e})\text{ 为 1 个点}\},$$
$$U_2=\{\boldsymbol{e}\in U\mid G^{-1}(\boldsymbol{e})\text{ 至少为 2 个点}\},$$

则 $U=U_1\cup U_2$. 由上述知, $-(S^2-U)\subset U_2$,即 $\boldsymbol{e}\in S^2-U$ 蕴涵着 $-\boldsymbol{e}\in U_2$. 因为在 Gauss 映射下,根据定理 2.6.3(2), S^2 的面积元 $\mathrm{d}\bar{\sigma}$ 与曲面 M 的面积元 $\mathrm{d}\sigma$ 之间有如下关系:

$$\mathrm{d}\bar{\sigma}=|\boldsymbol{n}'_u\times\boldsymbol{n}'_v|\,\mathrm{d}u\mathrm{d}v=|K_{\mathrm{G}}|\,|\boldsymbol{x}'_u\times\boldsymbol{x}'_v|\,\mathrm{d}u\mathrm{d}v=K_{\mathrm{G}}\mathrm{d}\sigma,$$

所以

$$\begin{aligned}\iint_{M_+}K_{\mathrm{G}}\mathrm{d}\sigma&=\iint_{G^{-1}(U_1)\cap M_+}K_{\mathrm{G}}\mathrm{d}\sigma+\iint_{G^{-1}(U_2)\cap M_+}K_{\mathrm{G}}\mathrm{d}\sigma\geqslant\iint_{U_1}\mathrm{d}\bar{\sigma}+2\iint_{U_2}\mathrm{d}\bar{\sigma}\\&\geqslant\iint_{U_1}\mathrm{d}\bar{\sigma}+\iint_{U_2}\mathrm{d}\bar{\sigma}+\iint_{S^2-U}\mathrm{d}\bar{\sigma}=\iint_{S^2}\mathrm{d}\bar{\sigma}=\mathrm{Area}(S^2)=4\pi.\end{aligned}$$

由此得到

$$\iint_M K_G d\sigma = \iint_{M_+} K_G d\sigma + \iint_{M-M_+} K_G d\sigma \xlongequal[\text{定理 3.3.2}]{\text{Gauss-Bonnet 公式}} 2\pi\chi(M) = 4\pi(1-g),$$

$$\iint_M |K_G| d\sigma = \iint_{M_+} K_G d\sigma - \iint_{M-M_+} K_G d\sigma = 2\iint_{M_+} K_G d\sigma - \left(\iint_{M_+} K_G d\sigma + \iint_{M-M_+} K_G d\sigma\right)$$

$$\geqslant 2\cdot 4\pi - 4\pi(1-g) = 4\pi(1+g).$$ □

定理 3.3.4(Hadamard,1897) 设 M 为 $\mathbf{R}^3$ 中的 2 维紧致定向连通 C^2 流形(超曲面),如果 M 的 Gauss(总)曲率 K_G 处处为正(Gauss 曲率恒为正的紧致曲面称为**卵形面**),则:

(1) Gauss 映射为一一映射;

(2) M 为严格凸曲面(如果 M 位于每一点的切平面的同一侧,则称 M 为**凸曲面**,进而,如果凸曲面上每一点 P 的切平面都与该曲面只交于该切点 P 一个点,则称 M 为**严格凸曲面**).

证明 (证法 1)(1) 因为 $K_G > 0$,M 为紧致连通定向的曲面,所以$\iint_M K_G d\sigma > 0$.再由推论 3.3.3 得到

$$2\pi\chi(M) = \iint_M K_G d\sigma > 0.$$

于是,由 $\mathbf{R}^3$ 中的 2 维紧致定向曲面的分类定理知,$\chi(M) = 2$,且 M 必与 2 维单位球面 S^2 同胚.由此推得$\iint_M K_G d\sigma = 4\pi$.

因为 K_G 为 Gauss 映射 G 的 Jacobi 行列式(见定理 2.6.3(2)),所以从 $K_G>0$ 可知 G 是局部一一映射的,且为开映射(即将 M 中的开集映为单位球面 S^2 中的开集).但因为 M 紧致,S^2 是 Hausdorff 空间,所以 G 又是闭映射(即将 M 中的闭集映为 S^2 中的闭集).从而,$G(M)$是 S^2 中非空的既开又闭的集,而 S^2 连通,所以 $G(M)=S^2$.

现证 G 是整体一一映射的.(反证)假设 $\exists P, Q\in M$,使得 $G(P) = G(Q)$,且 $P\neq Q$.于是,存在 M 中 Q 的开邻域 U,使 $G(M-U)=S^2$.设 $d\bar{\sigma}$ 表示 S^2 的面积元素,则因 $d\bar{\sigma} = K_G d\sigma$(见定理 2.6.3(2)),故有

$$4\pi = \iint_{S^2} d\bar{\sigma} = \iint_{G(M-U)} d\bar{\sigma} \leqslant \iint_{M-U} K_G d\sigma = \iint_M K_G d\sigma - \iint_U K_G d\sigma = 4\pi - \iint_U K_G d\sigma < 4\pi,$$

矛盾.因此,G 是整体一一映射的.

(2) (反证)假设 M 非严格凸,则 $\exists P\in M$,而 M 在点 P 的切面两侧都有点.记 Q, R 分别为属于此切平面两侧的点,而且到此切平面的距离最远.于是,M 在 P, Q, R 三点处的法向量必互相平行.从而,至少有两个同向.这样,M 的 Gauss 映射就不是一一映射的.这显然与(1)中结论相矛盾.因此,M 在点 P 的切面 π 的同一侧.如果 $M\cap\pi$ 中除点 P 外

还有点 R，而 Q 为离 π 最远的点. 同样，M 在 P,Q,R 三点处的法向量互相平行. 从而，至少有两个同向. 自然 M 的 Gauss 映射就不是一一映射了. 这与(1)中的结论相矛盾. 这就证明了 M 是严格凸的.

(证法 2)(1) 对任何 $\boldsymbol{e}\in S^2$，定义函数

$$f(\boldsymbol{x})=\langle \boldsymbol{n}(\boldsymbol{x}),\boldsymbol{e}\rangle,\quad \boldsymbol{x}\in M.$$

由 M 紧致知，连续函数 f 在 $\boldsymbol{x}_0\in M$ 处达最大值. 在点 $\boldsymbol{x}_0$ 附近选取正交坐标系$\{u,v\}$，曲面 M 局部表示为 $\boldsymbol{x}(u,v)$. 因此，对 $f(\boldsymbol{x}(u,v))$ 有

$$\begin{cases} 0=f'_u|_{\boldsymbol{x}_0}=\left\langle \dfrac{\partial}{\partial u}\boldsymbol{n}(\boldsymbol{x}(u,v)),\boldsymbol{e}\right\rangle\Big|_{\boldsymbol{x}_0}\overset{\text{定理 2.4.1}}{=\!=\!=}\langle -\omega_1^1\boldsymbol{x}'_u-\omega_1^2\boldsymbol{x}'_v,\boldsymbol{e}\rangle|_{\boldsymbol{x}_0} \\ \overset{\text{例 2.4.1}}{=\!=\!=}\left\langle -\dfrac{L}{E}\boldsymbol{x}'_u-\dfrac{M}{G}\boldsymbol{x}'_v,\boldsymbol{e}\right\rangle\Big|_{\boldsymbol{x}_0}, \\ 0=f'_v|_{\boldsymbol{x}_0}=\left\langle \dfrac{\partial}{\partial v}\boldsymbol{n}(\boldsymbol{x}(u,v)),\boldsymbol{e}\right\rangle\Big|_{\boldsymbol{x}_0}\overset{\text{定理 2.4.1}}{=\!=\!=}\langle -\omega_2^1\boldsymbol{x}'_u-\omega_2^2\boldsymbol{x}'_v,\boldsymbol{e}\rangle|_{\boldsymbol{x}_0} \\ \overset{\text{例 2.4.1}}{=\!=\!=}\left\langle -\dfrac{M}{E}\boldsymbol{x}'_u-\dfrac{N}{G}\boldsymbol{x}'_v,\boldsymbol{e}\right\rangle\Big|_{\boldsymbol{x}_0}. \end{cases}$$

因为题设 Gauss(总)曲率 $K_G=\dfrac{LN-M^2}{EG-F^2}\Big|_{\boldsymbol{x}_0}>0$，故 $(LN-M^2)(\boldsymbol{x}_0)>0$，所以上面联立方程得到

$$\langle \boldsymbol{x}'_u|_{\boldsymbol{x}_0},\boldsymbol{e}\rangle=\langle \boldsymbol{x}'_v|_{\boldsymbol{x}_0},\boldsymbol{e}\rangle=0.$$

因此，$\boldsymbol{n}(\boldsymbol{x}_0)=\pm\boldsymbol{e}$.

由 $f(\boldsymbol{x}_0)$ 的极大性，有

$$\begin{cases} \left\langle -\dfrac{L}{E}\boldsymbol{x}''_{uu}-\dfrac{M}{G}\boldsymbol{x}''_{uv},\boldsymbol{e}\right\rangle\Big|_{\boldsymbol{x}_0}=f''_{uu}(\boldsymbol{x}_0)\leqslant 0, \\ \left\langle -\dfrac{M}{E}\boldsymbol{x}''_{uv}-\dfrac{N}{G}\boldsymbol{x}''_{vv},\boldsymbol{e}\right\rangle\Big|_{\boldsymbol{x}_0}=f''_{vv}(\boldsymbol{x}_0)\leqslant 0. \end{cases}$$

如果 $\boldsymbol{n}(\boldsymbol{x}_0)=-\boldsymbol{e}$，则将它代入上式，并注意到

$$\begin{cases} \langle \boldsymbol{x}''_{uu}|_{\boldsymbol{x}_0},\boldsymbol{e}\rangle=-\langle \boldsymbol{x}''_{uu}|_{\boldsymbol{x}_0},\boldsymbol{n}(\boldsymbol{x}_0)\rangle=-L, \\ \langle \boldsymbol{x}''_{uv}|_{\boldsymbol{x}_0},\boldsymbol{e}\rangle=-\langle \boldsymbol{x}''_{uv}|_{\boldsymbol{x}_0},\boldsymbol{n}(\boldsymbol{x}_0)\rangle=-M, \\ \langle \boldsymbol{x}''_{vv}|_{\boldsymbol{x}_0},\boldsymbol{e}\rangle=-\langle \boldsymbol{x}''_{vv}|_{\boldsymbol{x}_0},\boldsymbol{n}(\boldsymbol{x}_0)\rangle=-N. \end{cases}$$

由此，在点 $\boldsymbol{x}_0$ 处，有

$$0\leqslant\frac{L^2}{E}+\frac{M^2}{G}\leqslant 0,$$

$$0\leqslant\frac{M^2}{E}+\frac{N^2}{G}\leqslant 0,$$

故

$$L = M = N = 0.$$

由此推得$(LN - M^2)(\boldsymbol{x}_0) = 0$,这与上面得到的$(LN - M^2)(\boldsymbol{x}_0) > 0$ 相矛盾.因此,$n(\boldsymbol{x}_0) = \boldsymbol{e}$.它意味着 Gauss 映射 G 为满射.

再证 Gauss 映射 G 为单射,从而它为一一映射.(反证)假设 G 不为单射,则存在两个不同的点 $\boldsymbol{x}_1, \boldsymbol{x}_2 \in M$,使得

$$\boldsymbol{n}(\boldsymbol{x}_1) = G(\boldsymbol{x}_1) = G(\boldsymbol{x}_2) = \boldsymbol{n}(\boldsymbol{x}_2).$$

由定理 2.6.3(1)或(2)知

$$|\boldsymbol{n}'_u \times \boldsymbol{n}'_v| = |K_G| \cdot |\boldsymbol{x}'_u \times \boldsymbol{x}'_v| \neq 0, \quad \mathrm{d}\bar{\sigma} = |K_G|\,\mathrm{d}\sigma.$$

因此,Gauss 映射局部是微分同胚的.故可取 $\boldsymbol{x}_i$ 的开邻域 U_i $(i = 1, 2)$,使得 $U_1 \cap U_2 = \varnothing$,且 $G(U_1) = G(U_2)$.于是,Gauss 映射 G 在 $M - U_1$ 上仍为满射.由此得到

$$\iint\limits_{M-U_1} K_G \mathrm{d}\sigma \geqslant \iint\limits_{S^2} \mathrm{d}\bar{\sigma} = 4\pi.$$

再由题设知 $K_G > 0$,故$\iint\limits_{U_1} K_G \mathrm{d}\sigma > 0$,

$$4\pi \xlongequal{\text{例 3.3.1}} \iint\limits_{M} K_G \mathrm{d}\sigma = \iint\limits_{U_1} K_G \mathrm{d}\sigma + \iint\limits_{M-U_1} K_G \mathrm{d}\sigma > 4\pi,$$

矛盾.

(2) 完全与证法 1 中(2)的证明相同. □

注 3.3.2 在定理 3.3.4 中,如果将“$K_G > 0$”改为“$K_G \geqslant 0$”,则 M 为凸曲面的结论仍成立.读者可参阅文献[14].

3.4 2 维紧致定向流形 M 的 Poincaré 切向量场指标定理

设 M 为 $\mathbf{R}^3$ 中的 2 维 C^1 流形,$\boldsymbol{X}$ 为点 P 邻近的切向量场.在点 P 的两个局部坐标系(U_1, φ_1),$\{u, v\}$与(U_2, φ_2),$\{\bar{u}, \bar{v}\}$中分别表示为

$$\boldsymbol{X} = a(u, v)\boldsymbol{x}'_u + b(u, v)\boldsymbol{x}'_v$$

与

$$\boldsymbol{X} = \bar{a}(\bar{u}, \bar{v})\boldsymbol{x}'_{\bar{u}} + \bar{b}(\bar{u}, \bar{v})\boldsymbol{x}'_{\bar{v}}.$$

在 $U_1 \cap U_2$ 中有

$$\bar{a}(\bar{u}, \bar{v})\boldsymbol{x}'_{\bar{u}} + \bar{b}(\bar{u}, \bar{v})\boldsymbol{x}'_{\bar{v}} = \boldsymbol{X} = a(u, v)\boldsymbol{x}'_u + b(u, v)\boldsymbol{x}'_v$$

$$= a(u,v)\left(\boldsymbol{x}'_{\bar{u}}\frac{\partial\bar{u}}{\partial u} + \boldsymbol{x}'_{\bar{v}}\frac{\partial\bar{v}}{\partial u}\right) + b(u,v)\left(\boldsymbol{x}'_{\bar{u}}\frac{\partial\bar{u}}{\partial v} + \boldsymbol{x}'_{\bar{v}}\frac{\partial\bar{v}}{\partial v}\right)$$

$$= \left(a(u,v)\frac{\partial\bar{u}}{\partial u} + b(u,v)\frac{\partial\bar{u}}{\partial v}\right)\boldsymbol{x}'_{\bar{u}} + \left(a(u,v)\frac{\partial\bar{v}}{\partial u} + b(u,v)\frac{\partial\bar{v}}{\partial v}\right)\boldsymbol{x}'_{\bar{v}}.$$

由于$\{\boldsymbol{x}'_{\bar{u}},\boldsymbol{x}'_{\bar{v}}\}$线性无关，故

$$\begin{pmatrix}\bar{a}(\bar{u},\bar{v})\\ \bar{b}(\bar{u},\bar{v})\end{pmatrix} = \begin{pmatrix}\dfrac{\partial\bar{u}}{\partial u} & \dfrac{\partial\bar{u}}{\partial v}\\ \dfrac{\partial\bar{v}}{\partial u} & \dfrac{\partial\bar{v}}{\partial v}\end{pmatrix}\begin{pmatrix}a(u,v)\\ b(u,v)\end{pmatrix}.$$

如果 M 上的曲线$\sigma(t)$满足 $\sigma'(t)=\boldsymbol{X}(\sigma(t))$，则在局部坐标系$(U,\varphi)$，$\{u,v\}$中有

$$\frac{\mathrm{d}u}{\mathrm{d}t}\boldsymbol{x}'_u + \frac{\mathrm{d}u}{\mathrm{d}t}\boldsymbol{x}'_v = \sigma'(t) = \boldsymbol{X}(\sigma(t)) = a(u(t),v(t))\boldsymbol{x}'_u + b(u(t),v(t))\boldsymbol{x}'_v.$$

换言之，$\sigma(t)=\boldsymbol{x}(u(t),v(t))$是作为微分方程

$$\begin{cases}\dfrac{\mathrm{d}u}{\mathrm{d}t} = a(u(t),v(t)),\\ \dfrac{\mathrm{d}v}{\mathrm{d}t} = b(u(t),v(t))\end{cases}$$

的解而得来的.

定义 3.4.1 设 $\boldsymbol{X}$ 为 $\mathbf{R}^3$ 中的 C^1 流形 M 上的切向量场，如果 $\boldsymbol{X}(P)=\mathbf{0}$，则称 P 为切向量场 $\boldsymbol{X}$ 的奇点(零点). 若存在 P 的开邻域 U，使 $\boldsymbol{X}$ 在 U 中只有一个奇点，则称 P 为 $\boldsymbol{X}$ 的**孤立奇点**.

引理 3.4.1 设 $\boldsymbol{X}$ 为 $\mathbf{R}^3$ 中的 2 维 C^1 紧致流形 M 上只含孤立奇点的连续切向量场，则奇点的个数是有限的.

证明 (反证)假设奇点有无限个，由于 M 紧致，故奇点集必有聚点. 再由 $\boldsymbol{X}$ 的连续性知，该聚点也必为 $\boldsymbol{X}$ 的奇点，它就不是孤立奇点，这与引理中 $\boldsymbol{X}$ 只含孤立奇点相矛盾. □

定义 3.4.2 设 M 为 $\mathbf{R}^3$ 中的 2 维 C^2 定向流形，$P\in M$ 为 M 上的 C^1 切向量场 $\boldsymbol{X}$ 的孤立奇点. 在点 P 的一个局部坐标系(U,φ)，$\{u,v\}$内选取右旋规范正交标架$\{\boldsymbol{e}_1,\boldsymbol{e}_2,\boldsymbol{n}\}$，使得 $\boldsymbol{e}_1$ 为与 $\boldsymbol{x}'_u$方向一致的单位向量，$\boldsymbol{n}$ 为定向流形 M 的正向单位法向量场. 显然

$$\boldsymbol{X}_0 = \frac{\boldsymbol{X}}{|\boldsymbol{X}|} = a(u,v)\boldsymbol{e}_1 + b(u,v)\boldsymbol{e}_2$$

为单位切向量场，它在 $\boldsymbol{X}$ 的非奇点处都有定义. 在点 P 适当小开邻域内作一 C^1 简单正则闭曲线 C，其参数为 $t\in[0,L]$，使它在 U 中围成包含 P 在内的小开邻域 D，并且

在曲线内部除点 P 外无切向量场 $\boldsymbol{X}$ 的奇点.曲线上也无 $\boldsymbol{X}$ 的奇点,又参数 t 增加方向与曲面的定向相一致,即向法线正向看,观察者依 t 的增加方向前进时,D 常在观察者的左侧.

记单位切向量 $\boldsymbol{X}_0$ 与 $\boldsymbol{e}_1$ 的夹角为 φ,并可取 φ 为 t 的连续可导函数.沿曲线 C,a,b 可表示为 $a(t)$,$b(t)$.由于

$$\tan\varphi=\frac{b}{a},\quad \cot\varphi=\frac{a}{b},$$

两者必有一个成立,所以,当 $a\neq 0$ 时,有

$$\frac{\mathrm{d}\varphi}{\mathrm{d}t}=\frac{\mathrm{d}}{\mathrm{d}t}\left(\arctan\frac{b}{a}\right)=\frac{\dfrac{ab'-ba'}{a^2}}{1+\left(\dfrac{b}{a}\right)^2}=\frac{ab'-ba'}{a^2+b^2};$$

当 $b\neq 0$ 时,有

$$\frac{\mathrm{d}\varphi}{\mathrm{d}t}=\frac{\mathrm{d}}{\mathrm{d}t}\left(\operatorname{arccot}\frac{a}{b}\right)=-\frac{\dfrac{ba'-ab'}{b^2}}{1+\left(\dfrac{a}{b}\right)^2}=\frac{ab'-ba'}{a^2+b^2}.$$

两种情况下,都有

$$\frac{\mathrm{d}\varphi}{\mathrm{d}t}=\frac{ab'-ba'}{a^2+b^2}.$$

点 P 绕 C 转一圈,$\boldsymbol{X}_0(P)$ 也必转回原处,则 φ 的变化(角差)

$$\varphi(L)-\varphi(0)=\oint_C\frac{\mathrm{d}\varphi}{\mathrm{d}t}\mathrm{d}t=\oint_C\frac{ab'-ba'}{a^2+b^2}\mathrm{d}t\quad\left(\text{实际上应为}\int_0^L\frac{ab'-ba'}{a^2+b^2}\mathrm{d}t\right)$$

必为 2π 的整倍数,所以 $\boldsymbol{X}(P)$ 所转的圈数

$$I=\frac{1}{2\pi}(\varphi(L)-\varphi(0))=\frac{1}{2\pi}\oint_C\frac{ab'-ba'}{a^2+b^2}\mathrm{d}t$$

必为整数.当闭曲线 C 为分段 C^1 光滑曲线时,上述公式仍然适用.此时,上述积分可视为每段积分之和,而在每段上,$\varphi(t)$,$a(t)$,$b(t)$都是连续可导的.我们称 I 为 C^1 切向量场 $\boldsymbol{X}$ 在孤立奇点 P 处的**指标**,记作 $\mathrm{Ind}_P\boldsymbol{X}$.

下面的引理 3.4.2 表明 I 与闭曲线 C 的选取无关;引理 3.4.3 表明指标 I 与局部坐标系的选取无关.因此,上述指标的定义是合理的.

注 3.4.1 注意:要求 $\boldsymbol{X}$ 是 C^1 切向量场,由于联系 $\{a(u,v),b(u,v)\}$ 与 $\{\bar{a}(\bar{u},\bar{v}),\bar{b}(\bar{u},\bar{v})\}$的公式中$\dfrac{\partial\bar{u}}{\partial u},\dfrac{\partial\bar{u}}{\partial v},\dfrac{\partial\bar{v}}{\partial u},\dfrac{\partial\bar{v}}{\partial v}$立知,要求 M 是 C^2 的流形.

引理 3.4.2 设 M 为 $\mathbf{R}^3$ 中的 2 维 C^3 定向流形,M 上同一局部坐标系里 C^2 切向量

场 X 在其孤立奇点 P 的指标 I 与分段 C^1 光滑闭曲线 C 的选取无关.

证明 设 (U,φ)，$\{u,v\}$ 为含 P 的局部坐标系，C^* 为 U 中另一分段 C^1 简单正则闭曲线，它包围 P 的开邻域 D^*. 在 $D\cap D^*$ 内作第 3 条分段 C^1 简单正则闭曲线 C^{**}. 记 Ω 为由 C 与 C^{**} 围成的区域(图 3.4.1).

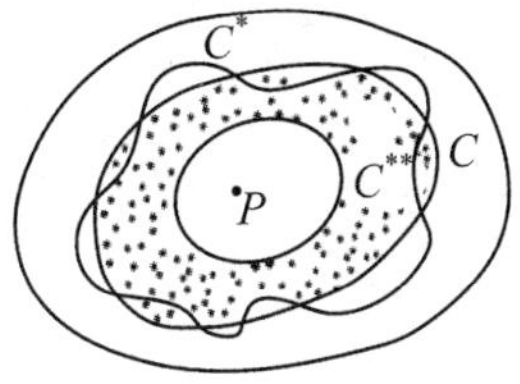

图 3.4.1

因为除了奇点 P 外，在 Ω 上有(直接验证)

$$\left(\frac{ab'_u-ba'_u}{a^2+b^2}\right)'_v=\left(\frac{ab'_v-ba'_v}{a^2+b^2}\right)'_u.$$

于是

$$\begin{aligned}&\frac{1}{2\pi}\oint_C\frac{ab'-ba'}{a^2+b^2}\mathrm{d}t-\frac{1}{2\pi}\oint_{C^{**}}\frac{ab'-ba'}{a^2+b^2}\mathrm{d}t\\&=\frac{1}{2\pi}\oint_{C\cup C^{**}}\frac{a(b'_u\mathrm{d}u+b'_v\mathrm{d}v)-b(a'_u\mathrm{d}u+a'_v\mathrm{d}v)}{a^2+b^2}\\&=\frac{1}{2\pi}\oint_{C\cup C^{**}}\frac{ab'_u-ba'_u}{a^2+b^2}\mathrm{d}u+\frac{ab'_v-ba'_v}{a^2+b^2}\mathrm{d}v\\&\xlongequal{\text{Green 公式}}\frac{1}{2\pi}\iint_\Omega\left(\left(\frac{ab'_v-ba'_v}{a^2+b^2}\right)'_u-\left(\frac{ab'_u-ba'_u}{a^2+b^2}\right)'_v\right)\mathrm{d}u\mathrm{d}v\\&=\frac{1}{2\pi}\iint_\Omega 0\mathrm{d}u\mathrm{d}v=0.\end{aligned}$$

因此

$$\frac{1}{2\pi}\oint_C\frac{ab'-ba'}{a^2+b^2}\mathrm{d}t=\frac{1}{2\pi}\int_{C^{**}}\frac{ab'-ba'}{a^2+b^2}\mathrm{d}t.$$

同理有

$$\frac{1}{2\pi}\oint_{C^*}\frac{ab'-ba'}{a^2+b^2}\mathrm{d}t=\frac{1}{2\pi}\oint_{C^{**}}\frac{ab'-ba'}{a^2+b^2}\mathrm{d}t.$$

所以

$$\frac{1}{2\pi}\oint_C\frac{ab'-ba'}{a^2+b^2}\mathrm{d}t=\frac{1}{2\pi}\oint_{C^*}\frac{ab'-ba'}{a^2+b^2}\mathrm{d}t.$$

这表明 X 在孤立奇点 P 的指标 I 与分段闭曲线 C 的选取无关. □

引理 3.4.3 在定义 3.4.2 中，切向量场 X 在孤立奇点 P 的指标 I 与 P 的局部坐标系的选取无关.

证明 我们选一个沿分段 C^1 简单闭曲线 C 的平行切向量场 Y. 设 X 与 e_1 的夹角为 φ，Y 与 e_1 的夹角为 ψ. 它们都可取为沿曲线 C 的分段 C^1 函数(图 3.4.2). 由定义 3.4.2 知

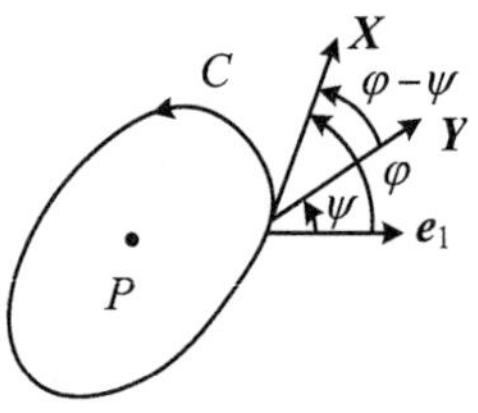

图 3.4.2

$$\Delta_C\varphi = 2\pi I.$$

根据文献[4]166～167 页，平行切向量 $\boldsymbol{Y}$ 绕 C 一周后的角差

$$\Delta_C\psi = \iint_D K_G \mathrm{d}\sigma.$$

因此，有

$$\Delta_C(\varphi - \psi) = \Delta_C\varphi - \Delta_C\psi = 2\pi I - \iint_D K_G \mathrm{d}\sigma. \quad (3.4.1)$$

由于 $\varphi - \psi$ 是切向量场 $\boldsymbol{X}$ 与平行切向量场 $\boldsymbol{Y}$ 之间的夹角，它与 $\boldsymbol{e}_1$ 无关，即与局部坐标系的选取无关，因此，切向量场 $\boldsymbol{X}$ 在点 P 的指标

$$I = \frac{1}{2\pi}\left(\Delta_C(\varphi - \psi) + \iint_D K_G \mathrm{d}\sigma\right)$$

与局部坐标系的选取无关.

从式(3.4.1)还可看出，角差 $\Delta_C(\varphi - \psi)$ 与平行向量场 $\boldsymbol{Y}$ 的选取无关. 事实上，设 $\boldsymbol{Y}^*$ 为另一平行切向量场，由定理 2.10.2(c)知，平行移动下切向量的夹角不变，即

$$\Delta_C(\psi^* - \psi) = 0.$$

于是

$$\begin{aligned}\Delta_C(\varphi - \psi) &= \Delta_C(\varphi - \psi^*) + \Delta_C(\psi^* - \psi)\\ &= \Delta_C(\varphi - \psi^*) + 0 = \Delta_C(\varphi - \psi^*).\end{aligned}$$ □

对于曲面 M 上不同的切向量场，它们的奇点可能不同，即使奇点相同，它们的指标也可能不同. 但是，对于紧致定向 C^2 流形 M 有 Poincaré 切向量场指标定理.

定理 3.4.1(Poincaré 切向量场指标定理) 设 M 为 $\mathbf{R}^3$ 中的 2 维 C^3 紧致定向流形，$\boldsymbol{X}$ 为 M 上的只含孤立奇点的 C^2 切向量场，则它所有孤立奇点 P_i 处的指标 $\mathrm{Ind}_{P_i}\boldsymbol{X}$($i = 1,2,\cdots,n$；Ind 为 Index 的缩写)之和等于曲面 M 的 Euler-Poincaré 示性数 $\chi(M)$，即

$$\sum_{i=1}^{n} \mathrm{Ind}_{P_i}\boldsymbol{X} = \chi(M).$$

证明 由引理 3.4.1 知，$\boldsymbol{X}$ 的孤立奇点只有有限个，因此定理中左边和式只有有限项，其和是有意义的.

选取 M 的一个局部坐标邻域的开覆 $\mathscr{U}$，使得每个这样的局部坐标邻域内至多只含有一个孤立奇点. 根据拓扑学定理，M 可以三角(单纯)剖分. 由 M 紧致及 Lebesgue 数定理，存在 Lebesgue 数 $\lambda = \lambda(\mathscr{U})$. 然后，将上述三角剖分进行若干次重心重分，使得每个小三角形的直径小于 $\lambda(\mathscr{U})$. 则从 Lebesgue 数定理知，重分后的每个小三角形至少含于 $\mathscr{U}$ 中一个局部坐标系内，且可使每个小三角形至多只含有一个孤立奇点作为它的内点. 于是，对恰含有一个孤立奇点的小三角形引理 3.4.3 中的式(3.4.1)成立；对不含奇点的小三角形，有

$$I = \frac{1}{2\pi}\oint_C \frac{ab'_u - ba'_u}{a^2+b^2}\mathrm{d}u + \frac{ab'_v - ba'_v}{a^2+b^2}\mathrm{d}v$$

$$\xlongequal{\text{Green 公式}} \frac{1}{2\pi}\iint_D \left(\left(\frac{ab'_v - ba'_v}{a^2+b^2}\right)'_u - \left(\frac{ab'_u - ba'_u}{a^2+b^2}\right)'_v\right)\mathrm{d}u\mathrm{d}v$$

$$= \frac{1}{2\pi}\iint_D 0 = 0.$$

将这些式子相加，再考虑到每个小三角形的边界都正、反方向各经过一次（注意 M 为定向流形），角差互相抵消. 于是，就有

$$0 = 2\pi\sum_{i=1}^{n}\mathrm{Ind}_{P_i}\boldsymbol{X} - \iint_M K_G\mathrm{d}\sigma,$$

$$\sum_{i=1}^{n}\mathrm{Ind}_{P_i}\boldsymbol{X} = \frac{1}{2\pi}\iint_M K_G\mathrm{d}\sigma \xlongequal[\text{推论 3.3.3}]{\text{Gauss-Bonnet 公式}} \chi(M). \qquad \square$$

注 3.4.2 Poincaré 切向量场指标定理表明：只含孤立奇点的切向量场奇点指标和并不依赖于切向量的选择，而是一个拓扑不变量 $\chi(M)$.

$\sum_{i=1}^{n}\mathrm{Ind}_{P_i}\boldsymbol{X} = \chi(M)$ 的左边是一个几何量，而右边 $\chi(M)$ 是一个拓扑不变量. 因此，这个公式是继 Gauss-Bonnet 公式之后又一个联系几何与拓扑的重要定理.

$\sum_{i=1}^{n}\mathrm{Ind}_{P_i}\boldsymbol{X} = \chi(M)$ 的左边每个 $\mathrm{Ind}_{P_i}\boldsymbol{X}$ 均为局部量，而右边 $\chi(M)$ 为一个整体量. 因此，这个公式是局部量经求和得到整体量继 Gauss-Bonnet 公式之后又一重要定理.

关于 Poincaré 切向量场指标定理，有进一步的推广，它是 Poincaré-Hopf 指数定理，读者可参阅文献[7]225 页定理 1.

此外，从 $\sum_{i=1}^{n}\mathrm{Ind}_{P_i}\boldsymbol{X} = \chi(M)$ 还可看出，用一个特殊的只含有限个孤立零点的切向量场来计算 M 的 Euler-Poincaré 示性数.

推论 3.4.1 $\mathbf{R}^3$ 中的 2 维 C^3 紧致定向流形 M 上存在处处非 0 的 C^2 切向量场 $\boldsymbol{X} \Leftrightarrow \chi(M)=0$.

证明 ($\Rightarrow$) 由 $\{\boldsymbol{x}\in M \mid \boldsymbol{X}(\boldsymbol{x})=0\}=\varnothing$ 及 Poincaré 切向量场指标定理得到

$$\chi(M) = \sum_{\boldsymbol{X}(\boldsymbol{x})=0}\mathrm{Ind}_{\boldsymbol{x}}\boldsymbol{X} = 0.$$

($\Leftarrow$) 参阅文献[7]250 页定理 2 充分性的证明. $\square$

例 3.4.1 设 $\boldsymbol{X}(\boldsymbol{x}) = \boldsymbol{p} - \langle\boldsymbol{p},\boldsymbol{x}\rangle\boldsymbol{x}$，$\boldsymbol{x}\in S^2$（$\mathbf{R}^3$ 中的单位球面），$\boldsymbol{p}=(0,0,1)\in S^2$ 为单位球面 S^2 的北极. 显然

$$\langle\boldsymbol{X}(\boldsymbol{x}),\boldsymbol{x}\rangle = \langle\boldsymbol{p} - \langle\boldsymbol{p},\boldsymbol{x}\rangle\boldsymbol{x},\boldsymbol{x}\rangle = \langle\boldsymbol{p},\boldsymbol{x}\rangle - \langle\boldsymbol{p},\boldsymbol{x}\rangle\cdot\langle\boldsymbol{x},\boldsymbol{x}\rangle = 0,$$

故 $\boldsymbol{X}(\boldsymbol{x})\perp\boldsymbol{x}$，$\boldsymbol{X}(\boldsymbol{x})$ 为 $\boldsymbol{x}\in S^2$ 处的切向量. 从而，$\boldsymbol{X}(\boldsymbol{x})$ 为 S^2 上的 C^∞ 切向量场.

因为

$$X(x)=p-\langle p,x\rangle x=0 \quad\Leftrightarrow\quad p=\langle p,x\rangle x \quad\Leftrightarrow\quad x=\pm p$$

(其中 $-p$ 为 S^2 的南极),所以 $X(x)$ 恰有两个孤立奇点 p 与 $-p$.

由孤立奇点指标定义 3.4.2 知,在点 p 与 $-p$ 处的指标分别为(用 x,y 作为局部坐标)$\mathrm{Ind}_p X=1$,$\mathrm{Ind}_{-p}X=1$.故 S^2 的 Euler-Poincaré 示性数为

$$\chi(S^2)=\mathrm{Ind}_p X+\mathrm{Ind}_{-p}X=1+1=2.$$

例 3.4.2 设 $\mathbf{R}^3$ 中普通环面 T^2 的参数表示为

$$x(s,v)=\left(\left(a+b\cos\frac{s}{b}\right)\cos v,\left(a+b\cos\frac{s}{b}\right)\sin v,b\sin\frac{s}{b}\right),$$

$$0\leqslant s<2\pi b,\ 0\leqslant v\leqslant 2\pi,\ 0<b<a,$$

则

$$x'_s(s,v)=\left(-\sin\frac{s}{b}\cos v,-\sin\frac{s}{b}\sin v,\cos\frac{s}{b}\right),\qquad |x'_s(s,v)|=1.$$

由此知,s 为每一条经线(圆)上的弧长参数.显然,$x'_s(s,v)$为 T^2 上的 C^∞ 单位切向量场(图 3.4.3).易知其积分曲线(如果曲线 $\sigma(t)$的切向量场 $\sigma'(t)=X(\sigma(t))$,则称 $\sigma(t)$为曲面的切向量场 X 的**积分曲线**)就是 T^2 上的经线.因为 T^2 上的切向量场 $x'_s(s,v)$无奇点,所以根据推论 3.4.1,T^2 的 Euler-Poincaré 示性数为

$$\chi(T^2)=0.$$

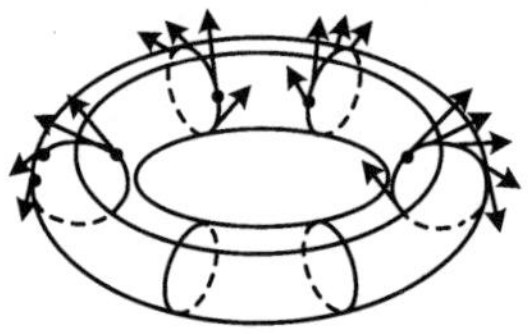

图 3.4.3

推论 3.4.2 $\mathbf{R}^3$ 中的 2 维 C^3 定向紧致流形 M 若不与环面 T^2 同胚,则 M 上的 C^2 切向量场 X 必有奇点.

证明 (反证)假设 X 不含奇点,因为 M 与 T^2 不同胚,根据拓扑学定理,Euler 示性数 χ 完全给出了 2 维定向紧致曲面(即闭曲面)的拓扑分类.从而,同胚⇔Euler 示性数相等,不同胚⇔Euler 示性数不相等.于是

$$0=\sum_{X(x)=0}\mathrm{Ind}_x X=\chi(M)\neq\chi(T^2)=0,$$

矛盾.这表明 X 必有奇点. □

注 3.4.3 在环面 T^2 上,甚至任意 2 维 C^3 定向紧致流形 M 上,我们可以构造只具有一个奇点 P 的 C^1 切向量场(参阅文献[7]248 页引理 18).此时,$\chi(M)=\mathrm{Ind}_P X$.特

别地，

$$\mathrm{Ind}_P X = \chi(T^2) = 0.$$

注 3.4.4 球面 S^2 的 Euler-Poincaré 示性数 $\chi(S^2)=2\neq 0=\chi(T^2)$，故球面 S^2 与环面 T^2 不同胚. 根据 Poincaré 切向量场指标定理(定理 3.4.1)或推论 3.4.2，S^2 上任何 C^2 切向量场必有奇点. 于是，当我们将地球表面上各地的风速视作一个切向量场时，它必有奇点，即地球表面上必存在风速为零的地点(避风港).

参 考 文 献

[1] 小林昭七.曲线与曲面的微分几何[M].王运达,译.沈阳:沈阳市数学会,1980.

[2] 丘成桐,孙理察.微分几何[M].北京:科学出版社,1991.

[3] 伍鸿熙,沈纯理,虞言林.黎曼几何初步[M].北京:北京大学出版社,1989.

[4] 苏步青,胡和生,沈纯理,等.微分几何[M].北京:高等教育出版社,1979.

[5] 梅向明,黄敬之.微分几何[M].北京:高等教育出版社,1988.

[6] 周建伟.微分几何[M].北京:高等教育出版社,2008.

[7] 徐森林,薛春华.流形[M].北京:高等教育出版社,1991.

[8] 徐森林,薛春华.数学分析:第二册[M].北京:清华大学出版社,2006.

[9] 徐森林,金亚东,薛春华.数学分析:第三册[M].北京:清华大学出版社,2007.

[10] 徐森林,胡自胜,金亚东,等.点集拓扑学[M].北京:高等教育出版社,2007.

[11] 徐森林,薛春华,胡自胜,等.近代微分几何[M].合肥:中国科学技术大学出版社,2009.

[12] 徐森林,胡自胜,薛春华.微分拓扑[M].北京:清华大学出版社,2008.

[13] 江泽涵.拓扑学引论[M].上海:上海科学技术出版社,1979.

[14] Chern S S, Lashof R K. On the total curvature of immersed manifolds: Ⅰ[J]. American Journal of Mathematics, 1957(79): 302-318.

[15] Chern S S, Lashof R K. On the total curvature of immersed manifolds: Ⅱ[J]. Michigan Mathematical Journal, 1958(59): 5-12.

[16] Milnor J W. On the total curvature of knots[J]. The Annals of Mathematics, 1952, 52(2): 248-257.

[17] Temme N M. Nonlinear Analysis[M]. Michigan: Mathematisch Centrum, 1976.

[18] Mukhopadhyaya. New methods in the geometry of a plane[J]. Bull Calcutta Mathematics, 1909(1): 31-37.

[19] Geuck H. The converse to the four vertex theorem[J]. L'Enseignement Mathematique, 1971(17): 295-309.